U0340575

国家出版基金项目
NATIONAL PUBLICATION FOUNDATION

现代农业高新技术成果丛书

饲料酶制剂技术体系的研究与实践

Research and Application of Feed Enzyme Technology

冯定远　左建军　著

中国农业大学出版社
·北京·

内 容 简 介

本书在饲料酶制剂的酶学特性研究、饲料酶制剂的作用机理研究和酶制剂在饲料工业及养殖业的应用研究基础上,首次比较系统地提出饲料酶制剂理论与应用的技术体系。该技术体系既有理论的建立,又有实践的措施,它包括饲料酶制剂的分类和划代及其理论基础、新型高效饲料组合酶的原理和应用、加酶日粮 ENIV 系统的建立和应用、饲料酶发挥作用位置的二元说及其意义、酶制剂在日粮中使用效果的预测及其意义、饲料酶制剂及其应用效果的评价体系、加酶日粮 ENIV 系统的分子生物学基础和水产动物酶制剂应用特殊性与技术体系的建立等 8 个方面。

图书在版编目(CIP)数据

饲料酶制剂技术体系的研究与实践/冯定远,左建军著.—北京:中国农业大学出版社,2011.3

ISBN 978-7-5655-0224-8

Ⅰ.①饲… Ⅱ.①冯… ②左… Ⅲ.①酶制剂-应用-饲料工业-研究 Ⅳ.①S816.7

中国版本图书馆 CIP 数据核字(2011)第 026459 号

书　　名	饲料酶制剂技术体系的研究与实践		
作　　者	冯定远　左建军　著		
策划编辑	丛晓红　董夫才	责任编辑	王艳欣
封面设计	郑　川	责任校对	王晓凤　陈　莹
出版发行	中国农业大学出版社		
社　　址	北京市海淀区圆明园西路 2 号	邮政编码	100193
电　　话	发行部 010-62731190,2620	读者服务部	010-62732336
	编辑部 010-62732617,2618	出　版　部	010-62733440
网　　址	http://www.cau.edu.cn/caup	e-mail	cbsszs@cau.edu.cn
经　　销	新华书店		
印　　刷	涿州市星河印刷有限公司		
版　　次	2011 年 3 月第 1 版　2011 年 3 月第 1 次印刷		
规　　格	787×1 092　16 开本　25 印张　618 千字		
定　　价	88.00 元		

图书如有质量问题本社发行部负责调换

出版说明

瞄准世界农业科技前沿，围绕我国农业发展需求，努力突破关键核心技术，提升我国农业科研实力，加快现代农业发展，是胡锦涛总书记在 2009 年五四青年节视察中国农业大学时向广大农业科技工作者提出的要求。党和国家一贯高度重视农业领域科技创新和基础理论研究，特别是 863 计划和 973 计划实施以来，农业科技投入大幅增长。国家科技支撑计划、863 计划和 973 计划等主体科技计划向农业领域倾斜，极大地促进了农业科技创新发展和现代农业科技进步。

中国农业大学出版社以 973 计划、863 计划和科技支撑计划中农业领域重大研究项目成果为主体，以服务我国农业产业提升的重大需求为目标，在"国家重大出版工程"项目基础上，筛选确定了农业生物技术、良种培育、丰产栽培、疫病防治、防灾减灾、农业资源利用和农业信息化等领域 50 个重大科技创新成果，作为"现代农业高新技术成果丛书"项目申报了 2009 年度国家出版基金项目，经国家出版基金管理委员会审批立项。

国家出版基金是我国继自然科学基金、哲学社会科学基金之后设立的第三大基金项目。国家出版基金由国家设立、国家主导，资助体现国家意志、传承中华文明、促进文化繁荣、提高文化软实力的国家级重大项目；受助项目应能够发挥示范引导作用，为国家、为当代、为子孙后代创造先进文化；受助项目应能够成为站在时代前沿、弘扬民族文化、体现国家水准、传之久远的国家级精品力作。

为确保"现代农业高新技术成果丛书"编写出版质量，在教育部、农业部和中国农业大学的指导和支持下，成立了以石元春院士为主任的编审指导委员会；出版社成立了以社长为组长的项目协调组并专门设立了项目运行管理办公室。

"现代农业高新技术成果丛书"始于"十一五"，跨入"十二五"，是中国农业大学出版社"十二五"开局的献礼之作，她的立项和出版标志着我社学术出版进入了一个新的高度，各项工作迈上了新的台阶。出版社将以此为新的起点，为我国现代农业的发展，为出版文化事业的繁荣做出新的更大贡献。

中国农业大学出版社

2010 年 12 月

序

最近10多年来,国际上饲料酶的研究和开发取得了令人瞩目的进展。华南农业大学冯定远教授及其团队多年来一直跟踪国际上这一领域的发展趋势,坚持自主创新,在饲料酶产品研发和应用技术体系方面做了大量卓有成效的工作,取得了一系列可喜的科技成果。《饲料酶制剂技术体系的研究与实践》专著全面总结和介绍了冯定远教授及其团队这些年所取得的科研成果,读后令人耳目一新。它的出版是我国饲料酶研发领域一件具有里程碑意义的重要事件,标志着我国饲料酶研究正在步入国际同类研究的前列。

本书介绍了饲料酶应用技术体系和作用机理以及多项酶制剂产品的研发,以一个全新的视角论述了现代饲料酶理论和技术的新概念和新成果。这些富有启发性和成果性的论述引发了我们对动物营养学和饲料科学现代化发展的许多重要思考。这些研究成果对传统动物营养学理论和技术体系的历史局限性提出了大胆质疑。正如本书作者多次引用的Sheppy那句发人深省的名言一样:"饲用酶制剂的应用,对传统的动物营养学说提出了挑战,如饲料配方、原料选择和营养需要量等方面需要重新研究或修正",他道出了国际上饲料酶研究领域近年来所取得的重大进展的深刻战略意义,其意义不仅仅局限于饲料酶这一领域,而且是针对整个动物营养学和饲料科学领域的。任何一门学科的理论和技术体系都是要与时俱进的。这正是科学所以具有巨大生命力之所在。动物营养学在经历过200多年的现代化发展进程后,正在经历着一场由传统的理论和技术体系向构建现代理论和技术体系重大的历史转变。国际上饲料酶研究领域取得的重大进展再一次令人信服地告诉我们,这一历史转变正是顺应国际动物营养学和饲料科学发展的历史潮流,是大势所趋,人心所向。

本书论述的饲料组合酶、饲料酶效果评价体系和预测体系等新概念和新技术提出了一个十分重要的命题,即科技创新关键在于研究思路创新。一部科学史告诉我们,任何学科的理论和技术体系的与时俱进,首先要从学科的整体思维方式转变开始。现在,生命科学整体思维方式从分析时代进入系统时代是国际生命科学理论和技术体系现代化的根本标志之一。

本书提出的许多论述都闪耀着研究思路创新的火花,特别是饲料组合酶概念的提出,是在饲料酶产品研发方面应用系统科学思维的一次成功实践,读后令人振奋。我完全相信,这些重要的研究成果必将对推动我国酶制剂的研究和开发做出重要贡献。我衷心地祝贺《饲料酶制剂技术体系的研究与实践》这部专著正式出版,希望今后冯定远教授及其团队继续努力,再接再厉,为我国饲料酶领域的研究和开发做出更大贡献。

卢德勋

2010 年 10 月 1 日于呼和浩特

前　言

　　经过多年的研究和推广,酶制剂在饲料工业和养殖业的应用受到越来越多的关注,学术研究与技术开发并重,饲料酶制剂已经成为动物营养与饲料科学领域的热点之一。具有生物活性的酶制剂是复杂的,而作为被认为是目前能够同时部分解决养殖领域的饲料安全、饲料原料缺乏和养殖污染等三大问题的新型饲料添加剂——饲料酶制剂,比其他酶制剂更加复杂。这种复杂性由6个方面所决定:一是酶制剂生物活性的敏感性;二是酶的种类和来源的多样性;三是动物种类和生理阶段的差别性;四是日粮类型和饲料原料的复杂性;五是酶作用和加工条件的变异性;六是日粮营养水平与酶作用提供可利用营养的比较性。酶制剂在动物日粮中应用一直是人们怀疑和争论的话题,可以断定,这种争论将很长时间存在。一般认为,这既反映了酶制剂生物活性的真实性和有效性问题,又反映了酶制剂应用对象的针对性和适用性问题。酶的真实有效是必要条件,酶的针对适用是充分条件,缺一不可,但是这还不够。

　　酶制剂在饲料中应用有三种结果:第一种情况是有些酶制剂并不真实有效,典型的情况是酶的种类和活性、酶学特性和抗逆性不适合作为饲料用酶,应用没有理想的效果;第二种情况是有些酶制剂是真实有效的,但是,酶制剂不具有针对适用性,最终还是不能发挥作用,典型的情况是动物种类和生理阶段没有针对性、日粮类型和原料特性没有适用性,同样,应用也没有理想的效果;比较特殊的是第三种情况,酶制剂是真实有效的、酶制剂也是针对适用的,酶在使用时已经发挥了作用,例如,提高了营养消化率,降低了抗营养因子等,但是,动物并不表现生产性能的改善,应用最终还是没有理想的效果。据此,我们可以推导出,酶在饲料中应用能够发挥作用存在"三条件论"。所以,酶不能简单地使用,酶的使用不能仅仅关注酶的真实有效性、关注酶的针对适用性,酶的使用必须与日粮的物理和化学特性结合起来,与动物营养的生物学基础结合起来,与饲料的加工工艺技术结合起来,等等。最近在意大利举行的"3rd EAAP International Symposium on Energy and Protein Metabolism and Nutrition"上,Noblet也提到,酶制剂的使用将影响饲料的净能值。所以,建立饲料酶的理论与应用技术体系十分必要。

目前我们提出的饲料酶技术体系的 8 个方面正是这种努力的一部分,其中,第一个是有关饲料水解酶与饲料分解酶的区别和第一代、第二代及第三代饲料酶划分的依据和原理;第二个是与日粮特性结合的高效饲料组合酶的设计;第三个是与动物营养结合的加酶日粮 ENIV 系统的建立;第四个是与饲料加工结合的饲料酶发挥作用位置的观点;第五个是饲料酶制剂使用效果的预测;第六个是饲料酶制剂应用效果的评价;第七个是加酶日粮 ENIV 系统的分子生物学基础;第八个是水产动物酶制剂应用特殊性与技术体系的建立。希望这 8 个方面能够形成饲料酶使用的技术体系。目前这个体系的构建是初步的、不成熟的,但是,这个体系是开放的,是为了引起更多人的思考和共同努力,让更多的人认识到,正确使用酶不能停留在传统添加剂的做法,需要其他技术的支撑,以解决酶制剂与动物营养、饲料加工的结合问题,使饲料酶制剂变成常规的添加剂。经过一段时间的实践,这些饲料酶技术体系的思路和理念已经开始被饲料酶行业在开发和推广中采用,例如,ENIV 值和组合酶等理念已经反映在部分国内外饲料酶企业的技术资料中。

我们在提出和构建饲料酶技术体系的过程中,直接或间接得益于过去试验研究工作的累积。我们承担了一系列的有关饲料酶制剂的研究课题,包括连续 5 个国家自然科学基金以及广东省自然科学基金、广东省省长专项基金、广东省高校自然科学研究基金、广东省"千百十工程"优秀人才培养基金和广东省攻关项目等,也得到国内外 12 个饲料酶制剂企业横向项目支持。这本专著的出版,是对我的团队过去部分研究工作的回顾和总结,其中部分文章已经公开发表,在收录过程中做了适当的修改。这里要特别感谢沈水宝博士、黄燕华博士、于旭华博士和谭会泽博士等人对有关研究的突出贡献。同时,感谢中国畜牧兽医学会动物营养学分会前副会长汪儆先生多年来的指导,感谢中国畜牧兽医学会动物营养学分会名誉会长卢德勋先生的热情帮助和高度评价。由于水平所限,错误在所难免,敬请批评指正。

冯定远

2010 年 10 月 10 日
广州五山

致　　谢

1.研究课题得到下列国家自然科学基金项目的支持：

(1)外源酶制剂对仔猪消化酶分泌影响的研究(编号:39970551)

(2)细菌和真菌来源木聚糖酶作用机理的研究(编号:30371044)

(3)非淀粉多糖酶改进饲料有效营养值及其预测模型的研究(编号:30671529)

(4)高效组合型木聚糖酶设计的理论基础研究(编号:30972114)

(5)活性 VD_3、组合型植酸酶及其互作对钙和磷利用效率影响的机理研究（编号:30901033）。

2.研究和文章的整理得到沈水宝、黄燕华、于旭华、谭会泽、周响艳、陈芳艳、刘玉兰、邹胜龙、Clementine Camara、杨彬、冒高伟、李路胜、廖细古、陈旭、阳金、苏海林、杜继忠、李秧发、汤保林、代发文、徐昌领、黄升科、曹庆云、凌宝明、夏伟光、甘鲁飞、张中岳、雷剑等人参与和帮助。

3.著作出版得到国家出版基金项目的支持。

目　录 ━━━━━━━━━━━━━━━ ╌╌╌╌

第 1 篇

饲料酶技术体系的理论基础

本 篇 要 点

作为生物技术产品的酶制剂,酶的真实、有效、针对适用是酶制剂在饲料中发挥作用的三个基本条件。同时,在酶的使用过程中,还需要与日粮的物理和化学特性、动物营养的生物学基础、饲料的加工工艺技术等结合起来。酶制剂作为一种功能复杂的生物活性成分,与其他饲料添加剂不同,不能简单直接地使用。为了提高其应用的效果,需要一系列技术的支持,因此,建立相应的饲料酶制剂技术体系十分必要。

饲料酶制剂技术体系的建立是基于对酶制剂的酶学特性及抗逆性、动物消化生理、组合酶的设计及其理论基础、饲料原料特性和配方技术等系统性研究的基础之上。技术体系的主体包括 6 个主要方面:①饲料酶制剂的分类及其划代;②新型高效饲料组合酶的原理和应用;③加酶日粮有效营养改进值(ENIV)系统的建立和应用;④饲料酶发挥作用的位置及其机理;⑤酶制剂使用效果的预测;⑥酶制剂应用效果的评价。其中,"高效饲料组合酶的设计原理"是产品设计的核心技术,"加酶日粮 ENIV 系统"是酶制剂应用的核心技术,而"饲料酶制剂的分类及其划代"、"饲料酶发挥作用的位置及其机理"、"酶制剂使用效果的预测"、"酶制剂应用效果的评价"是酶制剂应用的配套技术。

饲料酶制剂的分类及其划代不仅仅是依据作用底物的简单分类或简单的时间划分,而是建立在作用模式、作用底物化学组成特点、作用位点、糖生物学等基础之上的科学分类和划分;组合酶作为酶制剂产品设计的创新理念,有别于传统的单酶和复合酶,能充分体现酶制剂的高效性、针对性,以"差异互补、协同增效"为核心理念,并以此为组合酶筛选的技术思路;加酶日粮 ENIV 系统是各种加酶饲料可提供的额外有效营养量的总结,ENIV 系统的提出对于加酶饲料配方的设计、饲料原料营养价值评定提供了一套新的营养数据系统;饲料酶发挥作用的位置及其机理,对于拓展酶制剂应用的思路和产品开发的多样性有重要意义;酶制剂使用效果的预测及其模型的建立,对于酶制剂使用的量化有重要的帮助;酶制剂应用效果的评价,在一般的生产性能指标的基础上,提出了评价应用效果的非常规生产性能指标,使得酶制剂的应用更加精细科学。此外,本篇还就"饲用酶制剂作用的分子营养学机理与加酶日粮 ENIV 系统的分子生物学基础"、"水产动物酶制剂应用特殊性与饲料酶制剂技术体系的建立"做了较系统的讨论。

饲料酶理论与应用技术体系之一
——饲料酶制剂的分类和划代及其理论基础

20世纪50年代人们已经认识到酶制剂在饲料中添加的作用,20世纪80年代开始在饲料工业中应用酶制剂,到了20世纪90年代中期,酶制剂在饲料工业中的应用得到了普遍认可。现代酶技术真正始于1874年,外源性酶制剂在动物营养中作用的科学描述可追溯到20世纪20年代。饲料中首次使用商品化酶制剂可以追溯到1984年,芬兰人向大麦基础日粮中添加发酵用于酿造的酶制剂,显著改善了其营养价值。1996年,在欧洲80%的肉鸡饲料(使用麦类等黏性谷物为能量来源)使用了相应的酶制剂,从此强化和加快了饲料产业对新技术的应用。从全球范围来看,目前大约75%的含有黏性谷物的家禽饲料中添加了饲料酶制剂,而在猪饲料中应用比例要低得多,不到20%。我们最早的研究也是从非淀粉多糖酶开始的(冯定远等,1997),经过十多年的研究,在饲料酶制剂研究方面积累了一些基础。最近几年,与单一的传统动物饲养效果应用试验不同,我们在尝试向两个方向发展:一是酶制剂应用技术体系的建立(冯定远,2008),二是酶制剂分子营养基础的探讨(冯定远等,2006;谭会泽,2006;陈芳艳,2010)。其中,"饲料酶制剂的分类和划代及其理论基础"作为饲料酶制剂技术体系之一,是针对目前酶制剂种类比较多、作用的目的差别比较大、应用日粮和饲料原料范围比较广这一现状,为了规范饲料酶制剂的使用,对其进行适当的分类和划代,以便应用更为有效。

一、酶制剂的相关概念

1. 催化剂、生物催化剂、酶催化剂

催化剂是指能够诱导化学反应发生改变而使化学反应变快或减慢,或者在较低的温度环境下进行化学反应的物质。催化剂又称为触媒,酸和碱是常见的催化剂。催化剂可以分为非生物催化剂和生物催化剂两种,常见的非生物催化剂有化学催化剂。生物催化剂是指具有生

物活性和生物敏感性的催化剂,包括活细胞催化剂(固定化活细胞)和酶催化剂两种。生物催化剂具有显著的高效性,能在常温常压下起催化反应,反应速率快,例如,酶的催化效率特别高,比一般的化学催化剂的效率高 $10^7 \sim 10^{18}$ 倍,所以,在条件符合的情况下,少量酶制剂能够在瞬时高效性发挥作用。

酶催化剂是最主要的生物催化剂,除具有十分明显的高效性外,酶催化剂与其他催化剂不同的另一个特点是催化反应的专一性,例如牛奶中的乳糖是以 β-半乳糖苷键结合,而植物中的棉籽糖却是以 α-半乳糖苷键结合,动物消化道的乳糖酶只可以消化 β-半乳糖苷键(Holden 和 Mace,1997;Mace,2009),而微生物的 α-半乳糖苷酶可以分解 α-半乳糖苷键(Waldroup,2006)。我们在 2006 年的研究也表明 α-半乳糖苷酶可有效降低豆粕中棉籽糖和水苏糖等 α-半乳糖苷的抗营养作用,催化养分消化利用(冒高伟,2006)。动物消化道的淀粉酶只能消化 α-1,4-葡萄糖苷键(Amylase Research Society of Japan,1988),不能分解 β-1,4-葡萄糖苷键,β-1,4-葡萄糖苷键需要纤维素酶的作用(Percival,1962),从而增加还原糖的产量(黄燕华,2004)。

2. 酶、酶制剂、饲料酶制剂

酶是生物体产生的、能起催化作用、具有敏感性的有机大分子物质,绝大部分酶是蛋白质,少数是 RNA。酶的种类繁多,大约有 4 000 种,与非生物催化剂相比,有明显的多样性,大自然的奇妙和生物界的丰富多彩,有相当部分归因于酶的多样性和非凡作用。例如,动物体内存在大量的酶,已发现 3 000 种以上。

酶按催化反应可以分为六大类:氧化还原酶类(促进底物的氧化或还原)、转移酶类(促进不同物质分子间某种化学基团的交换或转移)、水解酶类(促进水解反应)、裂合酶类(促进一种化合物分裂为两种化合物,或由两种化合物合成一种化合物)、异构酶类(促进同分异构体互相转化)和合成酶类(促进两分子化合物互相结合)(张树政等,1984)。饲料用酶主要是水解酶类和裂合酶类等。

酶制剂是指按一定的质量标准要求加工成一定规格、能稳定发挥其功能作用的含有酶的成分的制品。常按其性状分为液体剂型酶和固体剂型酶,或者按其功能和使用特点分为饲料酶、食品酶、纺织酶等等。酶制剂既含有酶成分,也含有载体或溶剂。

饲料酶制剂是指添加到动物日粮中,目的是提高营养消化利用、降低抗营养因子或者产生对动物有特殊作用的功能成分的酶制剂。饲料酶制剂只占酶制剂的很小部分,尽管如此,可以用于饲料用途的酶制剂的绝对种类的数量仍是非常大。但是,我们对饲料用酶的利用还十分有限,许多认识还很混乱。在相当长的时间里这种局面将继续存在,这意味着饲料用酶的利用既有很多的困难,也有巨大的开发空间。

3. 降解酶、水解酶、分解酶

饲料酶制剂主要是降解类的酶制剂,把营养物质(如蛋白质、淀粉)或者抗营养物质(如非淀粉多糖、植酸盐)降解为容易吸收的营养成分或者无抗营养特性的成分,降解反应是指把大分子变成小分子的过程,包括水解反应和分解反应两类(张树政等,1984)。

水解是一个加水的反应过程,水解反应是水与另一化合物反应,使该化合物分解为两部分。例如:

$$乳糖 \xrightarrow[\text{H}_2\text{SO}_4]{\text{H}_2\text{O}} 半乳糖 + 葡萄糖;\qquad 棉籽糖 \xrightarrow[\alpha\text{-半乳糖苷酶}]{\text{H}_2\text{O}} 半乳糖 + 蔗糖$$

分解反应是一种化合物分裂为两种化合物(不需要加水的反应过程),狭义的分解反应不包括加水的反应,广义的分解反应包括水解反应,加水的反应过程也是分解的反应。

从动物营养学的角度,为了方便,如果要区别水解和分解两者的不同,对大分子催化反应产生基本组成单位的反应习惯称为"水解",例如"蛋白质"水解为组成蛋白质的基本单位"氨基酸","淀粉"水解为组成淀粉的基本单位"葡萄糖"。而降解基本单位(如氨基酸或葡萄糖)的催化反应习惯称为"分解"。动物营养学上的"基本单位"是指能够吸收的最大组分,如氨基酸、葡萄糖、脂肪酸等。当然,"分解"和"水解"不是绝对的,事实上,两个概念经常互用。

为了进一步了解酶制剂的作用特点和细化饲料酶的种类,我们可以把饲料酶分为水解酶和分解酶(相当酶学分类的裂合酶的一部分)。饲料水解酶就是指把大分子物质通过加水反应产生其组成基本单位的酶制剂。水解酶包括脂肪酶、淀粉酶、蛋白酶、木聚糖酶、纤维素酶、β-葡聚糖酶、β-甘露聚糖酶等。

在讨论植酸酶时,常常碰到一种困惑,就是不好归类,一般的饲料复合酶并不包括植酸酶,往往单独使用。植酸或者植酸盐已经是基本单位,是小分子化合物。而蛋白质、脂肪、淀粉、木聚糖、纤维素、β-葡聚糖、β-甘露聚糖等等,是大分子化合物,是由基本单位如氨基酸、脂肪酸、葡萄糖等组成的。事实上,植酸酶与一般的水解酶不同,为了区别,可以把植酸酶划分为分解酶,分解酶还包括木质素分解酶、霉菌毒素脱毒酶等等。

所以,区别水解酶和分解酶有两个依据:一是催化反应是否是加水反应;二是催化反应的产物是否是基本组成单位。

4. 单酶、复合酶、组合酶

单酶或单一酶是指特定来源而催化水解一种底物的酶制剂,如木瓜蛋白酶、胃蛋白酶、里氏木霉(*Trichoderma reesei*)纤维素酶、康氏木霉(*Trichoderma koningi*)纤维素酶、曲霉菌(*Aspergillus*)木聚糖酶、隐酵母(*Cryptococcus*)木聚糖酶等等。

复合酶是指由催化水解不同底物的多种酶混合而成的酶制剂,如由木瓜蛋白酶、康氏木霉纤维素酶和曲霉菌木聚糖酶组成的饲料酶是复合酶制剂,同时作用于日粮中的蛋白质、纤维素和木聚糖。多种酶的来源可以不同,也可以相同,因为单一菌株可以产生多种酶。大多数添加在动物饲料中的酶是粗制剂,通常对一系列底物有活性(Campbell 和 Bedford,1992)。商业上的饲用酶制剂产品通常是将两种或更多种酶混合在一起的"复合酶"(Graham,1993)。目前饲料和养殖业使用的除植酸酶等少量是单酶添加剂外,大多数为复合酶添加剂。复合酶在酶制剂其他领域应用很少,主要是饲料中使用。

组合酶是指由催化水解同一底物的来源和特性不同,利用其催化的协同作用,选择具有互补性的两种或两种以上酶配合而成的酶制剂(冯定远等,2008)。例如,蛋白酶组合酶制剂由多种来源不同的蛋白酶组成,体内的胃蛋白酶和胰蛋白酶就是一种天然的蛋白酶组合(前者属于酸性蛋白酶,后者属于碱性蛋白酶)。饲料组合酶不是简单的复合,而应该是根据不同酶的最适特性、作用特点和抗逆性的互补有机组合。可以是多种内切酶的组合,也可以是内切酶和外切酶的组合。例如,α-淀粉酶是内切酶,它催化淀粉分子内部1,4-苷键的随机水解,而β-淀粉酶是外切酶。组合酶在各个酶制剂领域中都可以应用,有可能使酶制剂在饲料和养殖应用方面具有革命性的意义,特别是非常规饲料原料的广泛应用,单靠一般的单酶或者复合酶并不能够解决其作用的高效性问题。

二、饲料酶制剂的划代

从20世纪中叶开始,饲料酶制剂研究先后经历了20世纪60～70年代缓慢发展阶段、20世纪70年代美国第一个商品性饲用酶制剂出现、20世纪80～90年代突飞猛进的快速发展阶段以及21世纪创新发展阶段。短短60年间,饲用酶制剂先后经历了从以助消化为目的的第一代饲用酶制剂、以降解简单抗营养因子为目的的第二代饲用酶制剂,向以降解复杂抗营养因子或毒物为目的的第三代饲用酶制剂的跨越。到如今,饲用酶制剂的研发与应用进一步表现出由"原料中释放"动物不易消化的养分走向"底物中生产"具有生物活性物质的创新发展态势(Choct,2006)。

1.第一代饲料酶制剂

酶制剂的种类繁多,用途各异,被人们认识和利用也有很大的不同,实际上,对酶在饲料中的认识最早是蛋白酶一类以助消化为目的的酶制剂,特别是在幼年动物的日粮中的应用。例如,对早期断奶仔猪常常会添加蛋白酶、淀粉酶等,以弥补体内消化酶分泌的不足。它们早在20世纪70年代开始应用,并且在相当长的时间里,饲料酶制剂是以这一类酶为主,或者以单酶或复合酶的形式。为了方便,我们把以助消化为目的的一类酶制剂,称为"第一代饲料酶制剂",因为主要目的是补充体内"消化酶",一般也称为"外源性营养消化酶",如蛋白酶、淀粉酶、脂肪酶、乳糖酶、肽酶等。

外源性营养消化酶主要是水解大分子化合物为小分子化合物或其基本组成单位,如寡肽、寡糖、甘油一酯(二酯)、氨基酸、葡萄糖、脂肪酸,直接为体内提供可吸收的营养。经过长期的进化,高等动物的大部分消化功能已由特定消化酶执行。一般情况下,动物本身的消化酶活性能够有效地完成消化功能。但有些情况下可大大影响动物的消化能力,如:病畜和幼年仔畜常常存在消化功能问题(Aumaitre和Corring,1978);现代饲养方式人为压抑了动物的消化功能,如仔猪的逐渐断奶改为突然断奶、自然断奶改为提早断奶(Lindemann,1986)。早期的饲料酶制剂产品主要以这类为多,用于助消化,特别是幼年动物和存在消化道健康问题的成年动物消化酶的补充。

实际上,对外源性营养消化酶在饲料工业和养殖领域的应用有必要重新认识,随着动物日粮配方富营养化、饲养条件应激和环境污染问题越来越突出,成年健康动物添加外源性营养消化酶的作用也越来越明显,意义也越来越大。

植酸酶的添加目的是分解并释放与植酸盐化学键结合的氨基酸、脂肪酸、常量矿物质元素或者微量元素,也是比较早的分解类的酶。所以,我们也把植酸酶归为第一代饲料酶制剂,也是外源性营养消化酶,是小分子营养消化酶,与蛋白酶等不同的是水解酶和分解酶的差别。

2. 第二代饲料酶制剂

随着酶制剂在饲料工业和养殖业中应用的不断深入,饲料酶制剂迎来了发展的黄金时期,尤其是 20 世纪 90 年代被广泛关注的"非淀粉多糖酶"。以降解"单一组分抗营养因子或毒物"为目的的酶制剂,我们可以称为"第二代饲料酶制剂",如木聚糖酶、β-葡聚糖酶、纤维素酶等。这类酶同样也是水解酶。

木聚糖和 β-葡聚糖的抗营养特性已经被广泛认识,纤维素尽管有时候并不归类于抗营养因子,高质量的纤维甚至有一定的营养意义,但是,对于单胃动物而言,纤维素更多的情况是影响日粮的消化利用。这类酶作用的产物没有营养意义,或者没有直接的营养价值,木聚糖酶使木聚糖水解产生的木糖和木寡糖,猪、禽不能利用,β-葡聚糖酶作用于 β-葡聚糖和纤维素酶作用于纤维素并不能够产生游离的葡萄糖,对单胃动物同样没有直接的营养价值。部分产物只是可能有一定的生理活性或者微生态调节作用。第二代饲料酶制剂即非淀粉多糖酶的研究和开发一直十分活跃,大大推动了酶制剂在饲料工业和养殖领域的应用。随着高质量和有针对性的非淀粉多糖酶的科学使用,部分"非常规饲料原料"已经变成"常规饲料原料"。

另外,黄曲霉毒素脱毒酶等酶制剂也可归为第二代饲料酶制剂。与"非淀粉多糖酶"不同的是,"脱毒酶"是分解酶类。

3. 第三代饲料酶制剂

21 世纪以来,特别是最近几年,随着酶制剂产业和饲料资源开发的不断发展,新型酶制剂的认识、开发和产业化有了新的进展。以降解"多组分抗营养因子"为目的的酶制剂,如 α-半乳糖苷酶、β-甘露聚糖酶、果胶酶、壳聚糖酶、木质素过氧化物酶,我们可称之为"第三代饲料酶制剂"。

所谓"第三代饲料酶制剂",有两方面的含义,一是该类酶制剂发展的阶段相对较晚,二是其作用的底物类型的差别。α-半乳糖苷酶、β-甘露聚糖酶、果胶酶、壳聚糖酶、木质素过氧化物酶(分解木质素的一系列酶的主要组分)等第三代酶制剂,既"非"第一代饲料酶,也"非"第二代饲料酶,由于不好归类,暂时定义为"特异碳水化合物酶"(distinctive carbohydrate enzymes)或者"双非酶",这是一个方面。另一方面,实际上,"非淀粉多糖"不是糖生物学(glycobiology)的概念,而是动物营养学的概念,并不十分准确。广义的"非淀粉多糖酶"也包括 α-半乳糖苷酶、β-甘露聚糖酶、壳聚糖酶、果胶酶等(但不包括木质素过氧化物酶)。广义的非淀粉多糖也包括由两种或者多种成分构成的碳水化合物,如 α-半乳糖苷类由半乳糖和葡萄糖构成,β-甘露聚糖由甘露糖和葡萄糖构成。而狭义的"非淀粉多糖"仅指木聚糖、β-葡聚糖和纤维素等,它们是单一的一种基本单位,如木聚糖由木糖构成,β-葡聚糖和纤维素由葡萄糖构成。为了区别传统意义上的"非淀粉多糖酶"(狭义的"非淀粉多糖酶"),可以把与非淀粉多糖既相关,又是"非"传统意义上的"'非'淀粉多糖酶"称为"双非酶"。

α-半乳糖苷酶、β-甘露聚糖酶、果胶酶、壳聚糖酶、甲壳素酶、葡萄糖胺酶等第三代饲料酶是"特异碳水化合物酶"。溶菌酶(lysozyme)也是特异碳水化合物酶,又称胞壁质酶(muramidase)或 N-乙酰胞壁质聚糖水解酶(N-acetylmuramide glycanohydralase),是一种能水解致病菌中黏多糖的碱性酶。

"特异碳水化合物酶"与传统"非淀粉多糖酶"的主要区别是:理论上,后者水解单一组分的碳水化合物(一般称为"同多糖"),如木聚糖为木糖,β-葡聚糖为葡萄糖;而前者水解多组分碳水化合物(一般称为"杂多糖"),如 α-半乳糖苷为半乳糖和葡萄糖,β-甘露聚糖为甘露糖和葡萄糖,等等。

第二个区别是,"非淀粉多糖酶"是针对大分子的多聚碳水化合物,而"特异碳水化合物酶"的情况则比较复杂,从大分子的多聚碳水化合物到中等碳链长度的寡聚碳水化合物,例如,α-半乳糖苷并不是多聚碳水化合物,不是多糖类,应该是寡糖类物质(把 α-半乳糖苷归为广义的非淀粉多糖也不合适)。所有"非淀粉多糖酶"都是多聚糖酶,β-甘露聚糖酶是多聚糖酶,α-半乳糖苷酶是寡聚糖酶。

第三个区别是,"非淀粉多糖酶"作用的饲料原料基本是非常规原料,而"特异碳水化合物酶"中的 β-甘露聚糖酶针对非常规原料如椰子粕等,α-半乳糖苷酶针对常规原料如豆粕等。

"特异碳水化合物酶"属于第三代的水解酶,而木质素过氧化物酶等则是第三代的分解酶。具体的饲料酶制剂分类和划代见表1。

表1　饲料酶制剂的分类和划代

饲料酶	酶的作用	降解	酶的类别	举例
第一代酶	帮助营养消化	水解酶	大分子营养消化酶	蛋白酶、淀粉酶、脂肪酶、乳糖酶、肽酶等
		分解酶	小分子营养消化酶	植酸酶等
第二代酶	去除抗营养因子及毒物	水解酶	非淀粉多糖酶	木聚糖酶、β-葡聚糖酶、纤维素酶等
		分解酶	脱毒酶	黄曲霉毒素脱毒酶等
第三代酶	去除抗营养因子及毒物	水解酶	特异碳水化合物酶	α-半乳糖苷酶、β-甘露聚糖酶、果胶酶、甲壳素酶、壳聚糖酶、溶菌酶等
		分解酶	特异分解酶	木质素过氧化物酶、锰过氧化物酶、漆酶等

三、第二代与第三代饲料酶制剂划分的糖生物学基础

1. 同多糖

大部分饲料酶与植物原料中的碳水化合物有关,植物的主要成分是碳水化合物,既有营养性的,也有抗营养性的,还有功能性的碳水化合物(如功能性寡糖)。碳水化合物又称糖类(张军良和郭燕文,2008),为了说明第二代饲料酶制剂与第三代饲料酶制剂的区别,有必要专门讨论一下糖生物学,这是 Rademacher(1988)创用的一个名词。100 多年前提出的碳水化合物这个名词并不准确,所谓碳水化合物,其组成可用 $(C \cdot H_2O)_n$ 表示,但今天的碳水化合物远远超过"碳·水"这个含义(Varki 等,1999)。

　　自然界中存在各种糖类物质,大致上可分为简单糖类和复合糖类。前者包括单糖和多糖,后者也称为糖复合物或者糖缀合物,除糖类组分外,还有非糖组分,如蛋白质、脂质等。单糖是聚糖(寡聚糖和多聚糖,简称寡糖和多糖)的基本结构单位,是不能再水解为更简单的糖单位的一类糖,可分为醛糖(如葡萄糖)和酮糖(如果糖),天然存在时均为 D 型。聚糖的每一个单糖可以一个 α 或 β 键与链中的另一个单糖的一个或几个位点连接,或与其他分子连接,α、β 用于表示半缩醛碳的构型,例如淀粉中的 D-葡萄糖以 α-苷键连接(图1),纤维素则用 β-苷键连接(图2)。

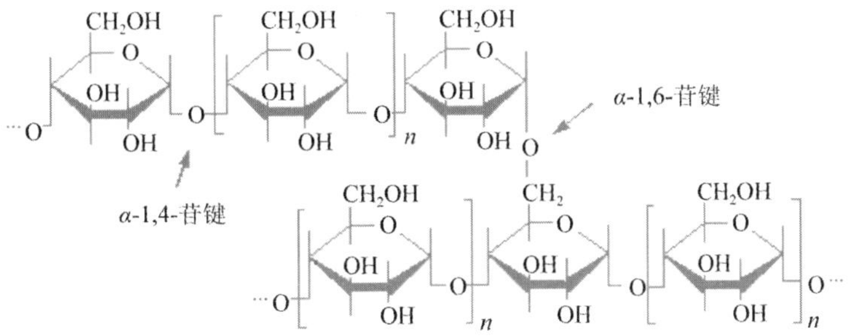

图1　淀粉中的 α-苷键

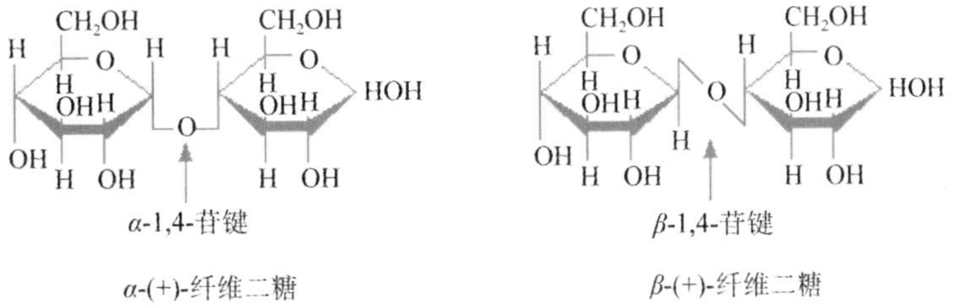

图2　纤维素中的 β-苷键

　　自然界中单糖种类虽然很多,但能形成多糖的单糖却不多,主要有葡萄糖、甘露糖、半乳糖、木糖、鼠李糖、阿拉伯糖、岩藻糖和果糖,前四种最重要。植物多糖分为淀粉、纤维素、果聚糖、半纤维素、树胶、黏液质和黏胶质。动物多糖分为糖原、甲壳素、肝素、硫酸软骨素、透明质酸。

　　仅由单一种类单糖构成的多糖为同多糖,淀粉、纤维素、β-葡聚糖与木聚糖为同多糖。β-1,4-苷键连接的木聚糖和纤维素结构非常相似,两者在植物细胞壁中相互作用,成为植物纤维的主体。

2. 杂多糖

　　由两种或两种以上单糖构成的多糖为杂多糖。自然界有大量的杂多糖,例如果胶(由 D-半乳糖醛酸组成)、植物胶(由 D-半乳糖、阿拉伯糖、鼠李糖组成)就含有大量的杂多糖。果胶的组成可有同多糖和杂多糖两种类型:同多糖型果胶如 D-半乳聚糖、L-阿拉伯聚糖和 D-半乳糖醛酸聚糖等;杂多糖果胶最常见,是由半乳糖醛酸聚糖、半乳聚糖和阿拉伯聚糖以不同比例组成的。魔芋多糖是一种异多糖,是葡萄糖和甘露糖以 β-1,4-苷键连接方式构成的葡甘聚糖(杜昱光,2004)。甘露寡糖存在于酵母细胞壁中,魔芋粉也含有甘露寡糖。甘露聚糖在棕桐子、酵母、红藻和绿藻中含量高,部分组成半纤维素,如聚葡萄甘露糖类、聚半乳糖、葡萄甘露糖类。

含有半乳糖的杂寡糖或杂多糖存在于棉籽糖、胶、黏多糖中,棉籽糖、水苏糖和毛蕊花糖是异寡糖(Eggleston,2008),由葡萄糖、果糖和半乳糖组成,三者分别含有 1、2、3 个半乳糖加 1 个蔗糖(或 1 个葡萄糖,1 个果糖),它们是环状单糖的半缩醛(或半缩酮)羟基与另一化合物发生缩合而形成的缩醛(或缩酮),又称为糖苷(半乳糖糖苷)。大豆含寡糖 10%,其中以水苏糖和棉籽糖含量比较高,分别占总糖类的 36% 和 4%。

3. 甲壳素

甲壳素(chitin)也被称为几丁质,它在自然界的总生物质量仅次于纤维素,作为一种来源十分丰富的杂多糖,进行饲料应用的开发有很好的前景,所以这里专门介绍一下甲壳素。甲壳素广泛地存在于真菌细胞壁中,也是低等动物(包括甲壳动物、软体动物和昆虫)表面的主要组成成分,除了最为常见的虾和蟹外,已经利用的还有酵母等真菌的细胞壁和蚕蛹,有些昆虫,例如蝗虫,也有可能作为开发利用的甲壳素的原材料。

甲壳素是由 N-乙酰氨基葡萄糖通过 β-1,4-糖苷键连接形成的生物大分子,一般约由 5 000 个糖基组成,即其相对分子质量约 1 000 000。就结构而言,它与纤维素非常地相似,所不同的仅是每个糖残基中 C2 上的取代基,在纤维素中是羟基,在甲壳素中是 N-乙酰氨基。由于两者都通过 β-1,4-糖苷键连接而成,因此,它们整个分子表现为伸展的长链结构。分子中每个糖基中 C2、C3 和 C6 的所有取代基都是平伏取向,因此,这些长链的分子间非常容易形成氢键,而且氢键的密度非常高,此外,每个糖残基形成吡喃环的环之间又可发生疏水的相互作用。诸多氢键和强烈疏水相互作用,最终导致纤维素和甲壳素都可以成为排列异常密集的纤维束,而且可表现出某些类似于晶体的排列,这样的结构特征导致了它们的水不溶性,这也是它们分别出现于微生物细胞壁及低等动物的表面、成为结构保护层的物质基础的原因。

一类与甲壳素有关的分子是细菌细胞壁内肽聚糖中的糖链,这类糖链可以看成是甲壳素的衍生物,它基本上保留了甲壳素和纤维素样的结构。由于肽聚糖糖链的结构与甲壳素类似,因此,原先以肽聚糖为底物的溶菌酶也可以降解甲壳素。另一类与甲壳素有关的分子是在某些链球菌的表面存在着的另一类 N-乙酰氨基葡萄糖形成的多糖,和甲壳素不同的是,它是通过 β-1,6-苷键连接形成的生物大分子,而且是一种病原分子。

甲壳素酶、壳聚糖酶、溶菌酶可以降解甲壳素产生壳聚糖,壳聚糖是甲壳素脱乙酰基后得到的产物,它是氨基葡萄糖通过 β-1,4-苷键连接形成的分子(聚合度在 2~10 之间)。

所以,如果仅考虑碳水化合物(糖类),第一代的饲料酶类就是淀粉类同多糖酶,第二代的饲料酶类就是非淀粉类同多糖酶,第三代的饲料酶类就是淀粉类杂多糖酶。壳聚糖酶和溶菌酶是水解自然界生物质量仅次于纤维素的甲壳素的新型饲料酶制剂,同 α-半乳糖苷酶、β-甘露聚糖酶、果胶酶等一样,也是第三代饲料酶制剂中的"双非酶"。

四、新型饲料酶制剂

第三代饲料酶制剂的 α-半乳糖苷酶、β-甘露聚糖酶、果胶酶等已有广泛的讨论,而且已经在饲料中被认识并应用。这里讨论一下第三代饲料酶制剂的其他新型饲料酶制剂,如壳聚糖酶和木质素过氧化物酶。

壳聚糖酶分布于细菌、放线菌、真菌、动植物等广泛的生物群中,其主要作用于 β-1,4-氨基葡萄糖苷键,以内切作用方式水解壳聚糖生成其低聚产物。但来源于不同微生物的壳聚糖酶对不同脱乙酰度的壳聚糖和壳聚糖衍生物有不同特异性。壳聚糖酶的相对分子质量一般都在 23 000～50 000 之间,相对低于甲壳素酶的相对分子质量(31 000～115 000),但也存在少数相对分子质量高的壳聚糖酶,如烟曲霉(*Aspergillus fumigatus*)KH-94 有 2 种壳聚糖酶,其中一种酶的相对分子质量高达 108 000。

壳聚糖酶大多数为碱性蛋白质,但也有少数为酸性蛋白质,等电点 pI 变化范围比较大,在 4.0～10.1 之间。来源于各类微生物的壳聚糖酶具有较好的热稳定性,最适反应温度在 30～60℃ 之间。嗜碱芽孢杆菌(*Bacillus* sp.)CK4 的壳聚糖酶的耐热性很高,60℃ 处理 30 min 仍然能保持全部酶活性,80℃ 处理 30 min 和 60 min 后剩余酶活分别为 85%、66%,只有在 90℃ 处理 60 min 后酶才完全失活。从嗜碱芽孢杆菌 KFB-C108 纯化的壳聚糖酶其最适温度为 55℃,80℃ 热处理 10 min 或 70℃ 热处理 30 min 酶活仍然保持稳定,而且酶稳定性也比较强,用螯合物、烷化剂和各种金属离子处理对酶活都没有影响,只有 Co^{2+} 抑制酶活(Yoon 等,2000)。

甲壳素酶比壳聚糖酶分布更广泛,其对线形结构的乙酰胺基葡萄糖苷键有专一性水解作用,水解最终产物是甲壳二糖。甲壳素酶通常分为两大类:一类为内切甲壳素酶(EC 3.2.1.14),对甲壳素长链进行随机降解,最终产物是甲壳二糖和少量的甲壳三糖;另一类为 N-乙酰葡萄糖胺酶(EC 3.2.1.10),亦称甲壳二糖酶(chitobiase),能降解甲壳二糖,生成游离态葡萄糖。

最近路透社(2010)报道,挪威科学家有重大突破,他们发现一种酶能高效分解植物中的甲壳素(几丁质),从而产生"第二代"生物燃料。同样,我们可以设想在饲料中也有应用的前景。

甲壳素酶比壳聚糖酶来源丰富,部分甲壳素酶和壳聚糖酶的来源(杜昱光,2009)见表 2。

表 2　部分甲壳素酶和壳聚糖酶的来源

	来源	酶	研究者		来源	酶	研究者
1	不动杆菌 *Acinetobacter* sp. CHB101	壳聚糖酶	Shimosaka 等,1995	4	米曲霉 *Aspergillus oryzae* var. *sporoflavus ohara* JCM 2067	甲壳素酶	Fukazawa 等,2003
2	黄曲霉 *Aspergillus flavus*	壳聚糖酶	Zhang 等,2000	5	酱油曲霉 *Aspergillus sojae*	壳聚糖酶	Zhang 等,2000
3	烟曲霉 *Aspergillus fumigatus* KH-94	壳聚糖酶	Kim 等,1998	6	海洋曲霉 *Aspergillus* sp. Y2K	壳聚糖酶	Cheng 等,2000

续表 2

来源	酶	研究者	来源	酶	研究者
7 蜂房芽孢杆菌 *Bacillus alvei*	壳聚糖酶	Abdel-Aziz 等，1999	20 东方诺卡菌 *Nocardia orientalis* IFO 12806	葡萄糖胺酶	Nanjo 等，1990
8 蜡状芽孢杆菌 *Bacillus cereus*	壳聚糖酶	Kurakake 等，2000	21 嗜盐碱放线菌 *Nocardioides* sp. K-01	壳聚糖酶	Okajima 等，1995
9 环状芽孢杆菌 *Bacillus circulans* MH-K1	壳聚糖酶	Mitsutomi 等，1995	22 淡紫拟青霉 *Paecilomyces lilacinus*	壳聚糖酶	Chen 等，2005
10 巨大芽孢杆菌 *Bacillus megaterium* P1	壳聚糖酶	Pelletier 等，1990	23 罗尔斯通菌 *Ralstonia* sp. A-471	甲壳素酶	Sutrisno 等，2004
11 短小芽孢杆菌 *Bacillus pumilus* BN-262	壳聚糖酶	Fukamizo 等，1994	24 液化沙雷菌 *Serratia liquefaciens* GM 1403	甲壳素酶	Shin 等，1996
12 嗜碱芽孢杆菌 *Bacillus* sp.	壳聚糖酶	Izume 等，1987	25 黏质沙雷菌 *Serratia marcescens*	甲壳素酶	Sorbotten 等，2005
13 嗜碱芽孢杆菌 *Bacillus* sp. KCTC 0377BP	壳聚糖酶	Choi 等，2004	26 灰色链霉菌 *Streptomyces griseus* HUT6037	甲壳素酶	Mitsutomi 等，1997
14 枯草芽孢杆菌 *Bacillus subtilis* KH1	壳聚糖酶	Omumasaba 等，2000	27 库尔萨诺链霉菌 *Streptomyces kurssanovii*	甲壳素酶	Stoyachenko 等，1994
15 球胞白僵菌 *Beauveria bassiana*	壳聚糖酶	杜昱光等，1999	28 变铅青链霉菌 *Streptomyces lividans* 10-164 (pRL226)	壳聚糖酶	Li 等，1995
16 唐菖蒲伯克霍尔德菌 *Burkholderia gladioli* CHB101	壳聚糖酶	Shimosaka 等，2000	29 里氏木霉 *Trichoderma reesei* ATCC56764	壳聚糖酶	吴绵斌等，2001
17 肠杆菌 *Enterobacter* sp. G-1	甲壳素酶/壳聚糖酶	Yamasaki 等，1992	30 绿色木霉 *Trichoderma viride*	甲壳素酶	Omumasaba 等，2001
18 镰刀菌 *Fusarium solani* f. sp. Phaseoli SUF 386	壳聚糖酶	Shimosaka 等，1996	31 海洋弧菌 *Vibrio* sp.	甲壳素酶	Takahashi 等，1993
19 鲁氏毛霉 *Mucor rouxii*	壳聚糖酶	Alfonso 等，1992			

　　木质素是植物的重要组成成分之一，它是填充在细胞间和细胞壁的结构成分，占细胞结构的 15%～30%。木质素与半纤维素以共价键形式结合，将纤维素分子包埋在其中，形成一种天然屏障，使酶不易与纤维素分子接触，而木质素的非水溶性和化学结构的复杂性，导致了部分植物的难降解性，要彻底降解纤维素，必须首先解决木质素的分解问题。分解木质素是依靠一个复杂的胞外过氧化物酶系统，这一系统主要由 3 种酶构成：木质素过氧化物酶、锰过氧化物酶、漆酶。

木质素过氧化物酶是一系列含有一个 Fe(S)-卟啉环(Ⅸ)血红素辅基的同功酶,相对分子质量 37 000～47 000,等电点为 3.5 左右。木质素过氧化物酶在温度大于 35℃时开始失活,pH 为 4.5 时很稳定,在 pH 3.0 以下极不稳定。锰过氧化物酶是一种糖蛋白,相对分子质量约为 46 000,由一个铁血红素基和一个 Mn^{2+} 构成了活性中心,另外还有两个起稳定结构作用的 Ca^{2+},其分子中有 10 条长的蛋白质单链,一条短的单链,它是木质素酶系中唯一的一个中间过氧化物酶,因为它的主要底物为有机酸。漆酶是一种含铜的多酚氧化酶,主要来源于生漆和真菌,相对分子质量为 60 000～80 000,含有 15％～20％的碳水化合物、520～550 个氨基酸残基。

五、饲料酶制剂划代和分类的意义

大体上,从 20 世纪 70 年代开始,酶制剂被应用于饲料和养殖中,大约每隔 20 年就有新的一代饲料酶制剂逐步兴起并在产业中应用,当然,这个过程并没有一个绝对的时间上的区分。划分为所谓的"第一代饲料酶"、"第二代饲料酶"和"第三代饲料酶"完全是人为的区分,并不十分准确,这样处理是为了饲料酶分类的方便,也可以有其他不同的做法。实际上,即使现在,几类饲料酶也同时发展,并行不悖。

这里的饲料酶制剂发展的分类和划代,更多的是说明该行业发展的历史阶段,强调不同时期的发展特点和标志性研究成果,并不是说新的一代比过去的更先进,不存在更新换代的问题。这是由酶本身的种类多样化和作用的专一性决定的。随着研究的深入和需求的不同,其他新型酶制剂也将出现,例如抗病、抗氧化、畜产品保质等功能性酶制剂产品等等。我们最近进行的有关谷胱甘肽过氧化物酶的研究就是这方面的尝试(陈芳艳,2010),谷胱甘肽过氧化物酶具有抗病和防止畸变的作用。可以预测,与目前传统意义的提高饲料消化利用为目的不同的饲料酶制剂将会出现并应用,以后或许我们可以称之为第四代、第五代饲料酶。

饲料酶制剂划代的目的意义在于:①了解饲料酶制剂是一个不断认识和发展的过程,说明饲料酶仍然有进一步发展的可能。②说明饲料酶不同一般的添加剂,非常复杂,不能简单笼统归类,根据需要,可以用多种方法分类和区别。③使用好饲料酶制剂除了掌握酶学特性外,了解作用底物和原料特点同样重要。④根据不同目的,饲料酶制剂的使用有许多方案,例如,可使用单酶、复合酶或组合酶,也可同时使用组合型的复合酶;可使用第一代、第二代酶或第三代酶,也可同时使用第一至第三代酶;可使用水解酶或分解酶,也可同时使用水解酶和分解酶。⑤饲料酶制剂的适当区分和细化,为解决作用的高效性和针对性提供了必要的条件,避免酶制剂使用的混乱,同时能够达到经济合理的目的。

参考文献

[1] 陈芳艳.2010.猪谷胱甘肽过氧化物酶的修饰及生物活性研究[D].华南农业大学博士学位论文.

[2] 杜昱光,方祥年,白雪芳,等.1999.高产壳聚糖酶菌株的筛选及其降解壳聚糖反应初探[J].中国海洋药物,18(2):24-27.

［3］ 杜昱光.2009.壳寡糖的功能研究及应用［M］.北京:化学工业出版社,45-47.

［4］ 冯定远,黄燕华,于旭华.2008.饲料酶制剂理论与实践的新思路——新型高效饲料组合酶的原理和应用［J］.中国饲料,13:24-28.

［5］ 冯定远,谭会泽,王修启,等.2006.饲用酶制剂作用的分子营养学机理与加酶日粮 ENIV 系统的分子生物学基础［J］.饲料工业,27(24):1-6.

［6］ 冯定远,张莹,余石英,等.1997.含有木聚糖酶和 β-葡聚糖酶的酶制剂对猪日粮消化性能的影响［J］.饲料博览,9(6):5-7.

［7］ 冯定远.2008.饲料酶研究的理论与应用技术体系的建立［J］.饲料与畜牧,11:8-12.

［8］ 黄燕华.2004.不同来源纤维素酶在肉鹅高纤维日粮中的应用及其作用机理的研究［D］.华南农业大学博士学位论文.

［9］ 冒高伟.2006.α-半乳糖苷酶在断奶仔猪玉米豆粕型日粮中的应用研究［D］.华南农业大学硕士学位论文.

［10］ 谭会泽.2006.肉鸡肠道碱性氨基酸转运载体 mRNA 表达的发育性变化及营养调控［D］.华南农业大学博士学位论文.

［11］ 吴绵斌,夏黎明,岑沛霖.2001.壳聚糖酶解的随机进攻动力学模型［J］.高校化学工程学报,15(6):552-556.

［12］ 张军良,郭燕文.2006.基础糖化学［M］.北京:中国医药科技出版社,48-53.

［13］ 张树政.1984.酶制剂工业［M］.北京:科学出版社.

［14］ Abdel-Aziz S M. 1999. Production and some properties of two chitosanases from *Bacillus alvei*［J］. Journal of Basic Microbiology,39:79-87.

［15］ Alfonso C,Martinez M J,Reyes F. 1992. Purification and properties of two endochitosanases from *Mucor rouxii* implicated in its cell wall degradation［J］. FEMS Microbiology Letters,95:187-194.

［16］ Aumaitre A,Corring T. 1978. Development of digestive enzymes in the piglet from birth to 8 weeks. II. Intestine and intestinal disaccharidases［J］. Nutrition and Metabolism,22: 244-255.

［17］ Campbell G L,Bedford R. 1992. Enzyme applications for monogastric animal feeds:a review［J］.Canadian Journal of Animal Science,72: 449-466.

［18］ Chen Y Y,Cheng C Y,Haung T L,et al. 2005. A chitosanase from *Paecilomyces lilacinus* with binding affinity for specific chito-oligosaccharides［J］. Biotechnology and Applied Biochemistry,41:145-150.

［19］ Cheng C Y,Li Y K. 2000. An *Aspergillus* chitosanase with potential for large-scale preparation of chitosan oligosaccharides［J］. Biotechnology and Applied Biochemistry,32:197-203.

［20］ Choct M. 2006. Enzymes for the feed industry:past,present and future［J］. World's Poultry Science Journal,62: 5-15.

［21］ Choi Y J,Kim E J,Piao Z,et al. 2004. Purification and characterization of chitosanase from *Bacillus* sp. strain KCTC 0377BP and its application for the production of chitosan oligosaccharides［J］. Applied and Environmental Microbiology,70:4522-4531.

［22］ Eggleston G. 2008. Sucrose and related oligosaccharides［C］//Fraser-Reid B O，Tatsuta K，Thiem J，et al(eds). Glycoscience：chemistry and chemical biology. Berlin：Springer-Verlag Press，1163-1183.

［23］ Fukamizo T，Ohkawa T，Ikeda Y，et al. 1994. Specificity of chitosanase from *Bacillus pumilus*［J］. Biochimica et Biophysica Acta，1205(2)：183-188.

［24］ Graham D Y，Go M F. 1993. *Helicobacter pylori*：current status［J］. Gastroenterology，105：279-282.

［25］ Holden C，Mace R. 1997. Phylogenetic analysis of the evolution of lactose digestion in adults［J］. Human Biology，69(5)：605-628.

［26］ Izume R，Ohtakara A. 1987. Preparation of *D*-glucosamine oligosaccharides by the enzymatic hydrolysis of chitosan［J］. Agricultural and Biological Chemistry，1987，51：1189-1191.

［27］ Kim S Y，Shon D H，Lee K H. 1998. Purification and characteristics of two types of chitosanases from *Aspergillus fumigatus* KH-94［J］. Journal of Microbiology and Biotechnology,1998，8：568-574.

［28］ Kurakake M，Yo U S，Nakagawa K，et al. 2000. Properties of chitosanase from *Bacillus cereus* S1［J］. Current Microbiology，40：6-9.

［29］ Li T，Brzezinski R，Beaulieu C. 1995. Enzymic production of chitosan oligomers［J］. Plant Physiology and Biochemistry，33：599-603.

［30］ Lindemann M D，Cornelius S G，Elkandelgy S M，et al. 1986. Effect of age，weaning and diet on digestive enzyme level in the piglet［J］. Journal of Animal Science，62：1298-1307.

［31］ Mace R. 2009. Update to Holden and Mace's "Phylogenetic analysis of the evolution of lactose digestion in adults" (1997)：revisiting the coevolution of human cultural and biological diversity［J］. Human Biology，81(5-6)：621-624.

［32］ Mitsutomi M，Kidoh H，Ando A. 1995. Action of chitosanase on partially N-acetylated chitosan［J］. Chitin and Chitosan Research，1：132-133.

［33］ Mitsutomi M，Uchiyama A，Yamagami T，et al. 1997. Mode of action of family 19 chitinases［C］//Domard A，Roberts G A F，Varum K M. Advances in chitin science. Lyon：250-255.

［34］ Nanjo F，Katsumi R，Sakai K. 1990. Purification and characterization of an exo-β-*D*-glucosaminidase，a novel type of enzyme，from *Nocardia orientalis*［J］. Journal of Biological Chemistry，265：10088-10094.

［35］ Okajima S，Konouchi T，Mikami Y，et al. 1995. Purification and some properties of a chitosanase of *Nocardioides* sp.［J］. Journal of General and Applied Microbiology，41：351-357.

［36］ Omumasaba C A，Yoshida N，Sekiguchi Y，et al. 2000. Purification and some properties of a novel chitosanase from *Bacillus subtilis* KH1［J］. Journal of General and Applied Microbiology，46：19-27.

[37] Pelletier A，Sygusch J. 1990. Purification and characterization of three chitosanase activities from *Bacillus megaterium* P1[J]. Applied and Environmental Microbiology，56：844-848.

[38] Percival E G V. 1962. Structural carbohydrate chem[M]. London：J Garnet Miller Ltd.

[39] Rademacher T W，Parekh R B，Dwek R A. 1988. Glycobiology[J]. Annual Review of Biochemistry，57：785-838.

[40] Shimosaka M，Fukumori Y，Zhang X Y，et al. 2000. Molecular cloning and characterization of a chitosanase from the chitosanolytic bacterium *Burkholderia gladioli* strain CHB101[J]. Applied Microbiology and Biotechnology，54：354-360.

[41] Shimosaka M，Kumehara M，Zhang X Y，et al. 1996. Cloning and characterization of a chitosanase gene from the plant pathogenic fungus *Fusarium solani*[J]. Journal of Fermentation and Bioengineering，82：426-431.

[42] Shimosaka M，Nogawa M，Wang X Y，et al. 1995. Production of two chitosanases from a chitosan-assimilating bacterium，*Acinetobacter* sp. strain CHB101[J]. Applied and Environmental Microbiology，61：438-442.

[43] Shin Y C，Kang S O，Ha K J，et al. 1996. Characterization of extracellular chitinases of an isolated bacterium *Serratia liquefaciens* strain GM 1403[C]//Domard A，Jeuniaux C，Muzzarelli R A A，et al. Advances in chitin science. Lyon：84-89.

[44] Sorbotten A，Horn S J，Eijsink V G H，et al. 2005. Degradation of chitosans with chitinase B from *Serratia marcescens*：production of chito-oligosaccharides and insight into enzyme processivity[J]. FEBS Journal，272：538-549.

[45] Stoyachenko I A，Varlamov V P，Davankov V A. 1994. Chitinases of *Streptomyces kurssanovii*：purification and some properties[J]. Carbohydrate Polymers，24：47-54.

[46] Sutrisno A，Ueda M，Abe Y，et al. 2004. A chitinase with high activity toward partially N-acetylated chitosan from a new，moderately thermophilic，chitin-degrading bacterium，*Ralstonia* sp. A-471[J]. Applied Microbiology and Biotechnology，63：398-406.

[47] Takahashi M，Tsukiyama T，Suzuki T. 1993. Purification and some properties of chitinase produced by *Vibrio* sp. [J]. Journal of Fermentation and Bioengineering，75：457-459.

[48] Varki A，Cummings R，Esko J，et al. 1999. Essentials of Glycobiology[M]. Cold Spring Harbor，New York：Cold Spring Harbor Laboratory Press.

[49] Waldroup P W，Keen C A，Yan F，et al. 2006. The effect of levels of [alpha]-galactosidase enzyme on performance of broilers fed diets based on corn and soybean meal[J]. Journal of Applied Poultry Research，15(1)：48-58.

[50] Yamamoto T. 1988. Handbook of amylases and related enzymes：their sources，isolation methods，properties and applications[M]. Osaka，Japan：Pergamon Press.

[51] Yamasaki Y，Ohta Y，Morita K，et al. 1992. Isolation，identification，and effect of oxygen supply on cultivation of chitin and chitosan degrading bacterium[J]. Bioscience Biotechnology and Biochemistry，56：1325-1326.

［52］Yoon H G，Kin H Y，Lim Y H，et al. 2000. Thermostable chitosanase from *Bacillus* sp. strain CK4：cloning and expression of the gene and characterization of the enzyme ［J］. Applied and Environmental Microbiology，66(9)：3727-3734.

［53］Zhang X Y，Dai A L，Zhang X K，et al. 2000. Purification and characterization of chitosanase and exo-*β-D*-glucosaminidase from a Koji mold. *Aspergillus oryzae* IAM2660 ［J］. Bioscience Biotechnology and Biochemistry，64：1896-1902.

饲料酶理论与应用技术体系之二
——新型高效饲料组合酶的原理和应用

酶制剂作为一种具有生物活性的天然催化剂,通过与底物的结合,降低反应所需要的活化能,可以极大地提高化学反应速度。饲用酶制剂的研究开发和推广应用,已成为生物技术在饲料工业和养殖业中应用的重要领域,酶制剂作为一种新型高效饲料添加剂,为开辟新的饲料资源、降低饲料生产成本提供了行之有效的途径,同时可以提高动物生产性能和减少养殖排泄物的污染,为饲料工业和养殖业高效、节粮、环保等可持续发展提供了保障和可能性,而新型的饲料酶制剂不断被研究和开发是重要前提。组合酶作为酶制剂产品设计的创新理念,有别于传统的单酶和复合酶,能充分体现酶制剂的高效性、针对性,以"差异互补、协同增效"为核心理念。

一、饲料酶制剂的种类

迄今为止,已发现有 3 000 多种酶,用于饲料中的只是其中很小的一部分。生物体内生化代谢途径中的酶可分为氧化还原酶类、水解酶类、转移酶类、裂合酶类、异构酶类和合成酶类等几类。工业上应用的酶制剂大多数为水解酶。酶制剂按作用底物的不同可分为淀粉酶、蛋白酶、脂肪酶、果胶酶、木聚糖酶、β-葡聚糖酶、纤维素酶、植酸酶、核糖核酸酶等。单胃动物能分泌到消化道内的酶主要属于蛋白酶、脂肪酶和碳水化合物酶类。底物大分子物质(如蛋白质、脂肪、多糖等)在酶的催化下被降解为易被吸收的小分子物质,如氨基酸、寡肽、脂肪酸、葡萄糖等。饲料酶制剂的分类方法仍没有统一,饲料酶制剂大致可分为外源消化酶和非消化酶两大类。非消化酶是指动物自身不能分泌到消化道内的酶,这类酶能消化动物自身不能消化的物质或降解一些抗营养因子,主要有纤维素酶、木聚糖酶、β-葡聚糖酶、植酸酶、果胶酶等。外源消化酶是指动物自身能够分泌,但大部分来源于微生物和植物的淀粉酶、蛋白酶和脂肪酶类等。

催化水解同一种底物的酶可以有不同来源,例如,催化水解纤维素的酶有绿色木霉(*Trichoderma viride*)纤维素酶、嗜松青霉(*Penicillium pinophilum*)纤维素酶、生黄瘤胃球菌(*R. flavefaciens*)纤维素酶等等。针对这一特点,我们先后系统地比较研究了不同来源的纤维素酶(黄燕华,2004)、不同来源的木聚糖酶(于旭华,2004)和不同来源的蛋白酶(曾秋丽,2010)。同样,同一来源的生物,特别是微生物(包括真菌、细菌、放线菌等)可以产生不同的酶,例如,厌氧微生物能产生降解木聚糖、甘露聚糖的复合多酶系统。另外,所谓木聚糖酶、β-葡聚糖酶、纤维素酶等是一个笼统的概念,它们是一类作用相近的酶的统称,例如,纤维素酶主要有三种,即内切葡聚糖酶、外切葡聚糖酶和β-葡糖苷酶。

所谓单酶或单一酶(single enzymes)是指特定来源而催化水解一种底物的酶制剂,如木瓜蛋白酶、胃蛋白酶、里氏木霉(*T. reesei*)纤维素酶、康氏木霉(*Trichoderma koningi*)纤维素酶、曲霉菌(*Aspergillus*)木聚糖酶、隐酵母(*Cryptococcus*)木聚糖酶等。

与单酶相对应的是复合酶。所谓复合酶(complex enzymes)是指由催化水解不同底物的多种酶混合(mix)而成的酶制剂。多种酶的来源可以不同,也可以相同,特别是有些商业系统微生物的固体发酵,单一菌株都可以产生多种酶。复合酶可以以动物种类及阶段为目标设计酶谱和活性,如蛋鸡日粮专用酶;也可以以日粮特性为目标配制酶的种类和有效成分,如小麦型日粮专用酶。目前饲料工业和养殖业使用的除少量是单酶添加剂外,大多数为复合酶添加剂。

二、组合酶和组合型复合酶的概念和特性

饲料工业和养殖业面临影响可持续发展的三大问题:违禁药物和促生长剂大量使用导致的饲料安全问题、养分未被充分吸收利用而大量排放造成的环境污染问题和常规饲料原料缺乏及价格上涨问题。饲料酶制剂由于其独特的作用,被广泛认为是目前唯一能够在不同程度同时解决这三大问题的饲料添加剂。尽管这项技术已有了长足发展,但是迄今为止,全球单胃动物饲料仅有20%左右使用了酶,总价值约3亿美元。于是饲料酶产业界质疑:"饲料酶的发展为什么不能更快些? 尤其那些已经显示出良好商业前景的饲料酶"。

当然,酶制剂不能简单等同于促生长剂,而且影响酶发挥作用的因素很多,既有动物的因素,又有日粮的因素,还有酶本身的因素(Marquardt和Bedford,2001)。过去我们广泛使用的是单一酶(如小麦型日粮添加一种单一的木聚糖酶)或者复合酶(如仔猪日粮使用蛋白酶和淀粉酶等组成的复合酶)。如何解决酶制剂使用的针对性和高效性是酶制剂发挥其效果的关键,目前的酶制剂理论研究和产品开发恰恰在针对性和高效性上存在很大的问题。应该承认,我们对酶在饲料中的应用了解还很有限,有很大的盲目性。如何高效地发挥酶的催化功能,必须在酶制剂的应用上创新思维,构建新的应用体系。冯定远(2004)在讨论饲料工业的技术创新时就提出了饲料酶制剂应用的组合酶概念,它有别于传统上的复合酶。此后,饲料酶行业已经开始关注并实践。

所谓组合酶(combinative enzymes)是指由催化水解同一底物的来源和特性不同,利用酶催化的协同作用,选择具有互补性的两种或两种以上酶配合(formulate)而成的酶制剂。例如,组合蛋白酶制剂由多种来源不同的蛋白酶组成,可以有木瓜蛋白酶和黑曲霉蛋白酶,甚至

其他来源的蛋白酶;组合木聚糖酶制剂由多种来源不同的木聚糖酶组成,如真菌木聚糖酶和细菌木聚糖酶的组合;组合型纤维素酶制剂由外切葡聚糖酶(CBHs)和内切葡聚糖酶(E)组成(图1);等等。组合酶不是简单的复配,而应该是根据不同酶的最适特性、作用特点和抗逆性的互补有机组合。可以是多种内切酶的组合,也可以是内切酶和外切酶的组合。组合酶应用最常见的例子是有目的地选择多种蛋白酶水解蛋白质原料生产生物活性肽,根据蛋白质原料的不同,几种蛋白酶的要求不同;而目的肽的不同,几种蛋白酶的选择也不一样。

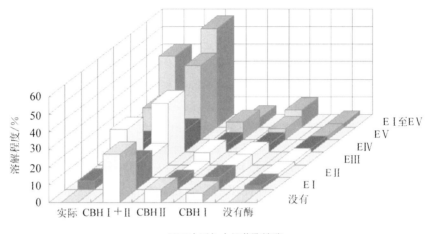

图 1　来自嗜松青霉(*P. pinophilum*)的 CBHs(Ⅰ和Ⅱ型)与内切葡聚糖酶(EⅠ至 EⅤ)
在水解棉花纤维上的协同作用(引自 Wood 等,1989)

饲料组合酶是酶制剂应用技术体系的一个技术创新。饲料组合酶一般应具备四个方面的特性:①催化水解同一底物酶的来源多样性(在一定程度体现经济性);②酶的催化反应的配合性(催化水解位点的不同和配合);③酶最适条件和抗逆特性的互补性;④酶的应用效果的高效性。饲料组合酶最终反映在解决催化饲料复杂底物的高效性问题。从严格意义上讲,设计和开发生产饲料组合酶应考虑这些特性,组合酶不是多种催化水解同一底物酶的简单混合,而是根据各自酶学特性的有机组合。

一般地,与常见的单酶与复合酶相比,科学合理的组合酶应考虑作用底物更有针对性、多种酶源的配合及互补和催化作用更加高效。组合酶在饲料中应用的最大好处就是在酶的催化环境条件不理想的情况下,发挥其配合作用,从而达到高效能的目的。

如果同时考虑复合酶的作用,又要考虑组合酶的好处,可以配制应用组合型复合酶制剂(combinative & complex enzymes)。一个典型的组合型复合酶制剂产品应该包括催化水解多种底物,而且催化水解同一底物的酶制剂由几种来源不同的单酶组成,例如,应用大量杂粮和麦类等非常规原料的日粮,可以设计含有真菌木聚糖酶、细菌木聚糖酶、木霉纤维素酶和青霉纤维素酶等的组合型复合酶制剂。

目前酶制剂产品开发仍然比较混乱,其中一个方面就是不同企业产品酶活之间没有可比性,只是笼统标明各种酶的活性,例如一个典型复合酶产品的例子——仔猪日粮专用酶:木聚糖酶(180 000 U/g)、β-葡聚糖酶(25 000 U/g)、纤维素酶(11 000 U/g)、果胶酶(400 U/g)、淀粉酶(2 000 U/g)、酸性蛋白酶(3 000 U/g),添加量为 50～100 g/t。木聚糖酶活性 180 000 U/g

是高还是低了？比另一企业产品的木聚糖酶活性 120 000 U/g 是更好吗？不能简单评判。

组合酶的另一个作用是可以部分解决不同企业产品酶活之间可比性问题。组合酶的成分一般都要注明酶的来源，例如，小麦杂粕日粮专用组合型液体酶：哈茨木霉木聚糖酶（450 000 U/g）、蓝状菌木聚糖酶（350 000 U/g）、纤维杆菌纤维素酶（300 000 U/g）、嗜松青霉纤维素酶（350 000 U/g），添加量为 80～100 g/t。由于明确了酶的来源，酶活的意义就能够比较容易规范。

在上述的小麦杂粕日粮专用组合型液体酶配方中，考虑了木聚糖降解酶间的协同作用。木聚糖降解酶的同型协同作用已经在蓝状菌（*Talaromyces byssochlamydoides*）（Yoshioka 等，1981）和哈茨木霉（*Trichoderma harzianum*）（Wong 等，1986）得到了很好的验证。

三、提出新型饲料组合酶的理论基础

（1）催化降解同一底物的酶来源很多，它们之间的催化功能既有可替代的，也有不可以替代的。这样，可替代性就有更多的选择性，对整体降低应用成本有好处；不可替代性就存在着互补性，对真正发挥酶的最大效率有好处。例如，蛋白酶有来源于动物、植物和微生物的蛋白酶，而动物、植物和微生物蛋白酶又分别有许多种。同样，植酸酶有来源于微生物、植物和动物的植酸酶，Dvorakova（1998）综述了三类植酸酶的结构和动力学特征。纤维素酶和木聚糖酶多由细菌和真菌产生，此类微生物包括需氧性微生物（aerobes）、厌氧性微生物（anaerobes）、嗜温微生物（mesophiles）、嗜热微生物（thermophiles）和极温微生物（extremophiles）。耐超高温的微生物［如栖热袍菌属（*Thermotoga* sp.）、激烈热球菌（*Pyrococcus furiosus*）和热丝菌属（*Thermofilum* sp.）］能生长在 85～110℃ 环境中，并能产生极其稳定的分解纤维素和半纤维素的酶（Simpson 等，1991；Antranikian，1994；Witerhalter 和 Liebl，1995）。细菌纤维素酶有多种不同水解纤维素的机理，例如耗氧菌［纤维单胞菌属（*Cellulomonas*）、假单胞杆菌属（*Pseudomonas*）、嗜热放线菌（*Thermoactinomycetes*）、褐色高温单胞菌（*T. Fusca*）、细小双孢子菌（*Microbispora*）］和粪堆梭菌（*C. stercorarium*）产生的纤维素分解酶系，有点类似于耗氧真菌产生的纤维素分解酶，这些纤维素分解酶系通过不同酶组分的相互协作来降解纤维素（Beguin 等，1992；Wood，1992；Gilbert 和 Hazlewood，1993）。植酸酶可以大致分成 6-植酸酶和 3-植酸酶两类。这种分类是根据植酸分子水解的起始位点而划分的，6-植酸酶多来源于植物，3-植酸酶是由真菌（*Aspergillus* sp.）产生的（Dvorakova，1998）。

（2）不同来源酶的酶学性质是不同的，它们催化降解的位点不同，有些是外切酶，有些是内切酶。有目的互补组合，能够发挥各自性能，配合而达到最佳的作用效果。例如，木聚糖酶对多聚木聚糖的内部 β-1,4-键有活性，这种木聚糖酶称为内切木聚糖酶。根据其对不同多糖的活性，内切木聚糖酶又可分为特异性和非特异性内切木聚糖酶（Coughlan，1992；Coughlan 等，1993）。特异性内切木聚糖酶仅对木聚糖的 β-1,4-键有活性，而非特异性内切木聚糖酶可以水解以 β-1,4-键连接的木聚糖、混合木聚糖的 β-1,4-键及其他 β-1,4-键连接的多糖，如 CM-纤维素。大多数内切木聚糖能特异性地作用于木聚糖的非取代木糖苷键，并释放取代的和非取代的木寡糖。相反，其他内切木聚糖酶特异性作用于在主链上的接近取代基团的木糖苷键。例如，来源于黑曲霉（*Aspergillus niger*）的两种酶（pI 8.0 和 9.6）对去掉阿拉伯糖取代基的木寡糖和木聚糖表现很小活性或没有活性（Frederick 等,1985）；对混合木聚糖（具有 β-1,3、β-1,4-键的 rhodymenan）作用的大多数内切葡聚糖酶能特异地作用于 β-1,4-键（Coughlan,1992）。同时,内切木聚糖酶除了能降解主链外,还可据其能否降解支链释放阿拉伯糖而分为两类（Coughlan 等,1993）。

（3）复杂的饲料成分,如非淀粉多糖的降解需要多种酶之间的协同作用。两个或更多的酶之间的有效配合,其作用效果好于单一添加任何一种酶制剂的叠加作用,这种现象就是协同作用。Giligan 和 Reese（1954）在水解纤维素的过程中,首次证实了不同纤维素酶间的协同增效作用。类似的几项研究验证了在晶体纤维素的溶解过程中,内切葡聚糖酶和外切葡聚糖酶之间的协同作用（Wood,1988；Klyosov,1990；Bhat 等,1994）。有报道在真菌纤维素酶中存在五种协同作用：①内切葡聚糖酶和非水解蛋白间的协同作用（Reese 等,1950）；②β-葡聚糖酶和内切葡聚糖酶或者外切葡聚糖酶（CBHs）之间的协同作用（Eriksson 和 Wood,1985）；③两个免疫学上相关的或截然不同的 CBHs 之间的协同作用（Wood 和 McCrae,1986）；④源自相同或不同微生物内切葡聚糖酶和 CBHs 之间的协同作用（Wood 等,1989）；⑤两种内切葡萄糖苷酶之间的协同作用（Klyosov,1990）。另外,细菌纤维素酶和真菌纤维素酶之间也有协同作用,来自嗜热纤维素单胞菌（C. thermocellum）的多酶复合体的亚基之间存在协同作用（Bhat 等,1994；Wood 等,1994）。Coughlan 和 Ljungdahl（1988）、Wood（1988）以及 Klyosov（1990）等深入地研究了来自真菌的纤维素酶之间的协同作用。协同模式主要有：①内切葡聚糖酶和外切葡聚糖酶（CBHs）间的协同作用；②外切葡聚糖酶和外切葡聚糖酶之间的协同作用；③内切葡聚糖酶和内切葡聚糖酶之间的协同作用。Wood 和 McCrae（1972）认为被内切纤维素酶裂解的纤维素链可以变成外切纤维素酶的底物,两种酶相互协同降解纤维素。但是该模型不能解释两种不同 CBHs 间的协同作用、或者 CBHs 不能与来自不同微生物的内切葡聚糖酶相互协同作用的现象。因此,使用高纯度的内切葡聚糖酶和来自嗜松青霉（P. pinophilum）的 CBHs 的研究表明,只有两种内切葡聚糖酶（EⅢ 和 EⅤ）对纤维素具有很强的吸附性,与 CBHⅠ 和 CBHⅡ 有协同作用（Wood 等,1989）。他们认为在 CBHsⅠ 和 Ⅱ 与内切葡聚糖酶之间的协同作用,是因为这两类酶间的不同立体空间结构造成的。有效而彻底地分解木聚糖需要有不同特性的主链裂解酶和支链裂解酶的协同作用（Coughlan 等,1993；Coughlan 和 Hazlewood,1993）。对于木聚糖降解酶来讲,因为底物来源的天然差异,所以仅衡量产生的还原糖量,不足以证实其协同作用。因此,必须分离和纯化,并进行定性、定量分析其分解产物,以获得木聚糖降解酶协同作用的更为清晰的资料。事实上,两种酶之间的协同作用模式有同型协同、异型协同、抗协同三种类型（Coughlan 等,1993）。同型与异型协同可能有一种或两种产物。同型协同可以是在两种或多种的侧链裂解酶之间的协同,也可能是在两种或多种的主链裂解酶之间的协同（Coughlan 等,1993）。同样,植酸水解为肌醇的全部过程已经确定,已经清楚没有哪一个单独的酶能水解植酸分子中所有的磷酸,因此,整个水解过程是在很多非特异性酶的联合作用下完成的（Maenz,2004）。

（4）在一定条件下（特定的作用环境和时间）,某一种酶数量或活性进一步增加并不能提高催化性能,各种酶和对应的底物浓度的反应基本动力学是米氏方程（陈石根和周润琦,2001）,而不同来源作用同一种底物的酶的米氏方程不一样（陈芳艳,2010）。

（5）来源不同的同一类酶,其最适条件差异很大。不同菌属来源、不同发酵方式生产的纤维素酶在酶系组成及酶学特性上存在差异（孟雷等,2002）。绝大多数来自真菌的内切葡聚糖酶和外切葡聚糖酶的相对分子质量均在 20 000~100 000 的范围内,而 β-葡萄糖苷酶的相对分子质量范围为 50 000~300 000。通常情况下,来自真菌的酶活性的最佳 pH 值在 4.0~6.0 之间,而来自细菌的酶活性的最佳 pH 在 6.0~7.0 之间(Wood,1985)。来自嗜温(mesophilic)真菌和细菌的内切葡聚糖酶、CBHs 和 β-葡萄糖苷酶的最佳活性温度是 40~55℃(Wood 等,1988;Bhat 等,1989;Christakopoulos 等,1994),而来自嗜温和嗜热微生物的纤维素酶的最佳活性温度分别为 60~80℃ 和 90~110℃(Khandke 等,1989;Bhat 等,1993;Antranikian,1994)。在黄燕华(2004)的试验中三种纤维素酶分别来自木霉固体发酵、木霉液体发酵和青霉液体发酵,三种酶的组分和酶学特性都存在差异。三种不同来源的纤维素酶在相同测定条件下其酶活差别较大。由于不同来源的酶活性上的差别,在实际应用中以重量比来添加,显然会造成使用效果差异较大。不同来源的纤维素酶虽然作用相同,但具有不同的最适 pH 和温度,因此,用同一种测定方法测定不同来源的纤维素酶得到的酶活值尚不能完全具有代表性。

(6)来源不同的同一类酶,其热稳定性差异很大。例如,经 80℃高温处理 1~3 min 后,三种纤维素酶的剩余酶活差异较大,其中,青霉液体发酵的酶的热稳定性较好,剩余酶活仍保留了 94.8%,而木霉固体发酵酶和木霉液体发酵酶热稳定性较差(黄燕华,2004)。

(7)来源不同的同一类酶,其对于胃肠道的蛋白水解酶的耐受性差异很大。对于畜禽胃肠道环境的稳定性最终决定外源酶制剂的应用效果,只有在消化道内能保留足够的活性,存留足够的时间,酶制剂才能发挥应有的作用。我们研究发现:在消化道环境中,三种纤维素酶中木霉液体发酵酶的稳定性最好,木霉固体发酵酶最差;另外,在体外试验中胃蛋白酶对木霉固体发酵酶影响最大,木霉液体发酵酶耐受性较好(黄燕华,2004)。

(8)饲料的一些离子对来源不同的同一类酶的活性影响差异很大。例如,我们的研究发现:Fe^{2+}、Zn^{2+} 和 Ca^{2+} 对三种纤维素酶的 CMCase 和 FPase 活性均有抑制作用,但抑制作用都不显著,只有木霉液体发酵酶的 CMCase 活性受 Ca^{2+} 影响较大;Mn^{2+} 对三种纤维素酶的 CMCase 和 FPase 活性均有激活作用;Cu^{2+} 对三种纤维素酶的 CMCase 活性有激活作用,但对其 FPase 活性则是抑制作用,其中木霉液体发酵酶受影响最大;Mg^{2+} 对三种纤维素酶的作用出现了差异——使青霉液体发酵酶的 CMCase 和 FPase 活性提高,而使木霉固体发酵酶和木霉液体发酵酶的 CMCase 和 FPase 活性降低,其中,木霉液体发酵酶的 FPase 活性受影响较大(黄燕华,2004)。离子对酶活抑制或激活影响的不一致,可能是因为不同来源的纤维素酶需用作电子载体的特定金属离子不同造成。

四、饲料组合酶的设计技术

1.差异性筛选技术

组合酶的筛选首先需要明确作用于同一底物的多个酶不是同一种酶,如木聚糖酶有内切酶和外切酶(苏玉春,2008),植酸酶有 3-植酸酶(EC 3.1.3.8)和 6-植酸酶(EC 3.1.3.26)(付大伟,2010)等。为确定组合酶组合筛选的对象为不同的酶,可采取以下四种方法进行区分:①蛋白分子特性的差异性筛选。如 Sapag 等(2002)研究了 26 个来源的木聚糖酶,通过比较长度、相对分子质量和等电点可发现其中哪些是同种酶(表 1)。其中,通过电泳的方式测定酶蛋

表 1　不同来源木聚糖酶的蛋白质分子特性

来源	蛋白	长度（氨基酸数）	相对分子质量	pI	最适 pH	最适 $T/℃$
细菌						
Aeromonas caviae	Xylanase I	183	20 212	7.1	7.0	55
Bacillus sp. D3	Xylanase	182	20 683	7.7	6.0	75
Bacillus sp. 41 M1	Xylanase J	199	22 098	5.5	9.0	50
Clostridium acetobutylicum	Xylanase B	233	25 908	8.5	5.5～6	60
Clostridium stercorarium	XynA	193	22 130	4.5	7.0	75
Clostridium thermocellum	XynA	200	22 445	n.d.	6.5	65
Dictroglomus thermophilum	Xylanase B	198	22 204	n.d.	6.5	65
Fibrobacter succinogenes	XtnC	234	25 530	6.2	6.5	n.d.
Ruminococcus flavefaciens	XYLA	221	24 346	5.0	5.5	50
Streptomyces lividans	XlnB	192	21 064	8.4	6.5	55
Streptomyces thermoviolaceus	STX-II	190	20 738	8.0	7.0	60
Termomocospora fusca	TfxA	190	20 900	10	7.0	n.d.
真菌						
Aspergillus kawachii	XynC	184	19 876	3.5	2.0	50
Aspergillus nidulans	X22	188	20 235	6.4	5.5	62
Aspergillus nidulans	X24	188	20 077	3.5	5.5	52
Aspergillus niger	Xyl A	184	19 837	3.7	3.0	n.d.
Aureobasidium pullulans	XynA	187	20 074	9.4	4.8	54
Cryptococcus sp. S-2	Xtn-CS2	184	20 209	7.4	2.0	40
Paecilomyces varioti	PVX	194	21 365	3.9	5.5～7	65
Penicillium sp. 40	XynA	190	20 713	4.7	2.0	50
Penicillium purpurogenum	XynB	183	19 371	5.9	3.5	50
Schizophyllum commune	Xylanase A	197	20 965	4.5	5.0	50
Thermomyces lanuginosus	XynA	206	22 614	4.1	6.5	65
Trichoderma reesei	XYN I	178	19 035	5.2	3.5～4	n.d.
Trichoderma reesei	XYN II	190	20 731	9.0	4.5～5	n.d.
Trichoderma viride	Xylanase II A	190	20 743	9.3	5.0	53

资料来源：Sapag 等，2002。

注：n.d. 表示未测定。

白的相对分子质量最直接、简单和快捷，如我们课题组在 2004 年从市场上采集了 2 个企业的木聚糖酶，通过电泳发现真菌性木聚糖酶和细菌性木聚糖酶的相对分子质量分别为 23 650 和 24 450，属于不同的木聚糖酶（于旭华，2004）。②不同来源酶的氨基酸组成和含量比较，如于旭华（2004）比较了 5 个来源的木聚糖酶，发现其氨基酸组成和含量有明显差异（表 2）。③米氏常数的比较，如陈芳艳（2010）发现蛋白修饰改造之后谷胱甘肽过氧化物酶与修饰前的米氏常数比较分别为 1.484 mmol/L 和 0.285 7 mmol/L。④对酶蛋白的三维空间结构进行分析,如采用 X 射线衍射技术分析到的瘤胃微生物植酸酶(Chu 等,2004)、大肠杆菌植酸酶(Liu 等,2004;Xiang 等,2004)和芽孢杆菌植酸酶(Ha 等,2000;Shin 等,2001)的空间结构分别如图 2 至图 4 所示。

表 2　木聚糖酶氨基酸组成和含量　　　　　　　　　　　　%

氨基酸	3# 真菌性木聚糖酶*	4# 细菌性木聚糖酶*	酸性木聚糖酶**	木聚糖酶 I***	木聚糖酶 II***
Asp	12.1	13.2	10	12.8	14.5
Thr	10.2	10.2	10.9	3.5	6.8
Ser	10.7	7.8	14.9	6.2	5.7
Glu	9.5	5.2	8.3	11.0	5.9
Gly	13.4	13.8	9	14.7	9.5
Ala	6.8	5.7	11.4	7.3	3.8
Cys	0.2	0	0.5	2.4	1.6
Val	6.5	6.5	6.5	5.3	6.6
Met	0.8	0.8	0.7	1.2	1.1
Ile	4.0	3.0	3.7	4.6	4.4
Leu	4.4	3.6	4.7	2.9	5.9
Tyr	5.7	6.9	3.4	6.5	5.4
Phe	3.6	2.3	2.8	0.4	1.4
Lys	2.2	9.2	3.4	5.6	7.6
His	1.5	2.4	1.1	5.1	6.3
Arg	2.6	6.4	3.9	3.3	6.0
Pro	5.6	3.0	4.8	7.3	7.9

资料来源:* 于旭华,2004;** 陆健,2001;*** Rani,2001。

　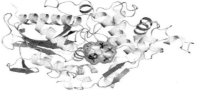　

图 2　瘤胃微生物植酸酶　　　图 3　大肠杆菌植酸酶　　　图 4　芽孢杆菌植酸酶

2. 互补性筛选技术

差异性是组合酶组合筛选的基本条件,而不同单酶的差异性则是组合酶组合筛选的基本要求。为确定组合酶组合筛选的对象之间的互补性,可根据酶最适条件和抗逆特性进行筛选:①酶最适条件的互补性。如于旭华(2004)比较分别来源于细菌和真菌的木聚糖酶耐热性,发现真菌性木聚糖酶 3# 在 30～50℃之间具有比细菌性木聚糖酶 4# 更高的活性,而在 50～80℃

则相反,理论上两者组合具有充分利用肠道和加工过程中多个水解位点的组合增效性;酸性植酸酶在 pH 值 2~4.5 条件下具有比中性植酸酶更高的酶活,而在 pH 值 4.5~7.0 条件下则相反,具有在不同 pH 值条件下的互补性(李春文,2007)。②抗逆特性的互补性。如于旭华(2004)在比较木聚糖酶对 Ca^{2+} 浓度的耐受性时发现,真菌性木聚糖酶在低 Ca^{2+} 浓度条件下具有较高的活性,而细菌性木聚糖酶在高 Ca^{2+} 浓度条件下具有较高的活性;黄燕华(2004)比较三个来源的纤维素酶对胃蛋白酶和胰蛋白酶的耐受性时发现,纤维素酶 B 在胃蛋白酶处理条件下具有最高活性,而纤维素酶 C 在胰蛋白酶处理条件下具有最高的活性。

3. 组合酶筛选的基本方法

在差异性和互补性筛选的基础上,组合增效才是组合筛选的最终目的。根据前两步的工作,我们归纳出,一般组合酶组合筛选的思路可选择内切+外切、中性+酸性及真菌性+细菌性等三种。在此基础上,筛选的方法可以以组合之后提高产物的降解效率、酶的活力、降解原料的效率、有效养分的产率等为依据。其中,我们 2010 年以中性+酸性的模式筛选组合蛋白酶发现,相对单酶,中性和酸性蛋白酶以 3∶7 的比例组合可显著提高豆粕总水解度、可溶性蛋白水解度和蛋白浸出率(曾谓勇,2010;雷建平,2010),而且可提高豆粕降解产物中小肽的含量;内切+外切筛选技术方面,Wood 等(1989)发现,来自嗜松青霉(*P. pinophilum*)的 CBHs(外切葡聚糖酶)(Ⅰ和Ⅱ型)与内切葡聚糖酶(EⅠ至 EⅤ)之间在水解棉花纤维上具有显著的协同作用;真菌性+细菌性筛选技术方面,我们最近选择了 4 种不同来源的木聚糖酶,其中真菌性木聚糖酶 A+细菌性木聚糖酶 C 按 3∶7 组合,显著提高了降解木聚糖、小麦的效率,并在后期肉鸡饲养试验中也表现出相对单酶更高的生长性能(未发表);此外,张民(2010)选用组合木聚糖酶——真菌酸性木聚糖酶、真菌中性木聚糖酶、细菌中性木聚糖酶进行蛋鸡的饲养试验表明,添加 1∶1∶1 组合的木聚糖酶对产蛋鸡产蛋率和降低料蛋比的影响显著优于不同来源的单一木聚糖酶。

五、饲料组合酶应用的价值和意义

组合酶产品并不是一个全新的产品,已经有少量饲料酶制剂产品初步具有组合酶的特性。但是,总体而言,开发应用组合酶或组合型复合酶还很少,有意识、专门化设计生产组合酶或组合型复合酶就更少。组合酶有别于传统上的复合酶,作为一个专门类别的新型酶制剂进行讨论,规范和完善它的概念、特性和作用还是第一次,其目的是为了强调它的重要性和应用前景。目前,饲料组合酶的应用主要有如下几方面的价值:

(1)催化同一底物而来源不同的酶的价格是不同的,互相组合,可以利用一些来源方便,商业生产成本比较低的酶制剂,再结合一些相对成本高、作用能够互补的酶制剂,在保证酶添加使用效果的情况下,整体降低饲料酶制剂添加剂的使用成本,有利于酶制剂添加剂推广使用。

(2)饲料生产成本的问题,相当程度是由于原料成本上涨造成的,开发和有效利用非常规饲料原料是关键。非常规饲料原料主要由于含有一些抗营养因子,影响了它们的高效利用。目前处理非常规饲料原料往往使用一些专门的酶制剂,但是由于一些非常规饲料原料成分和结构的复杂性,一般的单酶或者复合酶并不能有效地解决其利用效率的问题。组合酶或组合型复合酶由于其酶种来源及其互补和协同特性,在理论上比一般单酶或复合酶具有酶学特性方面的优势,能够发挥其快速高效作用的潜能。因此,组合酶或组合型复合酶在提高非常规饲料原料日粮的利用效率、有效地开发非常规饲料原料资源等方面具有巨大的潜力。

(3)一些畜禽种类和生长阶段,由于消化生理特性的关系,不能很好地利用人工配制的日粮,特别是日粮中含有较多的植物性成分、难于利用成分,使一些饲料产品的质量低且不稳定。例如,仔猪对大豆蛋白的抗原性问题,谷物抗性淀粉利用问题,水产动物对植物蛋白利用问题,宠物对植物成分利用问题等。人们尝试开发的一些所谓特别饲料,例如,早期的猪禽无鱼粉配方、仔猪无乳制品日粮、低鱼粉或无鱼粉水产饲料甚至最近的猪禽无玉米豆粕日粮等等,尽管有成功的例子,但广泛应用不多,当然因素很多,其中一个重要的因素是处理好动物的消化生理和日粮成分的特性关系。解决动物的消化生理和日粮成分的特性关系问题的一个措施是应用饲料酶制剂。开发上述饲料产品,人们普遍考虑了酶制剂,甚至使用了一些专门的酶制剂或强化了用量,但是常常的情况是效果并不理想。如果我们应用组合酶或组合型复合酶互补性和协同特性,有针对性开发特种动物专用或者特种类型日粮专用的组合酶或组合型复合酶,组合酶或组合型复合酶有可能为部分或全部解决这些问题提供一种有效措施。

应用组合酶添加剂的前提是日粮中存在大量复杂的大分子、难分解的营养或抗营养成分底物,需要多种针对同一底物的酶配合完成水解任务。相反,有一些相对容易分解的底物,可能一种酶就可以完成有效的催化任务,就没有必要一定使用组合酶。所以,从应用成本角度,应用饲料酶的总原则是:可以应用单酶(单一酶)添加剂基本解决问题的,就不要使用组合酶或复合酶添加剂;可以应用复合酶添加剂基本解决问题的,就不要使用组合型复合酶添加剂。

组合酶与广泛应用的复合酶的目的、意义是不同的,饲料复合酶的特点是解决催化多种饲料成分底物的问题;而饲料组合酶的最大特点是解决催化饲料成分底物的高效性问题。目前,饲料酶制剂应用的最大问题就是高效性问题,特别是酶如果在饲料加工过程中能够发挥作用,以及考虑在消化道的抗逆性,在短时间内如何使得酶配合发挥最大的效率。随着非常规饲料原料的大量使用,高效的组合酶将更有优势。因此,今后饲料酶制剂的发展方向,应该是更多的组合酶或组合型复合酶产品。

参考文献

[1] 陈芳艳.2010.猪谷胱甘肽过氧化物酶的修饰及生物活性研究[D].华南农业大学博士学位论文.

[2] 陈石根,周润琦.2001.酶学[M].上海:复旦大学出版社,166-176.

[3] 冯定远.2004.饲料工业的技术创新与技术经济[J].饲料工业,11:1-6.

[4] 付大伟.2010.*Yersinia* spp.来源植酸酶的酶学性质及结构与功能研究[D].中国农业科学院博士学位论文.

[5] 黄燕华.2004.不同来源纤维素酶的酶学特性及其在马冈鹅中的应用[D].华南农业大学博士学位论文.

[6] 雷建平.2010.不同中性蛋白酶水解豆粕多肽最佳组合的筛选[D].华南农业大学学士学位

论文.

[7] 李春文.2007.复合植酸酶对饲料中钙磷体外消化率的影响[D].华南农业大学学士学位论文.

[8] 陆健,曹钰,陈坚,等.2001.米曲霉 RIBI28 耐酸性木聚糖酶的研究[J].无锡轻工大学学报,20(6):608-611.

[9] 孟雷,陈冠军,王怡,等.2002.纤维素酶的多型性[J].纤维素科学与技术,2:47-54.

[10] 苏玉春.2008.木聚糖酶的酶学特性及基因克隆表达研究[D].吉林农业大学博士学位论文.

[11] 于旭华.2004.真菌性和细菌性木聚糖酶对肉鸡生长性能的影响及机理研究[D].华南农业大学博士学位论文.

[12] 曾谨勇.2010.中性蛋白酶不同比例对豆粕蛋白水解效果的影响[D].华南农业大学学士学位论文.

[13] 张民,范仕苓,马秋刚,等.2010.不同来源的木聚糖酶及组合酶对产蛋鸡生产性能的影响[J].饲料工业,31(6):12-15.

[14] Antranikian G. 1994. Extreme thermophilic and hyperthermophilic microorganisms and their enzymes[C]//Advanced workshops in biotechnological on'extremophilic microorganisms'. NTUA, Athens, Greece:1-30.

[15] Beguin P, Millet J, Chauvaux S, et al. 1992. Bacterial cellulases[J]. Biochemical Society Transactions, 20:42-46.

[16] Bhat K M, Gaikwad J S, Maheshwari R. 1993. Purification and characterization of an extracellular β-glucosidase from the thermophilic fungus *Sporotrichum thermophile* and its influence on cellulase activity[J]. Journal of General Microbiology, 139: 2825-2832.

[17] Bhat K M, McCrae S I, Wood T M. 1989. The endo-(1-4)-β-*D*-glucanase system of *Penicillium pinophilum* cellulase: isolation, purification and characterization of five major endoglucanase components[J]. Carbohydrate Research, 190: 279-297.

[18] Bhat S, Goodenough P W, Bhat M K, et al. 1994. Isolation of four major subunits from *Clostridium thermocellum* cellulosome and their synergism in the hydrolysis of crystalline cellulose[J]. International Journal of Biological Macromolecules, 16:335-342.

[19] Christakopoulos P, Goodenough P W, Kekos D, et al. 1994. Purification and characterization of an extracellular β-glucosidase with transglycosylation and exoglucosidase activities from *Fusarium oxysporum* [J]. European Journal of Biochemistry, 224: 379-385.

[20] Chu H M, Guo R T, Lin T W, et al. 2004. Structures of *Selenomonas ruminantium* phytase in complex with persulfated phytate: DSP phytase fold and mechanism for sequential substrate hydrolysis[J]. Structure, 12:2015-2024.

[21] Coughlan M P, Ljungdahl L G. 1988. Comparative biochemistry of fungal and bacterial cellulolytic enzyme systems[C]//Aubert J-P,Beguin P, Millet J(eds). Biochemistry and genetics of cellulose degradation. London:Academic Press, 11-30.

[22] Coughlan M P, Tuohy M G, Filho E X F, et al. 1993. Enzymological aspects of micro-

bial hemicellulases with emphasis on fungal systems[C]//Coughlan M P, Hazlewood G P(eds). Hemicellulose and hemicellulase. London: Portland Press, 53-84.

[23] Coughlan M P, Hazlewood G P. 1993. β-1, 4-D-Xylan-degrading enzyme systems: biochemistry, molecular biology and applications[J]. Biotechnology and Applied Biochemistry, 17: 259-289.

[24] Coughlan M P. 1992. Towards an understanding of the mechanism of action of main chain-hydrolysing xylanases[C]//Visser J, Beldman G, Kusters-van Someren M A, et al(eds). Xylans and xylanases: progress in biotechnological. Amsterdam, The Netherlands: 111-139.

[25] Dvorakova J. 1998. Phytase: sources, preparation and exploitation[J]. Folia Microbiology, 43: 323-338.

[26] Eriksson K E, Wood T M. 1985. Biodegradation of cellulose[C]//Higuchi T(eds). Biosynthesis and biodegradation of wood components. New York: Academic Press, 469-503.

[27] Frederick M M, Xiang C H, Frederick J R, et al. 1985. Purification and characterization of endo-xylanases from *Aspergillus niger*. I. Two isozymes active on xylan backbones near branch points[J]. Biotechnology and Bioengineering, 27: 525-528.

[28] Gilbert H J, Hazlewood G P. 1993. Bacterial cellulases and xylanases[J]. Journal of General Microbiology, 139: 187-194.

[29] Giligan W, Reese E T. 1954. Evidence for multiple components in microbial cellulases [J]. Canadian Journal of Microbiology, 1: 90-107.

[30] Ha N C, Oh B C, Shin S, et al. 2000. Crystal structures of a novel, thermostable phytase in partially and fully calcium-loaded states[J]. Nature Structural & Molecular Biology, 7: 147-153.

[31] Khandke K M, Vithayathil P J, Murthy S K. 1989. Purification of xylanase, β-glucosidase, endocellulase, and exocellulase from a thermophilic fungus, *Thermoascus aurantiacus*[J]. Archives Biochemistry and Biophysics, 274: 491-500.

[32] Klyosov A. 1990. Trends in biochemistry and enzymology of cellulose degradation[J]. Biochemistry, 29:10577-10585.

[33] Liu Q, Huang Q, Lei X G, et al. 2004. Crystallographic snapshots of *Aspergillus fumigatus* phytase, revealing its enzymatic dynamics[J]. Structure, 12: 1575-1583.

[34] Maenz D D. 2001. Properties of phytase enzymology in animal feed[C]//Bedford M R, Partridge G G(eds). Enzymes in farm animal nutrition. United Kingdom: CABI Publishing, 66-79.

[35] Marquardt R R, Bedford MR. 2001. Future trends in enzyme research for pig applications[C]//Marquardt M R, Bedford G G(eds). Enzymes in farm animal nutrition. Oxfordshire, United Kingdom: CAB International, 299-305.

[36] Rani D S, Nand K. 2001. Purification and characterisation of xylanolytic enzymes of a cellulase-free thermophilic strain of *Clostridium absonum* CFR-702[J]. Anaerobe, 7:

45-53.

[37] Reese E T, Si R G H, Levinson H S. 1950. The biological degradation of soluble cellulose derivatives and its relationship to the mechanism of cellulose hydrolysis[J]. Journal of Bacteriology, 59: 485-497.

[38] Sapag A, Wouters J, Lambert C, et al. 2002. The endoxylanases from family 11: computer analysis of protein sequence reveals important structural and phylogenetic relationship[J]. Journal of Biotechnology, 95:109-131.

[39] Shin S, Ha N C, Oh B C, et al. 2001. Enzyme mechanism and catalytic property of beta propeller phytase[J]. Structure, 9: 851-858.

[40] Simpson H D, Haufler U R, Daniel R M. 1991. An extremely thermostable xylanase from the thermophilic bacterium *Thermotoga* [J]. Biochemical Journal, 277 (2): 413-417.

[41] Winterhalter C, Liebl W. 1995. Two extremely thermostable xylanases of the hyperthermophilic bacterium *Thermotoga maritima* MSB8[J]. Applied and Environmental Microbiology, 61(5): 1810-1815.

[42] Wong K Y, Tan L U L, Saddler J N. 1986. Functional interactions among three xylanases from *Trichoderma harzianum*[J]. Enzyme and Microbial Technology, 8: 617-622.

[43] Wood T M, McCrae S I, Bhat K M. 1989. The mechanism of fungal cellulose action: synergism between enzyme components of *Penicillium pinophilum* cellulose in solubilizing hydrogen bond ordered cellulose[J]. Biochemical Journal, 260:37-43.

[44] Wood T M, McCrae S I, Wlson C, et al. 1988. Aerobic and anaerobic fungal celluloses with special reference to their mode of attack on crystalline cellulose[C]//Aubert J-P, Beguin P, Millet J (eds). Biochemistry and genetic of cellulose deglutition: FEMS symposium. London:Academic Press, 31-52.

[45] Wood T M, McCrae S I. 1986. The cellulase of *Penicillium pinophilum*: synergism between enzyme components in solubilizing cellulose with special reference to the involvement of two immunologically distinct CBHs[J]. Carbonate Research, 234: 93-99.

[46] Wood T M, Wlson C A, McCrae S I. 1994. Synergism between components of the cellulase system of the anaerobic rumen fungus *Neocallimastix frontalis* and those of the aerobic fungus *Penicillium pinophilum* and *Trichoderma koningi* in degrading crystalline cellulose[J]. Applied Microbiology and Biotechnology, 41: 257-261.

[47] Wood T M. 1985. Properties of cellulolytic enzyme systems[J]. Biochemical Society Transactions, 13: 407-410.

[48] Wood T M. 1988. Preparation of crystalline, amorphous, and dyed cellulase substrates [C]// Wood W A, Kellogg S T (eds). Methods in enzymology. London:Academic Press, 19-25.

[49] Wood T M. 1992. Microbial enzymes involved in the degradation of the cellulose component of plant cell walls[R]//Rowett Research Institute Annual Report. Scotland, UK: 10-24.

［50］Xiang T，Liu Q，Deacon A M，et al. 2004. Crystal structure of a heat-resilient phytase from *Aspergillus fumigatus*，carrying a phosphorylated histidine［J］. Journal of Molecular Biology，339：437-445.

［51］Yoshioka H，Nagato N，Chavanich S，et al. 1981. Purification and properties of thermostable xylanase from *Talaromyces byssochlamydoides*［J］. Agricultural Biological Chemistry，45：2425-2432.

饲料酶理论与应用技术体系之三

——加酶日粮 ENIV 系统的建立和应用

近年来,尽管酶制剂在畜禽饲料中应用的技术已有了长足的发展,但迄今为止,全球所有单胃动物饲料仅有 20% 左右使用了酶制剂,总价值约 3 亿美元。所以 Sheppy(2001)特别指出:"饲料酶产业界质疑:饲料酶的发展为什么不能更快些? 尤其是那些已经显示出良好商业前景的饲料酶。"由饲料业界给出的解释是:饲料酶在使用过程中受到如下薄弱环节的制约——标准化,公开有效的质量控制体系,良好的热稳定性,更加准确的液体应用系统,较为明确的技术信息公示,以及使生产性能反应更加一致的产品。显然,饲料酶应用技术发展的潜力巨大,任重道远。本来,欧盟最先颁布了"饲料中禁止使用某些抗生素作为促生长剂",这一决定迫使饲料生产企业努力寻找替代品,添加酶制剂成为首选的措施,但实际情况并未如人们所期望的那样,特别是在猪饲料中使用酶制剂并不普遍。的确,其中的原因很多,但最重要的原因可能是添加酶制剂以后,饲料中添加酶制剂以提高消化率相当于动物消化过程的延伸,从而使得原来的饲料数据库和动物营养需要参数并不适合实际情况。最近,净能体系研究权威 Noblet(2010)也指出,添加酶制剂的饲料能量价值将会受到影响,需要进一步研究。

一、饲料酶制剂应用提出的问题

越来越多的证据显示,饲料酶制剂的应用,对传统的动物营养学说提出了挑战,如饲料配方、原料选择和营养需要量等方面需要重新研究或修正(Sheppy,2001)。酶制剂作为一种功能复杂的生物活性成分,是一种高效、专一的生物催化剂,它不直接提供营养成分(如维生素),但与营养成分的利用直接有关。原来的研究所得出的数据可能不一定反映出各种饲料原料在酶制剂催化以后的有效营养价值,现有的饲料原料数据库甚至饲养标准可能不完全适合使用酶制剂的日粮配方设计。这种不适应情况表现在如下几个方面:①从理论上讲,不管是直接提高营养成分消化率的酶制剂(如蛋白酶和淀粉酶等),还是间接提高饲料营养消化利用的酶制剂(如木聚糖酶和 β-葡聚糖酶等),都不同程度提高了消化道总的有效营养供应量,如 Cowieson 和 Ravindran(2008)的研究表明添加复合酶后肉鸡日粮中表观代谢能(AME)提高 3%、N 沉积提高 11.7%,这与没有添加酶制剂的情况不同。②在实践应用中,如果按照原来的营养参数设计日粮配方,营养水平已经偏高的情况下,供给有效营养总量已经足够,再使用酶制剂的意义就不大,生产中也有可能不显示出效果。营养水平较高的玉米-豆粕型日粮中添加酶制剂没有明显效果(Charlton,1996),在 Vila 和 Mascarrell(1999)的试验中,当日粮中的大豆粕含量增高到 60% 时,其代谢能和未加酶组相比无差异,该结果与 Francesch 和 Geraert(2009)的报道一致,这说明有必要调整饲养标准。③某些情况下,使用了酶制剂以后,动物的采食量反而下降(Kocher 等,2003)(不少情况是提高采食量),过去一直不理解这一现象,因为酶制剂本身是蛋白质,没有任何有害的作用。一种合理的解释是:使用酶制剂提高了可利用(有效)营养的供应,特别是可消化能或代谢能,有时候,动物能够根据营养水平(如代谢能水平)调节采食量,相应地,动物将减少饲料的摄入量。④在酶制剂应用中,由于饲料原料价格上涨,一般认为添加酶制剂将造成整个配方成本提高,使用酶制剂没有多少空间。的确,如果没有一套合适的营养消化率或总有效营养的数据库,酶制剂不像氨基酸和维生素这类被认为是必不可少的营养性添加剂,添加可能会被认为可有可无,额外添加只能增加饲料配方的成本(Dalibard 和 Geraert,2004)。⑤目前,有关饲料酶制剂行业,不论是酶制剂产品开发还是酶制剂在日粮中的应用,绝大部分都存在着盲目性,缺乏科学的依据,没有具体可以量化的指标或数据。特别是产品设计中酶的种类选择,酶活的比例确定,在具体日粮中的添加量等缺乏明确的根据(Francesch 和 Geraert,2009)。

两个明显的例子是大麦和小麦应用酶制剂,大麦是最早被重视使用酶制剂的谷物,经研究得出一个所谓"黄金定律":"大麦+β-葡聚糖酶=小麦";而小麦是第二个研究对象,理论假设是"小麦+阿拉伯木聚糖酶=玉米"。大麦营养价值如何等于小麦? 而小麦又如何变成玉米? 显然,大麦和小麦的潜在营养价值发掘以后,原来的营养价值体系并不适应添加酶的情况,需要建立另外一种系统。越来越多的人已经意识到酶制剂对有效营养的改善作用,并在应用时调整日粮的饲养标准和降低营养水平。但是,这种调整的依据是什么? 调整的幅度应是多少? 在使用酶制剂时,它的效果是否可以预测和量化?

确定这部分额外的有效营养数量,是 ENIV 系统提出和建立的出发点。当然,这里涉及两个核心问题,必须明确:第一是所使用的酶制剂必须是有效的,能发挥作用,而且有针对性;第二是所涉及的由于额外有效营养的供应而降低后的日粮营养浓度,必须达到饲料管理部门所设定的产品合格标准。换句话说,在有充分试验数据的基础上,涉及加酶饲料的饲养标准有必要重新考虑甚至做出必要的修订;或者调整日粮的饲养标准和降低营养水平的饲料产品必须有产品标示和加注说明。

二、加酶日粮 ENIV 系统的概念

酶制剂对饲料原料营养价值的全面提高将直接影响饲料原料的选择和营养成分配比,因此,1992 年 Adams 就提出了酶制剂的"AEV"(表现能值)的概念,然而这个概念并不全面,加上当时的研究数据有限,这一概念并没有形成一套有效的可操作的系统。酶制剂对饲料原料

营养价值的提高首先最直接地反映在能量方面，尤其是非淀粉多糖酶的应用，但随着检测技术及代谢理论的进一步完善，酶制剂对其他营养成分如肽营养、矿物质和维生素营养等方面的作用亦可以用某种指标来表示。酶制剂的表现价值（AV）如能以一个固定的数值参与饲料配方设计，将使配方设计更灵活和更适合实际情况。目前，酶制剂对日粮整体价值的提高只能通过动物试验来确定，给予一定的系数来参与饲料配方的设计。

匡于明和彭玉麟（2005）也提到：如果酶制剂供应商能够在充分的科学实验基础上提出某种酶制剂所能改进的饲料养分消化率的大小或相当的营养价值［可以称作"营养改进值"（INV）或"营养当量"（NE）］，在制作配方时应用这些 INV 或 NE 对经典的饲料营养价值参数进行调整后再进行计算，就可以达到较高的精准度，实现真正的优化。这一概念的构思很有理论和实践应用价值，但没有具体明确 INV 或 NE 的内涵，只是提出了一种思路，这说明了已关注到酶制剂应用的核心问题。

我们也曾思考这一问题（冯定远，2004），初步提出了 DIF（digestive improvement factor，消化改善因子）的概念，并在实践应用中作了探讨，取得了一定的效果，特别是在配方设计时，在有效地降低成本方面得到了饲料生产企业的认可。经过一段时间的实践和探讨发现，DIF的概念并不完全准确，原因是消化改进只是酶制剂作用的表观现象，更重要的是能提供的额外有效营养量（如代谢能）。

在原来概念和思路的基础上，我们提出"有效营养改进值"（effective nutrients improvement value，ENIV）的概念，并期望进一步完善而成为一种可应用、可操作的理论系统。在这一概念提出的过程中，得到西班牙巴塞罗那自治大学饲料酶制剂研究方面的专家 Puchal 教授的建议和所提供的数据资料的支持。

ENIV 系统是在总结国内外有关酶制剂研究基础上提出的，同时我们的实验室也进行了大量的研究，4 篇博士生论文和 8 篇硕士生论文研究酶制剂：苏海林的硕士论文针对复合酶对10 种饲料原料进行了 ME 和 DCP 的 ENIV 值测定（苏海林，2010）；沈水宝的博士论文针对复合酶的应用（沈水宝，2002）；于旭华的博士论文针对木聚糖酶的应用（于旭华，2004）；黄燕华的博士论文针对纤维素酶的应用（黄燕华，2004）；左建军的博士论文针对有效磷和植酸酶的应用（左建军，2005）；杨彬的硕士论文针对纤维素酶的应用（杨彬，2004）；廖细古的硕士论文针对木聚糖酶在肉鸭日粮中的应用（廖细古，2006）；冒高伟的硕士论文针对 α-半乳糖苷酶的应用（冒高伟，2006）；克雷玛蒂尼的硕士论文针对植酸酶的应用（克雷玛蒂尼，1999）；于旭华、邹胜龙和黄俊文的硕士论文针对复合酶的应用（于旭华，2001；邹胜龙，2001；黄俊文，1998）从不同角度进行了试验研究。冯定远等（1997，2000）就木聚糖酶和阿拉伯呋喃糖苷酶在亚麻籽日粮中的添加效果进行了报道。同时也进行了许多综述分析和讨论（冯定远和吴新连，2001；沈水宝和冯定远，2001；于旭华和冯定远，2001；冯定远和汪儆，2004）。这些研究报道和综述讨论在一定程度上为 ENIV 系统的建立提供了思路和直接的依据。

三、加酶日粮 ENIV 系统建立的理论基础和试验根据

若不把日粮营养水平下降至常规饲养标准条件下的所谓"理想营养水平"以下，外源酶使营养利用率的提高均不能反映动物的真实情况。Schang 等（1997）、Spring 等（1998）、Kocher

等(2003)和 Zhou(2009)在营养浓度低于推荐标准的配合日粮中添加酶制剂,其营养物质利用率显著提高,而营养水平超过饲养标准时,则营养物质利用率变化不显著。也就是说,在使用有效酶制剂的情况下,原来饲料原料的营养价值不适合实际情况,有必要建立另外的营养价值体系,而这种新的营养价值体系又是和原来的体系有关联的,它只是相对地额外增加了有效营养供给量,而绝对的营养量并没有改变,这就是 ENIV 系统建立的基础。

在常规情况下,任何饲料都不会被完全消化,猪对饲料原料消化率为 75%～85%。在动物饲料中添加酶制剂以提高消化率可以看作是动物消化过程的延伸。过去动物营养学界认为玉米是饲料原料的"黄金标准"(Sheppy,2001),不存在消化不良性,但是 Noy 和 Sklan(1994)发现,在理想状态下,4～12 日龄肉鸡日粮中淀粉的回肠末端消化率很少超过 85%,添加淀粉酶可以使淀粉在小肠中得到更快的降解。断奶仔猪添加淀粉酶及一些其他酶,可以改善营养消化吸收。

添加外源酶制剂降解了单胃动物本来不能利用的一些多糖,从而提高了日粮的代谢能值,Zanella 等(1999)、Vila(2000)、Meng 和 Slominski (2005)、Zhou(2009)的试验中,酶制剂对日粮代谢能有不同程度的提高,提高幅度与具体提供的日粮成分和酶制剂配比及浓度有关。添加外源酶制剂不仅有利于提高日粮中多糖的消化率,而且也有利于提高蛋白质的消化率。Pack 等(1997)、Michael(1999)、Puchal(1999)、Cowieson 和 Ravindran (2008)等的试验中酶制剂对日粮粗蛋白消化率有不同程度的提高,而且对低氨基酸水平日粮的作用显著高于高氨基酸水平的日粮。

麦类日粮是添加酶制剂改善其营养价值研究最多的日粮,这主要是由于麦类日粮含有抗营养因子如阿拉伯木聚糖或 β-葡聚糖等水溶性非淀粉多糖,水溶性非淀粉多糖可以降低饲料的表观代谢能(AME)。在麦类日粮中添加非淀粉多糖酶则可以提高它的代谢能值,小麦主要含有阿拉伯木聚糖,大麦主要含有 β-葡聚糖,相应分别添加阿拉伯木聚糖酶和 β-葡聚糖酶则可以提高它们的代谢能值。Bedford 等(1992)在对肠道中食糜黏性的检测中发现,食糜黏性同日粮类型和阿拉伯木聚糖酶的添加量之间存在着较强的互作关系,麦类添加量增加,黏度也增加,饲料转化率(FCR)同黏度(X)的回归关系为:$FCR=1.507+0.0075X$,而木聚糖酶则降低食糜的黏度。我们的体外研究也表明食糜黏度的降低与木聚糖酶的添加量具有一定的计量依赖关系(李秧发,2010)。Annison 和 Choct(1991)研究表明,小麦中的可溶性非淀粉多糖与日粮 AME 呈现最显著线性相关。汪儆等(1997)报道,小麦或次粉日粮中添加0.1%以木聚糖酶和 β-葡聚糖酶为主的酶制剂提高了日粮的 AME,小麦 AME 值提高 6.6%,次粉日粮 AME 值提高 1.5%。小麦日粮中添加以木聚糖酶为主的复合酶可以提高鸡的 AME 和养分消化率,降低食糜黏性(Klis 等,1995;Steenfeldt 等,1998)。代谢试验研究表明,木聚糖酶提高小麦基础日粮肉鸡生产性能,关键是提高了日粮的 AME。Choct 等(1995)向含低代谢能的小麦日粮添加木聚糖酶制剂,肉仔鸡日粮 AME 增加 24%,FCR 改善 25%。代谢能随日粮中戊聚糖含量的增加而降低,而这种降低可通过补充木聚糖酶得到显著改善(Danicke,1999)。Choct 等(1993)建立了一种方法来区分 AME 含量很低和普通 AME 含量的小麦浸提物的黏度,此后很多研究证实了这种方法对预测家禽日粮营养价值的有效性。

Choct 等(1990)在比较其中包括小麦、黑麦、小黑麦、大麦、高粱、大米和玉米的 7 种日粮的 AME 时发现,各种饲料原料的 AME 与其中阿拉伯木聚糖含量之间存在着强的负相关关系,相关系数为—0.95,随后的分析发现,各种饲料原料的 AME 与其中总的非淀粉多糖(阿拉

伯木聚糖和 β-葡聚糖之和)含量之间也存在着强的负相关关系,相关系数为-0.97。Annison (1991)在高粱-豆粕日粮中添加 5、10、20、40 g/kg 的小麦木聚糖提取物后,3 周龄肉仔鸡饲料 AME 从 15.05 MJ/kg 分别下降到 15.0、14.7、13.3、12.48 MJ/kg,日粮中小麦木聚糖提取物的含量与饲料的 AME 之间具有明显的线性关系。小麦和小黑麦中的代谢能与其中所含的阿拉伯木聚糖呈负相关。阿拉伯木聚糖对肉鸡饲料 AME 的降低主要是由于其中可溶性的部分造成的。Flores 等(1994)的试验证明,8 个小黑麦品种的氮校正真代谢能(TMEn)与其中水溶性非淀粉多糖(NSP)之间有 TMEn=15.6-0.016×NSP 的关系。Austin 等(1999)在对 12 种英国小麦的调研后发现,小麦代谢能与小麦中的可溶性非淀粉多糖等 3 个指标相关。添加外源酶制剂不仅有利于提高日粮的能量消化率,而且有利于提高蛋白质的消化率。我们课题组在 2006 年的研究中,通过分子营养学的方法,探讨了酶制剂提高表观代谢能的机理,说明了酶制剂可提高可利用营养(Asp、Arg、Ala 和总氨基酸回肠表观消化率)的总量。木聚糖酶显著增加肠系膜静脉对 His 和 Lys 的吸收,肠系膜静脉血清中 His 和 Lys 的含量分别提高 55.77%和 55.22%($P<0.05$),在 His 和 Lys 吸收转运过程中,起主导作用的是碱性氨基酸转运载体,碱性氨基酸吸收的增加与肉鸡空肠氨基酸转运载体 rBAT 和 CAT4 mRNA 的表达的增加密切相关(谭会泽,2006)。

玉米-豆粕型日粮历来被看作是典型日粮或标准日粮,一般认为添加酶制剂效果不明显,使用酶制剂意义不大。尽管研究开发玉米-豆粕型日粮酶制剂不像麦类日粮酶制剂那么顺利而且耗费很多,然而,越来越多的证据表明这种所谓"黄金日粮"也可以通过酶制剂而改善其营养价值,1996 年开始成功应用玉米-豆粕型日粮酶制剂(Sheppy,2001)。由于酶制剂在玉米-豆粕型日粮应用效果不如麦类日粮明显,专门的玉米-豆粕型日粮酶制剂成本等因素使得玉米-豆粕型日粮加酶并不十分普遍,肉鸡饲料仅为 5%左右。尽管如此,这说明了玉米-豆粕型日粮添加酶制剂还是有潜力的。

一般认为,含非淀粉多糖低的玉米对一般的非淀粉多糖酶不敏感,然而,Pack 和 Bedford(1997)以及 Pack 等(1998)的研究表明:含有淀粉酶、木聚糖酶和蛋白酶的复合酶制剂对玉米-豆粕型日粮营养价值有一定作用,可提高其中玉米的可利用能 2%~5%。Schang 等(1997)研究复合酶制剂(由蛋白酶、纤维素酶、戊聚糖酶、α-半乳糖苷酶和淀粉酶组成)在肉仔鸡玉米-豆粕型日粮和玉米-全脂大豆粉日粮中的效果,结果表明,对高营养浓度日粮不显著,而低营养浓度显著提高增重。Spring 等(1998)也显示低营养水平显著改善仔猪饲料效果。另外一种提高玉米营养价值的方法是使用植酸酶,而木聚糖酶和植酸酶的配合使用具有明显添加效果(Lü 等,2009)。

大豆饼粕中仅 70%左右的总能可被家禽利用,而仅 55%左右的大豆总能可被雏鸡所利用,其中大豆寡糖(主要是 α-半乳糖苷寡糖,如棉籽糖和水苏糖)是导致大豆饼粕能量利用率下降的主要原因之一。在以豆粕为基础的肉鸡日粮中添加 α-半乳糖苷酶,可以明显提高代谢能和氮的消化率。用加酶豆粕代替常规豆粕进行日粮配方时,代谢能和可利用氨基酸的利用率至少可以提高 5%~10%(Puchal,1999)。Pack 等(1997)和 Zanella 等(1999)在玉米-豆粕型日粮中添加酶制剂使蛋白质消化率分别提高了 2.2%和 3.6%。Michael(1999)发现氨基酸水平低的日粮对酶的添加有很大反应,表明酶提高了氨基酸的利用。Veldman 等(1993)研究发现玉米-豆粕型日粮添加 α-半乳糖苷酶后,α-半乳糖苷的消化率从 57%上升到 93%。我们在 2006 年的研究表明,玉米-豆粕型日粮组中添加 0.3 g/kg α-半乳糖苷酶后,断奶仔猪平均日采食量和平均日增重分别显著提高了 9.6% 和 18.1%,而且干物质、粗蛋白、总能和粗纤维的体内消化率分别显著提高了 1.42%、6.57%、5.95% 和 26.32%(冒高伟,2006)。研究还证明,猪日粮添加 α-半乳糖苷酶可以降低食糜黏度、改善营养物质的消化(Rackis,1975)。

西班牙 Barcelona Autonoma 大学用肉仔鸡研究了 α-半乳糖苷酶的两个添加水平对玉米-豆粕型日粮的能量、粗蛋白及其他营养物质利用率的影响,结果表明添加酶制剂使日粮的代谢能提高了 5%,氮的存留率提高了 10% 以上(Vila 等,2000)。王春林(2005)的研究表明玉米-豆粕型日粮添加 α-半乳糖苷酶显著提高肉仔鸡的 TMEn,Met 和 Cys 的真消化率,以及 DM、OM、Ca 和 P 的表观消化率,其结果与 Brenes 等(1993)的研究结果一致。Ao 等(2004)研究发现豆粕中添加 α-半乳糖苷酶可以增加单糖的释放(in vitro),增加肉仔鸡 NDF 消化率和日粮 AMEn。Ghazi 等(1997a、b)所做的两次试验都表明,α-半乳糖苷酶提高了肉鸡豆粕的氮存留和 TME 值。Knap 等(1996)研究表明,α-半乳糖苷酶显著提高了去皮豆粕 TMEn。Slominski 等(1992)通过体内外试验证明,α-半乳糖苷酶与转化酶(蔗糖酶)协同水解棉籽糖和水苏糖的效果比单一酶好。1998 年,巴塞罗那兽医学院动物生产系用含 α-半乳糖苷酶的复合酶制剂 Caposozyme SB 对肉仔鸡试验,加酶可以提高饲料效率 1%~10%,α-半乳糖苷酶制剂提高了营养素的分配效率,有节省蛋白质和合成氨基酸的作用。由此可见,由于 α-半乳糖苷酶的添加提高了豆粕中 α-半乳糖苷的消化,从而改善了能量和蛋白质的利用。Kim 等(2001)在含豆粕的乳仔猪日粮中添加含 α-半乳糖苷酶的复合酶制剂,总能消化率改善 7%,赖氨酸、苏氨酸和色氨酸的消化率提高 3%,饲料效率提高 11%。

其他饲料原料方面,棉籽、葵花籽和菜籽等中含有较高水平的 α-半乳糖苷(2%~9%)以及非淀粉多糖(特别是木聚糖),这类籽实及其副产品日粮使用含有阿拉伯木聚糖酶和 α-半乳糖苷酶的复合酶制剂从理论上讲均可提高营养的利用。菜籽粕中含有大豆寡糖,棉籽糖和水苏糖的含量在 2.5% 左右(Slominski 和 Campbell,1991)。Slominski 等(1994)用产蛋鸡和成年公鸡做试验,发现低寡糖的双低菜籽粕非淀粉多糖的消化率显著高于普通双低菜籽粕。Bedford 和 Morgam(1995)研究了双低菜籽粕(canola meal)单独添加木聚糖酶,提高肉鸡的生产性能。Gdala 等(1997a、b)报道在羽扇豆日粮中添加 α-半乳糖苷酶使 α-半乳糖苷类寡糖的猪回肠末端消化率从 80% 提高到 97%,效果显著,同时酶的添加也明显提高了干物质、能量和大部分氨基酸的回肠末端表观消化率。Annison 等(1996)报道含有木聚糖酶的复合酶制剂能显著提高羽扇豆的表观代谢能(AME)。Stanley 等(1996)使用含有蛋白酶、阿拉伯木聚糖酶、纤维素酶、β-半乳糖苷酶和淀粉酶组成的复合酶均可明显提高肉鸡棉粕日粮的饲料转化效率,棉粕用量分别为 7.5%、15% 和 30%。冯定远等(2000)就木聚糖酶和阿拉伯呋喃糖苷酶对亚麻籽日粮作用效果进行了报道。苏海林(2010)添加复合酶使花生粕的表观代谢能和可消化粗蛋白代谢率分别提高 632~711 J/g 和 3.14%~12.43%。总的来说,豆粕以外的饼粕类日粮使用酶制剂的报道不多,特别是添加酶制剂改善这类非常规饲料原料的营养价值的资料较少,有关这类饲料原料的加酶 ENIV 值更多是一种估计,需要进一步研究进行修正。

四、常见植物饲料原料 ENIV 值的估计

影响酶制剂使用效果的因素有很多,主要有:①酶制剂的种类和活性比例;②饲料原料的营养和抗营养特性;③动物的种类和生理阶段。我们以这些因素作为确定饲料原料 ENIV 值的条件。

(1)估计 ENIV 值考虑的酶制剂种类:有关不同日粮所使用的酶制剂种类的研究很多,酶制剂的种类决定了所提高的有效营养量,根据大量的研究报道,常见植物饲料原料使用的酶制剂的综合情况如下:①玉米型的酶制剂,由淀粉酶、阿拉伯木聚糖酶、蛋白酶和纤维素酶组成的复合酶;②豆粕型的酶制剂,α-半乳糖苷酶单酶或以 α-半乳糖苷酶为主、同时含有阿拉伯木聚糖酶及其他酶的复合酶;③小麦型的酶制剂,阿拉伯木聚糖酶单酶,或以阿拉伯木聚糖酶为主、同时含有纤维素酶及其他酶的复合酶;④小麦麸和次粉型的酶制剂,以阿拉伯木聚糖酶和纤维素酶为主、同时含有其他酶的复合酶;⑤大麦型的酶制剂,β-葡聚糖酶单酶,或以 β-葡聚糖酶为主、同时含有阿拉伯木聚糖酶和纤维素酶及其他酶的复合酶;⑥菜籽粕型的酶制剂,以阿拉伯木聚糖酶和纤维素酶为主、同时含有其他酶的复合酶;⑦棉籽粕型的酶制剂,以纤维素酶和阿拉伯木聚糖酶为主、同时含有其他酶的复合酶;⑧稻谷型的酶制剂,以阿拉伯木聚糖酶和纤维素酶为主、同时含有其他酶的复合酶;⑨米糠型的酶制剂,以阿拉伯木聚糖酶和纤维素酶为主、同时含有其他酶的复合酶;⑩花生粕型的酶制剂,以纤维素酶和阿拉伯木聚糖酶为主、同时含有其他酶的复合酶;⑪向日葵粕型的酶制剂,以纤维素酶和阿拉伯木聚糖酶为主、同时含有其他酶的复合酶。另外,所有植物饲料原料同时或单独添加植酸酶都有一定的改善有效营养价值的效果。

(2)估计 ENIV 值考虑的饲料原料的营养和抗营养特性:目前饲料原料的营养方面考虑最多的是蛋白质、淀粉和粗纤维的含量和种类(表 1),而抗营养因子主要考虑非淀粉多糖(表 2)和特别的寡糖,例如,谷物的戊聚糖(主要是阿拉伯木聚糖)和 β-葡聚糖等多聚糖以及 α-半乳糖苷寡糖。前面已讨论了通过抗营养因子可以预测添加酶制剂提高有效营养的数值,这也是估计使用相应酶制剂的饲料 ENIV 值的理论基础。当然,根据原料或日粮抗营养因子含量估

表 1　主要植物性原料营养成分及抗营养成分含量　　　　　　　%

成分	玉米	小麦	小麦麸	次粉	米糠	豆粕	去皮豆粕	菜籽粕	棉籽粕
蛋白质	8	11	16	16	12	42	48	36	38
淀粉	64	56	20～40	10～20	16～23	1	1	7	3
粗纤维	2.5	4.5	8	11	9	6	4	11	10
细胞壁成分	6.9	16.4	27.4	38.6	20.5	27.5	22	34	32
β-葡聚糖	—	4	14	20	10	1.4	1.2		
阿拉伯木聚糖	4.4	6.5	8	11	6	6	4	4	9
纤维素	2	3.9	3.5	5.8	4.5	10.3	6	8	12
木质素	0.5	2	—	—	—	1		11	7
果胶	—	—	—	—	—	11.5	11	11	4

表2 主要谷物及豆类中非淀粉多糖（NSP）的类型及含量（以干物质计） ％

原料	总 NSP	不溶性 NSP	可溶性 NSP	主要的 NSP
小麦	11.4	9.0	2.4	戊聚糖
大麦	16.7	12.2	4.5	β-葡聚糖
黑小麦	16.3	14.6	1.7	戊聚糖
玉米	8.1	8.0	0.1	纤维素
高粱	4.8	4.6	0.2	果胶,戊聚糖
豆粕	19.2	16.5	2.7	半乳糖,果胶
菜籽粕	46.1	34.8	11.3	果胶,戊聚糖
豌豆	34.7	32.2	2.5	果胶,戊聚糖

计使用相应酶制剂的饲料 ENIV 值不可能这么简单。例如根据原料或日粮 NSP 含量预测添加 NSP 酶改善 AME 的程度的实用性仍有很大争议。正如 Choct(2004)所指出的那样：日粮 NSP 含量,可能用于预测日粮需要添加的酶制剂量。

但在目前的条件下,通过抗营养因子预测和估计添加酶制剂提高有效营养的数值(ENIV 值)仍然为酶制剂应用提供了一种方法和手段,初步建立的 ENIV 系统和所制定的饲料原料 ENIV 值,可以通过不断的研究试验和实际应用效果的检验而得以修改、补充和完善。这也是 ENIV 系统的提出和建立的出发点。

(3)估计 ENIV 值考虑的动物种类和生理阶段:尽管近年来有关反刍动物和水产动物使用酶制剂的报道增多,对反刍动物和水产动物使用酶制剂的效果和经济效益的看法很不一致,相对猪与禽的效果不太明显,特别是水产动物方面,作为变温动物,水产动物消化道温度一般比较低,甚至有人质疑外源酶是否能发挥作用。而反刍动物瘤胃微生物能产生各种酶,一般不需要额外添加酶制剂。当然,在集约化、高采食量和某些应激条件下,高产奶牛使用一些酶如纤维素酶和阿拉伯木聚糖酶等可能是有益的。目前一般多考虑猪与禽使用酶制剂的情况,同样,这两种动物使用酶制剂的效果也很不相同。一般认为,家禽使用酶制剂的效果更明显,在肉鸡饲料中添加酶的产出投入比例超过 2:1(Sheppy,2001)。相对地,猪日粮中使用酶制剂的情况比较复杂,这部分与它们的消化生理有关,因为外源酶的最佳 pH 值不同,肉鸡的嗉囊使得一些酶在进入 pH 值低的肌胃以前,首先在相对高的 pH 值环境(pH 值约为 6.0)中表现较高的活性和发挥了作用。

酶制剂使用另外一个考虑的因素是动物的年龄和生理阶段,一般地,幼年动物更需要补充内源酶,也就是说,所使用的复合酶一般含有蛋白酶、淀粉酶甚至脂肪酶;而成年动物更多的考虑是纤维素酶和阿拉伯木聚糖酶这一类的非淀粉多糖酶组成的复合酶甚至直接使用单酶。

根据以上因素,在综合有关报道的基础上,建立了常见植物能量和蛋白质饲料原料使用相应酶制剂的 ENIV 值(表3 和表4)。其中代谢能值和粗蛋白值是根据中国饲料成分及营养价值表 2009 年第 20 版的原料数据库,代谢能 ENIV 值和蛋白质 ENIV 值为估测值。

表 3   常见植物能量饲料原料使用相应酶制剂的 ENIV 值

原料	动物	代谢能			粗蛋白/%		
		代谢能值*（kcal/kg）	加酶改善程度/%	代谢能 ENIV 值**（kcal/kg）	粗蛋白值*	加酶改善程度	蛋白质 ENIV 值**
玉米	鸡	3 222	1.0～2.3	30～75	7.8	8～15	0.6～1.2
	猪	3 223	1.1～2.8	36～91			
小麦	鸡	3 040	4.0～6.3	120～190	13.9	9.5～18.2	1.3～2.5
	猪	3 160	3.0～4.7	90～150			
小麦麸	鸡	1 630	5.0～7.4	80～120	15.7	9～15	1.4～2.4
	猪	2 080	3.4～4.8	70～100			
次粉	鸡	2 990	3.0～4.5	90～135	13.6	9～15	1.2～2.0
	猪	2 990	3.0～3.7	90～110			
大麦	鸡	2 680	4.1～6.9	110～185	13.0	7.5～13.8	1.0～1.8
	猪	3 030	4.2～6.6	130～200			
稻谷	鸡	2 630	1.9～4.2	50～110	7.8	3.8～9.2	0.3～0.7
	猪	2 540	2.4～3.7	60～95			
米糠	鸡	2 680	3.3～5.2	90～140	12.8	2.3～7.5	0.9～1.6
	猪	2 820	2.6～4.2	75～120			

注：* 中国饲料成分及营养价值表 2009 年第 20 版（1 kcal=4.184 kJ，余同）；

　　** 根据已有的研究报道，结合饲料原料 ENIV 值的确定条件提出的估测值。

表 4   常见植物蛋白质饲料原料使用相应酶制剂的 ENIV 值

原料	动物	代谢能			粗蛋白/%		
		代谢能值*（kcal/kg）	加酶改善程度/%	代谢能 ENIV 值**（kcal/kg）	粗蛋白值*	加酶改善程度	蛋白质 ENIV 值**
豆粕	鸡	2 350	2.1～3.4	50～80	44.0	8.2～11.0	3.6～4.8
	猪	2 970	1.3～2.4	40～70			
菜籽粕	鸡	1 770	6.8～9.6	120～170	38.6	9.0～13.5	3.5～5.2
	猪	2 230	4.5～6.0	100～135			
棉籽粕	鸡	1 860	3.2～4.8	60～90	47.0	8.5～10.5	4.0～5.0
	猪	1 950	3.6～4.6	70～90			
花生粕	鸡	2 600	1.9～5.8	50～150	47.8	6.5～9.0	3.1～4.3
	猪	2 560	2.3～4.9	60～125			
向日葵仁粕	鸡	2 030	3.2～4.2	65～85	33.6	6.5～9.5	2.2～3.2
	猪	2 220	2.7～4.1	60～90			

注：* 中国饲料成分及营养价值表 2009 年第 20 版；

　　** 根据已有的研究报道，结合饲料原料 ENIV 值的确定条件提出的估测值。

五、加酶日粮 ENIV 系统的应用和意义

ENIV 系统的核心是各种饲料原料在添加特定酶制剂的情况下,可提供的额外有效营养量,即 ENIV 值,在目前阶段,初步考虑饲料的代谢能 ENIV 值和蛋白质 ENIV 值。实际上,使用饲料酶制剂,特别是非淀粉多糖酶制剂(包括木聚糖酶、β-葡聚糖酶和纤维素酶)以及植酸酶,不仅改善能量和蛋白质的利用效率,提供更多有效营养;同时也改善其他营养如氨基酸、微量元素等的利用效率。ENIV 值不仅可以建立加酶饲料原料数据库(在充分研究的基础上),其更直接的作用是在配方设计时考虑更能显示出酶制剂添加的功效(营养水平高的情况下,酶制剂效果可能显示不出来)。加酶日粮 ENIV 系统的应用主要包括以下三个方面:

(1)加酶畜禽日粮配方计算:加酶日粮 ENIV 系统应用的最重要方面是加酶畜禽日粮配方计算,通过使用饲料原料的 ENIV 值,可以直接进行配方的计算,使酶制剂应用可以操作,可以量化。

举一具体的计算方法的例子。某肉鸡日粮配方:玉米 65%,豆粕 22%,菜籽粕 5%,小麦麸 4%,预混料 4%。不添加酶制剂的情况下,玉米、豆粕、菜籽粕和小麦麸的代谢能分别为3 220、2 350、1 700、1 630 kcal/kg,即日粮配方的代谢能为 2 760 kcal/kg。

如果使用专门的酶制剂,玉米、豆粕、菜籽粕和小麦麸的代谢能 ENIV 值分别为 50、65、145、100 kcal/kg,即玉米、豆粕、菜籽粕和小麦麸的总代谢能(原来代谢能+代谢能 ENIV 值)分别为 3 270、2 415、1 845、1 730 kcal/kg。以这一总代谢能(原来代谢能+代谢能 ENIV 值)重新计算配方,可以得到一新的日粮配方:玉米 62%,豆粕 21%,菜籽粕 6%,小麦麸 7%,预混料 4%。新配方的总代谢能(原来代谢能+代谢能 ENIV 值)为 2 766 kcal/kg。新配方的玉米和豆粕比例降低,而菜籽粕和小麦麸的比例提高,使用了更多的非常规饲料原料,这样一般可以降低配方的成本。同样,也可以考虑蛋白质的 ENIV 值并用于日粮配方的设计和计算。

(2)专用酶制剂产品设计:加酶日粮 ENIV 系统也可以用于设计专用酶制剂产品,如果大量的研究和应用已经得到一组饲料原料使用相应酶制剂的 ENIV 值,其他生产酶制剂产品的厂家设计新的酶制剂选择单酶的种类及其活性单位时,可以将 ENIV 值作为一个重要的参照指标确定酶谱及其有效活性。例如,所使用的酶应该使玉米的代谢能 ENIV 值在 30 kcal/kg 以上,豆粕的代谢能 ENIV 值在 50 kcal/kg 以上,等等。

(3)饲料原料营养价值的评定:加酶日粮 ENIV 系统同样可以评定饲料原料营养价值,根据饲料原料的代谢能 ENIV 值和蛋白质 ENIV 值的大小,可以分析饲料原料的营养价值。当然,这是一种参考的评定方法,ENIV 值代表了一种营养价值的潜力或潜在营养当量,当在有合适的酶的作用下,这种营养当量可以转变为真正有效的、可利用的营养。代谢能+代谢能 ENIV 值或者粗蛋白+蛋白质 ENIV 值越大,饲料营养价值越高。

加酶日粮 ENIV 系统的意义是,量化酶制剂能从饲料原料中释放出额外的有效营养成分,提高饲料原料的利用效率。如果在设计日粮配方时将这部分额外的有效营养考虑进去,可以降低日粮本身的营养浓度。其意义有:第一,可以降低饲料成本,提高饲料生产的经济效益;第二,可以合理利用和节约饲料资源,可以计算出,如果普遍应用 ENIV 系统,每年可以节约大量的饲料原料;第三,还可以生产低污染、环保型日粮,有利于减少动物排泄物的营养成分(特别是氮和磷)对环境的影响。加酶日粮 ENIV 系统另外且是重要的一个意义是打破了传统动物

营养概念的局限,有效地考虑了饲料的营养潜力,同时,建立了一个初步的可以量化的系统,为动物营养研究提供了新的思路。

当然,由于研究的局限和材料的缺乏,目前这种系统是不完善的,还存在不少的问题和错误。第一,专门性酶制剂是否有针对性,是否有效,这是关键的一点;第二,所估计的 ENIV 值是否符合实际情况,特别是原来营养价值和 ENIV 值相加时,是否可以简单的直接累加;第三,酶作为一种生物活性成分,其发挥作用受许多因素的影响,这些理论的 ENIV 值也可能存在稳定性的问题。但不管怎样,加酶日粮 ENIV 系统的提出和建立,为酶制剂的开发与应用,特别是在实用日粮中推广使用,提供了一种有一定意义的新思路和新理念。

参考文献

[1] Vila B. 2000. 酶制剂对豆粕中 α-半乳糖苷的作用[J]. 国外畜牧科技,27(3):29-30.

[2] 冯定远,Shen Y R,Chavez E R. 2000. 添加酶制剂及其他降低亚麻籽抗营养因子措施的应用效果[C]//韩友文. 中国畜牧兽医学会动物营养学分会第六届全国会员代表大会暨第八届学术研讨会论文集. 哈尔滨:黑龙江人民出版社,470-474.

[3] 冯定远,汪儆. 2004. 饲用非淀粉多糖酶制剂作用机理及影响因素研究进展[C]//2004 年版动物营养研究进展. 北京:中国农业科技出版社,317-326.

[4] 冯定远,吴新连. 2001. 非淀粉多糖的抗营养作用及非淀粉多糖酶的应用[C]//冯定远. 生物技术在饲料工业中的应用. 广州:广东科技出版社,26-32.

[5] 冯定远,于旭华. 2001. 生物技术在动物营养和饲料工业中的应用[J]. 饲料工业,22(10):1-7.

[6] 冯定远,张莹,余石英,等. 1997. 含有木聚糖酶和 β-葡聚糖酶的酶制剂对猪日粮消化性能的影响[J]. 饲料博览,6:5-7.

[7] 冯定远,张莹. 2000. β-葡聚糖酶和戊聚糖酶等对猪日粮营养物质消化的影响[J]. 动物营养学报,12(2):31.

[8] 冯定远. 2004. 饲料工业的技术创新与技术经济[J]. 饲料工业,11:1-4.

[9] 呙于明,彭玉麟. 2005. 酶制剂的适当选择与高效使用[C]//冯定远. 酶制剂在饲料工业中的应用. 北京:中国农业科技出版社.

[10] 黄俊文. 1998. 金霉素与益生素、饲用酶在仔猪料中的配伍研究[D]. 华南农业大学硕士学位论文.

[11] 黄燕华. 2004. 不同来源纤维素酶的酶学特性及其在马冈鹅中的应用[D]. 华南农业大学博士学位论文.

[12] 克雷玛蒂尼. 1998. 低磷日粮中使用植酸酶对肉鸡生产性能的作用[D]. 华南农业大学硕士学位论文.

[13] 李秧发. 2010. 木聚糖酶的酶学特性及复合酶在黄羽肉鸡日粮中应用的研究[D]. 华南农业大学硕士学位论文.

[14] 廖细古. 2006. 木聚糖酶对肉鸭生产性能的影响及机理研究[D]. 华南农业大学硕士学位论文.

[15] 冒高伟.2006.α-半乳糖苷酶在断奶仔猪玉米豆粕型日粮中的应用研究[D].华南农业大学硕士学位论文.

[16] 沈水宝,冯定远.2001.外源酶制剂及其在仔猪营养中的研究与应用进展[C]//冯定远.生物技术在饲料工业中的应用.广州:广东科技出版社,26-32.

[17] 沈水宝.2002.外源酶对仔猪消化系统发育及内源酶活性的影响[D].华南农业大学博士学位论文.

[18] 苏海林.2010.复合酶制剂对鸡饲料原料代谢能和可消化粗蛋白改进值的影响[D].华南农业大学硕士学位论文.

[19] 谭会泽.2006.肉鸡肠道碱性氨基酸转运载体 mRNA 表达的发育性变化及营养调控[D].华南农业大学博士学位论文.

[20] 汪儆,Juokslahti T.1997.木聚糖酶制剂对生长肥育猪次粉日粮饲养效果的影响[J].中国饲料,3:17-19.

[21] 王春林.2005.α-半乳糖苷酶固态发酵中试技术参数研究[D].中国农业大学博士学位论文.

[22] 杨彬.2004.纤维素酶在黄羽肉鸡小麦型日粮中的应用研究[D].华南农业大学硕士学位论文.

[23] 于旭华.2001.外源酶对断奶仔猪消化系统酶活的影响[D].华南农业大学硕士学位论文.

[24] 于旭华.2004.真菌性和细菌性木聚糖酶对肉鸡生长性能的影响及机理研究[D].华南农业大学博士学位论文.

[25] 邹胜龙.2001.复合酶制剂在仔猪日粮中的应用[D].华南农业大学硕士学位论文.

[26] 左建军.2005.非常规植物饲料钙和磷真消化率及预测模型研究[D].华南农业大学博士学位论文.

[27] Annison G,Choct M.1991.Anti-nutritive activities of cereal non-starch polysaccharides in broiler diet and strategies minimizing their effects[J].World's Poultry Science Journal,47:232-242.

[28] Annison G,Hughes R J,Choct M.1996.Effect of enzyme supplementation on the nutritive value of dehulled lupins[J].British Poultry Science,37:157.

[29] Annison G.1991.Relationship between the levels of soluble non-starch polysaccharides and the apparent metabolizable energy of wheats assayed in broiler chickens[J].Journal of Agriculture and Food Chemistry,39:1252-1256.

[30] Ao T,Cantor A H,Pescatore A J,et al.2004.*In vitro* and *in vivo* evaluation of simultaneous supplementation of α-galactosidase and citric acid on nutrient release,digestibility and growth performance of broiler chicks[J].Journal of Animal Science,82(Suppl.):1148.

[31] Bedford M R,Classen H L.1992.Reduction of intestinal viscosity through manipulation of dietary rye and pentosanase concentration is effected through changes in the carbohydrate composition of the intestinal aqueous phase and results in improved growth rate and food conversion efficiency of broiler chicken[J].Journal of Nutrition,122:560-569.

[32] Bedford M R,Morgan A J.1995.The use of enzymes in canola-based diets[C]//van Hartingsveldt W,Hessing M,van der Lugt J P,et al(eds).Proceedings of 2nd Euro-

pean symposium on feed enzymes. Noordwijkerhout，The Netherlands：125-131.

[33] Brenes A，Smith M，Guenter W. 1993. Effect of enzyme supplementation on the performance and digestive tract size of broiler chickens fed wheat-and barley-based diets [J]. Poultry Science，72：1731-1739.

[34] Charlton P. 1996. Expanding enzyme applications：higher amino acid and energy values for vegetable proteins[C]//Proceedings of the 12th annual symposium on biotechnology in the feed industry. Loughborough，Leics.，Great Britain：Nottingham University Press，317-326.

[35] Choct M，Annison G，Trimble R P. 1993. Extract viscosity as a predictor of the nutritive quality of wheat in poultry[C]//Proceedings of the Austalian poultry science symposium. Australian：78.

[36] Choct M，Annison G. 1990. Antinutritive activity of wheat pentosans in broiler diets [J]. British Poultry Science，31：811-821.

[37] Choct M，Hughes R J，Trimble R P，et al. 1995. Non-starch polysaccharide-degrading enzymes increase the performance of broiler chickens fed wheat of low apparent metabolizable energy[J]. Journal of Nutrition，125：485-492.

[38] Choct M，Selby E A D，Cadogan D J，et al. 2004. Effect of liquid to feed ratio，steeping time，and enzyme supplementation on the performance of weaner pigs[J]. Australian Journal of Agricultural Research，55(2)：247-252.

[39] Cowieson A J，Ravindran V. 2008. Effect of exogenous enzymes in maize-based diets varying in nutrient density for young broilers：growth performance and digestibility of energy，minerals and amino acids[J]. British Poultry Science，49：37-44.

[40] Dalibard P，Geraert P A. 2004. Impact of a multi-enzyme preparation in corn-soybean poultry diets[C]//Animal Feed Manufacturers Association forum. Sun City，South Africa，Centurion：1-5.

[41] Danicke S，Simon O，Jeroch H. 1999. Effects of supplementation of xylanase or beta-glucanase containing enzyme preparations to either rye- or barley-based broiler diets on performance and nutrient digestibility[J]. Archiv fur Geflugelkunde，63(6)：252-259.

[42] Francesch M，Geraert P A. 2009. Enzyme complex containing carbohydrases and phytase improves growth performance and bone mineralization of broilers fed reduced nutrient corn-soybean-based diets[J]. Poultry Science，88：1915-1924.

[43] Gdala J，Johansen H N，Bach Knudsen K E，et al. 1997a. The digestibility of carbohydrates，protein and fat in the small and large intestine of piglets fed non-supplemented and enzyme supplemented diets[J]. Animal Feed Science and Technology，65：15-33.

[44] Gdala J，Jansman A J M，Buraczewska L，et al. 1997b. The influence of α-galactosidase supplementation on the ileal digestibility of lupin seed carbohydrates and dietary protein in young pigs[J]. Animal Feed Science and Technology，67：115-125.

[45] Ghazi S，Rooke J A，Galbraith H，et al. 1997a. Effect of adding protease and alpha-galactosidase enzymes to soybean meal on nitrogen retention and true metabolizable energy

in broilers[J]. British Poultry Science，38(Suppl.)：S28.

[46] Ghazi S，Rooke J A，Galbraith H，et al. 1997b. Effect of feeding growing chicks semi-purified diets containing soybean meal and amounts of protease and alpha-galactosidase enzymes[J]. British Poultry Science，38(Suppl.)：S29.

[47] Kim S W，Mavromichalis I，Easter R A. 2001. Supplementation of alpha-1,6-galactosidase and beta-1,4-mannanase to improve soybean meal utilization by growing-finishing pigs[J]. Journal of Animal Science，79 (Suppl. 2)：84(abstract).

[48] Klis J D，Kwakernaak C. 1995. Effects of endoxylanase addition to wheat-based diets on physico-chemical chyme conditions and mineral absorption in broilers[J]. Animal Feed Science and Technology，51：15-27.

[49] Knap I H，Ohmann A，Dale N. 1996. Improved bioavailability of energy and growth performance from adding alpha-galactosidase (from *Aspergillus* sp.) to soybean meal-based diets[C]//Proceedings of Australian poultry science symposium. Sydney，Australia：153-156.

[50] Kocher A，Choct M，Ross G，et al. 2003. Effects of enzyme combinations on apparent metabolizable energy of corn-soybean meal based diets in broilers[J]. The Journal of Applied Poultry Research，12：275-283.

[51] Lü M B，Li D F，Gong L M，et al. 2009. Effects of supplemental microbial phytase and xylanase on the performance of broilers fed diets based on corn and wheat[J]. Poultry Science，46(3)：217-223.

[52] McNab J M，Whitehead C C，Volker L. 1993. Effects of dietary enzyme addition on broiler performance and the true metabolisable energy values of these diets and wheat [C]//World's Poultry Science Association. 9th European symposium on poultry nutrition. Jelenia Gora，Poland：479-484.

[53] Meng X，Slominski B A. 2005. Nutritive values of corn，soybean meal，canola meal and peas for broiler chickens as affected by a multicarbohydrase preparation of cell wall degrading enzymes[J]. Poultry Science，84：1242-1251.

[54] Michael H. 1999. Enzyme may provide benefits in corn/soybean meal layer diets[J]. Feedstuffs，8：10.

[55] Noblet J，Dubois S，Labussiere E，et al. 2010. Metabolic utilization of energy in monogastric animals and its implementation in net energy systems[C]//Crovetto G M(ed). Energy and protein metabolism and nutrition. Wageningen Academic Publishers，573-582.

[56] Noy Y，Sklan D. 1994. Digestion and absorption in the young chick[J]. Poultry Science，73：366-373.

[57] Pack M，Bedford M R，Coon C，et al. 1997. Effects of feed enzymes on ileal digestibility of energy and protein in corn-soybean diets fed to broilers[C]//Proceedings of 11th European symposium on poultry nutrition. Faaborg，Denmark：502-504.

[58] Pack M，Bedford M R. 1997. Feed enzymes for corn-soybean broiler diets[J]. World Poultry，13：87-93.

［59］ Pack M，Bedford M，Harker A，et al. 1998. Alleviation of corn variability with poultry feed enzymes［C］//Recent programmes in development and production application. Finnfeeds International Ltd，Marlborough，UK.

［60］ Pack M，Bedford M. 1997. Feed enzymes for corn-soybean broiler diets，a new concept to improve nutritional value and economics［J］. AFMA Matrix，12：18-21.

［61］ Puchal F. 1999. Role of feed enzyme in poultry nutrition examined［J］. Feedstuffs，11：12-14.

［62］ Rackis J J. 1975. Oligosaccharides of food legumes：alpha-galactosidase activity and the flatus problem［C］//Jeanes A，Hodges J（eds）. Physiological effects of food carbohydrates. Am. Chem. Soc.，Washington，D C.

［63］ Schang M J，Azcona J O，Arias J E. 1997. Effects of a soya enzyme supplement on performance of broilers fed corn/soy or corn/soy/full-fat soy diets［J］. Poultry Science，76（Suppl. 1）：132（abstract）.

［64］ Sheppy C. 2001. The current feed enzyme market and likely trends［C］//Bedford M R，Partridge G G（eds）. Enzymes in farm animal nutrition. United Kingdom：CABI Publishing，1-10.

［65］ Slominski B A，Campbell L D，Guenter W. 1994. Oligosaccharides in canola meal and their effect on nonstarch polysaccharide digestibility and true metabolizable energy in poultry［J］. Poultry Science，73：156-162.

［66］ Spring P，Wenk C，Lemme A，et al. 1998. Effect of an enzyme complex targeting soybean meal on nutrient digestibility and growth performance in weanling piglets［C］//14th Annual symposium on biotechnology in the feed industry. Lexington，Kentucky. Supplement 1，enclosure code UL 5. 5.

［67］ Stanley V G，Gray C，Chukwu H，et al. 1996. Effects of enzyme（treatment）in enhanced the feeding value of cottonseed meal and soybean meal in broiler chick diets［C］//12th Annual symposium on biotechnology in the feed industry. Lexington，Kentucky. Supplement 1，enclosure code UL 2. 2.

［68］ Steenfeldt S，Müllertz A，Jensen J F. 1998. Enzyme supplementation of wheat-based diets for broilers. 1. Effect on growth performance and intestinal viscosity［J］. Animal Feed Science and Technology，75（1）：27-43.

［69］ Veldman A，Veen W A G，Barug D，et al. 1993. Effect of α-galactosides and α-galactosidase in feed on ileal piglet digestive physiology［J］. Journal of Animal Physiology and Animal Nutrition，69：57-65.

［70］ Vila B，Mascarrell J. 1999. Alpha galactosides in soybean meal：can enzyme help［J］. Feed International，6：24-29.

［71］ Zanella I，Sakomura N K，Silversides F G，et al. 1999. Effect of enzyme supplementation of broiler diets based on corn and soybeans［J］. Poultry Science，78：561-568.

［72］ Zhou Y，Jiang Z，Lv D，et al. 2009. Improved energy-utilizing efficiency by enzyme preparation supplement in broiler diets with different metabolizable energy levels［J］. Poultry Science，88：316-322.

饲料酶理论与应用技术体系之四
——饲料酶发挥作用位置的二元说及其意义

饲料酶制剂的耐温问题一直广受关注,饲料高温加工对酶的活性有不同程度的破坏作用,这是酶制剂在饲料工业中应用遇到的一个技术问题。既然高温加工对酶的活性影响的问题不可避免,那么,是否饲料高温加工对酶的作用都完全是负面的?酶在饲料加工过程中能否部分发挥体外水解作用?针对这些问题,我们的实验室进行了系列的酶制剂及其酶学性质的研究(沈水宝,2002;于旭华,2004;黄燕华,2004;左建军,2005;谭会泽,2006)。根据酶学原理和饲料加工工艺以及一些试验证据,我们提出了一个饲料酶制剂理论与实践的假设:饲料酶存在发挥作用位置的二元说,酶不仅在动物消化道中能够发挥效能,在饲料高温加工过程中也可以部分发挥催化作用。

一、饲料调质加工和膨化处理对酶活的影响

一般认为饲料加工工艺中对酶制剂起破坏作用的主要是制粒和膨化过程,这两个过程涉及高温、高湿及挤压的综合作用,对饲料酶制剂的活性是一个严峻的考验(许毅等,2005)。制粒过程是在饲料混合物中加入蒸汽对其进行调质,然后通过环模挤压成型。制粒可以改善饲料的输送特性,并减少饲料中的微生物含量。制粒温度一般为 $65\sim90℃$(Gibson,1995),这样的温度可以破坏对热敏感的营养物质,包括酶。在高达 $95℃$ 的加工温度下,酶活将发生严重的损失。在制粒过程中,需要加入 $4\%\sim5\%$ 的蒸汽进行调质,从而使物料升温 $50℃$ 左右。另外,物料与压辊、压模、模孔之间的摩擦,也可使物料升温 $5\sim20℃$,从而使制粒后颗粒温度达到 $70\sim90℃$。一般来说,调质的温度不低于 $70℃$,才能使粉料比较充分地糊化。此外,还需一定的糊化时间,在调质中滞留 15 s 以上,而达到最佳制粒效果所需的物料水分含量在$15.5\%\sim17.5\%$之间(邱万里,2002)。

在挤压膨化工艺中,温度可高达 $200℃$,但是饲料在如此高的温度下的滞留时间很短(5~

10 s)。在加工浮性饲料时,蒸汽和水的添加量达干饲料的 8%,挤出物在到达模头时最终压力为 $(3.45\sim3.75)\times10^3$ kPa,温度为 $125\sim138℃$,水分为 $25\%\sim27\%$。在沉性饲料的生产中,在调质器内先加入少量的蒸汽,然后加入水。混合料离开调质器时的最终水分通常为 $20\%\sim24\%$。混合料的温度在调质筒的出口处达到 $70\sim90℃$,挤出物的水分含量达到 $28\%\sim30\%$。生产鱼饲料时,挤压机模头处的压力通常是 $(2.63\sim3.04)\times10^3$ kPa。非膨化的完全熟化水产饲料,挤压机模头外的挤出物温度为 $120℃$。

饲料在制粒过程中,需经调质、压辊及压模的挤压后才能成型。在调质过程中,一般采用 $0.2\sim0.4$ MPa 的蒸汽进行处理,蒸汽的温度可达 $120\sim142℃$,在蒸汽的作用下,使饲料温度升至 $80\sim93℃$,水分达 $16\%\sim18\%$。当制粒温度低于 $80℃$ 时,纤维素酶、淀粉酶和戊聚糖酶的活性损失不大,但当温度达 $90℃$ 时,则纤维素酶、真菌类淀粉酶和戊聚糖酶活性损失很大,损失率达 90% 以上,细菌类淀粉酶损失 20% 左右。当制粒温度超过 $80℃$ 时,植酸酶活性损失率达 87.5%。摩擦力增加,使植酸酶损失率提高,模孔孔径为 2 mm 的压模制粒时,植酸酶损失率高于孔径为 4 mm 的压模(冯定远,2003)。

考虑到饲料源病原体以及影响制粒质量的因素,饲料生产提高了饲料加工的温度、时间和压力,并将饲料进行二次制粒或膨化(Pickford,1992)。饲料加工处理程度的加强使酶的稳定性更加重要。目前已采取几种途径来克服这些困难,包括不同时采用上述加工方式,以及在饲料颗粒冷却后再添加液态酶。尽管可以在制粒后加酶,但饲料酶一般还是在加工处理前添加到粉状饲料中。通过使用疏水性包被保护层或选用耐热性更强的酶,可以降低热处理对酶活的影响。

饲料高温加工绝对对酶的活性有不同程度的破坏,Israelsen 报道(许毅等,2005),$110℃$ 时植酸酶的活性存留率为零。van der Poel 报道,$110℃$ 时 β-葡聚糖酶和纤维素酶的活性已无法检测到(许毅等,2005)。Angel 等(2006)报道,植酸酶在 70、80、90℃ 制粒温度条件下,Phytase TM2500 植酸酶活性存留率分别为 61.8%、25.4% 和 7.1%。而且,制粒加工过程中酶活性的损失随着制粒温度的上升线性升高(Eeckhout 等,1995)。我们在 2008 年的研究表明,从无花果曲霉中提取的能够耐受高温的植酸酶蛋白基因导入毕赤酵母中并通过毕赤酵母的表达获得植酸酶,经 75、85、95℃ 调质后,分别保持 89.25%、74.35%、69.47% 的相对酶活性(陈旭,2008)。

但是,并不是所有的高温调质加工都百分百破坏酶的活性,更多情况是部分酶能够存活下来,多少比例酶能够耐高温残留下来,差别非常大,除了加工条件外,也与酶种及特定酶的酶学性质,甚至日粮配方组成等都有关系。例如,Nunes(1993)认为结果的差异可能是由于酶活的测定方法不同或不同菌种来源的酶制剂耐热性差异所导致的。制粒后酶活的测定是一个尚具争议的问题,因为目前尚未出现统一的测定加酶饲料中被高度稀释的酶活方法。

Simons 等(1990)将植酸酶添加到猪饲料中,加热至 $50℃$ 时使颗粒温度达到 $78℃$ 或 $81℃$,此时并未使酶的活性降低;但加热至 $65℃$ 时使颗粒温度达到 $84℃$ 或 $87℃$,此时则使酶的活性丧失 17% 或 54%。Esteve-Garcia 等(1997)发现,经过接近 $80℃$ 的调质与制粒温度后,添加到肉仔鸡料中的 β-葡聚糖酶仍能保留大部分的活性。付五兵等(2005)报道中性木聚糖酶在含水 $17\%\sim20\%$、$85℃$、2.5 min 处理后能保持 67.4% 的活性。

McCracken 等(1993)在大麦基础日粮中添加了一种稳定化商品酶混合物,其中含有 β-葡聚糖酶和木聚糖酶,日粮在制粒前于 $85℃$ 温度下加热 15 min,结果表明:日粮在未补充外源性酶的情况下进行热处理,使饲料营养物质的表观消化率降低、肉用雏鸡肠道内容物的黏度增加及粪便干物质含量减少;但在补充外源性酶的情况下进行热处理,则提高了饲料营养物质的消化率,并消除了热处理引起的不利效应。这充分说明,酶在85℃温度下仍保持活性。大麦和小麦基础日粮经过热加工,其中植酸酶在经过各个加工工序后的相对活性如表1所示(吴德胜,2001)。

表1 大麦和小麦基础的猪饲料在膨胀加工过程中植酸酶的相对活性变化

工序	温度/℃	植酸酶的相对活性/%
调质前	27.9	100
调质后	80.5	76
制粒后	70	47
膨胀后	102	18
膨胀制粒后	79	12

Spring(1996)研究了不同制粒温度对纤维素酶、细菌淀粉酶、真菌淀粉酶和戊聚糖酶活性的影响。试验样品为含有不同酶制剂的大麦-小麦-豆饼型饲料,制粒温度分别为60、70、80、90、100℃。结果表明纤维素酶、戊聚糖酶和真菌淀粉酶在80℃时仍稳定,但在90℃时活性丧失90%($P<0.05$)。细菌淀粉酶更稳定些,在100℃时仍具有60%的活力。Cowan等(1993)测定了不同酶制剂在溶液中酶活的稳定性,其中戊聚糖酶的测定结果与Spring等(1996)的结果相似,但在制粒条件下和溶液条件下对酶活的影响都有不同结果的报道。Gadient等(1993)报道,在热溶液处理过程中,如果临界温度不超过75℃,碳水化合物酶的活性不受影响。Nunes(1993)报道,制粒蒸汽温度高于60℃时,戊聚糖酶的活性显著降低。

Gadient等(1993)认为酶活性损失的程度明显受到酶制剂类型的影响,淀粉酶在80℃下活力显著下降。植酸酶经70~90℃制粒后活力下降50%以上(吴德胜,2001)。Cowan和Rasmussen(1993)报道,未经处理的β-葡聚糖酶经70℃制粒后在饲料中的存活率仅为10%。Inborr和Bedford(1994)报道,β-葡聚糖酶在料温为75℃时调质30 s,其存活率为64%,而再经90℃的制粒其存活率仅为19%。

饲料加工调制对饲料消化率的提高、对酶活性的破坏以及酶对饲料消化率的提高这三者之间可能存在着一个平衡。Bedford和Schulz(1998)试验表明,日粮中木聚糖酶的活性随着饲料加工温度的升高而逐渐下降,但饲养试验发现,饲料加工温度为82℃时肉仔鸡生产性能最好,温度低于或高于82℃,生产性能都有所下降,而饲料转化率与饲料中酶的活性之间相关性不显著。所有加工温度的加酶饲料都降低了肉仔鸡肠内容物的黏度,而且在95℃时黏度降幅最大,这也可反映出热加工和酶制剂在提高饲料消化率上共同的作用。Pack和Bedford(1998)报道,以玉米-豆粕型肉鸡料做试验,粉状料加酶后45日龄肉鸡的体重和饲料效率分别比不加酶的对照组高5%和1.77%,而相同配方的颗粒料加酶后上述两项指标仅分别比对照组高4%和1.23%。这也提示,在实际生产中应以动物的实际生产性能作为检验酶制剂有效性的标准。

二、酶在饲料高温加工过程中发挥催化作用的
假设及其推导的依据

2005 年我们在《酶制剂在饲料工业中的应用》的"前言"中提到:饲料酶制剂研究与应用还要注意八个方面问题(冯定远,2005),其中一个就是"酶制剂在饲料调质加工过程中是否能产生作用"。

根据我们几年的研究探讨,其中一个引起我们思考的是水产饲料酶应用的问题,一方面,水产动物是变温动物,消化道的温度常常低于一般饲料酶所需的作用温度;另一方面,对水产饲料来说,通过制粒前的多道调质,使加热时间延长,可使淀粉糊化度达 45%～65%。制粒后熟化处理则可使糊化度达 50%～75%,而一般畜禽饲料制粒后饲料中淀粉的糊化度为 20%～50%(冯定远,2003)。如果是膨胀调质器,虽然作用时间短,但升温更迅速,可使物料在数秒钟内达到 100～200℃,对物料作用更强。也就是说,常见的制粒或膨化水产饲料加工温度特别高,从理论上讲,没有多少酶能够到达动物消化道发挥作用。所以,制粒或膨化水产动物饲料添加酶几乎没有意义,但实际情形是研究开发和产品不少。

据此,我们思考和研究认为,饲料酶发挥作用的位置可能存在二元说:从理论上讲,酶制剂一方面不仅能够在动物消化道起催化作用,另一方面也能够在饲料高温加工过程中部分发挥催化作用,就是饲料酶在条件适合的情况下,在饲料加工过程中和进入动物消化道内两个位置均存在发挥作用的可能性。与二元说相关,根据不同饲料酶的酶学特性和饲料加工设备及其工艺参数,饲料酶制剂应用可以有三种情况:一是饲料酶可能只在动物消化道发挥作用(饲喂粉料或者微囊包被特别好,不在加工过程中释放酶制剂);二是饲料酶也可能只在饲料高温加工过程中发挥催化作用(发挥催化作用后完全被破坏的酶制剂不能在动物消化道发挥作用);三是饲料酶既可以在饲料高温加工过程中部分发挥催化作用,又能在动物消化道中继续发挥作用(高温加工过程中发挥催化作用后,有剩余的酶活)。第三种方式可能更常见,理论上讲,第三种方式作用效果更好。

提出"酶在饲料高温加工过程中可能部分发挥催化作用"的假设的主要科学依据有如下几个方面:

(1)酶的作用原理表明,在适当的环境条件下,特别是在一定的温度、pH 值和离子环境等条件下,酶制剂可以催化相应底物的水解。食品酶、啤酒酶、纺织酶、皮革酶和纸浆酶等就是在加工过程中发挥作用的。饲料原料的酶制剂前处理也表明,饲料可以在体外条件下,被酶作用变得容易消化利用。所以,动物消化道并不是酶发挥催化作用的唯一场所。另外,酶解处理大豆或豆粕生产特殊仔猪蛋白原料或生产小肽就是在体外条件下应用蛋白酶处理生产的,例如,Beal 等(1998)评价了 3 种蛋白酶体外处理大豆和豆粕的效果。

(2)根据酶学原理,酶在无水的溶剂中不表现活性,但也不引起变性;水分使酶和底物接近和结合,加水后可使反应加快,说明水对酶的催化作用起着十分重要的作用。一般认为,酶分子的水合包括几个过程:①水分子首先和酶分子表面的带电基团结合;②水分子和酶分子表面的极性基团结合;③水分子凝集于蛋白质表面,以弱的作用力和酶分子结合;④酶分子表面完全水合(陈石根和周润琦,2001)。水的作用是增大酶分子的柔顺性,并以非共价作用力维系形

成的活性结构,这部分水称为"必需水"(essential water)。饲料调质加工必须加入水蒸气,使物料含有一定水分,满足酶可以发生催化作用的基本条件。一般饲料调质物料含水分16%～18%,达到酶作用的水活性度(water activity)的要求。

(3)在含水的有机溶剂系统中,酶的活性甚至高出在单一水溶液中的活性,表现出"超活性"(super activity)(陈石根和周润琦,2001),而加入水蒸气调质的物料,不仅仅有水,而且饲料本身含有的油脂,就是一个含水的有机溶剂系统,可能在调质加工过程中,酶的催化作用表现出这种"超活性",从而使酶在短时或瞬间就能发挥作用。

(4)饲料调质加工的温度上升中,一定会有一个温度点符合该酶的最适温度,这在某种程度上讲,比在动物消化道内发挥作用更好。因为动物消化道内的温度比较恒定,不一定有机会符合某一特定酶的最适温度,即使酶活没有被破坏,也未必能够很好地发挥作用。

(5)由于物料的导热性能特点,饲料调质加工的温度上升是有一个过程的,是一个从常温到高温渐进的上升过程。另外,一般酶的最适温度有一个范围(表2),范围大小与其酶学特性有关,因此,温度上升过程结合一定范围最适温度,使得酶的作用可能有足够的催化反应时间。例如 McCracken 等(1993)的试验是制粒前于85℃温度下加热15 min,那么,酶可能已经在加温调质的过程中,实现了或部分实现了对饲料大分子底物(营养性或抗营养性底物)的水解。

表 2　常用饲料酶制剂的主要来源与最适温度

酶的种类		来源	最适温度/℃
非消化酶	纤维素酶	绿色木霉	45～65
		木霉	45～50
		康宁木霉	45～50
		黑曲霉	45～55
	半纤维素酶	枯草芽孢杆菌	40～55
		木霉	40～50
	果胶酶	根霉	40～50
		黑曲霉	40～50
	植酸酶	黑曲霉	40～50
		米曲霉	40～50
	单宁酶	无花果曲霉	40～50
		黑曲霉	40～50
	β-葡聚糖酶	枯草芽孢杆菌	55～70
		木霉	50～60
外源消化酶	蛋白酶	AS1398 枯草芽孢杆菌	35～40
		枯草杆菌	45～50
	糖化酶	黑曲霉	50～60
		根霉	55～65
	淀粉酶	黑曲霉	55～70

资料来源:Louw 等,1993;Tabernero 等,1994;戴四发,2001。

(6)有些酶制剂的最佳活性温度比较高,适当的高温条件更有利于酶的催化作用的发挥。

例如,来自嗜温和嗜热微生物的纤维素酶的最佳活性温度分别为 60～80℃ 和 90～110℃ (Khandke 等,1989;Bhat 等,1993;Antranikian,1994)。

(7)溶液中的酶遇热失活,并不表明饲料中的酶遇热也失活,这是因为饲料中的酶与饲料成分存在互作。实际上,饲料原料在短时间内能够保护酶免受蒸汽或高温的破坏(Chesson,1993)。说明会有部分酶能够耐过热的破坏,从而在加工过程中条件合适的情况下,有机会发挥酶的催化作用。

三、酶在饲料高温加工过程中部分发挥催化作用的试验

Silversides 和 Bedford(1999)的研究表明,在小麦基础日粮中未添加外源性木聚糖酶的情况下,肉鸡肠道内容物的黏度随加工温度的增加而显著增加;而在日粮中添加木聚糖酶时,即使在较高的加工温度下,也可使肉鸡肠道内容物的黏度下降,并且在最高温度下,其黏度实际降低量最大(图 1)。在较高的加工温度下,酶仍可发挥较大的作用,这可能是由于酶在此时可获得较多的底物。较高的加工温度使家禽的生产性能下降,这不仅是由于肠道内容物黏度的增加以及外源性酶的作用减弱,而且是由于维生素和其他酶类的失活,以及淀粉与蛋白质消化率的下降。随着耐热性或稳定化处理的酶制剂的商品化,加热对维生素及其他营养物质的破坏也将可能限制生产上所用的加工温度。他们认为:酶在加工前或加工期间可能具有活性,从而降低了体内外的黏度测值。我们换个说法,就是酶在饲料加工过程中,存在发挥作用的可能性。

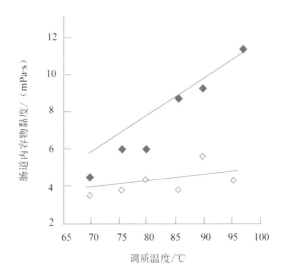

图 1　给肉仔鸡饲喂补充(◇)或未补充(◆)木聚糖酶
并在不同温度下加工的饲料后,其肠道内容物黏度的变化

其实,Bedford 等(2001)也注意到,在饲粮的调质和制粒过程中,存在酶发生作用的条件,如水、温度、底物等存在,可能此时酶可以对饲粮中的相应底物进行降解,发挥酶的酶解作用,提高饲粮营养价值。

周利芬等(2005)研究在调质温度80℃、制粒温度85℃条件下,高纤维饲粮添加纤维素酶或高小麦饲粮添加木聚糖酶后的粗纤维、纤维素、半纤维素含量的变化,认为酶的活性会因加工处理而有一部分失活,且纤维素酶活性因制粒的影响相对严重;但同时,添加纤维素酶或木聚糖酶对加工过程中高纤维饲粮或高小麦饲粮中纤维类物质的降解有积极的作用。

最简单和直接的检验酶在饲料高温加工过程中是否发挥催化作用的方法是比较加工前后酶催化产生的产物量变化。例如,通过比较加木聚糖酶小麦粉在制粒前后的还原糖量,可以探讨酶在饲料加工调质过程中是否已经发生部分降解作用,这可以部分反映出饲料制粒加工中木聚糖酶能否发挥作用。我们2008年的一个初步试验中,试验结果表明其中一组单一的小麦粉添加木聚糖酶制粒后还原糖含量极显著高于调质前的混合样(周响艳和冯定远,未发表)。

也就是说,饲料在较高的温度条件下的加工期间,有可能已经部分发挥酶对底物的催化功能。假如这一情况成立,如果酶活未被高温完全破坏,耐过高温部分的酶可以在动物消化道继续发挥作用。如果所有酶活最后在高温加工过程中被破坏,那也能够部分达到添加酶的目的。

四、酶在饲料高温加工过程中发挥催化作用的意义

加工温度的升高会影响一些对热敏感的营养成分(如维生素、氨基酸和酶)的稳定性。这使得饲料加工业进入进退两难的局面,必须在饲料能耐受的温度和允许的加工条件之间妥协。实际上饲料加工的维持时间、温度和制粒环模的尺寸变化,同世界上的饲料厂一样多(Pickford,1992)。Clayton(1999)认为,如制粒温度超过85℃,就应采用液体酶制剂喷涂到冷却后的颗粒料上,从而避免高温蒸汽对酶活性的不利影响。酶是一种蛋白质,很容易被一些外源性因子(如pH、温度、摩擦力以及添加到特定动物日粮中的重金属)降解。颗粒酶的稳定性可通过选择遗传上能耐高温的酶、选择特定载体、采用新的加工技术(如包被技术)而提高,这样产出的饲料酶制剂可耐90℃的高温。但是当加工温度超过此温度后,应当选用液态酶制剂制粒后喷涂技术,以避免高温对酶的破坏。当饲料加工温度超过90℃时,热敏性饲料添加剂如酶、维生素、益生素和某些抗生素等均会受到饲料加工温度的影响,因此在饲料加工后期使用液态酶制剂很好地解决了此问题(Steen,2001)。

液态酶的使用并不是没有任何问题,除了设备和工艺的特别要求外,Steen(2001)认为与颗粒状酶制剂相比,液态酶制剂的贮存稳定性较差,液态酶制剂中水的活性非常高,使得其中的酶活性非常高,而固态酶制剂中的水分活度较低,其中的酶在动物消化之前基本无活性。商品酶制剂一般均不是100%的纯,常含有一些其他不期望的酶活性。这些酶包括少量蛋白酶,甚至量很小就能分解一些主要的酶(如木聚糖酶),如果是含有蛋白酶的复合液态酶更存在稳定性的问题。

如果的确存在饲料酶发挥作用位置的二元说,酶在饲料高温加工过程中部分发挥催化作用能够得到进一步的证实,那么,这不仅在饲料酶制剂理论探讨上有很大的空间(如何发挥作用? 理化因素如何影响作用的发挥? 在哪一阶段或哪一瞬间发挥作用? 等等),而且在新型酶制剂的开发上也将大有作为(根据加工工艺和酶学特性,开发专门在加工过程中发挥作用的酶制剂,开发部分在加工中起作用,部分在消化道发挥作用的酶制剂,等等)。更重要的是为酶在饲料加工中应用解决了技术上的部分疑惑,酶制剂在饲料中推广应用将有更广阔的前景。

但是,必须明确指出,酶制剂存在在饲料高温加工过程中发挥催化作用的可能性,不等于在饲料高温加工过程中一定能够发挥催化作用,这里不仅仅是因为目前这种可能还是一种理论的假设,同时,即使这种理论能够成立,酶在饲料高温加工过程中能够发挥催化作用还与特定酶种的酶学特性、日粮组成和成分、饲料加工设备和工艺参数等多方面因素有关。而且大部分情况下,酶制剂在饲料高温加工过程中发挥催化作用可能作用不一定达到显著水平,更多是对大分子底物的初步处理,为在消化道进一步水解营养成分和降低抗营养作用提供了有利条件。

参考文献

[1] 陈石根,周润琦.2001.酶学[M].上海:复旦大学出版社,166-176.

[2] 陈旭.2008.耐热植酸酶对肉鸭生长性能及养分代谢利用的影响[D].华南农业大学硕士学位论文.

[3] 戴四发.2001.绿色木霉纤维素酶系分泌特性及酶解条件的研究[J].安徽技术师范学院学报,15(4):50-53.

[4] 冯定远.2003.配合饲料学[M].北京:中国农业出版社.

[5] 冯定远.2005.酶制剂在饲料工业中的应用[C].北京:中国农业科技出版社.

[6] 胡叶碧,朱涛,周辉.2003.中性木聚糖酶酶学特性及其在动物饲料中的应用研究[C]//中国微生物学会酶工程专业委员会.第四届中国酶工程学术交流讨论会论文集.

[7] 黄燕华.2004.不同来源纤维素酶的酶学特性及其在马冈鹅中的应用[D].华南农业大学博士学位论文.

[8] 邱万里.2002.关于饲料制粒工艺中要素的控制[J].粮油加工与食品机械,8:51.

[9] 沈水宝.2002.外源酶对仔猪消化系统发育及内源酶活性的影响[D].华南农业大学博士学位论文.

[10] 谭会泽.2006.肉鸡肠道碱性氨基酸转运载体 mRNA 表达的发育性变化及营养调控[D].华南农业大学博士学位论文.

[11] 吴德胜.2001.液体喷涂技术[J].饲料广角,9:22-23.

[12] 许毅,周岩民,王恬.2005.饲料加工工艺对酶制剂活性的影响[C]//冯定远.酶制剂在饲料工业中的应用.北京:中国农业科技出版社.

[13] 于旭华.2004.真菌性和细菌性木聚糖酶对肉鸡生长性能的影响及机理研究[D].华南农业大学博士学位论文.

[14] 周利芬,付五兵,刘宝龙.2005.非淀粉多糖酶在饲粮加工过程中的作用[C]//冯定远.酶制剂在饲料工业中的应用.北京:中国农业科技出版社.

[15] 左建军.2005.非常规植物饲料钙和磷真消化率及预测模型研究[D].华南农业大学博士学位论文.

[16] Angel R,Ward N,Mitchell A D. 2006. Effect of pelleting temperature and phytase type on phytase survivability and broiler performance[J]. Poultry Science,85 (Suppl. 1):10.

[17] Antranikian G. 1994. Extreme thermophilic and hyperthermophilic microorganisms and

their enzymes[C]//Advanced workshops in biotechnological on 'extremophilic microorganisms'. NTUA, Athens, Greece:1-30.

[18] Bedford M R, Schulz H. 1998. Exogenous enzymes for pigs and poultry[J]. Nutrition Research Reviews, 1: 91-114.

[19] Bedford M R, Silversides F G, Cowan W D. 2001. Process stability and methods of detection of feed enzymes in complete diets[C]//Bedford M R, Partridge G G(eds). Enzymes in farm animal nutrition. United Kingdom:CABI Publishing, 1-10.

[20] Bhat K M, Gaikwad J S, Maheshwari R. 1993. Purification and characterization of an extracellular β-glucosidase from the thermophilic fungus *Sporotrichum thermophile* and its influence on cellulase activity[J]. Journal of General Microbiology, 139: 2825-2832.

[21] Chesson A. 1993. Feed enzymes[J]. Animal Feed Science and Technology, 45: 65-79.

[22] Cowan W D, Rasmussen P B. 1993. Thermostability of microbial enzymes in expander and pelleting process and application systems for post-pelleting addition[C]//Wenk C, Boessinger M(eds). Proceedings of the first symposium on enzymes in animal nutrition. Kartause Ittingen, Switzerland:263-268.

[23] Eeckhout M, DeSchrijver M, Vanderbeke E. 1995. The influence of process parameters on the stability of feed enzymes during steam pelleting[C]//Proceedings of the 2nd European symposium on feed enzymes. Noordwijkerhout, The Netherlands:163-169.

[24] Esteve-Garcia E, Brufau J, Perez-Vendrell A, et al. 1997. Bioefficiency of enzyme preparations containing β-glucanase[J]. Poultry Science, 76: 1728-1737.

[25] Gadient M, Volker L, Schuep W. 1993. Experience with enzymes in feed manufacturing [C]//Proceedings of the first symposium on enzyme in animal nutrition. Kartause Ittingen, Switzerland:255-262.

[26] Gibson K. 1995. The pelleting stability of animal feed enzymes[C]//van Hartingsveldt W, Hessing M, van der Lugt J P, et al(eds). Proceedings of the 2nd European symposium on feed enzymes. Noordwijkerhout, The Netherlands: 157-162.

[27] Gill C. 1999. Keeping enzyme dosing simple[J]. Feed International, 10: 32-38.

[28] Inborr J, Bedford M R. 1994. Stability of feed enzymes to steam pelleting during feed processing[J]. Animal Feed Science and Technology, 46: 179-196.

[29] Khandke K M, Vithayathil P J, Murthy S K. 1989. Purification of xylanase, β-glucosidase, endocellulase, and exocellulase from a thermophilic fungus, *Thermoascus aurantiacus*[J]. Archives of Biochemistry and Biophysics, 274(2): 491-500.

[30] Louw M E, Reid S J, Watson T G. 1993. Characterization, cloning and sequencing of a thermostable, endo-(1,3-1,4) β-glucanase-encoding gene from an alkalophilic *Bacillus brevis*[J]. Applied Microbiology and Biotechnology, 38:507-513.

[31] McCracken K J, Urquhart R, Bedford M R. 1993. Effect of heat treatment and enzyme supplementation of barley based diets on performance of broiler chicks[C]//Proceedings of the Nutrition Society, 50A.

[32] Nunes C S. 1993. Evaluation of phytate resistance in swine diets to different pelleting

temperatures[C]//Proceedings of the first symposium of enzyme in animal nutrition. Kartause Ittingen, Switzerland:269-271.

[33] Pack M, Bedford M R. 1998. Optimising the dose of Avizyme in wheat-based broiler diets[J]. Poultry International, 5:43-46.

[34] Pickford J R. 1992. Effects of processing on the stability of heat labile nutrients in animal feeds[C]//Garnsworthy P C, Haresign W, Cole D J A(eds). Advances in animal nutrition. Butterworth Heinemann, Nottingham: 177-192.

[35] Silversides F G, Bedford M R. 1999. Effect of pelleting temperature on the recovery and efficiency of a xylanase enzyme in wheat based diets[J]. Poultry Science, 78:1184-1190.

[36] Simons P C M, Versteegh H A J, Jongbloed A W, et al. 1990. Improvement of phosphorus availability by microbial phytase in broilers and pigs[J]. British Journal of Nutrition, 64: 525-540.

[37] Spring P, Newman K E, Wenk C, et al. 1996. Effect of pelleting temperature on the activity of different enzymes[J]. Poultry Science, 75: 357-361.

[38] Steen P. 2001. Liquid application systems for feed enzymes[C]//Bedford M R, Partridge G G(eds). Enzymes in farm animal nutrition. United Kingdom: CABI Publishing, 1-10.

[39] Tabernero C, Coll P M, Fernández-Abalos J M, et al. 1994. Cloning and DNA sequencing of bgaA, a gene encoding an endo-β-1,3-1,4-glucanase, from an alkalophilic *Bacillus* strain (N137)[J]. Applied and Environmental Microbiology, 60:1213-1220.

饲料酶理论与应用技术体系之五
——酶制剂在日粮中使用效果的预测及其意义

　　饲料酶可能是最复杂的饲料添加剂,一方面表现在使用效果的不确定性,这是由于酶本身是生物活性成分,受到多种因素的影响;另一方面是酶的种类很多,作用于不同种或不同类底物的酶有好几大类,而作用于同一种或同一类底物而来源不同的酶也很多,这是我们讨论饲料复合酶和组合酶应用的基础。因此,关于饲料酶使用的争论就涉及多个层面,这种争论将长期存在。我们在饲料酶制剂理论与实践的技术体系方面,分别讨论了加酶日粮 ENIV 系统的建立和应用、新型高效饲料组合酶的原理和应用以及饲料酶发挥作用位置的二元说及其意义等三个方面的问题(冯定远等,2005,2008a、b)。既然酶制剂是一种复杂的饲料添加剂,不能像一般的添加剂那样比较直接明确,使用饲料酶制剂时,在考虑酶是否有效的同时,有必要考虑酶制剂在日粮中使用效果是否能够预测。从某种角度上讲,酶制剂在日粮中使用效果是可以评估和预测的,这是我们决定使用的前提。尽管实践中很难准确地预测酶制剂的作用,但是已经证实一些方法可以预测酶制剂特别是非淀粉多糖酶在黏性谷物如黑麦、大麦和小麦中的作用(Choct,2001)。酶制剂使用效果的预测可以是定性的,可以是定量的,在目前条件下,有些只能定性预测,有些则可以定量预测。我们在有关加酶日粮 ENIV 系统的建立和应用方面,已经进行了初步的讨论。预测特定饲料中酶制剂的作用是很有意义的,因为饲料酶生产者和使用者能够决定是否使用酶制剂,同时可因此来调整日粮中酶制剂的添加量,或者在配合日粮时调整营养标准。必须指出,酶能够发挥作用和酶在应用中有效果是两个概念,不完全等同,例如,在营养水平很高的情况下,即使酶发挥了催化作用,在动物生产性能的表现上可能没有什么效果。

一、酶制剂在日粮中使用效果预测的基本条件

1. 饲料原料或者日粮类型与对应酶制剂的种类

酶与底物的专一对应性决定了酶的有效性。反过来,如果酶与底物的对应性不强,则酶的效果不明显,可以基本定性预测酶的使用效果,例如,在番薯日粮中使用含有蛋白酶和脂肪酶的复合酶则可以预测酶的添加没有意义,等等。酶制剂的种类决定了所提高的有效营养量,根据大量的研究报道,常见植物饲料原料使用的酶制剂一般可以考虑:①玉米型的酶制剂,由淀粉酶、阿拉伯木聚糖酶、蛋白酶和纤维素酶组成的复合酶;②豆粕型的酶制剂,α-半乳糖苷酶单酶,或以 α-半乳糖苷酶为主、同时含有阿拉伯木聚糖酶及其他酶的复合酶;③小麦型的酶制剂,阿拉伯木聚糖酶单酶,或以阿拉伯木聚糖酶为主、同时含有纤维素酶及其他酶的复合酶;④小麦麸和次粉型的酶制剂,以阿拉伯木聚糖酶和纤维素酶为主、同时含有其他酶的复合酶;⑤大麦型的酶制剂,β-葡聚糖酶单酶,或以 β-葡聚糖酶为主、同时含有阿拉伯木聚糖酶和纤维素酶及其他酶的复合酶;⑥菜籽粕型的酶制剂,以阿拉伯木聚糖酶和纤维素酶为主、同时含有其他酶的复合酶;⑦棉籽粕型的酶制剂,以纤维素酶和阿拉伯木聚糖酶为主、同时含有其他酶的复合酶;⑧稻谷型的酶制剂,以阿拉伯木聚糖酶和纤维素酶为主、同时含有其他酶的复合酶;⑨米糠型的酶制剂,以阿拉伯木聚糖酶和纤维素酶为主、同时含有其他酶的复合酶;⑩花生粕型的酶制剂,以纤维素酶和阿拉伯木聚糖酶为主、同时含有其他酶的复合酶;⑪向日葵粕型的酶制剂,以纤维素酶和阿拉伯木聚糖酶为主、同时含有其他酶的复合酶。另外,所有植物饲料原料同时或单独添加植酸酶都有一定的改善有效营养价值的效果。对于麦类等黏性谷物和含有比较多纤维的杂粕,一般比较难消化,使用组合酶或者组合型复合酶,酶的作用效果将更加确定,例如,小麦杂粕日粮专用组合型复合酶含有哈茨木霉木聚糖酶、蓝状菌木聚糖酶、纤维杆菌纤维素酶和嗜松青霉纤维素酶。

2. 酶制剂的活性

酶制剂的有效活性直接影响到酶水解饲料底物的效率和程度,如果酶的活性与底物的量对比是不够的,即使酶和底物是对应的,可能酶发挥作用也是有限的,在应用效果上未能达到显著水平。这与酶学原理有关,一般的饲料酶属于水解酶,催化分解饲料底物。水解酶包括肽酶、糖苷酶和酯酶三大类,根据水解键的类型又分为九个亚类。水解酶一般不需要辅酶物质,比较明确酶的活性与底物的关系。所以酶活的设计和酶制剂的添加量必须有试验的基础,包括体外条件下分解反应试验的效果。应该指出,目前有相当部分的饲料酶制剂产品缺乏这方面的试验基础,有很大的盲目性。

3. 饲料原料的营养和抗营养成分及其含量

饲料原料的营养和抗营养特性方面,目前营养方面考虑最多的是蛋白质、淀粉和粗纤维的

含量和种类,而抗营养因子主要考虑非淀粉多糖和特别的寡糖,例如,谷物的戊聚糖(主要是阿拉伯木聚糖)和 β-葡聚糖等多聚糖以及 α-半乳糖苷寡糖。当然,根据原料或日粮抗营养因子含量估计使用相应酶制剂的效果不可能这么简单。例如,根据原料或日粮 NSP 含量预测添加 NSP 酶改善 AME 的程度的实用性仍有很大争议。正如 Choct(2001)所指出的那样:日粮 NSP 含量,可能用于预测日粮需要添加的酶制剂量。但在目前的条件下,通过抗营养因子预测和估计添加酶制剂的效果仍然为酶制剂应用提供了一种方法和手段。

4.动物种类和生理阶段

目前一般多考虑猪与禽使用酶制剂的情况,同样,这两种动物使用酶制剂的效果也很不相同。一般认为,家禽使用酶制剂的效果更明显。相对地,猪日粮中使用酶制剂的情况比较复杂,这部分与它们的消化生理有关,因为外源酶的最佳 pH 值不同,肉鸡的嗉囊使得一些酶在进入 pH 值低的肌胃以前,首先在相对高的 pH 值环境(pH 值约 6.0)中表现较高的活性和发挥了作用。酶制剂使用另外一个考虑的因素是动物的年龄和生理阶段,一般地,幼年动物更需要补充内源酶的不足,也就是说,所使用的复合酶一般含有蛋白酶、淀粉酶甚至脂肪酶;而成年动物更多的考虑是纤维素酶和阿拉伯木聚糖酶这一类的非淀粉多糖酶组成的复合酶甚至直接使用单酶。尽管近年来有关反刍动物和水产动物使用酶制剂的报道增多,对反刍动物和水产动物使用酶制剂的效果和经济效益的看法很不一致,相对猪与禽的效果不太明显,特别是水生动物方面,作为变温动物,水产动物消化道温度一般比较低,甚至有人质疑外源酶是否能发挥作用。而反刍动物瘤胃微生物能产生各种酶,一般不需要额外添加酶制剂。当然,在集约化、高采食量和某些应激条件下,高产奶牛使用一些酶如纤维素酶和阿拉伯木聚糖酶等可能是有益的。

5.动物饲养环境和健康状况

有一些酶如蛋白酶、淀粉酶和脂肪酶等,在一般的成年动物消化道内是足够的。但是,在动物处于应激的条件下,有可能使消化道分泌紊乱,消化酶分泌器官的分泌功能造成压抑。例如饲养密度过高、氨气浓度高等恶劣环境条件下,外源蛋白酶、淀粉酶和脂肪酶等有可能发挥效果。同样,在动物的健康状况比较差的情况下,也存在这种可能性。

6.饲料加工处理

饲料加工工艺影响酶发挥作用一直是酶制剂应用中的一个话题。如果酶具有一定的耐高温性能,或者能够证实酶在饲料高温调质处理过程中发挥作用,这种酶的应用是有效的,我们在有关"饲料酶发挥作用位置的二元说及其意义"中有详细的讨论(冯定远等,2008a)。否则,可以预测酶的应用效果不明显。

二、非淀粉多糖酶使用效果的预测

日粮非淀粉多糖(NSP)含量是非淀粉多糖酶使用效果预测的最重要因素,以家禽(Choct 和 Annison,1990;Annison,1991)、猪(King 和 Taverner,1975)和宠物犬、猫(Earle 等,1998) 为试验动物的研究表明,日粮中 NSP 含量与日粮营养价值之间存在负相关。这表明测定日粮 NSP 含量,可能用于预测日粮需要添加的酶制剂量,但是这种方法的实用性受到了质疑。最 低成本日粮含有很多种植物性原料,这些植物原料又含有不同种类的 NSP,通过一种 NSP 定 量测定方法,无法测出日粮中存在的不同 NSP 底物的种类和量,因此难以预测添加到日粮中的 各种类型的酶的活性反应。另外,NSP 的测定是非常繁琐而复杂的,在质量控制实验室使用时不 理想。同时,可溶性 NSP 的抗营养作用,在很大程度上与多聚物的黏性相关,而这种天然黏性则 依赖于其分子大小和分子结构。所以需要定性或定性与定量结合的分析方法。木聚糖对肉鸡饲 料 AME 的降低主要是由于其中可溶性的部分造成的。Flores 等(1994)的试验证明,8 个小黑麦 品种的氮校正真代谢能(TMEn)与其中水溶性 NSP 之间有 TMEn=15.6-0.016×NSP 的关 系。根据木聚糖酶分解 NSP 的能力,可以预测木聚糖酶提高代谢能的程度。

粉状饲料原料和配合饲料可以用水或缓冲液浸提并测定其浸提物的黏度。浸提物的黏度 主要来自日粮中可溶性 NSP(Izydorcayk 等,1991;Saulnier 等,1995)。因为日粮营养价值与 其所含的 NSP 有关,所以可用浸提物的黏度来预测日粮添加酶制剂的作用。Roter 等(1989) 证实饲喂大麦日粮的肉仔鸡的生产性能可用浸提物黏度法准确预测。Choct 等(1993)建立了 一种方法来区分 AME 含量非常低的和 AME 含量常规的小麦浸提物的黏度,此后很多系统 性的研究不断证实了这种方法对预测家禽日粮营养价值的有效性(Carre 和 Melcion,1995; Choct 和 Haughes,1997;Dusel 等,1997,1998;Wiseman 和 McNab,1998)。浸提物黏度法简 单快速,给出了 NSP 的量化特征。但是因为浸提物黏度分析方法基于可溶性 NSP 的含量,所 以仅能用于预测降低黏度的酶制剂的反应。而且,分析方法的可靠性会影响浸提方法以及在 日粮或单一饲料原料中的内源酶的活性。

肠道黏度是另一个非淀粉多糖酶使用效果预测的重要因素,同时它与日粮 NSP 含量是关 联的。Burnett(1966)首次报道了饲喂大麦日粮家禽的肠道黏度与营养价值的关系。但仅在 过去的 10 年里其工作的重要性才得到肯定,自此肠道黏度值及其对营养物质消化和吸收的影 响的有关研究才开始涌现(Bedford 等,1991;Bedford 和 Classen,1992a;Choct 和 Annison, 1992a,Steenfeldt 等,1998)。那么肠道黏度是否可用于预测酶制剂的反应?这依赖于很多因 子,如小肠中食糜采样的部位、家禽年龄以及日粮中的抗生素促生长剂。肠道的不同部位会影 响黏度值,因为营养素随着食糜在肠道中的蠕动而被消化和吸收,因此不消化部分(主要是 NSP)在肠道中逐渐积累。相对来说,每毫升食糜上清液中可溶性 NSP 的含量逐渐增加。另 外,食糜黏度随着动物年龄的增加而降低(Dusel 等,1998;Steenfeldt 等,1998)。这也是成年 家禽对低代谢能的小麦(Rogel 等,1987)或大麦(Salih 等,1991)有更好的消化率的原因。而 且,肠道黏度与家禽生产性能之间的关系并非一贯的明显(Wiseman 和 McNab,1998)。例如 Hughes 和 Zviedrans(1999)报道,两组饲喂小麦日粮的家禽,其回肠黏度值分别为 12.5 mPa·s 和 49 mPa·s,但是小麦的 AME 含量分别为 10.6 MJ/kg 和 12.0 MJ/kg。这并不表明黏度对营养的消化和吸收没有作用,而恰好表明了食糜黏度与肠道菌群的复杂的天然互作。一般认为,家禽到了一定的日龄,其肠微生物菌群完整建立,可以适应环境。如能分泌少量的 NSP 降解酶,就能更好的消化黏性食糜(Choct 和 Kocher,2000)。抗生素对肠道微生物的杀灭和抑制,是影响肠道黏度的主要因素。利用酶制剂与不溶性 NSP 的亲和性来去除细胞壁的屏障作用,同时也释放出了屏障中的营养物质。而这种作用是肠道黏度预测法所不能做到的。总之,饲喂黏性谷物的家禽的肠道黏度值可用于预测对添加酶制剂的反应,因为对于特定日粮,在特定条件下酶制剂的添加可显著降低肠道食糜黏度。但是,肠道黏度测定不快也不便宜。Bedford 和 Classen(1992b)在对肠道中食糜黏性的检测中发现,食糜黏性同日粮类型和阿拉伯木聚糖酶的添加量之间存在着较强的互作关系,麦类添加量增加,黏度也增加,而木聚糖酶则降低食糜的黏度,料重比(FCR)同黏度(X)的回归关系为:$FCR=1.507+0.0075X$。根据木聚糖酶降低食糜黏度的程度,可以初步推算或预测木聚糖酶提高饲料报酬的效果。Wiseman 和 McNab(1998)使用体外法测定了淀粉酶对淀粉消化率的作用,他们证实小麦体内和体外淀粉消化率有强相关($R^2=0.65$),可用此法来区分对家禽有高和低消化能的小麦。可以肯定地说,此法可用于确定家禽日粮中小麦的特征,因此也可用于预测家禽对酶制剂的反应。

三、植酸酶使用效果的预测

随着植酸酶研究的深入,研究结果的积累,可以通过相关数据构建在添加一定量的外源植酸酶条件下无机磷的释放量预测模型。Kornegay 等(1996)以肉仔鸡为试验动物,分别添加不同数量的植酸酶(250、500、750、1 000 U/kg),以体增重(g)和趾骨灰分(%)为测试指标,结果表明,无机磷释放量和植酸酶添加量之间有下列非线性关系:$y=1.849-1.799e^{-0.008x}$($R^2=0.99$,y 为磷的释放量,g/kg;x 为日粮植酸酶活性,U/kg),由此还可得出植酸酶的当量值为 939 U/g。此外,Beers(1992)测定了生长猪的植酸酶释放无机磷当量值为 484 U/g。维生素 D 还显示能诱导鸡小肠黏膜植酸酶的活性(Davies 等,1970)。日粮中缺磷时禽类消化道中的植酸酶含量可提高 3 倍(Davies 等,1970)。由此可知,维生素 D 的部分机理是促进磷的吸收,从而提高小肠黏膜植酸酶的活性。Mitchell 和 Edwards(1996)发现,添加维生素 D 和微生物植酸酶对提高肉鸡对植酸的利用有加性效应,但两者的作用机理不同。当饲料中同时添加维生素 D 和植酸酶,可以推测能提高植酸在消化道内和刷状缘上的水解。此外,酸化剂等也可以提高植酸酶的作用效果(Zyla 等,1995;Li 等,1998)。外源微生物植酸酶能提高植酸钙、磷的利用率,但外源微生物植酸酶的活性受很多因素的影响,如动物种类、年龄、动物品种、饲料类型、微生物植酸酶来源等。体外法能否作为评定饲料有效钙、磷的关键是要看其结果能否反映试验动物体内测定的饲料有效钙、磷的结果。方热军(2003)用可透析磷和真可消化磷作相关分析,得出相关系数 $r=0.947$($P<0.01$),这与 Liu 等(1998)的结果($r=0.72\sim0.76$)吻合性很好。Pointillart 等(1985、1988、1991)也有类似结果。因此,体外法可以用来预测饲料体内真可消化磷,在此基础上建立的可透析磷(x)预测真可消化磷(y,g/kg DMI)的方程为:$y=0.542+1.017x$($R^2=0.899$,$P<0.01$)(方热军,2003)。

已有研究表明,植物性饲料可利用磷的多少不仅与其总磷含量有关,而且与植酸磷含量和天然植酸酶活性有关(苏琪,1984;孙长春,1990;Rodehutscord 等,1996;Liu 等,1997、1998;贾刚,2000;方热军,2003)。在传统植物性饲料有效磷的预测模型中,只是对其总磷和植酸磷两个因素给予关注(余顺祥等,1983;苏琪等,1984;Lantzsch,1989),而忽略饲料中天然植酸酶的存在。随着人们逐步意识到植酸酶的降解作用提高磷的生物利用率(Nelson,1967、1971;Simons 等,1990;Pointillart,1991),仅用饲料的总磷和植酸磷来估测植物性饲料有效磷含量显然是不足的。特别是 20 世纪 90 年代以来,生物技术的快速发展给微生物植酸酶的工厂化生产和推广应用创造了条件,从而对植酸酶的研究越来越深入。Lei 等(1993)、Yi 等(1996)、Kornegay 等(1996)、Cromwell 等(1968)、Golovan 等(2001)研究表明:在猪、禽等单胃动物饲料中添加外源微生物植酸酶提高磷的消化率,降低粪磷排泄量的效果因饲料种类不同而存在差异。显然,这种差异主要来源于不同植物性饲料中天然植酸酶活性的不同,生长猪日粮中添加麦麸可以获得添加外源植酸酶一致的效果($P<0.01$)(Weremko 等,1997)。Barrier-Guillot 等(1996)、Liu 等(1997)研究表明,天然植酸酶活性与磷的表观消化率之间存在线性关系。Weremko 等(1997)通过综述前人的研究结果,提出了总磷、非植酸磷、天然植酸酶和外源植酸酶预测磷表观消化率的方程,贾刚(2000)研究建立了用饲料的总磷、植酸磷和天然植酸酶三个因子预测饲料磷表观消化率的回归方程,收到了较好的效果。随着饲料磷真消化率研究的发展,方热军(2003)构建了具有重要意义的植物性饲料真可消化磷的三因子预测模型:$y=-0.220+0.589X_1-0.304X_2+0.003X_3$($y$ 为磷的释放量,X_1、X_2、X_3 分别为总磷、植酸磷含量和植酸酶酶活)。总之,总磷虽然是影响有效磷含量的主导因素,但植酸磷含量和天然植酸酶活性对有效磷的影响也不可忽略,因此,在对植物性饲料真可消化磷进行预测时必须同时考虑总磷、植酸磷和植酸酶三个因素,才能获得最佳的饲料有效磷预测模型(方热军,2003)。在我们的研究中(左建军,2005),以总磷和植酸磷含量及植酸酶活性为预测因子获得了植物性饲料真可消化磷最佳预测模型:$Y=0.9690X_1-0.9786X_2+0.0021X_3$($Y$ 为饲料真可消化磷,X_1、X_2、X_3 分别为总磷和植酸磷含量及植酸酶活性);在添加外源植酸酶的条件下,饲料无机磷释放量的最佳预测模型为 $Y=-0.5971+0.0004X_1+0.1339X_2-0.0526X_3$($Y$ 为无机磷释放量,mg/g;X_1 为外源植酸酶添加量,U/kg;X_2 为饲料中植酸磷含量,mg/g;X_3 为内源植酸酶含量,U/g)。

四、其他酶使用效果的预测

蛋白酶使用效果可以通过消化试验或代谢试验测定的氮贮留率、表观回肠氮消化率、回肠末端氨基酸含量等进行预测。20 世纪 50 年代,Lewis 等(1955)、Baker 等(1956),用 6~67 日龄的猪做了许多试验,测定了大豆日粮添加不同酶的效果,这些酶包括胃蛋白酶、胰蛋白酶、真菌蛋白酶、糖基化蛋白酶和木瓜蛋白酶。试验表明日粮中添加胃蛋白酶和胰蛋白酶提高了平均日增重和饲料转化率,这些酶对仔猪的效果更明显。木瓜蛋白酶和糖基化蛋白酶也有同样的效果,但真菌蛋白酶无有益作用。当时的研究是为了补充乳猪的蛋白水解酶和淀粉水解酶的不足,而现在的研究工作是针对蛋白饲料中的抗营养因子,使生大豆和低温压榨大豆中的胰蛋白酶抑制因子和凝集素不同程度地失活。另外,用蛋白酶处理豆粕能否降低豆粕在体外的抗原性,提高在饲喂给刚断奶仔猪时的营养价值。Hessing 等(1996)测定了两种微生物蛋白酶(P1 和 P2)降解抗营养因子的能力,并检验了经酶水解的大豆粕是否能够改善断奶仔猪或肉仔鸡的生产性能。饲喂前大豆粕用蛋白酶进行预处理。可以得出这样的结论：蛋白水解酶对提高大豆粕的营养价值是有潜力的，前景是乐观的。这些研究工作可分为体外（*in vitro*）和体内（*in vivo*）两种方法。很多研究者通常在昂贵的体内法研究之前，用体外法来确定外源酶制剂对植物蛋白的效果。酶在体外的活性的评定可以表明其在体内有潜在的利用价值。许多体外试验已研究了蛋白酶对豆粕的作用效果，并对不同的指标进行了分析。

很多研究报道了酶对不同淀粉以及影响淀粉降解的因子的作用（Knutson 等，1982；Planchot 等，1995）。大量研究表明日粮中添加酶制剂，可以提高劣质谷物的饲用价值。这些酶能降解谷物（如小麦、大麦、黑麦和燕麦等）的非淀粉多糖，从而显著提高其可利用能含量，而含NSP 低的玉米对此类酶不敏感。然而近年来研究表明含有淀粉酶、蛋白酶和木聚糖酶的复合酶制剂对提高玉米-豆粕型日粮营养价值有一定作用。Pack 和 Bedford（1997）以及 Pack 等（1998）在这方面做了大量工作。同其他人报道一致，他们认为，在玉米-豆粕型日粮中添加酶可提高其可利用能（2%～5%）。用添加酶制剂的日粮饲喂肉仔鸡，结果肉仔鸡的体重更均衡、死亡率更低。这是因为小肠的营养物质消化更有效，同时去除了饲料中的抗营养因子，从而也影响了微生物的活动。脂肪酶活性在雏火鸡（Krogdahl 和 Sell，1989）与雏鸡（Nir 等，1993）中较低，在含牛脂日粮中添加脂肪酶可提高脂肪的消化率（Polin 等，1980）。Noy 和 Sklan（1995）研究发现，尽管雏鸡分泌到十二指肠的脂肪酶活性随日龄的增大而增加，但雏鸡在 4～21 日龄期间（日粮中含 6% 的不饱和脂肪酸）测定的脂肪回肠消化率并未增加。目前，在何种情况下脂肪酶分泌仍可能成为脂肪消化的限制因素，尚不能做出最后的结论。

五、酶制剂在日粮中使用效果预测的评定指标和检验

目前还没有酶制剂在日粮中使用效果预测的统一评定指标，动物的生产性能比较笼统，受到其他营养因素的影响，在不同试验条件下差别可能很大。我们认为，在酶制剂能够真正发挥作用的前提下，目前可以考虑如下三方面指标：

（1）在体内试验或体外模拟试验条件下有效营养改进值（ENIV 值），例如代谢能 ENIV值、氨基酸消化率。

（2）在体内试验或体外模拟试验条件下游离营养的释放量，例如游离氨基酸释放量、无机磷释放量等。

（3）建立和应用专门预测模型进行量化效果的预测。

在体内试验或体外模拟试验条件下，抗营养因子的分解量或抗营养特性的减少量（例如NSP、植酸或黏度下降程度）可作为量化效果的预测因子。评定的方法可以是具体的绝对值，可以是相对值，可以是预测模型等。例如，8 个小黑麦品种的氮校正真代谢能（TMEn）与其中水溶性 NSP 之间有 TMEn=15.6-0.016×NSP 的关系（Flores 等，1994）；食糜黏性同日粮类型和阿拉伯木聚糖酶的添加量之间存在着较强的互作关系，麦类添加量增加，黏度也增加，而木聚糖酶则降低食糜的黏度，料重比（FCR）同黏度（X）的回归关系为：FCR=1.507+0.0075X（Bedford 和 Classen，1992a）；在添加外源植酸酶的条件下，饲料无机磷释放量的最佳预测模型为：$Y=-0.5971+0.0004X_1+0.1339X_2-0.0526X_3$（左建军，2005）；等等。随着研究的增多和深入，将有越来越多和越来越准确的专门预测模型的建立。

准确检验酶制剂在日粮中使用效果的预测还没有很好的办法。一般认为,酶制剂在日粮中使用效果预测的检验可以通过动物饲养试验测定动物的生产性能,这是普遍使用的方法,这方面的研究非常多,也是检验一个饲料酶制剂产品最常用的方法,目前绝大部分有关酶制剂的试验报道是这方面的内容。

但是,酶制剂在日粮中使用效果并不完全等同于动物的生产性能,在许多情况下,酶制剂能够发挥作用,但未必能够提高动物的生产性能,如果日粮的营养水平很高的情况下,即使酶能够提高营养的消化,提供更多的可利用营养,也不能提高增重和饲料报酬。这是我们提出加酶日粮 ENIV 系统的基础。

六、酶制剂在日粮中使用效果预测的意义

既然饲料酶可能是最复杂的饲料添加剂,由于它的使用效果的不确定性,使许多人一直怀疑饲料酶的使用是否有必要。的确,在相当多的情况下,饲料酶应用存在着很大的争议性。应该承认,有部分酶制剂的应用是没有什么效果的,但是,不能否认所有的酶制剂在饲料中的作用,特别是对含有影响消化性能的抗营养成分比较多的一些非常规饲料原料,酶的作用已经得到证实。酶制剂在日粮中使用效果的预测就是为了明确这种证实。建立并应用这种预测的意义有如下三个方面:首先,对开发生产高效的酶制剂产品有重要意义,经过使用效果的预测,不断调整酶的种类和活性,生产有针对性、效果稳定的产品。其次,酶制剂使用者可以通过使用效果的预测,比较和筛选合乎日粮类型和配方特点的酶制剂产品,因为某些酶产品本身质量是很好的,但未必适合某一类型的日粮,甚至可能不适合某一营养水平。第三,酶制剂与氨基酸、维生素等添加剂不同,使用时比较难以明确量化。通过效果的预测,结合 ENIV 系统的应用,在一定程度上可以克服使用酶制剂的不确定性和难以量化的问题。总之,通过包括酶制剂在日粮中使用效果的预测等饲料酶制剂理论与实践的技术体系的建立,对推动酶制剂在饲料中的应用必将有促进作用。

参考文献

[1] 方热军.2003.猪对植物性饲料磷消化率及其真可消化磷预测模型的研究[D].四川农业大学博士学位论文.

[2] 冯定远,左建军,周响艳.2008a.饲料酶制剂理论与实践的新假设——饲料酶发挥作用位置的二元说及其意义[J].饲料研究,8:1-5.

[3] 冯定远,沈水宝.2005.饲料酶制剂理论与实践的新理念——加酶日粮 ENIV 系统的建立和应用[J].饲料工业,26(18):1-7.

[4] 冯定远,黄燕华,于旭华.2008b.饲料酶制剂理论与实践的新思路——新型高效饲料组合酶的原理和应用[J].中国饲料,13:24-28.

[5] 贾刚,王康宁.2000.生长猪植物性饲料中可消化磷的评定[J].动物营养学报,12(3):24-29.

[6] 苏琪,余顺祥,段玉琴,等.1984.猪鸡饲料中有效磷的评定及营养性缺磷症的研究[J].中国农业科学,2:75-82.

[7] 孙长春,杨凤,端木道,等.1990.饲粮中植酸磷水平对生长肥育猪生产性能及植酸磷利用率的影响[J].中国畜牧杂志,6:5-8.

[8] 于旭华.2004.真菌性和细菌性木聚糖酶对肉鸡生长性能的影响及机理研究[D].华南农业大学博士学位论文.

[9] 左建军.2005.非常规植物饲料钙和磷真消化率及预测模型研究[D].华南农业大学博士学位论文.

[10] Annison G. 1991. Relationship between the levels of soluble non-starch polysaccharides and the apparent metabolizable energy of wheats assayed in broiler chickens[J]. Journal of Agricultural and Food Chemistry, 39:1252-1256.

[11] Baker R O, Lewis C J, Wilbur R W, et al. 1956. Supplementation of baby pig rations with enzymes[J]. Journal of Animal Science, 15:1245.

[12] Barrier-Guillot B, Casado P, Maupetit P, et al. 1996. Wheat phosphorus availability:1-in vitro study: factors affecting endogenous phytasic activity and phytic phosphorus content[J]. Journal Science of Food and Agriculture, 70: 62-68.

[13] Bedford M R, Classen H L, Campbell G L. 1991. The effect of pelleting, salt, and pentosanase on the viscosity of intestinal contents and the performance of broilers fed rye[J]. Poultry Science, 70: 1571-1577.

[14] Bedford M R, Classen H L. 1992a. Reduction of intestinal viscosity through manipulation of dietary rye and arabinoxylanase concentration is effected through changes in the carbohydrate composition of the intestinal aqueous phase and results in improved growth rate and food conversion efficiency of broiler chicks[J]. Journal of Nutrition, 122:560-569.

[15] Bedford M R, Classen H L. 1992b. The influence of dietary xylanase on intestinal viscosity and molecular weight distribution of carbohydrates in rye-fed broiler chicks[C]//Visser J, Beldman G, Kusters-van Someren M A, et al (eds). Xylans and xylanases: progress in biotechnology. Amsterdam, The Netherlands:Elsevier, 361-370.

[16] Beers S. 1992. Relative tussen dosing microbial phytase en de verteerbaarheid van fosfor in twee verschillende startvoeders voor varkens[M]. Rapport I. V. V. O. Nr. 228, Lelystad.

[17] Burnett G S. 1966. Studies of viscosity as the probable factor involved in the improvement of certain barleys for chickens by enzyme supplementation[J]. British Poultry Science, 7: 55-75.

[18] Carre B, Melcion J P. 1995. Effects of feed viscosity on water excretion in meat-turkey poultry[C]//Corbett J L, Choct M, Nolan J V, et al(eds). Recent advances in animal nutrition in Australia. Armidale, Australia: University of New England Publishing Unit.

[19] Choct M. 2001. Enzyme supplementation of poultry diets based on viscous cereals[C]//Bedford M R, Partridg G G(eds). Enzymes in farm animal nutrition. Oxfordshire:CABI

Publishing，406.

[20] Choct M，Annison G. 1990. Anti-nutritive activity of wheat pentosans in broiler diets [J]. British Poultry Science，31：811-822.

[21] Choct M，Annison G. 1992. The inhibition of nutrient digestion by wheat pentosans[J]. British Journal of Nutrition，67：123-132.

[22] Choct M，Annison G，Trimble R P. 1993. Extract viscosity as a predictor of the nutritive quality of wheat in poultry[C]//Proceedings of the Australian Poultry Science symposium. Australian：5：78.

[23] Choct M，Hughes R J. 1997. The nutritive value of new season grains for poultry[C]// Corbett J L，Choct M，Nolan J V，et al(eds). Recent advances in animal nutrition in Australia. Armidale，Australia：University of New England Publishing Unit，147-150.

[24] Choct M，Kocher A. 2000. Excreta viscosity as an indicator of microbial enzyme activity in the hindgut and as a predictor of between-bird variation in AME in broilers[C]//Proceedings of the Australian Poultry Science symposium. Australia，12：211.

[25] Cromwell G L，Rogler J C，Featherston W R，et al. 1968. A comparison of the nutritive value of Opaque-2，Floury-2 and normal corn for the chick[J]. Poultry Science，47：840-847.

[26] Davies M I，Rotcey G M，Motzok I. 1970. Intestinal phytase and alkaline phosphatase of chicks：influence of dietary calcium，inorganic and phytate phosphorus and vitamin D_3[J]. Poultry Science，49：1280-1286.

[27] Dusel G，Kluge H，Glaser K，et al. 1997. An investigation into the variability of extract viscosity of wheat-relationship with the content of non-starch-polysaccharides fractions an metabolisable energy for broiler chickens[J]. Archives of Animal Nutrition，50：121-135.

[28] Dusel G，Kluge H，Jeroch H. 1998. Xylanase supplementation of wheat-based rations for broilers：influence of wheat characteristics[J]. Journal of Applied Poultry Science，7：119-131.

[29] Earle K E，Opirt B，Tale E，et al. 1998. Effect of fiber on digestibility of organic matter and energy in pet foods[OL]. www. waltham. com/vets/pubs/vp，02-14. htm.

[30] Flores M P，Castanon J I R，McNab J M. 1994. Nutritive value on tritivale fed to cockerels and chicks[J]. British Poultry Science，35：597.

[31] Golovan S P，Meidinger R G，Ajakaiye A M，et al. 2001. Pigs expressing salivary phytase produce low phosphorus manure[J]. Nature Biotechnology，19：741-745.

[32] Hessing M，van Laahoven H，Rooke J A，et al. 1996. Quality of soybean meals (SBM) and effect of microbial enzymes in degrading soya antinutritional compounds (ANC) [C]//2nd International soybean processing and utilization conference. Bangkok，Thailand：8-13.

[33] Hughes R J，Zyedran P. 1999. Influence of dietary rate of wheat on AME，digesta viscosity and enzyme response[C]//Proceedings of the poultry science symposium，11：

101-104.

[34] Izydorczyk M，Biliaderis C G，Bushuk W. 1991. Comparison of the structure and composition of water-soluble pentosan from deferent wheat varieties[J]. Cereal Chemistry，68：139-144.

[35] King R H，Taverner M R. 1975. Prediction of digestible energy in pig diets from analyses of fibre contents[J]. Animal Production，21：275-284.

[36] Knutson C A，Khoo U，Cluskey J E，et al. 1982. Variation in enzyme digestibility and gelatinization behavior of corn starch granule fractions[J]. Cereal Chemistry，59（6）：512-515.

[37] Kornegay E T. 1996. Effectiveness of *Natuphos* phytase in improving the bioavailability of phosphorus and other nutrients in corn-soybean meal diets for young pigs[C]//Coelho M B，Kornegay E T（eds）. Phytase in animal nutrition and waste management. Mount Olive，New Jersey：249-258.

[38] Krogdahl A，Sell J L. 1989. Influence of age on lipase，amylase，and protease activities in pancreatic tissue and intestinal contents of young turkeys[J]. Poultry Science，68：1561-1568.

[39] Lantzsch H J. 1989. Einfuhrung und stand der diskussion zur intestinalen verfugbarkeit des phosphor beim schwein[M]//Mineralstoffempffempfehlungen beim Schwein unter besonderer Berucksichtigung der Phosphor Verwertung. Referate der wissenschaf tlichen Vort ragstagung，Wurzburg，27 und 28. ，11：53-77.

[40] Lei X G，Ku P U，Miller E R，et al. 1993. Supplemental microbial phytase improves bioavailability of dietary zinc to weanling pigs[J]. Journal of Nutrition，123：117.

[41] Lewis C J，Catron D V，Liu C H，et al. 1955. Enzyme supplementation of baby pig diets [J]. Journal of Agricultural and Food Chemistry，3：1047.

[42] Li D，Chen X，Wang Y，et al. 1998. Effect of microbial phytase，vitamin D_3，and citric acid on growth performance and phosphorus，nitrogen and calcium digestibility in growing swine[J]. Animal Feed Science and Technology，73：173-186.

[43] Liu J，Bollinge D W，Ledoux D R，et al. 1997. Soaking increases the efficiency of supplemental microbial phytase in a low phosphorus corn soybean meal diet for growing pig [J]. Journal of Animal Science，75：1292-1298.

[44] Mitchell R D，Edwards H M. 1996. Effect of phytase and 1，25-dihydroxycholecalciferol on phytate utilization and the quantitative requirement for calcium and phosphorus in young broiler chickens[J]. Poultry Science，75：95-110.

[45] Nelson T S. 1967. The utilization of phytate P by poultry-a review[J]. Poultry Science，46：862.

[46] Nelson T S，Shieh T J，Wodzinski R J，et al. 1971. Effect of supplemental phytase on the utilization of phytate phosphorus by chicks [J]. Journal of Nutrition，101：1289-1293.

[47] Nir I，Nitsan Z，Mahagna M. 1993. Comparative growth and development of the 5 di-

gestive organs and some enzymes in broiler and egg type chicks after hatching[J]. British Poultry Science，34：523-532.

[48] Noy Y，Sklan D. 1995. Digestion and absorption in the young chick[J]. Poultry Science，74：366-373.

[49] Pack M，Bedford M. 1997. Feed enzymes for corn-soybean broiler diets，a new concept to improve nutritional value and economics[J]. AFMA Matrix，6(4)：18-19,21.

[50] Pack M，Bedford M，Harker A，et al. 1998. Alleviation of corn variability with poultry feed enzymes[C]//Recent programmers in development and production application. Finnfeeds International Ltd，Marlborough，UK.

[51] Planchot V，Colonna P，Gallant D J，et al. 1995. Extensive degradation of native starch granules by alpha-amylase from *Aspergillus fumigatus*[J]. Journal of Cereal Science，21：163-171.

[52] Pointillart A. 1988. Phytate phosphorus utilization in growing pigs[C]//Proc. 4th Int. seminar on digestive physiology in the pig. Polish Academy of Science，Jablonna，Poland：319.

[53] Pointillart A. 1991. Enhancement of phosphorus utilization in growing pigs fed phytate-rich diets by using rye bran[J]. Journal of Animal Science，69：1109-1115.

[54] Pointillart A，Fontaine N，Thomasse T M，et al. 1985. Phosphorus utilization，intestinal phosphatases and hormonal control of calcium metabolism in pigs fed phytic phosphorus：soyabean or rapeseed diets[J]. Nutrition Reports International，32：155-167.

[55] Polin D，Wng T L，Ki P，et al. 1980. The effects of bile acids and lipase on absorption of tallow in young chicks[J]. Poultry Science，59：2738-2743.

[56] Rakowska M，Rek-Ciepty B，Sot A，et al. 1993. The effect of rye，probiotics and nisine on faecal flora and histology of intestine of chicks[J]. Journal of Animal and Feed Sciences，2：73-81.

[57] Rogel A M，Anflison E F，Bryden W L，et al. 1987. The digestion of wheat starch in broiler chickens[J]. Australian Journal of Agricultural Research，38：639-649.

[58] Rotter B A，Marquardt R，Guenter R，et al. 1989. *In vitro* viscosity measurements of barley extracts as predictors of growth responses in chicks fed barley-based diets supplemented with a fungal enzyme preparation[J]. Canadian Journal of Animal Science，69：431-439.

[59] Salih M E，Classen H L，Campbell G L. 1991. Response of chickens fed on hull-less barley to dietary β-glucanase at different ages[J]. Animal Feed Science and Technology，33：139-149.

[60] Saulnier L，Peneatl N，Thibault J F. 1995. Variability in grain extract viscosity and water soluble arabinoxylan content in wheat[J]. Journal of Cereal Science，22：259-264.

[61] Simons P C M，Versteegh H A J，Jongbloed A W，et al. 1990. Improvement of phosphorus availability by microbial phytase in broilers and pigs[J]. British Journal of Nutrition，64：525-540.

[62] Steenfeldt S, Hammershøj M, Müllertz A, et al. 1998. Enzyme supplementation of wheat-based diets for broilers. 2. Effect on apparent metabolisable energy content and nutrient digestibility[J]. Animal Feed Science and Technology, 75(1):45-64.

[63] Weremko D, Fandrejewski H, Zebrowska T. 1997. Bioavailability of phosphorus in feeds of plant origin for pigs[J]. Asian-Australasian Journal of Animal Sciences, 10(6): 551-566.

[64] Wiseman J, McNab J M. 1998. Nutrients value of wheat varieties fed to non-ruminants [M]. HGCA Project Report No. Ⅲ. Home Grown Cereals Authority, Nottingham University, UK.

[65] Yi Z, Kom W E T. 1996. Sites of phytase activity in the gastrointestinal tract of young pigs[J]. Animal Feed Science and Technology, 61: 361-368.

[66] Zyla K, Ledoux D R, Garcia A, et al. 1995a. An *in vitro* procedure for studying enzymic dephosphorization of phytate in maize-soyabean feeds for turkey poultry[J]. British Journal of Nutrition, 74:3-17.

[67] Zyla K, Ledoux D R, Veum T L. 1995b. Complete enzymic dephosphorization of corn-soybean meal feed under simulated intestinal conditions of the turkey[J]. Journal of Agricultural and Food Chemistry, 43: 288-294.

饲料酶理论与应用技术体系之六

——饲料酶制剂及其应用效果的评价体系

酶制剂应用效果的评价不像一般的营养成分或添加剂那样相对容易。许多时候，即使酶制剂是有效的，是有针对性的，但未必能够在动物的生产性能中反映出来。酶在动物日粮中应用更多的是表现出生产性能指标或试验数据差异不显著，在这种情况下，仅仅用传统的动物生产性能指标（生长增重和饲料报酬）评价方法并不能完全反映酶的作用及其效果，必须建立综合评价体系。一般地，这种评价体系可以考虑包括如下几个方面：①酶制剂活性的评定；②酶制剂稳定性的评定；③酶制剂应用主要生产性能的评定；④酶制剂应用效果的非常规评定等。

一、酶制剂活性的评定

1. α-淀粉酶活性的测定

α-淀粉酶的分析通常采用可溶性淀粉作为底物，用 DNSA（Bailey，1988）测定还原糖的增加量。谷物中 α-淀粉酶活力测定方法的基础是碘与淀粉或者 β 型淀粉糊精发生变色反应（Sandsted 等，1939；Farrand，1964）。淀粉水解会导致淀粉与碘产生的紫蓝色下降。经过改进的分析 α-淀粉酶活力的方法更简便。比较好的方法是采用对硝基苯麦芽七糖作为底物（在热稳定的 α-葡萄糖苷酶的条件下），α-淀粉酶水解寡糖链，生成对硝基苯麦芽三糖、对硝基苯麦芽四糖、麦芽三糖和麦芽四糖；热稳定的 α-葡萄糖苷酶继续迅速水解对硝基苯麦芽四糖，产生葡萄糖和对硝基苯酚。热稳定的葡萄糖苷酶（替代在前面的方法中使用的淀粉葡萄糖苷酶或酵母麦芽糖酶混合物）能使反应试剂在 pH 5.2～7.5 的范围内发挥作用，反应温度可以达到 60℃。这种测定分析方法的优点体现在底物是一个确定的寡糖。而其他分析方法采用的是淀粉或变性淀粉，底物结构无法明确。在 α-淀粉酶活力很低的情况下，需要使用灵敏度更高的底物，如 Amylazyme 颗粒（McCleary，1991），这种底物是通过染料和淀粉的交联反应形成凝胶颗粒,然后脱水压模形成的。通过 α-淀粉酶的水解,可溶性的染色淀粉片段释放到溶液中,而没有水解的物质可以过滤除去。建立在这种底物基础上的分析法可以直接应用于测定饲料黏稠液的 α-淀粉酶活力。

2. α-半乳糖苷酶活性的测定

α-半乳糖苷酶水解半乳糖-蔗糖形式的寡糖(棉籽糖、水苏糖和毛蕊花糖)产生半乳糖和蔗糖。α-半乳糖苷酶的优选底物是 p-硝基苯酚-α-半乳糖苷(10 mmol/L)。对于特定的 α-半乳糖苷酶,需要测定水解 p-硝基苯酚-α-半乳糖苷、棉籽糖、水苏糖和毛蕊花糖的相对速度,以确证这些酶确实对底物发生了作用。α-半乳糖苷酶水解半乳糖-蔗糖结构的寡糖的活力可以通过 Nelson/Somogyi 还原糖分析法进行测定。

3. 蛋白酶活性的测定

用于测定蛋白酶的底物和分析方法有多种,许多是用天然蛋白质,如酪蛋白、凝乳蛋白和血红蛋白作为底物。这种分析方法是基于用三氯乙酸(TCA)沉淀未水解的底物,然后在 235 nm 处测定离心获得的上清液的吸光度(Kunitz,1947;AACC,1985)。采用染色标准的或染色交联反应的蛋白作为底物其专一性更好(Charney 和 Tomarelli,1947)。目前已经有几种染色的蛋白质底物,它们包括用磺胺酸染色的白蛋白、酪蛋白和胶原蛋白(azo-白蛋白、azo-酪蛋白和 azo-胶原蛋白)等。另外有一种广泛使用内切蛋白酶底物,称为 cowhide 苯胺蓝(用灿烂蓝染色的胶原蛋白)。还有一种以胶原蛋白为基础的底物,它是通过染色和交联反应从鱼鳍中提取的胶原蛋白而制备的,其胶原蛋白的结构与 cowhide 中的组分很相似。以 Protazyme AK 作为测活底物,其灵敏度要比 azo-酪蛋白高 4~5 倍。即使采用更高灵敏度的底物,要准确分析配合饲料混合物中的酶活力仍然是很困难的。采用荧光底物可以满足所需要的灵敏度,然而仍然需要解决饲料成分对酶蛋白的吸附和特定酶蛋白抑制物对酶活力的抑制等问题。

4. 木聚糖酶活性的测定

已经建立了一些分析木聚糖酶的方法,包括还原糖法、黏度分析法、以染色底物为基础的方法以及酶联吸附剂分析法。

(1)还原糖法和黏度分析法:还原糖分析法没有专一性,不能用来测定饲料中少量的木聚糖酶活力。而 Nelson/Somogyi 还原糖法仍然不失为测定纯木聚糖酶制剂的标准方法(Somogyi,1960)。黏度分析法的底物通常是小麦木聚糖(黏度为 20~30 cSt),也有用其他木聚糖底物的,如来源于燕麦和桦木。黏度分析法主要用来分析内切酶的活性。

(2)可溶性的显色底物法:已有了各种染色底物用来分析内切 β-1,4-D-木聚糖酶。这些底物包括染色的燕麦木聚糖、桦木木聚糖、山毛榉木聚糖和染色的小麦木聚糖。比较四种可溶性染色木聚糖底物的相对灵敏度,染色的小麦木聚糖的灵敏度是最高的。

(3)不可溶显色底物法:通过染色和交联反应制备不可溶的木聚糖,这些木聚糖包括燕麦木聚糖、桦木木聚糖和小麦阿拉伯木聚糖(McCleary,1995),用这些木聚糖制备水不溶的有色底物。

（4）酶联吸附剂分析法：用来分析饲料中 β-葡聚糖酶和木聚糖酶活力的酶联吸附剂分析法（ELSA）（Wong 等,1999）的灵敏度比前面描述的所有方法都高。

5. β-葡聚糖酶活性的测定

可以作为饲用 β-葡聚糖酶的来源很多,包括真菌和细菌来源,如 β-1,3-D-葡聚糖酶（EC 3.2.1.58）和内切 β-1,3-1,4-D-葡聚糖酶（EC 3.2.1.73）等。

（1）还原糖法：即 Nelson/Somogyi 法。β-葡聚糖酶对底物 β-葡聚糖进行水解,用 DNS（2-羟基-3,5-二硝基水杨酸）进行显色反应。显色反应与不同聚合度的同源性寡糖的还原性末端的含量成比例,由此测定酶活力。该方法是测定较纯的 β-葡聚糖酶活力的理想方法。

（2）黏度法：对于纯度较低的 β-葡聚糖酶和饲料中的 β-葡聚糖酶活力测定,需要选择黏度法或染色多聚糖分析法。β-葡聚糖酶降解底物 β-葡聚糖后,使其黏度降低,通过黏度计测定流速的改变来计算 β-葡聚糖酶活力。

（3）琼脂平板扩散法：该方法只能半定量。酶样添加在平板的孔穴中,在特定底物的平板上扩散,酶活的测定是通过跟踪平板上特定染色多糖底物的颜色变化来完成。

（4）可溶性染色底物法：可选取的可溶性底物包括 azo-CMC 和 azo-大麦葡聚糖（McCleary 和 Shameer,1987）。其中,azo-大麦葡聚糖的灵敏度大约是 azo-CMC 的 3 倍。但是,该方法不适合于测定动物饲料中微量的酶活力。

（5）不可溶解的染色底物法：不可溶解的染色底物是染料与可溶性多糖通过交联反应形成的多糖凝胶物。它的灵敏度比 azo-大麦葡聚糖和 azo-CMC 高 3～10 倍。

6. 植酸酶活性的测定

测定植酸酶的活力,通常是测定在一定的作用时间内,从植酸溶液中水解释放出的正单磷酸量。一个单位的植酸酶活力定义为：在测定条件下（pH 5.5,37℃）,1 min 内水解植酸释放 1 μmol 无机磷所需要的酶量。

二、酶制剂稳定性的评定

酶制剂是一种具有催化活性的蛋白质,遇到高温、酸碱、金属离子和蛋白酶等因素酶活会有所损失。因此,影响外源酶制剂稳定性的因素主要有温度、pH 值、离子浓度和内源蛋白酶等,但是,不同酶制剂的稳定性是有差别的。

1. 温度对酶制剂稳定性的影响

由于酶是具有一定结构的活性蛋白质,其活性中心（催化位点）易受到温度影响而失活变性。温度对外源酶稳定性的影响主要在两方面,其一是酶制剂本身的最适作用温度,其二是酶制剂应用于饲料工业耐受调质制粒的温度。一般来说,每一种酶制剂都有其最适作用的温度范围,超出此范围则该种酶制剂活性很低或失活。在我们实验室的试验通过体外法测定出

3种外源酶的最适作用温度:α-淀粉酶的酶活最高时的温度是 40~60℃,超过 70℃,活性降低;木聚糖酶酶活最高时的温度是 30~40℃,大于 50℃,酶活降低,超过 70℃,则酶失活;β-葡聚糖酶酶活最高时的温度是 30~40℃,大于 50℃,则酶活急剧下降,超过 70℃,则酶失活(于旭华,2001;沈水宝,2002;于旭华,2004)。说明每一种酶制剂均有其耐温特性。通常微生物酶比动物体内的酶耐高温,主要原因在于微生物酶来源于菌株发酵,发酵过程中的温度要高于动物体温。据安永义(1997)测定,淀粉酶在60℃左右活性最高;于旭华(2001)测定微生物来源的淀粉酶和纤维素酶的最高活性都是在温度为 60℃时取得,与在我们实验室的其他试验的差异主要在于酶的来源不一致,因为不同来源酶的特性是不同的(于旭华,2001;沈水宝,2002;于旭华,2004;廖细古,2006)。因此,对于不同来源酶的耐温特性需采取同一方法测定,便于相互比较。由于酶制剂种类较多,来源不一,有关其他各种酶的耐温特性有待于进一步研究。

外源酶制剂应用于饲料工业的一个焦点问题是酶制剂在制粒过程中的耐温性。饲料调质制粒往往有 70~90℃的温度,这样的温度有可能使酶发生变性。以往零星的有关酶制剂耐温试验是在实验室的烘箱中进行的,不能反映饲料生产的真实过程及饲料成分的复杂性对酶的影响,因而缺乏实际意义。在我们的试验中采用实际生产条件,通过温度的调控来研究酶制剂的制粒耐温性能。结果发现,植酸酶在制粒温度不超过 85℃时仍有较高的保存率(陈旭,2008);酸性蛋白酶在制粒温度 75℃时酶活保存率在 80%以上(曾秋丽,2009);液体发酵的木聚糖酶在制粒温度为 85℃时仍有 70%左右的活性(于旭华,2004)。并且试验证实,液体发酵的外源酶的耐温性能要高于固体发酵的外源酶,原因主要在于对液体发酵的各种外源酶可以根据其耐温性能进行稳定化处理,而固体发酵的酶制剂则难以做到这一点(冯定远和张莹,1998;冯定远等,1998;于旭华,2004)。安永义(1997)用大麦-豆粕日粮混入经耐温处理的干酶制剂,在 75、85、95℃下调质 30 s 再制粒,发现调质温度在 85℃对酶活性无任何影响;另一组试验表明,干酶制剂品在 85℃以上调质 15 min 仍有一定活力,而 95℃则有一定影响。

2. pH 值对酶制剂稳定性的影响

各种酶制剂都有其最适 pH 值。如果一种酶制剂具有较宽的保持高活力的 pH 值范围,同时又适应动物体内消化道内环境的 pH 值,那么这种酶就能较好地发挥作用。在沈水宝(2002)的试验中发现淀粉酶在 pH 5.0~7.0,酸性蛋白酶在 pH 2.5~4.6,木聚糖酶在 pH 5.5~7.6,β-葡聚糖酶在 pH 6.0~7.5 都有较高的活性,而根据 Makkink 等(1994)报道,猪十二指肠至空肠的 pH 值平均为 6.4,胃内平均为 3.0,说明上述四种酶能在猪的胃肠道发挥作用。同时,酶制剂在一定 pH 值条件下其活性很低或根本测不出活性。如木聚糖酶和 β-葡聚糖酶在胃内条件下即 pH<4.0 时,检测不到活性,而在 pH>5.5 的条件下又表现出活性;同样,酸性蛋白酶在 pH 2.5~4.6 时表现出较高的活性,而在 pH>6.0 则活性很低。说明酶制剂能在动物消化道内一定位点保持活性并起到消化作用。

不同来源的酶制剂对 pH 值的稳定性存在差异。郑祥建和韩正康(1998)用三种 β-葡聚糖酶的测定结果表明:*Biokyowa* β-葡聚糖酶和国产 II 号最适 pH 值是 5.0,pH 4~6 范围内有较高水平的酶活力;国产 I 号 β-葡聚糖酶最适 pH 是 3.5,在 pH 3.5~4.5 时活力较高。我们实验室试验测定的 β-葡聚糖酶最适 pH 值为 6.0,pH 6.0~7.5 之间可维持较高的酶活力水平(冯定远和张莹,1998;冯定远等,1998)。因此,应根据酶制剂 pH 值的稳定性及其对动物消化道内环境 pH 值的适应性进行选择和使用,才能获得较好的效果。

3. 离子浓度对酶制剂稳定性的影响

饲料被猪采食后,在胃的酸性条件下(pH=1.5~3.5)和小肠弱酸性条件下(pH=6.0)均要停留一段时间,在这样的环境中,外源酶的加入可能与其中的无机离子之间发生相互作用,从而影响酶活性的发挥。刘强(1999)用体外法研究了 α-淀粉酶与各种无机离子之间的关系,结果表明:α-淀粉酶随 Ca^{2+} 浓度(2.5~320 mmol/L)升高而上升,随 Zn^{2+} 浓度(0.1~2.5 mmol/L)、Fe^{2+} 浓度(0.2~4.0 mmol/L)和 Mg^{2+} 浓度(5.0~20 mmol/L)升高而降低,其中,随 Zn^{2+} 浓度变化幅度大于 Fe^{2+} 和 Mg^{2+},Mg^{2+} 对淀粉酶活性的影响最小。在我们实验室的试验采用体外法对猪饲料含量较高的两种离子 Ca^{2+} 和 Cu^{2+} 对三种外源酶(α-淀粉酶、酸性蛋白酶、β-葡聚糖酶)活性的影响进行研究,结果显示:钙离子浓度(2.5~160 mmol/L)对各种酶的活性没有影响。随着铜离子浓度增加(2.5~160 mmol/L),α-淀粉酶的活性降低,铜离子浓度大于 40 mmol/L 时,检测不出 α-淀粉酶的活性;β-葡聚糖酶的活性随铜离子浓度增加而显著降低,当铜离子浓度大于 20 mmol/L 时,活性很低,说明铜离子可以使 α-淀粉酶和 β-葡聚糖酶失活。酸性蛋白酶表现出完全相反的结果,其活性随 Cu^{2+} 浓度增加而升高,Cu^{2+} 浓度在 5.0~160 mmol/L 范围内,其活性是对照组的 2 倍。饲料进入动物消化道,经消化道分解之后,其成分相当复杂。就酶制剂而言,其与特定底物、无机离子等之间会存在竞争关系,因而研究无机离子对酶活性的影响还必须注意到酶与底物、酶与无机离子之间的竞争关系,因而离子浓度对酶活的影响及重金属对酶活的影响还有待于进一步的研究加以证实。

4. 内源蛋白酶对酶制剂稳定性的影响

外源酶一般是由微生物培养而来的一种具催化活性的蛋白质,其本质是蛋白质。当外源酶进入动物消化道后是否受到内源蛋白酶(如胃蛋白酶、胰蛋白酶)的作用,也是影响外源酶稳定性的因素之一。郑祥建(1998)用胰蛋白酶对三种 β-葡聚糖酶的消化作用表明,胰蛋白酶会分解 β-葡聚糖酶,但作用 2 h 仍可保持 77.1% 的活力。孙建义等(2002)体外模拟动物胃肠道条件研究里氏木霉 GXC 的 β-葡聚糖酶对内源蛋白酶的耐受性,结果表明,虽然 β-葡聚糖酶在胃内活性较低,但能在小肠中恢复,同时,胃蛋白酶和胰蛋白酶对 β-葡聚糖酶无降解作用。在我们实验室的试验中,体外模拟动物胃肠道条件研究胃蛋白酶和胰蛋白酶对各种外源酶(α-淀粉酶、酸性蛋白酶、纤维素酶、α-半乳糖苷酶、木聚糖酶和 β-葡聚糖酶)的作用,结果发现,α-淀粉酶不能耐受胃蛋白酶的作用,α-半乳糖苷酶会受到胃蛋白酶的分解,酸性蛋白酶、纤维素酶、β-葡聚糖酶和木聚糖酶对胃蛋白酶的耐受性较好,其中 β-葡聚糖酶稳定性最好,纤维素酶被胃蛋白酶的损失率为 8% 左右,而酸性蛋白酶在 2 h 之前的损失率为 2%,4 h 的损失率达到 16.2%,说明各种酶在胃蛋白酶的作用下会有一定程度的损失。动物消化道内胃蛋白酶的分泌量会受到日粮成分、采食、应激等因素的影响,同时各种外源酶进入到消化道内会与各自的底物发生作用。因此,胃蛋白酶对各种酶的消化程度受其浓度及各种底物浓度的影响。体外法研究证明,酸性蛋白酶和纤维素酶对胰蛋白酶的耐受性好,而 α-淀粉酶在温育 60 min 和 120 min 后的酶活损失较大,果胶酶、β-葡聚糖酶和木聚糖酶对胰蛋白酶的耐受性随着温育时间的增加,酶活性有所降低,说明胰蛋白酶会对各种外源酶有一定程度的降解(冯定远,1998;冯定远和张莹,1998;于旭华,2001,沈水宝,2002;于旭华,2004;黄燕华,2004;冒高华,2006;陈旭,2008)。同样地这种降解的程度会受到动物消化道内胰蛋白酶浓度和各种酶作用底物浓度的影响。

三、酶制剂在动物中应用效果的一般评定方法

1.消化试验及代谢试验测定营养物质消化率和代谢率的评定

采用全收粪法,进行代谢试验比较酶对各种营养物质代谢率的影响是常见的一种酶制剂应用效果评定方法。在于旭华(2004)的试验中,在小麦基础日粮中添加木聚糖酶对黄羽肉鸡表观代谢能和能量表观代谢率都有升高的趋势,组Ⅱ至组Ⅺ比对照组提高 2%～7%,比 Hew 等(1998)提高的幅度有所降低,这主要与本试验所采用的日粮的能量浓度较高有关,日粮能量浓度较高时,木聚糖酶对日粮能量提升的空间较小,而如果日粮的能量浓度较低,则木聚糖酶对日粮能量提升的空间较大。Carré 等(1992)的试验表明,日粮添加阿拉伯木聚糖酶提高了动物的 AME,其中淀粉消化率的提高贡献率为 35%,而脂肪和蛋白质的贡献率分别为 35%和 30%。Hew 等(1998)在小麦日粮中添加 2 种阿拉伯木聚糖酶后,结果日粮中各种氨基酸在粪中的消化率由平均 70%分别提高至 78%和 79%,将日粮氨基酸回肠末端消化率由平均 78%分别提高至 84%和 85%。Steenfeldt 等(1998)报道,在 3 周龄肉鸡小麦基础日粮中添加酶制剂,可以提高粪中蛋白的表观消化率和脂肪的表观消化率,同时也将回肠蛋白和脂肪的表观消化率分别提高 6%和 13%。在于旭华的试验中,添加木聚糖酶对日粮中粗蛋白的真消化率也有不同程度的提高(于旭华,2004)。

2.饲养试验测定动物常规生产性能的评定

饲养试验是动物营养试验中最常用、最直接、有时候也是最有效的效果评定方法,酶制剂在日粮中应用效果的评定也不例外。的确,任何的营养措施和配方技术,最终必须要反映在动物饲养的生产效果,反映在动物生产性能(生长性能、增重性能、产奶性能、产蛋性能等等)上,大量的酶制剂在饲料和养殖中应用的报道都反映了这种情况,也是目前绝大多数人评价和判断饲料酶有效性的依据,这种评价和判断不仅在生产实践上,同样也在科学研究上。一般常用的动物生产性能评定指标是狭义上的动物生产性能指标(为了方便,我们可以把狭义上的动物生产性能指标称为"常规动物生产性能指标"),主要包括动物生产水平(生长水平、增重水平、产奶水平、产蛋水平等)及其相应的饲料效率(饲料报酬、耗料增重比、饵料系数等)。这方面的报道特别多,这里不作更多的讨论。

四、酶制剂应用效果的非常规评定方法

1.体外模拟法测定的评定

体外模拟法是评价酶制剂品质的有效方法之一,体外法能够在一定程度上反映酶制剂的

作用效果,并与体内结果有较强的一致性。Petterson 等(1989)报道,运用体外法能够反映出木聚糖酶和 β-葡聚糖酶在黑麦和小麦日粮中水解 NSP 的情况。Graham 等(1991)利用体外消化法对 β-葡聚糖酶对鸡麦类日粮体内外代谢能消化率回归方程的影响进行了研究,结果说明利用体外法能够反映出 β-葡聚糖酶在麦类日粮中的作用效果。Bedford 等(1993)研究表明,利用体外法可以对体内小肠食糜的黏性情况进行预测,并能够用来估测在肉仔鸡日粮中添加微生物酶制剂促进生长的能力。Smulikowska 等(1992)进行了 7 种商品酶制剂对黑麦作用的体内外对比研究,发现在体内和体外降低食糜黏性最有效的酶制剂种类是一致的,建议在酶制剂的应用中使用简单的体外模拟法进行检测。Alloui 等(1994)和 Simbaya 等(1996)在酶制剂对菜籽粕 NDF 和 ADF 降解情况的研究中也得出同样的结论。Zhang 等(1996)使用对数线性模型体外评价酶制剂的效率,从而预测酶制剂在动物生产上的应用效果。体外法不仅可以快速评定酶制剂的作用效果,也为酶制剂作用机理的研究提供了一种研究手段。Tervilä-Wilo 等(1996)体外模拟肉仔鸡对小麦的消化,结果证明,添加细胞壁降解酶后饲料细胞壁被破坏,大部分蛋白质被释放出来。因此,利用体外模拟法来研究纤维素酶在家禽上的作用效果,以此来解释其作用机理也是可行的方法。Zyla 等(1999)提出的体外模拟家禽嗉囊、胃和小肠消化的方法是目前较多采用的方法(图1)。在于旭华(2004)和黄燕华(2004)的试验中,即采用 Zyla 等(1999)的方法对纤维素酶分解纤维饲料的效果及作用机理进行了探讨。体外试验的结果与体内试验有较强的一致性。

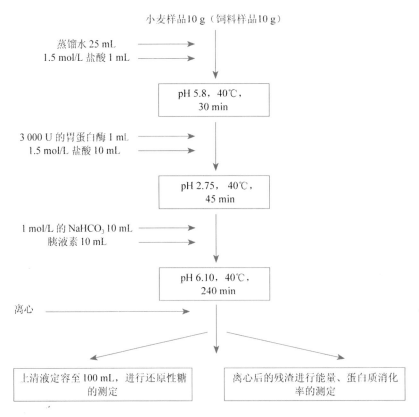

图1 体外消化试验的过程

2. 应用"加酶日粮 ENIV 值"的评定

添加酶制剂对饲料原料的有效营养改进(ENIV 系统)的核心是各种饲料原料在添加特定酶制剂的情况下,可提供额外有效营养量,即 ENIV 值,ENIV 值更直接的作用是在配方设计时考虑更能显示出酶制剂添加的功效,因为在营养水平高的情况下,酶制剂的动物生产效果可能显示不出来。有效营养改进值 ENIV 也可以用于设计专用酶制剂产品,如果大量的研究和应用已经得到一组饲料原料使用相应酶制剂的 ENIV 值,其他生产酶制剂产品的厂家设计新的酶制剂选择单酶的种类及其活性单位时,可以将 ENIV 值作为一个重要的参照指标确定酶谱及其有效活性。有关这方面的内容可参考冯定远和沈水宝(2005)的专门讨论。

3. 应用"非常规动物生产性能指标"的评定

我们必须注意到,目前酶制剂作为一种争论比较多的添加剂,在实际应用时,很难达到理想的效果,许多时候反映出两点:一是生产性能指标的改善往往并不达到生物统计学上的显著水平;二是生产性能的效果并不稳定。动物生产性能并不仅仅是狭义上的生产水平和饲料效率,广义的动物生产性能指标还应该包括其他指标,甚至还包括不能量化的指标(我们可把狭义上以外的其他动物生产性能指标称为"非常规动物生产性能指标"),如外观表现、健康状况、整齐度、成活率、同时出栏的比例等等。动物生产性能不仅仅包括动物的生物学方面的性能,还应该包括养殖方面的商品性能、综合经济价值等。这些方面特别容易被忽视,也许这些容易被忽视的性能指标恰恰更能反映酶制剂这种复杂、变异和多功能的添加剂的效果。所以,我们认为,除了一般常规的评价方法外,有时候需要其他的非常规评定方法,这是建立多层次的饲料酶制剂及其应用效果的评价体系的意义所在。例如,已经证实未消化的可溶性纤维是影响非特异性结肠炎综合征的关键因素,尤其是对于采食小麦基础日粮(颗粒饲料)的体重为 15~40 kg 的猪(Taylor,1989)。日粮中添加适宜的木聚糖酶可以改善这种症状(Hazzledine 和 Partridge,1996),对于已经受到影响的,可以减少粉状饲料的需要量或者重新评估配方的成本。其他的研究也有用酶制剂降低日粮性腹泻的类似报道,尤其是断奶仔猪更明显(Inborr 和 Ogle,1998;Florou-Paneri 等,1998;Kantas 等,1998)。未来的养猪生产中抗生素的使用只能是策略性的而不是日常性。上述这些报道,以及酶与治疗或亚治疗剂量的抗生素的具有可能的协同作用的报道(Florou-Paneri 等,1998;Kantas 等,1998;Gollnisch 等,1996),将为实现未来的养猪生产方式提供非常令人感兴趣的可能性。这时候,使用酶的价值就不能仅仅看增重了。

这里特别要指出,许多的实践经验表明,酶制剂在动物生产中应用具有如下几方面不被重视的表现:一是对日粮组成不十分合理或者配方技术水平不高时,应用有针对性的高效酶制剂可以在一定范围内,达到调整和平衡的作用;二是在饲料原料质量比较差和不稳定的情况下,适当的酶制剂可以达到改善和缓和的效果;三是使用高质量的酶制剂可以提高动物生长增重性能的均一度和外观的整齐度。这三方面的表现之间既有关联,也不完全相同,但都直接与养殖的经济效益密切相关。生长增重性能的均一度可以通过量化指标反映出来,例如,离均差的大小可考虑作为评价酶在动物日粮中应用的辅助指标,甚至是重要的评定指标。也许,这类非常规动物生产性能指标不仅仅可作为酶制剂效果的评定指标,同样可以作为其他饲料添加剂和营养因素的效果的评价指标,在动物营养科学朝着精细化、数据量化的方向发展的趋势下,越来越多的人意识到其重要意义。

五、结语

外源酶的作用效果,许多试验得出的结果并不一致,有些结果显著,而另一些试验显示了改善的趋势,但效果不一定显著。对这些观察结果,有许多可能的解释。一般情况下,由于酶的种类、活性以及酶的添加水平不同,很难对不同的试验进行直接比较。即使酶的活性确实(固定的、稳定的),可是酶单位及测定酶活性的方法的差异并不总是恒定不变的。饲料酶制剂和应用条件的复杂性,决定了酶应用效果评价不能仅仅靠常规的评定方法,而必须通过多种评定方法的结合,有时候其他的评定方法更能反映出酶的作用效果,特别是在一般生产指标未达到显著水平时更是如此。因此,建立和推广饲料酶制剂及其应用效果的评价体系十分必要。

参考文献

[1] 安永义.1997.肉雏鸡消化道酶发育规律及外源酶添加效应的研究[D].中国农业大学博士学位论文.

[2] 陈旭.2008.耐热植酸酶对肉鸭生长性能及养分代谢利用的影响[D].华南农业大学硕士学位论文.

[3] 冯定远,沈水宝.2005.饲料酶制剂理论与实践的新理念——加酶日粮 ENIV 系统的建立和应用[J].饲料工业,26(18):1-7.

[4] 冯定远,王征,刘玉兰,等.1998.β-葡聚糖酶及戊聚糖酶在猪日粮中的应用[J].中国饲料,23:17-18.

[5] 冯定远,张莹.1998.β-葡聚糖酶和戊聚糖酶等对猪日粮营养物质消化的影响[J].动物营养学报,2:31.

[6] 黄燕华.2004.不同来源纤维素酶的酶学特性及其在马冈鹅中的应用[D].华南农业大学博士学位论文.

[7] 廖细古.2006.木聚糖酶对肉鸭生产性能的影响及机理研究[D].华南农业大学硕士学位论文.

[8] 刘强.1999.我国麦类饲料中非淀粉多糖抗营养作用机理的研究[D].中国农业科学院博士学位论文.

[9] 冒高伟.2006.α-半乳糖苷酶在断奶仔猪玉米豆粕型日粮中的应用研究[D].华南农业大学硕士学位论文.

[10] 沈水宝.2002.外源酶对仔猪消化系统发育及内源酶活性的影响[D].华南农业大学博士学位论文.

[11] 孙建义,李卫芬,顾赛红.2002.体外模拟动物胃肠条件下 β-葡聚糖酶稳定性的研究[J].

中国畜牧杂志,38(1):18-19.

[12] 于旭华.2001.外源酶对断奶仔猪消化系统酶活的影响[D].华南农业大学硕士学位论文.

[13] 于旭华.2004.真菌性和细菌性木聚糖酶对肉鸡生长性能的影响及机理研究[D].华南农业大学博士学位论文.

[14] 曾秋丽.2009.不同来源蛋白酶酶学特性的比较研究[D].华南农业大学学士学位论文.

[15] 郑祥建,韩正康.1998.β-葡聚糖酶活力及稳定性研究[J].中国饲料,1:15-17.

[16] AACC. 1985. Approved methods of the American Association of Cereal Chemists[M]. St. Paul，MN，USA：The American Association of Cereal Chemists.

[17] Alloui O，Chibowska M，Smulikowska S. 1994. Effects of enzyme supplementation on the digestion of low glucosinolate rapeseed meal(canola meal) *in vitro*，and its utilization by broiler chicks[J]. Journal of Animal and Feed Sciences，32:119-128.

[18] Bailey M J. 1988. A note on the use to dinitrosalicyclic acid for determining the products of enzymatic reactions[J]. Applied Microbiology and Biotechnology，29：494-496.

[19] Bedford M R，Classen H L. 1992. Reduction of intestinal viscosity through manipulation of dietary rye and pentosanase concentration is effected through changes in the carbohydrated composition of the intestinal aqueous phase and results in improved growth rate and conversion efficiency of broiler chicken[J]. Nutrition，122：560-569.

[20] Bedford M R，Classen H L. 1993. An *in vitro* assay for prediction of broiler intestinal viscosity and growth when fed rye-based diets in the presence of exogenous enzymes [J]. Poultry Science，72:137-143.

[21] Carre B，Lessire M，Nguyen T H，et al. 1992. Effects of enzymes on feed efficiency and digestibility of nutrients in broilers[C]//Proceedings of 19th World Poultry Congress. Amsterdam:411-415.

[22] Charney J，Tomarelli R M. 1947. Determination of the proteolytic activity of duodenal juice[J]. The Journal of Biochemistry，177：501-505.

[23] Farrand E A. 1964. Flour properties in relation to the modem bread process in the United Kingdom，with special reference to α-amylase and starch damage[J]. Cereal Chemistry，41:98-111.

[24] Florou-Paneri P，Kantas D C，Alexopoulos A C，et al. 1998. A comparative study on the effect on a dietary multi-enzymes system and/or Virginiamycin on weaned piglet performance[C]//Proceedings of the 15th IPVS Congress. Birmingham，England：5-9.

[25] Gollnisch K，Vahjen W，Simon O，et al. 1996. Influence of an antimicrobial (avilamycin) and an enzymetic (xylanase) feed additive alone or in combination on pathogenic micro-organisms in the intestinal of pigs (*E. coli*,*C. perfringens*)[J]. Landbauforschung Volkenrode，193：337-342.

[26] Graham H，Lowgren W，Fuller M F. 1991. Prediction of the energy value of non-ruminant feeds using *in vitro* digestion with intestinal fluid and other chemical methods[C]//Fuller M F(eds). *In vitro* digestion for pig and poultry. CAB International (CABI)，Wallingford：128-134.

[27] Hazzledine M，Partridge G G. 1996. Enzymes in animal feeds-application technology and effectiveness[C]//Proceedings of 12th Carolina swine nutrition conference. Raleigh，N. Carolina，USA：12-33.

[28] Hew L I，Ravindran V，Mollah Y，et al. 1998. Influence of exogenous xylanase supplementation on apparent metabolisable energy and amino acid digestibility in wheat for broiler chickens[J]. Animal Feed Science and Technology，75：83-92.

[29] Inborr J，Ogle R B. 1998. Effect of enzyme treatment of piglet feeds on performance and post-weanling diarrhoea[J]. Swedish Journal of Agricultural Research，6：129-133.

[30] Kantas D，Florou-Paneri P，Vassilopoulos V，et al. 1998. The effect on a dietary multi-enzyme system on piglet post-weaning performance[C]//Proceedings of the 15th IPVS Congress. Birmingham，England.

[31] Kunitz M. 1947. Crystalline soybean trypsin inhibitor[J]. Journal of General Physiology，30：291-310.

[32] Makkink C A，Berntsen P M，Opdenkamp B M L，et al. 1994. Gastric protein breakdown and pancreatic enzyme activities in response to two different dietary protein sources in newly weaned pigs[J]. Journal of Animal Science，72：2843-2850.

[33] McCleary B V. 1991. Measurment of polysaccharide degrading enzymes using chromogenic and colorimetric substrates[J]. Chemistry in Australia，58：398-401.

[34] McCleary B V. 1995. Problems in the measurement of xylanase，beta-glucanase and alpha-amylase in feed enzymes and animal feeds[C]//Proceedings of the 2nd European symposium on feed enzymes. Noordwijkerhout，The Netherlands：135-141.

[35] McCleary B V，Shameer I. 1987. Assay of malt β-glucanase using azo-barley glucan：an improved precipitant[J]. Journal of the Institute of Brewing，93：87-90.

[36] Petterson D，Aman P. 1989. Enzyme supplementation of a poultry diet containing rye and wheat[J]. Brtish Journal of Nutrition，62：139-149.

[37] Sandsted R M，Kneen E，Blish M J. 1939. A standarized Wohlgemuth procedure for alpha-amylase activity[J]. Cereal Chemistry，16(6)：712-723.

[38] Simbaya J，Slominski B A，Gunter W，et al. 1996. The effects of protease and carbohydrase supplementation on the nutritive value of canola meal for poultry：*in vitro* and *in vivo* studies[J]. Animal Feed Science and Technology，1：219-234.

[39] Smulikowska S. 1992. A simple *in vitro* test for evaluation of the usefulness of industrial enzymes as additives to broiler diet based on rye[J]. Journal of Animal and Feed Sciences，1(1)：65-70.

[40] Somogyi M. 1960. Modifications of two methods for the assay of amylase[J]. Clinical Chemistry，6：23-35.

[41] Steenfeldt S，Hammershøj M，Müllertz A，et al. 1998. Enzyme supplementation of wheat-based diets for broilers. 2. Effect on apparent metabolisable energy content and nutrient digestibility[J]. Animal Feed Science and Technology，75(1)：45-64.

[42] Taylor D J. 1989. Pig diseases[M]. 5th ed. Cambridge，UK：Burlington Press，271-296.

[43] Tervilä-Wilo A, Parkkonen T, Morgan A, et al. 1996. *In vitro* digestion of wheat microstructure with xylanase and cellulase from *Trichoderma reesei*[J]. Journal of Cereal Science, 24:215-225.

[44] Zhang Z, Marquardt R R, Wang W G, et al. 1996. A simple model for predicting the response of chicks to dietary enzyme supplementation[J]. Journal of Animal Science, 74:394-402.

[45] Zyla K, Gogol D, Koreleski J, et al. 1999. Simultaneous application of phytase and xylanase to broiler feeds based on wheat: *in vitro* measurements of phosphorous and pentose release from wheats and wheats-based feeds[J]. Journal of the Science of Food and Agriculture, 79:1832-1840.

饲料酶理论与应用技术体系之七
——饲用酶制剂作用的分子营养学机理与加酶日粮 ENIV 系统的分子生物学基础

酶制剂在饲料中添加的研究和应用是目前生物技术在饲料工业中应用最受关注的领域，华南农业大学最近几年的 5 篇博士论文也从不同方面讨论了饲料酶作用的机理（沈水宝，2002；于旭华，2004；黄燕华，2004；左建军，2005；谭会泽，2006）。从全球范围来看，大约 65% 的含有黏性谷物的家禽饲料中添加了饲料酶制剂（Sheppy，2001）。许多研究表明饲用酶制剂，特别是非淀粉多糖酶能提高畜禽生产性能，进一步的研究发现，非淀粉多糖酶可以提高营养物质的消化率，例如提高回肠氨基酸表观消化率，而且肠系膜静脉血清总氨基酸的含量显著上升。但是，非淀粉多糖酶在提高肠道可利用氨基酸的同时，是否能提高氨基酸转运蛋白的基因表达？这是饲用酶制剂发挥作用的分子生物学基础。Kaput 等（2004）指出，日粮的化学组成可以直接或间接影响动物的基因表达。动物组织对于饲料成分以及营养水平变化的适应性反应主要表现在其对于这些营养物质转运的载体的类型和数量的变化（Humphrey 等，2004）。因此，开展添加饲用酶制剂对营养吸收转运载体的基因表达影响的研究，将开拓酶制剂研究的新领域——酶制剂的分子营养学。

另外，饲用酶制剂的应用，对传统的动物营养学说提出了挑战，如饲料配方、原料选择和营养需要量等方面需要重新研究或修正。为此，冯定远和沈水宝（2005）提出了饲料酶制剂的新理念，即"加酶日粮 ENIV 系统的建立和应用"，添加酶制剂时，饲料营养成分数据库在原有的营养成分的基础上，增加有效营养改进值，使酶制剂提高有效营养供应可以具体量化，可操作性更强。作为一种理论与实践的新理念和思路的探讨，是否有其基础和依据？最近几年，我们在酶制剂的分子营养学这一方面进行了一些初步的研究（王修启等，2004、2005；谭会泽，2006）。本文以饲用非淀粉多糖酶在小麦型日粮中的应用，重点讨论添加酶对氨基酸吸收转运载体的 mRNA 表达的影响，并试图分析我们提出的加酶日粮 ENIV 系统的分子生物学基础。

一、非淀粉多糖的抗营养作用及饲用非淀粉多糖酶的应用

许多植物性饲料原料,特别是非常规的谷物饲料原料含有较高水平的非淀粉多糖(non-starch polysaccharides,NSP),从而限制了这些饲料原料在畜禽饲粮中的应用(冯定远和吴新连,2001)。NSP 主要是阿拉伯木聚糖,另一种比较重要的 NSP 是 β-葡聚糖,在讨论 NSP 时,更多是集中在阿拉伯木聚糖,尤其是小麦型日粮的阿拉伯木聚糖。NSP 的抗营养作用是由于其溶于水后,能显著增加食糜的黏性,改变食糜的物理特性和肠道的生理活性(Annison,1991)。食糜黏性提高,减少了动物消化酶与饲料中各种营养物质的接触机会(White 等,1983),还造成已经消化了的养分向小肠壁的扩散速度减慢,降低了已被消化养分的吸收(Eward 等,1988;Ikegami 等,1990);高亲水性的 NSP 能与肠黏膜表面的脂类微团和多糖蛋白复合物相互作用,导致黏膜表面水层厚度增加,表面水层厚度是养分吸收的限制因素,从而降低了营养物质的吸收(Johnson 和 Gee,1981);NSP 可通过其网状结构吸收超过自身重量数倍的水分,改变其物理特性,可抵制肠道的蠕动,从而降低消化能力;NSP 表层带负电荷的表面活性物质,可吸附 Ca^{2+}、Zn^{2+}、Na^{+} 等离子以及有机质,造成这些物质的利用受阻。饲粮中黏性多糖还能直接结合消化道中的多种消化酶,使消化酶不能与底物发生反应(Low,1989);肠道中营养物质消化率发生改变,会打破肠道微生物平衡(Vahjen 等,1998)。在动物生产中,NSP 最重要的作用就是降低了饲料的表观代谢能(AME),另外就是降低了动物对饲粮中各种营养物质的消化率,例如降低氨基酸消化率。

消除饲料中 NSP 的抗营养作用,最为有效可行的办法是向饲料中添加外源性的非淀粉多糖酶。许多的试验证明,在以麦类为基础的饲粮中添加木聚糖酶可以提高动物的生产性能(Bedford 等,1992;Classen,1996;Bedford 等,1996;王修启,2003;于旭华,2004)。木聚糖酶是由内切 β-1,4-D-木聚糖酶为主的,包括外切 β-木糖苷酶等组成的复合酶系,能随机裂解木聚糖的骨架,降低了木聚糖的聚合度,从而降低了因木聚糖所导致的食糜高黏性。

Steenfeldt 等(1998a)的研究表明,小麦型饲粮中添加木聚糖酶可以使日增重提高 5%～6%,饲料转化率提高 7%～8%,且在雏鸡阶段效果更为明显。王修启(2003)在 AA 肉鸡的小麦型饲粮中添加木聚糖酶,提高了日增重、降低了料重比,同时也发现对于前期的效果要更好。而华南农业大学的研究中,在肉鸡小麦型饲粮中添加不同来源的木聚糖酶,对于 4～6 周龄肉鸡的增重没有显著影响,但显著提高了 7～9 周龄的饲料报酬,降低了采食量,大鸡阶段的效果要好于中鸡阶段(于旭华,2004)。华南农业大学的另一研究中,添加木聚糖酶使岭南黄肉鸡56 日龄时的平均体重提高了 69.8 g(4.4%)($P<0.05$),平均日增重提高了 4.7%,料重比下降了 3.2%($P<0.05$)。小麦型饲粮添加木聚糖酶制剂对于采食量没有影响。在相同营养水平下,小麦型饲粮添加木聚糖酶,岭南黄肉鸡的生产性能与饲喂玉米型饲粮组在采食量、日增重和料重比指标上无差异(谭会泽,2006),结果更接近国外用快大型肉鸡作试验动物的结果。与于旭华(2004)的试验结果差异的原因可能是试验的鸡种不同所致。

二、饲用非淀粉多糖酶对提高氨基酸利用率的效果

添加非淀粉多糖酶还可以提高动物对营养物质的利用率。Hew 等(1998)的试验中,木聚糖酶可以使肉鸡小麦型饲粮中各种氨基酸在粪中的消化率由平均 70％提高到 78％,使回肠末端氨基酸消化率由平均 78％提高到 85％。Steenfeldt 等(1998b)的试验中,酶制剂使小麦基础日粮的回肠蛋白质的表观消化率提高 6％。华南农业大学的试验中也发现木聚糖酶可以提高黄羽肉鸡小麦型饲粮粗蛋白的真消化率(于旭华,2004)。王修启(2003)在 AA 肉鸡的不同小麦品种饲粮中添加木聚糖酶,干物质的消化率提高了 7.10％～7.67％,有机物消化率提高了 6.07％～7.23％。谭会泽(2006)的试验中,16 日龄时,在小麦型饲粮中添加木聚糖酶后各种氨基酸的消化率在数值上均有不同程度的提高,16 种氨基酸的总氨基酸回肠表观消化率提高了 3.5％;30 日龄时,在小麦型饲粮中添加木聚糖酶各种氨基酸的消化率在数值上均有不同程度的提高,16 种氨基酸的总氨基酸回肠表观消化率提高了 3.0％;小麦型饲粮添加木聚糖酶后,其各种氨基酸的消化率与玉米型饲粮无差异。

谭会泽(2006)试验同时测定了肠系膜静脉血清中各种氨基酸的含量。由于肠系膜静脉血承载了从肠道吸收的营养物质后,流经肝脏之前的血液,其中氨基酸含量能较准确反映氨基酸在肠道中的吸收情况,相对于回肠食糜氨基酸表观消化率,可能更直接更灵敏。结果表明,小麦型饲粮添加木聚糖酶对肠系膜静脉血清中多种氨基酸的含量在 16 日龄时都有提高的作用,与回肠氨基酸消化率的结果一致,其中组氨酸、赖氨酸以及 17 种氨基酸的总量达到显著水平($P<0.05$);对于 30 日龄和 44 日龄肠系膜静脉血清中的氨基酸含量没有影响,与回肠氨基酸消化率的测定结果不一致,可能是由于后期木聚糖酶的作用效果有所降低所致。

三、饲用非淀粉多糖酶对肠道氨基酸转运载体 mRNA 表达的影响

饲粮添加非淀粉多糖酶可以降低水溶性 NSP 所导致的食糜黏性,从而提高消化酶对底物的作用效率;还可作用于非可溶性 NSP,破碎植物细胞壁,释放出营养物质;此外非淀粉多糖酶可以消除由于食糜黏性的增加而造成的肠道黏膜表面水层厚度增加(Johnson 和 Gee,1981)。木聚糖酶的作用结果表现为提高了小麦型饲粮营养物质的消化率,即提高了肠道食糜中可被吸收的营养物质的量。高黏性的 NSP 可以使肠道黏膜细胞的分裂加速(Southon 等,1985),而木聚糖酶在小麦型肉鸡饲粮中添加,可减少肉鸡消化系统的代偿性增生,改善肠道绒毛形态(于旭华,2004)。底物浓度的提高和消化道形态的改善有可能会影响到肠道上皮细胞营养物质转运蛋白的表达,因为在细胞的生长、发育和分化过程中,遗传信息的表达随着细胞内外环境条件的改变会加以调整,这就是适应性调控(adaptive regulation)。从我们的研究结果可以发现,木聚糖酶显著提高第三周的生产性能,提高了 16 日龄岭南黄肉鸡小麦型饲粮的回肠氨基酸表观消化率,且肠系膜静脉血清总氨基酸的含量显著提高,对碱性氨基酸赖氨酸、精氨酸和组氨酸的含量都有较大幅度的提高。但是,木聚糖酶在提高肉鸡肠道可利用氨基酸的同时,是否还能上调氨基酸转运蛋白的表达还没有报道。在细胞适应性调控的过程中,转录

水平的调控是关键,因此 mRNA 的表达丰度决定了动物及细胞对内外环境条件改变的适应能力。特定 mRNA 是由细胞在应答它所处的环境中合成的,细胞由此控制它所产生蛋白质的种类和数量。mRNA 表达的水平在一定程度上可以衡量其相关蛋白的表达量。

动物肠道上皮细胞是体内代谢最活跃的器官之一。上皮细胞的发育从未成熟的隐窝细胞(crypt cell)开始,经过内细胞分化,再不断长到隐窝绒毛的顶部。这个过程大概需要 2~4 d,最终通过细胞凋亡而脱落到肠腔中。肠道在逆性条件下,例如肠腔黏膜损伤、营养不良等,内皮细胞可以通过复杂的调控过程来加速细胞生长,改变对营养物质的转运活性来适应(Ziegler,1998)。这种适应表现在肠道吸收面积的增加和单个细胞转运能力的增强,以及肠道黏膜细胞生长的变化。Southon 等(1985)报道,用含有 75 g/kg 的非纤维素 NSP 和 24 g/kg 的纤维素日粮饲喂大鼠,比饲喂只含有纤维素作为唯一 NSP 来源的半纯合日粮的大鼠肠道黏膜细胞分裂加速。在细胞水平,上皮细胞微绒毛的高度和密度增加,增大了吸收表面积;在分子水平上,刷状缘黏膜(brush-border membrane)上对于营养物质转运蛋白的合成增加(Uribe,1997),使其转运能力增强。肠腔中营养物质的吸收,主要依赖于上皮细胞刷状缘中不同的转运系统,这些转运系统由不同的转运蛋白所组成,转运蛋白的活性受到激素、饲粮以及神经内分泌的调控(Edward,2002)。

对于饲粮因素影响肠道氨基酸转运载体表达的研究还少有报道。但是 Humphrey 等(2004)试验得出,动物组织对于饲料成分以及营养水平变化的适应性反应主要表现在对于这些营养物质转运的载体的类型和数量的变化。通过体外培养人肠道上皮细胞试验得出:在营养缺乏的情况下,细胞对谷氨酰胺和亮氨酸的转运降低,降低了 v_{max} 而不影响 K_m 值,结果说明营养缺乏降低了细胞膜上活性转运载体的数量,而转运载体对谷氨酰胺和亮氨酸的亲和力没有改变。体外培养肠道上皮细胞(Caco-2 细胞系),在营养缺乏的情况下(用磷酸盐缓冲液培养),细胞 ATB^0 mRNA 的表达显著降低(Wasa 等,2004)。

木聚糖酶可以消除木聚糖所造成的高黏性食糜,提高肉鸡对小麦型饲粮氨基酸的消化率,对肠道发育也有一定的影响。于旭华(2004)研究表明,在小麦型饲粮中添加木聚糖酶,使肉鸡小肠绒毛变短,而且绒毛顶端变细,木聚糖酶降低了小肠绒毛的代偿性增生。由此可以推测木聚糖酶可能影响肠道黏膜细胞氨基酸转运载体的表达量,从而增强黏膜细胞对氨基酸的吸收。由于细胞对于内外环境的变化可以作出适应性调节,表现为相关基因表达的改变,研究黏膜细胞上氨基酸转运载体基因表达的变化,可以直接研究其在黏膜上的表达量,也可以研究其 mRNA 的表达丰度,一般认为 mRNA 的表达丰度决定了动物及细胞对内外环境条件改变的适应能力。Dave 等(2004)发现小鼠不同肠段 $b^{0,+}$ AT 和 y^+ LAT1 在 mRNA 水平和蛋白水平上的表达是一致的。

近几年来,关于细胞氨基酸转运载体的研究取得了显著的进展,根据转运载体的底物特异性和动力学特性,目前已经鉴别确定的氨基酸转运系统有 15 种以上,并且编码这些转运系统相关蛋白的部分 cDNA 已被克隆出来。2004 年鸡的基因组测序完成,相关氨基酸转运蛋白的 mRNA 序列被陆续公布,使得可以从基因水平来研究氨基酸转运载体的变化。黏膜细胞刷状缘上的氨基酸转运载体主要负责从肠腔中吸收各种氨基酸,而黏膜细胞基底膜上氨基酸转运载体则用来加速氨基酸在肠细胞和体内循环间的转移。如果肠腔中氨基酸的浓度低于上皮细胞或者相应毛细管床中氨基酸的浓度,其吸收转运功能必须与其他的能量源(如离子浓度梯度、电势等)相偶联才能发挥(Devés,1998)。目前,肠道黏膜细胞刷状缘顶端确定存在的转运系统有：Na^+ 依赖型中性氨基酸转运系统 B^0（Munck 和 Munck，1999；Munck 等，2000），Na^+ 依赖型中性和碱性氨基酸转运系统 $B^{0,+}$（Munck，1995），Na^+ 和 K^+ 依赖型酸性氨基酸转运系统 XAG^-（Munck 等，2000），H^+ 驱动脯氨酸和甘氨酸转运系统 IMINO（PAT）（Chen 等，2003），Na^+ 依赖型中性氨基酸转运系统 ASC（Munck 和 Munck，1999；Munck 等，2000；Avissar 等，2001），非 Na^+ 依赖型中性和碱性氨基酸转运系统 $b^{0,+}$（Palacin，1998；Munck 等，2000；Torras-Llort 等，2001）；肠道黏膜细胞基底膜部位确定存在的转运系统有：Na^+ 依赖型中性氨基酸转运系统 A 和 N（Wilde 和 Kilberg，1991），Na^+ 依赖型碱性氨基酸转运系统 y^+L（Desjeux 等，1980），非 Na^+ 依赖型中性氨基酸转运系统 asc 和 L（Lash 和 Jones，1984；Wilde 和 Kilberg，1991）。

肠道氨基酸转运系统数量多，其转运底物（20 种氨基酸）相互重叠。肠道碱性氨基酸的吸收机制如下：在肠道黏膜细胞的顶端，转运系统 $b^{0,+}$ 发挥反向交换转运的功能，向细胞内转入碱性氨基酸和胱氨酸，同时交换出中性氨基酸（Kanai 等，2000；Danniel，2002；Verrey 等，2004）。由于通常细胞内电势较低，以及在膜内外转运蛋白对底物结合力的不同，促使碱性氨基酸（带正电荷）向细胞内聚集。转运出的中性氨基酸通过黏膜细胞顶端的 Na^+/氨基酸共转运系统（尤其是系统 $B^{0,+}$）在 Na^+ 驱动力作用下逆浓度梯度重吸收进细胞，中性氨基酸的浓度梯度进一步驱动系统 $b^{0,+}$ 的反向转运功能。在上皮细胞的基底部位，系统 y^+L 在 Na^+ 浓度梯度的驱动下，向细胞内转入中性氨基酸，同时转出碱性氨基酸进入血液循环。黏膜细胞中的中性氨基酸可通过系统 L 的转运蛋白 LAT1、LAT2 以及其他转运系统完成与血液间的交换。与系统 $b^{0,+}$ 和 y^+L 不同，广泛存在的 y^+ 系统为反向加速的转运机制，主要功能是逆碱性氨基酸浓度梯度向细胞内聚集碱性氨基酸（Stein，1990）。

王修启（2003）的研究表明，在 AA 肉鸡小麦型饲粮中添加木聚糖酶，可以上调位于刷状缘的钠/葡萄糖共转运载体 1（SGLT1）mRNA 在十二指肠的表达丰度，并推测木聚糖酶可能通过影响内分泌的变化来增加小肠上段 SGLT1 的数量。我们推测木聚糖酶对于肠道氨基酸转运载体也有类似的影响。在肠道上皮细胞的碱性氨基酸转运系统中，系统 $b^{0,+}$ 和系统 y^+L 分别分布于上皮细胞的刷状缘和基底部位，负责碱性氨基酸的吸收和转出。系统 y^+ 的主要功能可能是维持细胞内碱性氨基酸正常代谢的水平，在肠道碱性氨基酸吸收中不起主要的功能。

木聚糖酶通过消除木聚糖的黏性，可以提高肠道中可被利用氨基酸的浓度，同时改善肠道绒毛的形态（于旭华，2004），但是否还会影响氨基酸转运载体的表达还没有报道。华南农业大学最近研究添加木聚糖酶对肠道中氨基酸转运载体 mRNA 表达的影响，根据生产性能、回肠氨基酸消化率和肠系膜静脉血清氨基酸含量，发现木聚糖酶显著提高了第三周的平均日增重（$P<0.05$），显著降低了料重比（$P<0.05$），同时，对 16 日龄回肠食糜氨基酸表观消化率有提高的趋势，显著提高了 16 日龄肠系膜静脉血清氨基酸的浓度（$P<0.05$），对血清碱性氨基酸均有大幅度提高，因此选取 16 日龄的试验肉鸡，采集空肠和回肠组织样，研究对照组和加酶日粮组碱性氨基酸转运载体 mRNA 表达的差异。研究发现，小麦型饲粮添加木聚糖酶，可显著提高岭南黄肉鸡空肠 rBAT 和 CAT4 mRNA 的表达丰度，对空肠 y^+LAT2 mRNA 和 CAT1 mRNA 的表达也有提高的趋势。对回肠 rBAT mRNA 的表达没有影响，对回肠 y^+LAT2、CAT1 和 CAT4 mRNA 的表达有提高的趋势。结果表明，在岭南黄肉鸡小麦型饲粮中添加木聚糖酶可以上调空肠中部分碱性氨基酸转运载体 mRNA 的表达丰度，从而提高肠黏膜细胞对氨基酸的

吸收转运的能力。木聚糖酶显著提高了空肠刷状缘上 $b^{0,+}$ 系统 rBAT mRNA 的表达丰度,而对于基底部位的 y^+ LAT2 mRNA 的表达没有影响,说明木聚糖酶对肠腔面生理形态的影响较大,但是上调相关基因表达的机理(信号传导通路)还不清楚(谭会泽,2006)。

四、加酶日粮 ENIV 系统的分子生物学基础

在常规情况下,任何饲料都不会被完全消化,单胃动物对饲料原料消化率为 $75\%\sim85\%$。在动物饲料中添加酶制剂以提高消化率可以看作是动物消化过程的延伸。麦类是应用酶制剂,特别是非淀粉多糖酶最多的饲料原料,许多研究得出一个所谓"黄金定律":"大麦 $+\beta$-葡聚糖酶=小麦";对小麦的理论假设是"小麦+阿拉伯木聚糖酶=玉米"。我们在总结不同研究者结果的基础上,提出小麦在添加阿拉伯木聚糖酶时,蛋白质利用的改善程度为 $9.5\%\sim18\%$,即蛋白质 ENIV 值为 $1.3\%\sim2.5\%$;鸡代谢能改善程度为 $4.0\%\sim6.3\%$,即代谢能 ENIV 值为 $120\sim190$ kcal/kg(冯定远和沈水宝,2005)。这一估计是否有其分子生物学基础?因为这一估计是基于营养的消化率。但是,营养的消化不等于营养的吸收和利用,只有吸收才能真正有效。

在我们最近的试验中,小麦型饲粮添加木聚糖酶,可显著提高岭南黄肉鸡空肠 rBAT 和 CAT4 mRNA 的表达丰度,对空肠 y^+ LAT2 mRNA 和 CAT1 mRNA 的表达也有提高的趋势。对回肠 y^+ LAT2、CAT1 和 CAT4 mRNA 的表达有提高的趋势。在岭南黄肉鸡小麦型饲粮中添加木聚糖酶同时可以上调空肠中部分碱性氨基酸转运载体 mRNA 的表达丰度,从而提高肠黏膜细胞对氨基酸的吸收转运的能力。①添加木聚糖酶对岭南黄肉鸡空肠和回肠 y^+ LAT2 mRNA 表达的影响:加酶组空肠 y^+ LAT2 mRNA 的表达丰度比对照组提高了 20.77%,加酶组回肠 y^+ LAT2 mRNA 的表达丰度比对照组提高了 17.6%。加酶组空肠 CAT1 mRNA 的表达丰度高于对照组 12.58%,加酶组回肠 CAT1 mRNA 的表达丰度高于对照组 17.56%。②添加木聚糖酶对岭南黄肉鸡空肠和回肠 CAT4 mRNA 表达的影响:添加木聚糖酶组,相对于对照组,显著提高了空肠 CAT4 mRNA 的表达丰度,回肠 CAT4 mRNA 的表达提高了 13.35%($P>0.05$)。在所研究的几种重要氨基酸吸收转运载体 mRNA 的表达中,表达丰度提高了 $12.58\%\sim20.77\%$(谭会泽,2006)。这与我们原来估计的小麦蛋白质利用的改善程度为 $9.5\%\sim18\%$ 的范围比较接近(冯定远和沈水宝,2005)。当然,氨基酸吸收转运载体 mRNA 表达丰度的提高与蛋白质利用的改善程度并不完全是同一概念,但至少说明了添加木聚糖酶提高蛋白质利用是有其分子生物学基础的。应该指出,有关这方面的研究还有很多工作要做,这里的讨论只是提供了一种思路。

参考文献

[1] 冯定远,沈水宝.2005.饲料酶制剂理论与实践的新理念——加酶日粮 ENIV 系统的建立和应用[J].饲料工业,26(18):1-7.

[2] 冯定远,吴新连.2001.非淀粉多糖的抗营养作用及非淀粉多糖酶的应用[C]//生物技术在

饲料工业中的应用.广州:广东科技出版社,26-32.

[3] 黄燕华.2004.不同来源纤维素酶的酶学特性及其在马冈鹅中的应用[D].华南农业大学博士学位论文.

[4] 沈水宝.2002.外源酶对仔猪消化系统发育及内源酶活性的影响[D].华南农业大学博士学位论文.

[5] 谭会泽.2006.肉鸡肠道碱性氨基酸转运载体 mRNA 表达的发育性变化及营养调控[D].华南农业大学博士学位论文.

[6] 王修启,赵茹茜,张兆敏,等.2004.日粮添加木聚糖酶影响肉鸡十二指肠及空肠 SS mRNA 表达的研究[J].畜牧兽医学报,35(3):353-356.

[7] 王修启,赵茹茜,张兆敏,等.2005.日粮添加木聚糖酶影响肉鸡小肠葡萄糖吸收及其转运载体基因表达[J].农业生物技术学报,13(4):497-502.

[8] 王修启.2003.小麦中的抗营养因子及木聚糖酶提高小麦日粮利用效率的作用机理研究[D].南京农业大学博士学位论文.

[9] 于旭华.2004.真菌性和细菌性木聚糖酶对肉鸡生长性能的影响及机理研究[D].华南农业大学博士学位论文.

[10] 左建军.2005.非常规植物饲料钙和磷真消化率及预测模型研究[D].华南农业大学博士学位论文.

[11] Annison G. 1991. Relationship between the levels of soluble non-starch polysaccharides and the apparent metabolizable energy of wheats assayed in broiler chickens[J]. Journal of Agriculture and Food Chemistry,39:1252-1256.

[12] Avissar N E,Ziegler T R,Wang H T,et al. 2001. Growth factors regulation of rabbit sodium-dependent neutral amino acid transporter ATB^0 and oligopeptide transporter 1 mRNAs expression after enterectomy[J]. Journal of Parenteral and Enteral Nutrition,25:65-72.

[13] Bedford M R,Classen H L. 1992. Reduction of intestinal viscosity through manipulation of dietary rye and pentosanase concentration is effected through changes in the carbohydrate composition of the intestinal aqueous phase and results in improved growth rate and food conversion efficiency of broiler chicks[J]. Journal of Nutrition,122:560-569.

[14] Bedford M R,Morgan A J. 1996. The use of enzyme in poultry diets[J]. World's Poultry Science Journal,52:61-68.

[15] Chen Z,Fei Y J,Anderson C M,et al. 2003. Structure,function and immunolocalization of a proton-coupled amino acid transporter (hPAT1) in the human intestinal cell line Caco-2[J]. Journal of Physiology,46:349-361.

[16] Classen H L. 1996. Cereal grain starch and exogenous enzymes in poultry diets[J]. Animal Feed and Science Technology,62:21-27.

[17] Daniel H. 2002. Moleculare physiology of plasma membrane transporters for organic nutrients[C]//Zempleni J,Daniel H(eds). Molecular nutrition. Cambridge:CABI Publishing,21-43.

[18] Daniel H. 2002. Perspective in post-genomic nutrition research[C]//Zempleni J,Daniel

H(eds). Molecular nutrition. Cambridge：CABI Publishing，13-21.

[19] Dave M H，Schulz N，Zecevic M，et al. 2004. Expression of heteromeric amino acid transporters along the murine intestine[J]. Journal of Physiology，558：597-610.

[20] Desjeux J F，Simell R O，Dumontier A M，et al. 1980. Lysine fluxes across the jejunal epithelium in lysine uric protein intolerance[J]. The Journal of Clinical Investigation，65：1382-1387.

[21] Devés R，Boyd C A R. 1998. Transporters for cationic amino acids in animal cells：discovery，structure，and function[J]. Physiological Review，78：487-539.

[22] Edward C，Ray M D，Nelly E，et al. 2002. Growth factor regulation of enterocyte nutrient transport during intestinal adaptation[J]. The American Journal of Surgery，183：361-371.

[23] Edwards C A，Johnson I T，Read N W. 1988. Do viscous polysaccharides slow absorption by inhibiting diffusion or convection[J]. European Journal of Clinical Nutrition，42：306-312.

[24] Hew L I，Ravindran V，Mollah Y，et al. 1998. Influence of exogenous xylanase supplementation on apparent metabolisable energy and amino acid digestibility in wheat for broiler chickens[J]. Animal Feed Science and Technology，75：83-92.

[25] Humphrey B D，Stephensen C B，Calvert C C，et al. 2004. Glucose and cationic amino acid transporter expression in growing chickens (Gallus gallus domesticus)[J]. Comparative Biochemistry and Physiology：Part A，Molecular & Integrative Physiology，138：515-525.

[26] Ikegami S，Tsuchihashi F，Harada H，et al. 1990. Effect of viscous indigestible polysaccharides on pancreatic-biliary secretion and digestive organs in rats[J]. Journal of Nutrition，120：353-360.

[27] Johnson I T，Gee M. 1981. Effect of gel-forming gums on the intestinal unstirred layer and sugar transport *in vitro*[J]. Gut，22：398-403.

[28] Kanai Y，Segawa H，Chairoungdua A，et al. 2000. Amino acid transporters：molecular structure and physiological roles[J]. Nephrology，dialysis，transplantation：official publication of the European Dialysis and Transplant Association-European Renal Association，15(Suppl 6)：9-10.

[29] Kaput J，Rodriguez R L. 2004. Nutritional genomics：the next frontier in the postgenomic era[J]. Physiological Genomics，16：166-177.

[30] Lash L H，Jones D P. 1984. Characteristics of cysteine uptake in intestinal basolateral membrane vesicles[J]. The American Journal of Physiology，247：G394-401.

[31] Low A G. 1989. Secretory response of the pig gut to non-starch polysaccharides[J]. Animal Feed Science and Technology，23：55-65.

[32] Munck B G，Munck L K. 1999. Effects of pH changes on systems ASC and B in rabbit ileum[J]. The American Journal of Physiology，276：G173-184 .

[33] Munck L K，Grondahl M L，Thorboll J E，et al. 2000. Transport of neutral，cationic

and anionic amino acids by systems B，b$^{(0,+)}$，X（AG），and ASC in swine small intestine［J］. Comparative Biochemistry and Physiology：Part A，Molecular & Integrative Physiology，126：527-537.

［34］Munck L K. 1995. Chloride-dependent amino acid transport in the small intestine：occurrence and significance［J］. Biochimica et Biophysica Acta，1241：195-213.

［35］Palacin M，Estevez R，Bertran J，et al. 1998. Molecular biology of mammalian plasma membrane amino acid transporters［J］. Physiology Review，78：969-1054.

［36］Sheppy C. 2001. The current feed enzyme market and likely trends［C］//Bedford M R，Partridge G G（eds）. Enzymes in farm animal nutrition. United Kingdom：CABI Publishing，1-10.

［37］Southon S，Livesey G，Gee J M，et al. 1985. Differences in intestinal protein synthesis and cellular proliferation in well-nourished rats consuming conventional laboratory diets［J］. British Journal of Nutrition，53：87-95.

［38］Steenfeldt S，Müllertz A，Jensen J F. 1998a. Enzyme supplementation of wheat-based diets for broilers. 1. Effect on growth performance and intestinal viscosity［J］. Animal Feed Science and Technology，75（1）：27-43.

［39］Steenfeldt S，Hammershøj M，Müllertz A，et al. 1998b. Enzyme supplementation of wheat-based diets for broilers. 2. Effect on apparent metabolisable energy content and nutrient digestibility［J］. Animal Feed Science and Technology，75（1）：45-64.

［40］Stein W D. 1990. Channels，carriers，and pumps：an introduction to membrane transport［M］. San Diego，CA：Academic Press.

［41］Torras-Llort M，Torrents D，Soriano-Garcia J F，et al. 2001. Sequential amino acid exchange across b$^{(0,+)}$-like system in chicken brush border jejunum［J］. The Journal of Membrane Biology，180：213-220.

［42］Uribe J M，Barrett K E. 1997. Nonmitogenic actions of growth factors-an integrated view of their role in intestinal physiology and pathophysiology［J］. Gastroenterology，13：255-268.

［43］Vahjen W，Gläser K，Schäfer K，et al. 1998. Influence of xylanase-supplemented feed on the development of selected bacterial groups in the intestinal tract of broiler chicks［J］. Journal of Agricultural Science，130：489-500.

［44］Verrey F，Closs E I，Wagner C A，et al. 2004. CATs and HATs：the SLC7 family of amino acid transporters［J］. Pflügers Archiv：European Journal of Physiology，447：532-542.

［45］Wasa M，Wang H S，Shimizu Y，et al. 2004. Amino acid transport is down-regulated in ischemic human intestinal epithelial cells［J］. Biochimica et Biophysica Acta，1670：49-55.

［46］White W B，Bird H R，Sunde M L. 1983. Viscosity of β-glucan as a factor in the enzymatic improvement of barley for chicks［J］. Poultry Science，62：853-862.

［47］Wilde S W，Kilberg M S. 1991. Glutamine transport by basolateral plasma-membrane vesicles prepared from rabbit intestine[J]. The Biochemical Journal, 277(3):687-691.

[48] Ziegler T R, Mantell M P, Chow J C, et al. 1998. Intestinal adaptation after extensive small bowel resection differential changes in growth and insulin-like growth factor system messenger ribonucleic acids in jejunum and ileum[J]. Endocrinology, 139: 3119-3126.

饲料酶理论与应用技术体系之八
—— 水产动物酶制剂应用特殊性与饲料酶制剂技术体系的建立

在集约化水产养殖中,由于使用了大量植物性饲料原料,使用酶制剂是具有潜在价值的。实际上,许多酶制剂试验和应用也表明酶制剂有提高生产性能的效果,例如植酸酶。同畜禽一样,有些种类的鱼也仅能利用植物性饲料原料约 1/3 的植酸磷。研究表明饵料中高的植酸盐水平会影响生产性能、降低采食量和蛋白质利用率,因为植酸盐与胃肠道中的阳离子复合,所以锌、蛋白和能量的利用率也降低了(Spinelli 等,1983;Richardson 等,1985、1986;McClain 和 Gatlin,1988)。现阶段对水产动物的研究,国外偏重于有胃鱼,如虹鳟、鲑鱼等,而对我国生产实践中最常见的无胃鱼(如鲤鱼)及其他几种家养鱼则研究不够充分。由于水产动物和畜禽差别很大,饲料酶制剂在水产动物饲料中的应用不能简单照搬畜禽酶制剂的情况。水产动物酶制剂与畜禽酶制剂的应用有很大的差别。

一、水产动物大多为变温动物,体内温度较低

水产动物在动物中是一个独特的物种群体,绝大多数水产动物为无脊椎动物和低等脊椎动物,终生或大部分时间生活于水中,水产动物大多为变温动物,体温随气温或水温的变化而变化,这与其血液循环系统调控机制和能力有关。一般在 10℃ 以下就停止生长,适宜的生长温度为 15~32℃。水产动物在我国大部分地区生长期为 5~10 月,而在这段时间内,体内酶在较低温度(15~22℃)环境条件下作用时间长达 60 d 左右,这可能会降低酶的活性和作用效果(王武,2000)。同时,水产动物全部或大部分时间生活于水中,因水的浮力关系,运动耗能少,可节约饲料中能量物质,但相应的对蛋白质的需求较高,适宜能量蛋白比在 31~60 kg/Mcal(邓岳松等,2004)。所以,水产动物酶制剂必须能够适应体内温度更低的环境,而畜禽酶制剂相对情况好一些。

二、水产动物消化系统不如畜禽完善，内源酶分泌差别大

水产动物消化系统一般不如畜禽完善，影响饲料中营养成分的消化吸收，只能消化容易消化的饲料原料，如动物、浮游生物和微生物等，一般的能量来源于脂肪。对植物性饲料原料利用性比较差，包括植物性蛋白质和淀粉的利用普遍比畜禽差，需外源酶添加辅助消化。Dabrowski 等(1977、1979)，Lauff 和 Hofer(1984)，Das(1991)先后证明外源性的蛋白酶、淀粉酶和纤维素酶等针对不同的水产动物有其应用的重要性。糖类物质是便宜的饲料原料，尽管水产动物对淀粉的消化吸收率很低，但为了保证其安全性和降低成本，在饲料中的添加量仍达到20%～50%。加入淀粉酶和糖化酶后，可以补充水产动物所严重缺乏的淀粉酶，将淀粉的消化吸收率从 20%～40%提高到 80%以上，从而起到增加饲料能量，提高饲料利用率，减少蛋白质作为能量消耗的作用。所以，水产动物酶制剂含有高效的蛋白酶、淀粉酶甚至脂肪酶，可能和非淀粉多糖酶及植酸酶一样重要，而目前畜禽酶制剂主要以非淀粉多糖酶及植酸酶为主。

三、水产动物种类繁多，食性多样复杂

水生动物种类比陆生动物多，养殖的水产动物比养殖的畜禽也多许多。以鱼类为例，可大体分为肉食鱼类、杂食鱼类和草食鱼类，它们的消化生理差别很大。尽管草食鱼类耐粗性好，与畜禽中的反刍动物并不是一个概念。鱼类消化酶在各内脏器官中的分布及其性质为：咽头中有较弱的类胰蛋白酶及麦芽糖酶的活性；在食道部位有较强的淀粉酶、麦芽糖酶、类胰蛋白酶的活性，如鲤鱼这样的无胃鱼食道部位的酶起主要消化作用(邓岳松等，2004)；麦芽糖酶和淀粉酶活性最高部位是在肠的末端，而蔗糖酶活性最高部位是在肠的中部。鳜鱼胃组织蛋白酶活性显著高于肠组织蛋白酶，且前肠＞中肠＞后肠，肠组织淀粉酶活力前肠＜中肠＜后肠，这种趋势与草鱼、鲤鱼中的结果一致(吴婷婷，1994)。

随食性不同，水产动物对糖类消化率也不一样，肉食性鱼类(鳜鱼、鲈鱼)为 30%～40%，杂食性鱼类(鲤鱼、鲫鱼)在 60%左右，草食性鱼类(草鱼、团头鲂)在 70%以上。从内源分泌的淀粉酶活性看，高低顺序依次为草食性＞杂食性＞肉食性(陈宝章等，2001)。鱼类消化道不含木聚糖酶，蛋白酶活性也相对较低，对纤维素无分解能力(尾崎久雄，1985)。另外，鱼分为有胃鱼和无胃鱼，消化道内的酸碱度差别也很大。有胃鱼胃液中分泌盐酸，pH 较低，适用酸性环境的酶，无胃鱼消化道 pH 为 6.8～7.3，接近中性。水产动物品种不同，食性不同，食物组成不一样，其所需外源消化酶的种类和多少都不一样，对无胃鱼类饲料中添加外源酶时需注意选择适宜中性偏碱性等条件下的酶类，才能达到较佳效果(邓岳松等，2004；冯建新，2004)。所以，水产动物酶制剂应该种类更多，不仅不能按一般的畜禽酶制剂配制，甚至不同鱼虾种类的酶制剂应该分得更细，更有针对性。

四、水产动物的消化道较短，食物在消化道停留的时间短

由于食物在水产动物的消化道停留的时间短，酶的作用不完全。水产动物体内分泌消化酶的种类和组成，是长期对环境条件适应的结果，与食性密切相关。Hofer 等（1978）、Agrawal（1975）等研究鱼类食性与消化酶关系后得出：肉食性鱼类自身可分泌较多的脂肪酶，而草食性鱼类则分泌较多的淀粉酶。大量研究表明，水产动物的食性决定消化酶的组成，消化酶活性大小与食性组成成分含量有关（Kawai 等，1972；Prejs 等，1977；吴婷婷，1994）。此外，水产动物随季节的变化其消化酶的活力和组成也有一定的变化（Hofer 等，1978、1979）。目前大多数适用于畜禽的专用酶，主要用于以谷物、草为主的畜牧饲料中，这些酶适用于低蛋白、高纤维质的高淀粉类饲料，对于水产饲料其作用效果不明显。所以，水产动物酶制剂的特性和添加剂量不能简单按照畜禽酶制剂的方式设计。

五、水产动物饲料在水中投喂，要求营养和添加剂具有水中稳定性

由于鱼虾饲料是在水中投喂，因此添加酶制剂要求在水中具有稳定性，但是部分酶制剂容易溶失在水中。目前，饲用酶添加的方式主要有两种。一是将酶制剂添加到饵料中直接投喂动物，酶在动物消化道内发挥作用。由于饲料酶对各种理化条件很敏感，在饲料加工贮运过程中，很难保证酶活性不丧失。另一种方法是将酶制剂加入饵料中，人工控制酶解所需的温度、湿度、pH 值等条件，酶解一定时间后直接投喂动物。鉴于目前大多数酶制剂是微生物酶，它们的最适作用条件与动物消化道的条件并不相同，动物摄入酶制剂后难以发挥其优势，因此对水产饲料以体外酶解的方式显得更为可行（章世元，2001）。另外，也可采用间接加酶的方法，即在饲料中添加特殊的芽孢杆菌，这种芽孢杆菌以芽孢的形态随饲料进入动物的消化道后，转变成芽孢杆菌并定殖在肠道中。芽孢在发芽和定殖过程中可以产生多种酶，包括淀粉酶、蛋白酶、脂肪酶、果胶酶、葡聚糖酶和纤维素酶等，作用于对营养物质的消化利用（章世元，2001）。采用这种方法避免了酶制剂失活对饲喂效果的影响，将会有效地提高对饲料的消化吸收。所以，水产动物酶制剂的产品稳定性不仅要考虑加工的稳定性，还要考虑使用过程的稳定性。

六、水产动物饲料加工工艺特殊，水产动物酶耐温问题更突出

由于酶是一种特殊蛋白质，在高温下容易失活，目前大多数酶制剂在 $80\,^{\circ}\mathrm{C}$ 时就已失活，因此，这些酶制剂不适用于水产饲料，因为鱼虾饲料大多要经过调质过程，同时在制粒过程中还要经过膨化和挤压，是一种高温高压下的过程，大多数酶都会失活。在挤压膨化工艺中，温度可高达 $200\,^{\circ}\mathrm{C}$，但是饲料在如此高的温度下的滞留时间很短（$5\sim10$ s）。在加工浮性饲料时，蒸汽和水的添加量达干饲料的 8%，挤出物在到达模头时最终压力为 $(3.45\sim3.75)\times10^{3}$ kPa，温度为 $125\sim138\,^{\circ}\mathrm{C}$，水分为 $25\%\sim27\%$。在沉性饲料的生产中，在调质器内先加入少量的蒸汽，然后

加入水。混合料离开调质器时的最终水分通常为 20%~24%。混合料的温度在调质筒的出口处达到 70~90℃，挤出物的水分含量达到 28%~30%。生产鱼饲料时，挤压机模头处的压力通常是(2.63~3.04)×10³ kPa。非膨化的完全熟化水产饲料，挤压机模头外的挤出物温度为 120℃。饲料在制粒过程中，需经调质、压辊及压模的挤压后才能成型。在调质过程中，一般采用 0.2~0.4 MPa 的蒸汽进行处理，蒸汽的温度可达 120~142℃，在蒸汽的作用下，使饲料温度升至 80~93℃，水分达 16%~18%。当制粒温度低于 80℃时，纤维素酶、淀粉酶和戊聚糖酶的活性损失不大，但当温度达 90℃时，则纤维素酶、真菌类淀粉酶和戊聚糖酶活性损失很大，损失率达 90% 以上，细菌类淀粉酶损失 20% 左右。当制粒温度超过 80℃时，植酸酶活性损失率达 87.5%。摩擦力增加，使植酸酶损失率提高，模孔孔径为 2 mm 的压模制粒时，植酸酶损失率高于孔径为 4 mm 的压模(冯定远，2003)。因此，酶制剂在生产过程中必须采取特殊工艺和保护措施，才能耐高温，并有高温下的自修复功能，在饲料加工中的损失量较小。

七、水产养殖中减少养分排泄，减缓水体营养富积和污染问题更重要

在集约化养鱼场使用了大量植物性饲料原料，与猪、鸡一样，有些种类的鱼也仅能利用植物性饲料原料重约 1/3 的植酸态磷。受植酸酶水平和饲料原料的影响，报道的对磷吸收率和存留率的改善范围在 15%~45%，对磷排泄的降低在 30%~88% (Schafer 等，1995；Jackson 等，1996；Li 和 Robinson，1997；余丰年和王道尊，2000；杨雨虹等，2006)。由于水产动物大多生存在水中，添加酶制剂可降低排泄物中磷和氮的浓度，减少排泄物的不消化物，改善了饲养环境，减少对水体污染，有时候可能比提高生产性能更重要，甚至有可能是主要目的。所以，可以开发专用的降低磷和氮排泄的水产饲料酶，而不仅仅是传统的提高生产性能的酶制剂。

八、水产动物易受到环境条件的应激影响，调节性功能意义更大

酶制剂是一种多功能、综合性、调节性的功能性添加剂，对水产饲料而言，酶制剂除了有利于提高水产动物对饲料的消化吸收率和饲料转化率外，还能提高群体整齐度，改善生长发育不平衡状况；减轻水产动物的应激，减轻动物于恶劣环境条件下对其生产性能的负面影响，如缺氧、生病等；改变消化道内菌群的分布，改善体内免疫功能；降低水产动物粪便污染，缓解水体环境压力，改善养殖环境。

九、水产动物饲用酶制剂的作用

基本与在畜禽中应用的作用类似，在水产动物饲料中添加酶制剂的作用有如下几个方面：①补充内源酶的不足，由于某些水产动物自身消化系统的特殊性，其内源酶不足，或者日粮营

养水平过高,其内源酶相对不足,添加外源酶可以提高饲料消化率;②促进内源酶的分泌,外源酶分解产物有时候可以诱导内源酶的分泌;③消除分解抗营养因子,这些抗营养因子不能被动物内源酶降解,从而干扰动物的正常代谢,导致动物消化不良,生产性能下降;④减少珍贵饲料原料(如鱼粉、无机矿物原料等)的用量。其最终结果是提高了水产动物的生长增重、饲料效率,提高水产动物抗病能力,提高其成活率,减少水产养殖的污染,同时,也具有降低饲料成本的潜力。

由于水产动物和陆生动物生长环境、消化生理的差别,随着水产酶制剂的有效性和针对性的解决,特别是植物源饲料原料使用比例越来越高,水产动物酶制剂的作用甚至比畜禽酶制剂作用更明显,应用更有优势。一般认为,添加酶制剂除了可以提高饲料的利用率以外,还可以减少饲料原料之间的差异,提高饲料配方的精确性,从而提高动物生长的整齐性,减少管理成本,提高经济效益(Sheppy,2001)。

十、水产动物酶制剂应用的特殊性与饲料酶制剂技术体系的建立

由于上述诸多的水产动物有别于畜禽的特殊性,似乎水产动物使用酶制剂的意义不大,因为上述的问题较难克服。但是,越来越多的证据表明,酶制剂在水产动物饲料中应用是有效的,这证明了“酶可以在饲料加工过程中发挥作用”的观点是合理的。因为,体内温度低的问题、消化道较短的问题、水中稳定性问题、加工的耐温问题等等,都由于酶可以在饲料加工过程中发挥作用而部分解决。因为水产动物饲料加工基本能够满足“酶在饲料高温加工过程中可能部分发挥催化作用”假设的条件(冯定远等,2008a)。当然,水产动物饲料不是都要膨化处理的。

另外,由于水产动物对复杂的饲料原料,特别是植物性饲料原料难消化,加上其他条件要求的苛刻,也许,我们提出的设计专用水产组合酶的思路比一般的单酶或者复合酶更能解决水产酶遇到的高效性和针对性问题(冯定远等,2008b)。不同来源的纤维素酶和木聚糖酶的酶学特性差别很大(黄燕华,2004;于旭华,2004),如果应用组合酶或组合型复合酶,利用不同来源酶的互补性和协同特性,有针对性开发水产动物专用或者特种类型饲料专用的组合酶或组合型复合酶,有可能为部分或全部解决一些饲料产品的质量低且不稳定的问题提供一种有效选择。

参考文献

[1] 陈宝章,郑曙明.2001.淡水白鲳、团头鲂、黄颡鱼主要消化酶活性的研究[J].四川畜牧兽医学院院报,15(3):10-15.

[2] 邓岳松,陈权军,李伟,等.2004.饲用酶制剂在水产养殖中的应用[J].内陆水产,2:45-46.

[3] 冯定远,左建军,周响艳.2008a.饲料酶制剂理论与实践的新假设——饲料酶发挥作用位置的二元说及其意义[J].饲料研究,8:1-5.

[4] 冯定远,黄燕华,于旭华.2008b.饲料酶制剂理论与实践的新思路——新型高效饲料组合酶的原理和应用[J].中国饲料,13:24-28.

[5] 冯定远.2003.配合饲料学[M].北京:中国农业出版社.

[6] 冯建新.2004.水产动物饲用酶制剂的研究现状[J].河南水产,1:6-8.

[7] 黄燕华.2004.不同来源纤维素酶的酶学特性及其在马冈鹅中的应用[D].华南农业大学博士学位论文.

[8] 王武.2000.鱼类增养殖学[M].北京:中国农业技术出版社.

[9] 尾崎久雄.1985.鱼类消化生理[M].上海:上海科学技术出版社.

[10] 吴婷婷.1994.鳜、青鱼、草鱼、鲤、鲫、鲢消化酶活性的研究[J].中国水产科学,1(2):10-16.

[11] 杨雨虹,郭庆,祖立闯,等.2006.植酸酶对鲤鱼生长及磷利用率的影响[J].淡水渔业,36(5):20-23.

[12] 于旭华.2004.真菌性和细菌性木聚糖酶对肉鸡生长性能的影响及机理研究[D].华南农业大学博士学位论文.

[13] 余丰年,王道遵.2000.植酸酶对异育银鲫生长及饲料中磷利用率的影响[J].中国水产科学,7(2):106-109.

[14] 章世元.2001.加酶饲料预消化处理工艺参数探讨[J].中国饲料,24:5.

[15] Agrawal V P. 1975. Digestive enzymes of three *Teleose* fishes[J]. Acta Physiol Acad Sci Hung,46:93-98.

[16] Dabrowski K,Glogowski J. 1977. Studies on the proteolytic enzymes of invertebrates constituting fish food[J]. Hydrobiologia,52:171-174.

[17] Dabrowski K,Glogowski J. 1979. Studies on the role of exogenous proteolytic enzymes in digestion processes in fish[J]. Hydrobiologia,54:129-134.

[18] Das K M. 1991. Studies on the digestive enzyme of grass carp[J]. Aquaculture,92:21-32.

[19] Hofer R. 1978. The adaptation of digestive enzymes to temperature,seasons and diet in roach,*Rutilus rutilus* and rudd *Scardinius erythrophthalmus*. Ⅰ. Amylase[J]. Journal of Fish Biology,14:565-572.

[20] Hofer R. 1979. The adaptation of digestive enzymes to temperature,seasons and diet in roach,*Rutilus rutilus* and rudd *Scardinius erythrophthalmus*. Ⅱ. Proteases[J]. Journal of Fish Biology,15:373-379.

[21] Jackson S L,Li M H,Robinson E H. 1996. Use of microbial phytase in channel catfish *Icatalurus punctatus* diets to improve utilization of phytate phosphorus[J]. Journal of World Aquaculture Society,27:309-313.

[22] Kawai S,Ikeda S. 1972. Effects of dietary changes on the activities of digestive enzymes in carp intestine[J]. Bull Japan Soc. Science Fish,38(3):265-269.

[23] Lauff M,Hofer R. 1984. Proteolytic enzymes in fish development and the importance of dietary enzymes[J]. Aquaculture,37:335-346.

[24] Li M H,Robinson E H. 1997. Microbial phytase can replace inorganic phosphorus sup-

plements in channel catfish *Ictalurus punctatus* diets[J]. Journal of World Aquaculture Society, 28:402-406.

[25] McClain W R, Gatlin D M. 1988. Dietary zinc requirement of *Oreochromis aureus* and effects of dietary calcium and phytate on zinc bioavailability[J]. Journal of the World Aquaculture Society, 19:103-108.

[26] Prejs A, Blaszezy K M. 1977. Relationship between food and cellulose activity in fresh water fishes[J]. Journal of Fish Biology, 11:447-452.

[27] Richardson N L, Higgs D A, Bearmes R M, et al. 1985. Influence of dietary calcium, phosphorus, zinc, and sodium phytate level on cataract incidence, growth and histopathology in juvenile chinook salmon (*Oncorhynchus tshawytscha*)[J]. Journal of Nutrition, 115: 553-567.

[28] Richardson N L, Higgs D A, Beames R M. 1986. The susceptibility of juvenile chinook salmon (*Oncorhynchus tshawytscha*) to cataract formation in relation to dietary changes in early life[J]. Aquaculture, 52: 237-243.

[29] Schafer A, Koppe W M, Mper-Burgdoec K H, et al. 1995. Effects of a microbial phytase on the utilization of the phosphorus by op in a diet based on soyabean meal[J]. Water Science and Technology, 31: 149-155.

[30] Sheppy C. 2001. The current feed enzyme market and likely trends[C]//Bedford M R, Partridge G G(eds). Enzymes in farm animal nutrition. United Kingdom: CABI Publishing, 1-10.

[31] Spinelli J, Houle C R, Wekll J C. 1983. The effect of phytates on the growth of talnbow trout fed purified diets containing varing quantities of calcium and magnesium[J]. Aquaculture, 30: 71-83.

[32] Takii K, Shimeno S, Takeda M, et al. 1986. The effect of feeding stimulant in diet on digestive enzyme activities of eel[J]. Bull Japan Soc. Science Fish, 52(8):1449-1454.

第 2 篇

饲料酶制剂酶学特性的研究

本 篇 要 点

酶学性质是指酶的化学本质、催化特性、生物学活性和生物学意义等，也涉及酶作用的基本反应规律。饲料酶学特性是了解酶生物学特点、生物活性特点、稳定性，构建应用技术以及饲料酶制剂产品选择等的重要参数，也是饲料酶制剂作用机制的物质基础。

酶作为蛋白质，具有分子质量、等电点、氨基酸组成、分子结构等基本生物学特征，而这些特征又是其发挥催化功能的物质基础。饲料酶作为生物活性物质，其作用底物的效率即酶活力和酶的动力学性质是评定饲料酶制剂品质的重要指标。但是，需要指出的是由于酶活力测定条件和饲料酶发挥作用的环境条件普遍存在差异性，所以标准酶活力测定结果对实际生产的意义一直是饲料酶制剂行业争论的热点。生物活性酶蛋白降解底物的效率即酶活力，会随酶促反应的条件变化而变化。也正因为如此，饲料酶制剂存在发挥最佳降解效率的一系列反应参数，如最适反应 pH 值、温度等，这是饲料工业中使用酶制剂的理想作用环境条件。但是，不可避免的是目前饲料酶制剂的使用更多的还是需要酶去适应饲料加工的工艺条件、动物消化道的内环境条件。所以，饲料酶制剂对加工工艺(尤其是制粒加工)、贮藏、消化道 pH 值(尤其是胃中强酸环境)、动物内源消化酶和胆汁、日粮中复杂的金属离子组成的稳定性是其活性、降解底物效率、添加意义体现的前提。一般情况下，酶制剂作用的最适反应条件是相对具体在某一点，而其抗逆性则表现出一定的耐受范围。而最适反应条件越接近动物消化道内环境，稳定性越好、逆境条件下降解底物效率越高，则这类饲料酶是我们饲料工业中最理想的选择对象。

由于不同来源的同一类酶生物学特征存在差异，这决定了它们在酶学性质上也表现出相对应的差异性。这为我们针对动物、日粮组成特点，合理选择饲料酶制剂、后处理加工，甚至基因改造和蛋白修饰提供了方向和理论基础。

本篇选择植酸酶、木聚糖酶、纤维素酶、蛋白酶等几种饲料工业常用酶制剂，对不同来源酶的酶学特性进行了系统分析和比较，为饲料酶制剂应用技术的建立、作用机理的探讨提供重要的动物营养学理论基础。

酶制剂的稳定性及其影响因素

饲用酶制剂的应用,既提高了饲料的消化率和利用率,又提高了畜禽和鱼类的生产性能。同时,它对于减少畜禽排泄物中氮、磷的排出量,保护水源和土壤免受污染具有重要的现实意义。但在实际应用过程当中,酶制剂的稳定性一直是养殖户和饲料生产者关注的重点。

一、外源酶制剂的最佳作用条件

我们课题组采用体外法研究了 α-淀粉酶、酸性蛋白酶、植酸酶、α-半乳糖苷酶、纤维素酶、木聚糖酶和 β-葡聚糖酶的最佳作用条件(pH 和温度),结果发现:α-淀粉酶最适作用 pH 值为 6.0,温度为 60℃;酸性蛋白酶的最适 pH 值为 4.2,温度为 30~40℃;植酸酶最适作用 pH 值为 5.5,温度为 50~55℃;α-半乳糖苷酶最适作用 pH 值为 4.05,温度为 35℃;纤维素酶最适作用 pH 值为 4.6~5.0,温度为 50~60℃;木聚糖酶最适 pH 值为 5.4~7.0,温度为 50~60℃;β-葡聚糖酶最适 pH 值为 6.0,温度为 40℃。由不同菌种发酵产生的酶制剂,其发挥最大活性所需的底物和作用条件(主要是 pH 值和温度)往往是不一样的,因此,对不同来源的酶制剂特性及最佳作用条件的认识是外源酶应用的前提条件(于旭华和冯定远,2001;于旭华,2004;黄燕华,2004;冒高伟,2006;陈旭,2008)。当然,不同来源的酶制剂存在一定的差异,如于旭华(2004)研究表明,虽然大部分真菌和细菌来源的木聚糖酶均在 60℃达到最大酶活,但康氏木霉固体发酵木聚糖酶却在 50℃表现出最大酶活;曲霉固体发酵木聚糖酶的最适 pH 值为 5.8,康氏木霉固体发酵和枯草杆菌液体发酵木聚糖酶最适 pH 值为 6.2,枯草杆菌固体发酵木聚糖酶最适 pH 值为 7.0;黄燕华(2004)研究表明,木霉固体发酵、木霉液体发酵、青霉液体发酵 CMCase 的最适作用 pH 值分别为 5.0、4.6 和 5.0,FPase 的最适作用 pH 值分别为 4.6、5.0 和 4.6,CMCase 和 FPase 最适作用温度均为 60℃。

汪儆等(2000)对国内外 4 种复合酶制剂中的木聚糖酶活性进行检测发现,木聚糖酶的最适反应温度为 60～65℃,最适 pH 值为 5.86～6.35,有三种酶在 pH 值低于 3.6 时活性急剧下降,而其最适 pH 值与本课题组研究结果基本一致,但最适反应温度存在较大差异,原因是本课题组研究中没有使用反应底物。在随后对 4 种复合酶制剂中的 β-葡聚糖酶的活性检测中发现,获得最高 β-葡聚糖酶活性的条件是 60℃和 pH 值 6.35,当 pH 值低于 3.6 时活性急剧下降,但是当 pH 值升高至 7.35 时,其又保持相当高的活性,说明 β-葡聚糖酶在酸性条件下(pH 较低时)表现出较低的活性,而 pH 值升高至中性或偏碱时,其活性得到恢复。木聚糖酶也表现出相似的规律。

外源酶制剂的最佳作用条件应与动物体内消化道内环境相一致,才具有重要的现实意义。每种外源酶都有其最适 pH 值和最佳作用温度。对单胃动物而言,其体温一般为 37～40℃,因而衡量外源酶制剂的最适作用温度应是 37～40℃。而动物体消化道 pH 值存在较宽的范围。本课题组研究发现,28～56 日龄仔猪胃内 pH 值平均为 4～5,而十二指肠至空肠的 pH 值平均为 6.5～7.0,这就要求外源酶制剂在较宽的 pH 范围内发挥作用(沈水宝,2002)。α-淀粉酶在 pH 值 5.0～7.0 范围内,酸性蛋白酶在 pH 值 2.5～4.6 的范围内,木聚糖酶在 pH 值 5.5～7.6 的范围内,β-葡聚糖酶在 pH 值 6.0～7.45 的范围内都有较高的活性,说明上述各种外源酶制剂能适应动物胃肠道不同 pH 条件而发挥作用。

对外源酶制剂最佳作用条件的了解有助于知道外源酶在动物肠道内的作用位点。陈勇(1999)报道,在黑麦日粮中添加以木聚糖酶为主要成分的酶制剂后,雏鸡的前肠(十二指肠和空肠)和后肠(回肠至结肠盲肠结合处)营养物质的消化率提高,说明外源酶在雏鸡消化道内的作用位点主要在肌胃之后,即前肠和后肠。Makkink 等(1994)报道,猪十二指肠至空肠段 pH 值为 6.4。本课题组研究中采用的微生物来源 α-淀粉酶、木聚糖酶及 β-葡聚糖酶分别在 pH 值为 5.0～7.0、5.5～7.6、6.0～7.5 时都有较高的活性,提示 α-淀粉酶、木聚糖酶及 β-葡聚糖酶在体内发挥作用的主要部位不是在胃部而是在小肠,并且在小肠的各段都能发挥其催化功能,而酸性蛋白酶在 pH 值 2.5～4.6 范围内有较高的活性,推测其发挥作用的位点主要在胃和十二指肠(于旭华,2001;沈水宝,2002;于旭华,2004;黄燕华,2004)。

二、影响外源酶制剂稳定性的因素

外源酶制剂一般来源于微生物,它是一种具有催化活性的蛋白质,遇到高温、酸碱、金属离子和蛋白酶等因素酶活会有所损失。因此,影响外源酶制剂稳定性的因素主要有温度、pH 值、离子浓度和内源蛋白酶等。

1. 温度

由于酶是具有一定结构的活性蛋白质,其活性中心(催化位点)易受到温度影响而失活变性。温度对外源酶稳定性的影响主要在两方面,其一是酶制剂本身的最适作用温度,其二是酶制剂应用于饲料工业耐受调质制粒的温度。

一般来说,每一种酶制剂都有其最适作用的温度范围,超出此范围则该酶制剂活性很低或失活。我们课题组通过体外法测定出 4 种外源酶的最适作用温度:α-淀粉酶的酶活最高时的温度是 40～60℃,超过 70℃,活性降低;木聚糖酶酶活最高时的温度是 30～40℃,大于 50℃,酶活降低,超过 70℃,则酶失活;β-葡聚糖酶酶活最高时的温度是 30～40℃,大于 50℃,则酶活急剧下降,超过 70℃,则酶失活(于旭华,2001;沈水宝,2002;于旭华,2004)。说明每一种酶制剂均有其耐温特性。通常微生物酶比动物体内的酶稳定性要高,主要原因在于微生物酶来源于菌株发酵,发酵过程中的温度要高于动物体温。据安永义(1997)测定,淀粉酶在 60℃ 左右活性最高。于旭华(2001)测定微生物来源的淀粉酶和纤维素酶的最高活性都是在温度为 60℃ 时取得,与我们课题组其他研究的差异主要在于酶的来源不一致,因为不同来源酶的特性是不同的(于旭华,2001;沈水宝,2002;于旭华,2004;廖细古,2006)。因此,对于不同来源酶的耐温特性需采取同一方法测定,便于相互比较。由于酶制剂种类较多,来源不一,有关其他各种酶的耐温特性有待于进一步研究。

外源酶制剂应用于饲料工业的一个焦点问题是酶制剂在制粒过程中的耐温性。饲料调质制粒往往达到 70～90℃ 的温度,这样的温度有可能使酶发生变性。以往零星的有关酶制剂耐温试验是在实验室的烘箱中进行的,不能反映饲料生产的真实过程及饲料成分的复杂性对酶的影响,因而缺乏实际意义。在我们的试验中采用实际生产条件,通过温度的调控来研究酶制剂的制粒耐温性能。结果发现,植酸酶在制粒温度不超过 85℃ 时仍有较高的保存率(陈旭,2008);酸性蛋白酶在制粒温度 75℃ 时酶活保存率在 80% 以上(曾秋丽,2009);液体发酵的木聚糖酶在制粒温度为 85℃ 时仍有 70% 左右的活性(于旭华,2004)。并且试验证实,液体发酵的外源酶的耐温性能要高于固体发酵的外源酶,原因主要在于对液体发酵的各种外源酶可以根据其耐温性能进行稳定化处理,而固体发酵的酶制剂则难以做到这一点(冯定远和张莹,1998;冯定远等,1998;于旭华,2004)。安永义(1997)用大麦-豆粕日粮混入经耐温处理的干酶制剂,在 75℃、85、95℃ 下调质 30 s 再制粒,发现调质温度在 85℃ 对酶活无任何影响,而在另一组试验结果表明,干酶制剂品在 85℃ 以上调质 15 min 仍有一定活力。

对外源酶的耐温稳定化处理主要有三种方法。一是通过诱变或基因重组技术选育耐高温菌株。基因重组技术是将编码特定酶的 DNA(cDNA)分离,体外构成高效表达载体,然后转移到能以低成本大规模发酵生产的微生物内,从而表达出高水平耐热的酶,还可以利用细胞杂交技术和原生体融合技术,生产杂交酶,对父母本中的特性进行扬长避短。Simon 等(1993)从 *B. macerans* 中获得的 *Bacillus* β-1,3-1,4-葡聚糖酶具有热稳定性,而从 *B. amyloliquefaciens* 中获得的 β-1,3-葡聚糖酶、β-1,4-葡聚糖酶性质相反,因而将两种来源的基因切成不同长度的片段移入 *Eco*RⅤ 转化区进行重组,筛选出一种既抗酸又抗热的葡聚糖酶。商业化方面,瑞士罗氏公司推出的乐多仙木聚糖酶是由选育的耐温菌株 *Aspergillus oryzae* 产生的,在 85℃ 制粒条件下,酶活保存率达到 90% 以上。乐多仙植酸酶 P 是一种来自于 *Peniophora lycii* 基因重组合成的高活性耐热植酸酶,在 85℃ 制粒条件下,酶活的保存率为 85%,而在 95℃ 制粒温度下,仍有 60% 的活性存在。因此,利用现代生物技术生产耐温菌株,对提高外源酶制剂的耐温性能具有广阔的前景。

采用添加稳定剂和载体吸附剂是提高酶制剂在制粒过程中耐温性能的另一种方法。一般来讲,干酶制剂比液状酶的热稳定性好,主要原因就在于液状酶在干燥过程中加入了特定的载体和一定量的稳定剂,如 $CaCl_2$ 可使酶的活性部分(催化位点)与基质结合,将其保护起来,从而提高其热稳定性。

大分子包埋技术也是提高酶热稳定性的措施。有关这方面的报道由于商业机密的原因比较鲜见。包埋的材料大多数采用容易在胃肠道分解的明胶等,一般有单层或双层包被,从而保护酶活性不受制粒温度的破坏。值得注意的是,经包埋的外源酶制剂进入畜禽胃肠道后要能在其作用位点释放,才能发挥其催化作用。

2. pH 值

各种酶制剂都有其最适 pH 值。如果一种酶制剂具有较宽的保持高活力的 pH 值范围,同时又适应动物体内消化道内环境的 pH 值,那么这种酶就能较好地发挥作用。我们课题组研究发现淀粉酶在 pH 5.0~7.0,酸性蛋白酶在 pH 2.5~4.6,木聚糖酶在 pH 5.5~7.6,β-葡聚糖酶在 pH 6.0~7.5 都有较高的活性(沈水宝,2002)。根据 Makkink 等(1994)报道,猪十二指肠至空肠的 pH 值平均为 6.4,胃内平均为 3.0,说明上述 4 种酶都能在猪的胃肠道发挥作用。

同时,酶制剂在一定 pH 值条件下其活性很低或根本测不出活性。如木聚糖酶和 β-葡聚糖酶在胃内条件下即 pH<4.0 时,检测不到活性,而在 pH>5.5 的条件下又表现出活性;同样,酸性蛋白酶在 pH 2.5~4.6 时表现出较高的活性,而在 pH>6.0 时则活性很低,说明酶制剂能在动物消化道内一定位点保持活性并起到消化作用。

不同来源的酶制剂对 pH 值的稳定性存在差异。郑祥建和韩正康(1988)用三种 β-葡聚糖酶的测定结果表明,$Biokyowa$ β-葡聚糖酶和国产 II 号最适 pH 值是 5.0,pH 4~6 范围内有较高水平的酶活力,而国产 I 号 β-葡聚糖酶最适 pH 值是 3.5,在 pH 值 3.5~4.5 时活力较高。我们课题组测定 β-葡聚糖酶最适 pH 值为 6.0,pH 值在 6.0~7.5 之间可维持较高的酶活力水平(冯定远和张莹,1998;冯定远等,1998)。因此,应根据酶制剂 pH 值的稳定性及其对动物消化道内环境 pH 值的适应性进行选择和使用,才能获得较好的效果。

3. 离子浓度

饲料被猪采食后,在胃的酸性条件下(pH 值 1.5~3.5)和小肠弱酸性条件下(pH 值 6.0)均要停留一段时间,在这样的环境中,外源酶的加入可能与其中的无机离子之间发生相互作用,从而影响酶活性的发挥。刘强(1999)用体外法研究了 α-淀粉酶与各种无机离子之间的关系,结果表明,α-淀粉酶随 Ca^{2+} 浓度(2.5~320 mmol/L)升高而上升,随 Zn^{2+} 浓度(0.1~2.5 mmol/L)、Fe^{2+} 浓度(0.2~4.0 mmol/L)和 Mg^{2+} 浓度(5.0~20 mmol/L)升高而降低,其中,随 Zn^{2+} 浓度变化幅度大于 Fe^{2+} 和 Mg^{2+},Mg^{2+} 对淀粉酶活性的影响最小。我们课题组采用体外法对猪饲料含量较高的两种离子 Ca^{2+} 和 Cu^{2+} 对三种外源酶(α-淀粉酶、酸性蛋白酶、β-葡聚糖酶)活性的影响进行研究,结果显示:钙离子浓度(2.5~160 mmol/L)对各种酶的活性没有影响。随着铜离子浓度增加(2.5~160 mmol/L),α-淀粉酶的活性降低,并当铜离子浓度大于40 mmol/L 时,检测不出 α-淀粉酶的活性;β-葡聚糖酶的活性随铜离子浓度增加而显著降低,当铜离子浓度大于 20 mmol/L 时,活性很低,说明铜离子可以使 α-淀粉酶和 β-葡聚糖酶失活,酸性蛋白酶则表现出完全相反的结果,其活性随 Cu^{2+} 浓度增加而升高,Cu^{2+} 浓度在 5.0~160 mmol/L范围内,其活性是对照组的 2 倍,其原因可能与 Cu^{2+} 激活酸性蛋白酶的活性中心有关,还有待进一步研究。此外,我们对植酸酶的研究结果表明,Ca^{2+}、Mn^{2+} 和高浓度

（40 μmol/L）的 Mg^{2+} 有显著的酶活促进作用；Fe^{2+} 除在低浓度（5 μmol/L）时有酶活抑制作用外，在其他浓度中都表现出明显的酶活促进作用；Zn^{2+} 和高浓度（40 μmol/L）的 Cu^{2+} 以及 Ca^{2+}、Mg^{2+}、Mn^{2+}、Fe^{2+}、Zn^{2+}、Cu^{2+} 6 种离子的混合体有显著的酶活抑制作用（陈旭，2008）；但是对木聚糖酶的研究中却有不同的结果：包括 Mn^{2+} 在内的各种金属离子在不同浓度条件下于木聚糖酶溶液中添加对木聚糖酶的活性影响不大，但是 Cu^{2+}、Fe^{2+}、Mn^{2+} 和 Zn^{2+} 单独高浓度存在时对康氏木霉固体发酵来源的木聚糖酶有不同程度的抑制作用（于旭华，2004）。

饲料进入动物消化道，经消化道分解之后，其成分相当复杂。就酶制剂而言，其与特定底物、无机离子等之间会存在竞争关系，因而研究无机离子对酶活性的影响还必须注意到酶与底物、酶与无机离子之间的竞争关系，因而离子浓度对酶活的影响及重金属对酶活的影响还有待于进一步研究加以证实。

4. 内源蛋白酶

外源酶一般是由微生物培养而来的一种具催化活性的蛋白质，其本质是蛋白质。当外源酶进入动物消化道后是否受到内源蛋白酶（如胃蛋白酶、胰蛋白酶）的作用，也是影响外源酶稳定性的因素之一。

郑祥建（1998）用胰蛋白酶对三种 β-葡聚糖酶的消化作用表明，胰蛋白酶会分解 β-葡聚糖酶，但作用 2 h 仍可保持 77.1% 的活力。孙建义等（2002）体外模拟动物胃肠道条件研究里氏木霉 GXC 的 β-葡聚糖酶对内源蛋白酶的耐受性，结果表明，虽然 β-葡聚糖酶在胃内活性较低，但能在小肠中恢复，同时，胃蛋白酶和胰蛋白酶对 β-葡聚糖酶无降解作用。

我们课题组在体外模拟动物胃肠道条件下研究了胃蛋白酶和胰蛋白酶对各种外源酶（α-淀粉酶、酸性蛋白酶、纤维素酶、α-半乳糖苷酶、木聚糖酶和 β-葡聚糖酶）的作用，结果发现，α-淀粉酶不能耐受胃蛋白酶的作用，α-半乳糖苷酶会受到胃蛋白酶的分解，酸性蛋白酶、纤维素酶、β-葡聚糖酶和木聚糖酶对胃蛋白酶的耐受性较好，其中 β-葡聚糖酶稳定性最好，纤维素酶被胃蛋白酶的损失率为 8% 左右，而酸性蛋白酶在 2 h 之前的损失率为 2%，4 h 的损失率达到 16.2%，说明各种酶在胃蛋白酶的作用下会有一定程度的损失。动物消化道内胃蛋白酶的分泌量会受到日粮成分、采食、应激等因素的影响，同时各种外源酶进入到消化道内会与各自的底物发生作用。因此，胃蛋白酶对各种酶的消化程度受其浓度及各种底物浓度的影响，是一个较为复杂的过程。体外法研究证明：酸性蛋白酶和纤维素酶对胰蛋白酶的耐受性好，而 α-淀粉酶在温育 60 min 和 120 min 后的酶活损失较大，果胶酶、β-葡聚糖酶和木聚糖酶对胰蛋白酶的耐受性随着温育时间的增加，酶活性有所降低，说明胰蛋白酶会对各种外源酶有一定程度的降解（冯定远等，1998；冯定远和张莹，1998；于旭华，2001；沈水宝，2002；于旭华，2004；黄燕华，2004；冒高伟，2006；陈旭，2008）。同样地，这种降解的程度会受到动物消化道内胰蛋白酶浓度和各种酶作用底物浓度的影响。

总之，外源酶制剂的稳定性是其发挥作用的前提，温度、pH、离子浓度和内源蛋白酶以及重金属是影响其稳定性的主要因素。

三、外源酶的价值评定

外源酶制剂作为一种安全、高效的饲料添加剂已被广泛应用。迄今为止,对饲用外源酶制剂活力的测定无统一方法,国内外文献报道及酶制剂公司提供的分析方法各不相同,使同一类产品的活性值失去可比性,其中主要的原因在于对酶活力的定义不一致。国际酶学委员会(EC)曾规定:在 25℃,具有最适底物浓度、最适缓冲液离子强度和 pH 值系统内,1 min 转化 1 μmol 底物所需的酶量为一个国际单位(IU)。因此,酶的活力定义中包含有温度、pH 值、底物浓度和作用时间四大因素。对饲用外源酶而言,其酶活性的测定条件应尽可能接近酶在动物体内的消化环境测出的酶活才是真正有价值的酶活力,而不能用在酶自身最适条件下测定的酶活力来评价。

此外,酶活力是在一定条件下测定出来的,是在一个"点"上有意义,而外源酶能在一定范围内发生作用,其在动物消化道内的活力或生物反应总量(DIF 值)才是真正评价酶价值的指标。因此,评价酶的价值首要的是要考虑其经济效益,即酶作用的底物浓度、酶在消化道内的活力、酶的特性及饲料加工过程和内源蛋白酶对酶的破坏等因素,添加酶所产生的生物反应总量(效益)。

对酶价值评定的另一个方面是环保的程度和动物的健康状况。酶可提高营养物质的消化吸收率,消除了抗营养因子,减少了氮、磷等的排放,增强动物免疫力,减少药物的使用。

总之,外源酶的利用需要对酶的特性,如温度、pH 值、离子浓度和对酶的破坏因素(重金属、蛋白酶等)及酶作用的底物浓度进行深入研究,才能科学合理地评定和应用外源酶制剂。

参考文献

[1] 安永义.1997.肉雏鸡消化道酶发育规律及外源酶添加效应的研究[D].中国农业大学博士学位论文.

[2] 陈旭.2008.耐热植酸酶对肉鸭生长性能及养分代谢利用的影响[D].华南农业大学硕士学位论文.

[3] 陈勇,张慧玲.1999.饲用酶制剂的营养研究[J].粮食与饲料工业,9:35-37.

[4] 冯定远,王征,刘玉兰,等.1998.β-葡聚糖酶及戊聚糖酶在猪日粮中的应用[J].中国饲料,23:17-18.

[5] 冯定远,张莹.1998.β-葡聚糖酶和戊聚糖酶等对猪日粮营养物质消化的影响[J].动物营养学报,2:31.

[6] 黄燕华.2004.不同来源纤维素酶在肉鹅高纤维日粮中的应用及其作用机理的研究[D].华南农业大学博士学位论文.

[7] 廖细古.2006.木聚糖酶对肉鸭生产性能的影响及机理研究[D].华南农业大学硕士学位论文.

[8] 刘强.1999.我国麦类饲料中非淀粉多糖抗营养作用机理的研究[D].中国农业科学院博士

学位论文.

［9］冒高伟.2006.α-半乳糖苷酶在断奶仔猪玉米豆粕型日粮中的应用研究［D］.华南农业大学硕士学位论文.

［10］沈水宝.2002.外源酶对仔猪消化系统发育及内源酶活性的影响［D］.华南农业大学博士学位论文.

［11］孙建义,李卫芬,顾赛红.2002.体外模拟动物胃肠条件下 β-葡聚糖酶稳定性的研究［J］.中国畜牧杂志,38(1):18-19.

［12］汪傲,雷祖玉,冯学琴,等.2000.饲用酶制剂中木聚糖酶的测定方法及其活性影响因素的研究［J］.饲料研究,3:1-4.

［13］于旭华.2001.外源酶对断奶仔猪消化系统酶活的影响［D］.华南农业大学硕士学位论文.

［14］于旭华.2004.真菌性和细菌性木聚糖酶对黄羽肉鸡生长性能的影响及其机理研究［D］.华南农业大学博士学位论文.

［15］郑祥建,韩正康.1998.β-葡聚糖酶活力及稳定性研究［J］.中国饲料,1:15-17.

［16］Makkink C A，Negulescu G P，Qin G，et al. 1994. Effect of dietary protein source on feed intake，growth，pancreatic enzyme activities and jejunal morphology in newly-weaned piglet［J］. British Journal of Nutrition，72:353-368.

［17］Simon J. 1993. Effects of the glucocorticoid agonist，RU28362，and the antagonist RU486 on lung phosphatidylcholine and antioxidant enzyme development in the genetically obese zucker rat［J］. Biochemical Pharmacology，45(3):543-551.

植酸酶的来源及酶学特性

植酸酶广泛存在于细菌和无花果曲霉、黑曲霉、啤酒酵母等真菌,麦类饲料原料等植物,脊椎动物的红细胞和血浆原生质中,哺乳动物的小肠中也发现有植酸酶的存在。不同来源的植酸酶在理化性质以及本身活性、耐温性、耐酸碱性等酶学特性方面可能存在较大差异。

一、植酸酶的来源

自 1907 年 Suzuki 等首次发现具有植酸酶活性的磷酸酶以来,人们对植酸酶的认识不断深入。自然界的植酸酶来源主要有三种:植物籽实、微生物和动物的胃肠道。动物胃肠道中的植酸酶来自于肠道微生物区系和肠黏膜分泌的内源性植酸酶。研究表明,单胃动物肠道黏膜中的内源性植酸酶及肠道微生物产生的植酸酶活性很差,反刍动物瘤胃微生物产生的植酸酶能有效地水解植酸盐(Ravindran 等,1995)。

植物来源的植酸酶根据水解起始位点的差异主要分成两种:一种来源于植物籽实,为 6-植酸酶;另一种来源于植物组织,为 3-植酸酶。这些酶的活性较高,但相互之间由于植物来源的不同其活性也有差异。国内外大量报道认为,小麦、大麦、黑麦及其加工副产品中具有较高酶活性的植酸酶,而玉米、大豆饼和油菜籽中的植酸酶活性很差(Viveros 等,2000;韩延明等,1996;贾刚等,2000)。研究表明,植物来源的植酸酶不适宜在动物饲料中应用,因为植物来源的植酸酶的最佳 pH 值为 5.5(范围是 5.0~7.5),不适合单胃动物胃内的酸性环境,另外这些酶不耐热,制粒时易失活(Jongbloed 等,1990)。但也有研究认为,有些植物来源的植酸酶在动物生产中有较明显的作用,如对小麦麸和微生物植酸酶进行比较研究,结果发现小麦麸中植酸酶效果虽不如微生物产品,但小麦麸组效果与无机磷添加组相当(韩延明等,1995、1996)。

微生物来源的植酸酶是目前植酸酶研究的重点,它属于 3-植酸酶,比植物源植酸酶具有更高的水解效率,因为微生物植酸酶的 pH 范围较大,有些具有两个最适 pH 值(2.5 和 5.5),比较接近单胃动物的胃肠生理条件,而且可耐受 80℃ 的制粒温度(Simons 等,1990)。目前用于工业生产植酸酶的微生物主要是曲霉,如无花果曲霉(*A. ficuum*)和黑曲霉(*A. niger*),无花果曲霉的植酸酶已经得到分离和纯化,黑曲霉的植酸酶基因已经被克隆和高效表达。荷兰 AIKO 公司与美国 PANLABS 公司合作,成功地利用 DNA 重组技术于 1991 年获得第一株生产植酸酶的工程菌,其最适 pH 值为 2.5,为植酸酶开发提供了广阔的前景(胥传来,1999)。国内目前研究的重点是对高产菌株的筛选及改进其工艺来提高酶的活性。

二、植酸酶高产微生物菌株的选育

由于微生物植酸酶具有产量高、在动物消化道中酶活性高等优点,现已成为研究的热点及生产商品植酸酶的主要来源(Rudy 等,1999;刘雨田等,1999)。Nelson 首次发现无花果曲霉能产生植酸酶,Shiel 和 Ware(1968)从 200 种微生物中筛选出 30 种能产生胞外植酸酶的微生物,均属于真菌。在酵母、食品发酵用霉菌中也发现有产植酸酶的菌种(王红宁等,1998)。目前用于工业生产植酸酶的微生物主要是曲霉,如米曲霉、土曲霉、黑曲霉和无花果曲霉等,它们能分泌具有高度活性的胞外植酸酶(冯胜等,1996)。江均平(1996)从 569 份土样中筛选到 50 余株性能优异的产胞、耐高酸性植酸酶菌株,均属曲霉。在已发现的几十种植酸酶的来源中,所筛选的无花果曲霉产生的胞外酶活性最高,含有两种植酸酶 PhyA 和 PhyB,PhyA 的最适 pH 值为 2.5 和 5.5,PhyB 的最适 pH 值为 2.0,pH 值 2.5 和 2.0 与动物胃中 pH 值相适应,pH 值 5.5 与动物肠中 pH 值相适应,因此,该菌株为各国实验室进行植酸酶研究的首选材料(朱靖环等,2002)。

随着现代生物技术的发展,利用基因工程技术对微生物进行改良和改造,培养高产量、高活性的植酸酶菌株,是植酸酶在实际生产当中得到广泛应用的有效手段。Marisa 等(1993)用紫外线照射法对无花果曲霉 NRRL3115 菌株进行改良,获得的突变菌株植酸酶产量为野生型的 5.3 倍。陈红歌等(1997)以黑曲霉 MAO21 为出发菌株,经紫外线、亚硝基胍单独处理和复合处理,获得一株植酸酶高产菌株 UN1210,在优化的培养条件下,其植酸酶活力是原始出发菌株的 3.6 倍。刘德忠(1998)和许尧兴等(2000)也以无花果曲霉为出发菌株,通过诱变处理,得到了高产、高酶活性的植酸酶菌株。

在基因工程方面,将带有淀粉葡萄糖苷酶的启动子和无花果曲霉 *phyA* 基因前导序列的 *phyA* 基因,克隆到黑曲霉 CBS513.88 中,在表达载体中产酶量提高 1 400 倍(Rudy 等,1999)。从无花果曲霉中提纯出植酸酶 PhyA 和 PhyB,测得 PhyA 的一级结构,然后又测得 PhyB 的一级结构,在此基础上利用基因工程技术分别得到了 *phyA* 和 *phyB* 的第一株工程菌(冯胜等,1996)。Han 等(1999)将黑曲霉 *phyA* 基因克隆并导入至啤酒酵母表达载体中可产生有活性的胞外植酸酶,由于酶的葡萄糖基化,耐热性提高。姚斌等(1998)将筛选所得的黑曲霉菌株 *A. niger* 963 的植酸酶基因转入毕赤酵母中,其表达量比原菌株高 3 000 倍以上。

三、微生物植酸酶的生产工艺

植酸酶的生产根据来源不同可以分成两种：一种是直接从植物组织中提取，另一种是通过微生物的发酵进行生产。由于植物组织中含量太少，且所得植酸酶不适合单胃动物的消化道环境，故第一种方法没有什么商业意义。目前商品植酸酶制剂一般都是通过微生物发酵制得的，其生产的基本工艺为：

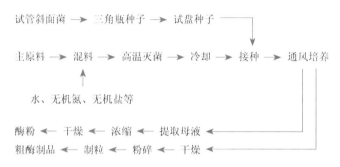

四、植酸酶的理化性质

1. 植酸酶的相对分子质量

植酸酶的相对分子质量因来源不同而差异很大。真菌来源的植酸酶相对分子质量较大，如土曲霉为 214 000，无花果曲霉为 85 000～100 000，黑曲霉为 200 000；细菌植酸酶相对分子质量一般较小，如大肠杆菌的为 42 000，枯草杆菌的为 38 000。植酸酶相对分子质量的这种差异主要是由于糖基化之故，真菌植酸酶都是糖基化蛋白，随糖基化程度不同，相对分子质量差异很大（汪世华等，2002）。Wyss 等（1999）研究发现，糖基化对于酶的专一性酶活没有多大的影响，而对于酶的相对分子质量和热稳定性具有显著的影响，对于酶的等电点也有一定的影响。

2. 植酸酶活力

目前有关植酸酶活力的定义还不统一，不过，基本上都是在一定条件下，单位时间内从植酸钠溶液中释放一定量的无机磷酸所需的植酸酶量为标准。有学者将 1 个植酸酶活性单位定义为在 37℃、pH 值 5.5 的条件下，1 min 内从 0.005 1 mol/L 的植酸钠溶液中释放 1 μmol 的无机磷所需的植酸酶量。活性越高，单位时间内水解植酸、植酸盐的量就越多。目前国外采用此单位较多。

对于植酸酶活力的测定，方法较多，但至今还没有一种定量分析方法被世界所普遍公认（汪世华等，2002）。通常是在植酸酶的作用下，通过 Taussley-Schoor 试剂按 Harland 方法比色测定植酸或植酸盐中释放无机磷的量。如在适当条件下，以植酸或植酸钠作为底物，加入适量酶液，水浴保持一定时间，用 10% TCA 终止反应，然后测定无机磷的含量。采用加入抗坏血酸还原的方法减少干扰,大大提高了测定的灵敏度。但是,我们通过实际比较测试发现,虽然欧盟(2004)建立的方法基本步骤与汪世华等(2002)以及我国的植酸酶测定标准方法(1996)差异并不大,但是从结果的稳定性以及精确性而言,欧盟的方法是一种相对较好的方法。

目前,市场上流通的植酸酶产品标示酶活一般都为 5 000 U/g。我们在 2006—2008 年期间,采用欧盟(2004)的方法实际测定过 9 种不同来源的植酸酶的活性,结果发现差异比较大。其中,国产植酸酶产品体现出两个极端,有一些低于标示酶活水平,即一般为 3 384~4 852 U/g,而有一些又远远高于标示酶活,达到 7 862~11 563 U/g;相反,国外产品的酶活比较接近标示酶活水平,为 5 321~7 134 U/g(克雷玛蒂尼,1999;左建军,2005;李春文,2007;张常明等,2008;陈旭,2008;郑涛,2009)。

3. 植酸酶最佳 pH 值

植酸酶的最适 pH 值一般在 2~6 之间。来源不同,差异也较大。植物来源的植酸酶最适 pH 值为 4.0~7.5,大多数在 5.0~6.0,不适合在单胃畜禽酸性的胃中起作用。而微生物来源的植酸酶最适 pH 值一般认为有 5.5 和 2.5 两个,范围是 2.5~7.0,故比较适合单胃畜禽的酸性胃环境。因此,自 20 世纪 60 年代末开始,植酸酶的研究转向最适 pH 为酸性、酶产量较高、微生物来源的方面上(张必武等,2001)。菌株不同,最佳 pH 值也有差异,细菌植酸酶的适宜温度和 pH 值见表 1。我们在植酸酶方面的两次试验结果表明:来源于无花果曲霉的一种耐热植酸酶最适 pH 值为 5.5,且表现出一个单峰的特点;另外一个试验结果表明来源于芽孢杆菌的中性植酸酶在 pH 4.5 时达到最大酶活,但在 pH 6.5~7.0 中性环境下还有较高的相对酶活(20.75%~58.03%),而来源于酵母的酸性植酸酶在 pH 4.0 时达到最大酶活,但在 pH 6.5~7.0 中性环境下相对酶活迅速降低(10.12%~28.22%)(李春文,2007;陈旭,2008)。从 pH 值调节植酸酶活性表现的角度出发,目前比较多的研究是通过基因工程的手段改变产酶微生物植酸酶 *phyA* 上的 pH 相关位点获得了突变体,以此来获得双波峰甚至多波峰的植酸酶,希望植酸酶可以在胃、小肠等多个位点发挥降解植酸、释放无机磷的功效(Taewan 等,2006)。或者是从我们 2008 年提出的组合型酶制剂设计的理念出发,把存在最适 pH 值差异互补性的单一植酸酶进行有效组合,开发出组合型植酸酶,使得其水解功效能够覆盖整个消化道,充分发挥其高效性(冯定远等,2008)。

表 1　细菌植酸酶的适宜温度和 pH 值

来源	表达宿主	相对分子质量	pI	适宜 pH	适宜温度/℃
Bacillus subtilis	*E. coli* BL 21(DE 3)	—	5.3	7	55
Enterobacter sp. 4		—	—	7~7.5	50
Escherictria coli		42 000	6	4.5	55
Escherictria coli	*E. coli* BL 21(DE 3)	45 000	6.3~6.5	4.5	60
Escherictria coli	*E. coli* BL 21	39 000~47 000	7.5	4.5	
Escherictria coli	*Pichia pastoris*	51 000~56 000	—	3.5	60
Klebsiella sp. strain PG-2		112 000	—	6	37
Klebsiella terrigena		40 000		5	58

资料来源:Lei 和 Stahl,2001。

4. 植酸酶的最适温度

一般认为,植酸酶在一定的温度范围内,当温度升高时,其酶活性也将随之增强,当温度超过其临界温度时,酶活性将迅速下降(单安山等,2001)。而植酸酶根据其来源的不同,最适温度范围相差较大。植物植酸酶的最适温度范围一般在 40～60℃ 之间(Reddy 等,1982),微生物植酸酶的最适温度范围是 45～57℃,但由于菌株的不同,范围变化较大。本课题组研究来源于无花果曲霉的一种耐热植酸酶最适温度为 50℃,来源于芽孢杆菌的中性植酸酶在温度为 55℃ 达到最大酶活,而来源于酵母的酸性植酸酶最适温度为 45℃(李春文,2007;陈旭,2008)。

不论是微生物植酸酶,还是植物植酸酶,温度和 pH 值对酶活性的影响存在互作效应,降低 pH 值能提高植酸酶的热稳定性,而提高温度可增强植酸酶对低 pH 值的耐受性。麦类籽实中的植酸酶,当 pH 值为 6.0 时,在 45℃ 处具有最大活性,而当 pH 值为 5.5、5.0 时,则分别在 50、55℃ 处表现出最大活性(单安山等,2001;马玺等,2001;宋金彩等,2000)。

五、结语

综上所述,不同来源的植酸酶可能是酶发挥作用机制、各种理化性质、最佳酶活温度、酸碱度和作为饲料添加剂时的应用效果等产生差异的一个重要因素。利用分子生物学方法、后处理技术改造植酸酶以提高其活性、稳定性等方面性能将是饲料酶学领域的一个研究热点。

参考文献

[1] 陈红歌,苗雪霞,张世敏,等.1997.植酸酶高产菌株的诱变选育[J].微生物学通报,24(5):272-274.

[2] 陈旭.2008.耐热植酸酶对肉鸭生长性能及养分代谢利用的影响[D].华南农业大学硕士学位论文.

[3] 冯定远,黄燕华,于旭华.2008.饲料酶制剂理论与实践的新思路——新型高效饲料组合酶的原理和应用[J].中国饲料,13:24-28.

[4] 冯胜,胡永松.1996.植酸酶研究成果、现状及前景[J].四川畜牧兽医,3:52-54.

[5] 韩延明,杨凤.1995.生长猪饲粮中添加微生物植酸酶或麦麸对生产性能和植酸磷利用率的影响[J].四川农业大学学报,13(3):327-331.

[6] 韩延明,杨凤.1996.微生物植酸酶或麦麸对断奶到肥育阶段猪的生产性能和骨骼发育的影响[J].畜牧兽医学报 27(3):206-211.

[7] 贾刚,王康宁.2000.生长猪植物性饲料中可消化磷的评定[J].动物营养学报,12(3):24-29.

[8] 江均平.1996.热稳定的曲霉植酸酶[J].微生物学报,36(6):476-478.

[9] 克雷玛蒂尼.1999.低磷日粮中使用植酸酶对肉鸡生产性能的作用[D].华南农业大学硕士

学位论文.

[10] 李春文.2007.中性和酸性植酸酶对植物性饲料磷和钙体外透析率的影响[D].华南农业大学学士学位论文.

[11] 刘德忠.1998.植酸酶产生菌的选育研究[J].兽药与饲料添加剂,3:4-7.

[12] 刘雨田,晏向华,郭小权.1999.植酸酶的研究进展[J].国外畜牧学(猪与禽),6:23-24.

[13] 饲料标准资料委员会.1996.饲料标准资料汇编(上)[G].北京:中国标准出版社.

[14] 王红宁,黄勇,刘书亮,等.1998.饲用微生物植酸酶的研究进展[J].国外畜牧学,5:17-20.

[15] 胥传来,赵玉莲.1999.植酸酶的研制与开发——菌种筛选与酶活的提高[J].饲料研究,2:1-8.

[16] 许尧兴,许少春,钱玉英.2000.CN-92植酸酶产生菌的诱变选育及产酶条件的研究[J].微生物学杂志,20(6):11-13.

[17] 姚斌,张春义,王建华,等.1998.高效表达具有生物学活性的植酸酶的毕赤酵母[J].中国科学,28(3):237-243.

[18] 张常明,左建军,叶慧,等.2008.植酸酶耐热性评价方法的研究[J].黑龙江畜牧兽医,2:18-21.

[19] 郑涛.2009.25-(OH)-D₃和植酸酶对肉鸡生产性能及养分代谢利用的影响[D].华南农业大学硕士学位论文.

[20] 朱靖环,杨永红,毛华明.2002.植酸酶的研究与应用进展[J].微生物学杂志,22(1):43-46.

[21] 左建军.2005.非常规植物饲料钙和磷真消化率及预测模型研究[D].华南农业大学博士学位论文.

[22] Han Y M, Wilson D B, Lei X G. 1999. Expression of an *Aspergillus niger* phytase gene (*phyA*) in *Saccharomyces cerevisiae*[J]. Applied and Environmental Microbiology, 65(5): 1915-1918.

[23] Jongbloed A W, Kemrne P A. 1990. Effect of pelleting mixed feeds on phytase activity and the apparent absorbability of phosphorus and calcium in pigs[J]. Animal Feed Science and Technology, 28: 233-242.

[24] Marisa K C, Rudy J W. 1993. Strain improvement of *Aspergillus niger* for phytase production[J]. Applied Microbiology and Biotechnology, 41(1): 79-83.

[25] Nelson T S. 1967. The utilization of phytate phosphorus by poultry: a review[J]. Poultry Science, 46: 862-871.

[26] Ravindran V, Bryden W L, Kornegay E T. 1995. Phytates: occurrence, bioavailability and implications in poultry nutrition[J]. Poultry and Avian Biology Reviews, 6: 125-143.

[27] Simons P C M, Versteegh H A J, Jongbloed A W, et al. 1990. Improvement of phosphorus availability by microbial phytase in broilers and pigs[J]. British Journal of Nutrition, 64: 525-540.

[28] Taewan K, Edward J M, Jesus M P, et al. 2006. Shifting the pH profile of *Aspergillus niger* PhyA phytase to match the stomach pH enhances its effectiveness as an animal

feed additive[J]. Applied and Environmental Microbiology，72(6)：4397-4403.

［29］Ullah S，Dorsey A T. 1991. Effect of fluctuations on the transport properties of type-Ⅱ superconductors in a magnetic field[J]. Physical Review B：Condensed Matter and Materials Physics，44：262-273.

［30］Van-den-Hondel C A M J J，Punt P J，Van-Gorcom R F M，et al. 1991. Heterologous gene expression in filamentous fungi[C]//Bennett J W，Lasure L L(eds). More gene manipulations in fungi. San Diego，Calif.：Academic Press，Inc.，396-428.

［31］Viveros A，Centeno C，Brenes A，et al. 2000. Phytase and acid phosphatase activities in plant feedstuffs[J]. Journal of Agricultural and Food Chemistry，48(9)：4009-4013.

［32］Wodzinski R J，Ullah A H J. 1999. Phytase[J]. Advances in Applied Microbiology，42：263-302.

植酸酶的抗逆性特点

在动物饲粮中添加植酸酶可减少环境污染,降低饲养成本,促进动物生长发育。随着生物技术的发展,商业植酸酶制剂逐渐得到了广大用户的认可。然而,由于现代饲料加工过程中工艺环节的复杂性,植酸酶制剂的应用效果与酶制剂本身的抗逆性密切相关。不同来源植酸酶的抗逆性可能存在较大差异。在生产实际中应选择耐热性好、最适 pH 值范围广、能较好耐受胃肠道消化酶作用的植酸酶制剂,同时还应注意矿物元素对其酶活的影响。

一、植酸酶的耐热性

饲料加工过程中有一个高温调质过程,温度一般在 75～80℃,有时温度高达 85～90℃,在膨化饲料制作过程中甚至达到 120℃ 或者更高。由于酶制剂本质大多为蛋白质,而蛋白质易受温度的影响使分子内的振动增强,从而破坏维持空间构象的次级键,有时还会使某些蛋白质中的二硫键断裂并发生二硫键交换反应,从而产生热变性;而且随着温度的升高,发生热变性的植酸酶蛋白逐渐增多,植酸酶的活性也随之迅速下降(汪玉松等,2005)。我们一般认为,酶制剂在制粒或膨化温度下通常是发生的不可逆活性损失。然而,Pasamontes 等(1997)认为,植酸酶对温度的耐受性可能与其发生热变性后的构象恢复有关,高温调质时植酸酶的二级构象发生改变,冷却后这种改变的二级构象可以部分回复到适宜活性的构象,从而保持一定的酶活性,这也是目前有些耐高温植酸酶在高温处理之后仍然有较高的活性残留的原因之一。

温度对酶制剂影响的研究报道较多(李卫芬和孙建义,2001;马合勤,2002;于旭华,2004;杨彬,2004;郑涛,2005;陈惠等,2005;左建军等,2006;冒高伟,2006;李健等,2006;王枫等,2007;王严等,2007),其研究结果都表明温度会对外源酶制剂产生影响,经高温处理后外源酶的活性会受到不同程度的损失。Wyss 等(1998)报道,烟曲霉和黑曲霉植酸酶在 50～70℃ 时就会发生热变性,pH 2.5 酸性黑曲霉植酸酶在 80℃ 以上高温时会产生不可逆的活性损失作用。尹清强等(2005)研究发现,经60℃调质制粒后与未经调质的粉料相比只有48%～58%的酶活残留,而加热到80℃时仅有2%～15%的酶活存留,随着制粒温度的升高(60～80℃),植酸酶的酶活力将逐渐下降($P<0.01$)。赵春等(2007)研究结果表明添加植酸酶饲粮经75℃制粒后的饲喂效果要比经80、85℃制粒后的饲料饲喂效果好($P<0.05$)。本课题组成员研究也发现经高温调质后植酸酶活性显著下降,调质温度为75、85、95℃时饲粮中耐热植酸酶活性下降幅度分别为10.75%、25.65%、30.53%(陈旭,2008)。

生产中为了获得较高的酶活,可选择增加酶添加量及添加耐温物质(脂肪等)以避免因酶高温失活而影响动物生产。此外,还有两种解决植酸酶热变性的常用方法:第一种办法是采用后喷涂技术添加植酸酶,也就是于饲料原料经调质制粒冷却后,将液态的植酸酶制剂均匀喷洒到颗粒饲料表面;后喷涂法避开了高温调质对植酸酶的活性损伤作用,但是它需要有专门的后喷涂设备。另外一种主要的解决办法是提高植酸酶的耐热性能,付石军等(2007)综述了改善植酸酶耐热性的方法,指出可以采用自然选择法、蛋白质工程法、化学修饰法以及包括添加酶稳定剂和制备包被型颗粒在内的生产工艺改善法这4种主要方法来提高植酸酶的热稳定性。我们课题组把从无花果曲霉中提取的能够耐受高温的植酸酶蛋白基因导入毕赤酵母中,通过毕赤酵母的表达,并采用液态发酵工艺生产而获得耐热植酸酶。试验结果显示,在经75、85、95℃调质后这种耐热植酸酶的活性有明显下降($P<0.01$),但经各温度调质后饲料中耐热植酸酶仍能分别保持89.25%、74.35%、69.47%的相对酶活性(陈旭,2008)。王国坤等(2006)和曲丽君(2007)对泡盛曲霉植酸酶进行了研究,崔富昌(2006)对米曲霉植酸酶进行了研究,陈艳等(2004)也对烟曲霉植酸酶进行了研究,他们试验中所选用植酸酶经90℃处理后仅有40%左右残存酶活性。相比之下,本课题组成员所采用的耐热植酸酶表现出了较好的耐热性能,即使经95℃处理后仍能保持69%以上的酶活性,在普通制粒过程中能保持较高的酶活力,但为达到最佳添加效果则还需考虑其调质时的损失。在较高制粒温度或膨化温度条件下需要考虑适量添加耐温物质以进一步提高其耐热性。

能在现代饲料工业中得到推广并广泛利用的植酸酶必须具有良好的热稳定性。但是,与此同时,我们要注意避免盲目追求耐高温的特性,因为饲料用植酸酶不仅要求能在高温加工之后有较高的活性残留,更为关键的是其在常温下(尤其是在动物机体胃肠道内温度下)也需具有较高的酶活性,否则我们为了耐高温而开发耐高温产品,这就偏离了饲料酶制剂产品设计和开发的主线了。因为,这几年曾经出现市场上盲目追求酶制剂的耐高温性,结果出现有些植酸酶虽然能耐受高温的调质作用,但是在常温下的酶活性却很低,使其在实际应用中受到一定的限制。陈艳等(2004)研究发现,烟曲霉植酸酶的最适反应温度为60℃,65℃时酶活力保持80%以上,至90℃活力为46.2%,但在37℃活性较低,仅为25.4%。动物胃肠道内的温度一般都在37～41℃,这种烟曲霉植酸酶在37℃时的酶活性只有最适反应温度下的25.4%,因此在实际生产中会对应用效果产生一定的影响。

二、pH 值对植酸酶活性的影响

饲料生产中所用的植酸酶主要在动物体胃肠道中发挥作用,在其分解植酸和植酸盐的过程中会受到机体胃肠道内 pH 环境的影响,在不同的 pH 环境中植酸酶表现出不同的酶活性。

王枫等(2007)研究发现,在pH值为4.5~6.0的范围内植酸酶有80%以上的活性,在pH值为5.5处具有最高活性;高于或低于5.5时都会影响植酸酶的活性,在pH值3.5、3.0、2.0处的相对酶活性依次为44.44%、24.05%、3.31%,在pH值6.5、7.0处分别具有49.72%、22.82%的相对酶活性,当pH值大于7.5时,仅剩余不足10%的相对酶活性。我们2008年对无花果曲霉源植酸酶的酶学特性研究表明,体外条件下,将酶促反应的pH值分别控制在2.0、2.5、3.0、3.5、4.0、4.5、5.0、5.5、6.0、6.5、7.0时,该植酸酶在pH 2.0~7.0之间pH 5.5处有一个高峰点,pH 5.0的相对酶活性与pH 5.5处相接近,为99.25%;pH由2.0上升至2.5时,相对酶活性迅速由12.25%增至45.72%;在pH 2.5~5.0区间内,相对酶活性随pH值的升高呈较缓的升高;在pH 5.5~7.0区间内,相对酶活性则随pH值的升高而急剧下降,由pH 5.5时的相对酶活100%迅速下降为pH 7.0时的1.85%;pH为3.5~6.0时,耐热植酸酶的相对酶活性都保持在70%以上,pH 2.5~6.5时相对酶活性都在40%以上,可见此植酸酶可在相对较宽的pH范围内发挥作用,当pH<2.5和pH>6.5时,耐热植酸酶的活性都很低,在中性环境中几乎没有活性(陈旭,2008)。而之前我们对芽孢杆菌来源植酸酶的研究时发现在pH为4.5时,该植酸酶具有最高酶活,pH值从2.0~3.0,酶活急速升高,从pH 3.0到pH 4.5相对酶活性逐步上升到最高点;当pH值在4.5~6.0时,相对酶活性缓慢降低;当pH值在4.0~6.0之间时,相对酶活保持在80%以上,其中pH值在4.5~5.5之间时,相对酶活性都在95%以上(李春文,2007)。

这可能是因为pH值影响酶蛋白的空间结构和催化活性,当环境pH和植酸酶的最适pH相差过大时,维持蛋白结构稳定性的次级键遭到破坏,导致其空间结构改变,甚至是活性中心疏水内环境产生变化,致使酶活性减弱或丧失(刘志伟,2007、2008)。另一方面,从植酸酶催化反应机理上讲,环境pH值直接影响植酸酶活性位点氨基酸残基侧链的解离状态(刘志伟等,2008)。而蔡琨等(2004)认为pH值对酶活性的影响并非是由于酸、碱作用于整个酶分子从而影响整个酶分子的解离状态,而是由于它们改变了酶的活性中心或与之有关的基团的解离状态,从而使酶的活性状态发生改变。

不同来源的植酸酶的最适pH值和发挥作用的最适pH值范围也不同。许尧兴等(1999)研究发现,来源于无花果曲霉A. ficuum CN-92的植酸酶最适反应pH值为5.5,适宜范围为5.0~6.6,pH高于6.0时酶解速度骤降。陈艳等(2004)报道,烟曲霉植酸酶的最适反应pH值为5.0,适宜范围为4.0~5.8,pH值高于7.0时酶解速度骤降至相对酶活性不足10%。王国坤等(2006)和曲丽君(2007)的研究结果也表明,泡盛曲霉植酸酶最高活性分别在pH值为2.5和5.5时(在2.5时相对酶活力为5.5条件下的90%),在pH值2.0~6.0范围内都有较强的活性(>60%),因此能很好地适应畜禽动物的消化道环境(唾液腺pH 5.0;胃pH 2.0~4.0;小肠上部pH 4.0~6.0),降解消化系统中的植酸(盐)。王严等(2007)报道,重组植酸酶(黑曲霉WY-6植酸酶)具有很宽的pH适用范围,在pH值2.5~6.5范围内均能保持较高的酶活力。从这些研究结果可以看出,植酸酶发挥作用的最适pH范围大多在酸性环境中比较宽的pH范围内。本课题组试验所用耐热植酸酶在不同pH环境中表现出不同的酶活性。

也有许多学者对其是否适合在机体胃肠道内发挥作用及发挥作用的主要部位进行了研究。史凯来等(2000)报道,在鸡嗉囊pH值(pH 5.0~6.0)环境下,植酸酶的相对标准酶活为100%,可以充分发挥作用。Taewan等(2006)通过改变黑曲霉植酸酶phyA上的pH相关位点获得了突变体E228K,试验证明该突变体表达所得的植酸酶能适应胃中pH,在机体胃里发挥作用,提高了其作为动物饲料添加剂的有效性。刘志伟(2007)研究发现黑曲霉植酸酶在pH值2.5~7.5(肉仔鸡消化道)酶活性可保持在30%以上,其中在pH 4.5(嗉囊)的条件下活性最高,其次是pH 2.5、pH 3.0及pH 3.5(胃部),在pH 6.0和pH 7.0(小肠)最低,据此判定植酸酶在肉仔鸡的消化道内的适宜作用位点为嗉囊、十二指肠和空肠前段。程万莲等(2007)的研究结果与上述报道有所不同,其研究结果表明42日龄和70日龄海兰褐蛋鸡肌胃的pH值在2.5~3.4,超过了植酸酶的活性范围,因此在肌胃中没能检测到植酸酶活性,而小肠食糜的pH值为6.0~7.0,能够检测到植酸酶活性。从上述研究结果可以看出,一般在pH 4.5~5.5有最高的酶活性。

此外,近年来,为了最大程度利用植酸酶在动物体内发挥酶解作用,开发具有较宽的适宜作用pH范围的植酸酶是一个重要的发展方向。其中,最主要的手段是通过基因工程技术、修饰改良等技术开发在不同pH值条件下具有两个或者多个活性高峰的植酸酶,如李健等(2006)选择的植酸酶适宜pH范围内有两个酶活高峰点,即一个在pH 2.5处,一个在pH 5.5处。本课题组成员试验所用耐热植酸酶适宜作用pH范围内只有一个高峰点,最适作用pH值为5.5,随着pH由2.0上升至5.5,耐热植酸酶的酶活性逐渐上升,当pH高于5.5后植酸酶的活性迅速下降(陈旭,2008),这与王强(2006)研究的植酸酶特点相一致。

从pH对植酸酶的酶活影响程度考虑,忽略其他因素对植酸酶活性的影响,可以看出大部分植酸酶能适应畜禽胃肠道中pH,可以较大程度的发挥水解植酸的作用。

三、矿物元素对植酸酶活性的影响

植酸酶添加到饲料中,进入机体胃肠道后,动物机体本身和饲料的各种离子都将对其活性产生影响。很多学者对不同来源的植酸酶进行了研究,如许尧兴等(1999)、马合勤(2002)、郑涛(2005)、潘力等(2006)、陈旭(2008)等。他们的研究结果均表明,不同浓度、不同种类的金属离子会对植酸酶活性产生不同程度的影响。

许尧兴等(1999)研究表明Fe^{2+}对植酸酶有抑制作用,而郑涛(2005)研究发现Fe^{2+}对植酸酶有激活作用。我们的研究发现,Fe^{2+}除在低浓度($5\ \mu mol/L$)时有酶活抑制作用外,在其他浓度中都表现出明显的酶活促进作用(陈旭,2008)。另外,本课题组试验结果与许尧兴等(1999)、王国坤等(2006)和曲丽君(2007)结果基本一致,不同的是本课题组试验发现中高浓度(10、20、40 $\mu mol/L$)Fe^{2+}对植酸酶活性有促进作用。虽然许尧兴等(1999)和郑涛(2005)试验所采用的植酸酶均来自于无花果曲霉,但所用Fe^{2+}浓度不同,因此该试验结果的差异可能是由于植酸酶结构的差异或金属离子浓度的不同所引起的。

Liu等(2005)和张政军等(2006)对碱式氯化铜(TBCC)和硫酸铜对植酸酶存留率的影响进行了研究,试验结果表明在提高植酸酶储存稳定性方面,添加TBCC比添加硫酸铜具有更好的效果。但我们的研究发现虽然低浓度Cu^{2+}对酶活的抑制作用不明显($P>0.05$),但高浓度($40\ \mu mol/L$)时抑制酶活力的效果明显($0.01<P<0.05$)(陈旭,2008)。在我们的试验中,中高浓度(10、20、40 $\mu mol/L$)Zn^{2+}对耐热植酸酶酶活均有显著的抑制作用(陈旭,2008)。这可能是由于Zn^{2+}和Cu^{2+}与酶促反应的植酸钠形成了复合物,降低了底物的有效浓度,从而使植酸酶活性受抑制。何为等(2004)也认为金属离子对酶活性的抑制作用可能是因为这些金属

离子如 Cu^{2+} 可能影响了酶分子中巯基的还原状态,使之氧化,从而改变酶的构象,使酶失活。

本课题组成员研究还发现,Ca^{2+}、Mn^{2+} 和高浓度(40 μmol/L)的 Mg^{2+} 有显著的酶活促进作用(陈旭,2008),这可能是因为 Ca^{2+}、Mg^{2+}、Mn^{2+} 是该耐热植酸酶的活性辅助因子,影响酶与底物的结合及解离状态,达到一定浓度时有酶活促进作用(何为等,2004)。此外,Ca^{2+}、Mg^{2+}、Mn^{2+}、Fe^{2+}、Zn^{2+}、Cu^{2+} 六种离子的混合体有显著抑制植酸酶活性的作用。上述试验结果与陈艳等(2004)和王严等(2007)研究结果基本相同。但与王国坤等(2006)和曲丽君(2007)的报道结果相反,他们研究结果表明 Ca^{2+}、Mg^{2+}、Mn^{2+} 对植酸酶活性有轻微的抑制作用,Fe^{2+}、Zn^{2+} 对酶促反应有显著的抑制作用。出现这种差异的原因之一是由于所添加金属离子浓度不同,本课题组试验所用金属离子浓度 Ca^{2+} 为 0.5、1.0、2.0、4.0 mmol/L,Mg^{2+}、Mn^{2+}、Fe^{2+}、Zn^{2+} 各为 5、10、20、40 μmol/L,而王国坤等(2006)和曲丽君(2007)试验中所用各离子的浓度均为 1 mmol/L;另外一个原因是由于植酸酶来源不同,本课题组试验所用植酸酶为从无花果曲霉中提取的耐高温植酸酶基因于毕赤酵母中表达而得,而王国坤等(2006)和曲丽君(2007)试验所用均为源于泡盛曲霉的植酸酶。

从应用学的角度来看,动物饲料和消化代谢过程中矿物元素都是不可或缺的,这是酶制剂应用中潜在的问题。在实际生产中,应选择矿物元素抑制作用小的植酸酶制剂,同时减少不必要矿物元素的添加,尤其是对植酸酶制剂酶活有抑制作用的矿物元素。

四、植酸酶对胃肠道消化酶的耐受性

外源酶制剂一般由微生物发酵而得,其本质是具有催化活性的蛋白质,因此当外源酶制剂进入畜禽消化道后,其作为蛋白质需要经受机体胃肠道内内源性蛋白酶(如胃蛋白酶和胰蛋白酶等)的作用。所添加的外源酶制剂在动物机体内是否能耐受动物机体内源消化酶的消化分解,能否保持自身的酶活性,这是外源酶制剂在实际应用过程中必须解决的问题。沈水宝(2002)研究发现,α-淀粉酶不能耐受胃蛋白酶的作用,酸性蛋白酶、纤维素酶、β-葡聚糖酶和木聚糖酶对胃蛋白酶的耐受性较好。于旭华(2004)研究发现,分别来自细菌和真菌的两种木聚糖酶经胃蛋白酶处理后相对酶活性迅速下降,酶活损失达 70% 以上,但是这两种木聚糖酶对胰蛋白酶的耐受性较好,经胰蛋白酶处理后酶活性存留都在 80% 以上。

近年来关于植酸酶对胃肠道消化酶耐受性的研究报道逐渐增多,但多数集中于对胃蛋白酶的耐受性研究。研究结果显示植酸酶对胃蛋白酶有不同程度的耐受性,胰蛋白酶对植酸酶的酶活抑制作用比胃蛋白酶大。王银东等(2006)试验结果表明,植酸酶经不同浓度胃蛋白酶作用后均能保持酶活性不变,表现出对胃蛋白酶极好的耐受性。王严等(2007)对重组黑曲霉WY-6 植酸酶的研究也发现,植酸酶对胃蛋白酶的抗性较高,加入高浓度胃蛋白酶后仍能保持70.9% 的相对酶活性。张铁鹰等(2006)研究发现,植酸酶活性在 pH 3.0 环境中较为稳定,相对酶活性保持在 85% 以上,当肉仔鸡按照 5.86 mg/mL 水平添加胃蛋白酶,植酸酶的相对酶活性下降至 65%;植酸酶在 pH 6.0 环境中相对酶活性保持在 60%~70%,当肉仔鸡按照8.4 mg/mL 水平添加胰蛋白酶,植酸酶的相对酶活性急剧降至 30% 左右。该试验结果表明植酸酶不能耐受胃蛋白酶和胰蛋白酶,胰蛋白酶对植酸酶活性的抑制作用要比胃蛋白酶强。本课题组试验研究也发现,经不同浓度的胃蛋白酶和胰蛋白酶处理后,耐热植酸酶的相对酶活性均显著降低（$P<0.01$），经不同浓度胃蛋白酶处理后无花果曲霉源植酸酶的相对酶活性几乎没变化，维持在83%左右，但随着胰蛋白酶添加量的加大，耐热植酸酶的相对酶活逐级递减（$P<0.01$），由2.5 U/mL胰蛋白酶处理后的75.44%相对酶活性降低至20 U/mL时的60.79%，胰蛋白酶对耐热植酸酶的活性抑制作用强于胃蛋白酶（陈旭，2008）。

理论上胃蛋白酶可以切割黑曲霉植酸酶肽段上127个位点，胰蛋白酶对黑曲霉植酸酶肽段有33个切割位点，虽然胃蛋白酶的酶切位点远多于胰蛋白酶，但是胰蛋白酶对植酸酶的破坏作用要强于胃蛋白酶，可能是因为植酸酶在pH 6.0下的蛋白结构同pH 3.0下相比更有利于蛋白酶的切割（刘志伟，2007）。

五、结语

不同结构植酸酶制剂的酶学特性和抗逆性存在差异，应注意温度、pH值、矿物元素和胃肠道消化酶对植酸酶活性的影响。在选用植酸酶制剂时，应根据实际生产和动物生理特点从上述四个方面评价植酸酶，以选择酶活较高、稳定性较好的植酸酶产品。

参考文献

[1] 蔡琨,方云,夏咏梅,等.2004.大豆脂肪氧合酶的提取及影响酶活因素的研究[J].林产化学与工业,24(2):52-56.

[2] 陈惠,王红宁,杨婉身,等.2005.F43Y及I354M,L358F定点突变对植酸酶热稳定性及酶活性的改善[J].中国生物化学与分子生物学报,21(4):516-520.

[3] 陈旭.2008.耐热植酸酶对肉鸭生长性能及养分代谢利用的影响[D].华南农业大学硕士学位论文.

[4] 陈艳,孙建义,付亮剑,等.2004.烟曲霉植酸酶的酶学特性研究[J].浙江农业学报,16(2):59-62.

[5] 程万莲,林东康,高素敏.2007.日粮、食糜中植酸酶活性的测定[J].中国畜牧兽医,34(3):9-11.

[6] 崔富昌.2006.米曲霉植酸酶的分离纯化、性质研究及其基因的克隆[D].山东大学硕士学位论文.

[7] 付石军,孙建义.2007.改善植酸酶热稳定性的策略[J].中国饲料,14:26-29.

[8] 何为,詹怀宇.2004.木聚糖酶酶活影响因素的研究[J].中国造纸学报,19(1):163-166.

[9] 黄燕华.2004.不同来源纤维素酶在肉鹅高纤维日粮中的应用及其作用机理的研究[D].华南农业大学博士学位论文.

[10] 李春文.2007.中性和酸性植酸酶对植物性饲料磷和钙体外透析率的影响[D].华南农业大学学士学位论文.

[11] 李健,彭远义.2006.毕赤酵母 Mut⁺ 和 Mutˢ 重组子表达植酸酶基因及其表达物的酶学性质比较[J].生物技术通报,3:58-62.

[12] 李卫芬,孙建义,鲍康.1999.金属离子对饲用酶制剂活性的影响[J].浙江农业学报,11(2):96-98.

[13] 李卫芬,孙建义,顾赛红.2001.里氏木霉β-葡聚糖酶稳定性研究[J].西南农业大学学报,23(2):97-99.

[14] 李卫芬,孙建义.2001.木聚糖酶的特性研究[J].浙江大学学报(农业与生命科学版),27(1):103-106.

[15] 刘志伟,张铁鹰,黄玉亭,等.2008.影响植酸酶在畜禽消化道内作用效果的研究进展[J].饲料工业,29(6):11-15.

[16] 刘志伟.2007.植酸酶在肉仔鸡消化道内适宜作用部位的研究[D].河北农业大学硕士学位论文.

[17] 马合勤.2002.植酸酶基因工程菌发酵产物的纯化与性质研究[D].华南农业大学硕士学位论文.

[18] 冒高伟.2006.α-半乳糖苷酶在断奶仔猪玉米豆粕型日粮中的应用研究[D].华南农业大学硕士学位论文.

[19] 潘力,冉宇舟,王亚琴,等.2006.饲料植酸酶制剂储存稳定性的研究[J].食品与发酵工业,32(12):5-9.

[20] 曲丽君.2007.泡盛曲霉植酸酶的酶学性质研究[J].微生物学杂志,27(2):53-56.

[21] 沈水宝.2002.外源酶对仔猪消化系统发育及内源酶活性的影响[D].华南农业大学博士学位论文.

[22] 史凯来,王秀坤,刘伟,等.2000.pH值对植酸酶酶活的影响及其在猪、鸡消化道中的分析[J].饲料研究,7:8-9.

[23] 汪玉松,邹思湘,张玉静.2005.现代动物生物化学[M].3版.北京:高等教育出版社,77-81.

[24] 王枫,韩志忠,董宏伟,等.2007.植酸酶的酶学性质研究[J].淡水渔业,37(5):23-25.

[25] 王国坤,高晓蓉,安利佳.2006.一种耐热性植酸酶的分离纯化及其酶学性质研究[J].食品与发酵工业,32(12):33-36.

[26] 王强.2006.耐热植酸酶在断奶仔猪玉米-豆粕型饲粮中的应用研究[D].华南农业大学硕士学位论文.

[27] 王严,高晓蓉,苏乔,等.2007.黑曲霉WY-6植酸酶的表达、纯化及性质研究[J].生物技术,17(2):19-22.

[28] 王银东,廖玉兰,吴世林.2006.胃蛋白酶和酸度变化对植酸酶酶活的影响[C]//冯定远.动物营养与饲料研究:第五届全国饲料营养学术研讨会论文集.北京:中国农业科技出版社,212.

[29] 许尧兴,许少春,李孝辉,等.1999.CN-92植酸酶的酶学特性[J].浙江农业学报,11(1):29-32.

[30] 杨彬.2004.纤维素酶在黄羽肉鸡小麦型日粮中的应用研究[D].华南农业大学硕士学位论文.

[31] 尹清强,韩彪,王国强,等.2005.不同的处理条件对植酸酶活力的影响[J].饲料工业,26(5):41-42.

[32] 于旭华.2004.真菌性和细菌性木聚糖酶对黄羽肉鸡生长性能的影响及其机理研究[D].华南农业大学博士学位论文.

[33] 张铁鹰,刘志伟,孙杰.2006.肉仔鸡消化道内 pH 和蛋白酶对植酸酶活性的影响[C]//冯定远.动物营养与饲料研究:第五届全国饲料营养学术研讨会论文集.北京:中国农业科技出版社,94.

[34] 张政军,吕林,罗绪刚,等.2006.碱式氯化铜对平养肉鸡生长性能、饲粮中维生素 E 和植酸酶稳定性的影响[C]//王恬.饲料营养研究进展.北京:中国农业科技出版社,148-155.

[35] 赵春,朱忠珂,李勤凡,等.2007.制粒温度对饲喂含植酸酶日粮肉仔鸡生长性能及钙磷利用的影响[J].西北农业学报,16(4):47-51.

[36] 郑涛.2005.植酸酶的特性及其在罗非鱼饲料中应用的研究[D].华南农业大学硕士学位论文.

[37] 左建军,林志杰,董泽敏,等.2006.植酸酶耐热性实验室评价方法的研究[C]//冯定远.动物营养与饲料研究:第五届全国饲料营养学术研讨会论文集.北京:中国农业科技出版社,220.

[38] 左建军.2005.非常规植物饲料钙和磷真消化率及预测模型研究[D].华南农业大学博士学位论文.

[39] Liu Z,Bryant M M,Roland D A,et al.2005.Layer performance and phytase retention as influenced by copper sulfate pentahydrate and tribasic copper chloride[J].Poultry Research,14:499-505.

[40] Pasamontes L,Monika H,Markus W,et al.1997.Gene cloning,purification,and characterization of a heat-stable phytase from the fungus *Aspergillus fumigatus*[J].Applied and Environmental Microbiology,63(5):1696-1700.

[41] Taewan K,Edward J M,Jesus M P,et al.2006.Shifting the pH profile of *Aspergillus niger* PhyA phytase to match the stomach pH enhances its effectiveness as an animal feed additive[J].Applied and Environmental Microbiology,72(6):4397-4403.

[42] Wyss M,Pasamontes L,Rémy R,et al.1998.Comparison of the thermostability properties of three acid phosphatases from molds:*Aspergillus fumigatus* phytase,*A. niger* phytase,and *A. niger* pH 2.5 acid phosphatase[J].Applied and Environmental Microbiology,64(11):4446-4451.

木聚糖酶的来源及酶学性质

木聚糖是植物细胞壁半纤维素的主要成分,由直链的木糖以 β-1,4-糖苷键连接而成。木聚糖在动物营养上主要表现为增加食糜黏度、降低养分消化利用效率等抗营养作用。木聚糖酶可将其分解消除,从而提高饲料营养价值。由于不同来源半纤维素中木聚糖结构的复杂性,所以相应的木聚糖降解酶系统也很复杂,完全降解木聚糖需要多种酶的共同参与协同完成。木聚糖酶主要包括 3 类:①内切 β-1,4-D-木聚糖酶(EC 3.2.1.8),从木聚糖主链的内部切割 β-1,4-糖苷键,使木聚糖溶液的黏度迅速降低,因此是木聚糖降解酶中最关键的酶;②外切 β-1,4-D-木聚糖酶(EC 3.2.1.92),以单个木糖为切割单位,作用于木聚糖的非还原性末端,使反应体系的还原性不断增加;③β-木糖苷酶(EC 3.2.1.37),切割低聚木糖和木二糖,有利于木聚糖彻底降解为木糖。

一、木聚糖酶的来源

木聚糖酶在自然界分布相当广泛,在海洋及陆地细菌、海洋藻类、真菌和反刍动物瘤胃等中都存在,但是单胃动物体内相对缺乏。目前,已从 20 余种细菌菌株、16 种真菌、3 种酵母以及 8 种放线菌中分离出相应的木聚糖酶(Beg 等,2001)。饲料工业中应用的木聚糖酶主要来源于米曲霉、黑曲霉和酵母菌等真菌,也有小部分来源于芽孢杆菌等细菌。

1. 细菌性阿拉伯木聚糖酶

细菌来源的木聚糖降解酶有荧光假单胞菌纤维亚种(*Pseudomonas fluorescens* subsp. *cellulosa*)、生黄瘤胃球菌(*Ruminococcus flaveflaciens*)、粪碱纤维单胞菌(*Cellulomonas fimi*)、凝结纤维弧菌(*Cellvibrio mixtus*)、解糖热纤菌(*Caldocellum saccharolyticum*)和热纤梭

菌(*Clostridium thermocellum*)等(刘稳等,1998)。此外,陈雄等(2006)通过实验室筛选得到一株高产木聚糖酶的芽孢杆菌菌株,利用固体发酵生产木聚糖酶。该芽孢杆菌能适应极端的生长环境,产生的芽孢杆菌木聚糖酶具有热稳定性高、发挥最佳活性的 pH 值范围广等特点,所以芽孢杆菌木聚糖酶的研究较具潜力,而且,可通过培养基质、碳源、氮源、含水量、pH 值、接种量、装料量、温度及发酵时间等调控木聚糖酶的产酶效率。

大多数细菌属于体温型微生物,适宜生长在 35～40℃,比一般真菌(20～25℃)高,所以在细菌更容易筛选出耐热性好的产酶菌株;而且,细菌属于原核微生物,其细胞结构及基因重组简单,易于利用基因工程及诱变育种筛选出高产菌株(苏纯阳等,2004)。

2. 真菌性阿拉伯木聚糖酶

真菌来源的木聚糖酶主要来自于许多好氧性丝状真菌,近年来对真菌来源的木聚糖酶研究主要集中在哈茨木霉(*Trichoderma harzianum*)和绿色木霉(*Trichoderma viride*),它们产生的木聚糖酶的相对分子质量较小(20 000～30 000)。对木素木霉的一个 20 000 的木聚糖酶进行完整氨基酸序列分析,证实该酶与绿色木霉的木聚糖酶 A 有 90% 的同源性,而绿色木霉的一个 22 000 的木聚糖酶分子 N-端 50 个氨基酸序列同枯草杆菌和短小杆菌族 G 的木聚糖酶也有较强的同源性,这揭示了木聚糖酶在进化过程中,存在原核生物与低等真核生物之间的基因传递。张晓晖等(2007)运用平板初筛和发酵复筛的方法,从 6 株斜面保存菌中,筛选出 3 株产木聚糖酶的菌种:康氏木霉 3.590、康氏木霉 3.549 和里氏木霉 QM9414;其中康氏木霉 3.590 产木聚糖酶活力最高,达 40.781 52 U/mL,为康氏木霉 3.549 的 3.5 倍,是里氏木霉 QM9414 的 5 倍,确认前者为较为理想的木聚糖酶生产菌。

研究表明,厌氧真菌能产生一系列植物细胞壁降解酶,如纤维素酶、半纤维素酶(包括木聚糖酶)、酯酶和植酸酶等,在植物纤维降解中起重要作用(Williams 和 Orpin,1987;沈赞明和韩正康,1995;Theodorou 等,1996)。目前来自于好氧霉菌的酶主要只能作用于经处理过的非晶体状底物,而作用于滤纸片、麦秸粉等复杂性底物时,其降解能力远不如厌氧真菌产生的酶(Lowe 等,1987;Dijkerman 等,1997)。其中,反刍动物瘤胃微生物及其改良菌株是产木聚糖酶等重要的菌种来源。朱崇淼等(2003)以一株分离自黑白花种公牛粪样的高产木聚糖酶的厌氧真菌菌株为材料,得到降解能力较强、产木聚糖酶酶活力较高的菌株 A4。

二、优良产木聚糖酶菌种的选育和改造

目前,对产木聚糖酶的菌种选育还主要局限于对产木聚糖酶天然优良菌株的筛选方面。但是,野生菌种通常存在:①产生的木聚糖酶活性不高,分解木聚糖的能力也较差;②产酶效率较低,产量上不去。这与饲料上工业化生产的要求尚有很大距离。为了进一步提高木聚糖酶的水解效率、稳定性和作用专一性,用物理、化学和生物学的因素诱发突变,从而筛选高产菌株是产酶菌株选育的重要发展方向。

诱发突变是国内外提高菌种产量和性能的主要手段。诱变不仅能提高菌种的生产性能,而且能改进产品的质量、扩大品种和简化生产工艺等。李永泉(2001)对黑曲霉 HD 微波诱变得到 HD-3.6,发酵单位从 15 000 IU/mL 提高到 21 500 IU/mL(提高了 43.3%)。乐易林等(2005)通过紫外照射的方法,对里氏木霉 Rut C230 进行诱变,选育出高产木聚糖酶活力的菌株,其酶活比出发菌株提高了 41.9%。

利用重组微生物来高效表达木聚糖酶的研究近年来取得了较大突破,1990 年,Luthi 等用大肠杆菌为受体菌尝试表达了来源于 *Caldocellum saccharolyticum* 的木聚糖酶基因 *xynA*,其表达量可以达到细胞总蛋白的 20% 以上,且具有正常的生物学活性,与原始天然酶没有显著差异,且具有良好的耐热性及高的酶活性。Shendye(1993)和 Lapidot 等(1996)同样用大肠杆菌作为受体菌分别表达了来源于 *Bacillus* 的耐热木聚糖酶,后者用 T7 启动子启动木聚糖酶基因表达,表达量高达细胞总蛋白的 70%。虽然利用大肠杆菌为受体表达木聚糖酶使酶的产量有所提高,但在大肠杆菌中表达的酶蛋白难以分泌到培养基中,因此,许多科学家尝试用分泌性的芽孢杆菌、链霉菌和曲霉等作为生物反应器。Hansen 等(1998)用表达量高、大规模发酵工艺成熟的酿酒酵母和曲霉作为受体菌构建了高效表达绒状高温菌(*Thermomyces lanuginosus*)木聚糖酶的生物反应器,利用这些生物反应器可以廉价的工业化生产木聚糖酶。利用重组基因表达的木聚糖酶饲喂动物效果良好,为饲用木聚糖酶的低成本生产奠定了基础。

蛋白质工程是在重组 DNA 方法用于"操纵"蛋白质结构之后发展起来的一个分子生物学分支,它通过修饰蛋白质的基因或改变结构来获得具有新特性的木聚糖酶等蛋白质(钱凯先和张欣欣,1994)。人们从嗜热性微生物如细菌、真菌和放线菌中发现了许多木聚糖酶,它们具有很高的热稳定性,且其催化结构域有较大同源性。Georis 等(2000)建立了木聚糖酶 Xyl1 和 TfxA 的分子模型,这两种木聚糖酶分别来自于中温菌 *Streptomyces* sp. S38 和嗜热菌 *Termomonospora fusca*;比较了这两种木聚糖酶的三维结构,并将 TfxA 酶中的嗜热结构用定点突变法引入 Xyl1 酶中,以提高其最适反应温度和热稳定性,结果突变酶的最适温度由原来的 60℃ 提高到 70℃,57℃ 时酶的热稳定性比原来提高了 6 倍。Wakarchuk 等(1994)在木聚糖酶分子中引入不影响其活性的二硫键,使其耐热性提高了 15℃。

三、木聚糖酶分子的结构及氨基酸序列

参与植物多聚糖代谢的各种酶类按照其一级结构和四级结构的同源性可以分为 35 个不同的族,木聚糖酶属于 10(F)族和 11(G)族。10 族木聚糖酶的相对分子质量在 32 000～39 000 之间,通过 X 射线对其分子结构进行分析发现,10 族木聚糖酶是由 8 个 α/β 蛋白(α 螺旋与 β 折叠交替出现)组成,而 11 族的相对分子质量比较小,在 20 000 左右,分子内是 β-折叠结构(Himmel 等,1997)。我们前期研究发现,康氏木霉发酵木聚糖酶和枯草杆菌发酵木聚糖酶的相对分子质量分别为 23 650 和 24 450,因此这两种木聚糖酶可能都属于 11 族木聚糖酶(于旭华,2004)。

Sapag 等(2002)对 82 种 11 族的木聚糖酶分析发现,虽然这些木聚糖酶中有 36 种来源于细菌,43 种来源于真菌,2 种来源于原虫,1 种来源于昆虫,但这些木聚糖酶的相对分子质量都在 19 035～25 908 之间,氨基酸数量在 175～233 之间(表 1)。陆健(2001)报道,米曲霉酸性木聚糖酶氨基酸组成中含量较高的氨基酸为甘氨酸、天冬氨酸、丝氨酸、苏氨酸、丙氨酸和谷氨酸,这与本课题组先前所得结果相近(于旭华,2004)。我们还发现,康氏木霉发酵木聚糖酶氨

基酸组成中含量较高的前 5 种氨基酸为甘氨酸、天冬氨酸、丝氨酸、苏氨酸和谷氨酸,分别占整个蛋白摩尔百分比的 13.4%、12.1%、10.7%、10.2%和 9.5%,而枯草杆菌发酵木聚糖酶氨基酸组成中含量较高的前 5 种氨基酸为甘氨酸、天冬氨酸、苏氨酸、赖氨酸和丝氨酸,分别占整个蛋白摩尔百分比的 13.8%、13.2%、10.2%、9.2%和 7.8%(于旭华,2004)。

表 1　不同来源木聚糖酶的蛋白质分子特性

来源	蛋白	长度(氨基酸数)	相对分子质量	pI	最适 pH	最适 $T/℃$
细菌						
Aeromonas caviae	Xylanase I	183	20 212	7.1	7.0	55
Bacillus sp. D3	Xylanase	182	20 683	7.7	6.0	75
Bacillus sp. 41 M1	Xylanase J	199	22 098	5.5	9.0	50
Clostridium acetobutylicum	Xylanase B	233	25 908	8.5	5.5～6	60
Clostridium stercorarium	XynA	193	22 130	4.5	7.0	75
Clostridium thermocellum	XynA	200	22 445	n. d.	6.5	65
Dictroglomus thermophilum	Xylanase B	198	22 204	n. d.	6.5	65
Fibrobacter succinogenes	XtnC	234	25 530	6.2	6.5	n. d.
Ruminococcus flavefaciens	XYLA	221	24 346	5.0	5.5	50
Streptomyces lividans	XlnB	192	21 064	8.4	6.5	55
Streptomyces thermoviolaceus	STX-II	190	20 738	8.0	7.0	60
Termomocospora fusca	TfxA	190	20 900	10	7.0	n. d.
真菌						
Aspergillus kawachii	XynC	184	19 876	3.5	2.0	50
Aspergillus nidulans	X22	188	20 235	6.4	5.5	62
Aspergillus nidulans	X24	188	20 077	3.5	5.5	52
Aspergillus niger	Xyl A	184	19 837	3.7	3.0	n. d.
Aureobasidium pullulans	XynA	187	20 074	9.4	4.8	54
Cryptococcus sp. S-2	Xtn-CS2	184	20 209	7.4	2.0	40
Paecilomyces varioti	PVX	194	21 365	3.9	5.5～7	65
Penicillium sp. 40	XynA	190	20 713	4.7	2.0	50
Penicillium purpurogenum	XynB	183	19 371	5.9	3.5	50
Schizophyllum commune	Xylanase A	197	20 965	4.5	5.0	50
Thermomyces lanuginosus	XynA	206	22 614	4.1	6.5	65
Trichoderma reesei	XYN I	178	19 035	5.2	3.5～4	n. d.
Trichoderma reesei	XYN II	190	20 731	9.0	4.5～5	n. d.
Trichoderma viride	Xylanase II A	190	20 743	9.3	5.0	53

资料来源:Sapag 等,2002。

注:n. d. 表示未检测。

　　木聚糖酶催化区(catalytic domain,CD)是酶催化水解的主要区域,并且可作为该酶的分类基础。木聚糖酶在氨基酸组成和数量上变化很大,但其 CD 在大小上都趋于一致。应用化学修饰和定点诱变技术证明,木聚糖酶的活性位点氨基酸与纤维素酶相似,主要为色氨酸和羧基氨基酸,有的还含有半胱氨酸。

来自多种木聚糖酶的重复序列之间具有共同的抗原性。重复序列不是酶发挥活性所必需,其作用机理尚不清楚。

连接序列(linker sequence)是连接木聚糖酶分子中的各个功能区域的序列,此序列的长度变化很大,为 6~59 个氨基酸。不同来源木聚糖酶的连接序列之间的同源性很小,该序列中含有较多丝氨酸残基。

四、木聚糖酶的酶学特性

1. 木聚糖酶的水解特性

阿拉伯木聚糖完全水解过程是:首先,由内切 β-1,4-D-木聚糖酶(EC 3.2.1.8)随机裂解木聚糖骨架,降低木聚糖的聚合度,并产生木寡糖,然后由外切酶 β-木糖苷酶(EC 3.2.1.37)将木寡糖和木二糖分解为木糖。木聚糖结构中由于侧链阿拉伯糖等取代基的存在,阻止了木聚糖酶的作用,因此需要有不同的糖苷酶分解木糖与侧链取代基之间的糖苷键以解除这种阻碍作用,例如 α-L-阿拉伯糖苷酶、α-D-葡萄糖醛酸酶、乙酰酯酶和阿魏酸酯酶等,这些特异性糖苷酶可以与内切 β-1,4-D-木聚糖酶和外切酶 β-木糖苷酶一起,以协同的方式共同高效地分解木聚糖。受转录前 mRNA 剪切加工、转录后糖基化修饰和分泌后蛋白酶有限水解等作用因素的影响,内切 β-1,4-D-木聚糖酶存在着酶组分的多样性。

Ingelbrecht 等(2000)比较来自枯草杆菌、曲霉菌和木霉菌的 3 种木聚糖酶的水解效率,结果表明来自枯草杆菌的木聚糖酶水解效率最高,此外,与真菌通常只产低相对分子质量的碱性木聚糖酶不同,细菌一般既可产生低相对分子质量的碱性木聚糖酶,也可产高相对分子质量的酸性木聚糖酶,因此具有更广的作用范围,可更加有效地在动物胃肠道中发挥作用。

2. 木聚糖酶的热稳定性

热稳定性是各种酶制剂在饲料工业和其他工业中应用的一个重要的特性。目前,从嗜热微生物如细菌、真菌和放线菌中均发现了许多具有较好热稳定性的木聚糖酶,但是真菌来源的木聚糖酶热稳定性没有细菌来源的高(苏纯阳等,2004)。Himmelstein(1985)比较了一种细菌性木聚糖酶和一种真菌性木聚糖酶的热稳定性,结果表明在 80℃ 的制粒温度下,细菌性木聚糖酶的活性保留值为 80%,而真菌性木聚糖酶仅保留 5% 左右。

根据对热稳定性木聚糖酶的分子结构的分析发现,热稳定性主要与分子中二硫键的存在和芳香族氨基酸有关(Kumar 等,2000)。在 82 种木聚糖酶的分子中,有 27 种没有半胱氨酸残基,有 14 种仅仅有 1 个半胱氨酸残基,因此,一半以上的木聚糖酶中不含有 S—S 键,在对 7 种热稳定性的木聚糖酶的结构分析中发现,3 种木聚糖酶也不含有 S—S 键(Krengel 等,1996)。Rani(2001)报道,木聚糖酶 I 和木聚糖酶 II 中半胱氨酸的含量分别为 2.4% 和 1.6%。

本课题组研究发现,康氏木霉发酵木聚糖酶的半胱氨酸含量为 0.2%;枯草杆菌发酵木聚糖酶中未检出半胱氨酸(于旭华,2004)。木聚糖酶的热稳定性是实际生产中应用的一个制约因素,但现已发现的耐热木聚糖酶中只有 *Termomospora fussa* 的 XynA 属于 11 族,其他都属于 10 族。热稳定区是负责木聚糖酶稳定性的区域,但对热稳定区的研究仍不够深入。现已发现有 22 种木聚糖酶含有热稳定区,其中 16 种木聚糖酶的热稳定区在 N 末端,5 种木聚糖酶在 C 末端,只有 1 种木聚糖酶含有中间和 N 末端热稳定区(Ken,1988;Sunna 等,1997)。

3. 木聚糖酶最佳 pH 值

曾莹和杨明(2007)研究表明,用黑曲霉 An54-3 发酵啤酒糟生产的木聚糖酶最适反应 pH 值为 4.6～5.0。王爱娜等(2006)研究报道,维持嗜热毛壳菌木聚糖酶活性的适宜的 pH 值范围为 3.2～4.4。我们 2004 年在 40℃ 的反应温度下,分别在 pH 值为 2.4、2.8、3.2、3.6、4.4、4.8、5.1、5.4、5.8、6.2、6.6、7.0 条件下,测定枯草杆菌发酵木聚糖酶的活性,结果表明:枯草杆菌发酵木聚糖酶在 pH 值为 7.0 活性达到最高,且在 pH 值 5.5～8.0 都保持较高的活性,相对活性都在 85% 以上(于旭华,2004)。

于旭华(2004)对市场上主要的 7 种不同来源木聚糖酶进行比较发现,来源于曲霉、木霉及酵母等真菌的木聚糖酶最适 pH 值在 4.5～5.5 之间,而以枯草杆菌为代表的细菌性木聚糖酶的最适 pH 值为 5.5～7.0 之间,即细菌性木聚糖酶具有比真菌性木聚糖酶更高的最适 pH,在偏中性环境条件下具有很高的酶活表现。

4. 木聚糖酶的最适温度

曾莹和杨明(2007)研究表明,用黑曲霉 An54-3 发酵啤酒糟生产的木聚糖酶最适反应温度为 55℃,温度适应性较宽,在 30～60℃ 范围内相对酶活力都在 85% 以上;该粗酶粉热稳定性良好。在干燥的条件下,90℃ 高温处理 60 min 后,虽然酶活力有所下降,但大部分酶活力可以保持,说明此酶可耐受饲料制粒过程中的 80℃、30 s 的热处理,是一种较为理想的饲用酶制剂。王爱娜等(2006)研究报道,嗜热毛壳菌木聚糖酶在 40～60℃ 表现较高的水平,实验室条件下的 100℃ 以内的加热不会导致酶活性的严重损失。本课题组在 pH 值为 5.3 的条件下,分别在 30、40、50、60、70、80℃ 的温度条件下测定 2 种纯化后的木聚糖酶的活性,结果发现康氏木霉发酵木聚糖酶在温度 50℃ 的条件下活性最高,酶活为 393 U/mL,30、40、60、70、80℃ 条件下的活性分别是 115、205、182、62、14 U/mL;枯草杆菌发酵木聚糖酶在相同的 pH 值条件下,60℃ 的条件下活性最高,酶活为 595 U/mL,30、40、50、70、80℃ 条件下的活性分别是 97、212、453、165、46 U/mL(于旭华,2004)。

于旭华(2004)对市场上主要的 7 种不同来源木聚糖酶进行比较发现,来源于曲霉、木霉及酵母等真菌的木聚糖酶最适温度在 55～65℃ 之间,而以枯草杆菌为代表的细菌性木聚糖酶的最适温度为 60～70℃,甚至在 60～80℃ 之间也能表现出 85% 以上的酶活,即细菌性木聚糖酶具有比真菌性木聚糖酶更高的最适温度条件,相应也具有更好的耐热性。

五、结语

木聚糖酶作为酶制剂在饲料中应用的核心酶类,尤其是在复合酶制剂中起到关键作用。随着木聚糖酶产酶菌株的筛选和改良的进步、饲料酶制剂后处理技术的发展、饲料加工工艺的改变,具有更广泛的 pH 值作用范围、更高的热稳定性、更强的水解效率的基因工程菌的构建和细菌性产木聚糖酶菌株的筛选、改良是今后木聚糖酶开发的重要发展方向。

参考文献

[1] 陈雄,王实玉,王金华.2006.芽孢杆菌木聚糖酶固体发酵工艺研究[J].饲料工业,27(24):34-36.

[2] 乐易林,熊涛,曾哲灵,等.2004.紫外诱变里氏木霉 Rut C-30 提高木聚糖酶活力及发酵条件的研究[J].食品与发酵工业,31(1):74-76.

[3] 李永泉.2001.微波诱变选育木聚糖酶高产菌[J].微波学报,17(1):50-53.

[4] 钱凯失,张欣欣.1994.蛋白质工程进展[J].生物技术,4(5):1-3.

[5] 沈赞明,韩正康.1995.不同日粮条件下水牛瘤胃真菌纤维素酶活力的体外研究[J].南京农业大学学报,18(2):84-89.

[6] 苏纯阳,程学慧,刘涛,等.2004.新一代饲用酶制剂——细菌性木聚糖酶[J].饲料广角,12:41-43.

[7] 王爱娜,杨在宾,杨维仁,等.2006.温度和 pH 值对嗜热毛壳菌木聚糖酶活性影响的研究[J].家畜生态学报,27(3):35-38.

[8] 于旭华.2004.真菌性和细菌性木聚糖酶对肉鸡生长性能的影响及其机理研究[D].华南农业大学博士学位论文.

[9] 曾莹,杨明.2007.黑曲霉 An54-3 产饲用木聚糖酶的酶学性质研究[J].饲料与添加剂,2:64-65.

[10] 张晓晖,郭春华,江晓霞.2007.饲用木聚糖酶生产菌株的筛选及部分酶学性质的研究[J].兽药与饲料添加剂,12(2):4-6.

[11] 朱崇森,毛胜勇,孙云章,等.2003.厌氧真菌发酵液中木聚糖酶活力的初步研究[J].南京农业大学学报,27(1):120-123.

[12] Barabara A P. 1990. Evaluation of three enzymic methods as predictors of *in vivo* response to enzyme supplementation of barley-based diets when fed to young chicks[J]. Journal of Agricultural Science,10:19-27.

[13] Beg Q K,Kapoor L,Mahajan L. 2001. Microbiol xylanases and their industries application:review[J]. Applied Microbiology and Biotechnology,56:326-338.

[14] Bruce D. 1994. A new assay for quantitying endo-*β-D*-mannase activity using Congo red dye[J]. Phytochemistry,36:829-835.

[15] Dijkerman R，Bhansing D C P，Op den Camp H J M，et al. 1997. Degradation of structural polysaccharides by the plant cell-wall degrading enzyme system from anaerobic fungi：an application study[J]. Enzyme and Microbial Technology，21：130-136.

[16] Gilkes N R，Henrissat B，Kilburn D G，et al. 1991. Domains in microbial β-1,4-glycanases：sequence conservation，function，and enzyme families[J]. Microbiological Reviews，55：303-315.

[17] Hansen P K，Wagner P，Mullertz A，et al. 1998. Animal feed additives[P]. United States，10：6.

[18] Himmel M E，Karplus P A，Sakon J，et al. 1997. Polysaccharide hydrolase folds：diversity of structure and convergence of function[J]. Applied Biochemistry and Biotechnology，6365：315-325.

[19] Ken K Y，Larry U L，John N. 1988. Multiplicity of β-1,4-xylanase in microorganisms：functions and applications[J]. Microbiological Reviews，52：305-317.

[20] Krengel U，Dijkstra B. 1996. Three-dimensional structure of endo-1, 4-β-xylanase 1 from *Aspergillus niger*：molecular basis for its low pH optimum[J]. Journal of Molecular Biology，263：70-78.

[21] Kumar P R，Eswaramoorthy S，Vithayathil P J. 2000. The tertiary structure at 1. 59 Å resolution and the proposed amino acid sequence of a family-11 xylanase from the thermophilic fungus *Paecilomyces varioti* Bainier[J]. Journal of Molecular Biology，295：581-593.

[22] Lapidot A，Mechaly A，Shoham Y. 1996. Over expression and single-step purification of a thermostable xylanase from *Bacillus stearothermophilus* T-6[J]. Biotechnology Journal，51(3)：259-264.

[23] Lowe S E，Theodorou M K，Trinci A P J. 1987. Cellulases and xylanase of anaerobic rumen fungus grown on wheat straw，wheat straw holocellulose，cellulose，and xylan [J]. Applied and Environmental Microbiology，53：1216-1223.

[24] Miller G L. 1959. Use of dinitrosoliclic acid reagent for determination of reducing sugar [J]. Analytical Chemistry，31：426-428.

[25] Rani D S，Nand K. 2001. Purification and characterisation of xylanolytic enzymes of a cellulase-free thermophilic strain of anaerobe *Clostridium absonum* CFR-702[J]. Anaerobe，7：45-53.

[26] Shendye A，Rao M. 1993. Cloning and extracellular expression in *Escherichia coli* of xylanases from an alkaliphilic thermophilic *Bacillus* sp. NCIM 59[J]. FEMS Microbiology Letters，108：297-302.

[27] Spag A，Wouters J，Lambert C，et al. 2002. The endoxylanses from family 11：computer analysis of protein sequences reveals important structural and phylogenetic relationships[J]. Journal of Biotechnology，95：109-131.

[28] SunnaA，Antranikian G. 1997. Xylanolytic enzymes from fungi and bacteria[J]. Critical Reviews in Biotechnology，17：39-67.

[29] Theodorou M K，Zhu W Y，Rickers A，et al. 1996. Biochemistry and ecology of anaerobic fungi[C]//Howard D H，Miller D(eds). The mycota VI. Human and animal relationships. Heidelberg，Berlin：Springer-Veralag，265-295.

[30] Williams A G，Orpin C G. 1987. Polysaccharide-degrading enzymes formed by three species of anaerobic fungi grown on a range of carbohydrate substrates[J]. Canadian Journal of Microbiology，33：418-426.

[31] Wood P J. 1980. Specificity in the interaction of dirent dyes with polysaccharides[J]. Carbohydrate Research，85：271-287.

木聚糖酶的分离纯化及活性测定

　　酶的分离纯化是进行酶学性质研究的前提。而酶的活性是其在动物体内和体外对底物进行分解的保证,对饲料中各种酶活进行定性和定量的测定具有重要的意义。饲料酶制剂包括非淀粉多糖酶(木聚糖酶、β-葡聚糖酶、纤维素酶)、淀粉酶、蛋白酶和植酸酶等,淀粉酶和蛋白酶活性测定在 AOAC 中都有成熟的分析方法,而木聚糖酶等 NSP 酶尚无统一的分析方法。统一而有效的酶活检测方法才能保证产品稳定、不同产品之间进行比较和不同研究结果之间进行比较。

一、木聚糖酶的分离纯化

　　由于酶是一种具有生物活性的蛋白质,因此可以参考蛋白质的纯化方法对酶进行分离纯化。现有的纯化方法都是以酶与杂蛋白在理化性质、稳定性上的差异以及酶的生物学特性为依据建立起来的,其中主要包括以下方法(陈石根等,2001):①根据溶解度的不同,有盐析法、有机溶剂沉淀法及选择性沉淀法等,如硫酸铵沉淀法;②根据分子大小的差别,有凝胶过滤法、超过滤法及超离心法等;③根据电学、解离性质,有吸附法、离子交换层析法、电泳法等;④基于酶与底物、辅助因子以及抑制剂之间有专一性的亲和作用特点建立起来的各种亲和分离法等;⑤利用稳定性差异建立起来的选择性热变性法、酸碱变性法和表面变性法。

　　凝胶过滤法是 Porath 和 Flodin 最早建立起来的,它利用了相对分子质量从几万到几十万的葡聚糖通过环氧氯丙烷交联而成的网状结构物质,可用于相对分子质量在 1 000～500 000 分子的分离。本实验室对粗酶液经过硫酸铵分级沉淀和 Sephadex G-75 葡聚糖凝胶柱后,真菌性木聚糖酶和细菌性木聚糖酶的电泳图都显示出单一谱带,酶液中木聚糖酶的纯度都已达到电泳纯,因此,硫酸铵分级沉淀和 Sephadex G-75 葡聚糖凝胶柱是能够将这两种木聚糖酶纯化的方法;结果表明,真菌性木聚糖酶粗酶溶液经过 Sephadex G-75 葡聚糖凝胶柱后,具有

3 个蛋白峰,而木聚糖酶的活性峰只有 1 个;细菌性木聚糖酶粗酶溶液经过 Sephadex G-75 葡聚糖凝胶柱后,具有 1 个蛋白峰,木聚糖酶活性峰也只有 1 个(于旭华,2004)。

但是由于酶与凝胶质(琼脂糖或葡聚糖)的相互作用会影响酶的分离纯化。Javier 等(1998)分离纯化 *Bacillus amyloliquefaciens* 的木聚糖酶和 Bataillon 等(2000)分离纯化 *Bacillus* sp. strain SPS-0 木聚糖酶时都发现了这一现象。这可能是由于木聚糖酶结构中含有纤维素结合区域(cellulose-binding domain,CBD),而葡聚糖是由 α-葡萄糖残基构成的,两者可以相互结合。

大多数木聚糖酶的分离纯化采用多步非特异性方法,如粗沉淀之后,采用离子交换、凝胶层析、疏水层析等。Paula 等(2003)统计了 65 篇发表的关于木聚糖酶纯化的方法,发现使用硫酸铵沉淀的占 35.8%,而有 47% 采用这一步作为纯化方法的第一步;离子交换层析是使用最多的方法,达 94%,而其中 64% 用这种方法作为层析分离的第一步;凝胶过滤方法的使用仅次于离子交换,占了 66%;疏水层析占 22%;而且,纯化的步骤多少影响酶最终的回收率,随步骤的增加,回收率下降,超过 3 步的分离纯化平均回收率不到 20%,而 3 步纯化平均回收率为 35%。

二、木聚糖酶活性测定方法

1. 还原糖法

通过比色法检测酶作用于底物释放出的还原糖量来评价酶活性,根据测定还原糖显色试剂的不同,可分为 DNS 法和砷钼酸盐法。

自 Miller(1959)采用 3,5-二硝基水杨酸(DNS)作为显色剂测定酶解液中还原糖的浓度来表示酶的活性以来,Susan 等(1987)、Royer 等(1989)、Bailey 等(1989)和于旭华(2004)都采用此方法进行木聚糖酶活性检测,很多国内外的饲料用酶制剂厂家也将其作为阿拉伯木聚糖酶的测定方法。其原理是利用 DNS 与阿拉伯木聚糖酶的水解产物木糖共热后产生棕红色的氨基化合物,并在一定范围内,溶液颜色强弱与其中还原糖的浓度呈正比关系。其他 NSP 酶的测定也可以采用这种方法,只是反应的底物有所不同,纤维素酶和 β-葡聚糖酶分别采用纤维素和 β-葡聚糖作为底物,然后测定反应后溶液中还原糖的浓度。

砷钼酸盐法利用砷钼酸盐作指示剂,其原理是碱性二价铜离子与还原性糖反应生成氧化亚铜,在浓硫酸存在条件下将砷钼酸盐还原成蓝色化合物,然后进行比色分析。如果在长波长(750 nm)条件下,控制好砷钼酸盐试剂与铜试剂的比例,则可以获得更好的灵敏性和重复性,扩大了应用范围。这种方法的缺点是砷钼酸盐配制时要使用毒物砷酸二氢钠,操作较 DNS 法复杂,耗时较长。

还原糖法的优点是反应颜色稳定性好,操作简单。但由于饲料中各种糖含量较高,酶液中可能含高水平的还原糖,造成空白背景值很高,且饲料中的酶稀释度很高,再加上饲料中存在许多矿物元素等激活剂或者抑制剂,因此很难检测出配合饲料中的酶活力。将提取液过葡聚糖硅胶柱,除去还原糖,且 100% 回收酶,然后再用还原糖法对酶活进行测定,这样可得到令人满意的结果。还原糖法对内切酶和外切酶无特异性反应,内切酶是将非淀粉多糖从长链的内部打开,是动物体内降低肠道内容物黏度、消除抗营养因子的主要因素,而外切酶主要是从长链末端切下单个的糖分子。

2. 黏度法

黏度法的测定原理是酶作用于具有黏性的底物,底物溶液黏度下降,利用高分子溶液在毛细管中的伯肃叶方程,通过黏度计测定流速改变来计算酶活。由于不同来源和批号的底物黏度有很大差异,重复性差是黏度法的主要缺点。此外,这种方法操作过程复杂,单位难以换算成国际单位,也限制了该法的推广应用。但由于该法灵敏度高,且可以形象地反映外切酶在动物体内的作用方式,因此是饲用酶活测定的较好方法。

3. 色原底物法

色原底物法是利用人工合成底物来检测酶活,这种底物多数含有色原基团,可在酶的作用下释放出来,然后利用分光光度法进行分析测定。Barabara(1990)对还原糖法、黏度法及色原底物法进行比较表明,色原法与黏度法有高度的相关性,相关系数为 0.902,前者重复性好,操作简便,且灵敏度较高。含酶配合饲料中的酶提取液含有一定天然底物,在测定过程中容易与人工底物之间产生竞争,从而影响其测定结果的稳定性。因此色原法的缺点同前两种方法一样,常用于粗酶制剂、酶预混料的测定。

4. 放射琼脂扩散法

将底物与琼脂混融、冷却,制成琼脂平面,在直径为 4～5 mm 小孔中点酶样,培养一段时间后,用染色剂显色或用展开剂展开,显示出水解区。利用水解直径和酶浓度的一定关系测定活力,这种方法称之为琼脂扩散法。对真菌产生的多糖酶的系统分析表明,酶水解区域呈现的直径与酶量对数呈正相关。扩散法的关键在于寻找一种灵敏度高的试剂以区分水解区和非水解区。Wood(1980)在对多糖与刚果红染料的相互作用研究中发现,含有以 β-1,4-苷键连接的 D-吡喃型葡萄糖残基的多糖,如 β-葡聚糖、木葡聚糖和取代纤维素,能与刚果红发生强烈反应,但与五碳以下的小分子糖类不发生反应。Bruce 等(1994)试验发现,琼脂扩散法较还原糖法灵敏性高 100 倍,较色原法高 10 倍,且操作简便,是目前可以针对饲料终产品进行酶活测定的方法。

5. 测定条件的选择

(1)反应时间 我们的研究表明,反应溶液的吸光度值与溶液中的木糖浓度达到了良好的相关性,其中相关系数 r 为 0.999 94。在 40℃,pH 值为 5.3 的反应条件下,在 30 min 内反应时间与吸光度值之间呈现良好的相关性,相关系数为 0.997 4,在 20 min 内,反应时间与吸光度值之间的相关系数为 0.999 7,而从酶的活性测定看出,在 20 min 内,酶的活性测定与反应时间没有很大关系,而 30 min 时测定的酶的活性有下降趋势。因此,建议木聚糖酶活性测定采用 20 min(于旭华,2004)。而费笛波等(2004)、冯培勇等(2009)认为酶促反应时间 10 min 更为合理。

（2）底物和产物　为了便于测定,选用的底物最好在物理化学性质上和产物有所不同。一般来说,为了不使酶的反应速度受到底物浓度限制,反应系统中应使用足够高的底物浓度,判别标准是 K_m,在可用的各种底物中选择 K_m 值小的进行测定。武玉波和冯秀燕(2008)研究认为,吸光度在 0.25~0.5 之间,测得酶活结果相对稳定,变异较小。这与 Finnfeeds 公司要求的 0.3~0.5 比较一致(李伟格等,1998)。

（3）pH 值　pH 是影响酶活性测定的重要因素之一,反应体系的 pH 值可以改变酶活性中心的解离状况,从而提高或者降低酶的活性,或者破坏酶的结构和构象,从而导致酶失活。不同来源的木聚糖酶的最适 pH 会有所不同。比如,我们在 2004 年的研究中采用的是 Miller (1959),pH 值的设定是 5.3(于旭华,2004);而冯培勇等(2009)通过对试验条件的筛选认为,测定偏酸性的植酸酶活性时,最适 pH 为 5.5 左右。

（4）温度　酶反应对温度十分敏感。温度可影响化学反应本身,也影响酶的稳定性,还可影响酶的构象和催化机制。从酶反应的温度系数来看,温度变化 1℃,反应速度可能相差 10％。因此,要得到高重复性的结果,保持恒定的温度十分重要。为了获得便于测定的反应速度,同时又使酶的热变性减少到最小,国际生化联合会在 1961 年建议采用 25℃ 作为酶反应的测定温度,1964 年建议改为 30℃,国际临床化学联合会也建议采用 30℃。

（5）动物消化道内环境　酶活一般是在最适条件下测定的,而饲用酶真正的作用环境是动物消化系统,其内环境与体外测定最适条件差异很大。大多数酶最适条件温度为 50~60℃,而木聚糖酶在动物体内发挥作用的温度为 40℃,因此建议酶的测定温度为 40℃。由于消化道是一个复杂变化的系统,其 pH 值环境从 2.0 到 8.0,因此进行体外模拟有一定困难。还有,酶制剂在动物的消化道内还要耐受胃蛋白酶、胰蛋白酶分解和金属矿物元素激活和抑制等因素的影响。另外,动物肠道内的黏性阻碍了酶与肠道内底物的接触和养分被肠道黏膜吸收的过程,影响酶制剂在动物肠道内发挥作用。

三、结语

酶活性测定是进行酶的研究、应用、生产的基础,探寻一个精确、快速、简便的测定方法十分重要。但是,酶制剂作为活性蛋白,对测定条件非常敏感,测定条件稍有不同,也会使测得的酶活性难以相互比较,故不能单纯依据报道或者不同产品标注的酶单位数盲目作比较,应充分关注它们的酶活定义和测定系统。因此,建立全行业通用的标准化木聚糖酶酶活测定方法很有必要。

参考文献

［1］陈石根,周润琦.2001.酶学［M］.上海:复旦大学出版社,91-129.

［2］费笛波,冯观泉,袁超.2004.饲用木聚糖酶活性测定方法的研究［J］.浙江农业学

报,16(2):53-58.

[3] 冯培勇,左言美,袁腾飞,等. 2009. 木聚糖酶活性测定方法的研究[J]. 生命科学仪器,7(4):40-42.

[4] 李伟格,李美同,苏晓鸥,等. 1998. 饲料添加剂分析[M]. 北京:中国农业科技出版社.

[5] 武玉波,冯秀燕. 2008. 木聚糖酶酶活测定方法的研究[J]. 中国饲料,4:34-36.

[6] 于旭华. 2004. 真菌性和细菌性木聚糖酶对肉鸡生长性能的影响及其机理研究[D]. 华南农业大学博士学位论文.

[7] Bailey M J. 1989. Production of xylanses by strains of *Aspergillus*[J]. Applied and Environmental Microbiology,10:5-10.

[8] Barabara A P. 1990. Evaluation of three enzymic methods as predictors of *in vivo* response to enzyme supplementation of barley-based diets when fed to young chicks[J]. Journal of Agriculture Science,10:19-27.

[9] Bataillon M,Nunes Cardinali A P,Castillon N,et al. 2000. Purification and characterization of a moderately thermostable xylanase from *Bacillus* sp. strain SPS-0[J]. Enzyme and Microbial Technology,26:187-192.

[10] Bruce D. 1994. A new assay for quantifying endo-β-D-mannase activity using Congo red dye[J]. Phytochemistry,36:829-835.

[11] Javier D B,Faustino S,Mario D B,et al. 1998. Purification and characterization of a thermostable xylanase from *Bacillus amyloliquefaciens*[J]. Enzyme and Microbial Technology,22(1):42-49.

[12] Miller G L. 1959. Use of dinitrosolicylic acid reagent for determination of reducing sugar [J]. Analytical Chemistry,31:426-428.

[13] Royer J C. 1989. Xylanase production by *Triohoderma congibrachitum* enzyme microbe [J]. Enzyme and Microbial Technology,11:405-410.

[14] Sá-Pereira P,Paveia H,Costa-Ferreira M,et al. 2003. Isolation and purification technique of xylanase[J]. Molecular Biotechnology,24:257-281.

[15] Susan E L. 1987. Cellulase and xylanase of an anaerobic rumen fugus grown on wheat straw[J]. Applied and Environmental Microbiology,53:1216-1223.

[16] Wood P J. 1980. Specificity in the interaction of dirent dyes with polysaccharides[J]. Carbohydrate Research,85:271-287.

不同理化条件对木聚糖酶活性的影响

木聚糖酶由细菌和真菌产生,包括需氧性微生物、厌氧性微生物、嗜温性微生物、嗜热性微生物和极温性微生物。此外,其他微生物如曲霉菌、隐酵母等也能产生木聚糖去侧链酶和木聚糖酶。然而,不同微生物产生的木聚糖酶的活性变异很大,尤其是作为活性蛋白质,对高温、pH值、离子浓度等都比较敏感。因此,弄清楚各种理化条件对木聚糖酶活性的影响,多了解和科学使用各种来源的木聚糖酶显得很有必要。

一、pH 值条件对木聚糖酶活性的影响

不同来源的木聚糖酶都有其最适 pH 值,如与动物体内的 pH 值相近,且酶较高活性时其 pH 值范围较宽,则此木聚糖酶在动物体内可更好地发挥作用。

汪微等(2000)对 4 种酶制剂中木聚糖酶活性进行检测发现,各种酶制剂木聚糖酶最适反应温度为 60~65℃,最适 pH 值为 5.85~6.35,其中 3 种酶在 pH 值低于 3.6 时活性急剧下降。本课题组在 40℃的温度条件,分别在 pH 值为 2.4、2.8、3.2、3.6、4.0、4.4、4.8、5.1、5.4、5.8、6.2、6.6 和 7.0 的 pH 值条件下,测定 6 种不同来源的木聚糖酶的酶活,其中,真菌性木聚糖酶 1#、2#、3# 和细菌性木聚糖酶 4#、5#、6# 分别在 pH 值为 5.8、5.8、6.2、7.0、6.2 和 7.0 时活性达到最高,6 种木聚糖酶在 pH 值 5.4~7.0 都保持较高的活性,相对活性都在 85% 以上,真菌性木聚糖酶 1# 和 2# 在较广泛的 pH 值范围内都保持较高的活性,在 pH 值 3.6 时活性还能达到最高活性的 59%,而其他 4 种木聚糖酶在 pH 值低于 4 时活性则迅速下降(于旭华,2004)。

Makkink 等(1994)报道,猪十二指肠至空肠段小肠 pH 值为 6.4,而鸡十二指肠至空肠段小肠的 pH 值为 5.8~6.0。这说明木聚糖酶发挥作用的场所可能是小肠的十二指肠至空肠段,而在胃中其活性可能很低。

二、温度及制粒环境对木聚糖酶活性的影响

1. 温度对木聚糖酶活性的影响

葛方兰等(2009)从不同地点采集的含木聚糖的土样中初筛出 10 株木聚糖酶产生菌,比较之后,获得一株酶活最高的菌株 *Bacillus* sp. X-18。*Bacillus* sp. X-18 发酵产生的木聚糖酶最适温度为 50℃,在 30～50℃ 范围内,酶活随着反应温度的增加而升高;在 50℃ 达到顶峰后,酶活随着温度的增加而降低,超过 70～80℃,酶活大为下降,90℃ 酶活为零。

我们在 pH 值为 5.3 的条件下,分别在 30、40、50、60、70、80℃ 的温度条件下,测定 3 种真菌和 3 种细菌来源的木聚糖酶的酶活,结果发现:真菌性木聚糖酶 1[#]、2[#] 和细菌性木聚糖酶 4[#]、5[#]、6[#],在 60℃ 的条件下活性最高,真菌性木聚糖酶 3[#] 的最高活性是在 50℃ 的条件下获得的;6 种木聚糖酶在 40℃ 条件的活性为最高活性条件下的 35％～55％;随着反应溶液温度的提高,木聚糖酶的活性迅速下降,在 80℃ 条件下,除了 6[#] 细菌性木聚糖酶外,其他 5 种木聚糖酶的活性都降到 60℃ 条件下活性的 10％ 以下(于旭华,2004)。之后,我们将 5 种木聚糖酶的含水量调至 16％,然后在 75、85、95℃ 的温度条件下分别处理 5 min 和 10 min,立即提取,在 40℃ 的反应温度和 5.3 的 pH 值条件下,测定 5 种不同来源的木聚糖酶的酶活,研究不同湿热条件对木聚糖酶活性的影响。结果发现,在 75℃ 条件下分别处理 5 min 和 10 min 后对 5 种木聚糖酶的酶活影响很小,各种木聚糖酶的酶活均保持在对照组酶活的 85％ 以上,在 85℃ 条件下分别处理 5 min 和 10 min 后各种木聚糖酶的酶活均保持在对照组酶活的 85％ 以上,95℃ 条件下分别处理 5 min 后各种木聚糖酶的酶活保持在 80％ 以上,而 95℃ 条件下分别处理 10 min 后,除细菌性木聚糖酶 6[#] 的活性还保持对照组酶活的 93.43％ 外,真菌性木聚糖酶 1[#]、2[#]、3[#] 和细菌性木聚糖酶 4[#] 的酶活分别降为对照组酶活的 84.78％、78.32％、70.00％ 和 73.11％。

比较而言,真菌性木聚糖酶达到最高酶活的温度比细菌性木聚糖酶低,之后酶活降低的速度也快得多。

2. 木聚糖酶对制粒环境的抗逆性

饲料加工调质过程中温度过高可能会破坏饲料中外源添加酶的活性,但动物生产性能并不是随着饲料加工温度的升高而降低。Silversides 等(1999)试验表明,日粮中木聚糖酶的活性随着饲料加工温度升高而逐渐下降,但随后在 21 日龄肉仔鸡的饲养试验中发现,饲料加工温度为 82℃ 的肉仔鸡生产性能最好,低于或高于 82℃ 的肉仔鸡生产性能都有所降低,然而饲料转化率与饲料中酶活之间的相关性并不显著。Pickford(1992)比较了 3 种商业酶制剂的制粒稳定性,发现在制粒温度为 80℃ 条件下,3 种商品酶制剂在饲料中的存留率分别为 85％、55％ 和 35％。Petterson 等(1997)研究发现,在 85℃ 的制粒条件下,有 2 种木聚糖酶的活性存留率保持在 80％ 以上,即使制粒温度升高至 95℃,其中 1 种热稳定木聚糖酶的活性存留率仍保持在 70％ 以上。

汪儆(2000)报道,各种木聚糖酶在较高温度(65～95℃)下干热处理 10 min,其酶活损失较少,而在 85℃ 湿热处理时间愈长,其酶活损失愈多。我们研究发现:在 75℃ 条件下分别处理

5 min 和 10 min 后,5 种木聚糖酶的酶活变化很小,相对酶活均保持在 85% 以上;在 85℃ 条件下分别处理 5 min 和 10 min,各种木聚糖酶相对酶活亦均保持在 85% 以上;95℃ 条件下分别处理 5 min,各种木聚糖酶相对酶活保持在 80% 以上,而 95℃ 条件下分别处理 10 min 后,除细菌性木聚糖酶 6# 的相对酶活为 93.43% 外,其余真菌性木聚糖酶 1#、2#、3# 和细菌性木聚糖酶 4# 的相对酶活分别为 84.78%、78.32%、70.00% 和 73.11%(于旭华,2004)。

由此来看,大部分木聚糖酶对饲料制粒环境有一定的抗逆性,但不同来源的木聚糖酶其抗逆能力存在不同程度的差异。

三、不同金属离子对木聚糖酶活性的影响

李卫芬等(1999)报道,Mg^{2+} 对木聚糖酶有激活作用,相对酶活为 111.75%,而 Cu^{2+}、Mn^{2+}、Zn^{2+} 和 Ca^{2+} 对木聚糖酶均有不同程度的抑制作用,其中 Mn^{2+} 的抑制作用最强,相对酶活仅为 69.86%,Cu^{2+}、Zn^{2+} 和 Ca^{2+} 对木聚糖酶影响不大,相对酶活都在 80% 以上,Fe^{2+} 对木聚糖酶几乎无影响,相对酶活达 96.81%。葛方兰等(2009)研究表明,金属离子对中 Mn^{2+} 对木聚糖酶的活性有一定的促进作用,而 Cu^{2+}、Zn^{2+} 对酶活有较强的抑制作用,其他金属离子如 Na^+、Ca^{2+}、Fe^{3+} 对酶活影响较小。而胡爱红等(2008)认为,Mg^{2+}、Zn^{2+}、Ca^{2+} 对木聚糖酶活性有促进作用;Cu^{2+}、Na^+、Fe^{2+} 等对木聚糖酶有一定的抑制作用;Fe^{3+}、K^+、Co^{2+} 等对木聚糖酶的活性没有明显的作用。我们在 40℃ 的反应温度和 5.3 的 pH 值条件下,分别在酶溶液中 Cu^{2+}、Fe^{2+}、Mn^{2+}、Zn^{2+} 浓度各 50 $\mu g/mL$,Ca^{2+} 浓度 500 $\mu g/mL$ 和 Cu^{2+}、Fe^{2+}、Mn^{2+}、Zn^{2+} 同时存在,浓度均为 50 $\mu g/mL$ 的条件下,测定 6 种不同来源的木聚糖酶的酶活,结果发现,各种金属离子单独在木聚糖酶溶液中添加对真菌性木聚糖酶 3# 的影响较大,各种金属离子均抑制了真菌性木聚糖酶 3# 的酶活,各种金属离子对其他 2 种真菌性木聚糖酶和 3 种细菌性木聚糖酶的活性影响不大,其中,Cu^{2+}、Fe^{2+}、Mn^{2+} 和 Zn^{2+} 共同存在于木聚糖酶溶液中则降低了各种来源木聚糖酶的活性,真菌性木聚糖酶 1#、2#、3# 和细菌性木聚糖酶 4#、5#、6# 的酶活性分别降为对照组酶活的 54.56%、77.00%、27.30%、38.89%、46.02% 和 37.69%(图 1)(于旭华,2004)。

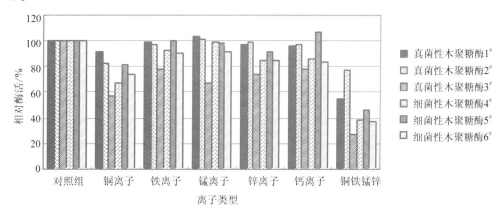

图 1　不同的金属离子对木聚糖酶相对酶活的影响

从上述结果来看，不同来源的木聚糖酶对金属离子的耐受性差异较大，其中 Cu^{2+}、Zn^{2+} 对酶活有一定的抑制作用，而 Mg^{2+} 对木聚糖酶有一定的激活作用。

四、木聚糖酶对动物胃肠道内环境的耐受性

酶制剂本身作为一种具有生物活性的蛋白质，其发挥作用受到动物体消化道环境的影响，而胃中较低 pH 值可能对酶活有很大影响。Thacker(2000)报道，pH 值对 10 种不同来源酶制剂的活性都有很大影响，木聚糖酶在 pH 值为 2.5 的条件下其活性很低，在 pH 值为 3.5 的条件下酶活略有升高，而各种酶的最高酶活时 pH 值为 4.5 或 5.5，由此推测，胃中较低的 pH 值可能影响了酶的活性。

然而，酶在经历了胃中较低 pH 值后进入小肠，小肠 pH 条件比较适合酶发挥作用。为了检验其活力是否可以恢复到进入消化道前的水平，Thacker 等(1992)和 Bass 等(1996)分别体外检验了阿拉伯木聚糖酶和 β-葡聚糖酶等 5 种酶分别在 pH 值为 2.5、3.5、4.5 或 5.5 条件下分别保持 15、30、60、120 min，然后 pH 值分别迅速上升至 5.5，测定结果表明，在 pH 值 2.5 的条件下保持 15 min 后升至 5.5，β-葡聚糖酶的相对酶活为 39%～68%，在 pH 值 2.5 的条件下保持 120 min 后，其相对酶活为 23%～57%；在 pH 值 2.5 的条件下分别保持 15 min 和 120 min 后升至 5.5，木聚糖酶的酶活分别降为原酶活的 12%～79% 和 12%～48%。由此可见，长时间处于较低 pH 值条件下会造成部分酶活丧失。

但是，体外 pH 值稳定性试验仅仅是体内状况的一种模拟，体内情况与体外试验有所不同，体内胃蛋白酶可能会加速酶失活，而饲料中其他成分可能发挥一定的酶保护作用。Thacker 等(1992)在体内检测了酶受肠道内各种因素的影响。他们分别以阿拉伯木聚糖酶和 β-葡聚糖酶进行了拉丁方试验，并选用 6 头阉公猪，在每头猪十二指肠前端插入一"T"型瘘管，这样可以随时检测由胃进入小肠食糜中酶的活性。6 头猪分别饲喂 5 种加酶饲料或对照饲料，连续 3 d 收集公猪采食后 15、30、60、120、240 min 的食糜。结果表明，动物采食 120 min 后 β-葡聚糖酶的活力下降 47%，采食后 240 min 后则降至 28%。然而，木聚糖酶的活性比 β-葡聚糖酶更稳定，在动物采食 120 min 和 240 min 后，食糜中木聚糖酶的活性分别降为原活性的 87% 和 82%，说明木聚糖酶酶活会受到消化道各种因素影响而有所降低，不过在小肠中仍然保持较高的活性。

1. 木聚糖酶对胃蛋白酶的耐受性

木聚糖酶作为活性蛋白质，受到体内胃蛋白酶、胰蛋白酶等降解的威胁。李卫芬等(1999)报道，在 1 mg/mL 胃蛋白酶的条件下分别作用 0.5、1、2、3、4、5 h 后，木聚糖酶活性分别降为起始酶活的 74.00%、64.00%、46.49%、35.49%、24.49%、15.00%。2004 年，我们选取 1 种代表性真菌性木聚糖酶和 1 种细菌性木聚糖酶同胃蛋白酶反应 15、30、60 min 后，在 40℃ 的反应温度和 5.3 的 pH 值条件下，测定 2 种不同来源的木聚糖酶的酶活，结果发现，真菌性木聚糖酶和细菌性木聚糖酶在反应体系中胃蛋白酶的浓度为 200 U/mL 的条件下反应 15、30、60 min 后，木聚糖酶活性都有比较大幅度的下降，真菌性木聚糖酶活性分别降为原来的 28.09%、

15.36％和6.87％,细菌性木聚糖酶活性分别降为原来的29.23％、14.64％和10.24％;进一步对样品反应液进行 SDS-PAGE 凝胶电泳,结果发现,随着与胃蛋白酶反应时间的延长,真菌性木聚糖酶和细菌性木聚糖酶的电泳结果相似,即降解程度提高,在反应15 min后,木聚糖酶的电泳带还可以见到,当反应时间30 min和60 min后,则看不到明显的蛋白电泳带(于旭华,2004)。

2. 木聚糖酶对胰蛋白酶的耐受性

李卫芬等(1999)报道,在1 mg/mL胰蛋白酶的条件下分别作用0.5、1、2、3、4、5 h后,木聚糖酶活性分别降为原来活性的98.18％、91.46％、86.89％、86.28％、72.86％、61.89％。2004年,我们选取1种代表性真菌性木聚糖酶和1种细菌性木聚糖酶同胰蛋白酶反应15、30、60 min后,在40℃的反应温度和5.3的 pH 值条件下,测定2种不同来源的木聚糖酶的酶活,结果发现,木聚糖酶在反应体系中胰蛋白酶的浓度为200 U/mL的条件下分别反应15、30、60 min后,真菌性木聚糖酶活性分别降为原来的96.75％、87.21％、82.32％,细菌性木聚糖酶则分别降为原来的98.56％、87.76％、84.23％,均保持在80％以上;进一步对样品反应液进行 SDS-PAGE 凝胶电泳,结果发现,在反应15、30、60 min后,真菌性木聚糖酶和细菌性木聚糖酶的电泳带还可以清晰见到,说明随着与胰蛋白酶反应时间的延长,木聚糖酶的降解不明显(于旭华,2004)。

国内外研究表明,细菌性木聚糖酶对内源蛋白酶及其他酶制剂的影响不太敏感,仍然可以保留较高的活性(Debyser,1999;苏纯阳等,2004)。

五、结语

木聚糖酶的酶活会受到体内外各种因素的影响。在制粒条件下,木聚糖酶仍然具有较高的酶活,因此笔者推测,在制粒过程中存在满足酶发挥作用的各种条件时,木聚糖酶可能降解了部分木聚糖,从而改善饲料营养特性。此外,肠道内环境复杂,它对木聚糖酶酶活作用也较为复杂,可能同时存在酶的各种保护和破坏因素。为了提高木聚糖酶的抗逆性,我们可以采取酶制剂后处理技术(如包被、后喷涂等),或者通过基因工程技术、诱变选育技术提高木聚糖酶的抗逆性。

参考文献

[1] 葛方兰,李维,黄敏,等.2009.木聚糖酶产生菌的筛选与部分酶学特性的研究[J].四川师范大学学报(自然科学版),32(3):347-349.

[2] 胡爱红,陈丽芝,史宝军,等.2008.重组毕赤酵母产木聚糖酶酶学性质的研究[J].湖南农业大学学报(自然科学版),34(1):22-24.

[3] 李卫芬,孙建义,许梓荣,等.1999.木聚糖酶的稳定性研究[J].云南农业大学学报,3(14):

250-253.

［4］苏纯阳,程学慧,刘涛,等.2004.新一代饲用酶制剂——细菌性木聚糖酶［J］.饲料广角,12:41-43.

［5］汪儆,雷祖玉,冯学琴,等.2000.饲用酶制剂中木聚糖酶的测定方法及其活性影响因素的研究［J］.饲料研究,3:1-4.

［6］于旭华.2004.真菌性和细菌性木聚糖酶对肉鸡生长性能的影响及机理研究［D］.华南农业大学博士学位论文.

［7］Debyser W. 1999. Arabinoxylan solubilisation during the production of Belgian white beer and a novel class of wheat proteins that inhibit endoxylanases［D］. Ph D thesis. Leuven,Belgium: Katholieke Universiteit.

［8］Petterson D,Rasmussen P B. 1997. Improved heat stability of xylanase［C］//Proceedings of the Australian Poultry Science symposium. Australian Poultry Science,Sydney:119-121.

［9］Pickford J R. 1992. Effect of processing on the stability of heat labile nutrients animal feeds［C］//Garnsworthy P C,Haresign W,Cole J A(eds). Advances in animal nutrition. Butterworth Heinemann,Nottingham:177-192.

［10］Silversides F G,Bedford M R. 1999. Effect of pelleting temperature on the recovery and efficiency of a xylanase enzyme in wheat based diets［J］. Poultry Science,78:1184-1190.

［11］Thacker P A,Campbell G L,Groot-Wassink J. 1992. The effect of organic acids and enzymes supplementation on the performance of pigs fed barley-based diets［J］. Canadian Journal of Animal Science,72:395-402.

［12］Thacker P A. 2000. Recent advances in the use of enzymes with special reference to β-glucanases and pentosanases in swine rations［J］. Asian-Australian Journal of Animal Science,13:376-385.

纤维素酶的来源、组成及水解纤维素的机理

1906 年,Seilliere 首次在蜗牛的消化液中发现了能分解天然纤维素的纤维素酶。1945 年又在微生物中发现了此酶。到了 20 世纪六七十年代,科学家们针对世界人口猛增的形势,开始研究用纤维素酶使纤维素转化为食物,生产单细胞蛋白。第二次世界大战后,前苏联每年用于饲料的单细胞蛋白高达 200 万 t。进入 20 世纪 90 年代,世界范围的能源枯竭和环境污染日益严重,纤维素酶的研究重点又转变为开辟新能源及防止废纤维污染。有人将纤维素酶的研究分为三个阶段(阎伯旭等,1999):第一阶段是 20 世纪 80 年代前,主要利用生物化学的方法对其进行分离纯化;第二阶段是 1980—1988 年期间,主要利用基因工程的方法对酶的基因进行克隆和一级结构的测定;第三阶段是 1988 年至今,主要利用结构生物学及蛋白质工程的方法对纤维素酶分子结构及功能进行研究。

纤维素酶类作为饲用添加剂,国外从 20 世纪 70 年代起开始对其进行较为系统的研究。由于纤维素酶的活性不高,用量过大,来源有限,致使生产成本过高而应用受到限制。20 世纪 80 年代后期,由于酶的生产技术和菌种筛选、分子生物学的发展及生物技术取得了突破性进展,酶的活力单位提高,单位酶活力的生产成本不断下降,纤维素酶的应用研究才得以迅速展开,从而使其在饲料中的应用出现了新的前景。

一、饲粮中的纤维素

植物性饲料细胞壁由纤维素、半纤维素和木质素等相互连接构成。纤维素分子是由吡喃型 D-葡萄糖残基以 β-1,4-糖苷键连接形成的具有复杂结构的结晶分子。纤维素在结构上分为结晶区域和无定形区域。在结晶区域,纤维素分子链平行排列,排列紧密,密度大。无定形区域纤维素分子链排列松散,空隙大,密度小,定向性也较差。结晶程度对纤维素的水解影响很大。结晶度高的区域分子间空隙小,生物大分子很难介入。半纤维素由胶质、木聚糖、葡聚

糖及其类似物构成。而木质素是由一系列相似的有机物组成,包括甲基化合物和芳香类化合物,同时它的碳氧比要高于其他碳水化合物。饲粮的消化率与纤维素的组成和含量有关,表 1 列出了一些常见饲料原料中纤维素含量和组成。侯先志等(1999)通过对试验羊连续 156 次消化代谢试验的研究结果表明,酸性洗涤纤维和中性洗涤纤维消化率均高于酸性洗涤木质素。单胃动物消化纤维素能力较低,只有在后段肠道微生物酶作用下将纤维素部分分解为挥发性脂肪酸而被机体吸收。纤维素本身不易被消化,同时还阻碍内源酶与饲料细胞内容物充分接触和混合,降低了营养物质的消化率和吸收率。因此,饲粮中粗纤维水平不宜过高,猪饲粮中通常不超过 8%,鸡饲粮中通常低于 5%,而反刍动物对纤维的消化能力较强,可供给粗纤维较高的饲粮。

表 1　部分常见饲料原料中纤维素含量　　　　　　　　　　　　　　　%

饲料原料	干物质	粗蛋白	中性洗涤纤维	酸性洗涤纤维	非纤维碳水化合物
玉米	87.20	10.52	12.99	2.07	70.45
玉米	85.24	9.46	11.36	2.35	70.49
玉米	85.54	8.64	11.94	2.49	74.18
小麦麸	87.22	19.21	41.06	11.50	31.07
小麦麸	87.00	16.86	46.04	16.65	27.94
豆粕	87.52	51.37	15.84	9.17	25.19
豆粕	87.91	49.77	18.09	8.80	24.07
DDGS	96.3	30.0	38.3	13.7	16.6
棉粕	87.0	32.6	51.7	33.5	1.8

资料来源:戈新等,2006。

二、纤维素酶的来源

纤维素酶是能将纤维素水解成葡萄糖的一组酶的总称,来源广泛,主要包括微生物来源、植物来源和动物来源纤维素酶。

1. 微生物来源的纤维素酶

能分泌纤维素酶的微生物主要有霉菌、担子菌等真菌,也包括细菌、放线菌和一些原生动物。目前,人们研究的纤维素酶主要来自于细菌和丝状真菌(Wood,1992;Bhat 和 Bhat,1997)。细菌主要有纤维黏菌、生孢纤维黏菌和纤维杆菌等,但由于细菌分泌的纤维素酶量少(低于 0.1 g/L),同时产生的酶属胞内酶或者吸附于细胞壁上,故很少用细菌作纤维素酶的生产菌种。丝状真菌则能较大量地产生纤维素酶,且能分泌到细胞外,属胞外酶,这有利于酶的提取。

利用微生物生产纤维素酶的研究开展较早。早期许多研究集中在利用绿色木霉(Trichoderma viride)、康氏木霉(Trichoderma koningi)、青霉(Penicillium pinophilum)等嗜温

好氧真菌产纤维素酶(Coughlan 和 Ljungdahl,1988)。对纤维素作用较强的菌株多是木霉属
(*Trichoderma*)、青霉属(*Penicillium*)、曲霉属(*Aspergillus*)和枝顶孢霉属(*Acremonium*)等
的菌株,特别是绿色木霉(*Trichoderma viride*)及其近缘的菌株(Claeyssens 等,1998)。目前
饲用纤维素酶主要来源于绿色木霉、李氏木霉、根霉、青霉、嗜纤细菌、侧孢菌等,其中绿色木霉
应用最为广泛。

2. 植物来源的纤维素酶

植物可以产生纤维素酶的观点早已被人们所认识和接受。在植物中,纤维素酶在植物发
育的不同阶段发挥着水解细胞壁的作用,如果实成熟、蒂柄脱落等过程。柴国花等(2006)采用
RT-PCR 检测培养 4 周的大豆幼苗的 5 个不同组织:嫩叶、老叶、茎、离层和根,测得脱落纤维
素酶基因的表达量互不相同,离层中表达量最高,茎中表达量最低。同时选取表达量最高的离
层作为逆境处理材料,分别用高温、干旱、盐处理不同时间后,检测脱落纤维素酶基因的时间表
达模式,结果表明:3 种逆境条件下,脱落纤维素酶基因的时间表达模式各不相同,但总的来
说,高温能抑制脱落纤维素酶基因的表达,干旱和盐都能促进脱落纤维素酶基因的表达。目前
关于谷物性饲料中是否存在纤维素酶及其对畜禽消化影响的研究并不多见,对植物源纤维素
酶的酶活及其调控研究将有助于研究植物源和微生物源纤维素酶的差异并进一步开发高效纤
维素酶菌种。

3. 动物来源的纤维素酶

动物来源纤维素酶包括在动物消化道内寄生微生物分泌的纤维素酶和动物自身分泌的纤
维素酶。反刍动物依靠瘤胃微生物可消化纤维素,因此可以利用瘤胃液获得纤维素酶的粗酶
制剂。张晓华等(1995)报道了一个厌氧中温分解纤维素的瘤胃梭菌新种。Nakashima 等
(2000)从白蚁体内分离到一种相对分子质量为 48 000 的内切 β-1,4-葡聚糖酶。王骥(2003)
从福寿螺体内分离得到一种同时具有外切 β-1,4-葡聚糖酶、内切 β-1,4-葡聚糖酶和内切 β-1,
4-木聚糖酶 3 种酶活性,相对分子质量为 41 500 的多功能纤维素酶,同时在福寿螺的卵母细胞
中获得了编码该酶的基因。上述研究证实动物自身可分泌内源性纤维素酶,这可能是动物在
进化过程中对自然环境的适应性选择,对高等动物猪、鸡等而言自身分泌的纤维素酶有限。

4. 液体发酵产纤维素酶

液体发酵的突出优点是便于控制污染,尤其是目前常用的液体深层发酵技术,另外就是产
生的纤维素酶纯度高、便于浓缩成高浓度的产品。液体发酵节省劳动力、适合于大规模工业化
生产,但大规模生产时,发酵罐的搅拌桨不停地搅拌耗能是相当巨大的。液体发酵的培养周期
长,至少长达 7~8 d,更多的长达 11 d 以上(丹尼尔等,1984)。

5.固体发酵产纤维素酶

固体发酵的基本流程是:菌种平板→摇瓶→种曲→固体发酵。固体发酵产纤维素酶的特点是:由于发酵条件更接近自然环境状态下的微生物生长习性,使得其产生的酶系更全面,有利于降解天然纤维素;在设备、耗能、投资、生产成本方面国内外许多工厂的建立已说明比液体发酵优越得多;固体发酵不需搅拌,培养周期短,只培养 3 d,且在不含游离水的条件下培养,水分为 75%。但是,固体发酵比液体发酵较难控制污染,不过随着近几年技术发展,固体发酵污染相对较难控制的问题,已得到很大的改进。

我们在 2004 年的研究中分别选择了 1 种固体发酵纤维素酶和 2 种液体发酵纤维素酶,均来源于真菌。比较而言,固体发酵获得 CMCase 活力较高,但总的 FPase 反而液体发酵较高;此外,液体发酵来源纤维素酶具有比固体发酵更好的稳定性,表现在抗逆性和热稳定性等方面(黄燕华,2004)。

三、纤维素酶高产菌种的选育

随着生物技术的发展,饲用纤维素酶的来源不断拓宽,产酶菌种日益增多。迄今为止,人们已从 40 多种细菌和数种真菌中克隆到了纤维素酶基因,同时构建了这些酶的基因文库,并已在大肠杆菌和酵母中获得了其中一些酶基因的表达产物。利用基因工程手段对纤维素酶编码基因进行改造,可使其所表达纤维素酶活性提高和耐受性增强。将已克隆到的基因同高效表达基因的启动子和染色体起始位点融合表达可使酶蛋白表达量增加。巴斯德研究所利用热纤梭菌提供的基因来源,通过定点突变技术,在大肠杆菌中表达纤维素酶基因时,得到了一种新的纤维素酶。已有研究者从嗜温微生物中发现了多种耐高温的纤维素酶,并对它们的结构和热稳定性展开了研究(Antranikian,1994),这将为纤维素酶基因的分子改造提供理论依据。另外,由于木霉属中李氏木霉和黑曲霉产纤维素酶的能力较强,艾云灿等(1997)通过改良常规方法成功地获得了两属间具有纤维素酶系杂种优势的稳定重组单体 ATH-1376,从而为降低产酶或菌体培养成本提供了新的途径。

对已知纤维素酶菌种进行诱变也是获得纤维素酶高产菌株的有效途径。1971 年 Mandels 等通过绿色木霉 QM6a 诱变获得了 QM9123,其活力提高了一倍。1973 年苏联报道,绿色木霉以硫酸二乙酯为诱变剂,可提高生产纤维素酶的能力。上海植生所纤维素酶组以野生木霉 As3.3002 和拟康氏木霉为出发菌株,经物理、化学因子诱变,获得了高活力菌株 Ea3-867 和 N2-78。中国科学院微生物研究所纤维素酶组获得了康氏木霉的白色变种 As3.4290 和 As3.4001、康氏木霉 CP-8329 等(崔福等,1995)。

四、纤维素酶的组成及其分子结构与功能

纤维素酶是指所有参与降解纤维素最终使其转化为葡萄糖的各种酶的总称。它是一类复

杂的混合物,故而又被称为纤维素酶系(cellulase system)。从广义的角度分,纤维素酶系包括水解酶类、氧化酶类和磷酸化酶类(Willian 和 Catherine,1990),包括有苯醌脱氧酶(quinone-dehydrogenase;EC 1.1.5.1)、纤维二糖氧化酶/氢化酶(cellobioseoxidase/hydrogenase;EC 3.2.1.4)、乳酸酶(lactonase;EC 3.1.1.17)、内切葡聚糖酶(endoglucanase;EC 3.2.1.4)、β-葡萄糖苷酶(β-glucosidase;EC 3.2.1.21)、外切葡萄糖水解酶/外切葡聚糖酶(exoglucanase/ex-oglucohydrolase;EC 3.2.1.74)、纤维二糖水解酶(cellobiohydrolase;EC 3.2.1.91)、纤维二糖磷酸化酶(cellobiosephosphorylase;EC 2.4.1.20)、纤维糊精磷酸化酶(cellodextrinphospho-rylase;EC 2.4.1.49)和纤维二糖差向异构酶(cellobioseepimerase;EC 5.1.3.11)。从狭义的角度来分,一般将其分为三类:①内切 β-葡聚糖酶,简称 E 或称 C1 纤维素酶,所有纤维素分解菌均能产生此酶,它作用于纤维素分子内部的结晶区,从高分子聚合物内部任意切开 β-1,4-糖苷键,产生带非还原性末端的小分子纤维素;②外切 β-葡聚糖酶,简称 CBH 或称 Cx 纤维素酶,此酶广泛存在于丝状真菌中,可降解无定形纤维素,将短链的非还原性末端纤维二糖残基逐个切下;③β-葡萄糖苷酶,简称 BG 或称纤维二糖酶,此酶广泛存在于微生物中,将纤维二糖水解成葡萄糖分子(Reese 等,1950;Berghem 和 Pettersson,1973;Ryu 和 Mandels,1980)。不同来源的纤维素酶,其内、外切酶的含量、种类比例和活性大小都有很大差别。一个完整的纤维素酶系,通常含有作用方式不同而又能相互协同催化水解纤维素的三类酶。

近些年来,人们针对纤维素酶分子结构的研究取得了较大进展。目前,一级结构已经被分析确定的纤维素酶至少有 20 种(Beguin 和 Millet,1988),通过比较分析,人们发现许多不同纤维素酶间表现出一定的同源性(homology,也称保守性)。在真菌来源的 *T. reesei* EⅠ 和 CBHⅠ 的 C 末端与 EⅢ 和 CBHⅡ 的 N 末端均含一段约 35 个氨基酸残基的保守区域,它们之间同源性达 70%。位于保守区域前面的是富含羟基氨基酸和脯氨酸的序列。研究表明,作用于同一底物的酶尽管它们在一级结构上无同源性或同源程度很低,但在三级结构上仍可能表现出较大同源性。

纤维素酶分子均具有相似的结构,由催化结构域(catalytic domains,CD)、纤维素结合域(cellulose-binding domains,CBD)和连接桥(linker)三部分组成(阎伯旭等,1999)。催化结构域体现酶的催化活性和对特定水溶性底物的特异性。不同来源纤维素酶催化结构域的大小基本一致。内切酶的活性位点位于一个开放的裂口(cleft)中,它可结合在纤维素链的任何部位并切断纤维素链。外切酶的活性位点位于一个长环状通道中,它只能从纤维素链的非还原性末端切下纤维二糖。纤维素结合域位于纤维素酶肽链氨基端或羧基端,通过连接桥与催化域相连。推测 CBD 可能通过芳香环与葡萄糖环的堆积力吸附到纤维素上,由 CBD 上其余氢键形成的残基与相邻葡萄糖链结合之后从纤维素表面脱离开来,以利于催化区的水解作用(Linder 等,1995)。但有些纤维素酶没有 CBD,如热纤梭菌纤维素酶是依靠纤维小体(celluo-some)吸附纤维素的。连接桥主要是保持 CD 和 CBD 之间的距离,也可能有助于不同酶分子间形成较稳定的聚集体。细菌纤维素酶的连接桥富含脯氨酸、苏氨酸,而真菌纤维素酶的连接桥富含甘氨酸、丝氨酸和苏氨酸。

绝大多数真菌(如 *T. reesei*)和一些细菌(如 *C. fimi*)所产生的纤维素酶为糖蛋白,而糖基化的程度取决于酶和菌的种类,范围从极小到约为酶重的 90%。到目前的一些研究表明,糖基化在稳定蛋白质构象、提高热稳定性、抵抗蛋白酶降解或变性以及促进酶分泌和底物识别方面均有一定作用(Murphy 等,1985)。

五、纤维素酶降解纤维素的机理

关于纤维素酶降解纤维素作用机制的假说很多,在对纤维素酶各组分间作用顺序和部位及协同作用的分子学机理等方面的假说存有较大异议,但对于各组分间存有很强的协同作用及部分单一组分酶的水解效果具有一定的共识。

1950 年,Reese 等提出了由于天然纤维素的特异性而必须以不同的酶协同作用才能分解的 C1-Cx 假说。这个假说认为:当纤维素酶作用时,首先 C1 酶(内切葡聚糖酶)首先作用于纤维素结晶区,使其转变成可被 Cx 酶(外切葡聚糖酶)作用的非结晶区,Cx 酶随机水解非结晶区纤维素,然后 β-1,4-葡萄糖苷酶将纤维二糖水解成葡萄糖。Wood(1985)在研究木霉(*Trichoderma reesei*)、青霉(*Penicillium funiculosumde*)的纤维素酶水解纤维素时,发现培养液中的两种外切酶在液化微晶纤维素和棉纤维时具有协同作用。Kanda 等(1976)还发现了只是对可溶性纤维素进攻方式不同的两种内切葡萄糖苷酶在结晶纤维素的水解过程中也具有协同作用。协同作用一般认为是内切纤维素酶首先进攻纤维素的结晶区,形成外切纤维素酶需要的新的游离末端,然后外切纤维素酶从多糖链的非还原性末端切下纤维二糖单位,β-葡萄糖苷酶再水解纤维二糖单位,形成葡萄糖。一般来说,协同作用与酶解底物的结晶度成正比,当酶组分的混合比例与霉菌发酵滤液中各组分比相近时,协同作用最大,不同菌源的内切与外切酶之间也具有协同作用(Henrissat 等,1995)。目前最易接受的酶水解机理为(Wood 等,1989):

但是,根据 Pettersson 等(1969)报道,在水解天然纤维素过程中,起关键作用的实际上是外切葡聚糖酶(Cx),并提出天然纤维素的水解是从内切型的 β-1,4-葡聚糖酶(C1)开始的。C1 酶首先在微纤维上一些特定的薄弱位置把纤维素分子链打开,C1 酶接着深入到纤维素分子链把氢键断开,这样,就使一段段的纤维断片从微纤维上脱落下来,脱落的纤维素断片再经 Cx 和 β-葡萄糖苷酶作用,形成葡萄糖。此外,Mandels 等(1964)作了如下推测,认为首先由 C1 和 Cx 酶形成的复合体,共同对纤维素进行水解,生成物放出时复合物解离,然后一个酶单独吸附到纤维素上,这种酶就不再有活性了。

近年来,应用凝胶过滤、离子交换层析、凝胶电泳以及等电聚焦等生化分离分析手段,发现纤维素酶非常复杂。研究发现,内切葡聚糖酶、外切葡聚糖酶及 β-葡萄糖苷酶均存在 2~4 个同功酶,对于这些同功酶的功能,目前尚未有明确的阐述。

六、结语

植物性饲粮中含有大量的纤维素,这降低了缺乏内源性纤维素酶的畜禽对饲粮的消化吸收。纤维素酶来源有微生物、植物和动物自身分泌,目前商业化纤维素酶以微生物来源为主,通过研究植物性和动物性纤维素酶对研究开发高效纤维素酶有帮助。随着生物技术的发展，通过基因工程和理化诱变技术可获得纤维素酶高产菌株。不同来源纤维素酶理化性质差异较大，应选择适宜畜禽胃肠道条件需要的纤维素酶，尽可能地发挥纤维素酶在畜禽生产中的巨大潜力。总的来说，纤维素是一种丰富的自然资源，筛选纤维素酶高产菌株和研究不同来源纤维素酶的理化特性对人类可持续发展具有十分重要的意义。

参考文献

[1] 艾云灿.1997.曲霉与木霉属间融合重组单倍体 ATH-1376 的动力学杂种优势[J].生物工程学报,13(3):244-245.

[2] 崔福,刘菡,韩辉.1995.康宁木霉 CP88329 纤维素酶产生条件的研究[J].微生物学通报,22(2):72-76.

[3] (美)丹尼尔,等.1984.发酵与酶工艺学[M].福州:福建科学技术出版社,56-185.

[4] 傅力,丁友昉,古丽娜孜,等.2000a.微量元素对里氏木霉 DWC-5 产纤维素酶的影响[J].新疆农业大学学报,23(2):49-51.

[5] 傅力,丁友昉,张篦.2000b.纤维素酶测定方法的研究[J].新疆农业大学学报,23(2):45-48.

[6] 戈新,王建华,汪文鑫,等.2006.青岛地区奶牛饲料原料成分及营养价值数据库[J].中国奶牛,6:16-20.

[7] 侯先志,陈志伟,赵志恭,等.1999.营养限制持续时间对粗纤维、中性洗涤纤维、酸性洗涤纤维、酸性洗涤木质素消化率的影响[J].动物营养学报,11:191-194.

[8] 黄燕华.2004.不同来源纤维素酶在肉鹅高纤维日粮中的应用及其作用机理的研究[D].华南农业大学博士学位论文.

[9] 陆文清,李德发,李雪峰.2001.固态发酵饲用纤维素酶活力的测定分析[J].饲料研究,12:3-5.

[10] 阎伯旭,齐飞,张颖舒,等.1999.纤维素酶分子结构和功能的研究进展[J].生物化学与生物物理进展,26(3):233-235.

[11] 张晓华,谭蓓英,刘敏雄.1995.一个分解纤维素的瘤胃梭菌新种[J].微生物学报,35(6):397-399.

[12] Antranikian G. 1994. Extreme thermophilic and hyperthermophilic microorganisms and their enzymes[C]// Advanced workshops in biotechnology on 'extremophilic microorganisms'. NTUA, Athens, Greece:1-30.

[13] Beguin P，Millet J. 1988. The cellulase (cellulose degradation)genes of *Clostridium thermocellum*[M]//Aubert J-P，Beguin P，Millet J(eds). Biochemistry and genetics of cellulose degradation. London：Academic Press，267.

[14] Berghem L E R, Pettersson L G. 1973. The mechanism of enzymatic cellulose degradation[J]. European Journal of Biochemistry，27：21-30.

[15] Bhat M K,Bhat S. 1997. Cellulose degrading enzymes and their potential industrial ap-

plications[J]. Biotechnology Advances，15：583-620.

[16] Bhat M K，Gaikwad J S，Maheshwari R. 1993. Purification and characterisation of an extracellular β-glucosidase from the thermophilic fungus *Sporotrichum thermophile* and its influence on cellulase activity[J]. Journal of General Microbiology，139：2825-2832.

[17] Coughlan M P，Ljungdahl L G. 1988. Comparative biochemistry of fungal and bacterial celluloytic enzyme systems[C]//Aubert J-P，Beguin P，Millet J(eds). Biochemistry and genetics of cellulose degradation：FEMS Symposium No. 43. London：Academic Press，11-30.

[18] Fägerstam L T，Pettersson L G. 1980. The 1，4-β-glucan cellobiohydrolases of *Trichoderma reesei* QM 9414：a new type of cellulolytic synergism[J]. FEBS Letters，119（1）：97-100.

[19] Headon D R，Walsh G A. 1993. Activity analysis of enzymes under field conditions[C]// Wenk C，Boessinger M(eds). Proceedings of the first symposium on enzymes in animal nutrition. Kartause Ittingen，Thurgau，Switzerland：233-240.

[20] Henrissat B，Callebaut I，Fabrega S，et al. 1995. Conserved catalytic machinery and the prediction of a common fold for several families of glycosyl hydrolases[J]. Proceedings of the National Academy of Science of the United States of America，92（15）：7090-7094.

[21] Kanda T，Wakabayashi K，Nisizawa K. 1976. Synergistic action of two different types of endo-cellulase components from *Irpex lacteus*（*Polyporus tulipiferae*）in the hydrolysis of some insoluble celluloses[J]. The Journal of Biochemistry，79（5）：997-1006.

[22] Linder M，Lindeberg G，Reinikainen T，et al. 1995. Identification of functionally important amino acids in the cellulose-binding domain of *Trichoderma reesei* cellobiohydrolase I[J]. Protein Science，4(6)：1056-1064.

[23] Mandels M，Reese E. 1964. Fungal cellulases and the microbial decomposition of cellulosic fabric[C]//Deveopments in industrial microbiol：Vol 5. American Institute of Biological Sciences，Washington：5-20.

[24] Murphy-Holland K，Eveleigh D. 1985. Secretion activity and stability of deglycosylated cellulase of *Trichoderma reesei*-gene cloning[C]//Abstracts 85th American Society for microbiology. American Society of Microbiology，Washington D C：K-130.

[25] Nakashima K，Azuma J. 2000. Distribution and properties of endo β-1,4-glucanase from a lower termite，*Coptotermes formosanus*（Shiraki）[J]. Biosci Biotechnol Biochem，64（7）：1500-1506.

[26] Pettersson G. 1969. Studies on celluloytic enzymes. VI. Specificity and mode of action on different substrates of a cellulase from *Penicillium notatum*[J]. Archives of Biochemistry and Biophysics，130(1)：286-294.

[27] Reese E T，Sui R G，Levinson H S. 1950. The biological degradation of soluble cellulose derivatives and its relationship of cellulose hydrolysis[J]. The Journal of Bacteriol-

ogy，59：485-497.

[28] Ryu D D Y，Mandels M. 1980. Cellulases：biosynthesis and applications[J]. Enzyme and Microbial Technology，2：91-102.

[29] Spring P，Newman K E，Wenk C，et al. 1996. Effect of pelleting temperature on the activity of different enzymes[J]. Poultry Science，75：357-361.

[30] Wang J I. 2003. Isolation of a mutifunctional endogenous cellulose gene from mollusc，*Ampullaria crossean*[J]. Acta Biochemica et Biophisica Sinica，35(10)：941-946.

[31] White W B，Bird H R，Sunde M L，et al. 1981. The viscosity interaction of barley betaglucan with *Trichoderma viridae* cellulase in the chick intestine[J]. Poultry Science，60：1043-1048.

[32] Willian M，Catherine T. 1990. Microbial enzyme and biotechnology[M]. 2nd ed. Northern Ireland：The Universities Press，7-8，13-14.

[33] Wood T M，Bhat K M. 1988. Methods for measuring cellulase activities[M]//Wood W A，Kellogg S T(eds). Methods in enzymology：Vol 160. London：Academic Press，87-112.

[34] Wood，T M，McCrae S I，Bhat K M. 1989. The mechanism of fungal cellulase action：synergism between enzyme components of *Penicillium pinophilum* cellulase in solubilizing hydrogen bond-ordered cellulose[J]. Biochemical Journal，260：37-43.

[35] Wood T M. 1985. Properties of cellulolytic enzyme systems[J]. Biochemical Society Transactions，13：407-410.

[36] Wood T M. 1988. Preparation of crystalline，amorphous，and dyed cellulase substrates [M]//Wood W A，Kellogg S T(eds) Methods in enzymology：Vol 160. London：Academic Press，19-25.

[37] Wood T M. 1992. Microbial enzymes involved in the degradation of the cellulose component of plant cell walls[R]//Rowett Research Institute Annunal Report. 10-24.

纤维素酶主要理化性质及影响其活性的因素

纤维素是自然界中最丰富的可再生有机资源,但绝大多数的纤维素尚未被利用或未被合理地利用,从而造成了资源和能源的巨大浪费。纤维素酶是酶的一种,在分解纤维素时起生物催化作用。纤维素酶广泛存在于自然界的生物体中,细菌、真菌、动物体内等均能产生纤维素酶。目前用于生产的纤维素酶一般来自于真菌,比较典型的有木霉属(*Trichoderma*)、曲霉属(*Aspergillus*)和青霉属(*Penicillium*)。分析纤维素酶酶活的影响因素,对选择适宜的纤维素酶及合理应用纤维素酶具有重要的参考意义。

一、纤维素酶的主要理化性质

1. 相对分子质量

不同微生物产生的纤维素酶相对分子质量差异很大,即使同一酶系中三类酶也有较大差异,其分子大小变化范围很广(Willian 和 Catherine,1990)。大多数真菌纤维素酶的内切葡聚糖酶(endoglucanases)和外切葡聚糖酶(exoglucanases)相对分子质量在 20 000~100 000,而 β-葡萄糖苷酶的相对分子质量在 50 000~300 000,但纤维黏菌内切型酶的相对分子质量小至 6 300,蚕豆腐皮镰孢 β-葡萄糖苷酶的相对分子质量高达 400 000(Coughlan 和 Ljungdahl,1988;Bhat 等,1993)。

2. 等电点

纤维素酶中各组分的等电点随着菌种来源、培养条件的变化而差别较大。以棘孢曲霉为例,液体培养时各酶组分的等电点(pI)在 3.5~5.0 之间,但固体麸皮培养产生的酶组分,在等电聚焦电泳时,可以散布在两性电解质载体 3.5～10 的整个 pH 跨度上(孟雷等,2002)。一般认为,木霉属真菌产的 CBHⅠ的 pI 值约为 4.2,CBHⅡ的 pI 值约为 5.9,真菌 EⅠ的 pI 值约为 4.7,EⅢ的 pI 值为 4.8～5.6(也有报道约为 7.47),BG 的 pI 值为 7.5～8.5(陈丽莉,2008)。

3.最适作用 pH 和温度

一般真菌纤维素酶的最适作用 pH 值在 4.0～6.0 之间,而细菌纤维素酶的最适 pH 值为 6.0～7.0(Wood,1985)。饲用纤维素酶多为真菌来源的酸性酶,造纸和洗涤剂工业则要求在碱性条件下保持较高活性的纤维素酶。来源于嗜温真菌和细菌的内切葡聚糖酶、外切葡聚糖酶和 β-葡萄糖苷酶的最适作用温度在 40～55℃ 之间(Wood 和 Bhat,1988),而来源于耐热和超耐热微生物的纤维素酶最适作用温度分别为 60～80℃ 和 90～110℃(Antranikian,1994)。

我们在 2004 年时,选择 3 种不同来源的纤维素酶,即木霉固体发酵纤维素酶、木霉液体发酵纤维素酶及青霉液体发酵纤维素酶,木霉固体发酵纤维素酶和青霉液体发酵纤维素酶的 CMCase 最适作用 pH 相同,均为 5.0,木霉液体发酵纤维素酶 CMCase 的最适作用 pH 为 4.6;木霉固体发酵纤维素酶和青霉液体发酵纤维素酶的 FPase 的最适作用 pH 也相同,为 4.6,而木霉液体发酵纤维素酶 FPase 的最适作用 pH 为 5.0;三种酶的 CMCase 和 FPase 最适作用温度均为 60℃;在猪和家禽的消化道环境 pH 条件下,青霉液体发酵纤维素酶的稳定性最好,其次是木霉液体发酵纤维素酶,木霉固体发酵纤维素酶稳定性较差。热稳定性则是木霉液体发酵纤维素酶最好(黄燕华,2004)。

4.酶学活性

里氏木霉和绿色木霉产的纤维素酶系中,以 CBH 酶活最高和 BG 酶活最低。与之相反,由黑曲霉产的纤维素酶系中,BG 酶活很高,而 CBH 酶活极低(戴四发等,2001)。即使是来源于同一个微生物品种,由于选择的菌株以及生长的底物、培养条件的不同,所产酶的类型及活力也会有很大变化(Considine 和 Coughlan,1989;Gashe,1992)。我们选取木霉固体发酵纤维素酶、木霉液体发酵纤维素酶和青霉液体发酵纤维素酶进行活性测定,结果在 pH 4.8,温度 50℃ 条件下,3 种纤维素酶的 CMCase 活力依次为 2 061、1 869、1 182 U/g,FPase 活力依次为 48、82、56 U/g(黄燕华,2004)。

二、影响纤维素酶活性的因素

许多试验表明,畜禽日粮中添加纤维素酶,可改善饲料利用效率,但也有报道日粮中添加酶制剂未见明显效果(Theurer 等,1963;Lewis 等,1996),甚至有人报道,日粮中添加酶制剂降低了生产性能(Perry 等,1966)。酶制剂应用效果出现较大的差异,是因为影响酶制剂作用效果的因素很多,主要因素有消化道部位、pH 值、温度、胃和胰水解蛋白以及其他未知因素(Yu 和 Tsai,1998)。

1.温度对纤维素酶活性的影响

温度是影响酶催化作用的一个重要因素,它不仅影响酶的反应速度,而且影响酶的活性。一般纤维素酶的最适温度范围为 40~60℃,纤维素酶各组分热稳定性也存在差异,内切酶(C1)的最适温度为 50~60℃,热稳定性好,在 95℃时仍保留一般的酶活性;不同来源的 β-葡萄糖苷酶的最适温度均为 50~60℃(陈丽莉,2008)。陈文祥(2007)分析链霉菌来源纤维素酶,发现其最适反应温度在 50℃左右,反应温度超过 50℃之后,酶活陡然下降,但仍有一定活性,温度达到 70℃时,酶活下降为 20%,这可能与酶蛋白的变性有关。

我们在 2001 年时,在 pH 4.6 的条件下,研究 A、B 两种纤维素酶,发现其最高活性都是在温度为 60℃时取得,而 40℃条件下的活性分别为 60℃条件下的 71.7% 和 64%(于旭华,2001)。之后我们进一步比较研究了木霉固体发酵、木霉液体发酵和青霉液体发酵三种纤维素酶的 CMCase 和 FPase 最适作用温度,结果均为 60℃,而在 40℃时,三种酶的 CMCase 活力是其最适作用温度时的 50.3%、54.6% 和 44.9%,FPase 活力分别是其最适作用温度时的50.2%、57.7% 和 74.6%。猪和家禽的消化道温度一般在 40℃左右,因此,从适宜作用的温度来看,木霉固体发酵和木霉液体发酵纤维素酶的 CMCase 与青霉液体发酵纤维素酶相比,更适宜猪、禽的消化道温度;而青霉液体发酵纤维素酶的 FPase 则能更好地在猪、禽消化道发挥作用。

大多数动物性来源酶的最适温度为 37~40℃,植物性来源酶的最适温度为 50~60℃,而微生物来源的因为菌种来源等差异更大一些。此外,酶的最适反应温度不是一个不变的常数,例如酶作用时间愈长其最适温度愈低,反之,作用时间愈短则最适温度愈高。

2. pH 值对纤维素酶活性的影响

在纤维素酶系中,作用于底物的最适 pH 值大多在 4.0~5.5 之间(张树政,1984)。金加明和吴宝霞(2007)发现康宁木霉液态发酵产纤维素酶 FPase 在 pH 值为 5.0 时相对酶活最大;在 pH 值 3.5~6.0 之间较稳定。我们的研究发现,木霉固体发酵、木霉液体发酵和青霉液体发酵三种纤维素酶的 CMCase 的最适作用 pH 分别为 5.0、4.6 和 5.0,FPase 的最适作用pH 分别为 4.6、5.0 和 4.6;比较 pH 2.4~7.2 条件下的酶活发现:木霉固体发酵和木霉液体发酵纤维素酶的 CMCase 在 pH 3.6~6.6,FPase 在 pH 3.6~6.0,酶活力与最适作用 pH 时的酶活力相比都在 50% 以上;而青霉液体发酵纤维素酶的 CMCase 在 pH 4.2~6.6,FPase 在pH 3.0~7.2,酶活力与最适作用 pH 时的酶活力相比在 50% 以上;木霉液体发酵和青霉液体发酵纤维素酶在 pH 2.4 的酸性条件下的稳定性均好于木霉固体发酵纤维素酶,在 pH 5.0 和pH 7.0 的中性偏酸条件下,木霉液体发酵和青霉液体发酵纤维素酶的稳定性也均高于木霉固体发酵纤维素酶,它们的 CMCase 和 FPase 剩余酶活力均在 80% 以上,其中,木霉液体发酵纤维素酶的稳定性更高于青霉液体发酵纤维素酶(黄燕华,2004)。上述结果说明,青霉液体发酵纤维素酶的 CMCase 相对活性在 pH 低于 4.2 后急剧下降,而木霉固体发酵和木霉液体发酵纤维素酶的 CMCase 相对活性降低较平缓,同时,木霉液体发酵纤维素酶的 CMCase 在较宽的pH 范围内(3.6~6.6)维持着相对高的活性(70% 以上);木霉固体发酵和木霉液体发酵纤维素酶的 CMCase、FPase 两种酶在偏酸性条件下活性较高,青霉液体发酵纤维素酶的两种酶在中性偏酸条件下酶活性较高;而且,青霉液体发酵纤维素酶的 FPase 与木霉固体发酵和木霉液体发酵纤维素酶相比,则在更宽的 pH 范围内维持较高的相对活力。猪和家禽胃中 pH 值一般在 2.2～3.5,小肠 pH 值在 5～7。因此,在猪和家禽的消化道环境 pH 条件下,木霉液体发酵纤维素酶的稳定性最好,其次是青霉液体发酵纤维素酶,木霉固体发酵纤维素酶稳定性较差。

纤维素酶等酶制剂在低 pH 条件下,活性较低,在最适 pH 的时候酶活达到最大,随着 pH 值的升高,酶活性又下降,这可能与纤维素酶活性部位基团的解离状态随着 pH 的改变而变化有关,另外可能与底物在不同 pH 条件下的存在状态也有关。

有研究认为,消化道前段的酸性条件适合于来自真菌的酶,而消化道中段的中性条件适合于来自细菌的酶(郑卓夫译,1990)。而我们的结果表明,木霉固体发酵和木霉液体发酵纤维素酶在胃中偏酸性的条件下比青霉液体发酵纤维素酶作用强,而青霉液体发酵纤维素酶在小肠中性偏酸的条件下,作用比木霉来源的酶大。从我们在 2008 年提出的组合酶理论出发,可以推测木霉和青霉来源的纤维素酶具有较好的作用位点差异互补性,适合于组合设计组合型纤维素酶(冯定远等,2008)。

3. 加工和贮存对纤维素酶活性的影响

酶是蛋白质,饲料加工调质过程中过高的温度可能破坏饲料中添加酶的活性。据报道,除了极个别酶可以在 90℃ 左右高温保持结构和功效的稳定,绝大多数不具有耐受 70℃ 以上高热的性质(Spring 等,1996)。例如,冯毛等(2006)对不同热处理参数(温度 70～100℃、时间 30～150 s)条件下纤维素酶的活性进行了测定,结果表明,随着温度的升高和热处理时间的延长,Cx 酶活力均呈现下降趋势,并且随着温度的升高和时间的延长,下降的幅度越大;70℃ 时经 150 s 热处理后,酶活力降低了 45.8%;而 80℃ 和 90℃ 分别降低了 59% 和 87.7%;100℃ 时处理 90 s 以上酶活力几乎降为零;可以认为,在挤压膨化工艺中,纤维素酶经过 120℃ 的高压挤压处理是难以保留的。没有经过特殊稳定性处理的酶制剂很难经受住制粒工艺而仍维持较高的活力,更不能适应膨化工艺。

我们关于纤维素酶热稳定性试验结果显示,在 40℃ 下保温 24 h,木霉固体发酵、木霉液体发酵和青霉液体发酵来源的三种纤维素酶的 CMCase 和 FPase 都表现出较强的热稳定性,剩余酶活力都在 80% 以上;饲用酶在畜禽消化道内停留的时间一般不超过 24 h,说明 3 种纤维素酶在畜禽消化道中不会因温度的原因而失活。但是,经 80℃ 高温处理 1～3 min 后,三种纤维素酶的剩余酶活差异较大,其中,青霉液体发酵纤维素酶的热稳定性较好,其 FPase 在 80℃ 处理 3 min 后,剩余酶活仍保留了 94.8%;而木霉固体和液体发酵来源纤维素酶稳定性较差,尤其是木霉液体发酵纤维素酶,经 80℃ 处理 1 min 后,其 FPase 活性损失近一半(黄燕华,2004)。饲料制粒工艺的条件是温度 80℃ 左右,时间 1 min 左右,从试验结果来看,木霉液体发酵纤维素酶在制粒过程中的耐温性能较差,不适合在制粒前添加,或需经包埋等耐温稳定化处理后,再添加到饲料中。

酶制剂要发挥好的效果,所用的酶在饲料加工、贮存过程中以及进入动物体内降解多糖时都必须维持其活性。高温使纤维素酶变性或失活反映在两个方面。一方面,酶与底物反应速度加快。White 等(1981)报道,加纤维素酶于含 β-葡聚糖日粮减少颗粒饲料黏度,随温度升高,减少越强烈,这时的黏度由淀粉糊化和纤维溶解产生,60℃时减少 10%,100℃时减少 18%,最大值为 90℃时减少 22%。另一方面,高温使酶蛋白分子中一些疏水键断裂,改变酶分子的构象,丧失活性。Spring 等(1996)报道,纤维素酶在 90℃时严重失活(85%以上)。

提高酶制剂对饲料加工过程中高温的耐受性,可通过基因工程技术筛选耐高温的菌株,也可以采用产品的物理处理如包埋等技术。对于必须制粒或膨化的饲料,采用后喷涂工艺技术将饲用酶(液态)均匀添加到配合饲料中也可以减少酶制剂在饲料加工调质过程中活性的损失。

固化酶技术是近年来酶学研究领域迅速发展的一支新军,固化酶技术是人们模拟体内酶的作用方式,将酶进行一定的固定化,使之更符合人类需要的新型酶制剂。李红等(2001)报道,壳聚糖微球固定化木瓜蛋白酶可以将溶液酶的 K_m(酪蛋白)值由 0.418% 降低至 0.055%,固定化酶对底物酪蛋白的亲和力大大提高。

4. 不同金属离子对纤维素酶活性的影响

动物消化道以及饲料中存在一些金属离子,这可能影响到酶的活性。关于离子对纤维素酶活性的影响,报道的结果不尽一致。傅力等(2000)研究了铁、锰、锌、钴 4 种微量元素对里氏木霉 DWC-5 纤维素酶产生的影响,结果表明,对 CMC 酶活、FP 酶活影响显著性的主次顺序依次为:铁>锌>钴>锰。张丽萍等(2000)研究了 8 种离子对绿色木霉所产纤维素酶活力的影响,结果表明,Mg^{2+}、Zn^{2+}、Fe^{2+} 浓度在一定范围内对纤维素酶活力有抑制作用,SeO_3^{2-} 在试验浓度范围内对酶活无影响,Cu^{2+}、Mn^{2+}、Co^{2+}、I^- 等离子浓度在一定范围内对纤维素酶有激活作用。孙建义等(2002)试验结果显示,在酸性条件下 Ca^{2+} 和微量元素混合物(Cu^{2+}、Zn^{2+}、Mn^{2+}、Fe^{2+})对 β-葡聚糖酶酶活有一定的激活作用,而在中性条件下,Ca^{2+} 能显著提高酶活力,微量元素混合物则对酶活有一定的抑制作用。本课题组的研究结果显示,Fe^{2+}、Zn^{2+} 和 Ca^{2+} 对木霉固体发酵、木霉液体发酵和青霉液体发酵三种纤维素酶的 CMCase 和 FPase 活性均有抑制作用,但抑制作用都不显著,只有木霉液体发酵纤维素酶的 CMCase 活性受 Ca^{2+} 影响较大;Mn^{2+} 对三种纤维素酶的 CMCase 和 FPase 活性均有激活作用;Cu^{2+} 对三种纤维素酶的 CMCase 活性有激活作用,但对其 FPase 活性则是抑制作用,其中,木霉液体发酵纤维素酶受影响最大;Mg^{2+} 对三种纤维素酶的作用出现了差异,使青霉液体发酵纤维素酶的 CMCase 和 FPase 活性提高,而使木霉固体发酵和木霉液体发酵纤维素酶的 CMCase 和 FPase 活性降低,其中木霉液体发酵纤维素酶的 FPase 活性受影响较大。

离子对酶活抑制或激活影响的不一致性,可能与不同来源的纤维素酶需用特定金属离子作电子载体有关。

5. 纤维素酶对动物胃肠道内环境的耐受性

消化道内环境对外源酶活性产生的影响也是酶制剂应用应该关注的问题。Inborr 和 Gronlund(1993)利用体外消化模拟法对粗木聚糖酶和一种饲用复合酶在单胃动物前段消化道内的稳定性进行了研究,结果表明,低 pH、胃蛋白酶和胰酶均可使外源酶活性降低,外源酶活稳定性在三者之间具有相似的变化趋势。Almirall 等(1995)在体外条件下,低、中、高 pH 和添加胃蛋白酶或胰酶对 β-葡聚糖酶活性影响的研究中也得出同样结论。史凯来等(2000)报道,畜禽消化道内环境的 pH 对植酸酶活性的影响较大。由此可见,外源酶的活性易受畜禽消化道低 pH、胃蛋白酶和胰蛋白酶的影响。不同酶活受各种消化道条件的影响程度受酶活种类以及饲料缓冲力等多种因素的影响。

对于胃肠道蛋白水解酶的耐受性,我们的研究结果显示,胃蛋白酶对木霉固体发酵纤维素酶影响最大,木霉液体发酵纤维素酶耐受性较好,其中,FPase 较 CMCase 耐受性更好;胰蛋白酶对木霉固体和液体发酵、青霉液体发酵来源的纤维素酶酶活的影响较胃蛋白酶小,其中,青霉液体发酵纤维素酶的耐受性最大,木霉固体发酵纤维素酶最差。对于畜禽胃肠道环境的适应性和稳定性最终决定外源酶制剂的应用效果,只有在消化道内能保留足够的活性,存留足够的时间,酶制剂才能发挥应有的作用。因此,从我们的试验结果综合来看,在消化道环境中木霉液体发酵纤维素酶的稳定性最好,青霉液体发酵纤维素酶次之,木霉固体发酵纤维素酶最差。

三、结语

纤维素酶的酶活测定受到反应过程中的 pH、温度、时间和底物浓度等因素的影响。纤维素酶降解纤维素的过程较为复杂,其机制仍有待于进一步研究。动物消化道是一个十分复杂的体系,鉴于纤维素酶酶活影响因素较多,作用过程复杂,因此在比较不同来源纤维素酶时需要根据酶活最适条件和酶活稳定性以及动物饲养试验进行全面验证。

参考文献

[1] 陈丽莉.2008.纤维素酶生产菌的选育及纤维素降解特性的研究[D].长春理工大学硕士学位论文.

[2] 陈文祥.2007.产纤维素酶放线菌的筛选及其产酶条件与酶学性质初探[D].四川师范大学硕士学位论文.

[3] 戴四发,贺淹才.2001.黑曲霉产纤维素酶系各组分特性及酶解条件[J].华侨大学学报(自然科学版),22(1):65-69.

[4] 冯定远,黄燕华,于旭华.2008.饲料酶制剂理论与实践的新思路——新型高效饲料组合酶的原理和应用[J].中国饲料,13:24-28.

[5] 冯毛,王卫国,于海洋.2006.饲用纤维素酶热稳定性的研究[J].饲料工业,27(10):21-22.

[6] 傅力,丁友昉,古丽娜孜,等.2000.微量元素对里氏木霉 DWC-5 产纤维素酶的影响[J].新疆农业大学学报,23(2):49-51.

[7] 黄燕华.2004.不同来源纤维素酶在肉鹅高纤维日粮中的应用及其作用机理的研究[D].华南农业大学博士学位论文.

[8] 金加明,吴宝霞.2007.康宁木霉液态发酵产纤维素酶条件及部分酶性质的研究[J].饲料

工业,28(16):18-20.

[9] 李红,王炜军,徐凤彩.2001.壳聚糖微球固定化木瓜蛋白酶的特性研究[J].华南农业大学学报,22(2):56-58.

[10] 孟雷,陈冠军,王怡,等.2002.纤维素酶的多型性[J].纤维素科学与技术,10(2):47-54.

[11] 史凯来,王秀坤,刘伟,等.2000.pH值对植酸酶酶活的影响及其在猪、鸡消化道中的分析[J].饲料研究,7:8-9.

[12] 孙建义,李卫芬,顾赛红.2002.体外模拟动物胃肠条件下 β-葡聚糖酶稳定性的研究[J].中国畜牧杂志,38(1):18-19.

[13] 张丽萍,董超,王迎春,等.2000.几种离子对纤维素酶活力的影响[J].河北省科学院学报,17(4):235-238.

[14] 张树政.1984.酶制剂工业[M].北京:科学出版社,595-623.

[15] 郑卓夫.1990.产蛋鸡的热应激反应及预防措施[J].国外畜牧学(猪与禽),5:37-38.

[16] Almirall M,Esteve-Garcia E.1995. *In vitro* stability of a beta-glucanase preparation from *Trichoderma longibrachiatum* and its effect in a barley based diet fed to broiler chicks[J]. Animal Feed Science and Technology,54:149-158.

[17] Antranikian G.1994. Extreme thermophilic and hyperthermophilic microorganisms and their enzymes[C]//Advanced workshops in biotechnology on'extremophilic microorganisms'. NTUA,Athens,Greece:1-30.

[18] Bhat M K,Gaikwad J S,Maheshwari R.1993. Purification and characterisation of an extracellular β-glucosidase from the thermophilic fungus *Sporotrichum thermophile* and its influence on cellulase activity[J]. Journal of General Microbiology,139:2825-2832.

[19] Considine P J,Coughlan M P.1989. Production of carbohydrate-hydrolyzing enzyme blends by solid-state fermentation[M]//Coughlan M P(ed). Enzyme systems for lignocellulose degradation. New York:Elsevier Applied Science,273-281.

[20] Coughlan M P,Ljungdahl L G.1988. Comparative biochemistry of fungal and bacterial celluloytic enzyme systems[C]//Aubert J P,Beguin P,Millet J(eds). Biochemistry and genetics of cellulose degradation:FEMS symposium No.43. London:Academic Press,11-30.

[21] Gashe B A.1992. Cellulase production and activity by *Trichoderma* sp. A-001[J]. Journal of Applied Bacteriology,73:79-82.

[22] Inborr J,Gronlund A.1993. Stability of feed enzymes in physiological conditions assayed by *in vitro* methods[J]. Agricultural Science in Finland,2(2):125-131.

[23] Lewis G E,Hunt C W,Sanchez W K,et al.1996. Effect of direct-fed fibrolytic enzymes on the digestive characteristics of a forage-based diet fed to beef steers[J]. Journal of Animal Science,74:3020-3028.

[24] Perry T W,Purkhiser E D,Beeson W M.1966. Effects of supplemental enzymes on nitrogen balance,digestibility of energy and nutrients and on growth and feed efficiency of cattle[J]. Journal of Animal Science,25:760-764.

[25] Spring P,Newman K E,Wenk C,et al.1996. Effect of pelleting temperature on the ac-

tivity of different enzymes[J]. Poultry Science，75：357-361.

[26] Theurer B，Woods W，Burroughs W. 1963. Influence of enzyme supplements in lamb fattening rations[J]. Journal of Animal Science，22：150-154.

[27] White W B，Bird H R，Sunde M L，et al. 1981. The viscosity interaction of barley beta-glucan with *Trichoderma viridae* cellulase in the chick intestine[J]. Poultry Science，60：1043-1048.

[28] Willian M，Catherine T. 1990. Microbial enzyme and biotechnology[M]. 2nd ed. Northern Ireland，The Universities Press，7-8，13-14.

[29] Wood T M，Bhat K M. 1988. Methods for measuring cellulase activities[M]//Wood W A，Kellogg S T（eds）. Methods in enzymology：Vol 160. London：Academic Press，87-112.

[30] Wood T M. 1985. Properties of cellulolytic enzyme systems[J]. Biochemical Society Transactions，13：407-410.

[31] Yu B，Tsai C C，Hsu J C，et al. 1998. Effect of different sources of dietary fiber on growth performance，intestinal morphology and caecal carbohydrases of domestic geese[J]. British Poultry Science，39：560-567.

纤维素酶的体外评价及活性测定

体外模拟法是评价酶制剂品质的有效方法之一，能够在一定程度上反映酶制剂的作用效果，并与体内结果有较强的相关性。酶活性的准确测定是体内、体外酶制剂的评价的关键。纤维素酶是一种多组分的复合酶，不同来源的纤维素酶其组成及各组分比例有较大差异，同时纤维素酶作用的底物也比较复杂，致使纤维素酶活力的测定方法很多，且方法复杂而不统一。国内外研究中通常是通过测定一定时间内纤维素酶解的平均速率来表示酶活力。目前较普遍使用的方法是 Mandels 等（1976）的糖化型纤维素酶酶活力测定方法，简称 DNS 法。

一、纤维素酶的体外评价

1. 纤维素酶作用效率的体外评价方法

运用体外法能够反映出木聚糖酶和 β-葡聚糖酶在黑麦和小麦日粮中水解 NSP 的情况（Pettersson 等，1989）。而且，体外模拟家禽嗉囊、胃和小肠消化方法是目前较常采用的方法（Zyla 等，1995）。

Graham 和 Lowgern 等（1991）利用体外消化法进行了 β-葡聚糖酶对鸡麦类日粮体内外代谢能消化率回归方程影响的研究，结果表明，体外法能够反映出 β-葡聚糖酶在麦类日粮中的作用效果。Bedford 等（1993）研究表明，利用体外法可以对体内小肠食糜的黏性情况进行预测，并能够用来估测在肉仔鸡日粮中添加微生物酶制剂促进生长的能力。Smulikowska（1992）进行了 7 种商品酶制剂对黑麦作用的体内外对比研究，发现在体内和体外降低食糜黏性的最有效酶制剂种类相同，建议在酶制剂的应用中使用简单的体外模拟法进行检测。Alloui 等（1994）和 Simbaya 等（1996）在酶制剂对菜籽粕 NDF 和 ADF 降解情况的研究中也得出同样的结论。Zhang 等（1996）使用对数线性模型体外评价酶制剂的效率，从而预测酶制剂在动物生产上的应用效果。我们课题组参考 Zyla 等(1995)的方法对纤维素酶分解纤维饲料的效果及作用机理进行了探讨,发现体外试验的结果与体内试验有较强的一致性(黄燕华,2004)。

体外法不仅可以快速评定酶制剂的作用效果,也为酶制剂作用机理的研究提供了一种新的研究手段。Tervilä-Wilo 等(1996)体外模拟肉仔鸡对小麦的消化,结果证明,添加细胞壁降解酶后饲料细胞壁被破坏,大部分蛋白质被释放出来。因此,利用体外模拟法来研究纤维素酶在家禽上的作用效果,以此来解释其作用机理也是可行的方法。

2.纤维素酶对酶解液中还原糖生成量的影响

纤维素酶是由内切 β-葡聚糖酶(endo-1,4-β-glucanases)C1、外切 β-葡聚糖酶(exo-1,4-β-glucanases)Cx 和 β-葡萄糖苷酶(β-glucosidase 或 cellobiase)所组成的一套复杂酶系(林风,1994)。纤维素是由 D-葡萄糖以 β-1,4-糖苷键相连接而成,是具有高结晶度的结构物质,很难被单胃动物降解利用,能阻碍营养物质与消化酶接触而降低营养物质的消化率。纤维素酶的三个组分能协同作用降解纤维素等 NSP(Reese 等,1950),其中,C1 作用于纤维素分子内部的结晶区,从高分子聚合物内部任意切开 β-1,4-糖苷键,产生带非还原性末端的小分子纤维素;Cx 将短链非还原性末端纤维二糖残基逐个切下;β-葡萄糖苷酶再进一步将纤维二糖水解成葡萄糖分子。这样,纤维素酶消除了 NSP 的抗营养作用,并可提高植物性饲料养分的利用率(Annison 等,1994;Englyst,1989)。不同来源纤维素酶组分活力差异较大,对纤维素分解作用不同,因此其产物的组成成分也不同。如 Cx 活性含量高的纤维素酶可能产生更多的纤维二糖或葡萄糖,而 C1 活性含量高的纤维素酶可能产生一些小分子纤维素但不能再进一步分解,故产物还原糖量存在差异。邱立友(1996)在 40℃条件下进行了两种真菌纤维素酶对三种饲料的水解试验,结果表明,黑曲霉 F_{27} 纤维素酶对三种饲料的糖化率明显高于绿色木霉 T_1 纤维素酶。

我们课题组的研究结果表明,添加纤维素酶可使草粉日粮和稻谷日粮体外消化的酶解液中还原糖量有不同程度的增加,且还原糖含量随着酶添加水平的提高而升高(黄燕华,2004)。彭玉麟(2003)在小麦日粮中添加木聚糖酶的体外消化试验发现,木聚糖酶可显著提高酶解液中阿拉伯糖、木糖和葡萄糖的含量,这与本课题组研究结果相似。纤维素酶提高还原糖产量的原因可能有两个:一是直接分解日粮中的纤维素而产生葡萄糖;二是打破细胞壁结构,释放出被包裹的淀粉,淀粉消化率提高意味着产生更多的还原糖。我们认为,还原糖含量的增加主要是由于淀粉消化率提高的原因,而纤维素降解产生的还原糖量较少,不足以产生显著影响,所以主要是通过第二种途径达到增加还原糖生成量的效果(黄燕华,2004)。

根据酶作用的酶-底物原理,在底物量充足的情况下,酶作用的强弱与酶的浓度呈正相关。在我们课题组的研究中,随着纤维素酶添加量的增加,还原糖产量也随之增加。但酶与底物结合有一定的比例,且纤维素酶分子与纤维素分子的结合位点有限,当这些结合位点被一定量纤维素酶分子占据后,再增加纤维素酶用量,新增加那部分酶分子无法和纤维素分子结合,因此起不到酶解的作用,所以添加过多的纤维素酶并不能提高酶解的效率,同时酶解产物对酶作用存在负反馈抑制,过高的酶浓度也对酶解作用产生抑制。

此外,我们还发现,不同来源纤维素酶对还原糖产量的影响有差异,其中,里氏木霉固体发酵的纤维素酶、里氏木霉液体发酵的纤维素酶在 240 FPU/kg 的添加量时,酶解液中还原糖量的增加幅度最大,在 360 FPU/kg 的添加量时,增加幅度减小,而桔青霉液体发酵的纤维素酶在草粉日粮和稻谷日粮中出现不同的作用趋势。在草粉日粮中,桔青霉液体发酵的纤维素酶添加量在 360 FPU/kg 时还原糖量才有较明显的提高,而在稻谷日粮中,添加量在 120 FPU/kg 时还原糖量为最大,但随着酶用量的增加还原糖量反而减少,提示桔青霉液体发酵的纤维素酶的组成和特性与里氏木霉固体发酵的纤维素酶和里氏木霉液体发酵的纤维素酶有差异,其在稻谷日粮中酶浓度进一步提高而还原糖产量下降的原因可能是高浓度酶对酶解产生了抑制作用。此外,稻谷日粮酶解液中还原糖的绝对量高于草粉日粮,而稻谷日粮纤维的消化率并不比草粉日粮高,故可推测是稻谷日粮淀粉的消化率高于草粉日粮的缘故(黄燕华,2004)。

二、纤维素酶活性测定的方法

纤维素酶是一种复合酶,在内切葡聚糖酶、外切葡聚糖酶和 β-葡萄糖苷酶的协同作用下才能把纤维素水解成葡萄糖。依据酶反应动力学,酶活力的测定是在底物过量存在条件下,测定酶促反应的初速度,用以表示酶活力。但纤维性物质均为水不溶性大分子,无法组成过量存在的反应体系,再加上纤维底物二、三级积聚结构的不均匀性,酶解时感受性存在一定的差异。纤维素酶又为多组分酶系,各组分间有协同作用,形成多种终产物,并涉及多种反馈控制机理,因此纤维素酶标准化酶测定方法很难确定(傅力和丁友昉,2000)。

酶活力测定研究经过科研工作者的不懈努力,常用的方法有羧甲基纤维素(CMC)糖化力法、浊度法、滤纸崩溃法、染色纤维素法、琼脂平板法、荧光法、滤纸酶活力测定法等(王琳,1998;傅力和丁友昉,2000)。国内许多单位分别采用了以上各种方法并进行了种种修改,使测定的方法更加多样化,造成不同产品、不同结果之间不易相互比较的局面,同时很多方法又不便于在生产中应用。如何迅速、准确地测定纤维素酶酶活力是纤维素酶研究中的一个难题。现着重论述一下 3,5-二硝基水杨酸溶液法(DNS)、滤纸酶活力法(FPA)和羧甲基纤维素钠盐法(CMC-Na)的原理。

DNS 法:纤维素酶能够水解纤维素,产生纤维二糖、葡萄糖等还原糖,能将 3,5-二硝基水杨酸中硝基还原成橙黄色的氨基化合物。反应液颜色的强度与酶解产生的还原糖量成正比,而还原糖的生成量又与反应液中纤维素酶的活力成正比。因此,通过比色测定反应液颜色的强度就可计算反应液中纤维素酶的活力。该方法的优点是反应颜色稳定性好,操作简单。但由于影响纤维素酶活力测定的因素很多,除温度和 pH 值以外,还存在一些不确定的因素,如 CMC 对纤维素酶酶活力测定的影响、滤纸对纤维素酶酶活力测定的影响、酶对活力测定的影响等(管斌等,1999)。

滤纸酶活力法:滤纸是聚合度和结晶度都居中等的纤维性材料,以其为底物经纤维素酶水解后生成还原糖的量来表征纤维素酶系总的糖化能力,它反映了三类酶组分的协同作用。

羧甲基纤维素钠盐法:纤维素酶对 CMC-Na 有降解能力,生成葡萄糖等还原糖,再用 DNS 法显色,用标准葡萄糖溶液做标准液,用分光光度计在 520 nm 处测其吸光度,依据标准曲线得出还原糖量,并可计算出其酶活力(赵玉萍等,2006)。

三、影响 DNS 法酶活测定的因素

1. 不同空白（对照）设置对酶活测定值的影响

国际理论和应用化学协会（IUPAC）对纤维素酶酶活测定中的空白试验有无底物或酶作对照无明确规定。实际测定中采用的方法不同，使得同一酶样品的酶活测定值各异（管斌等，1999）。管斌等（1999）比较了蒸馏水和底物空白对纤维素酶酶活测定值的影响，结果显示，空白对 CMCase 酶活和 FPase 酶活测定值的差异率分别为 1.4% 和 31.4%，其中，蒸馏水空白比底物空白的 FPase 的酶活值高出 31.4%，因此建议采用以底物为对照的空白来进行纤维素酶的酶活测定。我们在 2004 年的研究得到与之相似的结果：不同的空白对照对 CMCase 酶活的测定值影响不大，其差异可以忽略不计，而空白设置对 FPase 酶活的测定有较大的影响；缓冲液空白、有底物无酶空白、有酶无底物空白及有底物有酶空白的 FPase 酶活值分别为 125、84、91、57 IU/g，缓冲液空白组测定值最大，达 125 IU/g，而底物＋酶空白组测定值最小，仅为 57 IU/g，酶活值差异很大，以至使纤维素酶酶活力测定值失去了可比性，而有底物无酶空白和有酶无底物空白条件下的酶活值相近（黄燕华，2004）。所以，酶活测定采用以有底物无酶空白或有酶无底物空白较好。

2. 反应温度对酶活测定值的影响

酶的催化作用受温度的影响很大，它不仅影响反应速度，而且影响纤维素酶的活性。一定温度范围内，随着温度的升高，酶的热变性不显著，而酶促反应速度增加，直至达到最大值。由于酶是一种蛋白质，温度过高会引起酶的急剧变化，导致酶失活，因此，反应速度达到最大值以后，升高温度酶活反而急剧下降，直至完全停止酶促反应。反应速度达到最大时的温度称为酶作用的最适温度。大多数动物来源的酶的最适温度为 37～40℃，植物酶的最适温度为 50～60℃，而微生物来源、尤其是通过热稳定性处理的一般会有更高的最适温度。同时酶的最适反应温度不是一个不变的常数，例如酶作用时间愈长最适温度愈低，反之作用时间愈短则最适温度愈高。

目前，用 DNS 法测纤维素酶酶活所采用的酶促反应温度差别很大，有的采用 50℃（北京大学生物系生化教研室，1980；朱俭等，1981），有的采用 45℃，还有的采用 40℃（中山大学生物系生化微生物教研室，1979）。不同酶促反应温度所测定的酶活值差异甚大，又是导致不同数据之间相互比较和交流很困难的另一重要原因。本课题组研究中，在 30～60℃ 之间酶活值随着温度升高而升高，当温度在 50～60℃ 之间时（在 50、55、60℃ 条件下），其 CMCase 酶活和滤纸酶酶活性没有明显变化，而当温度大于 60℃ 时酶活不再升高反而下降，其原因可能是温度偏高造成部分酶失活。本试验测得的纤维素酶的酶活的最适作用温度为 60℃（黄燕华，2004），其与王琳等（1998）的结果一致。

考虑到大多数情况下纤维素酶作用底物的最适温度在 45～65℃ 之间，所以认为用 DNS 法测定纤维素酶酶活时，酶促反应温度以 50℃ 为宜，能更真实地反映酶活性高低。

3. pH 值对酶活测定值的影响

同样,酶活力受环境 pH 值的影响也很大。pH 值的改变可破坏酶的空间构象,引起酶活的损失,还能影响酶活性中心催化基团的解离,使底物转变成产物过程受影响,同时 pH 值的改变影响酶活性中心结合基团的解离状态和底物解离状态,使底物不能与其结合,或结合后不能生成产物。只有在适宜的 pH 值范围内测定出酶活大小才能真正反映出酶活的高低,故酶活的测定中 pH 也是应考虑的重要因素之一。

一种酶表现活力最高时的 pH 值,称为该酶的最适 pH 值。低于或高于最适 pH 值时,酶活力均逐渐降低。因为一般的酶制剂对 pH 值比较敏感,仅在很小的范围起作用,不同酶的适宜 pH 值是不同的,在纤维素酶系中,作用于底物的最适 pH 值大多在 4.0～5.5 之间(张树政,1984),酶促反应的 pH 值较为集中但又不太统一,有的 pH 值为 4.6(施特马赫,1992),有的 pH 值为 4.5(中山大学生物系生化微生物教研室,1979),有的 pH 值为 4.4(张树政,1984)。

此外,纤维素酶各组分的最适 pH 值也有一定差异。我们课题组测得 CMCase 在 pH 值为 3.0～5.0 之间时,酶活随着 pH 值的升高而升高,pH 值在 4.6～5.4 之间时,酶活值变化不显著,在 pH 5.0 时活性最高,所以,CMCase 的最佳作用 pH 值为 5.0;FPase 在 pH 值 3.0～4.6 之间,酶活随着 pH 值的升高而升高,在 pH 值 4.2～6.0 之间时,酶活值没有明显变化,pH 值为 4.6 时酶活最高(黄燕华,2004)。王琳等(1998)测得的一种木霉纤维素酶 CMCase 酶活最大值在 pH 值 4.6 时。

考虑到大多数情况下纤维素酶作用底物的最适 pH 值在 4.2～6.0 之间,所以认为用 DNS 法测定纤维素酶酶活时,酶促反应 pH 值以 4.8 或 5.0 为宜。

4. 反应时间对酶活测定值的影响

在一定条件下,酶与底物作用时间与酶促反应速度关系非常密切。测定酶活力的一个重要原则就是测定其初速度,但初速度的测定非常不容易掌握。有时在一瞬间酶与底物的结合达到饱和,即达到最大反应速度。同时,当酶解产物达到一定浓度会对酶产生反馈抑制作用,故时间过长反而不能真正代表酶的活力。时间过长或过短都不能准确反映样品的酶活力大小。

目前,在用 DNS 法测定纤维素酶酶活的方法中酶与底物作用时间多采用 30 min(北京大学生物系生化教研室,1980;中山大学生物系生化微生物教研室,1979)、15 min 或 10 min(曲音波等,1984),也有用 5 min 的(施特马赫,1992;王琳等,1998)。我们课题组研究结果显示,随着反应时间的延长,还原糖生成量增多,而酶活测定值逐渐减小,测定酶活时,反应时间不可过长;但反应时间太短时,酶活值变化较大,容易产生较大误差,同时,由于产生的还原糖量少,吸光度值小,准确性差。因此,建议测定 CMCase 酶活时,反应时间以 30 min 较适宜,而测定 FPase 酶活,反应时间以 60 min 较适宜(黄燕华,2004)。

另外,酶系简单的纤维素酶要求的饱和底物浓度比较低,同时线性作用时间也较短;而酶系繁杂的纤维素酶要求的饱和底物作用浓度较高,线性作用时间也较长。

在实际测定过程中,为了消除产品的产物本底误差,必须适当加大稀释度,此时就要加长酶反应时间,使形成的产物量尽可能与本底值拉开距离(黄燕华,2004)。

5.纤维素酶和底物浓度对酶活测定值的影响

我们的研究显示,在试验条件下,当加入一定的酶量,随着底物浓度的增加,CMCase的酶活测定值随之增加:CMCase在0.125%～0.75%的浓度范围时,酶活测定值与底物浓度间呈较好的线性关系,滤纸质量在12.5～50 mg的范围内,酶活测定值与底物浓度间呈较好的线性关系;在CMCase可溶解的范围内,适当增加CMCase的浓度,可提高酶活测定的灵敏度,但过高的CMCase浓度会使部分CMCase不溶解,这使得每次测定的CMCase溶液的浓度出现差异,从而给酶活测定造成误差(黄燕华,2004)。过高的底物浓度不仅会使测定本底值升高,而且也使测定结果偏高(陆文清等,2001)。Ghose(1979)推荐的方法中,CMCase浓度为2%,张海等(1995)的方法中也使用了2%的CMCase;管斌等(1999)认为,适宜的CMCase浓度为1%;刘德海等(2002)使用0.625%的CMCase。

同样,当加入一定的酶量,随着底物浓度的增加,FPase的酶活测定值也随之增加(黄燕华,2004)。在FPase活性测定中,一般都采用1 cm×6 cm的滤纸条。从本课题组研究结果来看,随着滤纸质量的增加,酶活测定值也随之增加,可见,底物浓度的变化也将给滤纸酶的酶活测定带来误差(黄燕华,2004)。因此,规定滤纸的品质和规格,才能使酶活测定规范化。目前,国内多使用杭州新华1#定量滤纸。底物浓度对酶活测定值的影响主要与酶反应的米氏常数K_m值有关,而不同的纤维素酶其K_m值是不同的,要准确确定适量的底物浓度往往需要经过反复实验。但总的来说,底物浓度适当过量比较合适。

四、结语

尽管纤维素酶作为一种饲料添加剂日益引起人们的重视,但纤维素酶的体外评价和活性测定一直没有一个统一的标准。随着酶制剂应用技术体系和评价体系的研究发展,纤维素酶的酶活测定统一标准的建立以及体外评价方法的建立,将会对纤维素酶的推广应用起到重要的推动作用。

参考文献

［1］Li S,等.1994.以大麦为基础的日粮添加纤维素酶对早期断奶仔猪能量、β-葡聚糖、粗蛋白和氨基酸消化率的影响[C]//巴德·多贝昂.第六届猪消化生理国际学术会议论文集.四川农业大学动物营养研究所译.1997,358-360.

［2］傅力,丁友昉.2000.纤维素酶测定方法的研究[J].新疆农业大学学报,23(2):45-48.

［3］管斌,谢来苏,丁友昉,等.1999.纤维素酶酶活力测定方法的校正[J].无锡轻工大学学报,18(4):20-26.

［4］黄燕华.2004.不同来源纤维素酶在肉鹅高纤维日粮中的应用及其作用机理的研究［D］.华南农业大学博士学位论文.

［5］倪志勇,张克英,左绍群,等.2000.粉料和颗粒料添加复合酶对肉鸡生产性能的影响［J］.广东饲料,9(4):16-18.

［6］彭玉麟.2003.木聚糖酶在肉仔鸡小麦日粮中的应用及其作用机理的研究［D］.中国农业大学博士学位论文.

［7］邱立友.1996.两种真菌纤维素酶饲用研究初报［J］.华北农学报,11(2):106-111.

［8］施特马赫.1992.酶的测定方法［M］.钱嘉渊,译.北京:中国轻工业出版社,103-177.

［9］王安,申东镐,刁新平.2003.外源酶提高肉仔鸡对纤维及矿物质利用的研究［J］.东北农业大学学报,34(1):48-51.

［10］王丽娟,单安山,宋金彩.2002.植酸酶和纤维素酶对蛋鸡生产性能和营养物质利用的影响［J］.动物营养学报,14(1):45-50.

［11］赵玉萍,杨娟.2006.四种纤维素酶酶活测定方法的比较［J］.食品研究与开发,27(3):116-118.

［12］Alloui O，Chibowska M，Smulikowska S. 1994. Effects of enzyme supplementation on the digestion of low glucosinolate rapeseed meal *in vitro*, and its utilization by broiler chicks［J］. Journal of Animal and Feed Sciences，3(2)：119-128.

［13］Annison G. 1992. Commercial enzyme supplementation of wheat-based diets raises ileal glycanase activities and improves apparent metabolizable, starch and pentosan digestibilities in broiler chickens［J］. Animal Feed Science and Technology，38：105-121.

［14］Annison G，Choct M. 1994. Plant polysaccharides-their physiochemical properties and nutritional roles in monogastric animals［M］//Lyons T P，Jacques K A（eds）. Biotechnology in the feed industry. Nottingham Press，51-66.

［15］Bedford M R，Classen H L. 1993. An *in vitro* assay for predication of broiler intestinal viscosity and growth when fed rye-based diets in the presence of exogenous enzymes［J］. Poultry Science，72:137-143.

［16］Bielorai R，Iosif B，Harduuf Z. 1991. Nitrogen，amino acid and starch absorption and endogenous nitrogen and amino acid excretion in chicks fed on diets containing maize as the sole source of protein［J］. Animal Feed Science and Technology，33(1-2):15-28.

［17］Englyst H N. 1989. Classification and measurement of plant polysaccharides［J］. Animal Feed Science and Technology，23：27-42.

［18］Graham H，Lowgern W，Fuller M F. 1991. Prediction of the energy value of non-ruminant feeds using *in vitro* digestion with intestinal fluid and other chemical methods ［M］//Fuller M F(ed). *In vitro* digestion for pig and poultry. CAB International，Wallingford，UK：128-134.

［19］Hesselman K，Aman P. 1986. The effect of β-glucanase on the utilization of starch and nitrogen by broiler chickens fed on barley of low or high viscosity［J］. Animal Feed Science and Technology，15：83-93.

［20］Mandels M，Andreotti P，Roche C. 1976. Measurement of saccharifying cellulase［J］.

Biotechnology and Bioengineering Symposium，6：21-33.

[21] Pettersson D，Aman P. 1989. Enzyme supplementation of a poultry diet containing rye and wheat[J]. British Journal of Nutrition，62(1)：139-149.

[22] Reese E T，Sui R G，Levinson H S. 1950. The biological degradation of soluble cellulose derivatives and its relationship of cellulose hydrolysis[J]. The Journal of Bacteriology，59：485-497.

[23] Simbaya J，Slominski B A，Guenter W，et al. 1996. The effects of protease and carbohydrate supplementation on the nutritive value of canola meal for poultry：*in vitro* and *in vitro* studies[J]. Animal Feed Science and Technology，61：1-4，219-234.

[24] Smulikowska S. 1992. A simple *in vitro* test for evaluation of the usefulness of industrial enzymes as additives to broiler diet based on rye[J]. Journal of Animal and Feed Sciences，1(1)：65-70.

[25] Tervilä-Wilo A，Parkkonen T，Morgan A，et al. 1996. *In vitro* digestion of wheat microstructure with xylanase and cellulase from *Trichoderma reesei*[J]. Journal of Cereal Science，24：215-225，36 refs.

[26] Viveros A，Brenes A，Pizarro M，et al. 1994. Effect of enzyme supplementation of a diet based on barley，and autoclave treatment，on apparent digestibility，growth performance and gut morphology of broilers[J]. Animal Feed Science and Technology，48：237-251.

[27] Zhang Z Q，Marquardt R R，Wang G J，et al. 1996. A simple model for predicting the response of chicks to dietary enzyme supplementation[J]. Journal of Animal Science，74：394-402.

[28] Zyla K，Ledoux D R，Garcia A，et al. 1995. An *in vitro* procedure for studying enzymic dephosphorylation of phytate in maize-soyabean feeds for turkey poultry[J]. British Journal of Nutrition，74(1)：3-17.

木瓜蛋白酶的酶学特性及其在饲料工业中的应用

木瓜蛋白酶类主要存在于番木瓜的根、茎、叶和果实中,以未成熟的果实乳汁中含量最高(叶启腾和陈强,1999;赵元藩和丁认全,1999;乙引等,2000)。由于木瓜蛋白酶具有很强的分解蛋白质能力,并且有水解酰胺键和酯键的特性,因而广泛应用于医药、食品、纺织、制革、饲料及染料等工业(吴显荣和朱利泉,1988)。

一、木瓜蛋白酶的组分

由木瓜乳汁加工而成的木瓜蛋白酶不是纯酶。粗酶中除含有木瓜蛋白酶外,还含有溶菌酶、半胱氨酸蛋白酶、纤维素酶、葡聚糖酶、谷氨酰胺以及低相对分子质量的巯基化合物。据等电点的不同,木瓜乳汁中所含的半胱氨酸巯基酶可分为三大类:木瓜蛋白酶(papain),成分复杂的木瓜凝乳蛋白酶(chymopapain),木瓜肽酶(papaya peptidase)。木瓜蛋白酶的 pI 为 9.55,木瓜凝乳蛋白酶 pI 为 10.10,木瓜肽酶 pI>11.0,在近中性的条件下进行阳离子交换柱层析,可以很容易地将这三大类酶分开。在木瓜乳汁中木瓜蛋白酶占可溶性蛋白的10%左右,木瓜凝乳蛋白酶占 45%,木瓜溶菌酶(lysozyme)占 20%(凌兴汉和吴显荣,1998)。

二、木瓜蛋白酶的结构

1. 木瓜蛋白酶

木瓜蛋白酶是最早被发现、研究和得以广泛应用的酶,1937 年 Balls 和 Lineweaver 用分级盐析法从新鲜木瓜汁中提取了结晶木瓜蛋白酶,1970 年完成了木瓜蛋白酶的序列测定,1971 年通过 X 射线晶体衍射法测定了其三级结构。

木瓜蛋白酶的相对分子质量为 21 000,为单一肽链,由 212 个氨基酸残基组成,Husain 和 Towe 1969 年报道了该酶的氨基酸排列顺序。

木瓜蛋白酶共有 7 个半胱氨酸残基,其中 6 个形成 3 个链内的二硫键,另外一个游离的半胱氨酸残基为活性中心的必需氨基酸残基之一。Drenth 等测出了木瓜蛋白酶分子的三级结构,呈椭圆状,由两个结构域组成,交界处为一狭沟,酶的活性中心位于此狭沟中(陈自珍,1978)。

2. 木瓜凝乳蛋白酶

木瓜凝乳蛋白酶是在 1941 年由 Jansen 和 Balls 首次发现、提取并命名的。木瓜凝乳蛋白酶的成分比较复杂。1967 年,Kunimitsu 等用离子交换柱分离木瓜凝乳蛋白酶,根据洗脱的先后顺序将它分为两类:木瓜凝乳蛋白酶 A 和 B;1982 年,Brocklehurst 等报道了木瓜凝乳蛋白酶存在四个组分,1985 年他们用极缓的 NaCl 梯度洗脱出 5 个活性峰(Kunimitsu 等,1985;Brocklehurst 等,1987);1989 年,Silvia 等对木瓜凝乳蛋白酶的 4 种亚型进行了圆二色谱分析。目前已发现木瓜凝乳蛋白酶存在着不同亚型,它们之间仅有一或两个氨基酸的不同(Buttle 和 Barrett,1984)。据 EMBL/GenBank/DDJB 等数据库提供的数据可知,目前至少有 9 种亚型,它们分别由不同的基因编码;其中 6 种亚型的多肽链由 218 个氨基酸组成,2 种由 227 个氨基酸组成,1 种由 226 个氨基酸组成。比较结果显示,在这 9 种亚型中,只有亚型 Ⅱ、亚型 Ⅲ 和亚型 Ⅴ 中个别位点的氨基酸与其他亚型的不同。

1996 年 Maes 等测定了木瓜凝乳蛋白酶的立体结构(Maes 等,1996;Azarkan 等,1996),木瓜凝乳蛋白酶的多肽折叠形成两个大小相同而形状不同的结构域——L 域和 R 域。L 域主要是 α-螺旋结构,R 域主要是反向平行的 β-折叠结构。活性中心位于这两个域的交界面上。木瓜蛋白酶属于 $\alpha+\beta$ 类,其中木瓜蛋白酶 C 端结构域为全 α-螺旋结构,N 端结构域为全 β-折叠结构(Schulz 和 Schirmer,1979);而木瓜凝乳蛋白酶属于 α/β 类,二级结构中含有更多的 α-螺旋和 β-折叠,并且二级结构的折叠方式也是不同的(Ssolis-Mendiola 等,1992)。

木瓜凝乳蛋白酶共有 8 个半胱氨酸残基,其中 6 个形成了链内的二硫键,还有另外 2 个活性自由巯基,处于第 25 和第 117 的半胱氨酸残基,由于相距较远,处于不同的区域,因此不能形成分子内二硫键。两个残基的活性相似,从木瓜凝乳蛋白酶的三维模型看,Cys117 处于分子表面,易于与衍生试剂结合,而且易于被完全而不可逆地氧化。具有催化功能的 Cys25 和保守的 Cys22 和 Cys56 组成 S1 位点。由于 S1 位点的“口袋”比较大,对酶的底物特异性几乎没有影响。而由 67、68、69、133、157 和 207 位点的残基构成的 S2 位点影响着酶的底物特异性(Maes 等,1996)。

3. 木瓜溶菌酶

1955 年,史密斯等人从木瓜乳液中分离出了木瓜溶菌酶的纯品结晶。后来 Haward 和 Glazer(1967)查明了该酶的结构和性质。木瓜溶菌酶相对分子质量为 24 000,与动物溶菌酶相比,其相对分子质量高,由 223 个氨基酸组成(表 1),木瓜溶菌酶的脯氨酸、酪氨酸和苯丙氨酸的含量非常高。在 N 末端氨基酸的排列是:甘氨酸—异亮氨酸—丝氨酸—异亮氨酸。C 末端氨基酸的排列是:丝氨酸—苯丙氨酸—甘氨酸。木瓜溶菌酶的高级结构,用圆二色谱法测定,单环的含量约占 30%。光谱测定和化学显色反应显示:色氨酸残基全部埋在酶分子内部,不参与 N-乙酰葡糖胺的结合及活性反应。木瓜溶菌酶含有 8 个半胱氨酸残基,其中 4 个形成二硫键,4 个为游离的 SH 基,有一个 SH 基为酶活性中心所必需,木瓜溶菌酶的活性部位结构和鸡蛋清、人溶菌酶很不相同(船津胜和鹤大典,1982)。

表 1　植物溶菌酶和鸡蛋溶菌酶的氨基酸组成

氨基酸	溶菌酶		
	木瓜	无花果	鸡蛋
赖氨酸	10	11	6
组氨酸	3	6	1
精氨酸	13	6	11
天冬氨酸	22	32	21
苏氨酸	13	14	7
丝氨酸	15	19	10
谷氨酸	11	13	5
脯氨酸	18	14	2
甘氨酸	26	33	12
丙氨酸	19	28	12
半胱氨酸	8	6	8
缬氨酸	7	12	6
蛋氨酸	4	3	2
异亮氨酸	11	20	6
亮氨酸	12	23	8
酪氨酸	13	17	3
苯丙氨酸	11	7	3
色氨酸	7	9	6
合计	223	273	129

三、木瓜蛋白酶的性质

1. 木瓜蛋白酶和木瓜凝乳蛋白酶的性质

木瓜蛋白酶类在结构上的相似性决定了它们在性质上也具有很大的相似性。木瓜蛋白酶和木瓜凝乳蛋白酶都具有广泛的底物专一性,大多数肽键都能被木瓜蛋白酶一定程度地水解,但不同肽键被水解的速率相差较大,有的可相差三个数量级;许多氨基酸衍生物及多肽均可作为底物,其中,精氨酸衍生物对水解特别敏感。但木瓜蛋白酶切断各种键的速度比木瓜凝乳蛋白酶要快很多。1941 年 Jansen 和 Balls 报道,木瓜凝乳蛋白酶水解酪蛋白的速度只有木瓜蛋白酶的一半。Ebata 和 Yasunobue(1962)用木瓜凝乳蛋白酶水解氧化型胰岛素(用过硫酸钾氧化)的 β 链,指出该酶的优点是能水解含有酸性氨基酸残基及芳香族氨基酸残基的肽键。对胰岛素的 A 链及 B 链,以及对几种不同长度的含谷氨酰的肽段进行研究时,Layle 也注意到木瓜凝乳蛋白酶的优点是水解含谷氨酰的肽键。值得一提的是,木瓜凝乳蛋白酶在有机溶剂介质中比在水介质中具有更广泛的底物特异性(So 等,2000)。

木瓜蛋白酶和木瓜凝乳蛋白酶还可以水解酰胺键和酯键(凌兴汉和吴显荣,1998)。可催化寡肽的合成,但会有多种副产物,这可能是由于酶的 S1 位点的广泛底物专一性造成的(So 等,2000)。

木瓜蛋白酶和木瓜凝乳蛋白酶的最适 pH 值随底物不同而不同,木瓜凝乳蛋白酶以酪蛋白为底物,最适反应温度为 80℃(pH 7.0),最适 pH 为 3~5(37℃)。在 pH 7.0、反应温度为 37℃的条件下,木瓜凝乳蛋白酶的 K_m 值为 1.25 g/L(Zucker 等,1985)。木瓜蛋白酶的最适 pH 为 7.0,且 4~9 的 pH 范围内较稳定,在 60℃以下酶活力稳定,90℃内还有一定的活力。由于其耐热性高,稳定性好,适合于饲料加工。

PCMD、对氯苯汞甲酸、碘乙酰胺、碘乙酸、过氧化氢、NEM 以及重金属,如 Hg^{2+}、Ag^+、Cu^{2+}、Zn^{2+} 等均能不可逆地抑制酶的活性,木瓜凝乳蛋白酶因为含有 2 个自由巯基,更易被氧化剂氧化或与重金属离子结合而失活,而在各种各样的还原物质(半胱氨酸、巯基乙醇、谷胱甘肽、DTT 等),并有一些金属螯合剂(EDTA)作补充时,均能还原其活性中心的半胱氨酸残基而对酶活性产生激活作用(邓静和赵树进,2004)。

2. 木瓜溶菌酶的性质

溶菌酶是一种能够切断 N-乙酰胞壁酸和 N-乙酰氨基葡糖之间的 β-1,4-键的酶。木瓜溶菌酶是一种等电点为 10.5 的碱性蛋白质,对溶壁微球菌的活性只有鸡蛋清溶菌酶活性的 1/3,最适 pH 值为 4.5,最适的离子强度为 0.04~0.07。分解细胞壁时,与动物源溶菌酶相同,在还原末端生成 N-乙酰胞壁酸。木瓜溶菌酶对甲壳质的分解活性很高,对胶状甲壳质的分解活性为鸡蛋清溶菌酶活性的 10 倍,对(N-乙酰葡糖胺)$_5$ 的分解活性为鸡蛋清溶菌酶活性的 200 倍;该酶分解(N-乙酰葡糖胺)$_5$ 的产物是(N-乙酰葡糖胺)$_3$ 和(N-乙酰葡糖胺)$_2$。N-乙酰葡糖胺不呈游离状态,几乎见不到糖的移转反应(So 等,2000)。

四、酶活力的测定

1. 木瓜蛋白酶活力的测定

木瓜蛋白酶活性的测定,是用酶在设定条件下(如一定温度、一定 pH),对底物蛋白质水解反应催化能力作为酶活性单位的。依据酶对蛋白质水解后生成的氨基酸多少而定,在相同条件下,水解生成氨基酸越多,证明酶催化反应能力越大,酶活力越高。

木瓜蛋白酶的活力测定方法有三种:以酪蛋白为底物的紫外分光光度法、茚三酮显色法及BAEE(苯甲酰-L-精氨酸-乙酯)法。三种方法各有特点。以酪蛋白为底物的紫外分光光度法操作简便,成本低,适于酶纯化过程中的活性比较、木瓜蛋白酶系列产品及食品酶的活性测定;茚三酮显色法虽操作繁琐,但所需仪器简单,在条件简陋的地区也可以用来测定木瓜蛋白酶的活性;BAEE法反应稳定,重复性好,适于酶学性质的理论研究和试剂酶的活性测定(吴显荣,2005)。美国药典和我国药品标准中规定的木瓜蛋白酶活力测定方法是采用以酪蛋白为底物的紫外分光光度法(罗远秀,2000;陈德梅和符秀娟,2004)。

采用紫外分光光度法检测酶活性,其活性单位定义是:在测定条件下,每分钟水解酪蛋白释放出的三氯乙酸可溶物,在波长为 275 nm 时的消光值相当于浓度为 1 μg/mL 的酪氨酸消光值时,所需要的酶量,为一个酶活力单位。

采用该法测定有几个需要注意的问题:①三氯乙酸浓度不同,测定酶活力的结果就不同。②不同产地的酪蛋白,所测定的木瓜蛋白酶活性有明显差异,进口的酪蛋白溶解度好,所测酶活力较高。③要在最佳 pH 值条件下测定(赵元藩和丁认全,1999)。

2. 木瓜凝乳蛋白酶活力的测定

木瓜凝乳蛋白酶水解活力的测定方法采用以酪蛋白为底物的紫外分光光度法。该酶与木瓜蛋白酶相比还具有凝乳活性,凝乳活性单位的定义是以 40 min 内凝固 1 mL 10％脱脂乳(含 0.01 mol/L CaCl$_2$)的酶量定义为一个酶活力单位,即一个索氏单位(Soxhlet Unit),以相对活力(RU)表示各因素的影响效果(Arima 等,1967)。

3. 溶菌酶活力测定

溶菌酶活力的测定方法通常有三种。
(1)以细胞壁作为底物,用作用前后浊度的变化表示酶活力的大小。
(2)以溶壁微球菌培养液作为底物,用作用前后浊度的变化表示酶活力的大小。
由于这两种方法都是用固液两相反应,难以准确测定反应速度,故有人将水溶性多糖己二醇甲壳质制备均匀态底物,用来测定酶活力。
(3)分光光度计测定法,在 450 nm 处,把一定量的菌体冻干粉或冰浴解冻的溶壁微球菌液溶解于一定量的磷酸盐缓冲液中,使吸光度值在 1.3 左右,此底物溶液以及标准酶液在温度 25℃水浴中保温。用 1 cm 比色皿装 2.5 mL 底物于水浴中,加入 0.5 mL 酶液开始计时,记下反应 1 min 时的读数 E_1 以及反应 2 min 时的读数 E_2,用公式计算出酶活力。不同酶活的标准酶液对应不同的 ΔE,而据此 ΔE 又可算出所用标准酶的酶活,从而可验证检测的准确性(张勇,2004)。

五、木瓜蛋白酶的固定化

固定化酶是 20 世纪 60 年代发展起来的一项新技术。所谓固定化是指利用物理或化学手段将游离的细胞或酶与固态的不溶性载体相结合,使其保持活性并可反复使用的一种技术。为了提高木瓜蛋白酶的使用效率,降低生产成本,国内外研究人员对木瓜蛋白酶的固定化及其应用进行了许多研究。

1961 年 Cebray 就成功地将木瓜蛋白酶固定在多聚氨基酸载体上,并利用它来水解制备 γ-球蛋白的片段。1977 年美国 Finley 采用戊二醛交联法,将木瓜蛋白酶固定在甲壳素上,并用于啤酒生产过程,取得较好的防浊效果。1978 年,法国 Monsan 等用氨基烷化微孔玻璃作为载体,将木瓜蛋白酶交联在上面,也应用于啤酒的澄清(凌兴汉和吴显荣,1998)。1992 年,徐凤彩等分别用甘蔗渣纤维素、尼龙为载体固定木瓜蛋白酶,测定了固定化酶的酶学性质并应用于啤酒的澄清。李红等(2001)用壳聚糖微球固定木瓜蛋白酶,研究了固定化酶的酶学特性并应用于酪蛋白水解制备酪氨酸。而我们也先后在这方面开展了系列工作,包括用家蚕等丝素固定木瓜蛋白酶,研究了固定化酶的酶学特性并应用于酪蛋白水解制备酪氨酸,以及丝素固定化木瓜蛋白酶填充床反应器及其应用,均取得了较理想的效果(陈芳艳和纪平雄,2004,2005a、b),并获得了相应的木瓜蛋白酶的固定化产品。

六、木瓜蛋白酶在饲料工业中的应用

在食品加工过程中,会产生大量的蛋白质下脚料,如动物的羽毛、屠宰后的动物血液、鱼类加工产生的鱼排、鱼头等,这些蛋白质直接打粉加工成饲料,动物难以消化吸收,弃之不仅是资源的浪费,而且会污染环境。利用蛋白酶将其水解成可溶性的小分子蛋白质及氨基酸,易于动物的吸收利用,不仅可以开发出价廉质高的蛋白饲料,而且可提高日粮的利用率,降低饲料成本(吕世民和谭艾娟,2001;谭艾娟等,1998;杨萍等,2008)。目前用动物蛋白酶水解价格太贵;微生物发酵方法进行加工,易受杂菌污染和易含毒;而木瓜蛋白酶活力强、耐热性高、稳定性好,可用于饲料加工。

此外,木瓜蛋白酶作为添加剂加入畜禽日粮中可帮助饲料消化、提高饲料的效价,减少饲用量,使禽畜生长率提高,同时对奶牛的增乳、提高奶质以及预防乳腺炎等有显著功效。

张庆等(1996)在对虾饲料中添加了 0.3% 的木瓜蛋白酶,对生产过程中木瓜蛋白酶的活性变化及在养殖中的效果作了研究,指出在对虾饲料生产条件下(85℃,时间 45 min)木瓜蛋白酶的活力损失会很严重。而在禽畜料生产条件下(温度 75℃),蛋白酶活力保存得相当好。因此在制粒条件下,要保存大部分酶活力的温度只能在 75℃ 左右。在对虾养殖中显示有一定的促生长效果,可提高产量 5%。

宾石玉和盘仕忠(1996)在生长猪日粮中添加 0.1% 的木瓜蛋白酶,对生长猪的日增重和饲料转化率均有提高,以 10～20 kg 的生长猪效果最显著($P < 0.01$)。指出在生长前期的生长猪日粮中添加木瓜蛋白酶最为适宜,生长中期也可适量使用。

何霆等(1992)在日粮中添加木瓜蛋白酶(40 000 U/kg)饲养肉用仔鸡。研究结果显示添加木瓜蛋白酶后虽然平均增重差异不显著($P > 0.05$),但饲料消耗各试验组均比对照组稍偏低。而且日粮中使用 FS 蛋白饲料(发酵血粉)的比鱼粉效果更好,由于 FS 蛋白饲料除含有动物血液外,还有多种含植物纤维的饼粕类载体,可能是木瓜蛋白酶中的其他一些酶类也发挥了作用。

七、结语

　　木瓜蛋白酶是纯天然产物,具有较强的蛋白酶水解能力,还具有凝乳、解脂和溶菌活力,用途十分广泛。目前世界木瓜蛋白酶的应用比例为:酿造和饮料业占75%,肉类加工业10%,鱼类加工业5%,制药业3%,饲料加工业5%。可见,木瓜蛋白酶在饲料工业中的应用比例相对较少,显示出应该有更大的应用空间。究其原因可能是:该酶在饲料加工过程中成本相对较高,酶活力损失过大,限制了其应用;或者作为饲料添加剂,在饲养的过程中没有科学地使用该酶。因此如何能更有效、更长久地提高和保持木瓜蛋白酶的活性,如何在不同动物品种、不同饲养阶段正确、合理地使用该酶来发挥作用是今后很值得投入研究开发的重点。

参考文献

[1] 宾石玉,盘仕忠.1996.木瓜蛋白酶在生长猪日粮中的应用[J].粮食与饲料工业,7;24-25.

[2] 陈德梅,符秀娟.2004.木瓜酶酶活力测定方法在实际生产中的适用性[J].广东药学院学报,20(3);244-245.

[3] 陈芳艳,纪平雄.2004.家蚕丝素固定化木瓜蛋白酶的研究[J].华南农业大学学报,25(3);83-86.

[4] 陈芳艳,纪平雄.2005a.丝素固定化木瓜蛋白酶的特性研究[J].华南农业大学学报,26(4);81-83.

[5] 陈芳艳,纪平雄.2005b.丝素固定化木瓜蛋白酶填充床反应器及其应用研究[J].蚕业科学,31(3);286-289.

[6] 陈自珍.1978.食品酵素学[M].高雄;复文书局;142.

[7] 船津胜,鹤大典著.李兴福译.1982.溶菌酶[M].济南;山东科学技术出版社,74-76.

[8] 邓静,赵树进.2004.木瓜凝乳蛋白酶的酶学性质研究[J].氨基酸和生物资源,26(2);18-20.

[9] 何霆,梁琳,潘穗华,等.1992.添加木瓜蛋白酶饲养肉用仔鸡的效果观察[J].广东畜牧兽医科技,2;9-11.

[10] 李红,王炜军,徐风彩.2001.壳聚糖微球固定化木瓜蛋白酶的特性研究[J].华南农业大学学报,22(2);56-58.

[11] 凌兴汉,吴显荣.1998.木瓜蛋白酶与番木瓜栽培[M].北京;中国农业出版社,104.

[12] 吕世民,谭艾娟.2001.木瓜蛋白酶对猪血粉蛋白的水解作用[J].贵州农业科学,29(4);6-7.

[13] 罗远秀.2000.木瓜酶活力测定方法的研究[J].中国药学杂志,35(8);556-558.

[14] 谭艾娟,杨松,向浪涛.1998.木瓜蛋白酶水解饲料蛋白的最佳作用条件[J].山地农业生物学报,17(2);106-109.

[15] 吴显荣,朱利泉.1988.木瓜蛋白酶[J].北京农业大学学报,14(1);13-17.

[16] 吴显荣.2005.木瓜蛋白酶的开发与应用[J].中国农业大学学报,10(6):11-15.

[17] 徐凤彩,李明启.1992.尼龙固定化木瓜蛋白酶及其应用研究[J].生物化学,8(3):302-306.

[18] 徐凤彩,张薇,罗刚跃,等.1992.甘蔗渣纤维素固定化木瓜蛋白酶及其应用研究[J].华南农业大学学报,13(1):53-59.

[19] 杨萍,夏永军,范伟群.2008.木瓜蛋白酶对罗非鱼下脚料的水解作用[J].水产科学,27(6):290-292.

[20] 叶启腾,陈强.1999.木瓜蛋白酶的应用[J].广西热作科技,4:34-35.

[21] 乙引,谭爱娟,刘宁.2000.木瓜蛋白酶的生产工艺研究[J].贵州农业科学,28(5):24-25.

[22] 张庆,李卓焦,陈康德,等.1996.对虾饲料中添加木瓜蛋白酶的研究[J].饲料工业,17(5):8-10.

[23] 张勇.2004.溶菌酶及其食品工业中的应用[J].粮油加工与食品机械,3:64-65.

[24] 赵元藩,丁认全.1999.木瓜蛋白酶的加工工艺及应用[J].云南师范大学学报,19(5):46-48.

[25] Arima K,Shinjiro I,Gakuzo T.1967.Milk clotting enzyme from microorganism. Part I. Screening test and identification of potent fungus[J].Agricultural Biology and Chemistry,31(5):540-545.

[26] Azarkan M,Dominique M,Julie B,et al.1996.Thiol pegylation facilitates purification of chymopapain leading to diffraction studies at 1.4A resolution[J].The Journal of Chromatography A,749:69-72.

[27] Brocklehurst K,Willenbrock F,Salih E.1987.Cysteine proteinases[J].New Comprehensive Biochemistry,16:139-158.

[28] Buttle D J,Barrett A J.1984.Chymopapain chromatographic purification and immunological characterization[J].Biochemical Journal,223(1):81-88.

[29] Ebata M,Yasunobu K T.1962.Chymopapain I:isoltation,crystallization,and preliminary characterization[J].Journal of Biological Inorganic Chemistry,237:1086-1094.

[30] Howard J B,Glazer A N.1967.Studies of the physicochemical and enzymatic properties of papaya lysozyme[J].Journal of Biological Chemistry,242:5715-5723.

[31] Jansen E F,Balls A K.1941.Chymopapain:a new crystalline proteinase from papaya latex[J].The Journal of Biological Chemistry,137:459-460.

[32] Kunimitsu K,Yasunoba K T,Chymopapain I V.1985.The chromatographic fractionation of partially purified chymopapain and the characterization of crystalline chymopapain[J].Biochemica et Biophysica Acta,828(2):413-417.

[33] Maes D,Bouckaert J,Poortmans F,et al.1996.Structure of chymopapain at 1.7A resolution[J].Biochemistry,35:16292-16298.

[34] Schulz G E,Schirmer R H.1979.Principle of protein structure[M].New York:Springer-Verlag,44-107.

[35] Silvia S M,Rafael Z L,et al.1989.Structural similarity of chymopapain forms as indicated by circular dichroism[J].Biochemical Journal,257:183-186.

[36] So J E，Shin J S，Kim B G. 2000. Protease catalyzed tripeptide(RGD) synthesis[J]. Enzyme and Microbial Technology，26(2):108-114.

[37] Ssolis-Mendiola S，Arroyo-Reyan A，Hernandez-Arana A. 1992. Circular dichroism of cysteine proteinases from papaya latex-evidence of differences in the folding of their polypeptide chains[J]. Biochemica et Biophysica Acta，1118:288-292.

[38] Zucker S，Buttle D J. 1985. The proteolytic activities of chymopapain，papain，papaya proteinase Ⅲ[J]. Biochemica et Biophysica Acta，828(2):196-204.

第3篇

饲料酶制剂的应用研究

本 篇 要 点

目前,饲料工业中广泛应用的酶制剂主要有植酸酶、木聚糖酶、β-葡聚糖酶、纤维素酶、β-甘露聚糖酶、蛋白酶和 α-半乳糖苷酶等。其中,植酸酶通常采取单独添加使用的方式,而其他酶多以复合酶形式使用,而且复合酶中常以木聚糖酶或 β-葡聚糖酶为核心酶。使用目的主要包括补充内源酶的不足(如蛋白酶等消化酶)、消除饲料中的某些抗营养因子(如植酸酶和木聚糖酶等非消化酶)等。其中,以仔猪阶段复合酶的使用来补充其内源酶不足和提高动物消化能力、以家禽麦类日粮中使用 NSP 酶以消除其抗营养作用和提高细胞中养分释放效率的应用模式最为普遍。除蛋白酶有部分来源于植物的分离纯化外,现有的商品化饲料酶制剂绝大多数来源于细菌或真菌类。

本篇主要选取植酸酶、木聚糖酶、β-葡聚糖酶、β-甘露聚糖酶、α-半乳糖苷酶及复合酶作为对象,介绍了其对畜禽生产性能、畜禽整齐度、动物健康、日粮养分消化利用率等方面的影响,以及替代抗生素,降低机体组织抗生素残留的价值。其中,因为不同的酶、不同的使用方式等原因,酶制剂应用对日增重和饲料报酬等生产性能的改善幅度具有一定的变异性,而酶制剂对改善饲料产品的稳定性、以提高畜禽整齐度和健康具有更明显的普遍性和规模化养殖中的经济效益。酶制剂的使用不仅可有效消除抗营养因子、提高养分利用率,达到提高常规饲料资源利用效率和非常规饲料资源开发效率、以节省饲料成本的作用,而且饲料养分利用的提高必然导致养分排泄的减少,这对缓解目前养殖排泄物污染的严峻形势也具有非常重要的现实意义。

然而,现有的研究报道观点并不是普遍一致的,关键原因是影响酶制剂在饲料中添加效果的因素涉及多个方面,其中重要的有:酶制剂的种类和活性、饲料原料和日粮组成、动物的品种和年龄、饲料加工贮藏和使用方法等。因此,也说明了酶制剂不是简单的营养性饲料添加剂,具有较高的应用技术要求。

饲料酶制剂开发与应用的发展趋势主要体现在:①开发针对性和降解效率更高的单项专用酶制剂产品,如组合植酸酶和稳定化处理酶等;②根据不同类型日粮特点,设计不同酶谱组成和活性含量的饲用酶制剂及其应用;③根据不同动物不同生长发育阶段及不同生产用途,设计出不同组成、活性的酶制剂及其应用;④饲料原料前处理专用酶制剂开发和应用,如中性蛋白酶与酸性蛋白酶配伍的组合酶用于大豆降解蛋白功能性饲料原料的开发。

酶制剂在饲料工业中的应用现状及其发展趋势

第一次试图在工业中大规模使用酶是在 19 世纪与 20 世纪之交,结果不很理想,原因主要是人们对酶的活性缺乏了解。近 40～60 年来,人们对酶的特性和反应动力学认识有了长足进展,酶制剂也得以广泛应用。饲用酶制剂应用是生物技术在饲料工业中应用一个重要的内容,它作为一种高效的生物催化剂,是一种安全、天然的绿色产品。目前饲用酶大部分为水解酶类。

一、酶制剂在饲料中的应用情况

酶在动物饲料中应用的历史很短,直到 1975 年才出现商品饲用酶制剂,作为饲料添加剂较广泛应用也是最近 20 多年的事。以英国为例,使用酶制剂的肉鸡饲料在 1988 年几乎为零,而到 1993 年增加至 95%,到目前已经基本全部使用酶制剂。饲料工业中使用的酶都是直接用作饲料添加剂的水解酶。在饲料中使用酶制剂的目的包括如下几个方面:①对动物内源酶的补充,包括蛋白酶、淀粉酶和脂肪酶;②消除饲料中某些抗营养因子,如 β-葡聚糖酶、木聚糖酶和植酸酶等;③使某些营养物质更易于被吸收,提高低劣饲料原料的营养价值,例如纤维素酶;④对某些饲料成分如羽毛、下脚料等进行预处理,使其更易消化。

过去几年中,在饲料工业中使用或具有应用前景的酶包括 β-葡聚糖酶、木聚糖酶、植酸酶、蛋白酶、半乳糖苷酶等,目前用于饲料工业的大多数酶来自细菌和真菌类。最近已对不同的 β-葡聚糖酶、木聚糖酶、纤维素酶和植酸酶等酶编码基因进行克隆,并在微生物、植物等体系中表达,使酶产量增加。常用于饲料工业的几种酶中,植酸酶、β-葡聚糖酶和木聚糖酶是最重要的三种。植酸酶可水解植物性饲料中的植酸磷,释放无机磷和被植酸束缚的淀粉、矿物元素等营养物质,而 β-葡聚糖酶和木聚糖酶均可以部分水解普遍存在于禾本科谷物中的水溶性非淀粉多糖(NSP)。

经过几百万年的进化,高等动物的大部分消化功能已由特定消化酶执行。一般情况下,动物本身的消化酶活性能够有效地完成消化功能,但有些情况下可大大影响动物的消化能力,如:病畜和幼年仔畜常常存在消化功能问题;现代饲养方式人为压抑了动物的消化功能,如仔猪的逐渐断奶改为突然断奶,自然断奶改为提早断奶;某些饲料(尤其是非常规原料)消化性能差;某些饲料含有抗营养因子,不仅影响某一特定成分的消化吸收,同时影响食糜的物理特性进而影响日粮中其他营养的消化吸收。

添加饲用酶制剂(尤其是 β-葡聚糖酶和木聚糖酶),不仅可以提高日粮营养物质的利用,降低日粮和消化物的黏稠性,降低家禽嘴啄损害和排粪道填塞,缩小胃肠道容积(Marquardt 等,1993),还可改变肠道微生物群落,降低饮水量,降低排泄物的含水量和排泄物的氨味,减少排泄物中氨和磷的排放量等。

影响酶制剂在饲料中添加效果的因素是多方面的,其中重要的有:酶制剂的种类和活性、饲料原料和日粮类型、动物的种类和年龄、饲料加工工艺和使用方法等。

已发现的酶品种很多,其中应用于生产的酶已达到 300 多种,而饲料工业用酶也有近20 种,饲料用酶制剂包括消化酶和非消化酶两大类。非消化酶是动物自身体内通常不能合成的酶,一般来源于微生物。消化酶直接补充体内酶的不足来提高和稳定饲料营养物质的消化降解效果,而非消化酶则主要用于分解动物自身不能消化的物质或降解抗营养因子和有害物质等,这两类酶一般都属于水解系列酶。消化酶主要有淀粉酶、脂肪酶和蛋白酶等,非消化酶有纤维素酶、β-葡聚糖酶、木聚糖酶和植酸酶等(表 1)。

表 1　饲用酶制剂种类和营养效应

酶类	底物	功能	效果和应用
β-葡聚糖酶	大麦、燕麦	降低黏稠度	改进营养消化与利用
木聚糖酶	小麦、黑麦、米糠	降低黏稠度	改进营养消化与利用
β-半乳糖苷酶	豆科籽实	降低黏稠度	改进营养消化与利用
植酸酶	植物饲料	从植酸中释放磷	增加磷吸收
蛋白酶	蛋白质	蛋白质水解	改进蛋白质的消化
脂肪酶	脂肪	脂肪水解	适用于幼龄动物
淀粉酶	淀粉	淀粉水解	适用于幼龄动物

1. 淀粉酶

淀粉酶是能够分解淀粉糖苷键的一类酶的总称。淀粉酶广泛存在于动植物和微生物中,目前饲料用淀粉酶主要来源于微生物的发酵产物,如枯草杆菌、曲霉、根霉、反刍动物瘤胃菌等,主要包括 α-淀粉酶、β-淀粉酶、葡萄糖淀粉酶以及支链淀粉酶。一般在饲料中多用 α-淀粉酶,它是内切酶,催化淀粉分子内部 1,4-苷键的随机水解。而 β-淀粉酶是外切酶,催化淀粉分解为寡糖、双糖、糊精或葡萄糖和果糖。动物消化道和唾液中含有淀粉酶。

2. 蛋白酶

蛋白酶是催化分解肽键的一类酶的总称。蛋白酶作用于蛋白质,将其降解为小分子的蛋白胨、肽和氨基酸。此类酶种类繁多,广泛存在于植物、动物、微生物(主要为细菌、放线菌、霉菌)体内。饲料中多用酸性和中性蛋白酶。蛋白酶按其作用方式也分为内切酶和外切酶,一般的微生物蛋白酶通常是内切酶和外切酶的混合物。动物体内的蛋白酶多存在于胃液和胰液中,分别为胃蛋白酶和胰蛋白酶,前者属于酸性蛋白酶,后者属于中性或碱性蛋白酶。

3. 脂肪酶

脂肪酶催化三酰甘油的酯键水解,释放更少酯键的甘油酯或甘油及脂肪酸。脂肪酶广泛存在于动植物和微生物中。植物中含脂肪酶较多的是油料作物的种子,如蓖麻籽、油菜籽;动物体内含脂肪酶较多的是高等动物的胰脏和脂肪组织,动物体内的胃液和肠液中含有少量的脂肪酶,用于补充胰脂肪酶对脂肪消化的不足,在肉食动物的胃液中含有少量的丁酸甘油酯酶;细菌、真菌和酵母中的脂肪酶含量更为丰富,由于微生物种类多、繁殖快、易发生遗传变异,具有比动植物更广的作用 pH、作用温度范围以及底物专一性,且微生物来源的脂肪酶一般都是分泌性的胞外酶,适合于工业化大生产和获得高纯度样品,因此微生物脂肪酶是饲料工业用脂肪酶的重要来源。

4. 纤维素酶

纤维素酶是降解纤维素 β-1,4-葡萄糖苷键的一类酶的总称,因此它一般为复合酶系,主要包括 C1 酶、Cx 酶和 β-葡萄糖苷酶。当前用于生产饲料工业用酶制剂研究较多的是真菌,对细菌和放线菌研究较少,来源包括木霉、黑曲霉、青霉、根霉、反刍动物瘤胃菌、芽孢杆菌等。纤维素酶分解纤维素为纤维二糖、纤维三糖等,α-葡萄糖苷酶则将纤维二糖、纤维三糖分解为葡萄糖。高等动物体内缺乏纤维素酶。尽管纤维素酶具有很大的潜力,但目前在工业上的实际应用还很一般,这主要是由于所用酶种类很多,酶促纤维素水解过程非常复杂。另外,天然纤维素很少单独存在,而是与木质素和半纤维素紧密联系,木质素的包裹使得酶很难接近纤维素。

5. 半纤维素酶

半纤维素酶将植物细胞中的半纤维素水解为多种五碳糖,降低半纤维素溶于水后的黏度。尤其是内切形式酶的水解作用,不仅可降低半纤维素的黏稠性,而且能改善禾本科谷物的营养价值;外切形式的半纤维素酶虽也能从半纤维素中释放出葡萄糖,但对其黏稠度的影响较小。主要包括木聚糖酶、β-葡聚糖酶、甘露聚糖酶和半乳聚糖酶四种。半纤维素酶在植物和微生物中都有存在,其中饲料工业用半纤维素酶主要来源于各种曲霉、根霉、木霉和杆菌等微生物发酵产生。在饲料工业中应用较多的是木聚糖酶和 β-葡聚糖酶,尤其是应用于麦类饲料替代玉米的日粮中,可有效提高其营养价值,而达到与玉米相当的饲喂效果。

6. 果胶酶

果胶的主要成分是半乳糖醛酸。果胶酶可使果胶质水解,降低食糜的黏度。没有任何一种酶可单独完全降解果胶,需多种酶的配合才能完成,这些酶包括果胶甲基酯酶、多聚半乳糖醛酸酶、果胶裂解酶,所以果胶酶也是一个多酶复合物。工业生产果胶酶可来源于霉菌、芽孢杆菌等微生物。饲料工业中果胶酶多用于提高青贮饲料的品质等。

7. 植酸酶

植酸即肌醇六磷酸,是植物中磷的贮备形式,植酸中的磷不能或难以被单胃动物消化利用,同时植酸作为螯合剂束缚二价金属阳离子、蛋白质、淀粉等其他营养物质。植酸酶属于磷酸单醇水解酶,它水解植酸(盐)为正磷酸和肌醇衍生物,释放出磷、锌和钙等。植酸酶广泛存在于动植物和微生物中,但单胃动物是否分泌植酸酶现在还存在争论,而有一些是转基因动物的产物,即使有,分泌量和活性也有限;而反刍动物产生的植酸酶实际是其瘤胃中微生物发酵的产物。植物性植酸酶是 6-植酸酶,主要在麦类饲料中含量丰富,但水解植酸的效率要比微生物来源的低。微生物生产的 3-植酸酶是目前市场上植酸酶的主要来源,产植酸酶的微生物有丝状真菌、酵母和细菌等。植酸酶种类包括中性和酸性植酸酶。此外,中国农业科学院生物技术研究所中国工程院院士范云六带领的课题组于 2007 年利用玉米种子生物反应器生产出了国际领先水平的第二代高活性植酸酶。

以上各种饲用酶实际上绝大部分都是一类或一群酶的总称,有时也容易出现混淆,例如,木聚糖酶与半纤维素酶。

二、饲用酶制剂的开发与应用

1. 饲用酶制剂的开发

到目前为止,饲用酶制剂的开发与应用以木聚糖酶、β-葡聚糖酶和植酸酶为重要的酶种,再适当辅助加入其他的内源酶和外源酶生产复合酶(植酸酶一般以单项酶作为酶制剂产品)。所幸的是,目前这 3 种酶的工业化生产效率很高,尤其是通过基因工程等先进的生物技术,使酶制剂生产的效率大大提高。

饲用酶制剂中单项酶的工业化生产,蛋白酶可利用植物来源的木瓜乳汁制成木瓜蛋白酶或动物来源的蛋白酶(胃、胰蛋白酶)〔我们课题组成员分析发现由木瓜乳汁加工而成的木瓜蛋白酶不是纯酶,这些粗酶中除含有木瓜蛋白酶外,还含有溶菌酶、半胱氨酸蛋白酶、纤维素酶、葡聚糖酶、谷氨酰胺以及低相对分子质量的巯基化合物,并表现出对蚕蛹蛋白等良好的降解效果(陈芳艳等,2004,2005a、b)〕,其余主要依靠微生物发酵技术生产。例如,β-葡聚糖酶发酵生产主要是来源于枯草芽孢杆菌、木霉等,戊聚糖酶来源于木霉,植酸酶则主要来源于曲霉(表 2)。有些菌株纯化后,还通过基因工程技术,将产酶基因转到成本低、能大规模发酵生产的微生物内,再进行发酵。

表 2　常见饲用酶制剂生产所用的菌种及酶的最适条件

酶的种类	产酶菌株	酶最适 pH	酶最适温度/℃
β-葡聚糖酶	枯草芽孢杆菌	4.9～5.2	55～70
β-葡聚糖酶	地衣芽孢杆菌	5.5～7.5	50～60
戊聚糖酶	木霉	5.0～6.0	50～60
植酸酶	无花果曲霉	2.5～5.5	—
α-淀粉酶	地衣芽孢杆菌	6.0～7.0	95～97
α-淀粉酶	黑曲霉	4.9～5.2	55～70
中性蛋白酶	枯草杆菌 AS	7.0～8.0	50～55
酸性蛋白酶	黑曲霉	2.5～4.0	50～55
脂肪酶	解脂假性酵母	7.0～8.0	35～45
脂肪酶	根霉	3.5～4.5	40～50
纤维素酶	木霉	4.0～5.5	45～50
纤维素酶	黑曲霉	3.5～5.5	45～50
半纤维素酶	木霉	4.5～5.5	40～50
半纤维素酶	枯草芽孢杆菌	4.0～6.0	40～55
果胶酶	黑曲霉	3.5～4.5	40～55
果胶酶	根霉	3.5～4.5	40～55

资料来源:张树政,1998。

许多微生物可分泌多种酶,例如木霉、黑曲霉、根霉、枯草芽孢杆菌等都可以分泌产生两种以上的单项酶,食品工业用的酶制剂一般都经过分离提纯工艺,而饲料工业则可以直接提取"复合酶"。近年来的基因重组技术使微生物发酵生产出高浓度、高活性和高纯度的酶制剂,如:微生物植酸酶为曲霉 *Aspergillus ficuum* 产生;NR-RL3135 菌株经基因工程处理,使产酶率提高 10 倍以上(Knuckles 等,1989)。同时,还可以利用细胞杂交技术和原生体融合技术,生产杂交酶,对父母本中的特性进行优化重组,如从 *B. macerans* 中可获得 *Bacillus* β-1,3-1,4-葡聚糖酶,把这两种基因片段移入 *EcoR* V 转化区进行重组,可以生产出既耐酸又抗热的 β-葡聚糖酶。

目前饲料工业使用的酶制剂产品主要有:

(1)单项饲用酶　为单一目的而使用的酶制剂,主要作用为消除抗营养因子,如甘露聚糖酶、植酸酶、β-葡聚糖酶、戊聚糖酶等。

(2)复合酶　包括单用途复合酶和多用途复合酶。其中,单用途复合酶的用途单一,水解蛋白质或分解其他专一的营养成分(或抗营养因子),如菠萝蛋白酶、α-凝乳蛋白酶等;多用途复合酶含有 α-淀粉酶、蛋白酶、脂肪酶、纤维素酶、半纤维素酶、β-葡聚糖酶、戊聚糖酶(阿拉伯木聚糖酶)、果胶酶、甘露聚糖酶等,这类产品最多。

(3)组合酶　我们专门针对酶制剂催化的高效问题,创新提出了组合酶的设计理念(冯定远,2004)。组合酶是指由催化水解同一底物的来源和特性不同,利用酶催化的协同作用,选择具有互补性的两种或两种以上酶配合而成的酶制剂。例如,蛋白酶组合酶制剂由多种来源不同的蛋白酶组成(木瓜蛋白酶和黑曲霉蛋白酶的组合),木聚糖酶组合酶制剂由多种来源不同的木聚糖酶组成(真菌木聚糖酶和细菌木聚糖酶的组合),纤维素酶组合酶制剂由木霉纤维素酶和青霉纤维素酶组成等。之后,我们在植酸酶、蛋白酶和木聚糖酶方面开展了大量组合筛选工作,发现酸性和中性、内切和外切酶之间有明显的互补增效的组合效应(李春文,2007;周响艳等,2009;代发文等,2009)。

饲用酶制剂的用途主要分为两大类:一是水解营养物质,起辅助消化的作用,以补充内源酶为主;二是分解抗营养因子,主要是外源酶,如β-葡聚糖酶或其他聚糖酶、植酸酶。

饲用酶制剂产品开发的方向之一是研究开发分解抗营养因子的酶制剂,甚至是单项专用的酶制剂,如植酸酶、半乳糖苷酶(分解豆类的抗营养因子),因为这些专用酶制剂产品更具有针对性、效率更高。

饲用酶制剂产品开发的第二个趋势是根据不同类型日粮的特点,设计饲用酶制剂的酶种组成和活性含量,如:含有大麦或啤酒渣的日粮,以β-葡聚糖酶为主;含有小麦或麸皮的日粮,以戊聚糖酶为主。近年来,已有一些"玉米-豆粕"型饲用酶、"玉米-麸皮-豆粕"型饲用酶、"小麦-豆粕"型饲用酶等等。这些酶制剂是根据日粮的组成及其特性而开发生产的,这样可以避免漫无目的地应用酶制剂。

饲用酶制剂产品开发的第三个趋势是根据不同动物不同生长发育阶段及不同生产用途而设计出不同组成、活性的酶制剂,例如:早期断奶仔猪日粮专用酶制剂,含有一定的蛋白酶、淀粉酶和脂肪酶;蛋鸡日粮专用酶制剂含有降解水溶性非淀粉多糖(NSP)的酶制剂,以保持蛋品的清洁度,提高产品质量等。

饲用酶制剂产品开发的第四个趋势是开发生产一些饲料原料处理专用酶制剂,例如,含有木瓜蛋白酶、中性蛋白酶、酸性蛋白酶、胃蛋白酶等多种动物、植物和微生物来源的蛋白酶产品,专门用于加工处理某些饲料原料,如皮革蛋白粉、羽毛粉、家禽屠宰副产品和血粉等,使某些非常规饲料原料的消化利用率提高或有害成分被脱毒、抗营养因子被消除等。

2.饲用酶制剂的应用

在酶制剂应用中,其中广为人知且效果最好的例子是在大麦基础型家禽日粮中使用β-葡聚糖酶。另外,在小麦型家禽日粮中使用戊聚糖酶也取得了成功。β-葡聚糖酶和戊聚糖酶(阿拉伯木聚糖酶)是两种研究最充分,并在当前已被商业性地用于单胃动物饲养系统的酶制剂,其目的是提高营养物质利用率,改善粪便质量和(或)蛋的清洁度。植酸酶引起动物营养学家的兴趣已有多年。最近植酸酶生产中的进展使这种酶的商业性应用切实可行。其他种类的酶,例如纤维素酶、蛋白酶、淀粉酶、脂肪酶、果胶酶等对家禽的特殊作用报道不多(Newman,1993)。

大多数添加在动物饲料中的酶是粗制剂,通常对一系列底物有活性(Campbell 和 Bedford,1992)。商业上的饲用酶制剂产品通常是将两种或更多种酶混合在一起,它们被称为"复合酶"(Graham,1993),而单一使用的多见于植酸酶。

关于在单胃动物日粮中使用α-淀粉酶的科学依据尚不足,早在1959年,Willingham等研究表明,结晶的α-淀粉酶对大麦型日粮的利用无改善作用。在一般情况下,小肠分泌的淀粉酶足以使淀粉很好地被消化利用(Moran,1982)。许多研究者认为,在饲料中添加淀粉酶、

β-葡聚糖酶和戊聚糖酶,可使幼畜获益(Campbell 和 Bedford,1992)。我们在 2002 年的研究中发现,在断奶仔猪日粮中添加消化酶(淀粉酶＋蛋白酶)、非淀粉多糖酶(β-葡聚糖酶＋木聚糖酶＋纤维素酶)以及两者的复合酶,结果表明对仔猪生长性能、消化系统发育和内源酶活性均具有促进的趋势(沈水宝,2002)。但支持这一论点的科学依据还需要进一步完善。

许多市场上流通的饲用酶制剂都标榜含有蛋白酶、脂肪酶等内源酶,但这是否有必要,值得认真思考。

人们普遍持有这样一种观点:在含有不溶性纤维的饲料中添加纤维素酶,可以提高日粮的能量价值,例如,在含有统糠、啤酒渣等饲粮中添加纤维素酶有较好的效果。我们在 2004 年的研究中也证实在肉鹅和肉鸡饲料使用草粉或稻谷的情况下,添加纤维素酶可有效提高饲料中粗纤维、能量等利用效率,对动物生长性能也有积极的促进作用(黄燕华,2004;杨彬,2004)。但是,纤维素的酶解过程非常复杂,涉及许多不同的纤维素酶的作用。另外,在自然界中很少有如棉花那样的纯纤维素。在饲料中,纤维素通常与其他多聚物,如木质素和戊聚糖等有紧密的物理结合。木质素的包被使酶很难接触到纤维素。因此,同内源酶的情况类似,在饲用酶制剂产品开发中,是否有必要加入分解非水溶性非淀粉多糖(纤维素等)的酶制剂值得商榷。尽管如此,纤维素酶在饲料工业中仍具有极大潜力。但目前还有许多技术难题未解决,尤其是纤维素在天然饲料成分中的物理结构问题如何克服。技术问题未解决,设计复合酶制剂产品时就不能简单地复合累加在一起。

目前,植酸酶是唯一有可能在显著改进营养利用方面产生相当于 β-葡聚糖酶及戊聚糖酶程度的酶种。我们在猪、鸡、鸭等动物中的试验研究表明,添加植酸酶可提高饲料中钙和磷的利用效率,而且在降低日粮中钙 $0.2\%\sim0.3\%$、磷 $0.1\%\sim0.2\%$ 的情况下,添加植酸酶可达到普通钙、磷水平日粮相当的饲养效果(克雷玛蒂尼,1999;左建军,2005;陈旭,2008)。

三、饲用酶制剂的酶活检测

饲用酶制剂的研究开发和推广使用过程中一个有待解决的问题是酶制剂活性检测。酶在销售和使用时通常以单位重量的活性来表示,因此酶的生产者和使用者都必须能够精确而可靠地测定任何一种酶制剂的酶活性。实验室中常常通过酶和过量底物孵育而测定酶活,大多数情况下是检测产物的生成量。酶活越高,在给定时间内生成的产物越多。酶活单位通常以单位时间内生成产物的量表示。酶活测定的条件影响测得的活性水平。酶活受温度、pH 值以及其他多种因素影响,因此,必须保持测定系统中这些变量的一致,这样所得的结果才具有可比性。

某一特定酶的检测方法可能采用不同的 pH 值、温度及其他条件,这会产生不同活性值,导致结果混乱。即使是同一种检测方法,也可能因底物类型或批次的不同产生不同的结果。不同的酶制剂生产厂家很少运用同一检测方法,有时很难或不可能直接比较竞争产品的酶活力。因此,为了正确引导酶制剂的开发和使用,有必要采用同一测定方法,或者由一学术机构统一规范测定方法。

许多饲用酶制剂只笼统标示某一类酶的活性,例如蛋白酶。但是,酶的来源不同,如真菌源、细菌源、动物来源和植物来源的纤维素酶的最适 pH 值和最适温度是不同的,这样增加了理解酶活性表示意义的难度(黄燕华,2004)。除了 pH 值和温度外,不同金属离子对不同酶活测定结果的影响也较大,例如铜离子对 α-淀粉酶有显著抑制作用(高铜日粮添加含有 α-淀粉酶的饲用酶制剂的作用有多大值得怀疑),而中性蛋白酶必须有锌离子以激活和维持其活性。

Lyons 等(1994)指出,生产饲用酶的厂家必须满足的一个最重要的要求可能是加入动物饲料中的酶必须是可以检测分析出来的。但是,科技文献至今没有广泛讨论过测定配合饲料产品中酶活性的适宜方法。制订能直接检测并量化配合饲料中酶活的测定系统显然是十分重要的。饲料中酶活的测定方法多数是用试管培养,另一种做法是把底物加进琼脂,铺入平皿,然后在琼脂上做出小孔,放进酶。随时间推移,酶向四周渗透并对底物进行水解,当用染料染色后就可以看出酶解区域,其直径大小与酶的活性成正比,这种方法在饲料工业中应用是可行的。

建立全行业通用的标准化酶活测定方法是开发可比较的饲用酶制剂产品的关键(Sears 等,1994),而推广简单可行的饲料厂酶活测定常规方法则是饲用酶制剂广泛应用的前提和基础(Lyons 等,1994)。

检测浓缩酶制剂一般是不复杂的,可用酶的天然底物来进行。由于这种酶活性很高,且一般不含干扰检测过程的底物,因此评定很方便。但是将酶制剂加入饲料后再评定酶活,在技术上就要难很多。影响检测饲料中酶活的一个难点是饲料中存在着妨碍测定酶活的某些物质,例如 β-葡聚糖酶、戊聚糖酶、纤维素酶等是根据其反应产物还原糖的数量而检测的,但饲料中含有天然高水平的还原糖,使得由于糖的背景值很高而无法对酶活进行测定。为克服上述困难,采用过各种办法,例如:延长培养时间以测定极低水平的酶;使用不含产生饲料中天然含有反应产物的人工底物;在测定之前除去干扰物;等等。

判断配合饲料中酶的活性有许多技术难点。已试行过许多不同的技术路线,其中放射渗透法测得的结果是令人鼓舞的。Powe 和 Walsh(1994)认为,这个方法适合测定饲料终产品中的酶活。这是解决饲料中酶制剂的酶活分析的热门研究题目的重要进展。但是,这仍然是一个十分困难的任务。

四、饲用酶制剂开发和应用中存在的问题

饲用酶制剂的开发和应用是生物技术在动物营养和饲料工业中应用最成功的例子,它在提高动物的生产性能、饲料利用效率,开发新的饲料资源,生产天然、无毒、无残留的畜产品以及环境保护等多方面逐渐显示出巨大的潜力。饲用酶制剂的作用已逐渐被人们所认识。但是,饲用酶制剂的开发生产和实践应用仍有许多问题,它影响了酶制剂潜力的发挥,造成这些问题的原因主要包括两个方面,一是酶本身作为一种生物活性制品的复杂性,它的作用受到多方面因素的影响,尤其是大规模生产应用的情况下,而人们的认识有一个过程;二是使用过程中一些技术上的问题还未完全克服。目前在饲用酶制剂研究开发和推广应用中的主要问题有:

(1)某些新的饲用酶制剂产品开发过程中,对酶的最适活性单位或酶制剂添加量缺乏足够的试验基础,复合酶的单项酶种及活性比例具有一定的盲目性。有些酶种是漫无目的地添加,造成浪费和成本提高。今后酶制剂的开发应转向专门化的产品研究开发,例如,某一特定日粮

类型的饲用酶,某一特定的动物某一阶段的饲用酶,或者单一用途的饲用酶(如消除某一种抗营养因子等)。

(2)某些饲用酶制剂产品的有效成分和活性单位达不到要求,或与标示的含量不相符。

(3)目前许多酶制剂产品的酶活性检定方法不统一,不同产品缺乏可比性,使用时造成混乱。

(4)目前缺乏在饲料工业生产中有效可行的酶活性鉴定方法,尤其是饲料产品加工生产后的酶活性测定方法。

(5)在粉料中使用饲用酶制剂有明显的效果,但对于在颗粒饲料高温调质制粒过程中酶活性的稳定性,许多使用者仍有疑虑(Sears 等,1992)。尽管大多数酶在典型的制粒温度下相当稳定(至少在较短时间里),但某些酶的活性可能会受到影响。解决这一问题的方法有三种:一是采用在饲料制粒后喷洒液体酶的方法,在颗粒冷却前将酶喷于其表面,冷却过程中液体酶被吸收入颗粒内部;二是采用包埋技术,用高分子凝胶细微网格包埋(网格型),用高分子半透膜包埋(微囊型),或用表面活性剂和卵磷脂等形成液膜包埋(脂质体型);三是筛选产耐高温酶的菌株进行发酵生产,如高温 α-淀粉酶。此外,一个值得探讨的问题是酶制剂在饲料加工过程中的作用,我们通过系统分析和比较已有的和我们自己的研究结果认为饲料酶发挥作用位置存在二元性,即肠道和饲料加工过程(冯定远等,2008)。而且,我们在研究实验室评价植酸酶耐热性的过程中,也发现制粒处理虽然损失了酶活,但同时表现出对植酸的降解作用(张常明等,2008)。

(6)有些用户在使用过程中缺乏正确的认识,对添加酶制剂的作用不清楚,目的不明确,影响使用饲用酶制剂的效果和添加的意义。最突出的问题是加酶之后的饲料配方调整技术,针对这一问题,我们建立了能有效指导加酶饲料配方调整的 ENIV 系统及其数据库(冯定远和沈水宝,2005;冯定远等,2006),通过对酶制剂对饲料中 ME、可消化粗蛋白等有效养分的量化,直接参与配方调整。

以上这些问题有些目前是可以克服的,而另外一些则必须有待进一步研究。只有解决了这些问题,才能使饲用酶制剂产品的开发生产和推广应用取得更大的突破。

参考文献

[1] 陈芳艳,纪平雄.2004.家蚕丝素固定化木瓜蛋白酶的研究[J].华南农业大学学报,25(3):83-86.

[2] 陈芳艳,纪平雄.2005a.丝素固定化木瓜蛋白酶的特性研究[J].华南农业大学学报,26(4):81-83.

[3] 陈芳艳,纪平雄.2005b.丝素固定化木瓜蛋白酶填充床反应器及其应用研究[J].蚕业科学,31(3):286-289.

[4] 陈旭.2008.耐热植酸酶对肉鸭生长性能及养分代谢利用的影响[D].华南农业大学硕士学位论文.

[5] 代发文,左建军,黄升科,等.2009.组合型木聚糖酶对麻羽肉鸡生产性能的影响[C]//饲用酶制剂的研究与应用.北京:中国农业科技出版社.

［6］冯定远,谭会泽,王修启,等.2007.饲用酶制剂作用的分子营养学机理与加酶日粮 ENIV 系统的分子生物学基础［J］.新饲料,1:7-11.

［7］冯定远,左建军,周响艳.2008.饲料酶制剂理论与实践的新假设——饲料酶发挥作用位置的二元说及其意义［J］.饲料研究,8:1-5.

［8］冯定远.2004.饲料工业的技术创新与技术经济［J］.饲料工业,11:1-6.

［9］冯定远,沈水宝.2005.饲料酶制剂理论与实践的新理念——加酶日粮 ENIV 系统的建立和应用［J］.饲料工业,26(18):1-7.

［10］黄燕华.2004.不同来源纤维素酶在肉鹅高纤维日粮中的应用及其作用机理的研究［D］.华南农业大学博士学位论文.

［11］克雷玛蒂尼.1999.低磷日粮中使用植酸酶对肉鸡生产性能的作用［D］.华南农业大学硕士学位论文.

［12］李春文.2007.中性和酸性植酸酶对植物性饲料磷和钙体外透析率的影响［D］.华南农业大学学士学位论文.

［13］沈水宝.2002.外源酶对仔猪消化系统发育及内源酶活性的影响［D］.华南农业大学博士学位论文.

［14］杨彬.2004.纤维素酶在黄羽肉鸡小麦型日粮中的应用研究［D］.华南农业大学硕士学位论文.

［15］张常明,左建军,叶慧,等.2008.植酸酶耐热性评价方法的研究［J］.黑龙江畜牧兽医,2:18-21.

［16］张树政.1998.酶制剂工业［M］.北京:科学出版社.

［17］周响艳,苏海林,李秧发,等.2009.组合型复合酶制剂在黄羽肉鸡上的应用研究［C］//饲用酶制剂的研究与应用.北京:中国农业科技出版社,59-66.

［18］左建军.2005.非常规植物饲料钙和磷真消化率及预测模型研究［D］.华南农业大学博士学位论文.

［19］Campbell G L,Bedford R.1992.Enzyme applications for monogastric animal feeds:a review［J］.Canadian Journal of Animal Science,72:449-466.

［20］Graham D Y,Go M F.1993.*Helicobacter pylori*:current status［J］.Gastroenterology,105:279-282.

［21］Knuckles B E,Kuzmicky D D.1989.Effect of myoinositol phosphate esters on *in vitro* and *in vivo* digestion of protein［J］.Journal of Food Science,54(5):1348-1350.

［22］Lyons W E,Dawson T M,Fotuhi M.1994.The immunophilins,FK506 binding protein and cyclophilin,are discretely localized in the brain:relationship to calcineurin［J］.Neuroscience,62(2):569-580.

［23］Marquardt R R,Guenter W.1993.Effect of enzyme supplementation on the nutritional value of raw,autoclaved,and dehulled lupins in chicken diet［J］.Poultry Science,2(12):2281-2293.

［24］Newman R D,Jaeager K L.1993.Evaluation of an antigen capture enzyme-linked immunosorbent assay for detection of cryptosporidium oocysts［J］.Journal of Clinical Microbiology,31(8):2080-2084.

［25］Power R F，Walsh G A. 1994. Enzymes in the animal-feed industry［J］. Trends in Food Science and Technology，5(3):81-87.

［26］Sears P，Tolbert T，Wrong H. 1992. Engineering enzyme for bioorganic synthesis: peptide bond formation［J］. Biotechnology Progress，12(4)：423-433.

［27］Sears P，Schuster M，Wang P. 1994. Engineering subtilisin for peptide coupling: studies on the effect of counterions and site-specific modification on the stability and specificity of the enzyme［J］. Journal of the American Chemical Society，116（15）: 6521-6530.

［28］Willingham H E，Jensen L S，McGinnis J. 1959. Studies on the role of enzyme supplements and water treatment for improving the nutritional of some barleys［J］. Poultry Science，59：2048-2053.

饲用复合酶制剂在肉鸡饲料中的应用

配合饲粮中,作为酶制剂作用的底物因为饲料原料种类、数量变异大,加上动物的因素,目前畜牧养殖生产中普遍使用的酶制剂可分为外源性消化酶和非消化酶类。由于原料组成复杂,所以一般情况下,除植酸酶之外,酶制剂都是复合使用为主。而且,复合酶又可分为由单酶复配而成的复合酶、复合发酵直接产生的复合酶,以及我们在 2008 年提出的组合型复合酶(冯定远,2008)。

一、复合酶制剂

复合酶制剂由一种或几种单一酶制剂为主体,加上其他单一酶制剂混合而成,或由一种或几种微生物发酵获得。复合酶制剂可利用各种消化酶的协同作用,降解饲料中的各种底物,最大限度地提高饲料中能量、蛋白质、淀粉等营养物质的利用率,而达到提高增重和饲料利用率的目的。目前,饲用复合酶制剂由于其不同的功能特点,主要有以下几类:

(1)以蛋白酶、淀粉酶为主的饲用复合酶。此类酶制剂主要用于补充动物内源酶的不足。

(2)以 β-葡聚糖酶为主的饲用复合酶。此类酶制剂主要应用于北美、欧洲以及以大麦为饲料主原料的国家。

(3)以纤维素酶、果胶酶为主的饲用复合酶。此类酶主要由木霉、曲霉和青霉直接发酵产生,主要作用为破坏植物细胞壁,使细胞质的营养物质释放出来,供进一步消化吸收,并能消除饲料中的抗营养因子,降低胃肠道内容物的黏稠度,促进动物消化吸收。

(4)以纤维素酶、蛋白酶、淀粉酶、糖化酶、果胶酶为主的饲用复合酶。此类复合酶制剂综合了以上各酶系的共同作用,具有更强的助消化作用。

(5)以阿拉伯木聚糖酶为主的复合酶。此类酶主要针对小麦 NSP 中,阿拉伯木聚糖含量相对较高的特点,因此在小麦型日粮中添加的复合酶应以木聚糖酶为主,β-葡聚糖酶等为辅。

二、复合酶制剂的使用效果

1. 复合酶制剂对肉鸡生产性能的影响

复合酶制剂能不同程度地提高肉鸡的生产性能，这在国内已有较多的报道。王明海和高峰(2008)的研究发现，在肉鸡基础日粮中添加 0.1% 的复合酶[主要含内切淀粉酶(5 000 U/g)、中性蛋白酶(3 500 U/g)、酸性蛋白酶(3 000 U/g)、木聚糖酶(7 000 U/g)，还有外切淀粉酶、β-葡聚糖酶、果胶酶、植酸酶、纤维素酶和纤维二糖酶等]，使 1～42 日龄的 AA 肉鸡平均日增重提高 6.77%($P<0.05$)，平均料重比下降 9.18%($P<0.05$)。顾宪红等(2000)研究了酶制剂对肉鸡生产性能的影响，结果表明在 0～3 周龄添加 1% 复合酶制剂可提高日增重 25.41%，降低料肉比 17.3%；4～6 周龄添加 0.5% 复合酶制剂可提高日增重 8.34%，降低料肉比 7.89%。张莹等(1997)研究发现，在日粮中添加阿拉伯木聚糖酶和 β-葡聚糖酶的复合酶制剂可以使黄羽肉雏鸡日增重提高 8.8%，饲料采食量提高 4.9%，降低单位增重的饲料消耗 3.7%，这与本课题组(杜继忠，2009)的研究结果是一致的，我们的试验表明，在 1～30 日龄的肉鸡日粮中添加 50 g/t 和 100 g/t 的复合酶制剂(以木聚糖酶为主)，日增重分别提高了 2.44% 和 3.85%，耗料增重比则分别降低了 2.53% 和 4.22%，有效改善了饲料的利用率。

复合酶提高肉鸡生产性能的机理可能是其中木聚糖酶等聚糖酶降低了肠道内容物中水溶性木聚糖导致的黏性，使饲料原料与肠道的消化酶充分接触，释放出更多的营养物质被吸收利用，从而使鸡的生产性能大大提高。Bedford 和 Morgan(1996)、Graham 等(1993)认为前肠食糜黏度是影响雏鸡生产性能的一个重要原因，雏鸡活体增重和料重比与前肠黏度的对数间存在一种线性关系。食糜黏度从 100 cP 降到 10 cP 和从 10 cP 降到 1 cP，雏鸡生产性能得到同样的改善，这说明在低黏度的肉鸡饲料中添加酶制剂同样能改善肉鸡生产性能。

但是也有研究报道，在肉鸡日粮中添加复合酶制剂对肉鸡的生产性能没有影响或有降低其生产性能的趋势。Rebole 等(1999)在含全脂葵花籽的玉米-豆粕型日粮中，添加 0.05%～0.20% 以半纤维素酶、果胶酶、β-葡聚糖酶等为主的细胞壁降解酶，对肉鸡生长性能无明显影响。Alzueta 等(2002)将木聚糖酶和果胶酶为主的复合酶制剂添加至含亚麻籽的玉米-豆粕日粮中得到了相同的结果。Zanella 等(1999)报道，在肉鸡玉米-豆粕日粮中添加含木聚糖酶、淀粉酶、蛋白酶为主的复合酶，提高了平均日增重 1.9%，改善了饲料转化率 2.2%。但用相同的酶产品，在相似的日粮中，Douglas 等(2000)并未发现肉鸡的生长性能得到改善。

2. 复合酶制剂对肉鸡日粮养分利用率的影响

王允超等(2008)用 21 日龄 AA 肉公鸡进行试验，试验结果表明，在对照组日粮基础中添加 100 mL/t 液体复合酶制剂(含木聚糖酶 200 000 U/g、β-葡聚糖酶 150 000 U/g、纤维素酶 3 000 U/g、果胶酶 20 000 U/g 和甘露聚糖酶 1 000 U/g)，能显著改善日粮的 AME($P<0.05$)，可提高日粮代谢能 0.67 MJ/kg，显著提高日粮能量表观消化率 3.1%($P<0.05$)，提高日粮蛋白质表观消化率 1.8%。

在幼禽日粮中添加外源性淀粉酶、蛋白酶等,不但能补充体内内源酶的不足,而且能激活内源酶的分泌,将淀粉分解成糊精、麦芽糖、果糖和葡萄糖,蛋白质分解成多肽、寡肽和氨基酸等,因而有利于幼禽对淀粉和蛋白质的消化分解和吸收利用。非淀粉多糖包括不溶性非淀粉多糖(包括纤维素、不溶性阿拉伯木聚糖等)和可溶性非淀粉多糖(包括可溶性阿拉伯木聚糖和 β-葡聚糖等),它们的特殊结构使它们具有一定的抗营养特性,相应的非淀粉多糖酶制剂可以破坏其特殊结构,去除或者降低其抗营养特性,提高动物日粮营养物质特别是能量的利用率(冯定远,2004)。我们的研究发现,在小麦基础日粮中添加木聚糖酶(真菌性木聚糖酶和细菌性木聚糖酶),对黄羽肉鸡表观代谢能、真代谢能、粗蛋白的真代谢率都有升高的趋势,且添加木聚糖酶组的表观代谢能的提高达到了显著水平(于旭华,2004)。

3. 复合酶制剂对肉鸡小肠酶活性的影响

酶制剂对家禽消化酶活性的研究也常有报道。肉鸡生长早期,内源酶的分泌相对不足可能是影响其生长的限制因素。安永义等(1999)研究表明,肉仔鸡胰腺和胃肠道消化酶活性基本上随日龄的增加而升高。习海波等(2005)研究表明,低能量日粮添加复合酶制剂可极显著提高小肠内淀粉酶活性,也不同程度提高了小肠胰蛋白酶活性。Almirall(1995)报道饲粮中添加 β-葡聚糖酶能明显提高小肠淀粉酶、脂肪酶和胰蛋白酶的活性。由于饲用酶制剂主要来源于微生物(如真菌、细菌)发酵,其酶的结构、理化性质与内源酶不同,因此理论上不存在外源酶添加抑制内源酶分泌的情况(蒋宗勇,1992)。研究表明,外源酶的添加对内源酶的分泌有一定的促进作用。

日粮中的非淀粉多糖可能具有与各种消化酶、胆盐、脂类结合的能力,从而降低消化道内各种酶的活性。Isaksson 等(1982)报道,富含麦麸的小麦食物能够导致人空肠内脂肪酶、淀粉酶和胰蛋白酶总活性的下降。我们在肉鸡玉米-豆粕日粮中添加可溶性 NSP 后,发现降低了肉仔鸡胰脏和小肠内容物中胰脂肪酶的活性,随后的体外试验也发现,小麦可溶性 NSP 对脂肪酶的活性有明显的抑制作用,添加 NSP 酶在消除其抑制作用的基础上,可有效改善消化酶的活性(于旭华等,2001)。但高峰(1982)发现小麦日粮添加饲用酶后,肉仔鸡 21 日龄胰腺淀粉酶活力显著下降($P<0.05$),49 日龄胰腺淀粉酶活力显著提高($P<0.05$)。Iji 等(2005)在添加单宁的玉米-豆粕型日粮中添加复合酶,对肉鸡胰腺胰蛋白酶、淀粉酶活性及小肠黏膜蔗糖酶、麦芽糖酶、碱性磷酸酶的活性均无影响。Ritz 等(1995)在火鸡日粮中分别添加淀粉酶和木聚糖酶,发现胰淀粉酶活性并未受外源酶添加的影响。耿丹等(2003)试验也表明,在日粮中添加 0.5% 蛋白酶和 α_2-淀粉酶的复合酶,肉鸡胰腺蛋白酶活性降低 66.1%($P<0.01$),胰腺淀粉酶活性变化不大,小肠蛋白酶活性提高 41.3%($P<0.05$),小肠淀粉酶活性提高了 36.7%($P<0.05$)。可见,试验结果差异很大。以目前的研究手段和方法,还不足以在消化道内分辨出内源酶和外源酶,并且酶活性的检测方法也缺乏一个统一的标准。因而,外源消化酶与内源酶的互作关系难以确定。

4. 复合酶制剂对肉鸡血液生化指标的影响

血浆中的葡萄糖称为血糖,血液中葡萄糖的浓度通常维持在较窄的范围内:单胃哺乳动物

及人血中含 $70\sim100$ mg/100 mL,反刍动物的稍低,为 $40\sim70$ mg/100 mL,而家禽的稍高,在 $130\sim260$ mg/100 mL 的范围内(呙于明,1997)。血糖是动物体内的主要能源物质,血糖可以直接氧化供给动物机体代谢活动所需能量。非淀粉多糖酶制剂可以破坏细胞壁非淀粉多糖的特殊结构,去除或者降低其抗营养特性,提高动物日粮营养物质(糖类、蛋白质和脂肪等)的利用率。所以,在动物日粮中添加酶制剂可能会对血液中的血糖浓度和机体胰岛素、胰高血糖素的分泌产生一定影响。我们在黄羽肉鸡(于旭华,2004)、马冈鹅(黄燕华,2004)、樱桃谷鸭(廖细古,2006)和清远麻鸡(杜继忠,2009)的研究中发现:非淀粉多糖酶对黄羽肉鸡血清中的血糖浓度增幅很少;在肉鸭玉米-杂粮日粮中添加木聚糖酶有提高樱桃谷肉鸭血清中血糖浓度的趋势,但差异不显著;在草粉和稻谷日粮中添加纤维素酶等和在肉鸡玉米-杂粮型日粮中添加复合酶制剂的结果也相似,即虽然在肉鸡日粮中添加复合酶可以提高对日粮中营养物质的利用率,但是机体可以调节胰岛素和胰高血糖素的分泌而维持血糖浓度的相对稳定。

血清尿素氮和总蛋白是用来反映动物机体营养状况及蛋白质代谢水平的指标,而血清尿素氮是机体蛋白质代谢的终产物之一,可作为衡量机体蛋白质分解代谢的指标。一般来说,血清尿素氮的浓度升高,则动物机体蛋白质的分解代谢增加,蛋白质的沉积率下降。尿酸是家禽蛋白质代谢的最终产物,日粮中蛋白质水平的差异可以导致血液尿酸浓度的变化,因此尿酸在血清中的浓度受营养状况的影响(Featherston,1969)。若血清中尿酸含量升高,意味着动物机体内蛋白质代谢增强。本课题组研究发现,在 31 日龄时,肉鸡日粮中添加复合酶有提高血清中尿酸浓度的趋势,但差异不显著($P>0.05$);57 日龄时,肉鸡日粮中添加复合酶则表现出降低血清中尿酸浓度的趋势,差异不显著($P>0.05$);31 日龄的血清中尿酸浓度高于 57 日龄,反映出前期肉鸡机体蛋白质代谢旺盛,日增重低于后期(杜继忠,2009)。

血清总蛋白可为机体进一步合成体蛋白提供有利的内环境,从而促进蛋白合成,促进动物生长。白蛋白由肝脏合成,占血浆总蛋白的 $40\%\sim60\%$,其主要生理功能包括维持血管胶体渗透压、作为内源性氨基酸的营养源、作为一种载体、具有气体运输和储存作用等。血清中充足的白蛋白和总蛋白可以为动物的生长提供良好的内环境。血清总蛋白从总体上反映体内蛋白质合成代谢水平,血清总蛋白浓度越高蛋白质合成代谢表现越旺盛,有利于促进动物生长和提高饲料转化率。本课题组研究报道,小麦基础日粮中添加木聚糖酶对 6 周龄黄羽肉鸡血清中总蛋白浓度有提高的趋势,在 9 周龄时,则有降低血清总蛋白的趋势(于旭华,2004)。这说明小麦基础日粮中添加木聚糖酶,在开始阶段提高了肉鸡对日粮中蛋白的消化率,从而吸收进入动物体内的氨基酸水平增加,氨基酸在动物体内的周转和代谢也有所增加,同时动物体合成蛋白质也有所增加(Frisen 等,1992)。而且,在于旭华(2004)的试验后期,加酶组肉鸡血清尿素氮水平的下降,可能是由于动物体内蛋白的分解减少,更多的蛋白用于动物体蛋白的合成。

5. 复合酶制剂对肉鸡消化器官的影响

NSP 可以导致动物和人的消化系统生理和形态结构的变化。饲料中的 NSP 与肠道内的消化酶结合后,抑制了酶与营养物质的接触,形成负反馈,增加了消化器官对各种消化酶的分泌。动物消化系统对 NSP 的适应性变化,主要表现为消化器官的增生和消化液分泌的增加。Iji 等(2001)在肉鸡基础日粮中添加 50 g/kg 的 4 种非淀粉多糖,分别为褐藻酸、阿拉伯树胶、瓜耳豆胶和黄原胶,后两种胶可以将基础日粮的黏度由 1.38 cP 提高至 2 000 cP,瓜耳豆胶和黄原胶的添加降低了肉鸡的日增重和饲料报酬,增加了小肠的容积,瓜耳豆胶还增加了小肠的重量。Jorgensen 等(1996a、b)试验表明,提高日粮的纤维含量,猪和鸡的消化道重量有所升高,而且后肠的相对重量和容积持续升高。这主要是由于动物为了补偿由于非淀粉多糖引起的营养浓度的下降,增大消化道的容量,以增加动物摄入体内的饲料总量,并且延长饲料在动物体内的滞留时间,以获取动物所需的足够养分。吕东海(2002)报道,随着日粮中麦麸含量的增加,28 日龄肉鸭腺胃、肌胃、胰腺的相对重量及回肠、十二指肠的相对长度都显著增加。

饲料中添加了非淀粉多糖酶后则可以降低动物消化器官的代偿性增生。Brenes 等(1993)在无壳大麦中添加酶制剂可以分别降低鸡嗉囊和肌胃重量的 15% 和 17%,而在带壳大麦中添加酶制剂则可以分别降低嗉囊和肌胃重量的 7% 和 8%。我们在肉鹅日粮中添加纤维素酶则不同程度地降低了肉鹅消化道各段的相对大小,其中肌胃的相对重量下降了 13.18%(黄燕华,2004);在小麦基础日粮中添加木聚糖酶有降低黄羽肉鸡中鸡阶段肝脏相对重量和小肠相对长度的趋势(于旭华,2004);在麻黄肉鸡日粮中添加复合酶,31 日龄时,肉鸡低能量日粮中添加复合酶能显著降低肌胃的重量($P<0.05$),有降低腺胃和脾脏重量的趋势,肉鸡低能量日粮中添加复合酶显著缩短了十二指肠的长度($P<0.05$),57 日龄时,对肉鸡心脏、肝脏、胰脏、肌胃和脾脏的重量影响没有规律,有降低腺胃重量的趋势(杜继忠,2009)。但 Wang 等(2005)报道,在小麦日粮中添加饲用酶(葡聚糖酶和木聚糖酶),减少了肠道质量和长度,并发现酶的添加量与肝脏和胰腺相对重量呈线性负相关($P<0.05$)。这可能是添加外源酶可水解NSP,消除其负面作用,减轻消化器官负担,所以对肝脏和胰腺的相对重量没有什么影响。

6. 复合酶制剂对肉鸡消化道微生物菌群的影响

肠道微生物可调控肠道绒毛的结构、肠黏膜更新率、消化液的分泌及动物自身的免疫应答,影响动物生长。日粮中添加复合酶制剂可改变肠道微生态环境,改善肉鸡消化系统的代偿性增生和肥大,同时也改善了肠道绒毛形态,减少动物肠道后段有害微生物的增殖。Choct 等(1996)研究证实,NSP 降低营养物质的消化率,显著增加小肠内微生物的增殖和发酵,通过添加非淀粉多糖酶后,这种现象消失。Vahjen 等(1998)在肉鸡日粮中添加木聚糖酶,显著降低了肠道的菌落数(如革兰氏阳性菌数),而乳酸菌的数量却显著增加,从而改善了肠道微生物的平衡。

在日粮消化率比较低时,小肠前段不易消化的饲料进入小肠中后段,成为微生物发酵的养分,在缺乏抗生素的情况下,微生物大量增殖,其中一些能够在小肠前段定殖的微生物,大量分泌酶,水解具有杀菌作用的内源物质,如胆酸,使这些物质失去活性,这一方面为微生物大量繁殖提供了有利条件,另一方面进一步降低了动物对养分(如脂类)的消化作用。微生物大量增殖不仅竞争饲料养分,而且影响动物健康状况。添加外源酶协助动物消化饲料,提高养分(如淀粉、蛋白质和脂肪)消化速率,减少了微生物发酵的底物。同时,一些酶解后的寡聚糖能促进发酵模式向有利方向进行,改善微生态区系。

三、影响复合酶制剂使用效果的因素

1. 酶制剂的添加形式和添加剂量

目前饲用酶制剂主要有两种应用形式,即单一酶制剂和复合酶制剂。单一酶制剂是针对特定的某种底物源而作用的酶制剂,用得较多的单一酶制剂主要是植酸酶,只针对日粮中的植酸起作用;而复合酶制剂则结合了多种酶的效果,针对多种底物成分起作用。饲料业一般根据使用目的来选择使用单一酶制剂还是复合酶制剂,如以提高植物性日粮的磷利用率为主,则选择添加植酸酶,如以降低日粮中多种抗营养因子为主,则选择添加复合酶制剂。酶制剂的添加量是同日粮中其作用底物的含量成正比例的,尤其对单一酶制剂的使用更为明显,如植酸酶应用时需考虑日粮原料中植酸磷的含量情况,如果植酸磷含量很低时则使用效果不明显,应在实践中摸索合适的添加量。

饲料中添加 0.1% 复合酶可使肉鸡增重、饲料转化率及养分利用率(除了粗脂肪利用率),有不同程度的提高,添加量提高到 0.16% 时生产性能和养分利用率改善不大,添加量提高到 0.23% 时,肉鸡生产性能和养分利用率下降(倪志勇等,2001)。添加 0.1% 的复合酶(主要含有淀粉酶、β-葡聚糖酶、蛋白酶、纤维素酶、木聚糖酶、果胶酶及糖化酶)可提高肉鸡日增重 9.17%,降低耗料增重比 11.32%,使饲料利用率得到较大的改善(张海棠等,2008)。张明军等(2005)报道,在 14 日龄 AA 肉鸡的日粮中添加 0.2% 的复合酶(含纤维素酶≥200 U/g、半纤维素酶≥7 000 U/g、果胶酶≥400 U/g、酸性蛋白酶≥1 500 U/g、糖化酶≥700 U/g)可不同程度提高日增重和饲料报酬,分别为 16.50%、20.49%。

2. 日粮的原料组成和用量

酶制剂作用具有高度专一性,只能作用于具有特定化学键的底物,饲料不同,酶作用的底物就不同,因而效果就不同,这主要是由于不同原料的化学组分以及各组分之间交联的化学结构存在特殊性。如在小麦和黑麦中主要的非淀粉多糖为阿拉伯木聚糖,大麦和燕麦主要是混合交联的 β-葡聚糖,而在豆科种子中主要是果胶质和 α-半乳糖苷(张运涛,1999)。因此,日粮组成不同,酶作用的底物也就存在差异,要充分发挥酶制剂的作用,就应根据日粮配制而选择相应的酶制剂。在以大麦、燕麦为基础的日粮中添加 β-葡聚糖酶,可以改善谷物营养价值,然而,由于 β-葡聚糖与阿拉伯木聚糖常紧密联系,构成植物细胞壁物质,故如果再加入少量木聚糖酶,则取得的效果更好;同样对于小麦、黑麦日粮,应加入木聚糖酶,若同时加入 β-葡聚糖酶,效果更大些,然而由于阿拉伯木聚糖的结构非常复杂,还需加入多酶合剂才能成功分解这一纤维(Graham,1996)。对于玉米-豆粕型日粮,应用木聚糖酶可以成功地破坏玉米的纤维细胞壁,从而将其中原来很难为动物所利用的养分释放出来(Graham,1996)。豆粕由于加工处理不当,常残存一些抗营养因子如胰蛋白酶抑制剂和植物凝集素,常见豆粕中植物凝集素含量达到生大豆中的 20%～40%(Pack 和 Bedford,1997),添加蛋白酶可以有效地降解抗营养因子,提高日粮营养价值。此外,豆粕中还含有半乳糖苷和果胶,添加半乳糖苷酶和 NSP 酶可以消除其抗营养作用。

　　饲料中合适底物的存在与否是决定酶制剂的添加是否有效的重要因素,已知饲料原料营养价值受品种、土壤、气候以及饲料加工的影响,不同来源、产地以及品种的饲料其营养成分及抗营养因子含量、结构存在差异,因而对酶制剂的效应也就不同。Choct 等(1995)报道低代谢能小麦日粮添加 NSP 酶复合物,显著降低食糜黏度,提高了小肠淀粉消化率,而高代谢能值小麦日粮添加同样的酶制剂则效果不明显。此外,日粮营养水平也是影响酶制剂作用效果的因素,一般来说,日粮营养水平越高,加酶效果越差,美国弗吉尼亚州立大学的一项火鸡试验表明,在低蛋白日粮(24%CP)中添加酶制剂(含蛋白酶、淀粉酶、木聚糖酶),显著改善了火鸡的生产性能,而在高蛋白日粮(28%CP)中添加同样的酶制剂却没有效果(李平化译,1991)。饲料原料经储存处理后,会改变其营养价值,因而对酶制剂添加的效应可能不同。

3. 动物的品种和年龄

　　不同动物以及同一动物的不同年龄阶段消化生理存在差异。在鸡日粮中补充酶制剂的效果大于猪,主要是由于鸡和猪的消化道解剖学和生理学上的不同而导致,猪和禽消化生理最大的差别在于饲料在消化道停留的时间不同,饲料在禽消化道停留的时间为 2~4 h,明显低于在猪消化道停留的时间。肉仔鸡消化酶分泌的量同蛋仔鸡一致,但采食量却较蛋仔鸡大,因此,肉仔鸡需要用相同量的酶去消化更大量的食糜,这预示着肉仔鸡可能需要额外的外源酶的添加以帮助其消化,这也预示着肉仔鸡日粮加酶效果可能优于蛋仔鸡。另外,外源酶制剂都是通过在动物消化道内被激活而发挥作用的,酶制剂的作用效果大小与动物消化道 pH、长度、温度等生理条件密切相关。外源酶要发挥作用,其在消化道作用位点的温度和 pH 值等生理条件下应有较高活性,鸡消化道长度和 pH 见表 1。动物的年龄也是影响酶制剂作用效果的因素,一般来说,幼龄动物消化道发育不完善,内源消化酶分泌可能不足,应补充淀粉酶、蛋白酶以帮助消化;而生长后期,由于日粮中低营养价值的原料含量增加,应相应补充纤维素酶、葡聚糖酶、木聚糖酶等以消除抗营养作用,提高饲料消化率。

表 1　鸡消化道长度和 pH 值

区段	长度/cm	占消化道比例/%	pH 值平均	pH 值范围
食道	35.6	16.1	—	—
嗉囊	5.1	2.3	4.67	4.39~4.82
腺胃	7.6	3.4	4.48	4.30~4.60
肌胃	5.1	2.3	2.94	2.83~3.01
小肠	139.7	63.2	—	—
十二指肠	—	—	6.13	5.95~6.40
空肠	—	—	6.29	6.03~6.61
回肠	—	—	6.58	6.36~6.81
盲肠	17.8	8.1	6.14	5.75~6.50
大肠	10.2	4.2	6.82	6.62~7.21

4. 加工、储存因素影响

酶制剂在饲料加工、储存以及饲喂过程中,其活性要受温度、湿度、pH 值、氧化剂等物理、化学和生物因素的影响。酶是蛋白质,在饲料加工制粒过程中,在较高温度(70~90℃)和较高水分(16%~18%)下,酶很容易变性失活。不同来源的酶耐高温的能力不同。Spring(1996)报道纤维素酶、真菌淀粉酶和果胶酶在制粒温度达到 80℃时酶活性损失不大,而细菌淀粉酶在制粒温度达到 90℃时仍保持活性。Silversides 和 Bedford(1999)报道,加酶饲料制粒温度在80~85℃时,肉鸡生产性能最好,而超过 85℃将产生负面影响。干燥的酶有较强的耐热性,在温度 90℃,30 min 才失去活性,而同样的温度,在湿热蒸汽下,酶很快就失活。汪徽(2000)测定了 4 种不同的木聚糖酶在不同温度下加热处理的酶活损失,发现在 65~95℃下干热处理10 min,各种酶活性损失都较小,而在 85℃湿热处理,随时间延长,酶活损失增加。提高酶制剂稳定性的方法有:①筛选耐高温的微生物菌株,目前已发现由细菌产生的 α-淀粉酶可以耐受 105℃左右的高温;②对酶制剂进行稳定化处理,目前常用包埋技术和载体结合技术。通过稳定化处理,可以极大地提高酶制剂的稳定性。不同厂家生产的酶制剂由于产酶菌株不同(如同一酶制剂来源于不同的细菌、真菌或经过基因重组等)和加工处理不同,其耐加工、储存的稳定性不同,因而在动物生产应用中效果不同。

5. 酶制剂的来源及配伍

酶制剂来源不同,其最佳酶活所需的温度和 pH 等条件也就不同,因而在畜禽消化道中特定的生理环境下,作用效果就不同。此外,酶制剂的应用还存在配伍问题,将来源于真菌和细菌的酶混合使用,可以扩大酶制剂在肉鸡消化道对 pH 值的适应范围,使在整个消化道前段酶都能起作用,在消化道前段的酸性条件适合于来自真菌的酶,而消化道中段的中性条件适合来自细菌的酶。复合酶制剂在生产上运用较广泛,国内外的学者大多用复合酶制剂来研究酶制剂的效果,并表明复合酶制剂比单一酶制剂更有效(李平化译,1991)。然而复合酶制剂中各单酶制剂间可能还存在拮抗,酶的化学本质为蛋白质,如果复合酶制剂中蛋白酶活性过高,将会对其他酶产生负效应,因为蛋白酶在促进蛋白质消化的同时也使加入饲粮中的其他酶分解(刘永刚译,1996)。另外,酶制剂进入动物消化道后要受到动物内源分泌的蛋白酶特别是胃蛋白酶的消化作用,胃中较低的 pH 条件也会对外源酶活性造成较大的损害,因此,外源酶要发挥作用,应具有抵御内源蛋白酶消化和强酸抑制酶活力的能力,不同来源及加工生产的酶制剂对内源蛋白酶和低 pH 损害的抵御能力不同,这也可能是不同酶制剂添加效果不同的原因之一。

四、复合酶制剂的研究展望

1. 酶的稳定化处理

酶的稳定性是酶应用中的一个问题,对于饲料加工过程中温度和挤压对酶活性的影响,目前已经提出几种方法:冷压制粒、载体吸附法、浸泡或湿拌料法、微囊包被技术、制粒后喷洒等,以提高酶活性和热稳定性。

2.酶制剂的质量评定

微生物的生产属于微生物发酵的范畴,而应用属于畜牧业的范畴,由于专业间的差异,给酶制剂的管理造成一定困难。目前我国对饲用酶制剂没有一个统一的标准,酶活定义由企业自定,有的企业采用了或参考原轻工部的标准,采用这一标准综合酶活一般在1万左右。有的企业修改了这一标准,采用了更低的计量单位,同样产品的酶活标量可以高出十几倍甚至几十倍。因此给酶制剂的质量评定、饲喂应用带来一定的困难,同时也不利于生产工艺的进一步优化和产品质量的提高。

3. 开发应用专用型的酶制剂

根据不同类型日粮、不同动物种类以及不同抗营养因子的特点,开发专门用途的酶制剂,如"玉米-豆粕专用型"、"肉鸡专用型"、"小麦抗营养因子专用型"等酶制剂,以避免盲目使用复合酶。

4.酶制剂使用的针对性和高效性

如何解决酶制剂使用的针对性和高效性是酶制剂发挥其效果的关键。我们在2004年首次提出组合酶概念的基础上,进一步发展提出的饲料组合酶(冯定远,2004)就是一种高效酶制剂。组合酶是指由催化水解同一底物的来源和特性不同,利用酶催化的协同作用,选择具有互补性的两种或两种以上酶配合而成的酶制剂。组合酶不是简单的复合,而应该是根据不同酶的最适特性、作用特点和抗逆性的互补有机组合。可以是多种内切酶的组合,也可以是内切酶和外切酶的组合。此外,在饲料酶制剂理论与实践的技术体系方面,冯定远等(2005,2008a、b)分别讨论了加酶日粮 ENIV 系统的建立和应用、新型高效饲料组合酶的原理和应用以及饲料酶发挥作用位置的二元说及其意义等三个方面的问题,进一步对酶制剂使用的高效性进行了探讨和研究。

五、结语

总体上看,在肉鸡日粮中添加复合酶制剂可不同程度地提高肉鸡的生产性能和养分的利用率,同时改善了饲料的利用率,起到了降低成本,减少对环境污染的作用。但是由于受到日粮、动物、环境和酶制剂等多方面因素的影响,使得复合酶的作用效果没有得到充分的发挥,对酶制剂在饲料中的推广应用与发展存在不利的一面。因此,很有必要提高酶制剂的质量,同时还要建立起酶制剂的配套应用技术体系,开发适应市场需求的具有针对性和高效性的各种酶制剂产品。

参考文献

[1] 安永义,周毓平,呙于明,等.1999.0～3周肉仔鸡消化道酶发育规律的研究[J].动物营养学报,11(1):17-24.

[2] 杜继忠.2009.复合酶制剂在广东麻黄肉鸡日粮中应用试验[D].华南农业大学硕士学位论文.

[3] 冯定远,左建军,周响艳.2008a.饲料酶制剂理论与实践的新假设——饲料酶发挥作用位置的二元说及其意义[J].饲料研究,8:1-5.

[4] 冯定远,黄燕华,于旭华.2008b.饲料酶制剂理论与实践的新思路——新型高效饲料组合酶的原理和应用[J].中国饲料,13:24-28.

[5] 冯定远,沈水宝.2005.饲料酶制剂理论与实践的新理念——加酶日粮ENIV系统的建立和应用[J].饲料工业,26(18):1-7.

[6] 冯定远,汪儆.2004.饲用非淀粉多糖酶制剂作用机理及影响因素研究进展[C]//动物营养研究进展.北京:中国农业科技出版社,317-326.

[7] 高峰.2001.非淀粉多糖饲用酶对鸡、猪生长的影响及其作用机制研究[D].南京农业大学硕士学位论文.

[8] 耿丹,张映,张燕,等.2003.粗饲用酶对肉仔鸡消化酶活性的影响[J].山西农业科学,31(4):81-83.

[9] 顾宪红,方路.2000.酶制剂对肉鸡生产性能及主要营养素代谢率的影响[J].饲料研究,1:39-40.

[10] 呙于明.1997.家禽营养与饲料[M].北京:中国农业大学出版社,238-242.

[11] 黄燕华.2004.不同来源纤维素酶在肉鹅高纤维日粮中的应用及其作用机理的研究[D].华南农业大学博士学位论文.

[12] 蒋宗勇.1992.饲用酶制剂的生产及在动物饲养中的应用[J].饲料工业,13(9):7-9.

[13] 李化平译.1991.猪对碳水化合物和日粮纤维的消化以及饲用酶制剂的可能影响(下)[J].国外畜牧学:猪与禽,2:13-15.

[14] 廖细古.2006.木聚糖酶对肉鸭生产性能的影响及机理研究[D].华南农业大学硕士学位论文.

[15] 刘永刚译.1996.酶应用于动物饲料:目前的问题及将来的发展[C]//饲料酶制剂国际学术研讨会论文集.128.

[16] 吕东海.2002.麦麸与纤维素酶对肉鸭生产性能与消化机能影响的研究[D].南京农业大学硕士学位论文.

[17] 倪志勇,张克英,左绍群,等.2001.不同营养水平饲料中添加饲用酶制剂对肉鸡生产性能的影响[J].四川农业大学学报,19(1):80-85.

[18] 汪儆.1997.饲料酶制剂研究进展.饲料毒物与抗营养因子研究进展[M].西安:西北大学出版社,146.

[19] 王明海,高峰.2008.饲料中添加复合酶制剂对肉鸡生产性能的影响[J].饲料博

览,2:9-12.

[20] 王允超,范志恒,彭虹旎,等.2008.液体复合酶对肉鸡日粮蛋白质消化率的影响[J].饲料研究,3:48-53.

[21] 习海波,姚军虎,陈新科.2005.复合酶制剂对肉鸡生产性能及小肠酶活的影响[C]//酶制剂在饲料工业中的应用.北京:中国农业科技出版社,154-159.

[22] 于旭华,汪儆,孙哲,等.2001.黄羽肉仔鸡脂肪酶的发育规律及小麦 SNSP 对其活性的影响[J].动物营养学报,3:15-19.

[23] 于旭华.2004.真菌性和细菌性木聚糖酶对肉鸡生长性能的影响及机理研究[D].华南农业大学博士学位论文.

[24] 张海棠,郭东升,何云.2008.复合酶制剂对肉鸡生产性能的影响[J].山西农业科学,36(3):83-86.

[25] 张明军,胡建中,马慧.2005.复合酶制剂不同添加量对肉鸡生产性能的影响[J].湖南农业科学,6:65-66.

[26] 张莹,冯定远.1997.新型酶制剂在肉用小鸡日粮中的应用[J].广东饲料,4:16-17.

[27] 张运涛.1999.非淀粉多糖的抗营养作用[J].饲料研究,3:20.

[28] Almirall M，Franeeseh M，Perez-Vendrell A M，et al. 1995. The differences in intestinal viscosity produced by barley and β-glucanase alter digesta enzyme activities and ileal nutrition digestibilities more in broiler chicks than in cocks[J]. Journal of Nutrition，125:947-955.

[29] Alzueta C，Ortiz L T，Rebole A，et al. 2002. Effect of removal of mucilage and enzyme or sepiolite supplement on the nutrient digestibility and metabalizable energy of a diet containing linseed in broiler chickens[J]. Animal Feed Science and Technology，97(3):169-181.

[30] Bedford M R，Morgan A J. 1996. The use of enzyme in poultry diets[J]. World's Poultry Science Journal，52:61-68.

[31] Brenes A，Smith M，Guenter W，et al. 1993. Effect of enzyme supplementation on the performance and digestive tract size of broiler chickens fed wheat and barley diets[J]. Poultry Science，72:1731-1739.

[32] Choct M，Hughes R J，Wang J，et al. 1996. Increase small intestinal fermentation is partly responsible for the anti-nutritive activity of non-starch polysaccharides in chickens[J]. British Poultry Science，37:609-621.

[33] Choct M，Hughes R J，Trimble R P，et al. 1995. Non-starch polysaccharide-degrading enzymes increase the performance of broiler chickens fed wheat of low apparent metabolizable energy[J]. Journal of Nutrition，125:485-492.

[34] Douglas M W，Parsons C M，Bedford M R. 2000. Effect of various soybean meal sources and Avizyme on chick growth performance and ileal digestible energy[J]. Journal of Applied Poultry Research，9:74-80.

[35] Featherston W R. 1969. Nitrogenous metabolites in the plasmas of chick adapted to high protein diet[J]. Poultry Science，48:646-652.

[36] Friesen O D, Guenter W, Marquardt R R, et al. 1992. The effect of enzyme supplementation on the apparent metabolizable energy and nutrient digestibilities of wheat, barley, oats, rye for young broiler chick[J]. Poultry Science, 71:1710-1721.

[37] Graham H. 1993. High gut viscosity can reduce poultry performance[J]. Feedstuff, 1: 14-15.

[38] Graham H. 1996. Enzymes broaden scope of dietary ingredients[J]. World Poultry, 12: 24-25.

[39] Iji P A, Kwazi K, Stephen S, et al. 2005. Intestinal function and body growth of broiler chickens on maize based diets supplemented with mimosa tannins and a microbial enzyme[J]. Journal of the Science of Food and Agriculture, 84(12): 1451-1458.

[40] Iji P A, Saki A A, Tivey D R. 2001. Intestinal development and body growth of broiler chickens on diets supplemented with non-starch polysaccharides[J]. Animal Feed Science and Technology, 89:175-188.

[41] Isaksson G, Lundquist I, Ihse I. 1982. Effect of dietary fibre on pancreatic enzyme activity *in vitro*: the importance of viscosity, pH, ionic strength, adsorption, and time of incubation[J]. Gastroenterology, 82: 918-924.

[42] Jorgensen H, Zhao X Q, Knudsen K E B, et al. 1996a. The influence of dietary fiber and environmental temperature on the development of the gastrointestinal tract, digestibility, degree of fermentation in hind-gut and energy metabolism in pigs[J]. British Journal of Nutrition, 75: 365-378.

[43] Jorgensen H, Zhao X Q, Knudsen K E B, et al. 1996b. The influence of dietary fiber source and level on the development of the gastrointestinal tract, digestibility and energy metabolism in broiler chickens[J]. British Journal of Nutrition, 75: 379-395.

[44] Paek M, Bedford M R. 1997. Feed enzymes for corn-soybean broiler diets[J]. World Poultry, 13:87-93.

[45] Rebole A A, Rodroaguez M L, Alzueta C. 1999. A short note on effect of enzyme supplement on the nutritive value of broiler chick diets containing maize, soybean meal and full-fat sunflower seed[J]. Animal Feed Science and Technology, 78(1):153-158.

[46] Ritz C M, Hulet R M, Selt B B, et al. 1995. Growth and intestinal morphology of male turkeys as influenced by dietary supplementation of amylase and xylanase[J]. Poultry Science, 74: 1329-1334.

[47] Siversides F G, Bedford M R. 1999. Effect of pelleting temperature on the recovery and efficacy of an xylanase enzyme in wheat-based diets[J]. Poultry Science, 78:1184-1190.

[48] Spring P, Newman K E, Wenk C, et al. 1996. Effect of pelleting temperature on the activity of different enzymes[J]. Poultry Science, 75:357-361.

[49] Vahjen W, Glaser K, Schafer K, et al. 1998. Influence of xylanase-supplemented feed on the development of selected bacterial groups in the intestinal tract of broiler chicks [J]. Journal of Agricultural Science, 130: 489-500.

[50] Wang Z R, Qiao S Y, Lu W Q, et al. 2005. Effects of enzyme supplementation on per-

formance，nutrient digestibility，gastrointestinal morphology，and volatile fatty acid profiles in the hindgut of broilers fed wheat-based diets[J]. Poultry Science，84(6):875-881.

[51] Zanella I，Sakomura N K，Silversides F G，et al. 1999. Effect of enzyme supplementation of broiler diets based on corn and soybeans[J]. Poultry Science，78(4):561-568.

饲用酶制剂在猪日粮中的应用及其影响因素

一般认为,酶制剂可以提高畜禽生产性能、减少排泄物的污染以及可开辟新的饲料资源。Inborr(1989)揭示,在动物日粮中添加酶制剂的目的是转化和消除饲料中的抗营养因子,提高营养消化率,增加某一营养物质的生物学价值和减少动物排泄物造成的污染。从此,在单胃动物日粮中应用酶的研究大为加强,饲用酶制剂在猪日粮中应用正逐渐增加,其应用效果受到很多因素的影响。理解饲用酶制剂的应用目的及其影响因素,对建立猪饲用酶制剂应用技术体系具有重要的意义。

一、饲用酶制剂在猪日粮中的应用

饲用酶制剂在猪日粮中应用主要有 3 方面的目的:减少仔猪断奶应激的影响、提高某些饲料的利用率、降低养猪业的环境污染。仔猪早期断奶的应激往往使仔猪内源酶的分泌减少,仔猪出生后,胰腺分泌的酶活性呈线性上升,28 日龄断奶时,使酶的分泌突然下降,达到很低水平,直到 35 日龄后才开始逐渐恢复(Linderman 等,1986),由此可见导致消化障碍,影响养分的吸收,往往出现腹泻。适当使用某些与之配合的酶制剂可以减缓这种断奶应激。另一种情况是,饲料中含有某些抗营养因子,尤其是猪日粮中使用的一些非常规饲料原料,使用某些饲用酶制剂可消除抗营养因子的影响,从而改善猪日粮的消化利用和猪的生产性能。使用饲用酶制剂控制环境污染最多的是植酸酶的应用,植酸酶可以显著提高日粮磷的消化利用,从而减少了磷对水和土壤的污染(Simons 等,1990),当饲料中有效磷含量较低时,加入植酸酶还可提高猪的增重水平(Jongbloed 等,1993)。

饲用酶制剂在猪日粮应用的试验中,使用最多的是 β-葡聚糖酶、木聚糖酶和纤维素酶,试验日粮类型主要是大麦、小麦日粮为主。实际上,饲用酶制剂应用效果除了受日粮的能量原料种类的影响外,同样也受到蛋白质原料来源的影响。添加酶制剂对于植物来源的蛋白质的日粮可能有良好效果,而对含有动物来源蛋白质原料的日粮则可能作用不大,25~46 日龄断奶仔猪试验的结果证实了这一点(表 1)(Johnson 等,1993)。

饲用酶制剂在猪日粮中应用的效果并不如在家禽中应用那样明显和肯定。正如 Liu 和 Baidoo(1996)的总结所指出的那样:尽管酶制剂生产商提供了大量正效应的试验数据,然而试验结果却差异很大,以消化率和生长表现而论,文献中既有正效应,也有零效应乃至负效应。

表 1　添加酶制剂对饲喂含有植物性或动物性蛋白质原料日粮仔猪生产性能的比较

项目	日粮类型			
	植物蛋白日粮		动物蛋白日粮	
	对照组	酶制剂组	对照组	酶制剂组
日增重/g	300	320	310	310
日采食量/g	300	320	460	440
饲料/增重	1.63	1.32	1.53	1.42

饲用酶制剂对猪的生产性能的试验报道,多数是有利方面的结果。添加酶制剂可以提高猪的增重和饲料转化率,或者减少仔猪腹泻率(Bedford,1995),猪日增重改进的范围为 4.5%~5%,饲料转化率改进的范围为 3%~15%,其中报道饲料转化率改进的情况比日增重的多。有些试验报道则是只提高饲料的转化率,而对日增重的影响则不明显(Thacker 等,1992)。这种情况与日粮类型关系密切,一般来说,玉米-豆粕型日粮的效果不太明显,而大麦、小麦或黑麦为主的日粮则有明显的正效应,例如,Bedford 等(1992)在大麦-大豆型日粮中使用 β-葡聚糖酶使试验组猪的增重提高了 17%。但是,Thacker 等(1992)同样在大麦-大豆型日粮中使用 β-葡聚糖酶却没有什么效果。我们早期在断奶仔猪日粮中使用含 β-葡聚糖酶和木聚糖酶的饲用酶制剂,使试验组生长仔猪的日增重提高了 6.0%,饲料报酬提高了 3.4%(冯定远等,1998)。张克刚等(1997)在含有高量的小麦麸和次粉的育肥猪日粮中使用相类似的酶制剂,使两个试验组的日增重比对照组提高了 4.41% 和 16.55%,饲料转化率分别提高了 4.25% 和 14.02%,其中高量次粉组比高量麦麸组效果更明显。有关饲用酶制剂在猪日粮中应用对猪生产性能影响见表 2。

反映饲用酶制剂在猪日粮中应用效果的另一方面是消化试验,同饲养试验相类似,酶制剂对改善猪日粮的消化率也有正效应和负效应,但以正效应为多数。其中以 β-葡聚糖酶对消化率的提高最明显。Inborr 等(1993)在大麦-小麦-大豆型日粮中添加含有 β-葡聚糖酶等的酶制剂,使 β-葡聚糖的消化率提高 40%,淀粉消化率提高 3%。Graham 等(1988)在大麦-大豆型日粮中使用 β-葡聚糖酶和戊聚糖酶所进行的消化试验,回肠末端的 β-葡聚糖消化率提高了 5.5%,粗灰分消化率提高了 10%。但 Bedford 等(1992)使用同样两种酶制剂于黑麦-大豆日粮或大麦-大豆日粮均没有改善营养物质的消化率。Mellange 等(1992)所进行的小麦-大豆型日粮的试验更显示出负效应(NDF 消化率下降 3%~9%,粗脂肪消化率下降 6%~7%)。

表 2　饲用酶制剂对猪生产性能的影响

酶的种类	日粮类型	猪生产性能的变化	资料来源
纤维素酶	小麦-玉米-大豆-米糠	日增重＋45％,饲料转化率＋9％	Suga 等,1978
β-葡聚糖酶	大麦-浓缩精料	日增重＋5％,饲料转化率＋5％	Thomke 等,1980
淀粉酶、β-葡聚糖酶	加热大麦	日增重不明显,但减少腹泻	Inborr 和 Ogle,1988
淀粉酶、纤维素酶、葡聚糖酶、蛋白酶	加热大麦-蒸煮燕麦-大豆-鱼粉	日增重＋8％	Inborr 等,1988
纤维素酶、淀粉酶	玉米-大豆-青贮-米糠	日增重不明显,饲料转化率＋32％～40％	Tangendjaja 等,1988
纤维素酶、β-葡聚糖酶	大麦	不明显	Bohme,1990
戊聚糖酶、淀粉酶	大麦-小麦	饲料转化率＋10％～15％,腹泻减少	Bohme,1990
戊聚糖酶	黑麦-大豆	不明显	Inborr 和 Graham,1991
β-葡聚糖酶	大麦-大豆	日增重＋17％	Inborr 和 Graham,1991
戊聚糖酶、淀粉酶	小麦-大豆	日增重不明显,饲料转化率＋4％	Mellange 等,1992
戊聚糖酶	黑麦-大豆	不明显	Bedford 等,1992
β-葡聚糖酶	小麦-大豆	日增重＋17％	Bedford 等,1992
β-葡聚糖酶	小麦-大豆	不明显	Thacker 等,1992
β-葡聚糖酶	小麦-大豆	日增重＋11.3％,饲料转化率不明显	Cos 等,1993
戊聚糖酶	小麦-大豆	日增重＋6.9％,饲料转化率＋6.3％	Cos 等,1993
蛋白酶、淀粉酶、脂肪酶、β-葡聚糖酶	小麦-肉粉-大豆-血粉	不明显	Officer,1995
纤维素酶、半纤维素酶	大豆-菜籽饼	日增重不明显,饲料转化率＋3％～10％	Liu 和 Baidoo,1996

　　在幼猪日粮中添加蛋白酶和淀粉酶有利于提高养分的消化率。总的来说,添加酶制剂的综合效果为消化率提高 10％(Liu 和 Baidoo,1996)。我们在 1998 年和 1999 年所进行的消化试验表明,在含有高量小麦麸和米糠的猪日粮中使用含有降解水溶性非淀粉多糖的酶制剂能够明显提高猪日粮营养物质的消化率,其中粗纤维消化率提高了 48.9％,粗蛋白消化率提高了 16.5％,干物质消化率提高了 11.3％(冯定远等,1998、1999)。

　　造成酶制剂对猪日粮消化率影响差异的原因既有酶制剂的种类、活性,又有日粮的类型,还与猪的年龄有关。一般地,酶制剂的促消化作用在幼畜的反应比成年猪明显,在非常规原料日粮中的反应比常规原料日粮明显,降解 NSP 的酶制剂比一般的消化酶的效果明显。这些反映了酶制剂、底物和动物三者之间的复杂关系。此外,饲料加工工艺对酶活性的影响也是影响饲用酶制剂应用效果的一个重要因素。总之,饲用酶制剂的应用受到多方面因素的影响,还有许多问题没有完全弄清楚,在猪日粮中使用饲用酶制剂必须综合考虑酶制剂本身的种类和活性、日粮的组成、饲料加工工艺以及猪的生理阶段。只有针对性地使用,才能取得良好的效果。

二、饲用酶制剂的作用机理

仔猪胃肠道的消化能力在生长发育过程中起着极其重要的作用。仔猪在生长的早期,会受到多种应激,一方面受到环境、心理的应激,使消化道和胰腺分泌各种消化酶的能力受到抑制;另一方面,仔猪断奶后食物由母乳转化为固体饲料,成分发生了很大的变化,由含乳蛋白、乳糖为主的液体变成含大分子碳水化合物、蛋白质和脂肪等的固体料,使本来发育不完善的消化道增加了负担。仔猪所分泌的消化酶也一时不能适应这种营养成分的变化,从而增加了胰腺的负担,胰腺为满足消化各种大分子营养物质的需要,动用贮存在胰脏中的各种消化酶,从而造成胰脏的酶活力在较长时间内维持较低的水平,这一点可以从仔猪胰腺酶活力恢复到断奶前水平要比肠道恢复得慢得到验证。

因此,对仔猪日粮而言,其可消化性比营养含量更为重要。杨全明(1999)报道,在仔猪日粮中添加消化酶(α-淀粉酶和蛋白酶)可提高断奶后平均日增重 5.98%。我们课题组研究结果表明,在玉米型日粮中添加消化酶,可提高仔猪平均日增重 3.55%～4.30%,而在小麦型日粮中添加消化酶,可提高平均日增重 3.80%～8.89%(沈水宝,2002)。这说明外源消化酶对仔猪生长有促进作用,其主要机理在于补充了仔猪内源酶的不足,降低了因饲料的营养成分与仔猪内源消化酶系的不适应带来的应激。由于仔猪 0～28 d 以母乳为主,仔猪头日均采食量在 4～5 g,因而在教槽料中添加消化酶的浓度应加大。

饲料中含有一类本身不能被动物体内酶水解、而且还具有抗营养作用的物质,这类物质称之为非淀粉多糖(NSP)。早在 20 世纪 60 年代,人们就注意到非淀粉多糖对仔鸡能量利用、氮沉积和脂肪吸收的影响(Kratzer 等,1967),后来又发现大麦、小麦、燕麦和黑麦作为动物日粮时引起动物肠道黏质过多和生产性能下降,因此,对非淀粉多糖的抗营养作用进行了大量的研究,其中主要是:①影响饲料的代谢能。有试验证明,小麦、黑麦和大麦的代谢能与其中所含的戊聚糖或 β-葡聚糖呈负相关(Choct 和 Annison,1990、1992、1995)。②增加胃肠道食糜的黏性。有关报道集中在家禽方面。大多数研究表明,饲料中非淀粉多糖含量与胃肠道食糜的黏度呈正相关(Pettesson 和 Aman,1988;Bedford 等,1991;Choct 和 Annison,1992);对于猪来说,黏质问题较少发生,原因是猪小肠食糜的干物质含量比鸡低 10%～20%,从而使形成黏质的多糖被稀释,且食糜在猪消化道的停留时间比鸡长(猪胃内停留 4 h,鸡 20～40 min),进而影响了小肠黏质的形成。③影响各种养分的消化吸收。非淀粉多糖使小肠表面不流动水层加厚,影响了食糜与小肠表面的接触,网状结构的形成使食糜的搅动难度加大,尤其是养分的横向浓度差异增大,从而降低了养分的吸收效率(van der Klis 等,1993)。④对消化道分泌和消化酶活性造成影响。Sambrook(1981)和 Zebrowska 等(1983)的试验表明,日粮中添加了可溶性非淀粉多糖和不可溶性非淀粉多糖均使猪的胰液和胆汁分泌量增加,其中可溶性非淀粉多糖提高的幅度远大于不可溶性非淀粉多糖的作用。⑤对肠道微生物区系产生影响。日粮中的非淀粉多糖是后段肠道微生物的可发酵底物,促进了大肠微生物的繁衍;但没有资料能直接证明非淀粉多糖(NSP)能引起肠道微生物区系发生改变,而是在比较添加抗生素之后,通过采食高非淀粉多糖日粮的动物生产性能和饲料消化率变化(Choct 等,1992)、消化道挥发性脂肪酸的产量和结构变化(Englyst 等,1985、1986、1987)、胆酸和胆固醇在肠道内的演化(Costa 等,1994)来进行推测。

因此,针对日粮中存在的非淀粉多糖来添加非淀粉多糖酶,其中主要是聚糖酶类(木聚糖酶、β-葡聚糖酶和纤维素酶),就能降低或消除上述非淀粉多糖的抗营养作用,从而提高动物的生产性能。我们课题组研究表明,在小麦日粮中添加聚糖酶,仔猪的头均日增重提高 8.03%,提示聚糖酶破坏了植物细胞壁结构,释放出其中包裹的淀粉和蛋白质,使内源酶有充分消化的机会,从而提高了动物的生产性能;同时还发现,在小麦型日粮中添加复合酶,仔猪头日均增重提高 6.61%～8.89%(沈大宝,2002)。复合酶对动物生产性能的提高具有一定可加性,原因是饲料原料中酶影响营养消化的因素是综合的。

三、饲用酶制剂在猪日粮中应用的影响因素

酶制剂的应用效果受到多方面因素的影响,只有充分了解这些因素方能正确选择和使用酶制剂,使饲用酶制剂的效果显示出来。一般来说,饲用酶制剂在猪日粮中的应用效果受如下几方面因素的影响。

第一个因素是酶制剂的种类。酶制剂可粗略分为两大类:内源性酶,如与消化道分泌的消化酶相似的酶(淀粉酶、蛋白酶、脂肪酶等),直接消化水解饲料的营养成分;外源性酶,消化道不能分泌的酶,如纤维素酶、果胶酶、半乳糖苷酶、β-葡聚糖酶或戊聚糖酶(阿拉伯木聚糖酶)和植酸酶等。外源性酶不直接消化水解大分子的营养物质,而是分解或水解饲料中的抗营养因子,间接促进了营养物质的消化利用。

动物在长期的进化过程中,消化道内能够分泌足够的消化酶对常规饲料成分进行消化水解。早期断奶的仔猪由于消化道酶分泌系统的发育还未完全成熟,同时,早期断奶应激使正常的消化酶分泌受到抑制。因此,一般情况下,添加内源性消化酶的作用不太明显,而只有在早期断奶仔猪日粮中使用这类酶才在理论上具有应用意义,促进营养物质的消化吸收,减少仔猪的断奶、下痢应激的影响。另外,如患病猪的消化功能存在问题时,添加内源性酶对提高猪的消化能力,保证营养的供应是有利的。现代畜牧业的规模化、产业化和高密度密闭式饲养,造成了动物的应激,使消化功能有可能受到影响或造成紊乱。因此,在特殊的环境中使用某些助消化的内源性酶制剂也同样可能有好处。

但是,大部分的科研报告显示,在正常的猪日粮中,使用外源性酶制剂才有实际意义,目前已得到充分肯定的酶制剂主要是戊聚糖酶、β-葡聚糖酶和植酸酶。这 3 种酶制剂是通过消除日粮中的某些抗营养因子而改善动物的生产性能。β-葡聚糖酶和戊聚糖酶是两种研究最充分、并在当前已被商业性地用于家禽饲养系统的酶制剂。同样,植酸酶生产技术的进展也使这

种酶商业性应用切实可行。有关其他种类的酶，如蛋白酶、脂肪酶、淀粉酶、纤维素酶、果胶酶等对家禽特殊作用的结果报道缺乏一致性。然而，大多数添加在动物饲料中的酶是粗制品，通常对一系列底物有活性(Campbell 和 Bedford,1992)。

虽然使遗传改良的快速生长动物提高对淀粉的消化率引起了人们的兴趣，但关于在单胃动物日粮中使用 α-淀粉酶的科学依据尚不足。许多学者(Campbell 和 Bedford,1992)认为，在饲料中添加 β-葡聚糖酶和戊聚糖酶可使幼年猪、禽获得最大效益，但对于其他酶系，支持这一论点的科学依据仍不足。

影响饲用酶制剂在猪日粮中应用效果的第二个因素是日粮的类型。不同的酶制剂对底物的作用有明确的对应关系，不同日粮类型的饲料成分反过来影响了酶制剂的使用效果。一般地，含有某些抗营养因子的饲料组分，由于抗营养因子对养分的消化利用有不同程度的抑制作用，添加某些消除抗营养因子的酶制剂，可以改善整个日粮的消化利用，间接提高动物的生产性能。另外一种情况是动物来源的饲料原料一般较植物来源的饲料原料容易被消化吸收，因此，在含有大量的动物性蛋白(如进口鱼粉、乳清粉、代乳粉)的仔猪料中，添加使用酶制剂就不如含有植物性蛋白的仔猪日粮的效果明显。

一般认为，玉米-豆粕型日粮是传统的猪、禽日粮，玉米、豆粕等常规饲料原料容易被猪、禽消化利用，而其他谷物及其副产品或其他非常规的饼粕类原料一般都含有一些抗营养因子，不容易被单胃动物利用。小麦、稻谷、麸皮、米糠、统糠都含有较多的戊聚糖，而大麦、黑麦等含有较多的 β-葡聚糖，这类多聚糖统称为水溶性非淀粉多糖(NSP)。尽管动物利用戊聚糖和 β-葡聚糖，但从营养角度(能量方面)的意义并不大，但是，NSP 在消化道内大量吸收水分而变得膨胀和黏稠，影响了消化道分泌的消化酶对整个食糜的水解消化，最终影响到整个日粮的消化吸收，这种影响包括了蛋白质、脂肪、淀粉和矿物质及微量元素的吸收利用。因此，小麦、麸皮、米糠、大麦、啤酒渣等含量多的日粮，使用含有多聚糖酶的商业酶制剂有良好的效果已被广泛证实。

NSP 的抗营养作用除了本身的黏度大以外，还有如下一些特性：①表面活性。NSP 表面一般带负电荷，并有弱的亲水性与疏水性。它可以与肠道中饲料颗粒表面、脂类微团表面及多糖-蛋白质复合物结合。②持水性。不溶性 NSP，如纤维素等具有海绵一样的吸收功能，而水溶性 NSP，如 β-葡聚糖等则通过网状结构的形成吸收水分子，形成凝胶，从而改变了肠道的物理活性(即对肠蠕动的抵抗力提高)。③NSP 与离子和小分子结合，主要是螯合作用，这些都影响了营养物质的消化吸收。Annison 和 Choct(1993)在这方面作了许多详细的讨论。同样，某些豆类，如豌豆等含有的半乳糖寡糖、半乳糖甘露聚糖等同样是抗营养因子，大量使用这类豆类及饼粕类同样存在着相似的问题。

第三个影响饲用酶制剂在猪日粮中应用效果的因素是日龄。动物日龄与使用酶制剂的效果的差异更多反映在使用某些内源性酶制剂(如蛋白酶、淀粉酶、脂肪酶)。由于幼年动物(尤其是哺乳动物)的消化道消化酶分泌的量有限，对某些物理特性的饲料(如固体料)不容易消化水解，适当补充这类体外来源的酶制剂可能是有好处的。健康的成年动物一般没有必要使用蛋白酶、淀粉酶和脂肪酶等酶制剂。所以，对猪而言，饲用酶制剂的开发主要针对仔猪，相对来说，仔猪内源酶系统发育成熟较慢。

使用方法是影响饲用酶制剂在猪日粮中使用效果的第四个因素。酶制剂是一种生物制品，是一种具有生物活性的蛋白质，不同的理化因素(包括饲料加工处理和体内消化道内环境)

可能影响酶的活性,最终影响饲用酶效果的发挥。

酶制剂在饲料工业中应用的一个最大问题是人们对酶制剂在饲料颗粒加工过程中由于蒸汽调质的高温而失活的担心。应该承认,某些未经耐高温处理的酶制剂或饲料加工工艺不规范(如调质温度过高、时间过长)都可能由于制粒加工而影响猪饲养的效果。因此,最好的方法是在粉料中加入酶制剂,例如,目前猪料仍有许多使用粉料,这就不存在这种忧虑。但是,大部分单胃动物的商品料是颗粒饲料。

有关饲料制粒后酶活性变化的资料并不多。部分原因是酶制剂在全价饲料中的活性含量很低,不容易有一种有效的检测全价饲料中酶活的方法(一方面是含量低,另一方面是受到多种底物的干扰),但技术发展得很快。Annison(1995)的试验结果显示,商品酶制剂中的酶活检测在制粒前后对比表明,饲料制粒过程中有相当部分 β-葡聚糖酶活性得以维持。因此,适当提高商品酶制剂的活性浓度,仍可在高温制粒后残存足够的酶活。

解决酶制剂使用过程中可能遇到的潜在问题的另外的方法是酶制剂厂家在开发生产过程中适当考虑酶制剂的耐高温处理,例如,发酵生产酶制剂的菌株的选择和产品的物理处理(如包被技术等)。

此外,目前欧洲广泛采用的液体酶制剂在饲料调质制粒后的颗粒表面喷涂技术,可以有效地解决饲用酶制剂耐高温的问题。

以上从四个方面讨论了饲用酶制剂在猪日粮中使用效果的影响因素,为正确选择和使用酶制剂提供了有价值的资料。正如 Annison 和 Choct(1991,1993)所指出的那样,为改善动物生产性能而在饲料中添加饲用酶必须满足以下原则:①饲料原料必须含有抗营养活性的NSP,某些配合饲料中含量较高,足以引起生产问题;②饲用酶制剂对多聚糖底物必须具备较高的活性,由于多聚糖结构多种多样,且聚糖酶具有高度的专一性,改变所用酶对底物 NSP 的活性是重要的;③所用酶在饲料加工过程中以及进入动物体内降解多糖时,都必须维持其活性。

四、结语

在猪日粮中使用酶制剂的主要目的有减少断奶应激负面影响、提高饲料报酬和降低环境污染等。不同应用目的情况下,选用酶制剂不同,其作用机制也有所不同。关于饲料酶制剂在猪日粮中应用的影响因素有酶制剂的种类、日粮类型、日龄以及酶制剂使用方法等。在猪日粮中科学合理地使用饲用酶制剂有助于改善饲料报酬,提高经济效益,促进畜牧业可持续发展。

参考文献

[1] 冯定远,刘玉兰.1999.饲用酶制剂应用的影响因素及在猪日粮中应用的效果[J].饲料工业,20(10):1-8.

[2] 冯定远,张莹.1998.含有木聚糖酶和 β-葡聚糖酶的酶制剂对猪日粮消化性能的影响[J].畜禽业,6:46-49.

［3］沈水宝.2002.外源酶对仔猪消化系统发育及内源酶活性的影响［D］.华南农业大学博士学位论文.

［4］张克刚,丁伯良,张春华.1997.加酶饲料对生长肥育猪的效果观察［M］.西安:西北大学出版社.

［5］Annison G，Choct M. 1991. Anti-nutritive activities of cereal non-starch polysaccharides in broiler diets and strategies minimizing their effects［J］. World's Poultry Science Journal，47：232-242.

［6］Annison G，Choct M. 1993. Enzymes in poultry diets［C］// Wenk C，Boessinger M E (eds). Proceedings of the first symposium on enzymes in animal nutrition. Kartause Ittingen，Switzerland：61-68.

［7］Annison G. 1995. Feed enzymes-the science，future developments and practical aspects in feed formulation［C］// Proceedings of 10th European symposium on poultry nutrition，15-19 Oct，Antalya，Turkey. World's Poultry Science Association：193-202.

［8］Baidoo S K，Clowes E J. 1996. The digestible energy value of canola oil for growing pigs as measured by level of inclusion［J］. Animal Feed Science and Technology，62：111-119.

［9］Bedford M R，Patience J F，Classen H L，et al. 1992. The effect of dietary enzyme supplementation of rye-and barley-based diets on digestion and subsequent performance in weanling pigs［J］. Canadian Journal of Animal Science，72：97-105.

［10］Bedford M R. 1995. Mechanism of action and potential environment benefits from the use of feed enzyme［J］. Animal Feed Science and Technology，53：145-155.

［11］Campbell G L，Bedford M R. 1992. Enzyme applications for monogastric feeds：a review ［J］. Canadian Journal of Animal Science，72：449-466.

［12］Graham H，Han P，Lowgren W. 1988. Enzyme supplementation of pig feeds［C］// Digestive physiology in pigs：proceedings of the 4th international seminar. Polish Academy of Sciences，Poland，37：1-376.

［13］Inborr J，Schmitq M，Ahrens F. 1993. Effect of adding fibre and starch degrading enzymes to barley-wheat based diet on performance and nutrient digestibility in different segments of the small intestine of early weaned pigs［J］. Animal Feed Science and Technology，44：113-127.

［14］Inborr J. 1989. Enzymes in combination［J］. Feed International，10：16-27.

［15］Inborr J，Graham H. 1991. The effect of enzyme supplementation of a wheat/barley-based starer diet on nutrient faecal digestibility in early weaned pigs［J］. Animal Production，52：565(abstract).

［16］Johnson R，Williams P，Campbell R. 1993. Use of enzymes in pig production［C］// Wenk C，Boessinger M E(eds). Proceedings of the first symposium on enzymes in animal nutrition. Kartause Ittingen，Switzerland：49-60.

［17］Jongbloed A W，Beers S. 1993. Preliminary studies on excretory patterns of nitrogen and anaeroration of faecal protein from pigs fed various carbohydrates［J］. Animation Physics，67：247-252.

［18］ Lindemann M D, Cornelius S M, Kandelgy E I. 1986. Effect of age, weaning and diet on digestive enzyme levels in the piglet[J]. Journal of Animal Science, 62: 1298-1307.

［19］ Liu Y G, Baidoo S K. 1996. Exogenous enzymes for pig diets: a review[C]//Marquardt R R, Han Z H (eds). Enzyme in poultry and swine nutrition: proceedings of the 1st Chinese symposium of feed enzymes. Nanjin, China: 115-128.

［20］ Mellange J, Inborr J, Gill B P. 1992. Enzyme supplementation of wheat, barley or sugar beet pulp based diets for early weaned piglets: effect on performance and fecal nutrient digestibility[M]. Proceedings of British Society for Animal Production. Durrant: 135.

［21］ Simons P C M, Versteegh H A J, Jongbloed A W, et al. 1990. Improvement of phosphorus availability by microbial phytase in broilers and pigs[J]. British Journal of Nutrition, 64: 255.

［22］ Thacker P A, Campbell G L, Groot-Wassink J W D. 1992. The effect of slinomycin and enzyme supplementation on the performance of pigs fed barley or rye-based diets[J]. Canadian Journal of Animal Science, 72: 117-125.

［23］ van der Klis J D, Verstegen M W A, Vanvoorst V. 1993. Effect of a soluble polysaccharide (carboxy methyl cellulose) on the absorption of minerals from the gastrointestinal tract of broilers[J]. British Poultry Science, 34: 986-997.

饲用酶制剂在鸭日粮中的应用

鸭具有较好的耐粗性,所以通常日粮中非常规饲料原料使用比例较高,因此带来的抗营养问题比较突出。目前,解决这一问题的有效手段之一,就是添加酶制剂。但是,在具体使用过程中,需要根据日粮组成特点、鸭所处的生长阶段等因素,合理设计、调整鸭用酶制剂。通常,鸭饲料中酶制剂的使用多选择复合酶,但是要设计出高效的复合酶产品,对其中各个单一酶制剂的特点需要有较深的认识。

一、非淀粉多糖酶在鸭日粮中的应用

非淀粉多糖(NSP)广泛存在于玉米、豆粕、菜籽粕、小麦、DDGS 等常用植物性饲料原料的细胞壁中,它是一种饲料抗营养因子。NSP 抗营养作用主要有:具有较高的持水性和黏稠性,这样会增加肠道食糜黏度,延长食糜排空时间,降低动物采食量;与酶和底物结合,降低消化道化学消化的有效性;改变消化道生理和形态;为后肠道微生物提供营养底物,改变肠道微生物菌群。

非淀粉多糖酶可以改善 NSP 这些抗营养作用。高宁国和韩正康(1997)研究表明,添加 NSP 酶制剂后可降低日粮中的 NSP 含量,使之失去黏稠性,从而使食糜在消化道内更易于转运,加速食糜排空速度和增加动物对营养物质的吸收利用,使动物采食量、表观代谢能增加。我们的研究发现,在肉鸭日粮中添加以木聚糖酶为主的 NSP 酶对肉鸭饲料转化率有显著提高(廖细古,2006)。Aulrich 等(2001)认为,NSP 酶将 NSP 成分降解,促进细胞壁破裂,使细胞内各种营养物质释放出来,并与鸭肠道内消化酶充分接触,从而提高各种养分的消化率。蒋小红(2007)研究表明,NSP 复合酶显著提高肉鸭玉米-豆粕-杂粕型日粮的 AME($P<0.05$),促进内源消化酶分泌,提高饲料利用率。高宁国和韩正康(1997)研究发现,大麦饲粮添加以 β-葡聚糖酶为主的酶制剂,21 日龄肉鸭小肠食糜上清液中淀粉酶活性比对照组提高 30.7%

（$P<0.05$），蛋白酶活性降低 13.9%（$P<0.05$），而胰腺中淀粉酶和蛋白酶活性分别下降 25.4%（$P<0.05$）和 20.4%（$P<0.05$）。NSP 酶制剂的添加可以降低食糜黏度和养分在肠道蓄积，改善肠道微生物菌群生长繁殖的环境，减少有害菌繁殖，从而降低鸭腹泻率，减少疾病发生，利于鸭健康生长，提高抗病力（韩正康，1996）。NSP 酶制剂同时还参与免疫调节，增强畜禽的免疫力和健康水平。李丽立等（2000）研究了复合酶的肉鸭饲喂效果，结果表明，酶制剂可显著提高血清总蛋白、白蛋白和球蛋白的含量。由此推测，NSP 酶制剂可能将多糖分解为有活性的寡糖，这些活性寡糖发挥了提高动物机体免疫力的效应，但这需要试验数据的支持。

二、植酸酶在鸭日粮中的应用

植酸主要存在于植物的种子和块茎中，集中存在于谷粒糊粉层与外壳，如玉米的胚芽，豆类籽实中的蛋白质络合物中。因此，在谷物加工副产品和油产饼粕中的植酸含量高，谷物和豆类籽实中含量相对较低。植物中 60%～90% 的磷是以植酸磷形式存在，植酸磷是难以被动物消化利用的螯合物，其磷的生物利用率很低。不仅如此，植酸还能影响动物对其他矿物元素的利用率，影响体内消化酶活性，降低蛋白质、淀粉的消化率。

植酸酶是专一水解植酸的一种酶制剂，可以水解植酸与营养素之间的结合键，释放出钙、磷等矿物质和蛋白质、淀粉等营养物质。另外，植酸酶可消除植酸对内源消化酶的抑制作用，提高消化酶酶活，利于各种养分的充分消化吸收和利用。吴天星等（1999）蛋鸭饲养试验表明，饲料中添加 500 U/kg 植酸酶可使磷的存留率提高 36.8%，氮的存留率提高 19.3%，排泄物中氮和磷含量分别降低 61.6% 和 42%，其钙、磷消化率分别提高 10%、8.4%。Farrell 等（1993）在基础饲粮中以低于 NRC 推荐量来添加磷，以 NRC 推荐正常值添加钙，并在每千克日粮中添加 850 IU 植酸酶，结果发现，植酸酶提高了磷存留率 30%～40%；贾振全等（2000）报道，在 3～7 周龄樱桃谷鸭饲粮中添加植酸酶，试验组较负对照组磷的存留率提高 20%。席峰等（2000）研究表明，植酸酶能提高肉鸭对饲料中钙、磷（包括植酸磷）的利用率，减少粪中磷的排出量，提高鸭胫骨灰分含量和钙、磷的沉积量，提高鸭的日增重，饲粮报酬也有提高的趋势。同样，植酸酶能提高蛋鸭日增重，对蛋鸭产蛋性能也有显著影响。

我们 2008 年的试验研究表明，低钙磷水平饲粮中添加耐热植酸酶有提高不同阶段樱桃谷肉鸭生长性能的趋势，与负对照组相比，随着耐热植酸酶添加量的提高，1～21 日龄肉鸭的平均日增重分别提高了 1.3%、2.8%、3.4%，22～44 日龄肉鸭的平均日增重分别提高了 2.9%、4.3%、5.3%，1～44 日龄肉鸭的平均日增重分别提高了 1.5%、3.0%、3.8%，耐热植酸酶添加量为 500 U/kg 时效果最佳，可以取得与正常钙磷水平饲粮相同的饲喂效果；低钙磷水平饲粮中添加耐热植酸酶可以不同程度提高 28 日龄和 45 日龄樱桃谷肉鸭的营养物质利用率，与正常钙磷水平正对照组相比，低钙磷日粮中添加 500 U/kg 耐热植酸酶有最好效果，可以显著提高肉鸭的粗蛋白质、总磷和钙的表观利用率，提高幅度分别为 2.7%～5.3%、4.5%～5.5%、4.0%～4.1%，对能量的表观利用率达到与正对照组相同的水平（陈旭，2008）。

三、蛋白酶、淀粉酶和脂肪酶在鸭日粮中的应用

单胃动物自身能够分泌淀粉酶、蛋白酶、脂肪酶等内源性消化酶,但幼禽幼畜消化机能尚未发育健全,内源性消化酶分泌量不足。一般认为,外源性消化酶,如淀粉酶、蛋白酶等,可弥补在幼龄、老年、应激或疾病状态下动物消化道内源酶分泌不足,起到协助消化作用,并提高养分利用率。

蛋白酶、淀粉酶和脂肪酶单独应用于鸭饲料的研究较少,大多是关于它们在复合酶中协同、促进其他酶活(NSP 酶、植酸酶等)而发挥功效的报道。Burrows(2002)报道,在饲料中添加淀粉酶可提高肉鸭增重和饲料转化率、养分利用率。奚刚等(1999)在玉米-豆粕型日粮中添加中性蛋白酶,提高了 37 日龄和 67 日龄丝毛乌骨鸡内源性胃蛋白酶、胰蛋白酶、总蛋白酶和胰淀粉酶的活性。Ritz 等(1995)在玉米-豆粕型日粮中添加淀粉酶,7~10 日龄、16~28 日龄及 46 日龄后火鸡肠道淀粉酶活性高于对照组。Owsley 等(1986)推测,外源酶增加了肠道中养分的进一步分解或吸收,从而刺激机体消化系统的发育和消化酶的分泌。

复合酶制剂是由一种或几种单一酶制剂为主体,加上其他单一酶制剂混合而成的制剂。它可同时降解饲料中抗营养因子和多种养分,最大限度地提高饲料营养价值。现已发现复合酶制剂的应用效果往往优于单一酶制剂。

由于酶作用底物具有特异性,因此,为使饲用酶制剂发挥最佳的效果,在应用时必须考虑饲料原料的特性。不同饲料原料的组成和化学结构都有其特殊性,日粮组成不同,所含的抗营养因子和营养成分不同,应针对性地选择酶制剂。鸭日粮主要有以下几种:

低黏度日粮:比较典型的是玉米-豆粕型日粮,其主要抗营养因子是戊聚糖(玉米含 4.3%)、果胶(豆粕含 14.0%)、甘露聚糖(豆粕含 1.85%~2.3%),应选用以戊聚糖酶、果胶酶和甘露聚糖酶为主的复合酶。我们课题组成员沈水宝(2002)在玉米型日粮中添加复合酶,提高了仔猪的生产性能,仔猪的日增重提高了 2.35%~8.03%,平均日采食量提高了 7.7%~9.0%,同时还降低了仔猪断奶前后的腹泻率。

高黏度日粮:是指小麦、大麦、米糠含量较高的日粮,它们在动物肠道会形成极高的黏度,严重影响营养物质的消化吸收(于旭华,2004)。小麦黏度的来源主要是木聚糖(含量为 6.0% 左右),而大麦日粮中主要是 β-葡聚糖(含量为 3.3%)、戊聚糖(含量为 7.6%),应选以 β-葡聚糖酶和戊聚糖酶为主的复合酶。王恩玲(2008)研究了在以小麦为主要能量饲料的日粮中添加 NSP 酶,肉鸭增重显著提高,料重比降低。高宁国和韩正康(1997)报道,在营养水平较低(粗蛋白为 15.7%)的大麦型日粮中添加粗酶制剂,21 日龄时肉鸭增重比对照组显著提高 18.60%。

杂饼、粕类日粮:是指菜籽粕、棉籽粕、葵籽粕等含量较高的日粮(廖细古,2006),其抗营养因子主要有粗纤维(菜籽粕含 7%)、果胶(菜籽粕含 11.5%)、甘露聚糖(芝麻粕含 5.6%~7%,葵籽粕含 1.14%~1.55%,菜籽粕含 1.12%,棉籽粕含 0.72%),应选用以纤维素酶、果胶酶、甘露聚糖酶为主的复合酶。李霞(2008)研究了在杂粕日粮中添加杂粕酶对肉鸭的影响,当添加水平为 200 g/t 时,显著提高了粗蛋白、碳水化合物和粗脂肪的真消化率。本课题组杜继忠(2009)研究表明,在肉鸡玉米-杂粕型日粮中添加复合酶制剂均能提高 1~30 日龄和

34～57日龄的日增重,降低肉鸡日粮的料重比。综合整个试验阶段,肉鸡日粮中添加复合酶可以显著提高肉鸡的生产性能和日粮的转化率。

四、复合酶制剂对提高养分消化率的作用

复合酶制剂由于自身组成成分复杂,且各种酶酶学功效不同,故对不同原料日粮产生的效应也不同。玉米-豆粕型日粮相对其他非常规饲料而言更容易被消化利用,但豆粕中含有胰蛋白酶抑制因子、植物凝集素等抗营养因子,故消除这些抗营养因子可提高动物对饲粮养分的消化力。

我们早期研究发现,在玉米-豆粕型仔猪日粮中添加外源酶,肠道胰淀粉酶、胰蛋白酶、胃蛋白酶、蔗糖酶活性均有提高,饲粮营养物质消化率和仔猪生长速度也随之提高(沈水宝,2002)。李兆勇(2007)研究了复合酶制剂对饲喂玉米-豆粕型日粮的断奶仔猪生产性能和养分表观消化率的影响,结果表明,复合酶制剂对仔猪平均日采食量没有显著影响,但能显著提高35～50日龄仔猪平均日增重,并显著降低料重比。我们最近的研究结果显示,在玉米-豆粕型日粮中添加复合酶制剂对肉鸭生产性能未产生显著影响(阳金,2009),与王琛等(2006)研究结果类似,他们报道,复合酶制剂特威宝SSF对饲喂玉米-豆粕型日粮的肉鸭也未产生显著影响。上述报道结果不一致可能与动物品种、酶制剂组成、试验条件、饲粮类型和配方组成等因素有关。

五、复合酶制剂对鸭日粮营养特性的影响

外源酶制剂可大大增加某些饲料如麦类在畜禽上的应用效果(Brenes等,1993;汪儆等,1996;Zhang等,2000;王修启,2004a),这与肠道食糜黏度的降低有密切关系(Hesselman和Aman,1986;Bedford等,1995)。高宁国和韩正康(1997)研究发现,添加NSP酶制剂可降低饲粮NSP含量,降低食糜的黏性,加速食糜排空速度,增加营养物质的吸收利用,从而使动物采食量和表观代谢能增加,提高动物生产性能。

Cowieson和Adeola(2005)研究报道,营养水平较低的饲粮中添加复合酶制剂(木聚糖酶、淀粉酶和蛋白酶)可改善肉仔鸡生产性能,作者认为这是消化道食糜黏度降低的结果。肠内容物黏度的降低利于消化酶和营养物质的充分混合,降低不动水层厚度,减少胆汁酸排出,促进肠道养分的消化吸收,从而提高动物生产性能。我们近期研究表明,添加含有纤维素酶和木聚糖酶的复合酶制剂可提高高水平使用DDGS时肉鸭的生产性能,推测可能是复合酶制剂降低甚至消除了DDGS中某些成分形成高黏度食糜的作用,从而提高其营养素消化率和肉鸭生产性能的原因(阳金,2009)。

六、结语

在饲料中使用酶制剂以增强动物对饲料养分的利用力,已广泛被人们接受。不过在使用酶制剂时,应考虑日粮类型、日粮营养水平、动物品种以及日龄等因素。对于复合酶制剂,还需考虑酶组合种类和组合比例等问题。

参考文献

[1] 陈旭.2008.耐热植酸酶对肉鸭生长性能及养分代谢利用的影响[D].华南农业大学硕士学位论文.

[2] 杜继忠.2009.复合酶对肉鸡生产性能的影响及其作用机理研究[D].华南农业大学硕士学位论文.

[3] 高宁国,韩正康.1997.大麦日粮添加粗酶制剂时肉鸭增重和消化代谢的变化[J].南京农业大学学报,20(4):65-70.

[4] 韩正康.1996.家禽日粮中添加酶制剂影响生理机能及改善生产性能的研究[C]//家禽与猪营养中的酶制剂:饲料酶制剂国际学术研讨会论文集.北京:中国农业大学出版社,31-32.

[5] 黄燕华.2004.不同来源纤维素酶在肉鹅高纤维日粮中的应用及其作用机理的研究[D].华南农业大学博士学位论文.

[6] 贾振全,顾惠明,金岭梅,等.2000.植酸酶对3～7周龄肉鸭生长性能及钙、磷表观存留率的影响[J].家畜生态,21(4):5-8.

[7] 蒋小红.2007.非淀粉多糖酶制剂对樱桃谷鸭日粮能量代谢调控的研究[D].湖南农业大学硕士学位论文.

[8] 李丽立,张彬,黄瑞林,等.2000.复合酶制剂对番鸭饲喂效果的研究[J].家畜生态,21(2):13-19.

[9] 李霞.2008.溢多杂粕酶在肉鸭杂粕饲粮中的应用效果及作用机理研究[D].西南大学硕士学位论文.

[10] 李兆勇.2007.玉米-豆粕型日粮添加复合酶制剂对仔猪生产性能影响及其机理研究[D].山东农业大学硕士学位论文.

[11] 廖细古.2006.木聚糖酶对肉鸭生产性能的影响及机理研究[D].华南农业大学硕士学位论文.

[12] 沈水宝.2002.外源酶对仔猪消化系统发育及内源酶活性的影响[D].华南农业大学博士学位论文.

[13] 王琛,贺建华.2006.特威宝TM SSF在肉鸭日粮中的应用效果研究[J].中国家禽,28(9):16-18.

[14] 王恩玲.2008.非淀粉多糖酶提高肉鸭日粮有效能潜力研究[D].中国农业科学院硕士学位论文.

[15] 王修启,邢宝松,张兆敏.2004.小麦基础日粮中添加木聚糖酶对肉鸡生产性能的影响
[J].河南农业科学,1:44-47.

[16] 吴天星,蒋守群,吴林友,等.1999.植酸酶对绍兴蛋鸭生产性能的影响[J].浙江农业学
报,11(3):139-144.

[17] 奚刚,许梓荣,钱利纯,等.1999.添加外源性酶对猪、鸡内源消化酶活性的影响[J].中国
兽医学报,19:286-289.

[18] 席峰,吴治礼.2000.植酸酶在樱桃谷鸭饲料中的应用 I:对钙磷的营养效应[J].集美大学
学报,1:40-45.

[19] 阳金.2009.DDGS 日粮添加复合酶对肉鸭生长性能的影响及机理研究[D].华南农业大
学硕士学位论文.

[20] 于旭华.2004.真菌性和细菌性木聚糖酶对肉鸡生长性能的影响及其机理研究[D].华南
农业大学博士学位论文.

[21] Aulrich K, Flachowsky G. 2001. Studies on the mode of action of non-starch-polysaccharides
(NSP)-degrading enzymes *in vitro*[J]. Archives of Animal Nutrition, 54:19-32.

[22] Bedford M R. 1995. Mechanism of action and potential environmental benefits from the
use of feed enzymes[J]. Animal Feed Science and Technology, 50(53):145-155.

[23] Brenes B, Smith M, Guenter W, et al. 1993. Effect of enzyme supplementation on the
performance and digestive tract size of broiler chickens fed wheat-and barley-based diets
[J]. Poultry Science, 72:1731-1739.

[24] Burrows H, Hruby M, Hong D, et al. 2002. Addition of enzymes to corn-soy diets for
ducks: a performance and digestibility study[C]//Proceedings of the SPSS. USA:56.

[25] Cowieson A J, Adeola O. 2005. Carbohydrase, protease, and phytase have an additive
beneficial effect in nutritionally marginal diets for broiler chicks[J]. Poultry Science,
84:1860-1867.

[26] Farrell D J, Martin E. 1993. The beneficial effects of a microbial feed phytase in diets of
broiler chickens and duckling[J]. Journal of Animal Physiology and Animal Nutrition,
69:278-283.

[27] Hesselman K, Aman P. 1986. The effect of the β-glucanase on the utilization of starch
and nitrogen by broiler chickens fed on barley of low and high viscosity[J]. Animal
Feed Science and Technology, 15:83-93.

[28] Owsley W, Forr D E, Tribble L F. 1986. Effects of age and diet on the development of
the pancreas and the synthesis and secretion of pancreatic enzymes in the young pigs
[J]. Journal of Animal Science, 63:497-504.

[29] Ritz C W, Hale R M, Self B B, et al. 1995. Endogenous amylase levels and response to
supplementation feed enzymes in male turkeys from hatch to 8ws of age[J]. Poultry Sci-
ence, 74(8):1317-1322.

[30] Zhang Z, Marquardt R, Guenter W, et al. 2000. Prediction of the effect of enzymes on
chick performance when added to cereal-based diets use of a modified Log-Linear Model
[J]. Poultry Science, 79:1757-1766.

酶制剂在玉米-豆粕型日粮中的应用

玉米作为"饲料之王",饲用价值非常高,是优良的植物性能量来源;而豆类富含高质量的植物性蛋白质、微量矿物元素和维生素,是优良的植物性蛋白来源。虽然玉米和豆类都是优良的饲料原料,但都含有可以降低动物对饲料中营养物质的消化吸收、甚至对动物产生毒性作用的一些抗营养因子,主要包括植酸、非淀粉多糖、α-半乳糖苷、蛋白酶抑制因子、植物凝集素、单宁、低聚糖、皂甙和生物碱等(冯定远和于旭华,2001)。蛋白酶抑制因子包括胰蛋白酶抑制因子、糜蛋白酶抑制因子和淀粉酶抑制因子,其抗营养作用主要表现在抑制动物的生长,降低饲料中干物质、蛋白质和各种氨基酸的表观消化率和真消化率,可引起胰脏的增生和肿大(Grant等,1995)。胰蛋白酶抑制因子引起动物蛋白质消化率的下降,一方面是因为其抑制了消化道中胰蛋白酶的活性,但更重要的一方面是胰蛋白酶抑制因子增加了动物内源蛋白质和含硫氨基酸的损失(Barth等,1993)。酶制剂作为新型饲料添加剂,可有效消除或缓解饲料中抗营养因子的抗营养作用,提高玉米-豆粕型日粮的饲用价值。

一、消化酶在玉米-豆粕型日粮中的应用

1. 补充仔猪内源酶分泌的不足

仔猪断奶后,一方面受到环境、心理和营养的应激,胰腺分泌各种消化酶的能力受到抑制,从而释放到肠道内酶的数量和活力都有所下降(Lindemann 等,1986;Owsley 等,1986);另一方面,仔猪断奶后食物由含乳蛋白、乳糖和乳脂为主的母乳转变为以淀粉和植物蛋白为主的固体料,其成分有很大差异,仔猪消化系统所分泌的酶一时还不能适应消化固体饲料营养成分的需要,所以表现出对蛋白质等饲料养分消化利用效率下降(沈水宝,2002)。仔猪断奶后为了满足快速生长的需要,采食量提高,但胰腺所分泌消化酶的数量一时还不能很快增加来满足消化

食物的需要,这一点主要表现在仔猪胰腺酶活力恢复到断奶前水平要比肠道恢复得慢。我们通过比较研究 1～150 日龄长白猪和蓝塘猪胃肠道主要消化酶发育规律证实了这一点:比较 26 日龄和 30 日龄酶活变化发现,28 日龄时断奶显著使长白猪和蓝塘猪空肠淀粉酶活性降低了($P<0.05$),预计直到 40 日龄时才能恢复到 26 日龄(断奶)的水平(杨浦,2007)。因为胰脏为了满足消化大量固体饲料的需要,动用了贮存在胰脏中的消化酶,从而造成胰脏酶活力较长时间维持在低水平。而且断奶日龄越早,胰腺分泌各种消化酶的能力越差,断奶对仔猪消化系统造成的应激越大,仔猪恢复的时间也就越长。

断奶仔猪饲料中补充消化酶,不仅可以补充仔猪内源消化酶的不足,还可以降低因消化酶与饲料成分的不同对仔猪造成的应激。我们在 2001 年和 2002 年的试验研究表明:在日粮中添加消化性酶制剂虽然不能提高断奶仔猪胰脏中各种消化酶的活性,但却提高了仔猪小肠内容物中淀粉酶和蛋白酶的活性(冯定远和于旭华,2001;沈水宝,2002)。杨全明等(1999)试验表明,酶制剂可以使饲料中主要营养物质的消化率和回肠末端食糜中蛋白酶的活性略有提高,说明外源性消化酶对补充仔猪断奶后消化酶水平的不足有一定的作用。

2. 蛋白酶抑制因子和大豆抗原的消除

日粮中添加蛋白酶可以失活生大豆或大豆因加热不良而残留的蛋白酶抑制因子。杨丽杰等(2000)报道,5 种微生物来源的蛋白酶均能不同程度地失活生大豆(RS)和低热膨化全脂大豆粉(LTES)中的蛋白酶抑制因子和植物凝集素,其中细菌来源的 E3 在其最适 pH 值条件下,可以使生大豆中胰蛋白酶抑制因子和糜蛋白酶抑制因子的水平分别降为原来的 38% 和 9%;E3 使 RS 和 LTES 中的凝集素减少至原来的 17% 和 50%。Caine 等(1998)体外试验表明,用 0.1% 蛋白酶在不同的温度(40、50℃)和不同 pH 值(3、4、5、6)条件下处理大豆粕,胰蛋白酶抑制因子水平均有明显的减少。

大豆中的大豆球蛋白(glycinin)和 β-大豆伴球蛋白(β-conglycinin)能够引起断奶仔猪小肠的暂时性过敏反应。主要表现为小肠绒毛萎缩、皮褶厚度增加、血清中大豆免疫球蛋白滴度升高和腹泻等。断奶前充分补饲可以减轻甚至避免仔猪断奶后的过敏反应,但这需要一个剂量范围。Miller 等(1984)发现,这个剂量范围不能低于 600 g 的补饲量。饲料中添加蛋白酶可以降低大豆中抗原蛋白的抗营养特性。Rooke 等(1998)报道,酸性蛋白酶 P_2 和碱性蛋白酶 P_1,在体外都能不同程度降低大豆蛋白的抗原性,其中 P_2 能够特异性地降解相对分子质量大于 66 000 的多肽。与 Tukur(1993)大豆蛋白多肽链的电泳图比较后可以推断,P_2 分解的特异性多肽为 β-大豆伴球蛋白的 α 和 α' 两个亚基。

3. 提高饲料营养物质消化率

在玉米-豆粕型日粮中无论是单独添加还是同时添加蛋白酶和非淀粉多糖酶,都能提高粗蛋白的消化率,非淀粉多糖酶还可提高饲料中非淀粉多糖的消化率。本课题组博士研究生沈水宝在学位论文研究中也证实:仔猪玉米-全脂大豆日粮或小麦-全脂大豆日粮中添加以酸性蛋白酶为主的外源消化酶,可不同程度提高日粮中粗蛋白和能量的表观消化率,而且在玉米型日粮中的添加效果要优于在小麦日粮中的添加效果,相关的结果还表现出对 42 日龄和 56 日龄仔猪食糜胃蛋白酶活性有显著提高、各日龄仔猪消化器官重量和食糜中胰蛋白酶活性有明显的提高趋势(沈水宝,2002)。

日粮中粗蛋白消化率的提高,一方面是因为蛋白酶直接作用于饲料中的底物将其分解,另一方面可能是由于酶制剂的添加,减少了动物内源氮的损失。虽然日粮添加酶后可以将日粮粗蛋白的消化率提高,但对饲料中各种氨基酸消化率提高的幅度并不一致。当降低加酶饲料的粗蛋白水平后,一定要注意补充各种必需氨基酸,以保证饲料中必需氨基酸的含量。

二、非淀粉多糖酶在玉米-豆粕型日粮中的应用

饲料中的非淀粉多糖(NSP)本身不能被动物体内酶类水解提供营养物质,而且其中可溶性的非淀粉多糖可以使消化道中食糜的黏稠度增加,减少了消化酶与食糜的接触机会,同时,已消化养分向肠黏膜的扩散速度减慢,这样就使饲料中各种营养成分的消化率和吸收率都有所降低。饲料中加入非淀粉多糖酶后,一方面可以切割饲料中可溶性非淀粉多糖,降低非淀粉多糖的抗营养特性;另一方面亦可摧毁植物细胞壁,使其中营养成分释放出来,从而提高饲料中营养成分的消化率。

普遍认为,玉米-豆粕型日粮中添加以非淀粉多糖酶为主的酶制剂并不能提高动物的生产性能,这主要是因为玉米中非淀粉多糖的含量较低。但 Brown(1996)发现饲料中存在抗性淀粉,由于抗性淀粉的存在,动物消化道后段发现了没有消化的淀粉。虽然玉米-豆粕型日粮中非淀粉多糖的含量不高,但 Marsman 等(1997)在玉米-豆粕型日粮中添加蛋白酶和非淀粉多糖酶,提高了饲料非淀粉多糖的消化率,降低了肉仔鸡肠道食糜的黏度和非淀粉多糖的相对分子质量,并且提高了肉仔鸡的日增重和饲料转化率。Dierick 等(1996)在豌豆或全脂大豆中添加复合酶,提高了猪粗蛋白的回肠末端消化率,减少了尿氮和粪氮的排出。我们的研究也支持了 NSP 酶在玉米-豆粕日粮中积极的添加作用:冯定远等(1997)报道,在玉米-豆粕-麸皮日粮中加入含有木聚糖酶和 β-葡聚糖酶为主的酶制剂,显著提高了日粮营养物质的消化率,其中粗纤维、粗蛋白和干物质的消化率分别提高了 18.9%、16.5%和 11.3%;而邹胜龙(2001)的研究表明,添加以纤维素酶、木聚糖酶和葡聚糖酶为主的复合酶于仔猪玉米-豆粕日粮中,不同程度提高了干物质、粗蛋白质、能量的表观消化率,尤其是对粗纤维的提高幅度达到了 57.90%($P<0.05$)。

通常认为,玉米中淀粉的消化率很高,常常达到98%。但近年来的研究发现,玉米-豆粕型日粮在 4~42 日龄肉仔鸡小肠后段淀粉的消化率只有82%,且随着年龄的增长没有提高的趋势(Noy 等,1995)。另外,不同产地和品种玉米的肉鸡代谢能之间存在明显的差异(Wyatt 等,1997),在日粮中添加酶制剂后可以使肉鸡代谢能的这种差异降低 50%。Douglas 等(2000)检测了 12 种豆粕的营养价值,结果发现,饲料中各种营养物质的消化率之间存在着明显的差异,动物的生长性能明显受到豆粕来源的影响;在饲料中添加复合酶后,虽然没有提高动物的生产性能,但显著提高了豆粕的回肠末端消化率,且不同豆粕品种与复合酶之间存在着互作关系。

三、植酸酶在玉米-豆粕型日粮中的应用

1998 版 NRC 报道,玉米和豆粕中植酸磷占总磷的比例分别为 71% 和 58%,单胃动物体内缺乏分解植酸的消化酶,因而对饲料中植酸磷的利用效率很低。另外,玉米和豆粕中植酸酶的活性也比较低,动物对饲料中磷的利用率更低。贾刚等(2000)对生长猪植物性饲料中可消化磷进行了测定,结果表明,玉米、豆粕、大麦、小麦、次粉和麦麸中植物性植酸酶的活性(以干物质计)分别为 78、96、468、630、1 218、1 098 U/g;在麦类日粮及其加工副产品中含有较高活性的植酸酶,因此生长猪对其中磷的消化率也较高,6 种饲料原料中磷的表观消化率分别为 18.99%、30.83%、42.06%、49.11%、54.43% 和 50.67%;饲料中总磷含量(X)、植酸磷含量(Y)和饲料中天然植酸酶活性(Z)对饲料的表观可消化磷含量(ADP)的影响极显著,并存在极显著的回归关系:$ADP=-0.415\ 5+0.797\ 2X-0.780\ 2Y+0.001\ 3Z(R^2=0.976\ 7,P=0.001)$。

在玉米-豆粕型日粮中添加微生物植酸酶可以分解饲料中的植酸磷,同时释放与植酸络合的各种金属矿物元素,提高饲料中各种金属矿物元素的消化率。Lei 等(1993)的试验表明,低磷日粮中添加植酸酶可以提高饲料中磷的消化率,分别由原来的 27% 和 46% 提高至 68% 和 69%。饲料中添加植酸酶,还可以增加磷在动物体内的沉积率,减少粪中植酸磷和无机磷的排放,从而降低畜禽粪便对环境的污染。Um 等(1999)在蛋鸡日粮中添加 250 U/kg 的植酸酶,除增加 P 和 Ca 在胫骨中的沉积外,Cu、Zn 和 Mg 等矿物元素在蛋鸡胫骨中的沉积也有所增加。张克英等(2001)在断奶仔猪日粮中添加 500 U/kg 的微生物植酸酶,结果发现,在高磷日粮中添加植酸酶对动物日增重、饲料利用率和磷的利用率没有明显影响,在低磷日粮中添加植酸酶显著提高了动物的生产性能和饲料中磷的沉积率,蛋白质的生物学效价也明显提高。仔猪日粮中添加植酸酶能够明显提高仔猪的生产性能,改善磷和蛋白质的利用率,植酸酶的作用效果受到日粮中磷和赖氨酸水平的影响。

植酸酶在饲料中的添加可以释放植酸中的钙,提高了饲料中可利用钙的比例。当饲料中含有过多的钙时对饲料中磷的利用有不利的影响,这主要是因为高钙可以与磷形成不溶性的钙盐,从而影响了磷的吸收(Nelson 和 Kirby,1987)。高钙还可能提高动物消化道 pH 值,从而超出了植酸酶发挥作用的最佳 pH 值。Liu 等(1997)将添加植酸酶日粮的钙磷比例由 1∶1.5 调整为 1∶1 时,生长猪的生产性能有所提高。在植酸酶应用过程中,一些饲料添加剂成分对植酸酶的活性也有一定的不良影响。特别是在饲料的加工贮存过程中,液体胆碱和含水的金属硫酸盐都能够导致植酸酶的部分失活,这可能是由于水分与植酸酶相互作用的结果。因此,在饲料的加工过程中,应尽量避免植酸酶与高水分含量的饲料添加剂成分长时间混合。

我们在体外的试验表明(左建军,2005):添加植酸酶可提高豆粕中磷的透析率(表 1),而且豆粕钙释放量(y)随着植酸酶添加量(x)的增加而线性增加($y=0.010\ 5x+42.563,R^2=0.81$),豆粕钙体外透析率最高可提高 43.15%;豆粕无机磷释放量(y)随着植酸酶添加量(x)的增加而线性增加($y=0.007\ 1x+33.975,R^2=0.96$),豆粕磷体外透析率最高可提高 24.36%。

表 1　植酸酶对豆粕钙和磷体外透析率的影响　　　　　　　　　　%

组别	豆粕钙透析率	豆粕磷透析率
对照组	39.05±1.45	36.04±0.71
250 U/kg 组	44.37±1.02	35.05±0.43
500 U/kg 组	51.47±1.02	36.68±0.91
750 U/kg 组	53.24±1.45	38.43±0.78
1 000 U/kg 组	54.13±2.23	40.94±0.59
1 250 U/kg 组	55.90±1.70	43.46±0.50
1 500 U/kg 组	55.02±1.02	44.82±0.35

四、α-半乳糖苷酶在玉米-豆粕型日粮中的应用

α-半乳糖苷是由一个蔗糖单位以 α-1,6-糖苷键连接一个或两个半乳糖构成的低聚糖,主要有棉籽糖、水苏糖和毛蕊花糖,广泛存在于各种植物中,其中以豆科植物中的含量居多。大豆中的 α-半乳糖苷主要是棉籽糖和水苏糖,含量分别为 1.4％和 5.2％;棉籽粕中的 α-半乳糖苷主要是棉籽糖,含量为 3.6％。α-半乳糖苷具有良好的热稳定性,即使在很高的温度下也不会分解,因此,普通的饲料调质加工过程不会使其失活。

由于动物体内缺乏分解 α-半乳糖苷的酶,饲料中的 α-半乳糖苷往往不能被动物消化吸收。α-半乳糖苷的存在,一方面增加了小肠内容物的持水力和渗透性;另一方面,α-半乳糖苷在消化道后段被厌氧菌所代谢,产生二氧化碳、氢气及少量的甲烷气体,引起动物消化不良、腹胀和腹泻等症状。去除 α-半乳糖苷的一个方法是浸提法,Coon 等(1990)用乙醇作溶剂浸提豆粕日粮中的 α-半乳糖苷,结果肉鸡代谢能提高了 20％,其他非淀粉多糖的消化率由 5％提高至 50％。另外,α-半乳糖苷的浸提降低了肉鸡小肠食糜的排空速度,增加了食物的消化时间。

西班牙 Autonama 大学最近的一个肉鸡试验中,在玉米-豆粕型日粮中添加了不同水平的 α-半乳糖苷酶。其中 560 g/t 水平的添加量提高了肉鸡代谢能 7％,蛋白质的沉积指数也提高了 4.4％。然后固定饲料中酶的添加量为 500 g/t,改变饲料中豆粕的用量,测定豆粕用量与表观代谢能的提高情况。当豆粕的含量较低时(30％或 40％),酶的作用比较明显,代谢能分别提高 8％和 11％,但随着豆粕用量的提高,酶的作用明显下降。一般畜禽日粮中豆粕的用量不会超过 40％,因此,日粮中添加 α-半乳糖苷酶可以提高畜禽的表观代谢能。我们在猪玉米-豆粕型日粮中研究结果表明:添加 α-半乳糖苷酶能够显著提高干物质、粗蛋白、总能和粗纤维的体内消化率,与对照组相比,它们的消化率分别提高了 1.42％、6.57％、5.95％和 26.32％($P<0.05$),但是会降低钙的消化率($P<0.05$);比较每千克饲料中添加 0.3 g 和 0.5 g 酶制剂的添加水平,每千克饲料中添加 0.3 g 酶制剂的效果更好(酶活为 35 000 U/g)(冒高伟,2006)。

五、β-甘露聚糖酶在玉米-豆粕型日粮中的应用

β-甘露聚糖及其衍生物是豆科植物细胞壁固有的组分之一,β-甘露聚糖及其衍生物在豆科植物中的含量为 1.3%～1.6%(Jackson 等,1999)。饲料中含有 β-甘露聚糖时,可以降低猪对葡萄糖和水的吸收。当饲料中以豆科植物为主要的蛋白质来源时,在饲料中添加 β-甘露聚糖酶可以提高猪和肉鸡的饲料转化率和生产性能(Hahn 等,1995;Ward 和 Forge,1996)。在肉鸡低能量饲料中添加 β-甘露聚糖酶,可以将玉米-豆粕型日粮的代谢能提高 0.597 74 MJ/kg,生长速度和饲料转化率都提高 3%,其生产性能要略高于高能而未添加 β-甘露聚糖酶的日粮组(McNaughton 等,1998)。

玉米-豆粕型日粮中添加 β-甘露聚糖酶可以提高动物的生产性能,主要是因为 β-甘露聚糖酶可能参与了动物体内营养物质的消化吸收和代谢。β-甘露聚糖可以抑制人胰岛素的释放(Morgan 等,1985)。在日粮中添加 β-甘露聚糖酶,可以阻断 β-甘露聚糖对胰岛素的抑制作用,提高了动物机体胰岛素的释放,从而提高了动物体对各种营养物质,特别是糖类物质的代谢吸收。Jackson 等(1999)在蛋鸡的玉米-豆粕日粮中添加 β-甘露聚糖酶,显著增加了蛋的重量、产蛋时间和总产蛋量。在降低了蛋鸡日粮的能量水平后,添加酶制剂可以维持蛋鸡在高能饲料情况下的生产性能。

参考文献

[1] 冯定远,王征,刘玉兰,等.1997.β-葡聚糖酶及戊聚糖酶在猪日粮中的应用[J].中国饲料,23:17-18.

[2] 冯定远,于旭华.2001.生物技术在动物营养和饲料工业中的应用[J].饲料工业,22(10):1-7.

[3] 贾刚,王康宁.2000.生长猪植物性饲料中可消化磷的评定[J].动物营养学报,12(3):24-29.

[4] 冒高伟.2006.α-半乳糖苷酶在断奶仔猪玉米豆粕型日粮中的应用研究[D].华南农业大学硕士学位论文.

[5] 沈水宝.2002.外源酶对仔猪消化系统发育及内源酶活性的影响[D].华南农业大学博士学位论文.

[6] 杨丽杰,霍贵成.2000.蛋白酶失活大豆中的抗营养因子[J].动物营养学报,12(1):15.

[7] 杨浦.2007.蓝塘猪与长白猪胃肠道主要消化酶发育规律的比较研究[D].华南农业大学硕士学位论文,

[8] 杨全明.1999.仔猪消化道酶和组织器官生长发育规律的研究[D].中国农业大学博士学位论文.

[9] 张克英,陈代文.2001.饲粮中添加植酸酶对断奶仔猪生长性能及蛋白质、氨基酸和磷利用率的影响[J].动物营养学报,13(3):19-24.

[10] 邹胜龙.2001.复合酶制剂对仔猪生长性能和日粮消化利用影响的研究[D].华南农业大

学硕士学位论文.

[11] 左建军. 2005. 非常规植物饲料钙和磷真消化率及预测模型研究[D]. 华南农业大学博士学位论文.

[12] Barth C A, Lunding B, Schmitz M, et al. 1993. Soybean trypsin inhibitor(s) reduce absorption of exogenous and increase loss of endogenous protein in miniature pigs[J]. Journal of Nutrition, 123(12):2189.

[13] Brown I. 1996. Complex carbohydrates and resistant starch[J]. Nutrition Reviews, 54(11): 115-119.

[14] Caine W R, Sauer W C, Verstegen M W A, et al. 1998. Guanidinated protein test meals with higher concentration of soybean trypsin inhibitors increase ileal recoveries of endogenous amino acids in pigs[J]. Journal of Nutrition, 128(3): 598-605.

[15] Coon C A, Leske K L, Kavanichan O A, et al. 1990. Effect of α-ligasacharide free soybean meal on true metabolizable energy and fibre digestion in adult roosters[J]. Poultry Science, 69: 787-793.

[16] Dierick N, Decuypere J. 1996. Mode of action of exogenous enzymes in growing pig nutrition[J]. Pig News and Information, 17: 41-48.

[17] Douglas M W, Peter C M, Boling S D, et al. 2000. Nutritional evaluation of low phytate and high protein corns[J]. Poultry Science, 79: 1586-1591.

[18] Grant G, Ewen S W. 1995. Reversible effect of phytohaemagglutinin on the growth and metabolism of rat gastointestinal tract[J]. Gut, 37: 353-360.

[19] Hahn J D, Gahl M J, Giesemann M A, et al. 1995. Diet type and feed form effects on the performance of finishing swine fed the β-mannanase enzyme product Hemicell[J]. Journal of Animal Science, 73 (Suppl.).

[20] Herkelman K L, Cromwell G L, Stahly T S, et al. 1992. Apparent digestibility of amino acids in raw and heated conventional and low-trypsin-inhibitor soybeans for pigs[J]. Journal of Animal Science, 70: 818-826.

[21] Jackson M E, Fodge D W, Hsiao H Y. 1999. Effects of beta-mannanase in corn-soybean meal diets on laying hen performance[J]. Poultry Science, 78(12): 1737-1741.

[22] Lei X G, Ku P K, Miller E R, et al. 1993. Supplementing corn-soybean meal diets with microbial phytase linearly improves phytate phosphorus utilization by weanling pigs[J]. Journal of Animal Science, 71: 3359-3375.

[23] Lindemann M D, Cornelius S G, Elkandelgy S M, et al. 1986. Effect of age, weaning and diet on digestive enzyme levels in the piglet[J]. Journal of Animal Science, 62: 1298-1307.

[24] Liu J, Bollinger D W, Ledoux D R, et al. 1997. Soaking increases the efficacy of supplemental microbial phytase in a low-phosphorus corn-soybean meal diet for growing pigs [J]. Journal of Animal Science, 75: 1292-1298.

[25] Marsman G J P, Gruppen H, van der Poel A F B, et al. 1997. The effect of thermal processing and enzyme treatments of soybean meal on growth performance, ileal nutrient digestibilities, and chyme characteristics in broiler chicks[J]. Poultry Science, 76:

864-872.

[26] McNaughton J L, Hsiao H, Anderson D, et al. 1985. Corn/soy/fat diets for broilers, β-mannanase and improved feed conversion[J]. Poultry Science, 77 (Suppl. 1): 153 (Abstr.).

[27] Miller B G, Newby T J, Stokes C R, et al. 1984. Influence of diet on postweaning malabsorption and diarrhoea in the pig[J]. Research in Veterinary Science, 36: 187-193.

[28] Morgan L M, Tredger J A, Madden A, et al. 1985. The effect of guar gum on carbohydrate, fat and protein stimulated gut hormone secretion: modification of postprandial gastric inhibitory polypeptide and gastrin responses[J]. British Journal of Nutrition, 53: 467-475.

[29] Noy Y, Sklan D. 1995. Digestion and absorption in the young chick[J]. Poultry Science, 74(22): 366-373.

[30] Owsley W F, Orr D E Jr, Tribble L F. 1986. Effects of age and diet on the development of the pancreas and the synthesis and secretion of pancreatic enzymes in the young pig [J]. Journal of Animal Science, 63:497-504.

[31] Rooke J A, Slessor M, Fraser H, et al. 1998. Growth performance and gut function of piglets weaned at four weeks of age and fed protease-treated soybean meal[J]. Animal Feed Science and Technology, 70(16): 175-190.

[32] Tukur H M, Lalles J P, Mathis C, et al. 1993. Digestion of soyabean globulins-glycinin, α-conglycinin and β-conglycinin in the preruminant and the ruminant calf[J]. Canadian Journal of Animal Science, 73: 891-905.

[33] Um J S, Paik I K. 1999. Effects of microbial phytase supplementation on egg production, eggshell quality, and mineral retention of laying hens fed different levels of phosphorus[J]. Poultry Science, 78(1): 75-79.

[34] Ward N E, Fodge D W. 1996. Ingredients to counter antinutritional factors: soybean-based feeds need enzymes too[J]. Feed Management, 47(10):13-18.

[35] Wyatt C L, Moran E, Bedford M R. 1997. Utilizing feed enzymes to enhance the nutritional value of corn-based broiler diets[J]. Poultry Science, 76: 154.

植酸酶在家禽日粮中的应用

植酸酶可缓解或消除植酸盐的抗营养作用,使植物性饲料中氨基酸、蛋白质、能量、钙和磷及其他矿物元素等营养物质的利用率提高,促进动物生长,同时还可减少磷的排放,降低其对环境的污染。由于家禽消化功能较弱,食糜在消化道停留时间较短,植酸酶在家禽生产中应用效果尤为明显。

一、植酸酶对家禽生产性能的影响及其影响因素

植物性饲料原料中普遍含有植酸,尤以禾本科和豆科籽实中的植酸含量最丰富,植酸在很宽的 pH 值范围内带负电荷,是一种很强的螯合剂,能牢固地黏合带正电荷的钙、锌、镁、铁等金属离子和蛋白质分子,形成难溶性的植酸盐配合物,导致一些必需矿物元素的生物学效价降低,同时还阻止了蛋白质的酶解,降低蛋白质的消化率(王建华和冯定远,2000;Liao 等,2005a)。Ravindran 等(2006)研究表明,增加肉仔鸡日粮中植酸浓度显著降低了表观代谢能。Cowieson 等(2006a)报道,与单纯饲喂酪蛋白的对照组相比,提高酪蛋白饲粮中植酸的水平可显著降低生长期肉鸡对氨基酸、氮和酪蛋白干物质的消化利用率。畜禽对饲粮中蛋白质、氨基酸和能量利用率的下降势必会影响到动物生长性能,因此从上述研究结果可以看出,日粮中植酸的存在不利于畜禽生长。

1. 植酸酶对家禽生产性能的影响

大量试验研究结果证实,在畜禽饲粮中添加植酸酶对畜禽的生长性能有不同程度的改善作用(朱连勤,2003;陆伟等,2004;Jendza 等,2005;Payne 等,2005;陈文等,2006;Watson 等,2006;Pillai 等,2006;Pirgozliev 等,2007;李桂明等,2008)。本课题组成员研究发现,在 1~

21日龄和22～44日龄樱桃谷肉鸭低钙磷饲粮中添加不同水平耐热植酸酶均有提高其平均日增重、平均日采食量、试验末平均体重及降低料肉比的趋势（$P>0.05$），一定程度上改善了肉鸭的生长性能（陈旭，2008）。耐热植酸酶的这一效应可能是因为其可以分解植酸及其盐类,消除植酸及其盐类的抗营养作用,把结合到植酸上的营养物质如蛋白质和矿物元素等释放出来,提高饲粮中的营养物质浓度,使各饲粮中营养物质更平衡、更全面。同时植酸的降解还能避免其在胃肠道中与消化酶的结合,从而促进营养物质的消化吸收。

此外,在炎热季节,向鸡饲料中添加植酸酶,由于提高了磷的利用率,增强了鸡对高温环境的耐受力,使肉鸡在炎热季节条件下生产性能比对照组有显著提高;而且会比适宜气候的条件下表现出更好的添加效果（陈强等,1996）。

2.影响植酸酶应用效果的因素

饲粮中有效磷水平、植酸磷水平以及钙水平会对植酸酶的应用效果产生影响。单安山等（2002）研究发现,在含0.39％、0.35％和0.30％有效磷的日粮中添加500 U/kg植酸酶,可使肉仔鸡生产性能分别达到与含0.4％、0.41％和0.38％有效磷时的生产性能水平;在生长期蛋雏鸡低磷饲粮中添加微生物植酸酶,可使其生产性能达到正常磷日粮水平;在不添加或添加少量无机磷的产蛋鸡日粮中,添加微生物植酸酶能提高蛋鸡生产性能和蛋壳质量,但在有效磷含量0.296％以上的日粮中添加植酸酶则没有显著的作用效果。朱连勤（2003）研究结果表明,饲粮中植酸磷含量不同,添加植酸酶对生产性能的影响也不同:在含植酸磷0.15％日粮中添加植酸酶,产蛋鸡增重、产蛋率、耗料量及饲料转化率高于不加酶组（$P<0.05$）;在含植酸磷0.20％日粮中添加植酸酶可显著提高产蛋鸡产蛋率和耗料量（$P<0.05$）,并有提高增重的趋势（$P>0.05$）;在含植酸磷0.25％日粮中添加植酸酶可显著提高产蛋鸡增重（$P<0.05$）,并有提高产蛋率和耗料量的趋势,但差异不显著（$P>0.05$）。Driver等（2005）研究表明,添加植酸酶对肉鸡生长性能和骨骼质量的改善作用在低非植酸磷、高钙水平日粮中明显,而随着日粮中钙水平的降低或非植酸磷水平的升高这种作用下降。

我们课题组研究发现,在1～21日龄樱桃谷肉鸭低钙磷负对照组饲粮中添加耐热植酸酶,各加酶组与正常钙磷水平的正对照组相比,肉鸭各项生长指标均差异不显著（$P>0.05$）;在22～44日龄樱桃谷肉鸭饲粮中添加耐热植酸酶的试验研究也表明,低钙磷饲粮中添加不同水平耐热植酸酶具有与正对照组等同或略好的饲养效果（陈旭,2008）。这与贾振全等（2000,2001）的研究结果相符,他们在0～3周龄和4～7周龄樱桃谷肉鸭饲粮中添加植酸酶的饲养试验结果也表明,于低钙磷负对照组日粮中添加300 U/kg或500 U/kg植酸酶后,肉鸭的生长性能与正对照组无显著性差异。上述研究结果表明,在家禽日粮中添加植酸酶可以部分替代磷酸氢钙。此外,本课题组成员研究还发现,与低钙磷负对照组相比,在1～21日龄和22～44日龄两个阶段饲粮中添加300、400、500 U/kg耐热植酸酶后,肉鸭平均日增重的提高幅度分别为1.3％、2.8％和3.4％以及2.9％、4.3％和5.3％,由此可以看出耐热植酸酶对后期（22～44日龄）樱桃谷肉鸭的生长速度提高比前期大（陈旭,2008）。陆伟等（2004）的研究发现,在8～21日龄和22～44日龄两阶段的肉鸭饲粮中添加植酸酶,试验组和对照组之间除前期平均日增重和后期平均日耗料量分别有显著差异和极显著差异外,其他指标均无显著性差异,在较低无机磷日粮中添加植酸酶对生产性能影响不大。本课题组早期研究中发现,小鸡阶段（1～

31 日龄)低磷饲粮中添加植酸酶代替磷酸氢钙不能使小鸡维持正常增重,中、大鸡阶段(32～51 日龄、52～66 日龄)使用植酸酶代替磷酸氢钙可以满足鸡生长所需的磷,植酸酶的应用效果比小鸡阶段更好(颜惜玲等,2005)。

一般认为,外源酶制剂如淀粉酶和蛋白酶等作为内源酶的补充,可以直接作用于淀粉和蛋白质等营养物质,对早期家禽生长性能的改善作用要比后期的明显(Olukosi 等,2008)。但是,植酸酶对后期家禽的作用效果比前期的好,这一作用特点与其他外源酶制剂不同。而植酸酶的作用对象是存在于饲粮中的植酸及其盐类,通过对这些抗营养因子的分解而释放出被植酸及其盐类络合的营养物质,这些营养物质的消化吸收一定程度上取决于动物机体内源消化酶的分泌,因此植酸酶在后期阶段家禽饲粮中的应用效果要好于内源消化酶分泌功能有限的早期阶段。

3. 家禽日粮中植酸酶的适宜添加量

我们课题组在 1～44 日龄樱桃谷肉鸭全期饲养试验中发现,饲粮中添加不同水平的耐热植酸酶有改善低钙磷饲粮饲喂效果的作用,但差异不显著,低钙磷水平饲粮中添加耐热植酸酶后各项生长性能指标接近或超过正对照组,添加耐热植酸酶可以部分替代磷酸氢钙的添加,最佳添加量为 500 U/kg(陈旭,2008)。孟婕等(2007)对植酸酶的应用试验研究表明,在肉仔鸡低钙磷饲粮中添加 400、500、600、750 U/kg 植酸酶,各组间 0～3 周龄、3～6 周龄、0～6 周龄的所有生长性能指标(平均日增重、平均日采食量、耗料增重比)均无显著差异($P>0.05$),500 U/kg 添加组全期增重呈现较好的趋势,综合各项指标来看,植酸酶适宜添加量为 500 U/kg。Cowieson 等(2006b)研究报道,在肉仔鸡低磷日粮(有效磷含量为 3 g/kg)中添加 150 U/kg 以上的大肠杆菌植酸酶可以提高日增重和采食量,改善肉鸡生长性能,达到与饲喂有效磷含量为 5 g/kg 日粮组相同的水平。在生产实践中,应综合考虑有效磷水平、植酸磷和钙水平、家禽生长性能和经济收益选择植酸酶的适宜添加剂量。

4. 植酸酶改善家禽生产性能的原因

植酸酶可以分解植酸及其盐类,在饲粮中添加植酸酶可以减轻或消除饲粮中植酸的抗营养作用,改善畜禽的生长性能。添加植酸酶对畜禽生长性能的影响可归结于以下三方面原因:①释放被植酸束缚的磷酸根,提高磷的利用效率,但如果饲粮中的磷超出了动物对磷的需要量,则植酸酶对生长性能的影响很小;②植酸酶把一些金属离子(如钙、镁、锰、锌、铜、铁等)从植酸中释放出来,从而提高机体对它们的吸收利用率;③植酸会与淀粉和蛋白质结合,植酸酶则可以释放这些被结合的成分,从而提高能量和蛋白质的利用率。此外,邝声耀等(2008)认为,植酸酶水解植酸后有利于饲料适口性的改善,提高动物的采食量,这也可能是植酸酶能够改善家禽生长性能的原因之一。

二、植酸酶对家禽饲料营养成分代谢利用的影响

添加植酸酶对畜禽生长性能的提高是通过提高饲粮中营养物质的吸收利用率而实现的。大量试验研究证实饲粮中添加植酸酶可以提高氨基酸、蛋白质、能量、钙和磷及其他矿物元素等营养物质的吸收利用率。

1. 植酸酶对家禽饲料钙和磷利用率的影响

植酸酶的添加可以提高畜禽对饲料磷的生物学利用率,减少粪磷的排放(袁缨等,2003；Lim 等,2003；Jendza 等,2005、2006；Martinez-Amezcua 等,2006；赵春等,2007；Powell 等,2008)。Shelton 等(2005)报道,在不含微量元素添加剂的保育猪日粮中添加微生物植酸酶,可以提高饲料本身所含微量矿物元素的吸收利用率,达到与添加微量元素添加剂时相同的效果。Cowieson 等(2006b)研究发现添加大肠杆菌源植酸酶能提高肉仔鸡对磷、钾、钠、镁、钙、铜、铁、锰等矿物元素的利用率,并减少内源矿物元素的损失。

家禽日粮中植酸酶的应用可水解植酸盐,从而释放出无机磷(Heinzl,1996),增加磷的存留(Simons 等,1990),减少磷的排出(Saylor 等,1991；Edwards,1993)。我们课题组 2008 年研究了植酸酶对 28 日龄和 45 日龄樱桃谷肉鸭钙和总磷表观利用率的影响,结果发现,耐热植酸酶的添加除在低浓度(300 U/kg)时对 28 日龄肉鸭对磷和钙的表观利用率没有显著提高作用外,于中、高浓度(400 U/kg 和 500 U/kg)时都有显著提高作用；对于 45 日龄的樱桃谷肉鸭,钙的表观利用率有提高的趋势($P>0.05$),对磷的表观利用率有显著提高作用(陈旭,2008)。Perney 等(1991)在含 $0.32\%\sim0.44\%$ 可利用磷的肉用雏鸡日粮中添加 $0.5\%\sim1.5\%$ 植酸酶提高了血浆中无机磷水平。但是,我们早期的研究发现,添加植酸酶对血清钙水平没有显著影响,且高日粮磷组明显高于低日粮磷组,造成这一结果的原因可能是日粮设计的可利用磷水平过低(小鸡 0.18%、中鸡 0.12%、大鸡 0.14%；对照分别为 0.38%、0.36%、0.33%),不能满足足够的磷,这也是造成低磷组试验鸡生长增重不如正常钙磷水平试验鸡的重要原因(克雷玛蒂尼,1999)。Nelson 等(1971)揭示,将粪曲霉菌培育出的植酸酶以干粉形式添加到日粮中,可提高鸡的骨骼灰分含量。

我们的研究还发现,45 日龄肉鸭日粮中添加植酸酶对磷、钙表观消化率的提高要弱于 28 日龄(陈旭,2008)。这一现象的出现可能与肉鸭生理阶段的不同有关。28 日龄时肉鸭处于快速生长期,骨骼的发育需要大量的钙、磷等矿物元素,对钙和磷的需要量高。而 45 日龄阶段的肉鸭处于快速育肥期,机体骨骼趋于长成,对钙、磷的需要量相对没有那么高,这也可以从 NRC 标准中不同阶段肉鸭的营养需要量得到证实。因此,这一差异使得 28 日龄时的肉鸭对钙、磷的利用率更高。

植酸酶对钙、磷等矿物元素存留率的改善作用与下面两个机制有关:正磷酸根随着植酸的水解而从肌醇核团中释放出来,使难利用的植酸磷转变为可供机体吸收利用的无机磷,从而提高了磷的利用率；另一方面植酸酶降低了肌醇磷酸酯的螯合作用,使钙、磷等矿物元素更利于机体吸收利用(Cowieson 等,2007)。

2. 植酸酶对家禽饲料有效能的影响

Cowieson 等(2006b)研究发现添加大肠杆菌来源的植酸酶能提高肉仔鸡对干物质和能量的表观代谢率。我们课题组研究发现,28 日龄樱桃谷肉鸭对低钙磷水平饲粮中能量的表观利用率显著低于正常钙磷水平的正对照组,添加耐热植酸酶后有提高饲粮能量表观利用率的趋势,当植酸酶的添加量达到 500 U/kg 时能量的表观代谢率与正对照组处于同一水平,而对 45 日龄樱桃谷肉鸭物质代谢的研究则表明,耐热植酸酶的添加对能量表观利用率无影响,只在添加量达到 500 U/kg 时略高于负对照组,即对能量利用率的影响不显著(陈旭,2008)。这与贾振全等(2000)、Ravindran 等(2006)和秦迎新(2007)的报道都相一致。同样地,有学者报道,植酸酶虽有提高消化能的趋势,但差异不显著(Liao 等,2005b;陆文总等,2007)。Ravindran 等(2006)研究表明,添加植酸酶有提高表观代谢能的趋势,但这种作用与饲粮中植酸含量高低无关。

关于植酸酶对代谢能的影响机理至今还不是很清楚。Driver 等(2006)认为添加植酸酶对代谢能的提高作用的原因有两个方面:一是代谢能的提高可能与发酵过程中伴随着植酸酶产生而产生的其他酶有关,在植酸酶生产过程中附带产生了其他的一些酶,包括 α-淀粉酶、蛋白酶、纤维素酶和半纤维素酶等,这些附带产生的酶相对来说虽然浓度低,但是在高水平(12 000 U/kg 和 24 000 U/kg)添加植酸酶时这些酶对代谢能的提高作用不能忽视;二是植酸酶的添加可以减少植酸对其他能消化分解碳水化合物的消化酶的活性抑制作用,从而使碳水化合物能得以充分消化利用,提高了代谢能。

3. 植酸酶对家禽饲料蛋白质和氨基酸利用率的影响

我们课题组研究了植酸酶对 28 日龄和 45 日龄樱桃谷肉鸭蛋白质代谢的影响,结果发现,与低钙磷饲粮负对照组相比,添加耐热植酸酶提高了 28 日龄和 45 日龄樱桃谷肉鸭粗蛋白质的表观利用率,当耐热植酸酶添加水平为 500 U/kg 时,与其他各个处理组都达到显著水平($P<0.05$),分别比 400 U/kg 加酶组、300 U/kg 加酶组、负对照组、正对照组提高 5.84%、6.86%、9.26%、5.60%(28 日龄)和 7.17%、8.66%、8.42%、7.83%(45 日龄)(陈旭,2008)。Driver 等(2006)报道,添加 12 000 U/kg 植酸酶可以提高肉鸡对花生粕的氮校正表观代谢能($P=0.068~8$),从 3 209 kcal/kg 提高到 3 559 kcal/kg。秦迎新(2007)报道,育成鸡小麦基础日粮中添加 0.05% 的植酸酶可以明显提高粗蛋白的消化率,提高幅度为 12.37%。也有一些研究得出了不同的结论。Boling-Frankenbach 等(2001)研究表明,肉仔鸡饲粮中添加 1 200 U/kg 植酸酶对豆粕、菜粕、棉籽粕、花生粕、米糠、麸皮和肉骨粉等饲料原料的蛋白质利用率没有显著影响。Liao 等(2005b)研究也发现,添加植酸酶(2 000 U/kg)对日粮粗蛋白和总能的表观总消化道利用率也无显著性影响。

本课题组研究结果还发现,45 日龄时添加耐热植酸酶对粗蛋白表观利用率的提高要高于28 日龄(陈旭,2008)。这一现象的出现可能与肉鸭生理阶段的不同有关。45 日龄阶段的肉鸭处于快速育肥期,出于能量、蛋白的沉积需要,对蛋白质的需要量增加,同样营养水平下对能量和粗蛋白质的表观利用率相对也增加,这也可以从 NRC 标准中不同阶段肉鸭的营养需要量得到证实。

　　植酸酶对蛋白质利用率提高的可能原因是：①植酸酶可以分解饲料本身的植酸-蛋白质复合物，使与植酸络合的蛋白质释放出来供机体消化利用；②植酸酶分解植酸及其盐类，降低其螯合作用，减少胃肠道中植酸-蛋白质复合物的形成，提高蛋白质的溶解性；③植酸会与蛋白酶形成复合物而影响蛋白质的消化利用，植酸酶的添加可以消除植酸对蛋白酶的络合作用。

　　Jendza 等（2006）报道，添加大肠杆菌来源的植酸酶（ECP）可以显著提高 21 日龄肉鸡氮、精氨酸、组氨酸、苯丙氨酸、色氨酸的表观回肠消化率（$P<0.05$）。Liao 等（2005b）研究也发现，添加植酸酶对日粮中谷氨酸的表观回肠消化率有显著提高。Cowieson 等（2006b）和 Cowieson 等（2007）研究得出，植酸酶可通过减少内源氨基酸的损失，一定程度上提高了氨基酸的消化利用率。

　　Selle 等（2006）综述了家禽氨基酸消化利用与植酸酶的关系，指出有三个方面抑制了氨基酸的利用率：一是植酸-蛋白质复合物的存在降低了日粮蛋白的溶解度和可消化性；二是在胃肠道中蛋白质和金属离子会与植酸重新结合成二元或三元复合物；三是植酸对蛋白分解酶或其辅助因子有抑制作用。

　　Adeola 等（2003）针对添加植酸酶是否能提高粗蛋白质和氨基酸的利用率这一问题作了较为系统的综述，他们指出，有充分的证据表明微生物植酸酶可以有效改善植物源性植酸磷的消化利用率，而在提高蛋白质和氨基酸利用率方面有些试验发现未添加微生物植酸酶也同样有效果。在所有关于猪和家禽中添加植酸酶对蛋白质和氨基酸消化率影响的研究中有相互矛盾的结果，我们所面临的挑战是去定性和量化那些在植酸酶对蛋白质和氨基酸利用率影响方面相矛盾的影响因子。他们还认为影响动物体对植酸酶反应的三大因素为：饲料因素、试验设计和动物的因素。饲料因素方面包括植酸的浓度和来源、蛋白质种类、二价阳离子浓度和维生素 D 以及矿物元素螯合物等可能会影响到微生物植酸酶对蛋白质和氨基酸的作用效果。试验设计中日粮的加工、采集样品的部位和方法（特别是在猪方面研究中的回肠瘘管安装及屠宰的方式）可能也会影响到植酸酶的作用效果。在动物因素方面则包括动物种类、遗传特性和性别等，这些动物方面的因素涉及到胃肠道中的营养物质转运和 pH 环境等，进而可能会影响到植酸酶的作用效果。

三、结语

　　在家禽日粮中添加植酸酶，可以提高氨基酸、蛋白质、能量、钙和磷及其他矿物元素等营养物质的吸收利用率，进而提高家禽生产性能。但是，饲料因素、试验设计和动物因素会影响动物机体对植酸酶的反应结果。

参考文献

[1] 陈文,黄艳群,陈代文,等.2006.不同能量饲粮添加植酸酶对杂交仔猪生长性能影响的研究[J].饲料工业,27(3):27-29.

［2］陈旭.2008.耐热植酸酶对肉鸭生长性能及养分代谢利用的影响［D］.华南农业大学硕士学位论文.

［3］贾振全,顾惠明,金岭梅,等.2000.植酸酶对3～7周樱桃谷鸭生长性能及钙、磷表观存留率影响［J］.家畜生态,21(4):5-8.

［4］贾振全,顾惠明,金岭梅,等.2001.植酸酶对0～3周樱桃谷鸭生长性能、钙、磷表观存留率影响［J］.中国畜牧杂志,7(1):11-12.

［5］克雷玛蒂尼.1999.低磷日粮中使用植酸酶对肉鸡生产性能的作用［D］.华南农业大学硕士学位论文.

［6］邝声耀,唐凌,白国勇,等.2008.植酸酶对肉鸭生产性能及钙磷代谢的影响［J］.中国畜牧杂志,44(3):35-37.

［7］李桂明,计成,赵丽红,等.2008.植酸酶对肉鸡生产性能与胴体品质的影响［J］.饲料工业,29(2):18-21.

［8］陆伟,李浩棠,胡国良.2004.植酸酶对肉鸭生产性能及钙磷代谢影响研究［J］.江西农业大学学报,26(6):830-833.

［9］陆文总,高玉鹏,杨亚丽,等.2007.植酸酶对家禽日粮中植酸与营养物质代谢关系的影响［J］.西北农林科技大学学报(自然科学版),353(9):19-24.

［10］孟婕,郝正里,魏时来,等.2007.不同植酸酶添加水平对肉仔鸡生产性能的影响［J］.甘肃农业大学学报,42(2):1-7.

［11］秦迎新.2007.植酸酶对育成鸡营养物质利用率的影响［J］.四川畜牧兽医,1:29-30.

［12］单安山,王安,徐奇友,等.2002.植酸酶的特性及其在家禽饲粮中应用的研究2:植酸酶在家禽饲粮中应用的研究［J］.东北农业大学学报,33(1):39-47.

［13］王建华,冯定远.2000.饲料卫生学［M］.西安:西安地图出版社,98-116.

［14］颜惜玲,Clementine Camara,冯定远.2005.低磷日粮中添加植酸酶对肉鸡生产性能的影响［C］//冯定远.酶制剂在饲料工业中的应用.北京:中国农业科技出版社,354-362.

［15］袁缨,李菊娣,杨桂芹.2003.植酸酶对樱桃谷肉鸭矿物元素利用率的影响［J］.中国家禽学报,7(1):74-77.

［16］赵春,朱忠珂,李勤凡,等.2007.制粒温度对饲喂含植酸酶日粮肉仔鸡生长性能及钙磷利用的影响［J］.西北农业学报,16(4):47-51.

［17］朱连勤.2003.不同的日粮磷水平下蛋用鸡生长、骨骼发育、产蛋性能以及植酸酶应用效果的研究［D］.中国农业大学博士学位论文.

［18］Adeola O，Sands J S.2003.Does supplemental dietary microbial phytase improve amino acid utilization? A perspective that it does not［J］.American Society of Animal Science，81(Suppl. 2):E78-E85.

［19］Boling-Frankenbach S D，Peter C M，Douglas M W，et al.2001.Efficacy of phytase for increasing protein efficiency ratio values of feed ingredients［J］.Poultry Science，80:1578-1584.

［20］Cowieson A J，Acamovic T，Bedford M R.2006a.Phytic acid and phytase：implications for protein utilization by poultry［J］.Poultry Science，85:878-885.

［21］Cowieson A J，Acamovic T，Bedford M R.2006b.Supplementation of corn-soy-based diets with an *Eschericia coli*-derived phytase：effects on broiler chick performance and the digestibility of amino acids and metabolizability of minerals and energy[J]. Poultry Science，85：1389-1397.

[22] Cowieson A J，Ravindran V. 2007. Effect of phytic acid and microbial phytase on the flow and amino acid composition of endogenous protein at the terminal ileum of growing broiler chickens[J]. British Journal of Nutrition，98：745-752.

[23] Driver J P，Atencio A，Edwards H M. 2006. Improvements in nitrogen-corrected apparent metabolizable energy of peanut meal in response to phytase supplementation[J]. Poultry Science，85：96-99.

[24] Driver J P，Pesti G M，Bakalli R I，et al. 2005. Effects of calcium and nonphytate phosphorus concentrations on phytase efficacy in broiler chicks[J]. Poultry Science，84：1406-1417.

[25] Jendza J A，Dilger R N，Adedokun S A，et al. 2005. *Escherichia coli* phytase improves growth performance of starter，grower，and finisher pigs fed phosphorus-deficient diets [J]. American Society of Animal Science，83：1882-1889.

[26] Jendza J A，Dilger R N，Sands J S，et al. 2006. Efficacy and equivalency of an *Escherichia coli*-derived phytase for replacing inorganic phosphorus in the diets of broiler chickens and young pigs[J]. American Society of Animal Science，84：3364-3374.

[27] Liao S F，Kies A K，Sauer W C，et al. 2005a. Effect of phytase supplementation to a low-and a high-phytate diet for growing pigs on the digestibilities of crude protein，amino acids，and energy[J]. American Society of Animal Science，83：2130-2136.

[28] Liao S F，Sauer W C，Kies A K，et al. 2005b. Effect of phytase supplementation to diets for weanling pigs on the digestibilities of crude protein，amino acids，and energy [J]. American Society of Animal Science，83：625-633.

[29] Lim H S，Namkung H，Paik I K. 2003. Effects of phytase supplementation on the performance，egg quality，and phosphorous excretion of laying hens fed different levels of dietary calcium and nonphytate phosphorous[J]. Poultry Science，82：92-99.

[30] Martinez-Amezcua C，Parsons C M，Baker D H. 2006. Effect of microbial phytase and citric acid on phosphorus bioavailability，apparent metabolizable energy，and amino acid digestibility in distillers dried grains with solubles in chicks[J]. Poultry Science，85：470-475.

[31] Olukosi O A，Cowieson A J，Adeola O. 2008. Energy utilization and growth performance of broilers receiving diets supplemented with enzymes containing carbohydrates or phytase activity individually or in combination[J]. British Journal of Nutrition，99：682-690.

[32] Payne R L，Lavergne T K，Southern L. 2005. A comparison of two sources of phytase in liquid and dry forms in broilers[J]. Poultry Science，84：265-272.

[33] Pillai P B，Connor-Dennie T O，Owens C M，et al. 2006. Efficacy of an *Escherichia coli* phytase in broilers fed adequate or reduced phosphorus diets and its effect on carcass

characteristics[J]. Poultry Science, 85:1737-1745.

[34] Pirgozliev V, Oduguwa O, Acamovic T, et al. 2007. Diets containing *Escherichia coli*-derived phytase on young chickens and turkeys: effects on performance, metabolizable energy, endogenous secretions, and intestinal morphology[J]. Poultry Science, 86(4): 705-713.

[35] Powell S, Johnston S, Gaston L, et al. 2008. The effect of dietary phosphorus level and phytase supplementation on growth performance, bone-breaking strength, and litter phosphorus concentration in broilers[J]. Poultry Science, 87: 949-957.

[36] Ravindran V, Morel P C H, Partridge G G. 2006. Influence of an *Escherichia coli*-derived phytase on nutrient utilization in broiler starters fed diets containing varying concentrations of phytic acid[J]. Poultry Science, 85:82-89.

[37] Selle P H, Ravindran V, Bryden W L, et al. 2006. Influence of dietary phytate and exogenous phytase on amino acid digestibility in poultry[J]. Journal of Poultry Science, 43: 89-103.

[38] Shelton J L, le Mieux F M, Southern L L. 2005. Effect of microbial phytase addition with or without the trace mineral premix in nursery, growing, and finishing pig diets [J]. American Society of Animal Science, 83:376-385.

[39] Watson B C, Matthews J O, Southern L L. 2006. The effects of phytase on growth performance and intestinal transit time of broilers fed nutritionally adequate diets and diets deficient in calcium and phosphorus[J]. Poultry Science, 85:493-497.

植酸酶在猪日粮中的应用

　　猪配合日粮以植物性饲料原料为主,而植物性饲料原料中60%～80%的磷以植酸盐形式存在,植酸能络合其他营养元素,从而降低磷和其他营养元素的利用。大量国内外研究证实在猪日粮中添加植酸酶取得很好的应用效果,这可能存在两方面的原因。一方面植酸酶水解植酸盐释放出很大比例植酸结合态的磷,既降低了无机磷添加量,又增加了饲料配方空间,同时降低粪磷排泄量可达20%～50%。以一个万头猪场为例,若其粪尿磷排泄量为30 t/年,植酸酶的应用可使其排泄量减少6～15 t/年,这对倡导的绿色环保健康养殖环境具有很重要的意义。另一方面,植酸酶具有潜在的营养价值,添加适量的植酸酶可以提高钙、磷、蛋白质和能量等利用率,促进动物生长,降低饲养成本。

一、猪用植酸酶的选择

　　植酸酶广泛存在于微生物、植物和一些动物组织中。Nys 等(1996)指出在猪消化道内降解植酸的植酸酶可能有 4 种来源:动物肠道组织分泌的植酸酶、饲料原料中存在的内源性植酸酶、肠道内微生物产生的植酸酶和外源微生物产生的植酸酶。不同来源植酸酶的作用机制不同。首先,微生物来源的植酸酶水解植酸盐基团首先发生在 3 号碳原子位置,而植物来源植酸酶的水解位置不同,首先发生在 6 号碳原子。其次,外源微生物(曲霉)产生的植酸酶通常有两个最适 pH 值,分别为 2.5 和 5.5,而植物性饲料原料中内源植酸酶通常只有一个最适 pH 值,为 5.2。再次,微生物植酸酶酶活通常比植物性饲料原料中内源植酸酶高。Yi 等(1996)报道在未添加外源植酸酶时猪胃肠道内容物中未检测出植酸酶活性,在添加外源微生物植酸酶时胃部内容物植酸酶活性最高,并指出这可能是由于胃部 pH 适宜且蛋白酶活性较低。由此可以看出,外源微生物植酸酶是水解日粮中植酸盐的最为有效的植酸酶。

　　猪胃肠道生理特点与家禽不同。肉仔鸡嗉囊、胃和空肠内容物 pH 值分别在 3.96～5.20、

2.71～3.96 和 5.79～6.16 之间(张铁鹰等,2005)。本课题组成员研究发现猪胃内容物 pH 值为 2.0～4.5,蛋白酶活性为 0.2～0.5 U/g 内容物,空肠内容物 pH 值为 5.5～7.0,胰蛋白酶活性为 0.5～1.4 U/g 内容物(杨浦,2007)。此外,与鸡、鸭等家禽相比猪消化道排空时间较长,鸭在强饲后 24 h,鸡在 32 h 胃肠道内容物基本排空(樊红平等,2007),猪胃肠道内容物存留 23～36 h 后开始排出,92～117 h 为全部排出时间(王淑华等,1982)。上述研究说明,猪消化道环境与家禽相比差异较大。因此猪用植酸酶的酶活标准和抗逆性要求应与禽用植酸酶有所不同,应选择最适 pH 值范围较广且能耐受较长时间酸性环境和内源蛋白酶作用的猪用植酸酶。

二、植酸酶在猪饲料中的应用效果

1. 提高钙、磷的利用效率

植酸酶是应用较早的饲料酶制剂之一,国内外大量文献报道显示,在猪日粮中应用植酸酶能够有效地提高钙和磷的生物利用效率,降低磷排泄量,有助于降低畜牧业对环境所造成的压力。在妊娠泌乳母猪日粮中添加植酸酶,钙、磷利用率显著增加,猪血清中碱性磷酸酶活性随磷利用率增加而升高(Czech 等,2004)。以 11.3 kg 猪为试验动物研究微生物植酸酶和小麦源植酸酶对钙、磷利用率的影响,结果发现在添加相同酶活植酸酶的情况下,小麦源植酸酶使磷和钙表观消化率分别提高 7.4% 和 4.9%,而微生物植酸酶提高 22.6% 和 18.3%(Steiner 等,2006)。于明等(2004)利用 35～70 kg 杜长二元杂阉公猪进行代谢试验测得添加植酸酶使小麦、高粱和稻谷总磷表观消化率分别显著提高 27.64%、47.87% 和 41.84%,磷的沉积率分别显著提高 27.98%、47.35% 和 40.63%,粪磷含量分别减少 49.05%、52.88% 和 58.82%。植酸酶在提高磷利用率的同时改善了钙的代谢,这对动物骨骼发育有着重要的意义。在不含有效磷、锌、锰和铜的肥育猪日粮中添加植酸酶可使掌骨灰分含量显著增加(Peter 等,2001)。

在实际生产中,人们常用钙磷当量来描述植酸酶能够替代的钙或磷,表 1 中总结了一些关于猪用植酸酶钙磷当量的报道。从现有植酸酶应用研究报道可以看出,在低磷日粮中添加植酸酶效果更佳,钙和磷沉积通常情况下不会随植酸酶的添加剂量增加而呈线性增加,由于试验动物生理阶段、日粮组成和植酸酶来源等因素不同,试验之间结果变异很大,因此应根据实际情况来确定植酸酶的适宜添加剂量。而且,我们通过体外试验发现,饲料中添加植酸酶后无机磷释放的当量值与外源酶的添加量具有中等程度的相关性($r=0.67$,$P<0.01$),与植酸磷含量有中等程度的相关性($r=0.55$,$P<0.01$),与饲料内源植酸酶活性相关性较弱($r=0.35$,$P=0.12$),由此建立的最佳无机磷释放量的预测模型为:$Y=0.405\ 4x_1+0.001\ 9x_2$($R^2=0.97$,$P<0.01$)(其中:$Y$ 为饲料无机磷释放量,mg/g;x_1 为饲料中植酸磷含量,g/kg;x_2 为饲料中外源植酸酶添加量,U/kg)(左建军,2005)。

表 1   猪用植酸酶的钙磷当量

植酸酶添加量	试验动物	钙磷当量	资料来源
500 U/kg	生长肥育猪	0.87～0.96 g/kg 磷酸氢钙	Harper 等,1997
500 U/kg	断奶仔猪	0.10 g/kg 磷	Roberson,1999
750 U/kg	泌乳母猪	0.77 g/kg 磷	Jongbloed 等,2004
500～750 U/kg	断奶仔猪	0.15%饲料无机磷	易中华等,2004
750 U/kg	仔猪	1 g/kg 以上无机磷	陈文等,2005
250 U/kg	8～50 kg 猪	50%日粮磷酸氢钙	Gao 和 Che,2007

2. 提高蛋白质和氨基酸的利用率

植酸在酸性和中性条件下能结合蛋白质和氨基酸,如果植酸被植酸酶水解,就能释放出其结合的蛋白质和氨基酸,从而提高蛋白质和氨基酸的利用率。在肥育猪玉米-豆粕型日粮中添加 900 FTU/kg 植酸酶,结果发现氮和大多数氨基酸的回肠表观消化率增加(Kemme 等,1999)。蔡青和等(2004)报道断奶仔猪日粮中添加植酸酶,日粮中蛋白质消化率提高了2.8%,改善了氨基酸回肠表观消化率:His(+11.7%)、Ile(+2.7%)、Leu(+6.2%)、Lys(+5.4%)、Met(+1.1%)。乌日娜等(2008)在杜长大仔猪日粮中添加不同水平植酸酶,结果发现添加 600 U/kg 植酸酶使粗蛋白消化率显著增加。由此可见,在猪日粮中应用植酸酶可以提高蛋白质和氨基酸的利用率,同时还可减少蛋白质和氨基酸的排泄量,降低养猪业的氮富营养污染问题。

3. 促进能量代谢

大量研究显示,应用植酸酶能够促进猪的能量代谢。Johnston 等(2004)为测定植酸酶对猪能量消化率的影响,试验设计了四种日粮:①含 0.50%钙和 0.19%有效磷的玉米-豆粕型日粮;②含 0.40%钙和 0.09%有效磷的玉米-豆粕型日粮;③日粮①＋500 U/kg 植酸酶;④日粮②＋500 U/kg 植酸酶,通过回肠瘘管收取食糜,结果显示在低钙磷日粮中添加植酸酶显著提高回肠淀粉和干物质及能量消化率。以安装了简易"T"型瘘管的断奶仔猪为试验动物进行代谢试验,结果表明植酸酶增加小麦-豆粕-菜粕型日粮的消化能的总消化道表观消化率(Liao 等,2005)。在生长肥育猪小麦型日粮中添加植酸酶使日粮代谢能增加,平均日增重提高(Moehn 等,2007)。黄兴国等(2008)在仔猪低磷日粮中添加植酸酶使干物质、粗蛋白、粗纤维、粗脂肪、钙、磷、总能的表观消化率显著增加。植酸酶能够促进猪的能量代谢可能是由于植酸酶水解植酸释放出淀粉或者淀粉酶,增加了对碳水化合物的消化代谢。

4. 对微量元素利用率的影响

植酸可结合微量元素 Fe、Cu、Mn、Zn、Co 和 Se 等,其中结合 Zn 和 Cu 能力最强。微量元素对动物生长和繁殖十分重要,大量文献报道揭示在猪日粮中应用植酸酶对微量元素的利用存在作用。Revy 等(2004)通过比较在含 32 mg/kg 锌的仔猪基础日粮中添加 20 mg/kg 锌和 1 200 U/kg 植酸酶的锌生物利用率,结果发现添加植酸酶的效果优于添加锌组,血清碱性磷酸酶和锌浓度及骨中锌浓度和锌沉积都较好,同时植酸酶还改善了仔猪 Ca、P、Mg、Fe 和 Cu 的利用率。而 Zacharias 等(2003)报道 25～55 kg 猪日粮中添加植酸酶会导致铜需要量有轻微的提高,然而高铜日粮可以克服植酸酶对铜利用率的负面效果,并指出这可能是由于植酸酶水解植酸盐释放出锌,进而锌拮抗铜的吸收利用。Morris 等(1980)认为用植酸与锌的比值(不超过 15～20)和植酸与钙、锌摩尔比的乘积(不超过 3.5)评定锌的利用率比仅用日粮锌的含量更准确。戴求仲等(2004)进一步指出这两个值在临界值以上时添加植酸酶或锌能够提高动物的生产性能和锌的利用率,但当这两个值降到或接近临界值时,添加植酸酶或锌对改善动物生产性能的效果并不理想。关于添加植酸酶对猪微量元素吸收利用的影响仍需进一步研究验证,需注意各种微量元素之间固有的协同和拮抗关系。

5. 对生产性能的影响

植酸酶对动物生产性能的影响包括正常添加无机磷时补加植酸酶对动物生产性能的影响和植酸酶替代部分无机磷时对动物生产性能的影响。闫俊浩等(2008)以长大生长猪为试验动物研究报道低磷不加植酸酶组与常磷不加植酸酶组相比,料重比显著增加 13.82%,日增重显著降低 18.52%;常磷加植酸酶组与常磷不加植酸酶组相比,料重比显著降低 4.73%,日增重显著增加 7.33%;低磷加植酸酶组与低磷不加植酸酶组相比,料重比显著降低 12.14%,日增重显著增加 27.67%。本课题组以杜长大仔猪为试验动物,在每吨玉米-豆粕型基础日粮中以 100 g 植酸酶(5 000 U/g)替代 7.5 kg 磷酸氢钙,再补加 1.5 kg 石粉和 6.0 kg 载体,结果发现不同来源植酸酶对仔猪生产性能的影响程度不同,平均日增重显著高于对照组或与对照组无明显差异,而对平均日采食量和耗料增重比均无显著差异(何四旺等,2005)。由此可见,在降低日粮中无机磷使用量的同时添加植酸酶对动物生产性能无负面影响,这对降低饲料成本和推广植酸酶在猪日粮中的应用具有重要的现实意义。

三、植酸酶应用效果的影响因素

1. 日粮原料组成

植酸酶的应用效果主要体现在其对植物性饲料原料的作用,不同的饲料日粮由于原料组成的差异植酸酶的应用效果也有所不同。孙育平等(2005)通过体外法研究了外源植酸酶对不同饲料原料中钙和磷利用率的影响,报道添加外源植酸酶显著提高豆粕、花生粕和菜粕中钙和磷的释放量,但对大麦和高粱中无机磷的释放没有显著影响。在断奶仔猪含不同小麦磷水平日粮中添加植酸酶,结果发现不同水平小麦磷日粮对植酸酶反应程度不同,植酸酶仅显著提高了高水平小麦磷日粮中磷的表观消化率,而对低水平小麦磷日粮无明显影响(Kim 等,2005)。在生长猪(28～30 kg)不同植酸盐水平(2.2 g/kg 或 3.9 g/kg)日粮中添加植酸酶,结果发现植酸盐和植酸酶存在显著的交互效应,植酸酶仅使饲喂高植酸盐日粮猪的磷表观回肠消化率显著增加(Sands 等,2007)。随着人口数量的增长,原料资源的紧张给猪配合饲料的生产选择带来了挑战,非常规饲料原料如菜粕、棉粕、花生粕、高粱等的使用必将会日益普遍,与此同时需加强对非常规饲料原料特性的研究,为植酸酶的合理应用提供理论依据。

2. 日粮钙磷比

植酸酶的添加效果将会受到日粮中钙磷水平、钙磷比值以及植酸磷水平的影响。如果钙磷比例过高,过量的钙在肠道内形成大量的不溶性植酸钙,将使植酸酶难以接近植酸分子而发挥作用。Liu 等(1998)报道当生长肥育猪日粮中钙磷比从 1 增加到 1.5 时,平均日增重、磷消化率和掌骨硬度分别下降了 4.5%、8.2% 和 9.7%。对生长肥育猪不同钙磷水平日粮添加不同水平植酸酶,结果发现钙和植酸酶具有显著互作效应,显著影响干物质和能量利用率(O'Doherty 等,1999)。在一生长猪代谢试验中发现,在含 30% 米糠和 500 U/kg 植酸酶日粮中,随着钙磷比增加,干物质消化率降低、钙磷排泄量增加,在钙磷比为 1.0 时效果最好(Sohn 等,1999)。华南农业大学动物科学学院温刘发(2009)通过两个饲养试验发现在日粮钙磷比为 1.26 时植酸酶对仔猪生产性能无明显影响,当日粮钙磷比为 1.0 时植酸酶降低耗料量,并显著降低耗料增重比。植酸酶应用效果随着日粮中钙磷比值的增大而降低,这可能是由于过量的钙结合植酸形成难溶性复合物或是过量的钙直接竞争植酸酶酶活位点而抑制酶活性,从而降低磷和其他养分的释放,影响植酸酶制剂效果的发挥。

3. 酸化剂

由于仔猪胃酸分泌不足,常在日粮中添加酸化剂以降低日粮 pH 值,进而能降低胃肠道内容物 pH 值,这样一方面可以促进胃蛋白酶功能的发挥,减少致病菌,增进机体健康;另一方面可以为植酸酶作用提供适宜环境。如前所述,微生物来源植酸酶有两个最适 pH 值位点 2.5 和 5.5,胃肠道内低 pH 值将有助于植酸酶作用的发挥。在 21 日龄仔猪日粮中添加植酸酶和乙酸,结果显示两者同时添加可以更好地促进钙磷的利用(Valencia 等,2002)。而在生长猪(22~45 kg)的试验也显示,有机酸和植酸酶具有协同效应,显著提高灰分、磷和镁利用率,但对平均日增重和饲料转换效率两者无协同效应(Jongbloed 等,2000)。同样地,国内研究者在生长猪[(35±1.5)kg]试验中也发现,微生物植酸酶极显著降低猪粪中植酸磷、钙、磷和粗蛋白质含量,在此基础上添加酸梅粉能进一步显著降低植酸磷、钙和磷的粪排泄量,而柠檬酸仅有降低植酸磷、钙和磷的粪排泄量的趋势,酸梅粉对植酸酶的强化作用效果优于柠檬酸(李成良 等,2008)。关于植酸酶和酸化剂之间的关系仍需大量的试验进一步研究论证。

四、结语

当前在猪配合饲粮中应用植物性饲料原料的比例很大,而植物性饲料中植酸会结合大量的矿物质、氨基酸、蛋白质,甚至淀粉,降低了营养成分的利用率。当添加植酸酶时,这些营养成分的利用率会得到一定程度的改善。同时植酸酶减少磷、钙和氮的排泄量,又可降低养猪业对环境污染的潜在威胁。植酸酶应用效果受到很多因素的影响,如饲粮的原料组成、植酸磷含量、钙磷水平及钙磷比和酸化水平等。随着植酸酶应用理论体系研究的深入,植酸酶在生猪养殖业中的应用必将越来越广泛。

参考文献

[1] 蔡青和,计成,岳洪源.2004.玉米豆粕型日粮中添加植酸酶对断奶仔猪生产性能、养分消化率及血清生化指标的影响[J].动物营养学报,16(2):15-21.

[2] 陈文,黄艳群,陈代文,等.2005.植酸酶对长白×荣昌杂交仔猪饲粮钙、磷利用率影响的研究[J].四川农业大学学报,4:446-449.

[3] 戴求仲,Sylwester Swiatkiewicz,Jerzy Koreleski.2004.植酸酶对肉仔鸡不同锌源生物利用率的影响[J].中国畜牧杂志,40(8):3-6.

[4] 樊红平,侯水生,刘建华,等.2007.食糜在鸡、鸭消化道排空速度的比较研究[J].中国畜牧兽医,34(4):7-10.

[5] 何四旺,左建军.2005.不同植酸酶对仔猪生产性能的影响[C]//冯定远.酶制剂在饲料工业中的应用.北京:中国农业科技出版社,322-327.

[6] 黄兴国,刘文敏,黄璜,等.2008.不同植酸酶对生长猪生产性能和养分利用的影响[J].湖南农业大学学报(自然科学版),1:52-56.

[7] 李成良,周安,王之盛.2008.不同有机酸与微生物植酸酶联用对生长猪植酸磷及其他养分排泄的影响[J].中国饲料,8:28-31.

[8] 孙育平,左君.2005.外源植酸酶对饲料钙、磷体外消化率的影响[J].饲料工业,26(20):19-21.

[9] 王淑华,裴承元,翟景坤,等.1982.用塑料小块测定精料型日粮通过猪消化道时间的研究[J].黑龙江畜牧兽医,5:3-5.

[10] 温刘发,王强,张良慧,等.2009.耐热植酸酶在低钙磷饲粮中添加对仔猪和生长猪的饲用效果研究[J].中国饲料,1:36-39.

[11] 乌日娜,王洪荣,王怀蓬,等.2008.植酸酶对仔猪生长性能和消化率的影响[J].安徽农业科学,36(19):8102-8103.

[12] 闫俊浩,黄海滨,禚梅,等.2008.植酸酶和磷酸氢钙对生长猪生长性能和养分消化率的影响[J].养猪,4:1-4.

[13] 杨浦.2007.蓝塘猪和长白猪胃肠道主要消化酶变化规律的比较研究[D].华南农业大学硕士学位论文.

[14] 易中华,瞿明仁,朱年华,等.2004.南方高温环境下植酸酶对杜长大猪生产性能和钙、磷、蛋白质利用率的影响[J].家畜生态,25(4):32-36.

[15] 于明,程波.2004.植酸酶对生长猪植物性饲料中磷利用率的影响[J].辽宁农业职业技术学院学报,6(4):6-8.

[16] 张铁鹰,汪儆,李永清.2005.0~49日龄肉仔鸡消化参数的变化规律研究[J].中国畜牧兽医,32(1):6-10.

[17] 左建军. 2005. 非常规植物饲料钙和磷真消化率及预测模型研究[D]. 华南农业大学博士学位论文.

[18] Czech A，Grela E R. 2004. Biochemical and haematological blood parameters of sows during pregnancy and lactation fed the diet with different source and activity of phytase [J]. Animal Feed Science and Technology，116(3-4)：211-223.

[19] Gao J J，Che X R. 2007. Effect of dietary phytase supplementation on avaibility of Ca，P and bone development in pigs[J]. Chinese Journal of Animal Nutrition，19（4）：357-365.

[20] Harper A F，Kornegay E T，Schell T C. 1997. Phytase supplementation of low-phosphorus growing-finishing pig diets improves performance，phosphorus digestibility，and bone mineralization and reduces phosphorus excretion[J]. Journal of Animal Science，75 (12)：3174-3186.

[21] Jongbloed A W，Mroz Z，van der Weij-Jongbloed R，et al. 2000. The effects of microbial phytase，organic acids and their interaction in diets for growing pigs[J]. Livestock Production Science，67(1-2)：113-122.

[22] Jongbloed A W，van Diepen J T M，Kemme P A，et al. 2004. Efficacy of microbial phytase on mineral digestibility in diets for gestating and lactating sows[J]. Livestock Production Science，91(1-2)：143-155.

[23] Kemme P A，Jongbloed A W，Mroz Z，et al. 1999. Digestibility of nutrients in growing-finishing pigs is affected by *Aspergillus niger* phytase，phytate and lactic acid levels：1. Apparent ileal digestibility of amino acids[J]. Livestock Production Science，58(2)：107-117.

[24] Kim J C，Simmins P H，Mullan B P，et al. 2005. The effect of wheat phosphorus content and supplemental enzymes on digestibility and growth performance of weaned pigs [J]. Animal Feed Science and Technology，118(1-2)：139-152.

[25] Liao S F，Sauer W C，Kies A K，et al. 2005. Effect of phytase supplementation to diets for weanling pigs on the digestibilities of crude protein，amino acids，and energy[J]. Journal of Animal Science，83(3)：625-633.

[26] Moehn S，Atakora J K A，Sands J，et al. 2007. Effect of phytase-xylanase supplementation to wheat-based diets on energy metabolism in growing-finishing pigs fed ad libitum [J]. Livestock Science，109(1-3)：271-274.

[27] Nys Y，Frapin D，Pointillart P. 1996. Occurrence of phytase in plants，animals and microorganisms[C]//Coelho M B，Kornegay E T（eds）. Phytase in animal nutrition and waste management. BASF Corporation，Mount Olive，New Jersey. 213-240.

[28] O'Doherty J V，Forde S，Callan J J. 1999. The use of microbial phytase in grower and finisher pig diets[J]. Irish Journal of Agricultural and Food Research，38(2)：227-239.

[29] Peter C M，Parr T M，Parr E N，et al. 2001. The effects of phytase on growth performance，carcass characteristics，and bone mineralization of late-finishing pigs fed maize-soybean meal diets containing no supplemental phosphorus，zinc，copper and manga-

nese[J]. Animal Feed Science and Technology，94(3-4)：199-205.

[30] Roberson K D. 1999. Estimation of the phosphorus requirement of weanling pigs fed supplemental phytase[J]. Animal Feed Science and Technology，80(2)：91-100.

[31] Sands J S，Dilger R N，Ragland D，et al. 2007. Ileal amino acid and phosphorus digestibility responses of pigs to microbial phytase supplementation of high-phytic diets[J]. Livestock Science，109(1-3)：208-211.

[32] Sohn J C，Kim I H，Kim E J，et al. 1999. Effect of Ca：P ratio on both Ca and P availability in finishing pig diet supplemented with extruded rice bran and microbial phytase [J]. Korean Journal of Animal Science，41(5)：513-518.

[33] Steiner T，Mosenthin R，Fundis A，et al. 2006. Influence of feeding level on apparent total tract digestibility of phosphorus and calcium in pigs fed low-phosphorus diets supplemented with microbial or wheat phytase[J]. Livestock Science，102(1-2)：1-10.

[34] Valencia Z，Chavez E R. 2002. Phytase and acetic acid supplementation in the diet of early weaned piglets：effect on performance and apparent nutrient digestibility[J]. Nutrition Research，22(5)：623-632.

[35] Yi Z，Kornegay E T. 1996. Sites of phytase activity in the gastrointestinal tract of young pigs[J]. Animal Feed Science and Technology，61：361-368.

植酸酶对磷利用率的影响及
加酶饲料有效磷释放量的预测

畜禽饲粮一般以植物性原料为基础,而植物性原料中大都含有大量的植酸。单胃动物很难在消化道前端消化利用植酸,达到消化道后端后在微生物分泌的植酸酶作用下部分水解,但是很难被吸收利用,从而使含大量无机磷和植酸磷的粪便排出体外,污染水源和其他生态系统。近年来,国内外研究者针对植酸盐消化过程以及如何提高动物对植酸盐的利用率进行了大量试验。随着酶制剂应用技术的发展,添加植酸酶对提高动物日粮中植酸盐的利用率、缓解磷过量排泄的养殖污染问题是一种有效而切实可行的方法。

一、植酸酶对饲料磷利用率的影响

植酸酶通过降解植酸释放出无机矿物元素,同时解除植酸对其他养分消化吸收的抑制作用,提高蛋白质的消化率和氨基酸的吸收,最终提高动物的生产性能。研究证实,日粮中添加外源植酸酶后,植酸酶可以水解植酸,释放出被植酸结合的金属元素及氨基酸等营养成分,提高植物性饲料营养价值,降低日粮配方中钙、磷的水平(Han 等,1998)。Simons 等(1990)报道,仔鸡低磷日粮中添加外源微生物植酸酶使磷利用率提高 60%,而排泄物中磷含量降低 50%;生长猪日粮中添加微生物植酸酶使磷表观吸收率提高 24%,粪磷总量降低 35%。Qian 等(1996)报道,日粮中添加植酸酶后仔猪磷消化率显著增加,粪磷排泄量极显著减少($P<0.01$)。Traylor 等(2001)报道,随着植酸酶添加水平的提高,回肠表观和真消化磷极显著增加($P<0.01$)。Jongbloed 等(1992)报道,添加 *Aspergillus niger* 植酸酶后,生长猪回肠食糜($P<0.01$)和粪($P<0.01$)中总磷浓度均极显著低于不添加植酸酶组,添加植酸酶后回肠和粪中总磷消化率比不加植酸酶组分别提高了 18.5% 和 29.8%,十二指肠和回肠食糜中植酸酶的浓度均极显著增加($P<0.01$)。Lei 等(1993)报道,玉米-豆粕日粮中添加 *Aspergillus niger* 植酸酶后,生长猪(37 kg 左右)体内磷的存留增加 50%($P<0.01$),粪磷排泄下降 42%($P<0.01$),且

随着植酸酶水平的升高植酸磷的利用率线性增加。Johnston 等(2003)报道,玉米-豆粕型日粮中添加植酸酶后,可以降低日粮钙磷的比例而不影响动物的正常生产性能。

由于植酸可以络合矿物元素形成不易被动物吸收的盐类,因此植酸酶的添加可以从植酸中释放无机磷的同时,相应增加这些元素的利用率。Kemme 等(1997)和 Liu 等(1997)报道,在低磷日粮中添加微生物植酸酶可以增加生长猪钙的表观消化率。Traylor 等(2001)报道,随着植酸酶添加水平的提高,回肠钙真消化率具有明显增加的趋势($P<0.07$),但表观消化率则不受植酸酶水平的影响。Sebastian(1996)研究结果表明,植酸酶使铜沉积率提高 19.3 个百分点。Sandberg 等(1993)体外试验结果发现,当小麦麸与黑麦麸中 6-磷酸盐和 5-磷酸盐被激活的内源植酸酶完全水解时,铁的溶解度可以从 3%～5%上升到 21%～53%。

二、植酸酶的有效磷当量及 ENIV 值

植酸酶磷当量值的确定一般按以下步骤进行:分别设计系列浓度梯度的无机磷酸盐和植酸酶日粮,然后分别针对不同指标建立各自的回归方程,经统计学检验后选取相关性强的指标作为建立回归方程的标准,最后从以无机磷为基础建立的标准曲线和以植酸酶为基础建立的曲线中读出某一指标值所对应的无机磷量和植酸酶量,此无机磷量即该实验条件下针对某一指标的植酸酶磷当量值。一般情况下取针对不同指标磷当量值的平均值作为该条件下植酸酶的磷当量值(姜洁凌等,2006)。

易治雄等(1995)统计了不同学者在仔猪、雏鸡和火鸡上的一系列试验数据,通过以下方法研究植酸酶的磷当量:饲予不同水平的磷与植酸酶,然后将各个测定指标,如生产性能、磷的表观吸收率或沉积值以及骨组织特性等数据建立线性或非线性回归方程,其中,增重反应$[Y(g)]$与日粮中磷水平(X_1)之间的关系为 $Y(g)=705.9\times(1-0.15e^{-0.901X_1})$,增重反应与日粮中植酸酶水平($X_2$)之间的关系为 $Y(g)=775.8\times(1-0.232e^{-0.0005X_2})$,两者合并,即为 $705.9\times(1-0.15e^{-0.901X_1})=775.8\times(1-0.232e^{-0.0005X_2})$,设 $X_2=500$ U/kg,则 $X_1=0.45$ g/kg,即以增重为测定指标,每千克饲料中添加 500 U 植酸酶可替代 0.45 g 无机磷;基于现有资料,在饲喂仔猪、雏鸡和火鸡的玉米-豆饼型饲粮中,要替代 1 g 无机磷约需要 500、800、600 U 的植酸酶。Kornegay 等(1996)以肉仔鸡为试验动物,得出植酸酶的当量值为 939 U/g。此外,Beers(1992)测定了生长猪的植酸酶释放无机磷当量值为 484 U/g。我们在体外条件下,对大麦、豆粕等 5 种饲料原料中添加植酸酶的无机磷释放当量进行了研究,结果见表 1(左建军,2005)。近年来,人们对植酸酶的磷当量进行了一些研究,但不同研究结果间存在一定差异,邓近平等(2007)在系统分析前人研究结果基础上获得的猪日粮中添加植酸酶的磷当量值见表 2。

表 1　饲料原料的无机磷当量(响应指标:磷体外透析率)

原料	回归方程	磷当量/%
大麦	$y=0.0007e^{3E-05x}$,$R^2=0.3856$	0.12
高粱	$y=1E-11X^2+2E-08X+0.0006$,$R^2=0.9648$	0.11
花生粕	$y=-1E-09X^2+4E-06X+0.0026$,$R^2=0.962$	0.07
菜粕	$y=6E-10X^2+3E-06X+0.0022$,$R^2=0.9749$	0.07
豆粕	$y=3E-10X^2+1E-07X+0.0026$,$R^2=0.9687$	0.05

表2　猪植酸酶的磷当量值（响应指标：生长速度与磷消化率）

措施和日粮	回归方程	当量值/(g/kg)	资料来源
平均日增重			
SP	$Y=3.413\,07e^{0.000\,3X}$	0.80	Yi 等,1996[a]
SP	$Y=1.682\,17e^{0.001\,6X}$	0.70	Yi 等,1996[b]
CS	$Y=4.062\,386\,5e^{-0.000\,95X}$	1.66	Kornegay 和 Qian,1996[c]
CS	$Y=3.362\,338\,0e^{-0.002\,66X}$	2.47	Kornegay 和 Qian,1996[b]
CS	$Y=0.065\,400\,741e^{-0.008\,39X}$	0.64	Harper 等,1997
CS	$Y=0.084+0.002X$	0.99	Radcliffe 和 Kornegay,1998
CS	$Y=1.191\,25e^{-0.005\,0X}$	1.08	Radcliffe 和 Kornegay,1998
CS	$Y=0.277\,027\,4e^{-0.000\,797X}$	0.93	Skaggs 等,1999
CS	$Y=0.097\,700\,988e^{-0.003\,5X}$	0.81	Skaggs 等,1999
可消化磷			
CS	$Y=1.011\,001\,309\,963^{X}$	0.85	Jongbloed 等,1996
Dutch	$Y=0.178\,6+131/[1+e^{0.005\,1(X-378)}]$	0.67	Jongbloed 等,1996
CS	$Y=0.173\,017\,7e^{-0.001\,02X}$	0.67	Skaggs 等,1999
CS	$Y=0.065\,700\,596e^{-0.001\,9X}$	0.42	Skaggs 等,1999
磷消化率/%			
SP	$Y=1.302\,1e^{-0.001\,9X}$	0.83	Yi 等,1996[a]
SP	$Y=1.315\,1e^{-0.003\,6X}$	1.10	Yi 等,1996[b]
CS	$Y=2.631\,296\,5e^{-0.001\,08X}$	1.19	Kornegay 和 Qian,1996[c]
CS	$Y=1.541\,735e^{-0.002\,84X}$	1.14	Kornegay 和 Qian,1996[b]
CS	$Y=0.087\ln(6\,718+7\,713e^{-0.000\,199X})$	1.16	Harper 等,1997
CA	$Y=0.464\ln(0.888\,000\,14X)$	0.78	Radcliffe 和 Kornegay,1998
MIX	$Y=0.745\,204\,280X$	0.63	Kornegay 等,1998
CS	$Y=0.155\,201\,489e^{-0.001\,98X}$	0.99	Skaggs 等,1999

资料来源：邓近平等,2007。

注：1. SP 为半纯化日粮；CS 为玉米-豆粕型基础日粮；CA 为荷兰的生产实际用玉米-豆粕型日粮；Dutch 为节粮型日粮；MIX 为混合日粮；Y 为可消化磷,g/kg；X 为植酸酶酶活,U/kg。2. a 表示含 0.05% 可利用磷的基础日粮推导出的公式,b 表示含 0.16% 可利用磷的基础日粮推导出的公式,c 表示含 0.07% 可利用磷的基础日粮推导出的公式。

　　2005 年,在原来概念和思路的基础上,我们提出"有效营养改进值"(effective nutrients improvement value,ENIV)的概念(冯定远等,2005),并期望进一步完善而成为一种可应用、可操作的理论系统。ENIV 系统是在总结国内外有关酶制剂研究基础上提出的,同时我们的实验室也进行了大量的研究,并发表了相关论文,这些研究在一定程度上为 ENIV 系统的建立提供了思路和直接的依据。近年来,我们在建立能量和粗蛋白质的 ENIV 数据库的基础上,进一步开展了添加植酸酶饲料中磷的 ENIV 值数据库的建设工作。在建设过程中,我们采取的是两步走的研究方案,即前期开展大量动物体内消化和代谢试验,建立体内直接的 ENIV 值数据库,下一步的工作则是同时开展大量的体外消化试验,建立体外消化试验结果对体内消化和代谢试验 ENIV 值结果的预测模型数据库,为更快速、更有效、更准确指导加酶饲料配套调整提供可操作性强的数据参考。

三、饲料中有效磷的预测模型

随着研究的深入,研究结果的积累,可以通过相关数据构建在添加一定量的外源植酸酶条件下无机磷的释放量预测模型。

植物性饲料可利用磷的多少不仅与其总磷含量有关,而且与植酸磷含量和天然植酸酶活性有关(苏琪,1984;孙长春,1990;Rodehutscord 等,1996;Liu 等,1997、1998;贾刚,2000;方热军,2003)。在植物性饲料有效磷的传统预测模型中,只是对其总磷和植酸磷两个因素给予关注(余顺祥等,1983;苏琪等,1984;Lantzsch,1989),而忽略饲料中天然植酸酶的存在。随着人们逐步意识到植酸酶的降解作用可提高磷的生物利用率(Nelson,1967;Simons 等,1990;Pointillart,1991),仅用饲料的总磷和植酸磷来估测植物性饲料有效磷含量显然是不足的。特别是 20 世纪 90 年代以来,生物技术的快速发展给微生物植酸酶的工厂化生产和推广应用创造了条件,从而对植酸酶的研究也越来越深入。Lei 等(1993)、Yi 等(1996)、Kornegay 等(1996)、Cromwell 等(1998)和 Golovan 等(2001)研究表明,在猪、禽等单胃动物饲料中添加外源微生物植酸酶可提高磷消化率,降低粪磷排泄量。但其作用效果因饲料种类不同而存在差异,这种差异主要来源于不同植物性饲料中天然植酸酶活性的不同,生长猪日粮中添加麦麸可以获得添加外源植酸酶一致的效果($P < 0.01$)(Weremko 等,1997)。Barrier-Guillot 等(1996)和 Liu 等(1997)研究证明,天然植酸酶活性与磷的表观消化率之间存在线性关系。Kornegay 等(1996)以肉仔鸡为试验动物,分别添加不同数量的植酸酶(250、500、750、1 000 U/kg),以体增重(g)和趾骨灰分(%)为测试指标,结果表明,无机磷释放量和植酸酶添加量之间有下列非线性关系:$y = 1.849 - 1.799e^{-0.008x}$($R^2 = 0.99$,$y$ 为磷的释放量,g/kg;x 为日粮总植酸酶活性,U/kg)。Weremko 等(1997)通过综述前人的研究结果,提出了总磷、非植酸磷、天然植酸酶和外源植酸酶预测表观消化率的方程。贾刚(2000)研究建立了用饲料的总磷、植酸磷和天然植酸酶三个因子预测饲料磷表观消化率的回归方程,收到了较好的效果。方热军(2003)构建了具有重要意义的植物性饲料真可消化磷的三因子预测模型:$y = -0.220 + 0.589X_1 - 0.304X_2 + 0.003X_3$($R^2 = 0.88$,$y$ 为磷的释放量,X_1、X_2、X_3 分别为总磷、植酸磷含量和植酸酶酶活,$P < 0.01$)。总之,总磷虽然是影响有效磷含量的主导因素,但植酸磷含量和天然植酸酶活性对有效磷的影响也不可忽略。因此,在对植物性饲料真可消化磷进行预测时必须同时考虑总磷、植酸磷和植酸酶三个因素,才能获得最佳的饲料有效磷预测模型。

体外法能否作为评定饲料有效钙、磷的关键是要看其结果能否反映试验动物体内测定的饲料有效钙、磷的结果。方热军(2003)用可透析磷和真可消化磷作相关分析,得出相关系数 $r = 0.947$($P < 0.01$),这与 Liu 等(1998)结果($r = 0.72 \sim 0.76$)吻合性很好。Pointillart 等(1985、1988、1991)也得出了类似的结果。因此,体外法可以用来预测饲料体内真可消化磷,在此基础上建立的可透析磷(x)预测真可消化磷(y,g/kg DMI)的方程为:$y = 0.542 + 1.017x$($R^2 = 0.899$,$P < 0.01$)(方热军,2003)。我们在 2005 年时,也对加植酸酶饲料原料中有效磷

释放量的预测进行了较为系统的分析,结果发现总磷、植酸磷和植酸酶与无机磷释放量存在表 3 所示的相关关系,结果表明无机磷释放量与总磷、植酸磷、外源植酸酶都有较强的相关性,这为我们构建预测模型提供了有力依据;在此基础上,我们开展了不同回归拟合的分析和比较(表 4),最后认为最佳无机磷释放量的预测模型为:$Y=0.405\ 4x_2+0.001\ 9x_3 (R^2=0.97, P<0.01)$。

表 3　饲料无机磷释放量与饲料中总磷、植酸磷、内源植酸酶及外源植酸酶相关系数矩阵

	总磷/ (g/kg)	植酸磷/ (g/kg)	内源植酸酶/ (U/kg)	外源植酸酶/ (U/kg)
无机磷释放 量/(g/kg)	$r=0.45$ $P=0.04$	$r=0.55$ $P<0.01$	$r=0.35$ $P=0.12$	$r=0.67$ $P<0.01$

表 4　饲料无机磷释放量预测模型

模型	变量	回归方程
一元	总磷	$Y=0.431\ 3x_1$ $R^2=0.90, P<0.01$
	植酸磷	$Y=0.620\ 1x_2$ $R^2=0.91, P<0.01$
	外源植酸酶	$Y=0.004\ 3x_3$ $R^2=0.83, P<0.01$
二元	植酸磷＋外源植酸酶	$Y=0.405\ 4x_2+0.001\ 9x_3$ $R^2=0.97, P<0.01$

注:Y 为饲料中无机磷释放量,mg/g;x_1 为饲料中总磷含量,g/kg;x_2 为饲料中植酸磷含量,g/kg;x_3 为饲料中外源植酸酶添加量,FTU/kg。

四、结语

微生物植酸酶是理想的水解植物性饲料中植酸的外源性植酸酶。在植物性饲料中添加植酸酶,可以提高钙、磷利用率,降低粪磷排泄量。总磷、植酸磷和植酸酶是影响植物性饲料中可利用磷的重要因素,构建饲料有效磷预测模型需同时考虑这三个因素。而构建植酸酶应用的 ENIV 技术体系以及建立 ENIV 值数据库可有效指导加植酸酶饲料配方的调整设计。

参考文献

[1] 邓近平,范志勇,贺建华,等.2007.植酸酶磷当量的研究[J].饲料工业,2007,28(6):18-22.

[2] 邓近平,姜洁凌,贺建华,等.2007.生长猪植酸酶的磷当量研究[J].动物营养学报,19(2):166-171.

[3] 方热军.2003.植物性饲料磷真消化率及其真可消化磷预测模型的研究[D].四川农业大学

博士学位论文.

［4］冯定远,沈水宝.2005.饲料酶制剂理论与实践的新理念——加酶日粮 ENIV 系统的建立和应用［J］.饲料工业,26(18):1-7.

［5］贾刚,王康宁.2000.生长猪植物性饲料中可消化磷的评定［J］.动物营养学报,12(3):24-29.

［6］姜洁凌,贺建华,邓近平,等.2006.植酸酶磷当量的研究进展［J］.饲料工业,27(12):47-51.

［7］苏琪,余顺祥,段玉琴,等.1984.猪鸡饲料中有效磷的评定及营养性缺磷症的研究［J］.中国农业科学,2:75-81.

［8］孙长春,杨凤,端木道,等.1990.饲料中植酸磷水平对生长肥育猪生产性能及植酸磷利用率的影响［J］.中国畜牧杂志,6:5-8.

［9］余顺祥,苏琪,段玉琴.1983.生长鸡对植酸磷中磷的利用率的测定［J］.中国畜牧杂志,4:8-9.

［10］张若寒.2001.植酸酶实用指南［M］.北京:中国农业大学出版社.

［11］左建军.2005.非常规植物饲料钙和磷真消化率及预测模型研究［D］.华南农业大学博士学位论文.

［12］Barrier-Guillot B,Casado P,Maupetit P.1996.Wheat phosphor-availability:2-*in vitro* study in broilers and pigs; relationship with endogenous phytasic activity and phytic phosphorus content in wheat［J］.Journal of the Science of Food and Agriculture,70(1):69-74.

［13］Beers S.1992.Relationship between dose of microbial phytase and digestibility of phosphorus in two different starter feeds for pigs［R］//Report IVVODLO,228.

［14］Cromwell G L,Pierce J P,Auer T E,et al.1998.Efficacy of phytase in improving the bioavailability of phosphorus in soybean meal and corn-soybean meal diets for pigs［J］.Journal of Animal Science,71:1831-1840.

［15］Golovan S P,Meidinger R G,Ajakaiye A,et al.2001.Pigs expressing salivary phytase produce low-phosphorus manure［J］.Nature Biotechnology,19.

［16］Han Y M,Roneker K R,Pond W G,et al.1998.Adding wheat middlings,microbial phytase,and citric acid to corn-soybean meal diets for growing pigs may replace inorganic phosphorus supplementation［J］.Journal of Animal Science,76(10):2649-2656.

［17］Johnston S L,Williams S B,Southern L L,et al.2003.Effect of phytase addition and dietary calcium and phosphorus levels on plasma metabolites and ileal and total-tract nutrient digestibility in pigs［J］.Journal of Animal Science,82(3):705-714.

［18］Jongbloed A W,Mroz P A,Kemmme Z.1992.The effect of supplementary *Aspergillus niger* phytase in diets for pigs on concentration and apparent digestibility of dry matter,total phosphorus,and phytic acid in different sections of the alimentary tract［J］.Journal of Animal Science,70(4):1159-1168.

［19］Kemme P A,Jongbloed A W,Mroz Z,et al.1997.The efficacy of *Aspergillus niger* phytase in rendering phytate phosphorus available for absorption in pigs is influenced by pig physiological status［J］.Journal of Animal Science,75:2129-2138.

［20］Kornegay E T,Denbow D M,Yi Z,et al.1996.Response of broilers to graded levels of microbial phytase added to maize-soybean-meal-based diets containing three levels of non-phytate phosphorus[J]. British Journal of Nutrition, 75(6):839-852.

[21] Lantzsch H J. 1989. Einfuhrung und stand der diskussion zur intestinalen verfugbarkeit des phosphorus beim schwein[A]//Mineralstoffempffempfejlingen beim Schwein unter besonderer Berucksichtigung der Phosphor-Verwertung. Referate der wissenschaftlichen Vortragstagung, Wurzburg: 53-77.

[22] Lei X G, Ku P K, Miller E R, et al. 1993. Supplementing corn-soybean meal diets with microbial phytase maximizes phytate phosphorus utilization by weanling pigs[J]. Journal of Animal Science, 71(12):3368-3375.

[23] Liu J Z, Ledoux D R, Veum T L. 1997. *In vitro* procedure for predicting the enzymatic dephosphorylation of phytate in corn-soybean meal diets for growing swine[J]. Journal of Agricultural and Food Chemistry, 45(7): 2612-2617.

[24] Liu J, Bollinger D W, Ledoux D R, et al. 1998. Lowering the dietary calcium to total phosphorus ratio increases phosphorus utilization in low-phosphorus corn-soybean meal diets supplemented with microbial phytase for growing-finishing pigs[J]. Journal of Animal Science, 76:808-813.

[25] Nelson T S. 1967. The utilization of phytate phosphorus by poultry-a review[J]. Poultry Science, 46:862-871.

[26] Pointillart A. Fontaine N, Thomasset M, et al. 1985. Phosphorus utilization, intestinal phosphatases and hormonal control of calcium metabolism in pigs fed phytic phosphorus: soybean or rapeseed diets[J]. Nutrition Reports International, 32(1):155-167.

[27] Pointillart A. 1988. Phytate phosphorus utilization in growing pigs[C]//Proceedings of the 4th international seminar on digestive physiology in pig. Polish Academy of Science, Jablonna, Poland: 319-329.

[28] Pointillart A, Fourdin A, Bourdeau A, et al. 1989. Phosphorus utilization and hormonal control of calcium metabolism in pigs fed phytic phosphorus diets containing normal or high calcium levels[J]. Nutrition Reports International, 40:517.

[29] Pointillart A. 1991. Enhancement of phosphorus utilization in growing pigs fed phytate-rich diets by using rye bran[J]. Journal of Animal Science, 69:1109-1115.

[30] Qian H, Kornegay E T, Conner D E. 1996. Adverse effects of wide calcium: phosphorus ratios on supplemental phytase efficacy for weanling pigs fed two dietary phosphorus levels[J]. Journal of Animal Science, 74(6): 1288-1297.

[31] Reddy R, Sathe S K, Salunkhe D K. 1982. Phytates in legumes and cereals[C]//Chichester C O, Mrak E M, Stewart G F(eds). Advances in food research. New York: Academic Press, 1-92.

[32] Rodehutscord M, Faust M, Louenz H. 1996. Digestibility of phosphorus contained in soybean meal, barley and different varieties of wheat, without and with supplemental phytase fed to pigs and additivity of digestibility in a wheat-soybean-meal diet[J]. Journal of Animal Physiology and Animal Nutrition, 75:40-48.

[33] Sandberg A S, Larsen T, Sandstrom B. 1993. High dietary level decreases colonic

phytate degradation in pigs fed a rapeseed diet[J]. Journal of Nutrition, 123 (3): 559-566.

[34] Sebastian S, Touchbum S P, Chavez E R, et al. 1996. The effects of supplemental microbial phytase on the performance and utilization of dietary calcium, phosphorus, copper, and zinc in broiler chickens fed corn-soybean diets[J]. Poultry Science, 75(6):729-736.

[35] Simons P C M, Versteegh H A J, Jongbloed A W, et al. 1990. Improvement of phosphorus availability by microbial phytase in broilers and pigs[J]. British Journal of Nutrition, 64:525-540.

[36] Weremko D, Fandrejewski H, Zebrowska T, et al. 1997. Bioavailability of phosphorus in feeds of plant origin for pigs[J]. Asian-Australasian Journal of Animal Science, 10: 551-566.

[37] Yi Z, Kornegay E T, Ravindran V, Denbow D M. 1996. Improving phytate phosphorus availability in corn and soybean meal for broilers using microbial phytase and calculation of phosphorus equivalency values for phytase[J]. Poultry Science, 75(2): 240-249.

影响植酸酶在饲料中应用的因素

在 30 年前就有关于单胃动物日粮中添加微生物植酸酶的报道,此后也有许多类似的报道。近年来,植酸酶在单胃动物日粮中的广泛推广有如下几方面的原因:首先是畜禽排泄物对土壤和水体的污染的日益严重;其次是生物基因工程技术使产植酸酶微生物能生产足够浓度的植酸酶,产品价格也趋于合理;再次是添加无机磷的高昂代价使植酸酶有更加广阔的前景。但是,植酸酶作为一种生物活性的添加剂,是一种有特殊结构的蛋白质,容易受到各种理化因子的影响。所以,尽管目前植酸酶作为饲料添加剂已有大量使用,但仍有几个实际问题需要解决,主要包括最适 pH 值、制粒加工的耐热性、日粮磷的水平、日粮钙磷比例对植酸酶效果的影响等。

一、饲料加工温度

植酸酶水解植酸或植酸盐使其中的磷酸根离子释放出来,其活性随着温度升高而增加,但其作为一种生物活性蛋白质,当温度升至最适温度、尤其是 70℃ 以上时,酶的活性会因其变性而降低。因此,当其作为饲料添加剂应用时,人们考虑更多的是饲料加工工艺参数中的制粒温度对植酸酶活性的影响。尽管微生物来源的植酸酶比其他酶制剂更耐高温(植酸酶的最适温度可高达 60~70℃),但高温调质过程中的活性损失在所难免(Schwarz 和 Hoppe,1992)。

解决植酸酶高温活性损失的途径有三个。一是特异微生物菌株的筛选,使用 *Aspergillus niger* 生产的植酸酶在 90℃ 环境下放置 30 min,其活性保持率达 84％ 以上。Simons 等(1990)研究了制粒温度对饲料中 *A. ficum* 植酸酶的影响,结果表明,制粒前温度低于 50℃ 和制粒后温度不超过 81℃ 时,植酸酶活性损失不超过 6％。丹麦的 Petterson 博士将隔孢伏革菌(*Peniophora lycii*)的植酸酶基因转入米曲霉菌中,用这种转基因米曲霉菌制取的新型植酸酶是一种 6-植酸酶,它能在 C6 位置上分解植酸环,且这种植酸酶具有较高的制粒稳定性,在 85℃

的温度下能够保持 60% 以上的活性。体外试验表明,隔孢伏革菌植酸酶能分解米糠中 90% 的植酸磷、豆粕中 60% 的植酸磷。二是进行酶制剂的物理处理,如微囊化处理是由特殊后镶嵌成型的保护工艺所生产,该工艺可大大提高植酸酶产品的耐高温能力,使产品稳定,如 Simons 等(1990)在肉鸡的玉米-豆粕型日粮中使用微囊化处理植酸酶 800~1 000U/kg 可获得理想的添加效果。三是采用液体植酸酶后喷涂工艺,这样可以减少加工过程中植酸酶活力的损失。

二、饲料中无机磷含量与植酸酶添加水平

大量的试验和实际应用效果证实了植酸酶能够提高饲料中磷的营养价值(Nelson 等,1971;Ballam 等,1984;Simons 等,1990;Lei 等,1993;Cromwell 等,1993;Young 等,1993)。据报道,使用植酸酶可将植酸磷的消化率提高 60%~70%,总磷消化率提高 20%~30%,但无论添加多高量的植酸酶,完全使植酸磷释放出来供给体内利用是不可能的。

Perney 等(1991)在玉米-豆粕型日粮中使用 *Aspergillus niger* 生产的植酸酶,结果表明,在 0.32% 有效磷的日粮中添加 1.0% 的植酸酶可使鸡日增重提高 18.5%~39.6%。在玉米-豆粕型日粮中添加 0、500、750、1 000 U/kg 的黑曲霉植酸酶,肉仔鸡增重速度随添加量增加而提高(Sayler,1991)。Simons 等(1990)比较了在 0.45% 的低磷日粮中添加无机磷(0.15% 和 0.3%)或四种植酸酶替代磷酸氢钙对肉鸡生产性能的影响,结果表明,最低浓度的植酸酶明显提高了磷的利用率,而两个高浓度的植酸酶虽然也提高了磷的利用率和生长速度,但差异不显著。于旭华和冯定远(2003)报道,当添加植酸酶组的总磷水平(植酸酶的添加量是推荐量的 2 倍)与添加磷酸氢钙组的有效磷水平相同时,添加植酸酶组小鸡阶段的平均日增重为 13.27 g/只,而使用磷酸氢钙组的平均日增重为 15.47 g/只,植酸酶组肉鸡的增重水平明显低于磷酸氢钙的增重。Perney 等(1991)在含 0.32%~0.44% 可利用磷的日粮中添加 0.5%~1.5% 植酸酶,肉用雏鸡血浆无机磷水平提高。

要想满足畜禽生长中磷的需要,配合饲料的总磷水平必须高于动物有效磷的需要量,并在植酸酶的作用下将其从植酸中释放出来供给动物机体利用,从而达到减少磷源使用量的目的。而且,从上面的研究报道可知,并不是植酸酶的添加量越多越好,适宜的添加水平才可能获得最佳的添加成绩。具体植酸酶添加量和添加效果与饲料中有机磷的含量和饲料加工制粒温度等因素有关。

关于植酸酶在饲料中的最佳添加量有一定的报道。在鸡和猪饲料中添加 250~500 U/kg 和 500~750 U/kg 的植酸酶,畜禽日增重、饲料转化率和磷的利用率比对照组有明显的提高。进一步提高植酸酶的浓度,虽然仍有改善畜禽生产性能的趋势,但相对效果不如较低浓度植酸酶明显,这可能因为在较低浓度植酸酶的饲料中,植酸及植酸盐的含量可以使酶发挥最大的潜力,而植酸酶浓度过高时并没有足够的作用底物(Han 等,1997、1998)。罗绪刚等(1998)综述报道,猪日粮中每单位植酸酶的有效性在植酸酶的添加量增至每千克 500 酶单位时达到最大,这种剂量相当于每千克日粮 0.8 g 可消化磷。单安山等(1998)综述国内外试验研究指出,在肉鸡基础日粮有效磷为 0.26%、蛋鸡基础日粮有效磷为 0.18% 的条件下,添加 300 U/kg 的植酸酶相当于 1 g/kg 左右的无机磷,总有效磷水平基本能满足鸡的生长、产蛋需要。本课题组

2008年开展了一个肉鸭试验,即在正对照组饲粮基础上降低0.1%钙和0.1%有效磷,然后添加300、400、500 U/kg耐热植酸酶,筛选肉鸭日粮适宜的植酸酶添加水平。结果表明:低钙磷水平饲粮中添加耐热植酸酶可以不同程度提高28日龄和45日龄樱桃谷肉鸭的营养物质利用率,与正常钙磷水平正对照组相比,低钙磷日粮中添加500 U/kg耐热植酸酶有最好效果,可以显著提高肉鸭的粗蛋白质、总磷和钙的表观利用率,提高幅度分别为2.7%~5.3%、4.5%~5.5%、4.0%~4.1%,对能量的表观利用率达到与正对照组相同的水平(陈旭,2008)。

三、饲料中钙磷的比例

植酸酶能够提高饲料中磷的利用率,当饲料中添加植酸酶后,往往可降低饲料非植酸磷水平,且植酸酶可以水解与植酸络合的钙,过多的钙从饲料中释放出来,这样就增加了钙与磷之间的比例关系,此时饲料中添加植酸酶虽能够增加磷、各种矿物质的利用率,从而提高了肉鸡(Yi等,1996)和猪(Kornegay,1996)对饲料中钙的利用率,但如果同时降低饲料中钙的比例,使饲料中钙与可利用磷始终保持在一比例范围,使用效果会更理想。Rao等(1999)对肉鸡饲养的试验表明,当含有Ca 10.12 g/kg和非植酸磷3.02 g/kg(钙:非植酸磷为3.33:1)的饲料中添加500 U/kg的植酸酶组肉鸡生产性能比对照组(每千克饲料含10.02 g Ca和4.52 g非植酸磷)差;如果将钙的水平降到7.53 g/kg而非植酸磷的水平仍然保持在3.02 g/kg,饲料中同样加入500 U/kg的植酸酶,肉鸡的日增重比对照组有显著的提高,而饲料转化率、血浆中钙磷水平与对照组却无显著差异,磷的沉积率由对照组的22%提高至65%。Qian等(1996)对断奶仔猪的研究发现,在总磷水平分别为0.36%和0.45%的饲料中添加700 U/kg和1 050 U/kg的植酸酶,饲料的Ca与总磷的比例分别为1.2:1、1.6:1、2.0:1,仔猪的日增重和饲料效率随着饲料钙水平的升高而降低,其中Ca与总磷的比例为1.2:1时仔猪表现出最高的生产性能。Liu等(1998)试验结果表明,在生长阶段0.39%总磷水平和500 U/kg植酸酶水平的饲养试验中,生长猪的日增重随着日粮钙磷比(1.5:1、1.3:1、1.0:1)的下降而上升,饲料效率和磷的消化吸收率也有同样趋势。

所以,添加植酸酶的同时需要针对性调整钙和磷的比例,或者说是需要根据钙和磷的比例设计合理的植酸酶添加水平,否则,可能出现既不能发挥植酸酶的应用潜力,又会影响畜禽的生产性能的现象。如Perney等(1993)根据两个试验结果报道,在低磷(0.21%~0.32%)日粮中添加植酸酶不能有效地提高肉用仔鸡的体增重、饲料进食量和饲料转化率,而且仔鸡饲喂含磷0.21%的日粮,无论加或不加植酸酶,都出现了佝偻病症状,可能的原因是日粮中含钙较高而植酸酶添加量偏低,致使钙磷比例失调,影响植酸酶的营养效应,进而影响动物的生长性能。钙磷比例失调对植酸酶的影响可能有三种机制:过剩的钙形成不可溶的钙-植酸盐复合物,不能被植酸酶水解;高钙低磷使消化道pH值升高,降低了植酸酶的活性的同时,还降低了各种矿物元素的溶解性和消化吸收;过剩的钙与酶活性位点竞争,直接抑制植酸酶的活性(Rao等,1999)。因此,在畜禽日粮中添加植酸酶以提高植酸磷的利用率,有必要重视钙、磷的水平。如钟道强(2000)报道,日粮钙磷比对植酸酶效价有一定的影响,在添加了植酸酶的低磷日粮(总磷由0.5%降至0.39%)中降低钙磷比例(由1.5:1降低为1.3:1或1.0:1),可提高猪的生产性能和磷的利用率,增加骨强度和骨灰分含量。在添加植酸酶的日粮中,相应的磷水平一般较低。我们在早期的试验也表明,在低磷日粮中添加植酸酶的肉鸡饲料转化效率和成活率可达到对照组的水平,但饲料成本、排泄物中磷和钙的水平大大降低(克雷玛蒂尼,1999)。

四、维生素 D 的营养

李有超和程茂基(2006)总结前人的研究结果认为:维生素 D_3 及其衍生物具有刺激植酸酶水解植酸的潜力,其中 $1,25-(OH)_2-D_3$ 是一种磷酸盐转运激素,它明显加强了机体几个部位对磷酸盐的转运,一旦植酸水解,就有几种转运系统将其水解产生的磷酸盐转运到血液,再由血液转到骨骼,进而促进 Ca、P 等矿物元素的吸收利用。而且,$1,25-(OH)_2-D_3$ 还能促进肾小管对 Ca、P 的重吸收,减少尿磷的排泄,即作用于甲状旁腺细胞内的 $1,25-(OH)_2-D_3$ 受体,增加甲状旁腺对细胞外液钙离子浓度的敏感性,减少、抑制甲状旁腺激素(parathyroid hormone,PTH)的分泌,从而减少甲状旁腺素对肾小管吸收磷酸盐的抑制作用而保存磷,表现出对饲料磷利用效率的提高。

有关植酸酶与维生素 D_3 之间的互作效应的研究报道不多,结果也存在一定的差异。而据现有的大部分试验结果来看,维生素 D_3、$1\alpha-OH-D_3$、$1,25-(OH)_2-D_3$ 在提高植酸酶的效果方面有着协同作用(Edwards,1993;Biehl 等,1997),联合添加植酸酶和维生素 D_3 比单独添加的效果要好。有研究表明,肉仔鸡日粮中同时添加维生素 D_3($25-OH-D_3$)和植酸酶,在多项指标上表现出加性效应,如体重、胫骨灰分含量、灰分重(Biehl 等,1997),饲料转化率(Qian 等,1996),植酸磷和锌的存留率(Roberson,1996)。杨德智(2007)报道,在肉仔鸡饲粮中添加 $25-OH-D_3$ 69 $\mu g/kg$、植酸酶 750 U/kg,且钙、磷各降低 0.1 个百分点是比较理想的组合,它们之间产生了明显的协同效应。其研究表明:在肉仔鸡饲粮中添加 69 $\mu g/kg$ $25-OH-D_3$ 和 750 U/kg 植酸酶,同时钙磷水平降低 0.1 个百分点,相当于按国家标准添加了维生素 D_3,与单独添加植酸酶和 $25-OH-D_3$ 相比,肉仔鸡的生产性能有了明显的改善,体重显著提高,日增重和采食量也有所提高。程茂基等(2000)也报道两者之间存在协同效应。

低磷低钙日粮添加植酸酶或维生素 D_3($25-OH-D_3$)能够提高肉仔鸡生产性能和矿物元素利用率,但日粮同时添加植酸酶和维生素 D_3($25-OH-D_3$)能够产生明显的协同效应,效果更为理想。我们课题组的试验研究结果表明:在降低黄羽肉鸡日粮中钙和磷水平(在其需要量的基础上分别降低 0.20%、0.12%)后,添加植酸酶 500 U/kg、$25-OH-D_3$ 70 $\mu g/kg$、植酸酶 500 $U/kg+25-OH-D_3$ 70 $\mu g/kg$,结果表现出植酸酶和 $25-OH-D_3$ 组合有提高肉鸡生长性能和钙、磷体外代谢率的趋势(郑涛,2010)。

根据现有资料和研究认为可能存在三种因素导致植酸酶和维生素 D_3($25-OH-D_3$)之间的协同效应:一是植酸酶与维生素 D_3($25-OH-D_3$)作用机制不同,二者互不依赖,前者促进磷的释放,后者则促进磷的吸收;二是维生素 D_3($25-OH-D_3$)诱导植酸酶活性,有利于植酸酶对植酸的水解(Davies 等,1970;Howard,1981);三是维生素 D_3 促进了钙的吸收,降低食糜中植酸钙的形成,进而提高植酸的水解效率(Ravindran 等,1995)。

五、pH 值

植酸酶主要有微生物性、动物性和植物性等三种来源。在其他条件不变时,酶在一定 pH

值范围内活性最大,此 pH 值称为该酶在该条件下的最适 pH 值。

微生物来源如真菌产生的酸性植酸酶,其最适 pH 值范围在 2.0~6.0 之间,如 *A. ficuum* 植酸酶的最佳 pH 值为 2.5 和 5.5(Simons 等,1990),在正常条件下,家禽和猪胃的 pH 值为 1.5~3.5,小肠为 5~7,大肠 pH 值为中性,因此家禽和猪消化道 pH 环境比较适合微生物来源的植酸酶发挥作用。动物性来源的植酸酶研究较少。Bitar 等(1972)研究了来自鼠、鸡、牛和人肠道黏膜的植酸酶,发现它们的最适 pH 值分别为 7.0、7.5~7.8、8.2~8.4 和 7.4,不适合于单胃动物消化道内的环境条件。植物性来源的植酸酶大多属于非特异性的磷酸水解酶,最适 pH 值在 5~7.5 之间。

饲料中添加柠檬酸、富马酸、乳酸等有机酸能降低消化道的 pH 值,可提高植酸酶的利用效果(Zyla 等,1995;Li 等,1998)。Han 等(1998)在生长猪试验中,当含 15% 次粉的饲料中添加 300 U/kg 的植酸酶和 1.5% 的柠檬酸,其日增重比不添加柠檬酸组要高,饲料转化率也有升高趋势。

六、其他因素

麦类饲料原料及其加工副产品(麦麸)中的植酸酶具有较高的活性,其最适 pH 值为 5~7.5,最适温度为 47~55℃,故其不能在胃中较低的 pH 值条件下起作用。另外,这些酶还往往因为有过多的底物(植酸盐)和产物而受到强烈的抑制,减弱动物对饲料植酸磷的利用力。但是 Han 等(1997)在猪的低磷日粮中分别添加 10%(体重 10~50 kg)和 20%(体重 50~90 kg)的小麦麸,其日增重分别与低磷日粮中添加 0.2% 无机磷组相同,比低磷日粮组高 33%,可能是部分植物性植酸酶通过胃在小肠内发挥了作用。这说明,植物饲料中植酸酶对畜禽饲料中磷的利用具有一定的作用,因此在含有大量麦类饲料原料的日粮中,可以减少无机磷和微生物植酸酶的添加。

此外,植酸酶的活力还可能与某些金属离子等有关。Ca^{2+}、Fe^{2+}、Zn^{2+}、Mg^{2+}、Al^{3+} 等可与酶底物——植酸发生很强的络合反应,导致酶活性的降低。

七、结语

植酸酶可消除植酸的抗营养作用,释放出其中的磷,提高动物对饲粮蛋白质、氨基酸、矿物质的利用率,减少磷的环境排泄量。了解影响植酸酶应用效果的因素,对于提出相应的解决方案有重要理论和现实意义。通过基因工程手段最大程度解决植酸酶产量、活性以及在应用过程中各种不良因素(如温度、极端 pH 值等)影响等问题,可促进植酸酶的广泛应用。

参考文献

[1] 陈旭.2008.耐热植酸酶对肉鸭生长性能及养分代谢利用的影响[D].华南农业大学硕士学

位论文.

[2] 克雷玛蒂尼.1999.低磷日粮中使用植酸酶对肉鸡生产性能的作用[D].华南农业大学硕士学位论文.

[3] 李有超,程茂基.2006.维生素 D_3 在动物生产中的研究与应用[J].畜禽业,8:20-22.

[4] 罗绪刚,刘彬.1998.荷兰猪饲粮中微生物植酸酶应用研究及其有关环境问题的一些情况[C]//刘建新.饲料营养研究进展:第三届饲料营养研讨会论文集.成都:31-34.

[5] 单安山.1998.植酸酶对鸡饲料生产的影响[J].中国饲料,2:18-23.

[6] 于旭华,冯定远.2003.植酸酶应用的影响因素[J].广东饲料,12(2):16-19.

[7] 郑涛.2010.25-OH-D_3 和植酸酶对肉鸡生产性能及养分代谢利用的影响[D].华南农业大学硕士学位论文.

[8] 钟道强.2000.降低猪饲料中钙磷比例以提高植酸酶活性[J].饲料工业,21(12):44.

[9] Ballam G C, Nelson T S, Kirby L K. 1984. Effect of fiber and phytate source and of calcium and phosphorus level on phytate hydrolysis in the chick[J]. Poultry Science, 63(2): 333-338.

[10] Biehl R R, Baker D H. 1997. 1α-Hydroxycholecalciferol does not increase the specific activity of intestinal phytase but does improve phosphorus utilization in both cecectomized and sham-operated chicks fed cholecalciferol-adequate diets[J]. Journal of Nutrition, 127: 2054-2059.

[11] Bitar K, Reinhold J G. 1972. Phytase and alkaline phosphatase activities in intestinal mucosae of rat, chicken, calf, and man[J]. Biochimicaet Biophysica Acta, 268(2): 442-452.

[12] Cromwell G L, Coffey R D, Monegue H J. 1993. Efficacy of phytase in improving the bioavailability of phosphorus in soybean meal and corn-soybean meal diets for pigs[J]. Journal of Animal Science, 71: 1831-1840.

[13] Davies M I, Rotcey G M, Motzok I. 1970. Intestinal phytase and alkaline phosphorus of chicks: influence of dietary calcium, inorganic and phytate phosphorus and vitamin D_3 [J]. Poultry Science, 49:1280-1286.

[14] Edwards H M Jr. 1993. Dietary 1,25-dihydroxycholecalciferol supplementation increases natural phytate phosphorus utilization in chickens[J]. Journal of Nutrition, 123(3): 567.

[15] Han Y M, Roneker K R, Pond W G, et al. 1998. Adding wheat middlings, microbial phytase, and citric acid to corn-soybean meal diets for growing pigs may replace inorganic phosphorus supplementation[J]. Journal of Animal Science, 76(10): 2649-2656.

[16] Han Y M, Yangn F, Zhou A G, et al. 1997. Supplemental phytases of microbial and cereal sources improve dietary phytate phosphorus utilization by pigs from weaning through finishing[J]. Journal of Animal Science, 75(4): 1017-1025.

[17] Kornegay E T. 1996. Nutritional, environmental and economic considerations for using phytase in pig and poultry diets[C]//Kornegay E T(ed). Nutrient management of food animals to enhance and protect the environment. Boca Raton, FL: CRC Press, 277-302.

[18] Lei X G. 1993. Supplementing corn-soybean meal diets with microbial phytase linearly improves phytate phosphorus utilization by weanling pigs[J]. Journal of Animal Science, 71: 3359-3375.

[19] Li D，Che X，Wang Y，et al. 1998. Effect of microbial phytase, vitamin D_3, and citric acid on growth performance and phosphorus, nitrogen and calcium digestibility in growing swine[J]. Animal Feed Science and Technology，73：173-186.

[20] Liu J，Bollinger D W，Ledoux D R，et al. 1998. Lowering the dietary calcium to total phosphorus ratio increases phosphorus utilization in low-phosphorus corn-soybean meal diets supplemented with microbial phytase for growing-finishing pigs[J]. Journal of Animal Science，76(3)：808-813.

[21] Nelson T S，Shieh T R，Wodzinski R J，et al. 1971. Effect of supplemental phytase on the utilization of phytate phosphorus by chicks[J]. Journal of Nutrition，101：1289-1294.

[22] Perney K M，Cantor A H. 1991. Effect of dietary phytase on phosphorus utilization of broiler chicks[J]. Poultry Science，70(Suppl. 1)：93.

[23] Qian H，Kornegay E T，Conner D E Jr. 1996. Adverse effects of wide calcium：phosphorus ratios on supplemental phytase efficacy for weanling pigs fed two dietary phosphorus levels[J]. Journal of Animal Science，74(6)：1288-1297.

[24] Rao R S V，Reddy R V，Reddy R V. 1999. Enhancement of phytate phosphorus availability in the diets of commercial broilers and layers[J]. Animal Feed Science and Technology，79(3)：211-222.

[25] Ravindran V，Bryden W L，Kornegay E T. 1995. Phytates：occurrence，bioavailability and implications in poultry nutrition[J]. Avian and Poultry Biology Reviews，6：125-143.

[26] Saylor W W，Bartnikowski A，Spencer T. 1991. Improve performance for broiler chicks feed diets containing phytase[J]. Poultry Science，70(Suppl. 1)：104(Abstr.).

[27] Schwarz G，Hoppe P P. 1992. Phytase enzyme to curb pollution from pigs and poultry [J]. Feed Magazine，1(92)：22-26.

[28] Simons P C M，Versteegh H A J，Jongbloed A W，et al. 1990. Improvement of phosphorus availability by microbial phytase in broilers and pigs[J]. British Journal of Nutrition，64：525-540.

[29] Yi Z，Kornegay E T，Denbow D M. 1996. Effect of microbial phytase on nitrogen and amino acid digestibility and nitrogen retention of turkey poults fed corn-soybean meal diets[J]. Poultry Science，75(8)：979-990.

[30] Young L G，Leunissen M，Atkinson J L. 1993. Addition of microbial phytase to diets of young pigs[J]. Journal of Animal Science，71：2147-2150.

[31] Zyla K，Ledoux D R，Garcia A，et al. 1995. An *in vitro* procedure for studying enzymic diphosphorylatin of phytate in maize-soyabean feeds for turkey poultry[J]. British Journal of Nutrition，74(1)：3-17.

非淀粉多糖的抗营养作用及
非淀粉多糖酶在畜禽饲料中的应用

非淀粉多糖(non-starch polysaccharides,NSP)是植物组织中除淀粉之外所有碳水化合物的总称,由纤维素、半纤维素、果胶和抗性淀粉组成。其中,纤维素、半纤维素和木质素是构成植物细胞壁的主要成分,而抗性淀粉是饲料加工过程中美拉德反应(Millard's reaction)的产物,一般含量较少。因此,对 NSP 的营养及抗营养作用的研究,主要集中在纤维素、半纤维素及木质素等细胞壁的主要成分上。近年来,随着对饲料化学成分和植物结构认识的深入,人们在开发利用含非淀粉多糖的饲料资源方面做了大量的研究,尤其是在使用非淀粉多糖酶降低非淀粉多糖的抗营养作用方面做了大量工作并表现出了良好的应用前景。

一、非淀粉多糖的种类

从化学分析角度来看,非淀粉多糖可分为可溶性非淀粉多糖和不可溶性非淀粉多糖。可溶性非淀粉多糖是指植物样品中除去淀粉和蛋白质,在水中可溶解但又不溶于80%乙醇的多糖成分,主要包括阿拉伯木聚糖、β-葡聚糖、甘露聚糖、葡糖甘露聚糖及果胶类物质。不可溶性非淀粉多糖是指上述物质提取后剩余物中除去蛋白质、灰分和木质素、单宁等非糖物质后的剩余部分,主要包括纤维素、甲壳素和戊聚糖等。概略养分分析法中粗纤维和 van Soast(1968)分析法中的中性洗涤纤维(NDF)和酸性洗涤纤维(ADF)主要是不溶性非淀粉多糖。一些新建的日粮纤维分析法(AOAC982.28 和 Uppsala 法)可以测定饮料中非淀粉多糖的总量,并且可将可溶性非淀粉多糖和不可溶性非淀粉多糖分开。

但从生理角度分析,非淀粉多糖在动物体内的溶解性并非像化学分析这么简单。消化道内的 pH 值、温度和离子强度及植物细胞壁的完整性等都会影响非淀粉多糖在动物体内的溶解度,且有些多糖(如果胶)在消化道中的溶解状态是不断变化的。

根据单糖的组成可将非淀粉多糖分为同多糖和异多糖。同多糖由同一种单糖组成,如纤维素、β-葡聚糖、甘露聚糖和阿拉伯聚糖等。异多糖则是由多种多糖或糖醛酸组成,如阿拉伯木聚糖、半乳聚糖等半纤维素及果胶。

组成非淀粉多糖的单糖主要有五碳糖和六碳糖。根据这种特点,将非淀粉多糖分为戊聚糖和己聚糖。戊聚糖主要有阿拉伯聚糖、阿拉伯木聚糖和木聚糖。己聚糖主要包括纤维素、果聚糖、果胶等。

二、植物性饲料中非淀粉多糖存在的形式及含量

植物细胞壁的主要组成成分是纤维素、半纤维素和果胶,其结构和存在形式上有较大的差异。

纤维素的经典概念是:由 β-1,4-糖苷键连接的葡聚糖链,其单体是纤维二糖。每两个纤维二糖单体经缩合可脱去一个水分子,连接在一起形成直链大分子,单体的数量介于 10 000～15 000之间(Theander 和 Aman,1977)。每 30～100 个分子同向或反向排列,经分子间和分子内氢键结合,形成致密的微纤丝。用 X 射线衍射试验证明,微纤丝的晶格结构可分为结晶区和非结晶区。结晶区是由纤维分子平行或反向平行排列而成,通过半纤维素彼此相连,具有稳定的晶格结构,晶核包被在非结晶区中央。非结晶区是 β-1,4-葡聚糖链不规则卷曲后形成的,通常缠绕于微纤丝的外围。

结晶纤维素的化学性质很稳定,不溶于水、有机溶剂、稀硫酸、稀盐酸、浓硝酸和稀碱溶液。而非结晶纤维素的稳定性较差,在水分子作用下,具有吸胀作用,在消化道 pH 条件下,甲基和乙酰基等小分子侧基可被部分降解。

植物性饲料中的半纤维素主要有阿拉伯木聚糖、β-葡聚糖、木葡聚糖、葡糖甘露聚糖和半乳甘露聚糖等。目前研究较多的是阿拉伯木聚糖和 β-葡聚糖。

阿拉伯木聚糖是由吡啶型葡萄糖经 β-1,4-糖苷键连接而成的骨架结构,主链是木聚糖,侧链主要是阿拉伯糖,还有极少量的己糖和糖醛酸。Fincher 和 Stone(1986)证明,阿拉伯糖有时可能被阿魏糖取代,这是阿拉伯木聚糖与其他细胞壁成分结合的桥梁。阿拉伯木聚糖的末端是由 1,2-呋喃型阿拉伯糖构成,它降低了碳水化合物之间的氢键结合力,从而使之具有水溶性和黏性。此外,呋喃型阿拉伯糖的含量不仅会影响阿拉伯木聚糖对细胞壁的结合能力,而且还影响其对水解酶的敏感程度(Fincher 和 Stone,1986)。

各种植物中阿拉伯木聚糖的含量和阿拉伯糖残基与木糖残基摩尔比(A/X)的变化范围很大,表 1 列出了一些常见饲料原料中非淀粉多糖的组成和含量。小麦和黑麦中阿拉伯木聚糖约占总非淀粉多糖量的 70%,A/X 为 0.5 左右,大麦和燕麦中阿拉伯木聚糖仅占总非淀粉多糖含量的 30%～40%,A/X 一般在 0.8 以上。据报道,同一地区不同品种小麦和不同地区的同种小麦中,无论是阿拉伯木聚糖含量,还是 A/X 均存在极显著差异(Longstaff 等,1986)。同种植物不同组织中 A/X 变化也很大。研究发现,小麦各层麸皮中 A/X 在(0.78～0.93):1之间,其水溶性部分主要在糊粉层和胚乳细胞壁中,而碱溶部分主要集中在种皮中。因此,由于 A/X 的变化,各种阿拉伯木聚糖在动物体内表现出截然不同的抗营养活性(Annison,1991、1995)。

β-葡聚糖是大麦可溶性非淀粉多糖的主要成分,它是由葡萄糖经 β-1,4-糖苷键连接而成

的骨架和 β-1,3-糖苷键连接的支链构成的。大约 85％ 的 β-葡聚糖是每隔 2～3 个 β-1,4-糖苷键有一个 β-1,3-糖苷键连接的支链,其他的 β-葡聚糖的结构变化非常大,在大麦的不同品种之间差异也非常悬殊。

表 1　　几种常见饲料中非淀粉多糖的含量和组成(干物质基础)　　　　g/kg

饲料	总非淀粉多糖	阿拉伯糖	葡萄糖	半乳糖	甘露糖	木糖	糖醛酸
玉米	90	18	30	5	14	25	
小麦	114	33	28	3		48	2
小麦麸	416	98	110	7	1	188	12
黑麦	132	35	35	3	3	54	2
燕麦	71	9	45	2	1	12	2
燕麦麸	137	17	94	2		21	3
大麦	167	28	82	2		51	2
大米	22	4	8	1		5	
大豆	156	20	42	43	10+(4)	11	26
豌豆	148	41	61	8		14	22

资料来源:Englyst 等,1989。

注:括号内为鼠李糖含量。

现已证实,果胶类物质的基本结构主要分为同质多糖和异质多糖两类,前者主要包括半乳糖醛酸聚糖、半乳聚糖和阿拉伯聚糖,后者包括阿拉伯半乳聚糖和鼠李半乳聚糖。同时,还有一些单糖组分,包括 D-半乳糖、L-阿拉伯糖、D-木糖、L-岩藻糖、D-葡萄糖醛酸以及罕见的 α-O-甲基-D-木糖、α-O-甲基-L-岩藻糖和 D-芹菜糖。

果胶多糖中半乳糖醛酸的游离羧基水解后,使整个果胶分子带负电荷,羧基也可以与游离羧基形成氢键而相互连接,因此,果胶具有一定的黏度。此外细胞壁中带负电的果胶和部分半纤维素还可以共同与 Ca^{2+} 等二价阳离子结合,形成类似"蛋架"的结构,这是细胞壁多糖能结合大量矿物质的主要原因。

黑麦、小麦和小黑麦籽实中的非淀粉多糖主要是木聚糖和阿拉伯木聚糖。据报道,小麦胚乳细胞壁中含 750 g/kg 多糖,其中 85％ 是戊聚糖(Wiseman 和 Inbow,1990);大麦和燕麦则以 β-葡聚糖为主;禾本科籽实中葡聚糖含量较少,主要分布在蔬菜中;果胶是豆科植物中可溶性非淀粉多糖的主要组分,单子叶植物中果胶含量很低。

三、非淀粉多糖的抗营养作用

早在 20 世纪 60 年代,人们就已经注意到多糖对仔鸡能量利用、氮沉积和脂肪吸收的影响(Kratzer 等,1967)。由于以大麦、燕麦、小麦和黑麦等作为动物基础日粮时,引起动物肠道黏质过多和生产性能下降等问题的出现,许多学者对非淀粉多糖进行了大量的研究,尤其在抗营养方面。

1. 对饲料代谢能的影响

有试验表明,小麦、黑麦、大麦和高粱的代谢能与其中所含的戊聚糖或 β-葡聚糖呈负相关(Chat 和 Annison,1990、1992、1995)。Flores 等(1994)对 10 个小黑麦品种研究得出氮校正真代谢能(TMEn)与其可溶性非淀粉多糖(NSP)含量之间的关系为 TMEn＝15.6－0.016×NSP(R^2＝0.52),说明可溶性非淀粉多糖含量是影响麦类饲料代谢能的主要原因。在麦类饲料中添加特异性的外源性阿拉伯木聚糖酶(Choct 等,1995;小麦日粮)、木聚糖酶(Veldman 和Vahl,1994;黑麦日粮)和 β-葡聚糖酶(Philip 等,1995;大麦日粮),都可以使相应饲料 AME 恢复到接近正常的水平,这就间接证明了上述观点。

不同饲料原料中的非淀粉多糖化学结构和生理功能存在较大的差异。Annison(1995)用小麦戊聚糖与大米非淀粉多糖提取物比较发现,尽管提取方法相同,但二者的阿拉伯糖/木糖比例分别是 0.58 和 1.23,在体外溶液中的黏度分别为 64 mPa·s 和 1.6 mPa·s。Drochner等(1993)证实,果胶的酯化程度与其抗营养活性有直接关系,进一步说明了非淀粉多糖的化学结构和物理性质是引起饲料表观代谢能产生差异的主要原因之一。

2. 对胃肠道食糜黏性的影响

有关非淀粉多糖含量与胃肠道食糜黏度关系的报道大多数集中在家禽方面,可能与家禽消化道的结构特点有关。大多数研究发现,饲料中非淀粉多糖含量与胃肠道食糜的黏度呈正相关(Pettesson 和 Aman,1988;Bedford 等,1991;Choct 和 Annison,1992)。但也有学者认为,食糜黏度与消化道内可溶性大分子碳水化合物的关系更为密切(Bedford 等,1992),只有大相对分子质量的戊聚糖,才能提高黑麦体外浸提液的黏度,只要这部分多糖稍有降解,提取液的黏度就显著降低。

不溶性非淀粉多糖可在体内吸收大量的水分,体积迅速增加,对胃肠道具有填充作用,影响动物采食量。有试验证明,不溶性非淀粉多糖含量较低时,对动物采食量有促进作用,但当含量达到一定水平时,二者呈负相关(Jin 等,1994)。

对于猪来说,黏质问题较少发生。有研究表明,无论是以大麦还是以黑麦为基础的日粮,断奶仔猪的食糜黏度和通过消化道的时间都没有受到影响,原因是猪小肠食糜的干物质含量比鸡的含量低 10%～20%,从而使形成黏质的多糖被稀释;此外,食糜在猪消化道的停留时间比鸡要长(如在胃中,猪停留时间 4 h,鸡 20～40 min),从而影响了小肠黏质的形成。阿拉伯木聚糖的侧链——阿拉伯木糖在酸性条件下水解更快,会使主链木聚糖沉淀,从而降低了黏度。

有关食糜黏性的抗营养作用,到目前为止,尚无一致的确切定论。近年来研究的结果主要有:

(1)降低内源酶和饲料中养分的扩散程度。当食糜黏度增加时,养分和酶的扩散程度降低(Fengler 和 Marquardt,1988),从而降低养分的吸收率。养分的相对分子质量越大,所受到的影响就越大。

(2)加快食糜通过消化道的速度。小鼠和鸡采食大麦基础型日粮后,食糜通过消化道的时间缩短,从而增加被认为是吸收过程中限速步骤的小肠非极化水层的厚度(Johnson 和 Gee,1984),降低了养分的吸收。

(3)含 β-葡聚糖和阿拉伯聚糖的细胞壁对内源酶产生屏障作用。由于含非淀粉多糖细胞壁的屏障作用,内源酶很难到达细胞壁内的养分层,从而降低其中的淀粉和蛋白质的利用率。添加 β-葡聚糖酶和戊聚糖酶可以降低 β-葡聚糖和阿拉伯聚糖的含量,动物分泌的内源酶能深入到细胞内,从而使淀粉在小肠段的消化率明显提高。

3. 对养分消化吸收的影响

非淀粉多糖使肠道黏度增加,小肠表面不流动水层加厚,影响了食糜与小肠表面的接触,网状结构的形成使食糜的搅动难度加大,尤其是养分的横向浓度差异增大,从而降低了养分吸收的效率(van der Klis 等,1993b)。

许多研究表明,可溶性非淀粉多糖降低饲料淀粉和脂肪回肠消化率的作用非常明显(Carré,1985;Friesen 等,1992;Choct 和 Annison,1992)。但对蛋白质消化率的影响结果不一致:可降低饲料蛋白质表观消化率,但对真消化率影响不大,原因可能与动物采食量有关(Jorgensen 等,1996b;Kyriazakis 和 Emmans,1995)。

非淀粉多糖也会影响微量营养成分的吸收利用。许多研究发现,饲料或食品中非淀粉多糖含量降低铜、铁、钙、磷的表观吸收率(Moak 等,1987;Ward 等,1986;Idouraine 等,1995;van der Klis 等,1993a,b),其中的原因可能是非淀粉多糖对矿物元素具有络合作用,使矿物元素的游离量减少。但非淀粉多糖的来源和结构具有多样性,对矿物质利用的影响复杂,就现有的资料很难得出一致的结论。

4. 对消化道分泌功能和消化酶活性的影响

Khokhar 等(1994)综述了非淀粉多糖对人的消化道分泌功能的影响。Sanbrook(1981)和 Zebrowska 等(1983)的试验表明,日粮中添加可溶性非淀粉多糖和不可溶性非淀粉多糖均能使猪的胰腺和胆汁分泌量增加,其中可溶性非淀粉多糖提高的幅度远大于不可溶性非淀粉多糖的作用。有人推测,这些可看作是动物对可溶性非淀粉多糖的代偿行为,通过分泌大量液体降低食糜中非淀粉多糖浓度,减少由于黏性造成的影响。

非淀粉多糖对小肠消化酶的活性影响的报道主要集中在对淀粉酶和二糖酶活性的影响(Schneeman 等,1978;Berg 等,1973;Thomsen 等,1982),且不同的试验结果差异较大。由于二糖酶一般都分布在小肠绒毛刷状缘细胞膜表面,而食糜中活性很低,当细胞死亡脱落后,这些酶可能一起进入肠道食糜中,因此,不同的取样方法,不同的取样部位,不同的酶活性测定方法都会影响到试验结果的一致性。

5. 对消化道发育的影响

Johnson 等(1984)认为,动物消化道对日粮纤维水平的变化的适应速度相当快。一定量的日粮纤维有利于幼年动物消化道的生长,但含量过高会带来一系列不良影响。

　　许多研究发现,提高日粮非淀粉多糖含量,动物消化道的相对重量相应提高,但小肠长度和相对重量的增加有一定的限度,而后段肠道的相对重量和容积一般持续提高(Kyriazakis等,1995;Jorgensen 等,1996a、b;赵新全等,1995)。原因可能是动物为了补偿由于非淀粉多糖引起的日粮营养浓度的下降,通过增加消化道的容量,延长饲料在体内的滞留时间,以获得足够养分的代偿行为,但这种代偿能力是有限度的。

　　非淀粉多糖不仅影响消化道的相对重量,而且还影响消化道组织的相对生长。Jamroz 等(1980)报道,与不可溶性非淀粉多糖相比,可溶性非淀粉多糖可以使小肠壁的黏膜层增厚,而肌肉层厚度不变。Jin 等(1994)用核酸标记技术和电镜观察证明,高纤维日粮使生长猪小肠黏膜细胞周转速度加快,微纤毛变宽、变短。Onning 和 Asp(1995)报道,可溶性非淀粉多糖(瓜耳豆胶)使小肠黏膜蛋白显著增加。由此可见,可溶性非淀粉多糖对肠道的增生可能与其持水性有关。

6.对肠道微生物区系的影响

　　非淀粉多糖及因非淀粉多糖的影响不能在小肠内消化的养分,是后段肠道微生物的可发酵底物。因此,日粮中的非淀粉多糖可促进大肠微生物的衍生。但没有资料能直接证明非淀粉多糖能引起肠道微生物区系发生改变。一般通过添加抗生素后进行比较,采食高非淀粉多糖日粮的动物生产性能和饲料消化率的变化(Choct 等,1992),消化道 VFA 产量和结构变化(Englyst 等,1982、1984)、胆酸、胆固醇在肠道内的演化(Costa 等,1994)等来进行推测。有试验发现,可溶性易降解的非淀粉多糖对消化道微生物的影响大于纤维素(Costa 等,1994)。

四、外源非淀粉多糖酶的作用及在畜禽饲料中的应用效果

　　随着生物工程和发酵工程的发展,使大规模、工厂化生产用于降解各种非淀粉多糖的酶制剂成为可能,通过添加外源性非淀粉多糖酶,可以消除非淀粉多糖的抗营养性,从而提高饲料的利用率。在猪日粮中,使用较多、研究最充分的外源性非淀粉多糖酶是木聚糖酶、β-葡聚糖酶和纤维素酶,试验日粮以小麦、大麦、黑麦型日粮为主。

　　外源性非淀粉多糖酶的主要作用在于:①降低肠道内容物的黏度,发挥促生长和提高饲料转化率的作用;②破坏植物细胞壁的结构,释放出其中包裹的淀粉和蛋白质,使内源酶有充分消化的机会,从而减少粪便排出,降低环境污染;③减少肠道后段有害微生物数量,利于动物健康。

1.木聚糖酶

　　木聚糖酶类是专一降解木聚糖的一种复合酶,主要由 β-1,4-D-内切木聚糖酶和 β-1,4-D-外切木糖苷酶组成。此外还有一些脱支链酶,如 α-L-呋喃型阿拉伯糖苷酶、α-葡萄糖醛酸苷酶、乙酰木聚糖酯酶及能降解木聚糖上阿拉伯糖侧链残基与酚酸形成的酯键的酚酸酯酶等。

　　木聚糖酶在猪饲料中的应用主要是针对小麦型日粮,能降低饲料成本,减少饲料浪费,改

善猪的健康状况。据报道,木聚糖酶与蛋白酶组成的复合酶应用于仔猪,蛋白质消化率提高3%,纤维消化率提高17%($P<0.01$)(Prokop 等,1999)。Gollnisch 等(1996)试验发现,木聚糖酶和阿美拉霉素一样,也能降低回肠和结肠中的致病性大肠杆菌的数量。程伟等(1998)研究发现,在小麦占40%的日粮中添加木聚糖酶,生长猪日增重提高7.4%。van Lunen 和Schulze(1996)报道,小麦日粮中添加木聚糖酶,猪的生长速度提高9.2%。王修启等(2002)在含48%小麦的日粮中添加以木聚糖酶为主的复合酶,断奶仔猪日增重提高,饲料报酬改善,并且在生长的前期表现更为明显。我们课题组于旭华(2004)在岭南黄肉鸡小麦型饲粮中添加不同来源的木聚糖酶,对于4~6周龄肉鸡的生产性能没有显著影响,显著提高了7~9周龄肉鸡的饲料报酬,降低了采食量,大鸡阶段的效果要好于中鸡阶段。本课题组廖细古(2006)研究发现,在肉鸭玉米-杂粮型日粮中添加木聚糖酶能提高肉鸭8~21日龄和22~45日龄的日增重,降低肉鸭日粮的料重比,并显著提高肉鸭日粮的转化效率。

2. β-葡聚糖酶

β-葡聚糖酶主要降解饲料中的β-葡聚糖,降低食糜的胶化作用,从而降低肠道内容物的黏度,有效地改善猪对营养物质的消化吸收。Sudendey 等(1995)报道,在含有7%大麦的日粮中添加β-葡聚糖酶,生长猪肠道黏度显著降低,胃内干物质流量增加。

Taverner 等(1998)的试验结果表明,在大麦日粮中添加β-葡聚糖酶制剂,猪能量利用率提高了13%,蛋白质的消化率提高了21%,它是通过改变大肠消化为小肠消化实现的。因为日粮中纤维素在猪的小肠中消化降解非常有限,仅有30%的细胞壁物质以挥发性脂肪酸的形式在大肠中发酵。我们课题组成员杜继忠(2009)研究发现,在玉米-杂粮型日粮中添加β-葡聚糖酶制剂,在不同生长阶段均不同程度地提高了肉鸡增重,同时饲料转化率也得到了明显的改善。

从国内外近年来发表的研究报告(表2)可以看出,猪对添加β-葡聚糖酶的反应程度没有规律,变异幅度较大。主要原因与酶制剂种类和活性、日粮种类及猪的年龄等有关,同时也反映出外源酶制剂、底物和动物三者之间存在复杂的关系。

表 2　β-葡聚糖酶对猪生产性能的影响

日粮类型	日增重/%	饲料效率/%	资料来源
大麦	+5	+5	Thomke 等,1980
小麦-大豆	+17	—	Bedford 等,1992
小麦-大豆	不明显	不明显	Thacker 等,1992
大麦	+17	—	Thacker 等,1992
小麦-大豆	+11.3	不明显	Cos 等,1993
大麦	+3.5	—	Inborr,1994
大麦	+5~45	+3~15	Inborr 和 Ogle,1988
大麦	+5.85	+8.43	程伟等,1996
大麦	+7.31	+8.43	许梓荣等,1997
大麦	+4.6	+2.7	徐子伟等,1998
大麦	+11.54	+5.33	许梓荣等,2002

3. 纤维素酶

除肠道中微生物可以降解部分纤维素外,单胃动物不能分泌断裂 β-1,4-糖苷键的内源酶。因此,饲料中含有的纤维素对单胃动物几乎没有营养价值。

纤维素酶是一组能分解纤维素的酶系,包括三类不同的酶:C1 酶、Cx 酶和 β-1,4-糖苷酶。C1 酶作用于不溶性纤维素表面,使形成结晶结构的纤维素长链裂开崩溃,长链分子的末端部分游离,从而使纤维键易于水化。Cx 酶又可分为 Cx1 酶和 Cx2 酶。Cx1 酶是内断型,Cx2 是外切型,作用于 Cx1 酶活化的纤维素,分解 β-1,4-糖苷键,主要产物是纤维糊精、纤维二糖和葡萄糖等。β-1,4-糖苷酶可将纤维二糖等短链低聚糖分解成葡萄糖。

纤维素酶的作用机制在于:①打破植物细胞壁使胞内原生质暴露出来,由内源酶进一步降解,提高了胞内物质的消化率;②消除了抗营养因子;③维持小肠绒毛形态完整,促进营养物质吸收。纤维素酶在仔猪上应用的报道很少,而在家禽上应用的报道较多。王尧等(1995)用前期含草粉 10%,后期含草粉 15%的日粮添加纤维素酶饲喂育肥猪,日增重提高 0.255 kg,料肉比下降 24%。我们课题组成员沈水宝(2002)研究发现在玉米型日粮中添加纤维素酶各阶段仔猪平均日增重分别提高 4.3%、19.93%、13.8%;在小麦型日粮中添加聚糖酶各阶段仔猪平均日增重分别提高 3.8%、20.61%、4.7%。本课题组成员杨彬(2004)研究发现,在黄羽肉鸡饲粮中添加纤维素酶,饲料转化率显著提高,料肉比改善幅度在 4.91%~5.28%。我们课题组成员黄燕华(2004)在肉鹅高纤维日粮中添加 3 种不同来源的纤维素酶,各个处理组增重分别提高 4.16%、6.95%和 5.60%,耗料量分别降低 3.44%、1.42%和 2.13%,料重比分别降低7.16%、7.65%和 7.16%。

五、结语

随着饲料工业的发展,饲料粮的供求矛盾越来越突出。长期以来采用和推广的玉米-豆粕型日粮结构因玉米的供应紧张而经受严峻的市场压力。因此,充分开发利用麦类谷物和糠麸等资源,具有十分可观的潜在价值。开发和利用麦类谷物和糠麸作为饲料,面临的关键问题是如何减少或降低非淀粉多糖的抗营养作用,而添加外源性非淀粉多糖酶是最方便有效的手段。目前应用非淀粉多糖酶存在的主要问题是:第一,对麦类谷物和糠麸中存在的各种非淀粉多糖的含量和存在形式缺乏全面了解;第二,饲喂外源性非淀粉多糖酶后对动物消化酶系分泌的影响,需深入研究;第三,外源性非淀粉多糖酶的稳定性(耐热、耐酸、耐内源蛋白酶)需要进一步研究。

随着生物工程技术的不断发展,针对上述问题,我们可以采取以下技术手段:第一,通过非淀粉多糖在各种动物不同生长阶段饲喂不同日粮条件下作用模式的研究,确定酶的最佳用量和最佳活力环境;第二,运用蛋白质工程技术增强外源性非淀粉多糖酶的抗逆性;第三,应用现代生物技术提高非淀粉多糖酶的活性,降低生产成本和产品价格,使非淀粉多糖酶的应用更广泛;第四,研究非淀粉多糖酶对抗营养因子的协同作用(Dusterhoft,1993),充分发挥酶制剂的作用。

参考文献

[1] 程伟,刘太宇,王彩玲.1998.小麦型日粮添加木聚糖酶对生长肥育猪生产性能的影响[J]. 河南农业科学,11:40-41.

[2] 杜继忠.2009.复合酶对肉鸡生产性能的影响及其机理研究[D].华南农业大学硕士学位 论文.

[3] 黄燕华.2004.不同来源纤维素酶在肉鹅高纤维日粮中的应用及其作用机理的研究[D].华 南农业大学博士学位论文.

[4] 廖细古.2006.木聚糖酶对肉鸭生产性能的影响及机理研究[D].华南农业大学硕士学位 论文.

[5] 沈水宝.2002.外源酶对仔猪消化系统发育及内源酶活性的影响[D].华南农业大学博士学 位论文.

[6] 王修启,李春喜,林东康,等.2002.小麦种的戊聚糖含量及添加木聚糖复酶对鸡表观代谢 能和养分消化率的影响[J].动物营养学报,14(3):57-59.

[7] 王尧,徐贺春,赵宝华.1995.含草粉日粮添加纤维素酶喂猪试验[J].草与畜杂志,1:13-14.

[8] 杨彬.2004.纤维素酶在黄羽肉鸡小麦型日粮中的应用研究[D].华南农业大学硕士学位 论文.

[9] 于旭华.2004.真菌性和细菌性木聚糖酶对黄羽肉鸡生产性能的影响及其机理研究[D].华 南农业大学博士学位论文.

[10] Annison G,Choct M.1991. Anti-nutritive activities of cereal non-starch polysaccharides in broiler diet and strategies minimizing their effects[J]. World's Poultry Science Jour-nal,47:232-242.

[11] Annison G.1995. Nutritive activity of soluble rice bran arabinoxylans in broiler diets [J]. British Poultry Science,36:479-488.

[12] Bedford M R,Patience J F, Classen H L.1992. The effect of dietary enzyme supple-mentation of rye-and barley-based diets on digestion and subsequent performance in weaning pigs[J]. Canadian Journal of Animal Science,72:97-105.

[13] Bedford M R.1991. The effect of pelleting salted pentosanase on the viscosity of intesti-nal contents and the performance of broiler fed rye[J]. Poultry Science,50:1575-1577.

[14] Berg N O.1973. Correlation between morphological atheretions and enzyme activities in the mucosa of the small intestine[J]. Scandinavian Journal of Gastroenterology,8:703-712.

[15] Carre B.1985. Digestion of polysaccharides,protein and lipids by adult cockerels fed on diets containing a pectic cell wall material from white lupin (*Lupin albus L.*)cotyledon [J]. British Journal of Nutrition,54:669-680.

[16] Choct M,Annison G.1990. Antinutritive activity of wheat pentosans in broiler diets [J]. British Poultry Science,31:811-821.

[17] Choct M，Annison G. 1992. Antinutritive effect of wheat pentosans in broiler chickens: role of viscosity and gut microflora[J]. British Poultry Science，33:821-834.

[18] Choct M，Annison G. 1995. Soluble wheat pentosans exihibit different anti-nutritive activities in intact and cecectomised broiler chickens[J]. Journal of Nutrition，122: 2457-2465.

[19] Costa N M B. 1994. Effect of baked beans on steroid metabolism and non-starch polysaccharide output of hypercholesterolaemic pig with or without an ileorectal anastomosis [J]. British Journal of Nutrition，71:871-886.

[20] Drochner W. 1993. Digestion of carbohydrates in the pig[J]. Arch Tierernahr，43(2): 95-116.

[21] Dusterhoft E M. 1993. Cooperative and synergistic action of specific enzymes enhances the degradation of non-starch polysaccharides in animal feed[J]. Enzymes in Animal Nutrition，29-33.

[22] Englyst H N，Cumming J H. 1984. Simplified method for the measurement of total non-starch polysaccharides by gas-liquid chromatiography of constituent sugars as alditol acetates[J]. Analyst，109:937-942.

[23] Englyst H N，Wiggins H S. 1982. Determination of the non-starch polysaccharides in plant foods by gas-liquid chromatography of constitunent sugars as alditol acetates[J]. Analyst，107:307-318.

[24] Fengler A A，Marquardt R R. 1988. Water-soluble pentosans from rye. Ⅱ. Effect on rate of dialysis and on the retention of nutrients by the chick[J]. Cereal Chemistry，65: 298-302.

[25] Fincher G B，Stone B A. 1986. Advances in cereal science and technology[M]. American Association of Cereal Chemistry，St Paul：207-296.

[26] Flore M P，McNab J M. 1994. Effect of tannins on starch digestibility and TMEn of triticale and semipurified starches from triticale and field beans[J]. British Poultry Science，35(2):281-286.

[27] Friesen O D. 1992. The effect of enzyme supplementation on the apparent metabolizable energy and nutrient digestibilities of wheat，barely，oats and rye for the young broiler chick[J]. Poultry Science，71:1710-1721.

[28] Gollnisch K，Vahjen W，Simon O，et al. 1996. Influence of an antimicrobial (avilamycin) and an enzymetic (xylanase) feed additive alone or in combination on pathogenic micro-organisms in the intestinal of pigs (*E. coli*,*C. perfringens*)[J]. Landbauforschung Volkenrode，193:337-342.

[29] Inborr J，Ogle R B. 1988. Effect of enzyme treatment of piglet feeds on performance and post-weaning diarrhoea[J]. Swedish Journal of Agricultural Research,18: 129-133.

[30] Idouraine A. 1995. *In vitro* binding capacity of various fiber sources for magnesium，zinc and copper[J]. Journal of Agricultural and Food Chemistry，43:1580-1584.

[31] Jamroz D，Piech-Schleicher A. 1980. Application of yellow fodder lupine in concentrate

mixture for broiler chickens[J]. Zootechnika，125：165-172.

[32] Jin L. 1994. Effect of dietary fiber on intestinal growth，cell proliferation and morphology in growing pigs[J]. Journal of Animal Science，72(9):2270-2278.

[33] Johnson I T. 1984. Effect of dietary supplementation of guar gum and cellulose on intestinal cell proliferation，enzyme level and sugar transport in the rat[J]. British Journal of Nutrition，52:477-487.

[34] Jorgensen H. 1996. The influence of dietary fiber and environmental temperature on the development of the gastrointestinal tract，digestibility degree of fermentation in the hind-gut and energy metabolism in pigs[J]. British Journal of Nutrition，75:365-378.

[35] Khokhar S. 1994. Dietary fiber：their effects on intestinal digestive enzyme activities [J]. Journal of Nutritional Biochemistry，5:176-180.

[36] Kratzer F H. 1967. The effect of polysaccharides on energy utilization，nitrogen retention and fat absorption in chickens[J]. Poultry Science，46:1489-1493.

[37] Kyriazakis I，Emmans G C. 1995. The voluntary feed intake of pig given feeds based on wheat bran，dried citrus pulp and grass meal，in relation to measurements of feed bull [J]. Journal of Nutritional Biochemistry，73:191-207.

[38] Longstuff M，McNab J M. 1986. Influence of site and variety on starch，hemicellulose and cellulose composition of wheats and their digestibilities by adult cockerels[J]. British Poultry Science，27:435-449.

[39] Moak S，Pearson N，Shin K. 1987. The effects of oat and wheat-bran fibers on mineral metabolism in adult males[J]. Nutr. Rep. Int. ，36：1137-1146.

[40] Onning G，Asp N G. 1995. Effect of oat saponins and different types of dietary fibre on the digestion of carbohydrates[J]. British Journal of Nutrition，74:229-237.

[41] Petterson D，Aman P. 1988. Effect of enzyme supplementation of diets based on wheat，rye or triticale on their productive value for broiler chickens[J]. Animal Feed Science and Technology，20:313-324.

[42] Philip J S. 1995. Growth，viscosity and β-glucanase activity of intestinal fluid in broiler chickens fed on barley-based diets with or without exogenous β-glucanase[J]. British Poultry Science，36:599-603.

[43] Prokop V，Klapil L，Heger J，et al. 1999. The effect of targeted combination of additives to prestarter on nutrition parameters and performance of piglets[J]. Czech Journal of Animal Science，44(3):119-124.

[44] Sanbrook I E. 1981. Studies on the flow and composition of bile in growing pigs[J]. Journal of the Science of Food and Agriculture，32:781-791.

[45] Schneeman B O. 1978. Effect of plant fiber on lipase，trypsin and chymotrypsin activity [J]. Journal of Food Science，43:634-635.

[46] Sudendey C，Kamphues J. 1995. Effects of enzymes (alpha-amylase，xylanase，beta-glucanase) as feed additive on digestive processes in the alimentary tract of piglets past forced feed intake[C]∥Proceedings of Society of Nutrition and Physiology 4. DLG

Frankfurt: 108.

[47] Taverner M R, Campbell R G. 1988. The effect of protected dietary enzymes on nutrient absorption in pigs[C]//Proceedings of the 4th international seminar on digestive physiology in the pig. 7-9.

[48] Theander O, Aman P. 1977. Studies on dietary fibres. 1. Analysis and chemical characterization of water-soluble and water-insoluble dietary fibres[J]. Swedish Journal of Agricultural Research, 9:97-106.

[49] Thomsen T T, Tasman-Jones C. 1982. Disaccharidase levels supplements of guar gum and cellulose on intestinal cell proliferation: enzyme levels and sugar transport in the rat[J]. British Journal of Nutrition, 52:477-487.

[50] van der Klis J D. 1993a. Effect of a soluble polysaccharide (carboxy methyl-cellulose) on the physicochemical condition in the gastrointestinal tract of broilers[J]. British Poultry Science, 34:971-983.

[51] van der Klis J D. 1993b. Effect of a soluble polysacchrides (CMC) on the absorption of mineral from the gastrointestinal tract of broiler[J]. British Poultry Science, 34:985-997.

[52] van Lunen T A, Schulze H. 1996. Influence of *Trichoderma longibrachiatum* xylanase supplementary of wheat and corn on pig[J]. Canadian Journal of Animal Science, 76(2):271-273.

[53] Veldman A, Vahl H A. 1994. Xylanase in broiler diets with differences in characteristics and content of wheat[J]. British Poultry Science, 35:537-550.

[54] Ward T A, Rechert R D. 1986. Comparison of the effect of cell wall and hull fiber from canola and soybean on the bioavailability for rats of minerals, protein and lipid[J]. Journal of Nutrition, 116:233-234.

[55] Wiseman J, Inborr J. 1990. The nutritive value of wheat and its effect on broiler performance[C]// Haresign W, Cole D J A(eds). Recent advances in animal nutrition. Nottingham University Press, 79-102.

[56] Zebrowska T. 1983. Studies on gastric digestion of protein and carbohydrate, gastric secretion and exocrine pancreatic secretion in growing pig[J]. British Journal of Nutrition, 49:401-410.

影响 NSP 酶在畜禽日粮中应用效果的因素

由于酶制剂工业的迅速发展和人们环保意识的逐渐加强,酶制剂在饲料工业中的应用越来越广泛。在畜禽日粮中添加非淀粉多糖酶,可以降解抗营养因子非淀粉多糖(NSP),提高营养物质利用率,促进动物生长。非淀粉多糖(NSP)主要包括阿拉伯木聚糖和 β-葡聚糖等可溶性非淀粉多糖(SNSP)和纤维素等不可溶性非淀粉多糖(INSP)。NSP 酶主要包括木聚糖酶和 β-葡聚糖酶及纤维素酶,主要根据日粮类型选用。在实际生产中,NSP 酶的应用效果受到很多因素的影响,如日粮类型、动物品种和年龄、酶制剂特性、饲料加工过程、动物消化道内环境和饲料中其他添加剂成分等,同时酶制剂酶活定义和检测方法的科学性和实用性也是影响酶制剂在饲料工业中应用的重要因素。

一、日粮种类

1. 日粮底物含量

阿拉伯木聚糖主要存在于黑麦、小麦和小黑麦中,它是由吡喃木糖残基以 β-1,4-键连接而成的,某些木糖残基上的 C2 或 C3 上还可能发生阿拉伯糖残基的取代。阿拉伯糖的取代降低了主链化学键的作用力,从而使其具有水溶性和黏稠性。β-葡聚糖是主要来源于大麦和燕麦糊粉层和胚乳层的一种部分可溶性的细胞壁多糖,由 β-1,4-糖苷键和 β-1,3-糖苷键组成,其中以 β-1,4-糖苷键为主链。由于 β-1,3-糖苷键的存在,使 β-葡聚糖不同于纤维素,从而使其成为溶液中的黏性成分。

酶作为活细胞所产生的一种生物催化剂,要发挥最佳效果,必须有足够的底物浓度与其进行反应。小麦和黑麦中的非淀粉多糖(NSP)主要是阿拉伯木聚糖,含量分别为 8.1% 和 8.9%;大麦和燕麦中的非淀粉多糖主要是 β-葡聚糖,含量分别为 8.2% 和 4.5%,但其中阿拉伯木聚糖的含量也较高,分别为 7.9％和 2.1％(Englyst,1989)。刘强(1998)采用国际通用的多糖分析法(Uppsala 法)对我国小麦和大麦中非淀粉多糖的含量进行了测定,结果表明我国小麦中可溶性、不可溶性和总 NSP 平均含量(以干物质计)分别为 23.6、94.8、118.5 g/kg,我国大麦中可溶性、不可溶性和总 NSP 平均含量(以干物质计)分别为 41.9、113.2、168.5 g/kg,小麦 NSP 含量属中等偏高,大麦 NSP 含量属中等水平。因此,在麦类日粮中添加酶制剂应以阿拉伯木聚糖酶和 β-葡聚糖酶为主。2004 年我们在山东、河南、河北等省范围内采集了 18 种小麦样品,分析发现木聚糖含量为 7.33％,范围为 5.92％～8.30％(于旭华,2004)。

我们的研究表明,日粮中木聚糖的含量与食糜的黏度有明显的相关性($r = 0.51$),木聚糖酶通过降解木聚糖,显著降低食糜黏度(于旭华,2004),而食糜的黏度与肉鸡生产性能有很好的相关关系(Cowan,1995)。所以,日粮中 NSP 含量影响纤维素酶的效果,若底物过少,加酶就不会产生出明显的改进效果;若底物量过多,添加的酶量或酶活性不充足,则所能降解的底物数量有限,效果也不佳。这就要求底物与酶制剂用量之间应有适宜的比例关系,根据目标底物含量,确定酶制剂的用量。

2. 日粮种类和品种

由于基因型和环境的不同,麦类日粮中 NSP 的含量有所不同,裸大麦中 β-葡聚糖的水平要高于皮大麦中的水平,饲喂品种中 β-葡聚糖的含量也要高于酿造品种的含量。栽培环境和生长阶段对大麦中的非淀粉多糖含量也有一定的影响,大麦中非淀粉多糖的含量随着植株的成熟而逐渐增加,这一点在应用非淀粉多糖酶时应加以注意。另外,在大麦日粮中添加 β-葡聚糖酶,可以降低由于基础日粮品种的不同而对肉仔鸡生产性能产生的变异程度,其中平均日增重的变异程度由 11.9％降为 3.3％,饲料效率的变异程度由 5.2％降为 2.7％(Classen 等,1988)。

阿拉伯木聚糖主要存在于黑麦、小麦和小黑麦中,小麦胚乳细胞壁中含 750 g/kg 多糖,其中 85％是戊聚糖(Wiseman 和 Inbow,1990);大麦、燕麦、小麦和黑麦等作为动物基础日粮时,引起动物肠道黏质过多和生产性能下降等问题的出现(刘强,1998),所以,木聚糖酶在畜禽饲粮中应用主要针对小麦型日粮,能降低饲料成本,减少饲料浪费,改善猪的健康状况。Prokop 等(1999)将木聚糖酶与蛋白酶组成的复合酶应用于仔猪,蛋白质消化率提高 3％,纤维消化率提高 17％($P < 0.01$)。Steenfeldt 等(1998)的研究表明,小麦型日粮中添加木聚糖酶可提高日增重 5％～6％,提高饲料转化率 7％～8％,且在雏鸡阶段的效果更为明显。我们的研究表明,在岭南黄肉鸡小麦型日粮中添加不同来源的木聚糖酶,7～9 周龄的饲料报酬提高 6.1％～10.2％(于旭华,2004);而在仔猪小麦型日粮中的添加效果表明,添加以木聚糖酶为主的复合酶后,仔猪日增重提高了 6.61％～20.2％(沈水宝,2002)。

虽然玉米-豆粕型日粮中非淀粉多糖含量不高,NSP 酶的添加很难获得显著的效果,但是,Marsman 等(1997)在玉米-豆粕型日粮中添加蛋白酶和非淀粉多糖酶,提高了饲料非淀粉多糖的消化率,降低了食糜的黏度和 NSP 的含量,并且提高了肉仔鸡的日增重和饲料转化率,这可能与不同玉米消化率差异有关。Wyatt 等(1999)研究报道,不同产地和不同品种玉米的肉鸡代谢能之间存在差异,添加酶制剂后可以使这种差异降低 50％。张芹等(2007)在玉米-豆粕日粮中添加 50 g/t 的木聚糖酶,提高肉鸡日增重 4.31％。徐宏波等(2007)在仔猪玉米-豆粕型日粮中添加木聚糖酶,对断奶后 0～14 d 的生长有显著的促进作用,提高了仔猪日增重10.40%。

此外,我们在肉鸭玉米-杂粕日粮中添加木聚糖酶的结果显示,提高肉鸭日增重 1.2%～1.7%,日粮的转化效率 4.42%～5.44%。

3. 日粮其他营养成分

麦类日粮中添加木聚糖酶等 NSP 酶可以降低和消除各种非淀粉多糖对畜禽的抗营养作用,同时也可以提高饲料中各种营养物质的消化率,其中非淀粉多糖酶对脂肪的消化吸收有很重要的作用,而脂肪的种类对非淀粉多糖酶的应用效果也有很大的影响。这主要是因为脂类物质的消化吸收首先要进行乳化作用,而乳化作用的强弱与食糜的黏度有很大关系。当食糜的黏度由 1 cP 增加到 4 cP,甘油三酯的乳化表面积降低 75%,乳化率由 80%降为 35%。当脂肪的类型为饱和脂肪酸时,其消化吸收更多地依赖于脂肪的乳化作用。因此当饲料中的脂肪类型为牛油或猪油时,脂肪的消化吸收率与食糜黏度的变化关系更为密切。

另外,非淀粉多糖酶对麦类日粮中各种脂溶性维生素的消化吸收也有很重要的作用,黑麦日粮中添加木聚糖酶后,可以提高肝脏中维生素 A 和维生素 E 含量 2 倍左右,不论饲料中油脂类型为豆油或牛油,这与非淀粉多糖酶提高日粮脂肪消化和吸收是分不开的(Bedford,1997)。

二、动物种类和年龄

1. 家禽和猪的差异

大量试验表明,在高含量 NSP 饲料中添加非淀粉多糖酶,可以明显提高家禽的生长性能和饲料报酬,但是非淀粉多糖酶对于猪的效果往往没有家禽中的应用效果明显,其原因是多方面的。第一可能是非淀粉多糖对猪的危害没有其对鸡的危害严重,由于猪肠道内容物中水分含量高于家禽,而干物质的含量(10%)明显低于家禽肠道内容物干物质的含量(20%),其肠道内容物中的黏度往往要比家禽的低很多。而 Fengler 等(1988)试验发现,即使是很小幅度黏度的提高就能够使营养物质在溶液中的扩散速度急剧下降,猪肠道内容物的低黏度增加了消化酶和各种营养物质的扩散速度。第二由于饲料在猪胃中往往要停留 4 h 以上,而饲料在鸡胃中停留时间要短得多,胃中酸的环境对猪饲料中酶制剂的作用往往要高于其对鸡饲料中酶制剂的作用,同时由于鸡在酸性环境的肌胃前还有嗉囊,饲料中的酶制剂在嗉囊相对高的 pH值环境中发挥了相当大的作用。第三由于猪的后肠道容量占总肠道的比例要远远高于家禽,后肠道微生物的发酵作用在猪的消化中往往占有很大的作用,猪后肠微生物的发酵作用可以释放一些脂肪酸从而给动物提供部分的能量,而家禽肠道中微生物种类和数量要低于猪,因此酶制剂在其日粮中的消化作用更为明显。

但是,我们课题组成员沈水宝(2002)、于旭华(2004)以及廖细古(2006)的研究结果发现,仔猪日粮中添加 NSP 酶的效果最佳,其次是肉鸡,最后是肉鸭。

2.动物日龄

一般认为,酶制剂在幼龄畜禽中的应用效果要好于成年动物,这主要是因为幼龄动物消化系统发育不完善,酶的分泌量不足,对营养物质的消化率没有成年动物高。Freeman(1976)报道,肉仔鸡出生时对动物脂肪的消化率很差,在 1~8 周龄是逐渐增加的。家禽在刚出生时胰腺分泌脂肪酶的不足成为限制脂肪消化利用的因素。安永义(1997)试验发现,0~3 周龄肉仔鸡胰腺和肠道消化酶(活性单位/kg 体重)基本上都是随着日龄的升高而上升,在胰腺,淀粉酶、胰蛋白酶、糜蛋白酶和脂肪酶的活性分别在 10、7、12、10 日龄达到峰值。另外,Owsley 等(1986)和计成等(1997)的试验研究结果表明,仔猪断奶后消化系统分泌各种酶的能力有所下降,直至断奶后 2 周才能基本恢复至断奶前水平。本课题组成员的研究结果也得到了相似的结论(于旭华,2001)。Graham(1989)报道,80 kg 肥育猪 β-葡聚糖的回肠末端表观消化率已高达 95.6%,饲料加酶后虽然能继续提高其回肠末端表观消化率,但效果不明显。而 Jensen(1997)试验表明,仔猪断奶后对两个不同品种大麦 β-葡聚糖的回肠末端表观消化率分别为58.8% 和 48.6%。综上所述,幼龄动物消化系统发育不够完善,对脂肪和多糖等营养物质消化率低于成年动物,因此在幼龄动物应用酶制剂的效果优于成年动物。此外,麦类日粮对肉仔鸡的抗营养作用与日龄也有很大的关系。Classen 等(1991)比较了大麦、小麦和大麦加酶日粮对肉仔鸡生产性能的影响,结果发现,高 β-葡聚糖含量的大麦日粮对肉仔鸡的抗营养作用主要发生在 0~4 周龄,4 周龄以上各组肉仔鸡之间生长性能差异不显著。据推测,这可能主要是由于随着肉仔鸡日龄的增加,小肠内容物黏度有所降低的原因。

但是,Bedford 等(1997)比较了 14 个试验中酶制剂对 42 日龄肉仔鸡的生长情况的影响,结果发现酶制剂的添加对 22~42 日龄肉仔鸡饲料报酬的提高幅度明显高于 0~21 日龄。我们肉鸡小麦-豆粕日粮和肉鸭玉米-豆粕日粮中添加木聚糖酶的结果也发现,反而生长后期的添加效果更为突出(于旭华,2004;廖细古,2006)。这可能是因为肉仔鸡食糜的黏度随着日龄的增加而逐渐降低,但是随着日龄的增加,非淀粉多糖增加了肉仔鸡肠道致病菌的增殖,而饲料中添加非淀粉多糖酶后,降低了食糜的黏度,提高了各种营养物质的消化吸收率,从而减少了肠道微生物的繁殖;或者可能的原因是后期由于配方的调整,日粮中木聚糖等底物的含量增加了,从而提高了其添加效果。

三、饲用酶制剂的来源和性质

不同来源酶的特性是不同的,即使同一来源的酶,其性质也有所不同。由不同菌种产生的酶制剂,其发挥最大活性所需的底物和环境条件(pH 值和温度等)往往是不一样的。汪儆等(2000)对国内外 4 种木聚糖酶活性进行检测发现,各种木聚糖酶最适的反应温度为 60~65℃,最适的 pH 值为 5.85~6.35,其中 3 种酶在 pH 值低于 3.6 时活性急剧下降。在随后对4 种酶制剂中 β-葡聚糖酶活性的检测中发现,大多数复合酶制剂获得最高 β-葡聚糖酶活的条件是 60℃和 pH 值 6.35,其中 3 种酶制剂在 pH 值低于 3.6 时活性急剧下降,但是当 pH 升高至 7.35 时,4 种酶制剂仍保持相当高的活性。Makkink 等(1994)报道,猪十二指肠至空肠段小肠的 pH 值为 6.4,而鸡十二指肠至空肠段小肠的 pH 值为 5.8～6.0。这说明上述 4 种酶制剂发挥作用的主要场所可能是小肠的十二指肠至空肠段,而在胃中的活性可能很低。本课题组成员在 2001 年比较了两种不同来源纤维素酶,结果发现:在 pH 值为 4.6 的条件下,其最高活性都是在温度为 60℃时取得,在 40℃ 条件下的活性分别为 60℃ 条件下的 71.7％ 和 64％;pH 值对这两种纤维素酶的活性都有较大的影响,其活性在 pH 值 4.6 时最大,在 pH 值 3.6～5.8 的范围内,其活性都保持在 50％ 以上(于旭华,2001)。这说明这两种纤维素酶在体内发挥作用的位点可能在胃至十二指肠。不同性质 NSP 酶在动物机体内的作用位点可能不同。陈勇(1999)报道,在黑麦日粮中添加以木聚糖酶为主要成分的酶制剂后,降低了前肠(包括十二指肠和空肠)和后肠(回肠至结肠盲肠结合处)的食糜黏度,说明该外源酶在雏鸡消化道内的作用位点主要在肌胃之后,即前肠和后肠。

有研究认为,消化道前段的酸性条件适合于来自真菌的酶,而消化道中段的中性条件适合于来自细菌的酶(郑卓夫译,1990)。我们在 2004 年分别比较了不同来源的木聚糖酶在肉鸡日粮和纤维素酶在肉鹅日粮中的添加效果也发现,不同来源的酶制剂添加效果存在明显的差异:总体上讲,细菌性木聚糖酶相对真菌性木聚糖酶对肉鸡生长性能具有更高的改善效果(于旭华,2004);里氏木霉液体发酵的纤维素酶对肉鹅生长性能的改善效果最佳,其次是桔青霉液体发酵的纤维素酶,然后是里氏木霉固体发酵的纤维素酶(黄燕华,2004)。

此外,添加外源酶制剂必须保证有足够的活力单位,添加水平影响其作用效果。倪志勇(2000)报道,酶制剂的添加存在剂量效应。当添加量超过一定水平时,肉鸡生产性能和养分利用率下降,但其机理还不清楚。Acamovic(2001)认为,日粮中添加酶制剂,可能会对家禽同时产生有益和不利的影响,其表现取决于两者哪一种最终占优势。

四、NSP 酶与其他饲料添加剂的相互作用

一般认为,非淀粉多糖酶可以降低小肠食糜的黏度,提高营养物质消化吸收率,减少各种营养物质在肠道内的富集,从而减少各种有害微生物在肠道内的增殖。而抗生素对肠道有害细菌也有较强的抑制作用,因此抗生素与酶制剂在饲料中的作用效果可能有协同作用。Pijsel(1996)报道,联合使用阿美拉霉素与木聚糖酶可以使肉仔鸡的生产性能优于单独使用酶或单独使用抗生素。本课题组成员在另一试验研究中也发现,单独使用饲用酶能够改善断奶仔猪生长性能,而联合使用金霉素与饲用酶能够进一步改善仔猪的生产性能,尤其在试验后期效果更为明显,且金霉素与饲用酶的配合使用使干物质、能量和粗蛋白的消化率都要高于单独添加组(黄俊文,1998)。

仔猪断奶后胃酸分泌不足,胃内 pH 值上升,导致胃肠道微生物菌群失调,致病菌与有益菌的比例上升,常引起仔猪腹泻等症状。饲料中添加酸化剂后可以弥补胃酸分泌的不足,抑制病原菌的增殖,同时促进有益菌群的建立,因此在饲料中联合使用酸化剂与酶制剂可能具有协同作用。但 Li 等(1999)在断奶仔猪饲料中同时添加酸化剂和酶制剂,并未发现对断奶仔猪有任何的促生长作用,这可能是因为该试验选用 5 周龄断奶仔猪,其胃酸和消化酶的分泌已经能够基本满足消化饲料的需要。

五、NSP 酶应用过程中遇到的问题

1. 饲料加工

高温高压处理黑麦和小麦降低了其在肉鸡生产中的营养价值,这可能是由于高温高压处理增加了肉鸡消化道中食糜的黏度,然而高温高压处理加酶饲料却明显提高了肉仔鸡的生产性能。另外,微波处理和制粒处理都能够增加酶制剂在饲料中应用的效果,这可能与饲料中加酶降低了动物体内的食糜黏度有关。加酶大麦日粮在不同的温度下制粒后饲喂肉鸡的试验发现,肉鸡的生产性能开始时随着制粒温度的升高而提高,这可能是因为制粒增加了日粮中 β-葡聚糖的可溶性从而提高了小肠内容物的黏度,饲料加酶后降低了 β-葡聚糖的抗营养特性。当温度继续升高,肉鸡的生产性能有所下降,这可能是因为过高的温度对酶有部分灭活作用,也可能是因为过高温度破坏了饲料中的营养物质从而降低了各种营养物质的消化利用性(Classen 等,1991)。

Pickford(1992)比较了 3 种商品酶制剂的制粒稳定性,在制粒温度 80℃的条件下,3 种商品酶制剂在饲料中的存留率分别为 85%、55%和 35%。而 Pettersson 等(1997)在另一试验中发现,在 85℃制粒条件下,有 2 种木聚糖酶的活性存留率保持在 80%以上,即使制粒温度升高至 95℃,其中 1 种热稳定木聚糖酶的活性存留率仍然保持在 70%以上。这表明耐热性酶制剂在经受制粒加工后仍可能保留较好的酶活性。

饲料加工调质过程中过高的温度可能破坏饲料中酶制剂的活性,但动物的生产性能并不是随着饲料加工温度的升高而降低。Silversides 等(1999)试验表明,日粮中木聚糖酶的活性随着饲料加工温度的升高而逐渐下降,但随后 21 日龄肉仔鸡的饲养试验发现,饲料加工温度 82℃的肉仔鸡生产性能最好,饲料加工温度低于或高于 82℃,肉仔鸡的生产性能都有不同程度的降低,而饲料转化率与饲料中酶的活性之间相关性不显著。Steen(2001)报道,在日粮中添加 0.5 kg/t 和 1 kg/t 复合酶制剂,然后分别在 70、80、90、95℃条件下调质制粒,结果在所有温度条件下,酶制剂的添加均提高了动物饲料报酬,相同的加酶条件下的饲料报酬与不同调质温度之间呈三次方函数关系,即降低、升高再降低,两种不同剂量酶制剂之间比较可以看出,在 80℃和 95℃条件下两种剂量生产性能相近,在 70℃的调质条件下高剂量的饲料报酬要好于低剂量的饲料报酬,但是在 90℃的条件下与此相反。因此,在实际生产中应该以动物的实际生产性能作为检验酶制剂有效性的标准。

提高酶制剂在饲料加工过程中高温耐受性的途径主要有三条:第一条途径,可以通过基因技术筛选耐高温的菌株;第二条途径,可以采用产品的物理处理如包埋等技术;第三条途径,可以采用液体酶制剂在饲料制粒后颗粒表面的喷涂技术。通过上述方法可以减少酶制剂活性在饲料加工调质过程中的损失。

嗜热菌产耐热木聚糖酶基因在常温菌中的克隆和表达为耐热木聚糖酶的开发和利用提供了更广阔的前景。克隆基因的高效表达,提高了木聚糖酶的耐热性,同时获得相同量酶所需的细胞量仅仅为野生型的百分之几,提高了酶的产量。由于宿主菌产生的其他蛋白质相对不稳定,采用热变性的方法可以迅速而简便地对常温菌中表达的耐热木聚糖酶进行提纯,解决了工业用胞内酶纯化费用高的难题。在筛选耐高温菌种的同时一定要注意酶的产量和其他一些理化性状的改变，以免提高酶耐热性的同时降低了酶的产量以及在常温下的活性。

酶制剂可以通过一些物理处理提高对高温的耐受性，主要包括添加载体对原酶进行吸附作用，另外利用疏水物质对原酶进行包被。Pickford(1992)报道，酶的稳定化处理可以将酶在75℃制粒后的存留率由48％提高至76％，而95℃制粒后酶活的存留率由12％提高至34％。在对酶制剂进行包被处理的同时，一定要注意包被后的酶制剂是否可以在动物合适的消化道部位进行释放，达到其催化的目的。

NSP酶经过制粒后回收率比较低。Silversides等(1999)报道，木聚糖酶在经过80、90、95℃的制粒温度后，其回收率在11％～40％之间，而制粒后添加液体酶则可全部回收。这表明制粒后喷涂技术在提高酶制剂的回收率方面具有很好的作用。

2. 动物消化道内环境

酶制剂本身作为一种具有生物活性的蛋白质，其作用的发挥受到动物体消化道低pH值、胃蛋白酶和胰蛋白酶等环境的影响。Thacker(2000)报道，pH值对10种不同来源酶制剂的活性都有很重要的影响作用，木聚糖酶、β-葡聚糖酶及纤维素酶在pH值为2.5的条件下活性很低，在pH值为3.5的条件下酶活略有升高，各种酶的最高酶活都是在pH值为4.5或5.5的条件下获得的。据此可以推断，猪胃中较低的pH值可能影响酶的活性，但是酶在经历了胃中较低的pH值进入小肠后，小肠中的pH值较适合酶发挥作用。为了检验酶活力是否可以恢复到以前的水平，Thacker等(1996)和Bass等(1996)分别选取5种阿拉伯木聚糖酶和5种β-葡聚糖酶进行试验，在pH值为2.5、3.5、4.5或5.5的条件下分别保持15、30、60或120 min，然后pH值迅速上升至5.5，测定各种酶的活性。试验结果表明，在pH值2.5的条件下保持15 min后pH值升至5.5，β-葡聚糖酶的相对酶活为39％～68％；在pH值2.5的条件下保持120 min后pH值升至5.5，其相对酶活为23％～57％；在pH值2.5的条件下分别保持15 min和120 min后pH值升至5.5，木聚糖酶的酶活分别降为原酶活的12％～79％和12％～48％。

很明显，酶长时间处于较低的pH值条件下能够破坏其中的一部分酶活。但体外pH值稳定性试验仅仅是体内情况的一种模拟，体内情况与体外试验有所不同，体内胃蛋白酶可能加速这种酶的失活，而饲料中的其他成分对酶可能具有一定的保护作用。Thacker等(1996)和Bass等(1996)分别以阿拉伯木聚糖酶和β-葡聚糖酶进行拉丁方试验，选用6头阉公猪，在每头猪十二指肠前端插入一"Ｔ"型瘘管，这样可以随时检测由胃进入小肠食糜中酶的活性。6头猪分别饲喂5种加酶饲料或对照组饲料，连续3 d收集公猪食后15、30、60、120、240 min的食糜。结果表明，动物采食后2 h，β-葡聚糖酶的活力大约下降为原饲料中酶活的47％；动物采食后4 h，β-葡聚糖酶活力降为原酶活的28％。然而，木聚糖酶的活性似乎比β-葡聚糖酶更稳定，在动物采食后2 h和4 h，食糜中木聚糖酶的活性分别降为原活性的87％和82％，这说明有的酶制剂在通过胃作用后进入小肠仍可能保持相当高的活性。

由于饲料在猪的胃中往往要停留4 h以上，而饲料在鸡的胃中停留时间要短得多，胃中酸的环境对猪饲料中酶制剂的作用往往要高于鸡。

3. 饲料中酶的检测方法

国内外文献及各大酶制剂公司提供的酶活分析，一般仅限于对浓酶制剂及酶预混料的分析。酶通常的分析方法包括：一是还原糖法，但是饲料中大量的还原糖使得空白的背景值远远大于被测值，全价料中酶活性的测定难以进行；二是黏度法，但在全价料中采用这种方法的报道也很少；三是酶联免疫法，这种方法虽然能够测定出全价饲料中酶的含量，但是每种酶的抗体结构不相同，通过一种酶制备的抗体并不适用于所有测定的酶，另外，抗体与失活的酶和与酶结构相似的蛋白质之间也可能有较微弱的反应，影响测定结果；四是染色底物法，这种方法虽然比其他的几种方法的敏感性更高，但是其对饲料中酶活也不能达到稳定的检测。

不同酶制剂生产商、饲料厂和科研工作者对酶活检测方法和条件的不一致，造成了不同产品间的质量没有可比性，同时也导致了饲料中添加酶制剂的试验之间没有可比性。对于饲用酶制剂的检测，今后应该向以下几个方面发展：一是统一酶活的检测方法和检测条件，这样才可以对不同的产品进行比较。二是提高酶检测方法的灵敏度。加入到饲料终产品中的酶制剂比例约为万分之一至几十万分之一，酶的活性受到很大的稀释，而测定含酶饲料需要经约十倍甚至上百倍体积的缓冲液加以提取，酶的活性进一步被稀释。因此，饲料中酶活测定需要一种很灵敏的方法，这样才能检测到全价饲料中酶的活性，才可以评定高温高压和高水分条件的调质制粒过程对酶活的影响。三是酶的活性检测条件应尽可能地与动物体内的条件相吻合，从而提高酶活检测的针对性和实用性。

六、结语

尽管已经证明酶制剂的使用可以带来很好的效益，但是，动物日粮中酶制剂的使用仍处于初级阶段，目前仅有少部分的单胃动物饲料使用了饲料酶，在酶制剂的使用中还存在需要进一步研究的领域（Marquardt 和 Bedford，1997；Bedford，2000）。针对 NSP 酶应用中存在的问题，未来的研究领域有以下方面。第一，研制新型 NSP 酶制剂，能够适应不同生长环境且具有较高的特异活性；对热处理、低 pH 值和蛋白分解酶的抵抗力高；生产成本低；在一般贮藏条件下具有更长的货架期；易于在配合饲料中检测。第二，改进酶的分析方法。目前还没有分析所有商品酶制剂质量和数量的统一的标准程序。因此，未来的研究应研制出一套有意义的分析方法，不仅能用于确定饲料中酶制剂的含量，而且能测定出酶制剂的效价。这样，人们才可以鉴别不同酶制剂的品质，确定饲料中酶的正确添加量。第三，明确酶的作用位点及对肠道微生物菌群的影响。确定酶制剂在特定动物体内作用的部位和作用模式，有助于研制出更好的酶制剂产品。研究酶制剂对畜禽消化道发酵的影响，更好地了解饲料酶制剂对肠道微生物繁殖的潜在作用，可以引导肠道微生物向有益的方向繁殖。

参考文献

[1] 安永义.1997.肉雏鸡消化道酶发育规律及外源酶添加效应的研究[D].中国农业大学博士学位论文.

[2] 陈勇.1999.外源酶在雏鸡消化道内的作用位点[J].国外畜牧科技,2(5):23-24.

[3] 黄俊文.1998.金霉素与益生素、饲用酶在仔猪料中的配伍研究[D].华南农业大学硕士学位论文.

[4] 黄燕华.2004.不同来源纤维素酶在肉鹅高纤维日粮中的应用及其作用机理的研究[D].华南农业大学博士学位论文.

[5] 计成,周庆,田河山.1997.断乳前(胰、小肠内容物)几种消化酶活性变化的研究[J].动物营养学报,9(3):37-12.

[6] 廖细古.2006.木聚糖酶对肉鸭生产性能的影响及机理研究[D].华南农业大学硕士学位论文.

[7] 刘强.1998.我国麦类饲料中非淀粉多糖抗营养作用机理的研究[D].中国农科院研究生院博士学位论文.

[8] 倪志勇,张克英,左绍群,等.2000.粉料和颗粒料添加复合酶对肉鸡生产性能的影响[J].广东饲料,9(4):16-18.

[9] 沈水宝.2002.外源酶对仔猪消化系统发育及内源酶活性的影响[D].华南农业大学博士学位论文.

[10] 汪儆,雷祖玉,冯学琴,等.2000.饲用酶制剂中木聚糖酶的测定方法及其活性影响因素的研究[J].饲料研究,3:1-4.

[11] 徐宏波,杜波,程茂基.2007.添加木聚糖酶对仔猪玉米-豆粕型饲粮养分消化率的影响[J].安徽农业科学,35(20):6148-6149.

[12] 于旭华.2001.外源酶对断奶仔猪消化系统酶活的影响[D].华南农业大学硕士学位论文.

[13] 于旭华.2004.真菌性和细菌性木聚糖酶对肉鸡生长性能的影响及其机理研究[D].华南农业大学博士学位论文.

[14] 张芹,毛胜勇,朱伟云,等.2007.玉米-豆粕型日粮中添加木聚糖酶对肉鸡生产性能和内源酶活性的影响[J].畜牧与兽医,39(8):5-7.

[15] 郑卓夫译.1992.加酶改善猪与禽饲料的营养价值——目前的效益及未来的展望[J].饲料广角,3:20-27.

[16] Acamovic T. 2001. Commercial application of enzyme technology for poultry production [J]. World's Poultry Science Journal,57:225-242.

[17] Bass T C,Thacker P A. 1996. Impact of pH on dietary enzyme activity and survivability in swine fed β-glucanase supplemented diets[J]. Canadian Journal of Animal Science,76:245-252.

[18] Bedford M R. 1997. Factors affecting response of wheat based diets to enzyme supplementation[C]//Corbett J L,Choct M,Nolan J V,et al(eds). Recent advance in animal

nutrition in Australia. Armidale，Australia：University of New England Publishing Unit，1-7.

［19］Bedford M R. 2000. Exogenous enzymes in monogastric nutrition‐their current value and future benefits［J］. Animal Feed Science and Technology，86：1-13.

［20］Classen H L，Bedford M R. 1991. The use of enzymes to improve the nutritive value of poultry feeds［M］. Recent advances in animal nutrition. 95-116.

［21］Classen H L，Campbell G L，Wassink G. 1988. Improved feeding value of Saskatchewan-grown barley for broiler chickens with dietary enzyme supplementation［J］. Canadian Journal of Animal Science，68：1253-1259.

［22］Cowan W D. 1995. The relevance of intestinal viscosity on performance of practical broiler diets ［C］//Proceedings of the Australian Poultry Science symposium 7：116-120.

［23］Englyst H N. 1989. Classification and measurement of plant polysaccharides［J］. Animal Feed Science and Technology，23：27-42.

［24］Fengler A I，Marquardt R R. 1988. Water soluble pentosans from rye. II. Effects on rate of dialysis and on the retention of nutrients by the chick［J］. Cereal Chemistry，65：298-302.

［25］Freeman C P. 1976. Digestion and absorption of fat［M］//Digestion in fowl. 117-142.

［26］Graham H，Fadel J G，Newman C W，et al. 1989. Effect of pelleting and β-glucanase supplementation on the ileal and fecal digestibility of a barley-based diet in the pig［J］. Journal of Animal Science，67：1293-1298.

［27］Jesen M S，Jesen S K，Jakogsen K. 1997. Development of digestive enzymes in pigs with emphasis on lipolytic activity in the stomach and pancreas［J］. Journal of Animal Science，75：437-445.

［28］Li D F，Liu S D，Qiao S Y，et al. 1999. Effect of feeding organic acid with or without enzyme on intestinal microflora，intestinal enzyme activity and performance of weaned pigs［J］. Asian-Australian Journal of Animal Science，12(3)：411-416.

［29］Makkink C A，Berntsen J M，Kamp B M L. 1994. Gastric protein breakdown and pancreatic enzyme activities in response to two different dietary protein sources in newly weaned pigs［J］. Journal of Animal Science，72：2843-2850.

［30］Marquardt R R，Bedford M R. 1997. Recommendations for future research on the use of enzyme in animal feeds［C］//Enzyme in poultry and swine nutrition. Marquardt R R，Han Z（eds）. International Development Research Centre，Ottawa，ON，Canada：129-138.

［31］Marsman G J，Poel A F，Kwakkel R P，et al. 1997. The effect of thermal processing and enzyme treatments of soybean meal on growth performance，ileal nutrient digestibilities，and chyme characteristics in broiler chicks［J］. Poultry Science，76 (6)：864-872.

［32］Owsley W F，Orr D E，Tribble L R. 1986. Effect of age and diet on the development of the pancreas and the synthesis and secretion of pancreatic enzymes in the young pig［J］. Journal of Animal Science，63：497-504.

[33] Pettersson D，Rasmussen P B. 1997. Improved heat stability of xylanases[C]//Proceedings of the Australian Poultry Science symposium. Australian Poultry Science，Sydney：119-121.

[34] Pickford J R. 1992. Effects of processing on the stability of heat labile nutrients in animal feeds[M]//Garnsworthy P C，Haresign W，Cole D J A(eds). Advances in animal nutrition. Butterworth Heinemann，Nottingham：177-192.

[35] Pijsel C. 1996. Is there an interaction between antibiotics and enzymes[J]. Messet World Poultry，12(2)：44-45.

[36] Silversides F G，Bedford M R. 1999. Effect of pelleting temperature on the recovery and efficiency of a xylanase enzyme in wheat-based diets [J]. Poultry Science，78：1184-1190.

[37] Steenfeldt S，Müllertz A，Jensen J F. 1998. Enzyme supplementation of wheat-based diets for broilers. 1. Effect on growth performance and intestinal viscosity[J]. Animal Feed Science and Technology，75(1)：27-43.

[38] Thacker P A，Baas T C. 1996. Effects of gastric pH on the activity of exogenous pentosanase and the effect of pentosanase supplementation of the diet on the performance of growing-finishing pigs[J]. Animal Feed Science and Technology，63(1-4)：187-200.

[39] Thacker P A. 2000. Recent advances in the use of enzymes with special reference to β-glucanases and pentosanases in swine rations[J]. Asian-Australian Journal of Animal Science，13(Special Issue)：376-385.

[40] Wiseman J，Inborr J. 1990. The nutritive value of wheat and its effect on broiler performance[M]. Recent advance in animal nutrition. 79-102.

[41] Wyatt C L，Bedford M R，Waldron L A. 1999. Role of enzymes in reducing variability in nutritive value of maize using the ileal digestibility method[C]//Proceedings of the Australian Poultry Science symposium，11：108-111.

木聚糖酶对家禽生产性能的影响及其应用效果的预测

自阿拉伯木聚糖被发现是小麦、黑麦和小黑麦等麦类日粮的主要抗营养因子以来，人们就开始针对性地在麦类基础日粮中添加阿拉伯木聚糖酶以降低甚至消除这些抗营养因子的负面作用，进而取得较好的生产效果。阿拉伯木聚糖酶在动物日粮中的添加不仅可提高动物的饲料转化率和生长速度，降低动物肠道食糜黏度和水分含量，减少动物呼吸系统和腿部疾病，提高动物福利，还可减少未吸收营养物质的环境排放量，缓解养殖业对环境污染的压力。

一、木聚糖酶对家禽生产性能的影响

自 Jesen 等(1957)发现在大麦日粮中添加粗酶制剂可以提高肉鸡的生产性能以来，随后大量试验结果都表明，在以麦类为基础的日粮中添加木聚糖酶可以提高家禽的生长性能(Bedford 等，1992；Brenes 等，1993；Classen 等，1996；Bedford 等，1996；韩正康，2000；廖细古，2006；谭会泽，2006)。

日粮中阿拉伯木聚糖对小麦、黑麦和小黑麦等麦类日粮造成抗营养作用的主要原因是提高了动物肠道内容物的黏度(Choct 等，1990；Annison，1991)，而在麦类基础日粮中添加木聚糖酶则可以减低动物肠道内容物的黏度，这样一方面增加了动物肠道内食物同消化酶的接触机会，同时，已消化养分向肠黏膜的扩散速度也大大加快，提高了动物对已消化养分的吸收，提高动物的生产性能。

Lázaro 等(2003)在黑麦日粮中添加酶制剂提高了 25 日龄动物体重的 20.8%，饲料采食量和饲料转化效率分别提高 4.9% 和 12.7%。Steenfeldt 等(1998)试验得出，在小麦型基础日粮中添加阿拉伯木聚糖酶，肉鸡整个生长阶段的日增重和饲料转化效率有显著的提高，尤其在 4 周龄前最为明显，但采食量没有明显变化。我们先前也得到了类似的结果，小麦日粮中添加木聚糖酶对黄羽肉鸡 4～6 周龄生产性能影响不大，但对于 7～9 周龄，日粮添加不同来源和浓度的木聚糖酶均提高了动物的饲料报酬,降低了采食量;综合整个饲养阶段,日粮中添加真菌性木聚糖酶和细菌性木聚糖酶均提高了黄羽肉鸡的饲料转化效率,其中,添加 150 U/kg 真菌性木聚糖酶 1# 和 2# 分别比对照组提高 4.9% 和 4.2%;添加 3# 真菌性木聚糖酶 50、150、450、1 350 U/kg,饲料转化效率分别比对照组提高 2.6%、2.6%、3.8% 和 5.3%;添加细菌性木聚糖酶 50、150、450、1 350 U/kg,饲料转化效率分别比对照组提高 4.5%、5.3%、5.7% 和 4.5%;随着日粮中木聚糖酶的浓度的增加,两种木聚糖酶对饲料报酬的改善都有所增加,其中以真菌性木聚糖酶的趋势更为明显;细菌性木聚糖酶在低剂量、中剂量和高剂量条件下饲料报酬的改善达到 4.5%、5.3% 和 5.7%,而真菌性木聚糖酶 3# 在 3 种剂量条件下对饲料报酬的改善则分别为 2.6%、2.6% 和 3.8%,在低、中、高 3 种剂量的条件下,细菌性木聚糖酶对动物饲料报酬的改善要好于真菌性木聚糖酶 3#;在最高剂量条件下,2 种木聚糖酶对肉鸡饲料报酬的改善则相近(于旭华,2004)。

二、影响因子与阿拉伯木聚糖酶的应用效果的相关性分析

人们在动物日粮中添加阿拉伯木聚糖酶后,通常想通过一些饲料原料的物理特性或者原料中某些化学成分含量来对酶的添加效果进行预测。

1. 非淀粉多糖含量

非淀粉多糖是造成非常规谷物饲料原料抗营养特性的主要原因(Choct 等,1990;Annison,1991),人们试图通过测定谷物饲料中非淀粉多糖含量来预测非淀粉多糖酶制剂在动物日粮中的应用效果。但由于非淀粉多糖种类繁多,各种非淀粉多糖相对分子质量和结构都有所不同,且很多非淀粉多糖之间存在交联接合,所以一般实验室条件很难对其定量分析,亦很难通过日粮中的含量来预测酶制剂的应用效果(Bedford 等,2000)。

2. 动物肠道内容物黏度

Bedford 等(1992)分别用 0%、20%、40% 和 60% 的黑麦替代小麦,然后分别在以上四种基础日粮中添加 0%、0.1%、0.2%、0.4%、0.8% 和 1.6% 的木聚糖酶,结果显示,日粮中使用黑麦显著降低了 0～21 日龄肉鸡的生产性能,而木聚糖酶消除了黑麦的不良效果。对前肠内容物食糜黏性的检测结果显示,肠道食糜黏性的大小同日粮类型和阿拉伯木聚糖酶的添加剂量之间存在较强的互作关系,即随着日粮中黑麦使用量的增加,肉鸡肠道内容物黏度逐渐增加,而木聚糖酶则降低了肠道内食糜的黏度。

肠道内容物黏度是影响动物对饲料中营养物质消化率的重要因素(Bedford 等,1992;Choct 等,1992;Steenfeldt 等,1998)。日粮中添加酶制剂对动物肠道内容物黏度的改善程度除了受日粮类型、日粮非淀粉多糖含量、酶添加类型和剂量影响外,还受动物的日龄、肠道部位、日粮抗生素和肠道菌群结构等因素影响。随着营养物质在动物肠道内的消化吸收,肠道后段内容物中非淀粉多糖的含量也逐渐增加,另外,随着家禽日龄的增加,其肠道内容物黏度有

降低趋势(Steenfeldt 等,1998),这从一方面解释了成年家禽可以更容易适应低 ME 的小麦(Rogel 等,1987)。

虽然肠道食糜的黏度可以在一定程度上对木聚糖酶在动物日粮中应用效果进行预测,但其测定程序繁琐,且成本较高,应用范围受到限制。

3. 日粮提取液黏度

日粮中可溶性非淀粉多糖的含量可作为预测日粮营养价值的一个重要指标,而日粮缓冲液提取物的黏度主要来自于日粮可溶性非淀粉多糖(Izydorczyk 等,1991),Cowan(1995)进行相关性分析表明,食糜的黏度与肉鸡生产性能有很好的相关关系,因此可以用其来预测酶的作用效果。

4. 体外淀粉消化率

Wiseman 和 McNab(1997)利用体外方法对日粮中淀粉消化率进行了测定,结果表明,日粮中淀粉的体外消化率和体内消化率具有一定的相关性($R^2 = 0.65$)。据此,我们可以利用日粮中淀粉的消化率来对日粮各种营养价值进行评定,同时也可以利用体外消化模型对酶制剂的作用效果进行预测。

三、数学预测模型

阿拉伯木聚糖酶已在动物饲料中广泛应用,但是目前为止还没有一个简单模型可以预测此酶对动物生产性能的影响。Steen 等(2001)发现,随着日粮中酶添加量的增加,动物饲料报酬有明显的提高,但提高幅度并非与酶添加量呈线性关系,而是随着日粮中酶添加量的增加,动物生产性能提高的幅度有所下降。Zhang(1996)在黑麦日粮中添加了不同种类和剂量的阿拉伯木聚糖酶,结果发现,阿拉伯木聚糖酶不同程度地提高了动物的生产性能。当酶添加量换算成对数后,其与动物生产性能(增重、饲料转化率)之间存在极强相关关系,用公式可以表示为:$Y = A + B \times \lg X$(其中:Y 为动物生产性能;A 为 Y 轴截距;B 为斜率,即酶的添加效率;X 为日粮中酶的添加活性)。本课题组先前研究结果表明,黄羽肉鸡的饲料报酬与阿拉伯木聚糖酶添加剂量之间存在一定的相关关系,饲料报酬(y)与真菌性阿拉伯木聚糖酶和细菌性阿拉伯木聚糖酶的添加剂量之间的回归方程分别为:$y = -71\ln x + 2.631\,2(R^2 = 0.902\,4)$ 和 $y = -0.029\,7\ln x + 2.589\,8(R^2 = 0.412\,6)$;黄羽肉鸡的平均日采食量与日粮中真菌性和细菌性阿拉伯木聚糖酶的添加剂量之间也存在一定的相关关系,其回归方程分别为:$y = -0.934\,7\ln x + 84.062(R^2 = 0.371\,8)$ 和 $y = -1.557\,1\ln x + 84.522(R^2 = 0.682)$(于旭华,2004)。在对其他 6 个家禽试验数据的分析后,同样发现动物的生产性能与酶的添加剂量之间存在着一种对数关系。这说明,动物的生产性能与日粮中酶添加量之间并非是一种线性关系,而是一种对数关系,即日粮中酶的添加剂量是开始剂量的 10 倍,动物生产性能并非是提高 10 倍,而是 1 倍。这主要是因为日粮中底物的浓度是恒定的,而且大部分底物是与其他物质相结合的,当日粮中木聚糖酶的添加量增加到超过底物的结合量,则发挥作用的酶量也有所减少;另外,高底物浓度也可以引起某些酶活的抑制作用。

由此可见,在日粮中添加较小剂量的酶制剂即可以对动物的生产性能有比较明显的提高,当酶的添加剂量超过一定范围时,动物生产性能的提高受到限制,酶添加量过高则造成浪费;但酶在饲料中添加量也不能过少,否则与底物结合的酶量有限,酶发挥作用受到限制。因此,用数学模型来预测木聚糖酶的应用效果不失为一种方便快捷的方法。

四、结语

木聚糖酶通过对植物细胞壁中木聚糖的降解作用,将细胞内养分释放出来,从而增加肠道有效养分,刺激机体内源性消化酶分泌,促进肠道尤其是幼龄动物肠道系统发育,并调节动物神经内分泌系统,最终提高家禽的生产性能。目前,已有预测木聚糖酶在动物营养上应用效果的方法,都因其本身优缺点而应用范围有限。数学模型法为我们提供了一种新的思路,在预测模型中将木聚糖酶作用过程各环节纳入考虑范围,这样得出的预测数据将会更加精准。

参考文献

[1] 韩正康.2000.大麦日粮添加酶制剂影响家禽营养生理及改善生长性能的研究[J].畜牧与兽医,32(1):1-4.

[2] 廖细古.2006.木聚糖酶对肉鸭生产性能的影响及机理研究[D].华南农业大学硕士学位论文.

[3] 谭会泽.2006.肉鸡肠道碱性氨基酸转运载体 mRNA 表达的发育性变化及营养调控[D].华南农业大学博士学位论文.

[4] 于旭华.2004.真菌性和细菌性木聚糖酶对肉鸡生长性能的影响及机理研究[D].华南农业大学博士学位论文.

[5] Annison G. 1991. Relationship between the concentrations of soluble non-starch polysaccharides and the metabolizable energy of wheats assayed in broiler chickens[J]. Journal of Agricultural and Food Chemistry,39:1252-1256.

[6] Annison G. 1992. Commercial enzyme supplementation of wheat-based diets raises ileal glycanase activities and improves apparent metabolizable energy,starch and pentosan digestibilities in broiler chickens[J]. Animal Feed Science and Technology,38:105-121.

[7] Bedford M R,Classen H L. 1992. Reduction of intestinal viscosity through manipulation of dietary rye and pentosanase concentration is effected through the carbohydrate of the intestinal aqueous phase and results in improved growth rate and feed conversion[J]. Journal of Nutrition,122:560-569.

[8] Bedford M R. 1996. Independent and interactive changes between the ingested feed and the digestive system in poultry[J]. Journal of Applied Poultry Research,5:85-92.

[9] Bedford M R. 2000. Exogenous enzymes in monogastric nutrition-their current value and

future benefits[J]. Animal Feed Science and Technology，86：1-13.

[10] Brenes A，Smith M，Guenter W，et al. 1993. Effect of enzyme supplementation on the performance and digestive tract size of broiler chickens fed wheat and barley diet[J]. Poultry Science，72：1731-1739.

[11] Carré B，Lessire M，Nguyen T H，et al. 1992. Effects of enzymes on feed efficiency and digestibility of nutrients in broilers[C]//Proceedings of the XIX World Poultry Congress. Amsterdam：411-415.

[12] Choct M，Annison G. 1992. The inhibition of nutrient digestion by wheat pentosans[J]. British Journal of Nutrition，67：123-132.

[13] Choct M，Annison G. 1990. Anti-nutritive of wheat pentosans in broiler diets[J]. British Poultry Science，31：811-821.

[14] Choct M，Hughes R J，Wang J，et al. 1996. Increase small intestinal fermentation is partly responsible for the anti-nutritive activity of non-starch polysaccharides in chickens[J]. British Poultry Science，37：609-621.

[15] Choct M. 1998. The effect of different xylanases on carbohydrate digestion and viscosity along the intestinal tract in broilers[C]//Proceedings of the Australian Poultry Science symposium，10：111-115.

[16] Classen H L，Campbell G L，Wassink G. 1988. Improved feeding value of Saskatchewan-grown barley for broiler chickens with dietary enzyme supplementation[J]. Canadian Journal of Animal Science，68：1253-1259.

[17] Classen H L. 1996. Cereal grain starch and exogenous enzymes in poultry diets[J]. Animal Feed Science and Technology，62：21-27.

[18] Cowan W D. 1995. The relevance of intestinal viscosity on performance of practical broiler diets[C]//Proceedings of the Australian Poultry Science symposium，7：116-120.

[19] Hew L I，Ravindran V，Mollah Y，et al. 1998. Influence of exogenous xylanase supplementation on apparent metabolisable energy and amino acid digestibility in wheat for broiler chickens[J]. Animal Feed Science and Technology，1998，75：83-92.

[20] Izydorczyk M，Biladeris C G，Bushuk W. 1991. Comparison of the structure and composition of water-soluble pentosans from different wheat varieties[J]. Cereal Chemistry，68：139-144.

[21] Jesen L S，Fry R E，Allred J B，et al. 1957. Improvement in the nutritional value of barley for chicks by enzyme supplementation[J]. Poultry Science，36：919-921.

[22] Lázaro R，Garcia M，Aranibar M J，et al. 2003. Effect of enzyme addition to wheat-，barley-，and rye-based diets on nutrient digestibility and performance of laying hens [J]. British Poultry Science，44：256-265.

[23] Rogel A M，Annison E F，Bryden W L，et al. 1987. The digestion of wheat starch in broiler chickens[J]. Australian Journal of Agricultural Research，38：639-649.

[24] Steen P. 2001. Liquid application systems for feed enzymes[C]//Bedford M R，Partridge

G G(eds). Enzymes in farm animal nutrition. Wiltshire SN8 IXN，UK，353-376.

[25] Steenfeldt S，Hammershøj M，Müllertz A，et al. 1998. Enzyme supplementation of wheat-based diets for broilers. 2. Effect on apparent metabolisable energy content and nutrient digestibility[J]. Animal Feed Science and Technology，75(1)：45-64.

[26] Wiseman J，McNab J. 1997. Nutritive value of wheat varieties fed to non-ruminants[R]//HGCA Project Report，No. 111. Home Grown Cereals Authority.

[27] Wiseman J，Wiseman N T N，Norton G. 2000. Relationship between apparent metabolisable (AME) values and *in vivo/in vitro* starch digestibility of wheat for broilers [J]. World's Poultry Science Journal，56：1-14.

[28] Zhang Z，Marquardt R R，Wang G，et al. 1996. A simple model for predicting the response of chicks to dietary enzyme supplementation[J]. Journal of Animal Science，74：394-402.

饲料中的 β-葡聚糖和 β-葡聚糖酶的应用

β-葡聚糖是禾本科高等植物（谷物类）细胞壁的多糖成分，为非淀粉多糖（NSP）的一种，广泛存在于大麦、燕麦、高粱、大米和小麦等谷物胚乳细胞壁中。由于 β-葡聚糖会包裹一些营养物质，使消化酶不能接触到底物，从而降低饲料的营养价值。同时，某些 β-葡聚糖如 β-1,3-1, 4-葡聚糖具有水溶性，可以使饲料在动物肠道中具有很大的黏性，给动物的生长和生产带来负面影响。因而 β-葡聚糖通常被认为是抗营养因子，限制了饲料中谷物类原料的营养利用。饲料中添加 β-葡聚糖酶可有效缓解或消除 β-葡聚糖的负面作用，对谷物类原料，特别是小麦、燕麦等在饲料中的大量使用创造了条件。

一、广义的 β-葡聚糖和 β-葡聚糖水解酶

β-葡聚糖是一类由 D 型 β 构象葡萄糖连接的多糖聚合物，其中含量最大的是以 β-1,4-糖苷键连接的纤维素。一些 β-葡聚糖是以一种糖苷键连接成的线形分子结构，还有一些是由不同的糖苷键连接的线形或者含有支链的非线形结构。这些糖苷键包括 β-1,4-、β-1,3-、β-1,6-、β-1,3-1,6-、β-1,3-1,4-、β-1,2-1,4-。其中 β-1,3-1,4-葡聚糖是由 β-1,3 和 β-1,4 混合的糖苷键连接的直链葡聚糖聚合物，其在大麦和燕麦等淀粉胚乳的细胞壁中含量为 70% 左右。

β-葡聚糖降解酶来源广泛，真菌是最为主要的来源。根据酶作用底物糖苷键的类型和机制，可以对 β-葡聚糖水解酶进行区分（表1）。

表1 **β-葡聚糖水解酶的名称及功能**

编 码（EC）	习惯名	系统名	功能
3.2.1.4	纤维素酶	β-1,4-(1,3;1,4)-D-葡聚糖-4-葡聚糖水解酶	内切纤维素和含有 1,3-、1,4-糖苷键的 β-D-葡聚糖的 1,4-糖苷键

续表1

编 码(EC)	习惯名	系统名	功能
3.2.1.6	昆布多糖酶	β-1,4-(1,3;1,4)-D-葡聚糖-3(4)-葡聚糖水解酶	当葡萄糖残基的还原基团参与的糖苷键在其 C3 位被取代时,该酶水解葡萄糖残基的另一 β-1,3 或者 β-1,4 糖苷键
3.2.1.21	β-葡萄糖苷酶(纤维二糖酶)	β-D-葡萄糖苷葡萄糖水解酶	水解 β-D-糖苷的非还原性末端,释放出 β-D-葡萄糖
3.2.1.39	内切 β-1,3-葡聚糖酶	β-1,3-D-葡聚糖水解酶	内切 β-1,3-D-葡聚糖中的 β-1,3 糖苷键
3.2.1.58	外切 β-1,3-葡聚糖酶	β-1,3-D-葡聚糖水解酶	外切 β-1,3-葡聚糖,释放出葡萄糖
3.2.1.71	内切 β-1,2-葡聚糖酶	β-1,2-D-葡聚糖水解酶	内切 β-1,2-葡聚糖中的 β-1,2-糖苷键
3.2.1.73	地衣多糖酶(β-1,3-1,4-葡聚糖酶)	β-1,3-1,4-D-葡聚糖-4-葡聚糖水解酶	内切 β-1,3-1,4-D-葡聚糖中的 1,4-糖苷键
3.2.1.74	外切 β-1,4-葡聚糖酶	β-1,4-D-葡聚糖水解酶	从纤维素的非还原性末端切下葡萄糖
3.2.1.75	内切 β-1,6-葡聚糖酶	β-1,6-D-葡聚糖水解酶	内切 β-1,6-葡聚糖
3.2.1.91	外切 β-1,4-葡聚糖二糖水解酶	β-1,4-葡聚糖纤维二糖水解酶	逐个切下纤维素非还原性末端的纤维二糖残基

习惯上,人们把 β-1,3-1,4-葡聚糖简称为谷类 β-葡聚糖,把 β-1,3-1,4-葡聚糖酶称为 β-葡聚糖酶(地衣多糖酶,EC 3.2.1.73)。我们在饲料中添加的 β-葡聚糖酶一般就是指这种 β-1,3-1,4-葡聚糖酶。由于地衣多糖酶和昆布多糖酶(EC 3.2.1.6)的功能比较接近,昆布多糖酶也可以部分水解 β-1,3-1,4-葡聚糖的一些糖苷键,故地衣多糖酶和昆布多糖酶容易被混淆。

二、β-葡聚糖的结构及性质

1. β-葡聚糖的结构

β-吡喃葡萄糖是构成 β-葡聚糖的基本结构单位,这与纤维素相似,所不同的是 β-葡聚糖的结构中含有 β-1,3 和 β-1,4 两种糖苷键。β-葡聚糖中 β-1,3 和 β-1,4-糖苷键的排布无一定的规则,但通常是由 β-1,4-糖苷键连接葡萄糖形成纤维三糖和纤维四糖,它们再通过 β-1,3-糖苷键相互连接成直链多聚体形式的 β-葡聚糖。将大麦中分离出的水溶性 β-葡聚糖用专一性 β-1,3-1,4-葡聚糖酶水解,经凝胶过滤层析分离和甲基化方法确定结构发现,近 90% 的多糖是由 β-1,3-糖苷键所分隔的纤维三糖和纤维四糖单元组成,5～11 个连续的 β-1,4-糖苷键相连的寡糖单元也占有较高的比例(Beer,1997)。Woodward 等(1983)研究也发现,大麦和燕麦中 85% 的 β-葡聚糖是由单一 β-1,3-糖苷键分隔的,由 2 个或者 3 个连续的 β-1,4-糖苷键相连的 β-葡聚糖片段组成,其余的 15% 是由单一 β-1,3-糖苷键分隔的 4、5、8 或更多个连续的 β-1,4-糖苷键组成的较大片段。Edney 等(1991)发现,不同品种大麦的葡聚糖结构有所不同,但均无连续

的β-1,3糖苷键存在。对某一种来源的β-葡聚糖来说,其β-1,3与β-1,4糖苷键的比例是较为恒定的。一般认为β-1,3糖苷键和β-1,4糖苷键的比例在1∶(2.4～2.6)。

2. β-葡聚糖的水溶性及相对分子质量

β-葡聚糖的理化特性与其结构密切相关。谷物类β-葡聚糖独特的分子结构,赋予了其特殊的性质,由于β-1,3和β-1,4混合键的存在,影响分子内的联系,使其内部结构较为松散,就使β-葡聚糖部分溶于水,产生较高的黏性。但有些β-葡聚糖不溶于水,可能与其含长链β-1,4-糖苷键有关。一般说来,所有的β-葡聚糖均溶于酸和碱,所以要完全地抽提β-葡聚糖多以酸和碱为溶剂(Sanlinier等,1994)。大麦β-葡聚糖的相对分子质量因品种和沉淀方法不同而有很大差别,在30 000～290 000 范围内变动(Manzanares 等,1993;McNab,1992;Sanlinier,等,1994)。Buliga 等(1986)指出大麦β-葡聚糖产生黏性的大小与其相对分子质量大小密切相关。

大麦和燕麦等植物中的β-葡聚糖是其籽粒胚乳、糊粉层细胞壁主要成分。大麦糊粉层细胞壁含26%的β-葡聚糖和67%阿拉伯木聚糖,胚乳细胞壁物质约含75%β-葡聚糖和20%阿拉伯木聚糖(Fincher 和 Stone,1986)。β-葡聚糖的含量和可溶性与品种和栽培地以及籽粒的生长状况有关(Hesselman 和 Thomke,1982)。

3. 饲料中 β-葡聚糖的抗营养特性

当大麦或燕麦等作为饲料原料时,由于其中含有丰富的β-葡聚糖,限制了其在饲料中尤其是禽类饲料中的应用。β-葡聚糖的抗营养机理为:动物肠道中不能分泌相关的酶,因而β-葡聚糖不能被消化酶分解,溶于水后增大了食糜的黏性。食糜黏性的提高,一方面减少了动物消化酶与饲料中各种营养物质的接触机会,同时使已经消化了的养分向小肠壁的扩散速度减慢,降低已经消化养分的吸收率。β-葡聚糖具有高的持水活性,可通过其网状结构吸收超过自身重量数倍的水分,改变其物理特性,抵制肠道的蠕动。高亲水性的β-葡聚糖与肠黏膜表面的脂类微团和多糖蛋白复合物相互作用,导致黏膜表面水层厚度增加,降低养分的吸收。表面水层厚度是养分吸收的限制因素。β-葡聚糖等非淀粉多糖可以与消化道后段微生物区系相互作用,造成厌氧发酵,产生大量的生孢梭菌等分泌的毒素,抑制动物的生长。食糜黏性增加还可以造成畜禽粪便含水量和黏稠度增加,影响了畜禽舍和周围的环境。β-葡聚糖是表层带负电荷的表面活性物质,在溶液中极易与带相反电荷的养分物质结合,从而影响养分的吸收。β-葡聚糖还能吸附 Ca^{2+}、Zn^{2+}、Na^+ 等金属离子以及有机质,造成这些物质的代谢受阻。β-葡聚糖与消化酶、胆盐结合,可降低消化酶的活性,并使胆酸呈束缚状态,导致胆固醇等脂类和类脂吸收减少,同时也影响脂类吸收微团的形式,影响了脂肪的消化吸收。

综上所述,β-葡聚糖是某些饲料原料中的重要的抗营养因子。在富含β-葡聚糖的饲料原料中,通过添加β-葡聚糖酶,可以部分消除其负面影响。

另有一些研究报道,β-葡聚糖具有降低动物血浆胆固醇的功能,其作用机理可能是:β-葡聚糖在消化道结合胆汁酸排泄到体外,一方面加快了肝脏胆固醇的代谢,另一方面影响脂类的消化吸收,最终引起血浆胆固醇下降;β-葡聚糖在肠道后段被微生物发酵产生短链脂肪酸,而这些物质被吸收后可抑制肝脏胆固醇的合成;β-葡聚糖作为抗营养因子,影响了肠道对营养物质包括脂肪、胆固醇等的吸收。

三、β-葡聚糖酶的性质及功能

1. β-葡聚糖酶的来源

β-葡聚糖酶(3.2.1.73)存在于植物和微生物中,人和动物体内却是缺乏的,它属于半纤维素酶类。谷物籽实本身不含有 β-葡聚糖酶,但在其发芽过程中能产生 β-葡聚糖酶,用于分解胚乳细胞壁中的 β-葡聚糖,解除其对胚乳中其他营养物质分解的抗性作用,保证种子的正常发芽。β-葡聚糖酶也可由微生物产生,主要是细菌(芽孢杆菌)、真菌(曲霉、毛霉等)和瘤胃微生物等。目前国内外主要是用微生物法制备 β-葡聚糖酶。

2. β-葡聚糖酶对 β-葡聚糖的作用

β-葡聚糖酶水解时要求其底物具有邻接的 β-1,3 和 β-1,4-葡萄糖残基,且只水解在 G(O) 位被取代(表示羟基氧)的葡萄吡喃糖单元中的 β-1,4-糖苷键。β-葡聚糖主要结构形式为 G4G3G4G4G3G4G3G4G.red(G 代表 β-葡萄糖残基,数字代表 β-1,3 或 β-1,4-糖苷键,red 代表还原末端),独特的 3-O-β-纤维二糖-D-葡萄糖(G4G3G.red)与 3-O-β-纤维三糖-D-葡萄糖(G4G4G3G.red)是水解的主要低聚产物(Hrmova,1997)。葡聚糖酶不能水解 β-1,3-葡聚糖,同样,β-1,3-葡聚糖酶也不能水解 β-1,3-1,4-葡聚糖,除非该 β-葡聚糖存在一段连续的 β-1,3-糖苷键(施永泰和朱睦元,2001),而纤维素酶(EC 3.2.1.4)可以内切 β-葡聚糖中连续的 β-1,4-糖苷键。β-葡聚糖酶对 β-葡聚糖水解的两个主要产物 G4G3G.red 和 G4G4G3G.red 也是包含 β-1,3 和 β-1,4 混合键的寡糖,在植物中,可被自身产生的外切 β-葡聚糖酶和 β-葡萄糖苷酶水解为葡萄糖供植物幼苗生长用(Slakeski,1992)。β-葡萄糖苷酶水解 1,4-糖苷键的速度比水解 1,3-糖苷键的速度快,现在还不清楚 β-葡萄糖苷酶在体外能否水解这些寡糖产物(Hrmova等,1996)。除了 β-葡聚糖酶对 β-葡聚糖的降解作用外,纤维素酶(EC 3.2.1.4)和昆布多糖酶(EC 3.2.1.6)对其也有降解作用。

饲料中添加 β-葡聚糖酶,降解 β-葡聚糖分子,使之降解为小分子,失去亲水性和黏性,改变单胃动物肠道内容物的特性、消化酶的活性、肠道微生物的作用环境等,从而有利于动物对营养物质的消化和吸收,提高生长性能和饲料的转化率。

3. β-葡聚糖酶的酶学性质

从大麦萌发种子中经 SDS-PAGE 提取纯化得到 β-葡聚糖酶的两种同功酶 EⅠ和 EⅡ,相对分子质量分别为 30 000 和 32 000。它们具有基本相似的底物特性、最适 pH 值和作用形式,但有不同的等电点和糖基化作用点。这两种同功酶是两个不同基因的产物已被 Southern 印迹技术及同功酶分析证实。Akiyama(1998)从米糠中提取出的 β-葡聚糖酶与大麦的 β-葡聚糖酶有所不同,米糠 β-葡聚糖酶的相对分子质量为 31 000。米糠 β-葡聚糖酶的氨基酸序列和大

麦及燕麦中的 β-葡聚糖酶氨基酸序列有 83％左右的同源性。据报道,植物 β-葡聚糖酶和微生物 β-葡聚糖酶在氨基酸序列和三维结构上没有同源性和相关性,但却有相同的底物专一性,是对同一底物专一性的同向进化(汤兴俊,2003),而微生物性 β-葡聚糖酶之间基因结构相似,核苷酸和氨基酸序列有一定的同源性。

不同来源的 β-葡聚糖酶的最适 pH 值范围不同,例如大麦芽 β-葡聚糖酶 pH 值为 4.5～5.3,米糠 β-葡聚糖酶的 pH 值为 4.5,黑曲霉 β-葡聚糖酶 pH 值为 3.0～6.0,米曲霉 β-葡聚糖酶 pH 值为 4.0～6.0,枯草杆菌 β-葡聚糖酶 pH 值为 4.5～7.0,地衣芽孢杆菌 β-葡聚糖酶 pH 值为 5.5～7.0。而这些不同来源 β-葡聚糖酶的适宜温度范围则差异不大,大都在 40～55℃。芽孢杆菌产生的 β-葡聚糖酶的热稳定性高于麦芽内源酶和真菌性 β-葡聚糖酶。钙离子能够提高 β-1,3-1,4-葡聚糖酶活性。

四、β-葡聚糖酶的添加效果

大麦和燕麦是重要的非常规饲料原料,尤其是大麦,产量仅次于玉米、小麦、稻谷。由于其中含有的 β-葡聚糖的抗营养作用,限制了其在畜禽饲料中的用量。例如 Classen 等(1985)以不同比例的裸大麦替代日粮中的小麦饲喂肉用仔鸡,结果试验鸡 3 周龄体重、胫骨重、灰分、脂肪和淀粉吸收率均明显降低,且与裸大麦添加量呈线性关系。如果在大麦或者燕麦饲粮中添加降解 β-葡聚糖的酶,理论上可以克服饲料中 β-葡聚糖的负面作用。

许梓荣等(2002)在大麦型断奶仔猪饲料(含大麦 79％)中添加复合 NSP 酶制剂(β-葡聚糖酶 6 000 U/g、木聚糖酶 3 000 U/g、纤维素酶 800 U/g),结果发现,添加 NSP 酶可以显著提高仔猪日增重,对猪胰脏中总蛋白水解酶、胰蛋白酶、糜蛋白酶、胰淀粉酶和胰脂肪酶均无明显影响,十二指肠内容物中总蛋白水解酶、胰蛋白酶、淀粉酶和脂肪酶活性分别降低 54.68％、66.10％、78.90％和 62.34％,空肠黏膜中麦芽糖酶、蔗糖酶、乳糖酶和 γ-谷氨酰转移酶活性分别提高 38.46％、40.00％、242.70％和 117.62％。俞颂东(2002)在大麦型断奶仔猪饲粮中添加 NSP 酶,使仔猪十二指肠内容物中葡萄糖和胆汁酸含量分别提高 48.91％和 73.50％,使空肠内容物黏度降低 6.31％,使空肠黏膜绒毛和微绒毛高度分别提高 50.00％和 55.91％,使黏膜层变薄,为对照组的 72.00％,使大肠杆菌数和仔猪腹泻率分别降低 69.80％和 62.59％。我们课题组早期研究发现:在仔猪日粮中添加以 β-葡聚糖酶为主的聚糖酶对仔猪胰脏胰淀粉酶、蛋白酶、空肠各段胰蛋白酶及胃内容物总蛋白酶活性有所提高,而对空肠各段胰淀粉酶的活性则没有影响,42 日龄阶段,受断奶后应激影响,各种内源酶活性偏低,聚糖酶添加效应不明显。在小麦型日粮中添加 β-葡聚糖酶仔猪十二指肠和空肠中段肠绒毛由叶状变成柱状,且绒毛上黏着物减少,说明添加聚糖酶对小肠绒毛的生长有改善作用(沈水宝,2002)。

在 Jensen(1997)的研究中,在两种断奶仔猪饲料中(分别含带壳大麦 75.5％和脱壳大麦 75.5％)添加 0.25 g/kg 的 β-葡聚糖酶,显著提高了 β-葡聚糖的消化率,降低了上段胃肠道食糜的黏度,但是对淀粉和蛋白质的消化率以及日增重、饲料报酬都没有影响,对胰腺组织和肠道内容物的消化酶都没有显著影响。在未脱壳大麦饲料中,添加 β-葡聚糖酶可以显著提高胃肠道中 NSP 的消化率和回肠末端的脂肪、能量利用率。Graham(1988)和 Inborr(1993)报道,在大麦日粮中添加 β-葡聚糖酶可以提高淀粉和蛋白的消化率。

Hesselman 等(1981)的试验结果表明,在大麦型日粮中添加 β-葡聚糖酶的酶制剂,使 1～21 日龄的肉用仔鸡体增重增加,饲料转化率提高,并使粪便干物质含量提高,鸡舍卫生条件改善。刘燕强等(1994)以酶制剂添加于不同比例的大麦中,均使雏鸡增重和饲料转化率提高。Wang 等(1992)的试验证明,含 β-葡聚糖酶活性的酶制剂可使雏鸡对大麦日粮中脂肪和蛋白质的消化率提高。Friesen 等(1992)则进一步证实了上述结果。Rotter 等(1990)报道,由于养分的消化吸收增加,从而增加大麦的代谢能。而刘燕强等(1994)和喻涛等(1995)的试验则发现,β-葡聚糖酶添加于大麦日粮中,雏鸡外周血液中甲状腺激素明显升高,提示酶制剂可通过提高养分的消化率来影响内分泌系统,从而调控雏鸡的生长。本课题组研究发现,在玉米-杂粮型日粮中添加以 β-葡聚糖酶为主的复合酶制剂提高了肉鸡 1～30 日龄和 34～57 日龄的日增重,降低肉鸡日粮的料重比(杜继忠,2009)。

五、结语

β-葡聚糖作为主要的水溶性 NSP,是麦类等谷物饲料中主要的抗营养因子。β-葡聚糖酶可有效水解 β-葡聚糖,缓解或消除其抗营养作用,这对提高饲料在畜禽生产中的效率、开发新型饲料资源、减少污染等方面都有积极的意义。但是,目前我国在 β-葡聚糖酶的开发和推广应用方面还相对比较滞后,这除了与我国饲料配制过程中的原料组成模式有关之外,也与我们对 β-葡聚糖酶的认知有限有关。

参考文献

[1] 杜继忠.2009.复合酶对肉鸡生产性能的影响及作用机理[D].华南农业大学硕士学位论文.

[2] 刘燕强,韩正康.1997.粗酶制剂添加于大麦日粮中对雏鸡生产性能的影响[J].中国饲料,7:19-21.

[3] 沈水宝.2002.外源酶对仔猪消化系统发育及内源酶活性的影响[D].华南农业大学博士学位论文.

[4] 施永泰,朱睦元.2001.大麦 β-葡聚糖酶的研究和展望[J].大麦科学,11:5-7.

[5] 汤兴俊.2003.热稳定性 β-葡聚糖酶发酵工艺及发酵动力学研究[D].浙江大学博士学位论文.

[6] 许梓荣,李卫芬,孙建义.2002.大麦日粮中添加 NSP 酶对仔猪胰脏和小肠消化酶活性的影响[J].中国兽医学报,22:11.

[7] 俞颂东,李卫芬,孙建义,等.2002.大麦日粮中添加 NSP 酶对仔猪消化机能的影响[J].浙江大学学报(农业与生命科学版),28:556-558.

[8] 喻涛.1995.大麦日粮添加粗酶制剂对鸡生长、消化和甲状腺激素水平的影响[D].南京农业大学硕士学位论文.

[9] 张峰,杨勇,赵国华,等.2003.青稞 β-葡聚糖研究进展[J].粮食与油脂,12:3-5.

[10] Akiyama T, Kaku H, Shibuya N. 1998. Purification, characterization and NH₂-terminal sequencing of endo-β-glucanase from rice bran[J]. Plant Science, 134:3-10.

[11] Beer M U, Wood P J, Weisz J, et al. 1997. Molecular weight distribution and 1-3,1-4-β-D-glucan content of consecutive extracts of various oat and barley cultivars[J]. Cereal Chemistry, 74: 476-780.

[12] Bulga G S, Brant D A, Fincher G B. 1986. The sequence statistics and solution conformation of a barley β-D-glucan[J]. Carbohydrate Research, 157:139-156.

[13] Classen H L, Campbell G L, Rossnagel B G, et al. 1985. Studies on the use of hulless barley in chick diets:deleterins effects and methods of alleviation[J]. Canadian Journal of Animal Science, 65: 725-733.

[14] Edney M I. 1991. Structure of total barley beta-glucan[J]. Journal of the Institute of Brewing, 97: 39-44.

[15] Fincher G B, Stone B A. 1986. Cell wall and their components in cereal grain technology [C]//Pomeranz Y(ed). Advances in cereal science and technology. American Association of Cereal Chemists, St. Paul: 207-295.

[16] Friesen O D, Guenter W, Rotter B A, et al. 1992. The effect of enzyme supplementation on the apparent metalolizable energy and nutrient digestibility of wheat, barley, oats, and rye for the young broiler chick[J]. Poultry Science, 71(10):1710-1721.

[17] Graham H, Lowgren W, Pettasson D, et al. 1988. Effect of enzyme supplementation on digestion of a barley/pollard-based pig diet[J]. Nutrition Reports International, 38: 1073-1079.

[18] Hesselman K, Elwinger K, Thomke S. 1982. Influence of increasing level of beta-glucancase on the productive value of barley diets for broiler chickens[J]. Animal Feed Science and Technology (Netherlands), 7(4):351-358.

[19] Hrmova M, Fincher G B. 1997. Barley β-D-glucan exhydrolases: substrate specificity and kinetic properties[J]. Carbohydrate Research, 2(305):209-221.

[20] Hrmova M, Harvey A J, Wang J, et al. 1996. Barley β-D-glucan exohydrolases with β-D-glucosidase activity[J]. Journal of Biological Chemistry, 271:5277-5286.

[21] Inborr J, Schmitq M, Ahrens F. 1993. Effect of adding fibre and starch degrading enzymes to barley/wheat based diet on performance and nutrient digestibility in different segments of the small intestine of early weaned pigs[J]. Animal Feed Science and Technology, 44: 113-127.

[22] Jensen B B, Matos T J S. 1997. Characterization and identification of yeast of the gastrointestinal tract of swine with enzymatic supplementation in diets with high and low α-glucan contents[J]. Animal Physiology, 257-269.

[23] Manzanares P, Navarro A, Sendra J M, et al. 1993. Determination of the average molecular weight of barley β-glucan within the range 30-100kD by the calcofluor-F I A method[J]. Journal of Cereal Science, 17:211-223.

[24] McNab J M, Smithard R R. 1992. Barley β-glucan: an antinutritional factor in poultry

feeding[J]. Nutrition Research Reviews，5：45-60.

[25] Saulnier L，Gevaudan S，Thibault J F. 1994. Extraction and partial characterization on β-glucan from the endosperms of two barley cultivars[J]. Cereal Science，19：171-178.

[26] Slakeski N，Fincher G B. 1992. Developmental regulation of β-glucanase gene expression in barley：tissue-specific expression of individual isoenzyme[J]. Plant Physiology，99：1226-1231.

[27] Woodward J R，Fincher G B，Stone B A，1983. Water soluble β-D-glucans from barley endosperm. Ⅱ. Fine structure[J]. Carbohydrate Polymers，3：207-225.

β-甘露聚糖酶在饲料中的应用研究

β-甘露聚糖及其衍生物是半纤维素的第二大组分,它是所有豆科植物细胞壁的主要组成成分,在其他植物性饲料原料中含量也很高,如玉米、小麦、菜籽粕和麸皮等。β-甘露聚糖具有较强的抗营养作用,β-甘露聚糖酶可以有效地降解玉米-豆粕型日粮中的β-甘露聚糖,消除其抗营养作用,改善动物的生产性能,提高动物的免疫机能等,从而提高玉米-豆粕型日粮的饲用价值。

一、β-甘露聚糖的抗营养作用

β-甘露聚糖是非淀粉多糖的一种,它是由β-1,4-D-吡喃甘露糖苷键连接而成的线状多糖,如果主链某些残基被葡萄糖取代或半乳糖通过α-1,6-糖苷键与甘露糖残基相连形成分支,则称之为异甘露聚糖,主要有半乳甘露聚糖(galactomannan)、葡甘露聚糖(glucomannan)、半乳葡萄甘露聚糖(galactoglucomannan)(Sabini 等,2000;Puls 等,1993)。上述物质构成了植物半纤维素的第二大组分。陆生植物细胞壁的半纤维素主要由木聚糖和甘露聚糖组成,需由很多酶系协同作用才能完全水解为可溶性糖类(Biely 等,1992;Hazlewood 和 Gilbert,1998)。

β-甘露聚糖及其衍生物是豆科植物细胞壁固有的组分之一,在豆科植物中的含量为1.3%~1.6%(Jackson 等,1999)。单胃动物肠道中不能分泌相关的酶,因而β-甘露聚糖及其衍生物不能被消化分解,从而对动物生产造成负面影响,其对单胃动物的抗营养作用表现在以下五个方面:

第一,β-甘露聚糖及其衍生物在单胃动物的消化道内溶于水后形成凝胶状,使消化道内容物具有较强的黏性,食糜黏性提高,一方面减少了动物消化酶与饲料中各种营养物质的接触机会,同时使已经消化了的养分向小肠壁的扩散速度减慢,降低了已经消化养分的吸收;食糜黏性增加还可以造成畜禽粪便含水量和黏稠度增加,畜禽排粪量也增加,对畜禽舍和周围的环境造成不良的影响。

第二，β-甘露聚糖具有较高的亲水活性，可通过其网状结构吸收超过自身重量数倍的水分，改变其物理特性，可抵制肠道的蠕动，影响消化。

第三，高亲水性的 β-甘露聚糖与肠黏膜表面的脂类微团和多糖蛋白复合物相互作用，导致黏膜表面水层厚度增加，降低了养分的吸收（Johnson 和 Gee，1981），表面水层厚度是影响养分吸收的限制性因素。

第四，β-D-甘露聚糖是表层带负电荷的表面活性物质，在溶液中极易与带相反电荷的养分物质结合，从而影响养分的吸收。β-D-甘露聚糖还能吸附 Ca^{2+}、Zn^{2+}、Na^+ 等金属离子以及有机质，造成这些物质的代谢受阻（李剑芳等，2004）。β-甘露聚糖与消化酶、胆盐结合，可降低消化酶的活性，并使胆酸呈束缚状态，导致胆固醇等脂类和类脂吸收减少，同时也影响脂类吸收微团的形式和脂肪的消化吸收率。

第五，未消化的 β-甘露聚糖等非淀粉多糖可以与消化道后段微生物区系相互作用，造成厌氧发酵，产生大量的生孢梭菌等分泌的某些毒素，抑制动物生长，还可造成胃肠功能紊乱。

总之，β-甘露聚糖阻碍了营养物质的消化吸收，还可以导致动物不同程度的腹泻，最终影响畜禽生长和饲料利用率（Cherbut 等，1995）。

二、β-甘露聚糖酶的来源及生物学特性

β-1,4-甘露聚糖酶简称 β-甘露聚糖酶，是一类能够水解含 β-1,4-甘露糖苷键的甘露寡糖和甘露多糖（包括半乳甘露聚糖、葡甘露聚糖、半乳葡萄甘露聚糖等）的内切水解酶，属于半纤维素酶类。β-甘露聚糖酶能将广泛存在于豆类籽实中的甘露聚糖等多糖降解为甘露寡糖等低聚糖，不仅消除了甘露聚糖对单胃动物各种营养素的抗营养作用，同时生成的甘露寡糖在动物肠道中起着重要的调节作用。

β-甘露聚糖酶广泛存在于自然界中。在一些低等动物（如海洋软体动物 *Littorina brevicula*）的肠道分泌液中，某些豆类植物（如长角豆等）发芽的种子中，以及天南星科植物魔芋萌发的球茎中都发现了 β-甘露聚糖酶的存在。而微生物（包括真菌、细菌和放线菌等）则是 β-甘露聚糖酶的主要来源，各种微生物产生 β-甘露聚糖酶的条件、酶活性的高低、酶的性质和作用方式以及蛋白质一级结构等均有所不同。微生物来源的 β-甘露聚糖酶具有活性高、成本低、提取方便以及比动植物来源的 β-甘露聚糖酶有更宽的 pH 值、温度范围和底物专一性等显著特点，已广泛地应用于工业化生产和理论研究中。

目前已有许多来源的 β-甘露聚糖酶获得了纯化，如国内田新玉和徐毅（1993）首先报道了嗜碱性芽孢杆菌（*Bacillus* sp.）N16-5 产生的三种胞外碱性 β-甘露聚糖酶。杨文博（1995）、余红英（2003）、吴襟（2000）分别对地衣芽孢杆菌（*Bacillus lichienoformis*）NK-27 产生的碱性 β-甘露聚糖酶、枯草芽孢杆菌 SA-22 产生的中性 β-甘露聚糖酶、诺卡氏菌形放线菌（*Nocardioform actinomycetes*）NA3-540C 产生的碱性 β-甘露聚糖酶的纯化及性质作了报道。在真菌方面，田亚平（1998）、王和平（2003）分别就黑曲霉 WX-96 β-甘露聚糖酶、里氏木霉 RutC-30 产的酸性 β-甘露聚糖酶进行了酶纯化和性质研究。国外 Ademark（1998）和 Yosida（1997）分别报道了黑曲霉、环状芽孢杆菌 β-甘露聚糖酶的纯化方法和性质。微生物产生的 β-甘露聚糖酶为

多组分型,这些酶组分可能在相对分子质量或等电点上仅有微小的差别,但在水解甘露聚糖时活性却明显不同,存在一定的互补关系,这说明微生物 β-甘露聚糖酶的诱导和分泌是一个复杂的代谢调节过程。

不同来源的 β-甘露聚糖酶,对不同来源的底物作用深度及其水解产物是不相同的。β-甘露聚糖酶水解底物的方式和深度主要与 α-半乳糖残基和葡萄糖残基在主链中的位置、含量、酯酰化程度等因素有关。此外,底物本身的物理状态也会影响酶对底物的作用,如结晶状态的甘露聚糖不易被降解。甘露聚糖经 β-甘露聚糖酶作用后,通过 HPLC 或纸层析方法分析,主要产物是低聚糖(一般 2～10 个残基),且产物聚合度的大小与酶和底物的来源有关(Mc-Cleary,1988;田新玉和徐毅,1993;杨文博等,1995;Aeison-Atac 等,1993)。但相对来说,产生单糖(甘露糖)很少或根本不产生。国内外对来源于不同菌种的 β-甘露聚糖酶的生产有所报道,但多集中在碱性和中性 β-甘露聚糖酶方面,酸性 β-甘露聚糖酶的微生物发酵生产国内很少有报道。而单胃动物饲料中使用的 β-甘露聚糖酶要求是酸性的,因此,对酸性 β-甘露聚糖酶的研究及其工业化生产在饲料工业中具有较大的应用潜力。

利用分子生物学手段,可以开发产酶活性高、适应性强的微生物菌种。β-甘露聚糖酶分子生物学的研究进展较快,到目前为止有海洋红嗜热盐菌(*Rhodothermus marinus*)(Politz 等,2000)、嗜热网球菌(*Dictyoglomus thermophilum* Rt46B1)(Gibbs 等,1999)、棘孢曲霉(*Aspergillus aculeatus*)(Christgau 等,1994)、嗜热脂肪芽孢杆菌(*Bacillus stearothermophilus*)(Ethier 等,1998)、番茄种子(Bewley 等,1997)等多种生物的 β-甘露聚糖酶基因被先后克隆和表达,为开发新型产酶菌和满足饲料工业的需要奠定了基础。

三、β-甘露聚糖酶在饲料工业中的应用

1. 提高畜禽生产性能

大量研究表明,日粮中添加 β-甘露聚糖酶可以改善蛋鸡、肉仔鸡、仔猪和生长肥育猪的生产性能(Jackson 等,1999;Pettey 等,2002;Zou 等,2006)。Jackson 等(1999)在蛋鸡的玉米-豆粕日粮中添加 β-甘露聚糖酶,结果显著增加了蛋的重量,产蛋时间和总产蛋量也有所提高。在降低了蛋鸡日粮的能量水平后,添加酶制剂可以维持蛋鸡在高能饲料情况下的生产性能。我们的合作单位在 2009 年分别开展了 β-甘露聚糖酶在猪和鸡日粮中的应用研究,在猪的试验中结果表明:β-1,4-甘露聚糖酶(β-MAN)在生长猪的低能日粮中的应用效果比高能日粮中要显著,在生长猪的玉米-豆粕型日粮中添加 β-MAN 500 g/t 配合饲料,可以降低日粮消化能 80～100 kcal/kg,不会影响动物的各项生产性能指标,如料重比、采食量和平均日增重,β-MAN 的添加既降低了饲料成本,又促进了动物的生长和健康(周响艳等,2009);而在肉鸡的试验中,β-甘露聚糖酶在肉鸡玉米-豆粕型日粮中降低 80 kcal/kg 能量进行配方调整添加,在肉鸡的生长前期效果较好,可能是日粮中豆粕添加较多,从全程来看,由于后期日粮中豆粕的添加量已经低于 15%,后期添加甘露聚糖酶的效果不如前期明显。低能日粮的负对照加酶的效果比高能日粮的正对照加酶更显著。添加甘露聚糖酶还可以有效改善肠道微生态结构,降低盲肠 pH 值(周响艳等,2009)。

2. 提高日粮能量的利用

最近在国外进行的一些试验测定了 β-甘露聚糖酶对典型玉米-豆粕型肉鸡、火鸡和猪日粮中能量利用率的影响。在火鸡试验中,低能日粮代谢能比高能日粮降低 41～94 kcal/kg,而加酶低能日粮组的饲料利用率显著优于不加酶的高能日粮组,这表明能量利用率的改善大于41～94 kcal/kg(Jackson,2001)。在猪的试验中,日粮能量和酶对于饲料利用率的有利影响与肉鸡试验相同。这些试验结果表明,β-甘露聚糖酶可提高能量的利用率和动物生长速度。加酶对低能日粮能量的补偿,在肉鸡日粮为 143 kcal/kg 代谢能,在猪日粮为 100 kcal/kg 代谢能(Jackson,2001)。Jackson 等(1999)在蛋鸡的玉米-豆粕型日粮中添加 β-甘露聚糖酶,结果显著增加了蛋重和产蛋期总产蛋量,并延长了产蛋期。在降低了蛋鸡日粮的能量水平后,添加酶制剂可以维持蛋鸡在高能饲料情况下的生产性能。

3. 提高畜禽整齐度

动物体重的整齐度是衡量生产性能的重要指标,在家禽生产中更是如此。有研究者用肉鸡和火鸡做过多次试验,结果显示,添加 β-甘露聚糖酶显著降低了不同日龄时鸡体重的变异系数($P<0.05$)(Jackson,2001),表明酶对饲料利用率和生产率改善的程度,不是仅仅用日粮能量利用率的改善就能解释的。

4. 促进动物健康

有研究者用肉鸡进行了两项试验来测定在可诱变疾病条件下日粮加酶的效果,结果表明,加酶可显著改善感染鸡的生产性能,加酶和加药都使死亡率降低(Jackson,2001),表明 β-甘露聚糖酶能通过去除 β-甘露聚糖的途径来改善鸡的健康状况,这可能是 β-甘露聚糖酶的降解产物(甘露寡糖)在发挥作用。因为甘露寡糖能有效阻止肠道内病原菌的繁殖,使有益菌大量增殖,从而提高肠黏膜的免疫力,增强动物抵御疾病的能力(杨文博等,1995)。我们课题组研究发现,肉雏鸡日粮中添加 β-甘露聚糖酶降低了回肠大肠杆菌数量,提高了乳酸杆菌数量,虽然差异不显著,但却均有明显的改善趋势(李路胜等,2009)。

5. 改善豆粕等谷物饲料的营养价值

豆粕是我国畜禽的主要蛋白质来源,但因其中含有大量抗营养因子(如甘露聚糖),单胃动物对其能量利用率仅在 $50\%～60\%$。因而许多研究者尝试在玉米-豆粕型日粮中添加 β-甘露聚糖酶消除其不利影响,提高豆粕的能量利用率。Petty 等(2002)在降能(100 kcal/kg)仔猪日粮中添加 β-甘露聚糖酶,结果表明,加酶组日增重高于对照组,料重比低于对照组。Das-kiran 等(2004)研究表明,高剂量 β-甘露聚糖酶可提高日粮代谢能,减少干物质排泄量,提示 β-甘露聚糖酶可以提高日粮养分的利用率。Wu 等(2005)在降能(120 kcal/kg)的蛋鸡日粮中添加 β-甘露聚糖酶,发现其饲料转化效率与对照组相当,平均蛋重与对照组相比无显著差异。本课题组研究发现,以生长猪(25 kg)为试验动物,在降低消化能 80~100 kcal/kg 的玉米-豆粕型日粮中添加 500 g/t 甘露聚糖酶进行为期 90 d 试验,加酶组各项生产性能指标与常规日粮组均无显著差异,而在另一雏鸡试验中,也发现在降低消化能 80 kcal/kg 的玉米-豆粕型日粮中添加 500 g/t 甘露聚糖酶使雏鸡 21 日龄和 35 日龄的平均个体重、0~21 日龄的平均日增重和日采食量及料重比与常规日粮组均无显著差异(周响艳等,2009)。由此可以看出,在玉米-豆粕型日粮中添加甘露聚糖酶具有提高能量利用率的作用,可降低日粮能量水平,这对降低饲料成本具有重要意义。

6. 替代抗生素,降低机体组织抗生素的残留

β-甘露聚糖酶不仅能通过降解饲粮中的甘露聚糖为甘露寡糖,并直接参与免疫调节而部分替代抗生素,在其与抗生素共用中还能起到降低机体组织抗生素残留的作用。王春林等(2003)研究表明,在玉米-豆粕型低能日粮中按 0.5 g/kg 的量添加和美酵素(主要成分为甘露聚糖酶)可达到与高能日粮添加金霉素相当的增重效果和饲料报酬,在饲养前期(21 日龄前)和美酵素组肉仔鸡的平均日增重和平均日采食量增加,与金霉素组显示相当的促生长作用。其研究同时表明,金霉素组的肉用仔鸡肝、肾中均有金霉素残留,肉中无金霉素残留,而和美酵素＋金霉素组的肝中金霉素残留明显降低,且肌肉、肾中均无金霉素残留。研究提示,在日粮中添加 β-甘露聚糖酶替代部分抗生素是可行的。

四、β-甘露聚糖酶的作用机理

研究表明,在富含 β-甘露聚糖的动物饲粮中添加外源 β-甘露聚糖酶可以有效消除 β-甘露聚糖的抗营养作用,从而提高动物的生长性能(Jackson,2001)。针对 β-甘露聚糖的抗营养作用,β-甘露聚糖酶的作用机理主要表现在以下四个方面。

第一,降低消化道内容物黏度。甘露聚糖在 β-甘露聚糖酶的作用下降解为甘露寡糖等低聚糖,大大减少了 β-甘露聚糖与水分子的相互作用,从而降低肠道内容物的黏度,有利于营养物质的进一步消化吸收。Lee 等(2003)研究发现,随日粮中 β-甘露聚糖含量的提高,回肠食糜黏度大幅增加,添加 β-甘露聚糖酶可显著降低回肠食糜的黏度。

第二,破坏植物性饲料细胞壁结构,使营养物质与消化酶充分接触。植物细胞中淀粉和蛋白质等营养物质被细胞壁包裹,细胞壁是由纤维素、半纤维素、果胶等组成的一种复杂化合物,单胃动物不能很好地消化这一类物质。饲料中适当地添加能够分解这类物质的酶,可以破坏饲料中存在的植物细胞壁,使营养物质释放出来,提高饲料的营养价值。β-甘露聚糖是半纤维素的主要组成成分之一,添加 β-甘露聚糖酶可起到降解细胞壁的作用。

第三,改善肠道微生物菌群和提高肠黏膜的完整性。甘露聚糖的降解产物为甘露寡糖(MOS),它能显著地促进动物肠道内以双歧杆菌为代表的有益菌的增殖,减少病原菌在肠道的定殖,调节动物的免疫反应,提高肠黏膜的完整性,最终提高动物的生产性能(毛胜勇,2000)。甘露寡糖作为一种绿色饲料添加剂已经在饲料工业中得到较广泛的应用。甘露寡糖改善肠道微生物平衡的机理在于:甘露寡糖与动物肠道上皮细胞特异性寡糖分子受体竞争,结

合病原微生物表面或绒毛上类丁质结构的外源凝集素(lectin),有效清除或减少黏附到肠黏膜的病原菌;同时甘露寡糖可选择性被乳酸菌等有益微生物发酵利用,促进有益微生物菌群的增殖。甘露寡糖(MOS)等能促进细胞分泌含甘露糖基的糖蛋白,这些糖蛋白可结合侵入机体的细菌,从而调节机体的多级免疫反应,提高动物对抗疾病的能力。长期使用甘露寡糖还可防止沙门氏菌、肉毒梭菌等致病菌的感染和在肠道的繁殖、定殖,减少抗生素的使用量(Jackson,2001)。我们课题组研究发现,在肉鸡日粮中添加甘露聚糖酶能够降低回肠和盲肠内容物中大肠杆菌的数量,增加了乳酸杆菌数量,且盲肠达到显著水平,同时显著降低了盲肠内容物 pH值,从而抑制大肠杆菌的生长,有利于双歧杆菌、乳酸杆菌的增殖,明显改善后肠道微生物环境(周响艳等,2009)。

第四,β-甘露聚糖酶能显著提高动物的 IGF-1 水平,改善生长性能,特别是在应激条件下,作用效果更为明显。一般认为 IGF-1 是畜禽真正的生长调控因子,生长激素(GH)的促生长作用是通过 IGF-1 介导的。IGF-1 作用于生长组织,刺激细胞对氨基酸的利用,从而促进蛋白质的合成,抑制蛋白质的分解,最终导致蛋白质的净增长。β-甘露聚糖酶对动物生长性能改善的作用机制是通过 IGF-1 发挥作用的,它去除了饲粮中的 β-甘露聚糖,改善和提高了葡萄糖的吸收和 IGF-1 的分泌,从而改善了动物的营养状况,促进动物生长。日粮中添加 β-甘露聚糖酶,能促进胰岛素和 IGF-1 的分泌,在应激状况下,效果更为明显。

五、结语

作为酶制剂本身的生物特性和作用规律十分复杂,许多问题尚待研究解决,β-甘露聚糖酶也不例外。首先,由于不同来源的酶对不同的底物作用效率不一样,即使是同一底物不同来源酶的酶解效力也不一样,而目前缺少一个统一的标准来评定酶的效率,因而对于在生产使用过程中能否发挥应有作用和效率的检测无法评定和开展,也没法追究其原因。其次,β-甘露聚糖酶的生产工艺和稳定化技术等内容、针对饲料或饲粮的化学组成及动物的生理状态设计/确定高效的 β-甘露聚糖酶制剂配方、最适宜添加量、添加时机与使用方法等还需进一步研究。再次,目前的研究基本为单一 β-甘露聚糖酶,未考虑到与其他酶制剂之间的互作效应,由于不同酶之间可能存在着协作效应,将其与其他酶复配可能起到更佳的促生长效果,对此还需进一步的研究。只有弄清这些问题,才能科学使用 β-甘露聚糖酶制剂,充分发挥其功效。

参考文献

[1] 李剑芳,邬敏辰,夏文水.2004.微生物 β-甘露聚糖酶的研究进展[J].江苏食品与发酵,3:6-7.

[2] 李路胜,周响艳,李泽月.2009.甘露聚糖酶对肉鸡生产性能和肠道微生态菌群的影响[J].中国畜牧杂志,45(23):50-53.

[3] 毛胜勇.2000.甘露寡聚糖在动物生产中的应用研究[J].粮食与饲料工业,9:31-33.

[4] 田新玉,徐毅.1993.嗜碱芽孢杆菌 N16-5 β-甘露聚糖酶的纯化与性质[J].微生物学报,33

(2):115-121.

[5] 田亚平,金其荣.1998.β-D-甘露聚糖酶产生菌黑曲霉产酶酶系的研究[J].药物生物技术,5(4):210-213.

[6] 王春林.2003.和美酵素对肉用仔鸡生产性能及金霉素组织残留的影响[J].中国兽医科技,33(04):51-55.

[7] 王和平,范文斌,张七斤,等.2003.里氏木霉 RutC-30 β-甘露聚糖酶的制备与纯化方法的研究[J].内蒙古农业大学学报(自然科学版),24(3):44-48.

[8] 吴襟,何秉旺.2000.诺卡氏菌形放线菌 β-甘露聚糖酶的纯化和性质[J].微生物学报,40(1):69-74.

[9] 杨文博,陈锦英.1995.β-甘露聚糖酶酶解植物胶及其产物对双歧杆菌的促生长作用[J].微生物学通报,22(4):204-207.

[10] 余红英,孙远明,王炜军,等.2003.枯草芽孢杆菌 SA-22 β-甘露聚糖酶的纯化及其特性[J].生物工程学报,19(3):327-331.

[11] 周响艳,李路胜,郭瑞庭,等.2009.甘露聚糖酶对肉鸡生产性能和肠道微生物菌群的影响[C]//冯定远.饲料酶制剂的研究与应用.322-327.

[12] Ademark P,Varga A,Medve J,et al.1998.Softwood hemicellulose-degrading enzymes from *Aspergillus niger*：purification and properties of a beta-mannanase[J].Journal of Biotechnology,63(3):199-210.

[13] Aeison-Atac I,Hodits R,Kristufek D,et al.1993.Purification，and characterization of a β-mannanase of *Trichoderma reesei* C-30[J].Applied Microbiology and Biotechnology,39:58-62.

[14] Bewley J D,Burton R A,Morohashi Y,et al.1997.Molecular cloning of a encoding beta-mannan endo-hydrolase from the seeds of germinated tomato (*Lycopersion esculentum*)[J].Plant,203(4)：454-459.

[15] Biely P,Vrsanska M,Kucar S.1992.Identification and mode of action of endo-(1-4)-β-xylanases，xylans and xylanases[C]//Progress of biotechnology.Amsterdam，The Netherlands：Elsevier,7：81-95.

[16] Cherbut C,Barry J L,Lairon D,et al.1995.Dietary Fibre.Mechanisms of Action in Human Physiology and Metabolism[M].John Libey EUROTEXT,Paris.

[17] Christgau S,Kauppinen S,Vind J,et al.1994.Expression cloning，purification and characterization of a beta-1,4-mannanase from *Aspergillus aculeatus*[J].Biochemistry & Molecular Biology International,33(5):917-925.

[18] Daskiran M,Teeter R G,Fodge D,et al.2004.An evaluation of endo-beta-*D*-mannanase (Hemicell) effects on broiler performance and energy use in diets varying in beta-mannan content[J].Poultry Science,83(4):662-668.

[19] Ethier N,Tablbot G,Sygusch J,et al.1998.DNA sequencing and expression of thermostable-mannanase from *Bacillus stearothermophilus*[J].Applied and Environmental Microbiology,649(11):4428-4432.

[20] Gibbs M D,Reeves R A,Sunna A,et al.1999.Sequencing and expression of the re-

combinant enzyme[J]. Current Microbiology，39(6)：351-357.

[21] Hazlewood G P，Gilbert H J. 1998. Structure and function analysis of pesudomonas plant cell wall hydrolases[J]. Progress in Nucleic Acid Research and Molecular Biology，61：211-241.

[22] Jackson M E，Fodge D W，Hsiao H Y. 1999. Effect of β-mannanase in corn-soybean meal diets on laying hen performance[J]. Poultry Science，78：1737-1741.

[23] Jackson M E. 2001. Improve soya utilization in monogastrics：maize-soya diets with β-mannanase[J]. Feed Internation，11：22-26.

[24] Johnson I T，Gee M. 1981. Effect of gel-forming gums on the intestinal unstirred layer and sugar transport *in vitro*[J]. Gut，22：398-403.

[25] Lee J T，Bailey C A，Cartwright A L. 2003. Beta-Mannanase ameliorates viscosity-associated depression of growth in broiler chickens fed guar germ and hull fractions[J]. Poultry Science，82(12)：1925-1931.

[26] McCleary B V. 1988. β-D-mannanase[J]. Methods in Enzymeology，160：596-610.

[27] Pettey L A，Carter S D，Senne B W，et al. 2002. Effects of β-mannanase addition to corn-soybean meal diets on growth performance，carcass traits，and nutrient digestibility of weanling and growing-finishing pigs[J]. Journal of Animal Science，80(4)：1012-1019.

[28] Politz C，Lewandowski L B，Pederson T. 2000. Signal recognition particle RNA localization within the nucleolus differs from the classical sites of ribosome synthesis[J]. The Journal of Cell Biology，159(3)：411-418.

[29] Puls J，Schuseil J. 1993. Chemistry of hemicelluloses：relationship between hemicellulose structure and enzymes required for hydrolysis[C]// Coughlan M P，Hazlewood G P(eds). Hemicellulose and hemicellulase. 1-28.

[30] Sabini E，Wilson K S，Matti S，et al. 2000. Digestion of single crystals of mannan by an endo-mannanase from *Trichoderma reesei*[J]. European Journal of Biochemistry，267：2340-2344.

[31] Wu G，Bryant M M，Voitle R A，et al. 2005. Effects of β-mannanase in corn-soy diets on commercial leghorns in second-cycle hens[J]. Poultry Science，84(6)：894-897.

[32] Yosida S，Sako Y. 1997. Purification，properties，and N-terminal amino acid sequences of guar gum-degrading enzyme from Bacillus circulans K-1[J]. Bioscience Biotechnology and Biochemistry，61(2)：251-255.

[33] Zou X T，Qiao X J，Xu Z R. 2006. Effect of β-mannanase（Hemicell）on growth performance and immunity of broilers[J]. Poultry Science，85(12)：2176-2179.

α-半乳糖苷酶在畜禽日粮中的应用

α-半乳糖苷作为抗营养因子是从人类营养的领域发现的。α-半乳糖苷为棉籽糖家族寡糖，是由一个蔗糖单位与多个半乳糖单位以 α-1,6-糖苷键连接而成的长短不同的一类物质，主要包括棉籽糖(raffinose)、水苏糖(stachyose)和毛蕊花糖(verbascose)等。动物饲料中主要蛋白原料豆粕中含有较高的 α-半乳糖苷。Trugo 等(1995)报道，豆粕中 α-半乳糖苷的含量非常高(5%~7%)，是玉米-豆粕型日粮中最主要的抗营养因子。Rackis(1981)研究发现，大豆中 α-半乳糖苷具有很好的稳定性，在高温、高压、高湿加工后仍然存在。因此，寻找到一种能够有效消除 α-半乳糖苷的方法显得非常有必要，而添加 α-半乳糖苷酶是目前应用最普遍也是最为有效的方法之一。

一、α-半乳糖苷的抗营养作用

Leske 等(1993)对成年公鸡的研究发现，向低寡糖豆粕中添加从其中萃取所得的棉籽糖和水苏糖，豆粕的干物质消化率呈现剂量性下降，当添加剂量达到普通豆粕中棉籽糖和水苏糖含量水平时，大豆浓缩蛋白的粗蛋白消化率下降 14%，而其 TMEn 值与棉籽糖或者水苏糖含量存在很强的回归关系：$Y=5\ 357.1-4\ 780.8X+2\ 572.8X^2$ ($R^2=0.95$，其中 Y 为大豆浓缩蛋白的鸡 TMEn，X 为棉籽糖含量)、$Y=3\ 841.7-377.34X+46.225X^2$ ($R^2=0.83$，其中 Y 为大豆浓缩蛋白的鸡 TMEn，X 为水苏糖含量)。1993 年 Veldman 以瘘管猪作为研究对象，结果发现，向大豆浓缩蛋白为主的饲料中加入豆粕乙醇提取物不仅能明显提高食糜的水分含量和食糜总量，而且能显著降低回肠末端有机物干物质的消化率，另外还使 α-半乳糖苷的回直肠消化率明显降低。张丽英(2000)报道，向大豆浓缩蛋白中加入 1% 和 2% 的水苏糖均可明显降低断奶仔猪消化能、代谢能和干物质消化率。Zhang 等(2001)报道在 HP300 中加入 2% 的水苏糖能够显著性降低断奶仔猪机体氮存留量，且随着水苏糖添加水平的提高，消化道各段中粗蛋白、粗纤维和氨基酸的消化率均有降低的趋势。Smiricky 等(2002)研究发现,在大豆浓缩蛋白中添加大豆寡糖可降低猪氮和氨基酸的表观消化率和真消化率。

α-半乳糖苷的抗营养作用主要表现在:①α-半乳糖苷能增加小肠内容物的黏度(Wiggins,1984),从而减少营养物质的水解和吸收作用(Coon 等,1990;Bengala-Freire 等,1991;Gdala等,1997a);②不能被小肠利用的 α-半乳糖苷进入大肠后,被大肠的微生物菌群发酵利用,产生的挥发性脂肪酸和乳酸等酸性物质会降低后肠 pH 值,使碳水化合物更难被消化吸收,同时微生物发酵产生的 CO_2、H_2 和 CH_4 会引发一系列的胀气症状,如恶心、下痢等;③α-半乳糖苷还能刺激肠道蠕动,加速食糜的排空速度,减少营养物质的吸收(Kuriyama 等,1967;Wagner 等,1976;Cristoforo 等,1974;Baucells 等,2000;张晋辉,2001;成廷水等,2005)。

二、去除 α-半乳糖苷抗营养作用的方法

1. 乙醇浸提法

用乙醇处理豆粕的最经典例子是 Coon 等(1988、1990)所做的试验。Coon 等(1988)利用80%乙醇处理豆粕使其中 α-半乳糖苷含量显著降低,然后用 Sibbard 的经典强饲法比较了乙醇处理过的低寡糖豆粕和普通豆粕的鸡氮校正真代谢能(TMEn),结果发现低寡糖豆粕的TMEn 值显著高于普通豆粕。随后,Coon 等(1990)发现,用乙醇处理过的低寡糖豆粕其纤维素和半纤维素消化率分别从 0%、9.2%提高到 35.5%、61.6%,干物质消化率也从 53.9%提高到 67.3%。Caugant 等(1993)报道,给犊牛饲喂乙醇浸提过的大豆蛋白粉,其氨基酸消化率比普通大豆要高。

但也有不一致的报道。Slominski 等(1994)用产蛋鸡和成年鸡做试验,发现用乙醇处理过的低寡糖双低菜籽粕的非淀粉多糖消化率显著高于普通双低菜籽粕,而用乙醇处理过的豆粕和双低菜籽粕的 TMEn 值没有显著的变化,甚至还要低于普通豆粕和双低菜籽粕。Irish 等(1993)也发现,用乙醇处理过的豆粕其 TMEn 值没有显著升高。Risley 等(1998)研究发现,乙醇浸提后的低寡糖豆粕日粮,虽能提高 18 日龄断奶仔猪的采食量和日增重,但跟普通豆粕相比,其能量和干物质的表观消化率均较低。Zuo 等(1996)以犬为试验对象发现,乙醇浸提后的低寡糖豆粕的回肠末端 α-半乳糖苷消化率(几乎为零)比普通豆粕低,不过回肠末端和全肠道的干物质、有机物、粗纤维、粗蛋白、淀粉、氨基酸和能量消化率与普通豆粕相比没有任何差异。产生以上结果不一致的原因还未明了,可能与浸提工艺、α-半乳糖苷残留量、豆类品种、试验动物、添加水平等因素有关。关于此法用于评估 α-半乳糖苷对断奶仔猪体内各营养物质消化率的影响还需作进一步探讨。

2. 添加 α-半乳糖苷酶

Rackis 等(1975)研究发现,猪日粮中添加 α-半乳糖苷酶可降低食糜黏度,改善营养物质的消化率。Gdala 等(1997a、b)报道,在羽扇豆日粮中添加 α-半乳糖苷酶能提高日粮干物质、能量和大部分氨基酸的回肠末端表观消化率,但对粗蛋白和非淀粉多糖的消化率没有影响。

Baucells 等(2000)报道,在含豆粕的肥育猪日粮中添加 0.08 U/kg 的 α-半乳糖苷酶能分别提高干物质和蛋白质消化率 2.8% 和 12.5%。Kim 等(2001)研究表明,在含豆粕的乳仔猪日粮中添加含 α-半乳糖苷酶的复合酶制剂能提高总能消化率 7%,并能改善赖氨酸、苏氨酸和色氨酸的消化率。随后,Kim 等(2002)报道,添加含 α-半乳糖苷酶的复合酶制剂能使仔猪小肠末端的绒毛长度显著增加。而 Veldman 等(1993)研究得出,添加 α-半乳糖苷酶并不能明显提高有机物、粗蛋白、淀粉和无氮浸出物的消化率。Smiricky 等(2002)也发现,添加 α-半乳糖苷酶并未显著改善猪日粮中不可消化寡糖消化率。

在本课题组先前研究中发现,仔猪饲粮中添加 α-半乳糖苷酶能显著改善干物质、粗蛋白、总能和粗纤维的消化率,但显著性降低仔猪对钙的消化吸收(冒高伟,2006),这与王春林等(2005)研究结果不一致,他们报道,α-半乳糖苷酶能显著提高肉仔鸡 Ca 的表观消化率,可能是由于饲料中钙水平不同所造成。在猪日粮中添加 α-半乳糖苷酶时,需考虑饲料配方中的钙水平并适当将其提高,这样才不会导致动物因缺钙而致本身生长性能受到抑制。另外,本课题组研究还发现,α-半乳糖苷酶对磷的消化率影响不大(冒高伟,2006),这也与 Risley 等(1998)和王春林(2005)报道的不一致,究其原因,可能是由于 α-半乳糖苷酶的来源、酶发挥降解作用的程度、日粮类型、试验动物、添加剂量等因素不同所致。

三、α-半乳糖苷酶对畜禽生产性能的影响

对于任何一种饲料酶制剂,无论它是针对哪一种底物发挥作用而提高某营养物质的消化率,其最终目的都一样,即在能降低饲料成本的同时又能最大程度地提高动物生长性能。

与其说 α-半乳糖苷酶有提高畜禽生长性能的作用,还不如说其所作用的底物 α-半乳糖苷对动物的生长性能有抑制作用。Irish 等(1993)的试验表明,在断奶仔猪日粮中添加 2% 的水苏糖会显著降低仔猪断奶后 3 周的日增重,而且饲料报酬也有下降的趋势,不过添加 1% 的水苏糖对仔猪生长性能却影响不大,这与 Risley 等(1998)研究结果相似,他们发现低水苏糖豆粕日粮能够增加 18 日龄断奶仔猪的采食量和日增重。

α-半乳糖苷的抗营养作用可以通过在饲料中添加 α-半乳糖苷酶来解除。近年来已有不少关于 α-半乳糖苷酶在动物日粮中应用的研究,且主要集中在家禽和猪上。在家禽应用方面,Knap 等(1996)得出,在玉米-豆粕型日粮中添加 α-半乳糖苷酶能够提高 1~21 日龄 AA 肉仔鸡的增重和饲料转化率。Ghazi 等(1997a、b)试验表明,日粮中添加 α-半乳糖苷酶能够提高肉鸡的日增重。Igbasan 等(1997)发现,豌豆日粮中同时加入 α-半乳糖苷酶和果胶酶有提高肉鸡生长速度的趋势。Kidd 等(2001a)报道,以 α-半乳糖苷酶为主的复合酶添加于肉鸡玉米-豆粕型日粮,可提高饲料效率,进而降低生产成本。随后又研究发现,在炎热环境条件下,日粮中添加 α-半乳糖苷酶可以降低肉仔鸡的料重比和死亡率,其降低料重比主要是因为 α-半乳糖苷酶改善了豆粕中大豆寡糖消化率,并增加了能量利用率,从而减少单位增重的饲料消耗量(Kidd 等,2001b)。Ao 等(2004)研究发现,豆粕中添加 α-半乳糖苷酶可以增加肉仔鸡体重和采食量。在养猪应用方面,关于 α-半乳糖苷酶提高猪生长性能的报道数量相对家禽而言较少,且效果也较家禽的差,这可能是不同种类动物其消化生理机能不同的原因所致。Kim 等(2001)在含豆粕日粮中添加含 α-半乳糖苷酶的复合酶制剂,乳仔猪的饲料效率提高 11%,但

增重没有明显变化。随后的研究也得出,在乳仔猪后期使用这种复合酶可改善料肉比(Kim等,2002)。Baucells 等(2002)报道,在含豆粕的生长猪日粮中添加 α-半乳糖苷酶(0.08 U/kg),尽管对日增重没有显著影响,但料肉比改善 6%,而在含豆粕的日粮中添加相同的酶,肥育猪增重提高 16%,料肉比改善 9%。

本课题组研究结果显示,在饲养试验 1~3 周,日粮中添加 α-半乳糖苷酶对断奶仔猪的生长性能影响不大,这可能跟前 3 周仔猪拉稀较多、健康状况较差有关,而在饲养试验 4~6 周,与对照组相比,低剂量加酶组的平均日采食量和平均日增重分别提高 9.6% 和 18.1%($P<0.05$),高剂量加酶组平均日增重提高 9.5%($P>0.05$);从整个饲养试验 1~6 周来看,各组断奶仔猪之间所显示出来的生长性能差异与 4~6 周相似,即低剂量加酶组在采食量和日增重方面与对照组相比有显著的提高,而高剂量加酶组却无显著差异(冒高伟,2006)。这表明,α-半乳糖苷酶剂量增加到一定水平后,对动物的生长性能影响很小甚至有时还显示出抑制作用,这与西班牙埃特亚公司所得结果相似。他们在日粮中添加 α-半乳糖苷酶以改善玉米-豆粕型日粮的氮校正表观代谢能(AMEn),研究结果(未发表)表明,在日粮中添加 500 g/t 的 α-半乳糖苷酶,玉米-豆粕的 AMEn 为 3 560 kcal/kg,而日粮中添加 750 g/t 的 α-半乳糖苷酶,玉米-豆粕的 AMEn 却为 3 477 kcal/kg,这同样表明,当酶制剂浓度上升到一定水平,其对日粮的改善作用会变为零甚至为负数。另外,Baucells 等(2005)为了确定生长肥育猪玉米-豆粕型日粮中添加 α-半乳糖苷酶的最佳剂量,设定了 0、50、100、150、200、400 mg/kg 六个浓度梯度,结果得出 150 mg/kg 剂量组中的试验猪在整个试验期 56 d 的平均日增重和饲料报酬分别为 841 g 和 2.61,为所有剂量组中最佳,200 mg/kg 剂量组其次,400 mg/kg 最高剂量组为除对照组之外的最差的一组。由此得出,α-半乳糖苷酶在生长肥育猪玉米-豆粕型日粮中添加的最佳剂量为 150~200 mg/kg。

我们试图去解释过量添加 α-半乳糖苷酶会抑制断奶仔猪生长性能这一现象的原因。在酶活性质的研究中,我们研究发现当四种糖体共同存在时,随着它们浓度的升高,其对 α-半乳糖苷酶酶活抑制作用越来越强。当添加的 α-半乳糖苷酶剂量越来越高时,其反应体系中生成的各种糖体浓度也将随之升高,当达到一定浓度时,便表现出抑制 α-半乳糖苷酶酶活的作用,反映在生长性能上就是采食量和日增重下降(冒高伟,2006)。另外,在体外消化试验中,日粮中各种营养物质体外消化率与猪生长性能有很强的相关性,而低剂量加酶组日粮的能量、粗蛋白和粗纤维的体外消化率在所有试验日粮中为最高,故该组断奶仔猪显示出最佳生长性能(冒高伟,2006)。

四、结语

豆粕中含有抗营养因子 α-半乳糖苷,这影响了玉米-豆粕型日粮的应用效果。在玉米-豆粕型日粮中合理应用 α-半乳糖苷酶能有效地消除抗营养因子,提高养分利用率,促进动物生长。但关于 α-半乳糖苷酶对动物生产性能和养分利用率研究报道的结果并不一致,这可能是由于 α-半乳糖苷酶的来源、酶发挥降解作用的程度、日粮类型、试验动物、添加剂量等因素不同所致。

参考文献

［1］成廷水，呙于明，冯定远.2005.α-半乳糖苷酶在饲料中的研究与应用［C］//冯定远.酶制剂在饲料工业中的应用.北京：中国农业科技出版社,363-373.

［2］冒高伟.2006.α-半乳糖苷酶在断奶仔猪玉米-豆粕日粮中的应用研究［D］.华南农业大学硕士学位论文.

［3］王春林.2005.α-半乳糖苷酶固态发酵中试技术参数研究［D］.中国农业大学博士学位论文.

［4］张晋辉.2001.畜禽日粮中的α-半乳糖苷及其相应酶制剂的应用［J］.中国农业科技导报,3（1）：49-53.

［5］张丽英.2000.大豆寡糖对断奶仔猪抗营养作用及其机理的研究［D］.中国农业大学博士学位论文.

［6］Ao T，Cantor A H，Pescatore A J.2004. *In vitro* and *in vivo* evaluation of simultaneous supplementation of α-galactosidase and citric acid on nutrient release，digestibility and growth performance of broiler chicks［J］.Journal of Animal Science，82（Suppl.）：1148.

［7］Baucells F，Perez J F，Morales J F，et al.2000.Effect of α-galactosidase supplementation of cereal-soybean-pea diets on the productive performance，digestibility and lower gut fermentation in growing and finishing pigs［J］.Journal of Animal Science，74：157-164.

［8］Baucells F，Morales J，Perez J F，et al.2005.Evaluation of the effective optimal dose of α-galactosidase in corn and soya-based diets for growing-finishing pigs［C］//冯定远.酶制剂在饲料工业中的应用.北京：中国农业科技出版社,374-379.

［9］Bengala-Freire J，Autaitre A，Peiniau J.1991.Effect of feeding raw or extruded peas on ideal digestibility，pancreatic enzymes and plasma glucose and insulin in early weaned pigs［J］.Journal of Animal Physiology and Animal Nutrition，65：154-164.

［10］Coon C A，Akavanichan O，Cheng T K.1988.The effect of oligosaccharides on the nutritive value of soybean meal［C］//McCann L（ed）.Soybean utilization alternatives：Symposium proceedings for Alternative Crop and Products.The Center for Alternative Crops and Products，Univ.of Minnesota，St.Paul，MN：203-213.

［11］Coon C N.1990.Effect of oligosaccharide-free soybean meal on true metabolizable energy and fiber digestion in adult roosters［J］.Poultry Science，69：793-797.

［12］Cristoforo E，Mottu F，Wuhrmann J J.1974.Involvement of the raffinose family of oligosaccharides in flatulence［C］//Sipple H K L，McNutt K W（eds）.Sugar in nutrition.New York，Academic Press，313-336.

［13］Gdala J，Jansman A J M，Buraczewska L，et al.1997a.The influence of α-galactosidase supplementation on the ileal digestibility of lupin seed carbohydrates and dietary protein in young pigs［J］.Animal Feed Science and Technology，67：115-125.

［14］Gdala J，Jansman A J M，Bach-Knudsen K E，et al.1997b.The digestibility of carbohydrates, protein and fat in the small and large intestine of piglets fed non-supplemented and enzyme supplemented diets[J]. Animal Feed Science and Technology, 67: 125-133.

[15] Gdala J, Jansman A J M, Buraczewska L, et al. 1997a. The influence of α-galactosidase supplementation on the ileal digestibility of lupin seed carbohydrates and dietary protein in young pigs[J]. Animal Feed Science and Technology, 67: 115-125.

[16] Ghazi S, Rooke J A, Galbraith H, et al. 1997a. Effect of adding protease and alpha-galactosidase enzymes to soybean meal on nitrogen retention and true metabolizable energy in broilers[J]. British Poultry Science, 38 (Suppl.): S28.

[17] Ghazi S, Rooke J A, Galbraith H, et al. 1997b. Effect of feeding growing chicks semi-purified diets containing soybean meal and amounts of protease and alpha-galactosidase enzymes[J]. British Poultry Science, 38 (Suppl.): S29.

[18] Igbasan F A, Guenter W, Slommski B A. 1997. The effect of pectinase and α-galactosidase supplementation on the nutritive value of peas for broilers chickens[J]. Canadian Journal of Animal Science, 77: 537-539.

[19] Irish G G, Balnave D. 1993. Non-starch polysaccharides and broiler performance on diets containing soybean meal as the sole protein concentrate[J]. Australian Journal of Agricultural Research, 44: 1183-1499.

[20] Kidd M T, Morgan G W, Price C J Jr, et al. 2001a. Enzyme supplementation to corn and soybean meal diets for broilers[J]. Journal of Applied Poultry Research, 10: 65-70.

[21] Kidd M T, Morgan G W, Umwalt C D Jr, et al. 2001b. α-Galactosidase enzyme supplementation to corn and soybean meal broiler diets[J]. Journal of Applied Poultry Research, 10:186-193.

[22] Kim S W, Zhang Z H, Soltwedel K T, et al. 2001. Supplementation of alpha-1, 6-galactosidase and beta-1,4-mannanase to improve soybean meal utilization by growing-finishing pigs[J]. Journal of Animal Science, 79 (Suppl. 2): 84 (abstract).

[23] Kim S W. 2002. Effect of alpha-1,6-galactosidase, beta-1,4-mannanase and beta-1, 4-mannosidase on intestinal morphology and the removal of dietary anti nutritional factors in young pigs[J]. Journal of Animal Science, 80 (Suppl. 1): 39 (abstract).

[24] Knap I H, Ohmann A, Dale N. 1996. Improved bioavailability of energy and growth performance from adding alpha-galactosidase (from *Aspergillus* sp.) to soybean meal-based diets[C]//Proc. Aust. Poult. Sci. Symp.. Sydney, Australia: 153-156.

[25] Kuriyama S, Tada M. 1967. Isolation and determination of sugars from the cotyledon, hull and hypocotyl of soybeans by carbon column chromatography[J]. Technical Bulletin of Faculty of Agriculture, Kagawa University,18(2): 138-141.

[26] Leske K L, Jevne C J, Coon C N. 1993. Effect of oligosaccharide additions on nitrogen-corrected metabolizable energy of soy protein concentrate[J]. Poultry Science, 72: 664-668.

[27] Rackis J J. 1975. Oligosaccharides of food legumes: alpha-galactosidase activity and the flatus problem[C]//Jeanes A, Hodges J (eds). Physiological effects of food carbohy-

drates. American Chemical Society, Northern Regional Resarch. Laboratory:207-222.

[28] Risley C R, Lohrmann T. 1988. Growth performance and apparent digestibility of weaning pigs fed diets containing low stachyose soybean meal[J]. Journal of Animal Science, 76 (Suppl. 1): 179 (Abstr.).

[29] Slominski B A. 1994. Oligosaccharides in canola meal and their effect on non-starch polysaccharide digestibility and true metabolizable energy in poultry[J]. Poultry Science, 73: 156-162.

[30] Smiricky M R, Grieshop C M, Albin D M, et al. 2002. The influence of soy oligosaccharides on apparent and true ileal amino acid digestibilities and fecal consistency in growing pigs[J]. Journal of Animal Science, 80:2433-2441.

[31] Trugo L C, Farah A, Cabral L. 1995. Oligosaccharide distribution in Brazilian soyabean cultivars[J]. Food Chemistry, 52:385-387.

[32] Veldman A, Veen W A G, Barug D, et al. 1993. Effect of α-galactosides and α-galactosidase in feed on ileal piglet digestive physiology[J]. Journal of Animal Physiology and Animal Nutrition, 69:57-65.

[33] Wagner J R, Becker R, Gumbmann M R, et al. 1976. Hydrogen production in the rat following ingestion of raffinose, stachyose and oligosaccharide-free bean residue[J]. Journal of Nutrition, 106: 466-470.

[34] Wiggins H S. 1984. Nutritional value of sugars and related compounds undigested in the small gut[J]. Proceedings of the Nutrition Society, 43:69-75.

[35] Zhang L Y, Li D F, Qiao S Y, et al. 2001. The effect of soybean galactooligosacchrides on nutrient and energy digestibility and digesta transit time in weaning piglets[J]. Asian-Australian Journal of Animal Science, 14:1598-1604.

[36] Zuo Y, Fahey G C J, Merchen N R, et al. 1996. Digestion responses to low oligosaccharide soybean meal by ileally cannulated dogs[J]. Journal of Animal Science, 74:2441-2449.

第4篇

饲料酶制剂作用的机理研究

本 篇 要 点

外源酶制剂添加之后的表观现象主要表现在对畜禽生产性能、畜禽整齐度、动物健康、日粮养分消化利用率等方面的影响,以及替代抗生素,降低机体组织抗生素残留的价值。而上述表观现象必然是建立在一定的作用机理之上。作用机理的探讨也是科学阐明酶制剂应用效果的原因、指导新型饲料酶制剂产品开发和构建高效、实用性应用技术的理论基础。外源饲料酶制剂添加作用的根本机理在于:一是提高动物自身消化能力,二是清除动物消化反应的障碍。其他机理都是在此基础上的衍生。

本篇以木聚糖酶、β-葡聚糖酶、β-甘露聚糖酶、α-半乳糖苷酶等为对象,并结合了饲料类型和动物种类的因素,对其作用机理及其获得预期添加效果的理论基础进行了较为系统的探讨。其中,提高动物自身消化能力方面的机理包括:①断奶和疾病等应激反应的特殊阶段,外源酶的添加补充了内源酶的不足;②提高消化能力的基础上,酶解底物增加可能导致的内源消化酶活性和分泌量的反馈性上调,以及刺激了动物消化系统的发育;③酶解底物的增加反馈性上调生长相关激素分泌导致的促生长作用。而清除动物消化反应的障碍方面的机理及其衍生机理主要包括:①减轻或消除饲料抗营养因子的影响,其中以木聚糖酶和β-葡聚糖酶分别降解木聚糖和β-葡聚糖,降低食糜黏度的作用最为突出;②摧毁植物细胞壁以释放胞内养分,植物性饲料养分大部分都被束缚在细胞内,而动物尤其是非反刍动物自身不具备消除这一消化屏障的能力,纤维素酶、木聚糖酶和β-葡聚糖酶的意义就在于此;③NSP 酶等对抗营养作用消除的同时,前置了纤维类成分等部分养分的消化部位,从而可以提高饲料能值利用率、降低后肠道发酵强度带来的负面影响;④外源酶在酶解底物的同时,通常伴随着寡糖等功能性物质产生,相应的会衍生出其对肠道微生态健康、免疫调节等功能性作用。此外,在上述生理生化层面的机理分析基础上,近年来分子生物学技术在动物营养学方面的推广应用也为我们从更微观的分子层面探讨外源酶制剂对畜禽生产影响的作用机理,如外源酶对机体内消化酶、养分吸收转运载体、内分泌激素等相关功能基因表达的调控作用。

当然,我们在这方面的研究应该注意两个方面的问题:一是外源酶发挥作用的机理可能是单一的,也可能是多方面的,而且更多情况下是多种机制的综合作用效果;二是我们探讨酶制剂的作用机理必须以其作用效果为基础去寻找原因,而不是盲目地、牵强附会地找关联。

小麦饲粮中的木聚糖及木聚糖酶的作用机理

小麦含有抗营养因子阿拉伯木聚糖和 β-葡聚糖,从而限制了其在畜禽饲粮中的应用。阿拉伯木聚糖溶于水后具有很高的黏性,影响营养物质的吸收,导致肠道微生态菌群发生变化,引起消化道生理和形态上发生变化,进而降低动物生产性能。结合近年来国内外和本课题组的研究结果,认为在小麦型日粮中应用木聚糖酶可以分解木聚糖,提高动物对饲粮能量和营养物质的利用率,促进动物生长,改善胴体组成(于旭华,2004;谭会泽,2006;廖细古,2006)。

一、小麦中的木聚糖

小麦是一种重要的粮食作物,也是一种重要的饲料原料。小麦作为饲料原料具有较高的营养价值,但由于其含有较高水平的非淀粉多糖(non-starch polysaccharides,NSP),从而限制了它在畜禽饲粮中的应用。水溶性 NSP 是麦类饲粮中的一类抗营养因子,主要包括阿拉伯木聚糖和 β-葡聚糖(Bedford,1992)。可溶性 NSP 增加了动物消化道食糜的黏度,降低饲料的利用率,从而对动物生产带来一系列的负面影响(Antoniou 等,1981)。小麦中的抗营养因子主要是阿拉伯木聚糖,其次是 β-葡聚糖。这些黏性多糖主要集中在糊粉层和胚乳中,尤其是胚乳细胞壁中,加工后则主要存留在副产品中。

谷物中的阿拉伯木聚糖(arabinoxylan)主要是由阿拉伯糖和木糖两种戊糖组成,其分子主链是由吡喃木糖残基以 β-1,4-糖苷键连接成的直线结构,一些取代基通过木糖残基上 C2 或者 C3 发生取代反应。主要的取代基是阿拉伯糖残基分子,也有少数己糖和己糖醛酸(Hazlewood,2001)。

阿拉伯木聚糖的水溶性和持水性由其分子的大小和结构决定。大多数木聚糖的溶解性都很差,但是当木聚糖的侧链发生了阿拉伯糖取代,增加了木聚糖分子与水的接触面积,就会使阿拉伯木聚糖的水溶性大大增加,其抗营养作用就更为突出。阿拉伯木聚糖的水溶性还受到其组成中阿拉伯糖和木糖比例的影响(Annison,1991)。Bedford 等(1992)分析饲喂小麦和黑麦饲粮的肉鸡肠道内容物发现,相对分子质量大于 500 000 的可溶性非淀粉多糖占总多糖的 10％,但是却构成肠道黏度来源的 80％。

二、小麦中木聚糖的抗营养特性

1.阿拉伯木聚糖对动物生产性能的影响

在动物生产中,小麦饲粮中的阿拉伯木聚糖最主要的负面作用就是降低饲料的表观代谢能(AME)。Choct 等(1990)研究发现,小麦、黑麦、大麦、高粱、大米和玉米几种饲粮的 AME 与各种原料中的阿拉伯木聚糖含量之间存在着强负相关关系,这表明阿拉伯木聚糖极有可能降低饲粮的 AME。Annison(1991)在 3 周龄肉仔鸡的高粱-豆粕型饲粮中分别添加 5、10、20、40 g/kg 的小麦木聚糖提取物后,饲料的 AME 从 15.05 MJ/kg 分别下降到 15.0、14.7、13.3、12.48 MJ/kg,且饲粮中小麦木聚糖提取物含量与饲料的 AME 之间有很好的线性关系。此外,木聚糖还会降低动物对饲粮中其他营养物质的消化利用效率。Choct 等(1992a)分别用水和 NaOH(0.2 mol/L)浸提小麦细胞壁,得到水溶性阿拉伯木聚糖(WEP)和碱可溶性阿拉伯木聚糖(AEP)(AEP 溶于水),然后按照不同剂量添加到高粱型饲粮中,其试验结果如表 1 和表 2 所示。结果说明随着饲粮中木聚糖含量的升高,肉鸡的生产性能(AME、氮存留率、日增重、采食量)逐渐下降,同时淀粉、蛋白质和脂肪的回肠消化率也逐渐下降。

表 1　阿拉伯木聚糖对肉鸡生产性能的影响($n=8$)

添加量/ (g/kg DM)	饲粮总戊聚糖含量/ (g/kg DM)	代谢能/ (MJ/kg DM)	氮存留率/ (g/d)	饲料转化率/ (g/g)	增重/ (g/6 d)	采食量/ (g/6 d)
对照	25.9	15.05[a]	3.05[a]	1.91[a]	349[a]	661[a]
20(WEP)	43.8	13.90[b]	2.79[a]	2.08[ab]	312[ab]	637[a]
5(AEP)	30.8	15.00[a]	2.89[a]	1.94[a]	348[a]	675[a]
10(AEP)	34.9	14.70[a]	2.86[a]	1.95[a]	352[a]	686[a]
25(AEP)	48.0	13.34[b]	2.42[b]	2.49[bc]	268[bc]	640[a]
40(AEP)	65.7	12.48[c]	1.96[c]	2.70[c]	216[c]	552[b]

注:同列标注无相同字母者差异显著($P<0.05$)。

表 2　阿拉伯木聚糖对肉鸡饲粮营养物质消化率的影响($n=3$)

添加量/ (g/kg DM)	饲粮总戊聚糖 含量/(g/kg DM)	淀粉/%	蛋白质/%	脂肪/%
对照	25.9	96[a]	75[a]	93[a]
20(WEP)	43.8	91[b]	70[a]	87[ab]
5(AEP)	30.8	96[ab]	75[a]	93[a]
10(AEP)	34.9	95[ab]	73[a]	92[a]
25(AEP)	48.0	92[ab]	69[ab]	76[ab]
40(AEP)	65.7	82[c]	61[b]	69[b]

注:同列标注无相同字母者差异显著($P<0.05$)。

2.阿拉伯木聚糖的抗营养机理

动物肠道不能分泌降解阿拉伯木聚糖的相关酶,阿拉伯木聚糖溶于水后具有很高的黏性,因而小麦饲粮会增加动物肠道食糜的黏性,这一特性被认为是木聚糖具有抗营养作用的主要原因。较高的黏性能显著改变食糜的物理特性和肠道的生理功能(Annison,1991)。Ikegami等(1990)指出,可溶性非淀粉多糖的高黏稠性是其影响畜禽肠道功能的主要因素。食糜黏性的提高,一方面减少了肠道消化酶与饲料中各种营养物质的接触机会(White等,1983),另一方面还造成了已经酶解的养分向小肠壁的扩散速度减慢,降低养分的吸收(Ikegami等,1990)。加拿大Sasktoon大学的研究证实,雏鸡活体增重和料重比与前肠食糜黏度的对数之间存在一种线性关系。高亲水性的阿拉伯木聚糖与肠黏膜表面的脂类微团和多糖蛋白复合物相互作用,导致黏膜表面水层厚度增加,表面水层厚度是养分吸收的限制因素,从而降低了营养物质的吸收(Johnson等,1981)。Schneeman等(1982)用小鼠做试验,发现麸皮可促进小肠黏液的分泌,而这种黏液使不动水层增厚。阿拉伯木聚糖具有较高的持水活性,可通过其网状结构吸收超过自身重量数倍的水分,改变其物理特性,抵制肠道的蠕动,从而降低消化能力。

阿拉伯木聚糖在水溶液中是表层带负电荷的表面活性物质,极易与带正电荷的养分物质结合,从而影响矿物元素的吸收(Annison,1991)。阿拉伯木聚糖能吸附 Ca^{2+}、Zn^{2+}、Na^+ 等金属离子以及有机物质,造成这些物质的利用受阻。饲粮中黏性多糖可直接结合消化道中的多种消化酶,使酶不能与底物发生反应(Low,1989)。

肉鸡试验发现大麦饲粮降低了肠内容物中淀粉酶和脂肪酶活性(Almirall等,1995)。阿拉伯木聚糖可使胆酸呈束缚状态,限制其发挥作用,显著增加粪中胆汁酸的排出量,而黏性多糖还能与胆固醇、脂肪相结合,显著降低脂肪的消化吸收(Wang等,1992;Kiyoshi等,1989),特别使饱和脂肪酸的消化吸收明显下降,而对不饱和脂肪酸无显著影响(Choct等,1992a)。黏性环境还能阻碍脂肪乳糜微粒的形成,进而影响脂肪吸收(Wang等,1992)。

肠道中营养物质消化率发生改变,导致肠道微生物的数量和种类发生显著的变化(Vahjen等,1998)。阿拉伯木聚糖等黏性多糖使养分吸收减少,而在肠道的蓄积增加,这为肠道微生物的繁殖提供了良好的环境。Choct等(1996)研究发现,肉鸡日粮中添加可溶性NSP显著提高了小肠的发酵作用。阿拉伯木聚糖等NSP也可以与消化道后段微生物区系相互作用,肠道微生物的厌氧发酵,产生大量的生孢梭菌等分泌的某些毒素,可抑制动物的生长;同时微生物会竞争性地消耗大量的营养物质,降低营养物质的利用率(Marquardt等,1979;White等,1983)。Choct等(1992b)研究认为,戊聚糖对肉鸡生长的负面影响,部分是由肠道微生物增殖引起的。

NSP可引起动物消化道生理和形态上发生变化(Cassidy等,1981;Morgan等,1985;Ide等,1989;Low,1989)。日粮中添加NSP可以显著增加水分、电解质和脂类的内源性分泌(Low,1989)。增加大鼠饲喂含有黏性多糖日粮的时间,则大鼠的消化系统会作相应的适应性变化(Ikegami等,1990)。本课题组成员研究也发现,饲喂含黏性多糖日粮使消化器官变大,消化液分泌增加,同时伴随营养物质消化率降低(于旭华,2004)。因此阿拉伯木聚糖引起的小麦饲粮回肠蛋白质表观消化率的降低,一方面是因为蛋白质的酶解和氨基酸的吸收降低所致,另一方面可能是由于内源性蛋白质的分泌量增加所致。我们在2004年的研究证实,在小麦型饲粮中添加木聚糖酶,使肉鸡小肠绒毛变短,而且绒毛顶端变细(于旭华,2004),这说明木聚糖酶降低了小肠绒毛的代偿性增生。Southon 等(1985)报道,用含有 75 g/kg 的非纤维素 NSP 和 24 g/kg 的纤维素日粮饲喂大鼠,比饲喂只含有纤维素作为唯一 NSP 来源的半纯合日粮的大鼠肠道黏膜细胞的分裂加速。

三、木聚糖酶对小麦饲粮中木聚糖的水解作用

向饲料中添加外源性木聚糖酶是消除饲料中木聚糖的抗营养作用最为有效的办法。木聚糖的彻底降解需要以内切 β-1,4-D-木聚糖酶(EC 3.2.1.8)为主的多种酶的协同作用来完成(Coughlan 等,1993;Coughlan,1992)。首先,由内切 β-1,4-D-木聚糖酶随机裂解木聚糖的骨架,产生木寡糖,降低木聚糖的聚合度;然后,由外切 β-木糖苷酶(EC 3.2.1.37)将木寡糖和木二糖分解为木糖。由于侧链阿拉伯糖等取代基的存在能够影响木聚糖酶的作用,需要有不同的糖苷酶来分解木糖与侧链取代基之间的糖苷键,如 α-L-阿拉伯糖苷酶和 α-D-葡萄糖醛酸酶等,通过这些酶协同作用才能彻底分解木聚糖。在实际应用当中,考虑到五碳糖对动物生产的作用不是很大,木聚糖不需要被彻底降解。裂解木聚糖的主链,降低其黏性是首要目标。在降低木聚糖的抗营养作用方面,起关键作用的是内切 β-1,4-D-木聚糖酶。饲粮中所添加的木聚糖酶一般是以内切木聚糖酶为主含多种相关酶的复合酶系。

饲粮中木聚糖酶的作用机理可以归结为以下五个方面:

第一,降低肠道内容物中可溶性木聚糖导致的黏性。阿拉伯木聚糖的水溶性和持水性由其分子的大小和结构决定。木聚糖酶裂解阿拉伯木聚糖,使其黏性降低。由食糜高黏性所导致的消化酶作用效果下降、营养物质吸收受阻、粪便水分增高等后果随着木聚糖酶的添加而降低甚至消除,从而使动物的生产性能大大提高。

第二,破碎植物细胞壁,释放出营养物质。非可溶性 NSP 是细胞壁的重要组成部分,是动物消化酶与日粮混合的物理屏障之一。研究表明在肉鸡的非黏性日粮中添加非淀粉多糖酶也可以提高肉鸡的生产性能(Cowan,1995;Choct,1998),这表明细胞壁中不溶性成分的分解使鸡肠道食糜中的底物在较短滞留的时间内与消化酶接触,从而提高细胞内营养物质的利用率。

第三,维持消化系统发育正常。如前所述,木聚糖可使肉鸡消化系统代偿性增生和肥大、肠绒毛形态改变,且内源性蛋白分泌增加,还导致黏膜细胞的分裂加速(Southon 等,1985)。本课题组成员研究也发现,在肉鸡黏性饲粮中添加 NSP 酶,可减少动物的代偿性增生,改善肠道绒毛形态(于旭华,2004)。

第四,减少动物肠道后段有害微生物的增殖。日粮的利用效率可以影响动物肠道内微生物的种类和数量(Vahjen 等,1998)。Choct 等(1996)研究发现 NSP 降低营养物质的消化率,明显增加小肠内微生物的增殖和发酵,通过添加非淀粉多糖酶后,这种现象消失。Vahjen 等(1998)在肉鸡日粮中添加木聚糖酶,结果发现显著降低了肠道的菌落数和革兰氏阳性菌数,乳酸菌的数量却显著增加,从而改善了肠道微生物的平衡。

第五,调节动物的内分泌系统,提高动物的免疫能力。畜禽生长发育过程和各种营养物质消化、吸收、代谢都受神经内分泌激素的调控。在大麦型基础日粮中添加非淀粉多糖粗酶制剂可以显著提高雏鸡甲状腺素(T_3)、促甲状腺激素(TSH)、生长激素(GH)和胰岛素(Ins)水平。

在鹅的试验中也取得了相似的结果,大麦基础型日粮中添加 0.1%非淀粉多糖粗酶制剂提高了肉鹅 GH、T_3、TSH 和胰岛素样生长因子 1(IGF-1)等激素水平,同时也提高了 T 淋巴细胞转化率,这可能是由于非淀粉多糖酶将多糖分解成活性寡糖,这些活性寡糖作用于肠黏膜细胞受体,从而提高机体免疫力(韩正康,2000)。

四、结语

木聚糖是小麦中的主要抗营养因子,在小麦饲粮中添加木聚糖酶可以降解木聚糖,提高营养物质利用率和动物生产性能,改善胴体比例。随着动物饲料需求的增加,饲料原料价格波动频繁,在玉米价格高涨的时候,在畜禽日粮中小麦常被用来替代玉米。在小麦日粮中合理应用木聚糖酶,将降低饲养成本,增大经济收益。

参考文献

[1] 韩正康.2000.大麦日粮添加酶制剂影响家禽营养生理及改善生长性能的研究[J].畜牧与兽医,32(1):1-4.

[2] 廖细古.2006.木聚糖酶对肉鸭生产性能的影响及机理研究[D].华南农业大学硕士学位论文.

[3] 谭会泽.2006.肉鸡肠道碱性氨基酸转运载体 mRNA 表达的发育性变化及营养调控[D].华南农业大学博士学位论文.

[4] 王修启.2003.小麦中的抗营养因子及木聚糖酶提高小麦日粮利用效率的作用机理研究[D].南京农业大学博士学位论文.

[5] 于旭华.2004.真菌性和细菌性木聚糖酶对肉鸡生长性能的影响及机理研究[D].华南农业大学博士学位论文.

[6] Almirall M,Francesch M,Perez-Vendrell A M,et al.1995. The differences in intestinal viscosity produced by barley and β-glucanase alter digesta enzyme activities and ileal nutrient digestibilities more in broiler chicks than in cocks[J].Journal of Nutrition,125:947-955.

[7] Annison G.1991. Relationship between the levels of soluble non-starch polysaccharides and the apparent metabolizable energy of wheats assayed in broiler chickens[J].Journal of Agriculture and Food Chemistry,39:1252-1256.

[8] Antoniou T,Marquardt R R.1981. Influence of rye pentosans on the growth of chicks [J]. Poultry Science,60:1898-1904.

[9] Bedford M R,Classen H L.1992.Reduction of intestinal viscosity through manipulation of dietary rye and pentosanase concentration is effected through changes in the carbohydrate composition of the intestinal aqueous phase and results in improved growth rate and food conversion efficiency of broiler chicks[J].Journal of Nutrition,122:560-569.

[10] Cassidy M M，Lightfoot F G，Grau L E，et al. 1981. Effect of chronic intake of dietary fibers on the ultrastructural topography of rat jejunum and colon：a scanning electron microscopy study[J]. American Journal of Clinical Nutrition，34：218-228.

[11] Choct M，Annison G. 1990. Anti-nutritive of wheat pentosans in broiler diets[J]. British Poultry Science，31：811-821.

[12] Choct M，Annison G. 1992a. The inhibition of nutrient digestion by wheat pentosans [J]. British Journal of Nutrition，67：123-132.

[13] Choct M，Annison G. 1992b. Anti-nutritive effect of wheat pentosans in broiler chickens：roles of viscosity and gut microflora[J]. British Poultry Science，33：821-834.

[14] Choct M，Hughes R J，Wang J，et al. 1996. Increased small intestinal fermentation is partly responsible for the anti-nutritive activity of non-starch polysaccharides in chickens[J]. British Poultry Science，37：609-621.

[15] Choct M. 1998. The effect of different xylanases on carbohydrate digestion and viscosity along the intestinal tract in broilers[C]//Proceedings of the Australian Poultry Science symposium. 111-115.

[16] Coughlan M P. 1992. Towards an understanding of the mechanism of action of main chain-hydrolasing xylanases[M]//Visser J，Beldman G，Kusters-van Someren M A，Voragen A G J (eds). Xylans and xylanases progress in biotechnological：Vo17. Amaterdam，The Netherlands：Elesvier Science Publishers，111-139.

[17] Coughlan M P，Hazlewood G P. 1993. β-1,4-D-Xylan-degrading enzyme systems：biochemistry,molecular biology and applications[J]. Biotechnology and Applied Biochemistry，17：259-289.

[18] Cowan W D. 1995. The relevance of intestinal viscosity on performance of practical broiler diets [C]//Proceedings of the Australian Poultry Science symposium，7：116-120.

[19] Ebihara K，Schneeman B O. 1989. Interaction of bile acids，phospholipids，cholesterol and triglycericle with dietary fibers in the small intestine of rats[J]. Journal of Nutrition，119：1100-1106.

[20] Hazlewood M K Ba G P. 2001. Enzymology and other characteristics of cellulases and xylanases[M]//Partridge M R (ed). Enzymes in farm animal nutrition. Marlborough Wiltshire UK：CABI Publishing，11-60.

[21] Ide T，Horii M，Kawashima K，et al. 1989. Bile acid conjugation and hepatic taurine concentration in rats fed on pectin[J]. British Journal of Nutrition，62：539-550.

[22] Ikegami S，Tsuchihashi F，Harada H，et al. 1990. Effect of viscous indigestible polysaccharides on pancreatic-biliary secretion and digestive organs in rats[J]. Journal of Nutrition，20：353-360.

[23] Johnson I T，Gee M. 1981. Effect of gel-forming gums on the intestinal unstirred layer and sugar transport *in vitro*[J]. Gut，22：398-403.

[24] Low A G. 1989. Secretory response of the pig gut to non-starch polysaccharides[J]. Animal Feed Science and Technology，23：55-65.

[25] Marquardt R R, Ward A T, Misir R. 1979. The retention of nutrients by chicks fed rye diets supplemented with amino acids and penicillin[J]. Poultry Science, 58:631-640.

[26] Morgan L M, Tredger J A, Madden A, et al. 1985. The effect of guar gum on carbohydrate-, fat-and protein-stimulated gut hormone secretion: modification of postprandial gastric inhibitory polypeptide and gastric responses[J]. British Journal of Nutrition, 53:467-475.

[27] Schneeman B O, Richter B D, Jacobs L R. 1982. Response to dietary wheat bran in the exocrine pancreas and intestine of rats[J]. Journal of Nutrition, 112:283-286.

[28] Southon S, Livesey G, Gee J M, et al. 1985. Differences in intestinal protein synthesis and cellular proliferation in well-nourished rats consuming conventional laboratory diets [J]. British Journal of Nutrition, 53: 87-95.

[29] Vahjen W, Gläser K, Schäfer K, et al. 1998. Influence of xylanase-supplemented feed on the development of selected bacterial groups in the intestinal tract of broiler chicks [J]. Journal of Agricultural Science, 130:489-500.

[30] Wang L J, Newman R K, Newman W. 1992. Barley β-glucans alter intestinal viscosity and reduce plasma cholesterol concentrations in chick[J]. Journal of Nutrition, 122: 2292-2297.

[31] White W B, Bird H R, Sunde M L. 1983. Viscosity of β-glucan as a factor in the enzymatic improvement of barley for chicks[J]. Poultry Science, 62:853-862.

木聚糖酶对肉鸡消化系统及
日粮中养分利用率的影响

至今,人们认为,木聚糖对畜禽动物尤其是家禽利用饲料中养分、肠道健康等起负面作用。木聚糖酶因其可消除抗营养因子木聚糖而被广泛应用于肉鸡麦类基础日粮。研究结果显示,木聚糖酶有促进肉鸡生长的效应(Classen 等,1996;Bedford 等,1992、1996),这可能与其本身的提高饲料能量效率(于旭华,2004)、改善消化器官(Ikegami 等,1990;于旭华,2001)和肠道状况(于旭华,2004)、促进机体内源酶分泌(奚刚等,1999)等营养效应有关。这是对木聚糖酶作用机理的有力支持。

一、木聚糖酶对肉鸡消化系统发育的影响

日粮中非淀粉多糖一方面同与消化有关的消化酶、胆汁等活性物质结合,造成动物消化道内消化酶活性降低,另一方面还可以造成动物消化系统代偿性增生和肥大(Isaksson 等,1982;Ikegami 等,1990;于旭华,2001)。

1. 木聚糖酶对肉鸡消化酶发育的影响

NSP 可能具有与各种消化酶、胆盐、脂类结合的能力,降低消化道内各种酶的活性。Schneeman(1978)、Isaksson(1982)体外试验证实,不同日粮纤维能够抑制大鼠和人胰脏中各种蛋白酶和脂肪酶的活性,其抑制作用主要取决于肠道内容物的黏性、pH 值和纤维的吸收率。Isaksson(1982)报道,富含麦麸的小麦食物能够导致人空肠内脂肪酶、淀粉酶和胰蛋白酶总活性下降。我们早期研究表明,在肉鸡玉米-豆粕日粮中添加了可溶性 NSP 后,肉仔鸡胰脏和小肠内容物中胰脂肪酶活性降低,随后的体外试验也发现,小麦可溶性 NSP 对脂肪酶活性亦有明显的抑制作用(于旭华,2001)。

饲料中添加木聚糖酶,一方面可以降低和消除阿拉伯木聚糖对动物的抗营养作用,降低消化道食糜的黏性,提高消化道酶和底物的接触机会;另一方面,木聚糖酶可以分解阿拉伯木聚糖,可将饲料植物细胞中更多的营养物质释放出来。根据"酶-底物"理论,动物消化系统也必须分泌更多的酶来适应消化的需要。另外,由于木聚糖酶分解了饲料中阿拉伯木聚糖,从而降低其对消化系统中各种消化酶的抑制作用,最终提高动物消化道中各种酶的活性。

本课题组先前的试验结果同前人报道基本一致,在小麦基础日粮中添加木聚糖酶对中鸡阶段和大鸡阶段黄羽肉鸡空肠中淀粉酶、胰蛋白酶和胰脏淀粉酶、胰蛋白酶活性有提高的趋势。木聚糖酶对黄羽肉鸡胰脏、空肠食糜中淀粉酶和胰蛋白酶活性的提高作用,主要与试验所用日粮有关。我们试验采用的基础日粮为小麦日粮,而小麦日粮中的阿拉伯木聚糖含量较高,其可能对黄羽肉鸡消化道中的各种消化酶产生了抑制作用,饲料中加入木聚糖酶后,解除了其对消化酶的抑制作用,从而提高了小肠内容物中各种消化酶的活性(于旭华,2004)。

2. 木聚糖酶对肉鸡消化器官发育的影响

Jorgensen 等(1996a、b)试验发现,提高日粮纤维含量,鸡消化道重量有所升高,而且后肠的相对重量和容积持续升高,这主要是因为动物为了补偿由于非淀粉多糖引起营养浓度下降而增加消化道容量,从而增加动物摄入体内的饲料总量,并增加饲料在动物体内的滞留时间,以获取动物所需要的足够养分。

饲料中添加非淀粉多糖酶可降低肉鸡消化器官的重量。Brenes 等(1993)在无壳大麦中添加酶制剂可以分别降低鸡嗉囊和肌胃重量的 15％和 17％,而在带壳大麦中添加酶制剂则可以分别降低嗉囊和肌胃重量的 7％和 8％。在麦类日粮中添加酶制剂降低了消化系统代偿性增生,同时也增加了肉鸡胴体的比例。

我们先前的试验结果表明,小麦基础日粮中添加木聚糖酶对黄羽肉鸡胰脏和脾脏相对重量没有明显影响,但有降低中鸡阶段和大鸡阶段黄羽肉鸡肝脏相对重量的趋势,且在中鸡阶段达到了显著水平。另外,中鸡阶段和大鸡阶段黄羽肉鸡小肠相对长度亦有降低趋势(于旭华,2004)。饲料中添加木聚糖酶降低动物消化器官重量的原因可能有:①日粮添加木聚糖酶可以减少动物因为非淀粉多糖引起的消化器官代偿性生长;②日粮添加木聚糖酶可提高动物营养物质消化率,从而提高日粮营养浓度,减少消化道的容量即可保证动物体内营养物质消化吸收的平衡。

3. 木聚糖酶对肉鸡小肠绒毛发育的影响

日粮类型和能量水平对动物小肠绒毛的生长发育有着重要的影响。通常日粮浓度降低时,动物会增加小肠绒毛的长度以增加与小肠内容物的接触面积和营养物质的消化吸收。Gee 等(1996)分别用纤维素、瓜耳豆胶、羧甲基纤维素和乳糖醇作为大鼠的日粮,结果发现,瓜耳豆胶和乳糖醇均降低了结肠的 pH 值,另外,瓜耳豆胶还可使肠上皮细胞增生,绒毛高度增加。我们的试验结果表明,在小麦基础型日粮中添加真菌性和细菌性木聚糖酶后,黄羽肉鸡小肠绒毛变短,而且绒毛顶端变细(于旭华,2004)。

木聚糖酶对小肠绒毛作用的两种机制为:①日粮中添加木聚糖酶后提高了日粮中各种营

养物质的消化吸收率,同时提高了日粮的能量浓度,降低了黄羽肉鸡小肠绒毛长度;②日粮添加木聚糖酶后降低和消除了日粮中阿拉伯木聚糖对黄羽肉鸡的抗营养作用,降低小肠绒毛代偿性增生。

二、木聚糖酶对肉鸡饲粮中养分利用率的影响

1. 木聚糖酶对肉鸡采食量的影响

影响动物采食量的因素很多,主要有日粮能量浓度、饲养环境温度、日粮氨基酸平衡、应激反应、饲料物理特性和日粮中抗生素、调味剂等因素(呙于明,1997)。其中,影响家禽采食量最重要的一个因素是日粮能量浓度。当日粮能量浓度升高时,家禽可以根据日粮能量浓度进行采食量的调节,以保证自身能量摄入量维持恒定。

陈继兰(1998)对石岐黄鸡的研究表明,饲粮代谢能水平由 11.3 MJ/kg 增加到 13.2 MJ/kg 可使石岐黄鸡的平均日增重和饲料效率显著提高,平均日采食量略有下降。周桂莲(2004)的试验表明,随饲粮代谢能水平增加,试验鸡饲料转化率得到极显著的改善,当达到 12.958 MJ/kg 时,饲料转化率的增加趋势变缓,而继续提高饲粮代谢能水平,试验鸡平均日采食量有降低的趋势,但平均日增重有增加的趋势。我们课题组前期的研究结果表明,日粮中添加不同来源和剂量的阿拉伯木聚糖酶后,均不同程度地降低了肉鸡的采食量,其原因可能是阿拉伯木聚糖酶可能提高了日粮的能量浓度,从而降低了肉鸡的采食量(于旭华,2004)。

由此可见,由于木聚糖酶的添加,肉鸡饲粮中能量等营养浓度会增加,因此会出现下调采食量的结果。

2. 木聚糖酶对肉鸡小麦型日粮能量效率的影响

阿拉伯木聚糖可以降低饲料的表观代谢能(AME)。Choct 等(1990)在比较小麦、黑麦、小黑麦、大麦、高粱、大米和玉米等 7 种类型日粮 AME 时发现,各种类型饲料 AME 之间的差异很大,变异程度从大米最高的 17.36 MJ/kg DM 到黑麦最低的 11.34 MJ/kg DM,且各类型饲料 AME 与其中阿拉伯木聚糖含量之间存在着较强的负相关($r=-0.95$)。随后分析发现,各类型饲料 AME 与其中总非淀粉多糖(阿拉伯木聚糖和 β-葡聚糖之和)含量之间也存在着较强的负相关($r=-0.97$)。为了直接证明各种饲料原料 AME 降低的主要原因来自于其中阿拉伯木聚糖和 β-葡聚糖的含量,Annison(1992)在高粱-豆粕型日粮中添加 5、10、20、40 g/kg 的小麦木聚糖提取物,3 周龄肉仔鸡饲料 AME 从 15.05 MJ/kg 分别下降到 15.0、14.7、13.3、12.48 MJ/kg,并与日粮中小麦木聚糖提取物含有的阿拉伯木聚糖水平呈负相关关系。而 Flores 等(1994)的试验发现,8 个小黑麦品种的氮校正真代谢能与其中水溶性非淀粉多糖(WSP)之间有 $TMEn=15.6-0.016\times WSP$ 的关系,进一步说明了阿拉伯木聚糖降低 AME 效应主要是由于其可溶性部分造成的。

小麦型日粮中添加阿拉伯木聚糖酶可明显提高小麦日粮 AME(Annison,1992)。Steenfeldt 等(1998)在 3 周龄肉鸡小麦型基础日粮中添加酶制剂,结果日粮平均 AMEn 由 13.86

MJ/kg DM 提高至 14.60 MJ/kg DM。Carré 等(1992)试验发现,日粮中添加阿拉伯木聚糖酶可提高肉鸡 AME,其中对淀粉、脂肪、蛋白质三者消化率提高的贡献度分别为 35%、35%、30%。Hew 等(1998)在小麦日粮中添加了 2 种商品型阿拉伯木聚糖酶,日粮 AME 分别提高 12.6% 和 18.6%。本课题组研究结果表明,在小麦型基础日粮中添加不同水平的木聚糖酶后,黄羽肉鸡表观代谢能有升高的趋势,幅度在 2%~7%(于旭华,2004),比 Hew 等(1998)提高幅度低,可能与日粮能量浓度、酶制剂来源、试验环境等因素有关。如日粮能量浓度较高,木聚糖酶对日粮能量有效浓度提升的空间缩小,相反,则提升的空间增大。

3. 木聚糖酶对肉鸡小麦型日粮粗蛋白代谢率的影响

阿拉伯木聚糖可降低肉鸡对日粮中营养物质的消化力。Choct 等(1990)在商品型日粮中添加了用 0.02 mol/L NaOH 提取的可溶性阿拉伯木聚糖,添加剂量分别为 5、10、25、40 g/kg DM,当浓度达到 2% 或以上时,肉鸡的生产性能明显降低,日粮中淀粉、粗蛋白、脂肪等营养物质的回肠末端消化率显著降低,并呈现剂量依赖性。

小麦日粮中添加阿拉伯木聚糖酶可以显著提高日粮的营养价值和各种营养物质的消化率。Hew 等(1998)在小麦日粮中添加 2 种阿拉伯木聚糖酶后,结果表明,直肠中各种氨基酸消化率平均值由 70% 提高至 79%,而回肠末端中各种氨基酸消化率平均值由 78% 提高至 85%。Steenfeldt 等(1998)报道,在 3 周龄肉鸡小麦型基础日粮中添加酶制剂,直肠中粗蛋白表观消化率和粗脂肪表观消化率均有升高,而回肠中粗蛋白表观消化率和粗脂肪表观消化率分别提高 6% 和 13%。我们先期研究结果显示,添加木聚糖酶对日粮中粗蛋白真消化率有不同程度的提高,其中,真菌来源木聚糖酶平均提高了小麦型日粮体外消化 3 h 后粗蛋白消化率 3.98%,而细菌来源木聚糖酶则提高了小麦型日粮体外消化 3 h 后粗蛋白消化率 3.97%(于旭华,2004)。

上述结果说明,小麦日粮中添加木聚糖酶可有效提高肉鸡对蛋白质的利用率,可能的原因是木聚糖酶水解木聚糖之后释放了被束缚的蛋白质;而因此增加了饲粮蛋白与蛋白酶的接触、提高了蛋白酶的作用效率也可能是原因之一。

4. 木聚糖酶对肉鸡氨基酸消化率的影响

绝大多数的试验证明,在肉鸡以麦类为基础的饲粮中添加木聚糖酶可以提高鸡的生产性能和氨基酸消化率(Bedford 等,1992;Classen,1996;Bedford 等,1996;王修启,2003;于旭华,2004)。我们选用改良的岭南黄肉鸡做试验动物,在小麦型饲粮中添加木聚糖酶,用回肠氨基酸表观消化率和肠系膜静脉血清中氨基酸作为衡量木聚糖酶对饲粮氨基酸利用效率的影响的指标,也证实木聚糖酶对氨基酸的消化利用有提高的作用(谭会泽,2006)。

王修启(2003)的研究表明,在 AA 肉鸡小麦型饲粮中添加木聚糖酶,可以上调位于肠道刷状缘的钠/葡萄糖共转运载体 1(SGLT1)mRNA 在十二指肠的表达丰度,这与木聚糖酶提高日粮有效能水平相一致,并推测木聚糖酶可能通过影响内分泌的变化来增加小肠上段 SGLT1 的数量。受此启发,为了从更深层次剖析木聚糖酶提高氨基酸消化利用效率的机理,本课题组还研究了木聚糖酶对肠道中氨基酸转运载体 mRNA 表达的影响,结果发现,木聚糖酶显著提

高了空肠 $b^{0,+}$ 系统 rBAT 和 y^+ 的 CAT4 mRNA 的表达丰度,而对于 y^+ LAT2 mRNA 的表达没有影响。可能的原因是:木聚糖酶消除木聚糖的黏性,可以提高肠道中可被利用氨基酸的浓度,同时改善肠道绒毛的形态(于旭华,2004);而细胞本身可以根据内外环境的变化作出适应性的调节,表现在对于营养物质转运的载体的类型和数量的变化(Humphrey 等,2004)。

5. 木聚糖酶对肉鸡小麦型日粮其他营养物质消化率的影响

添加木聚糖酶可以降解日粮中的阿拉伯木聚糖,降低日粮黏度,提高日粮中各种营养物质的体内外消化率。Zyla 等(1999)在肉鸡小麦型基础日粮中同时添加木聚糖酶和植酸酶,结果发现,液体木聚糖酶对日粮体外消化试验磷的释放量有负面影响,但固体木聚糖酶则增强了低剂量植酸酶(0～25 U/kg)释放日粮植酸态磷的作用,但对高剂量植酸酶(500～750 U/kg)无此效应。

三、体外消化模型在预测木聚糖酶释放养分效率中的应用

利用饲养试验和代谢试验等生物学方法对饲料营养价值和酶制剂添加效率的评定是一种科学而合理的方法,但耗时、费力,很难在短时间内对大量的饲料样品进行价值评定。人们在动物日粮中添加阿拉伯木聚糖酶后,通常想通过一些饲料原料的物理特性、原料中某些化学成分含量或者体外消化结果来对酶的添加效果进行预测。

体外法则是一种通过在体外模拟动物体内消化道环境,对饲料中各种养分消化率进行预测和营养价值评定的方法。近年来,利用体外法研究植酸酶的作用效果得到了很大的发展。Zyla 等(1995)建立了一套火鸡的体外消化的模拟方法,研究了植酸酶在玉米-豆粕日粮的作用效果。张铁鹰(2002)在对植酸酶的体外试验中发现,添加 4 种植酸酶产品日粮磷体外消化率和有效磷的释放量与回肠磷表观消化率、胫骨灰分和磷沉积量及胫骨灰分中磷含量均存在较强的相关,决定系数(R^2)分别为 0.883、0.949、0.838、0.746 和 0.872、0.961、0.858、0.768。我们的试验结果表明,通过体外试验,可以对体内的消化试验进行模拟和预测,在体外 1、3、9 h 的消化试验中,3 h 消化试验中粗蛋白的体外消化率与动物体内消化率值之间的相关系数和回归方程的决定系数最高(表 1),回归方程为:$y = 1.069\ 1x + 26.312(R^2 = 0.83)$,说明可以用 3 h 饲料粗蛋白的体外消化率对体内消化率进行模拟和预测(于旭华,2004)。

表 1　添加木聚糖酶的小麦型日粮粗蛋白体内消化率(y)与
体外消化率(x)之间的回归方程和相关系数

消化时间/h	回归方程	相关系数(r)
1	$y = 0.340\ 9x + 68.183(R^2 = 0.49)$	0.70
3	$y = 1.069\ 1x + 26.312(R^2 = 0.83)$	0.91
9	$y = 0.767\ 2x + 35.154(R^2 = 0.60)$	0.77

但是,我们要注意的一个问题是,体外试验结果仅只能预测体内的木聚糖酶作用效果,而体外结果对体内效果的预测精确度以及意义有多大,关键是在建立较为完善的体外评定方法

基础上,建立足够大容量的体内和体外试验结果的数据库,然后进行回归拟合,这样才能通过体外结果对体内结果进行有效预测,对生产起到可靠的指导作用。

参考文献

[1] 陈继兰,吕连山,赵玲,等.1998.石岐黄肉鸡前期日粮适宜的能量和蛋白质水平的研究[J].中国畜牧杂志,34(4):10-12.

[2] 呙于明.1997.家禽营养与饲料[M].北京:中国农业大学出版社,238-242.

[3] 谭会泽.2006.肉鸡肠道碱性氨基酸转运载体 mRNA 表达的发育性变化及营养调控[D].华南农业大学博士学位论文

[4] 王修启.2003.小麦中的抗营养因子及木聚糖酶提高小麦日粮利用效率的作用机理研究[D].南京农业大学博士学位论文.

[5] 奚刚,许梓荣,钱利纯,等.1999.添加外源性酶对猪、鸡内源消化酶活性的影响[J].中国兽医学报,19:286-289.

[6] 于旭华,汪儆,孙哲,等.2001.黄羽肉仔鸡脂肪酶的发育规律及小麦 SNSP 对其活性的影响[J].动物营养学报,13(3):60-64.

[7] 于旭华.2004.真菌性和细菌性木聚糖酶对肉鸡生长性能的影响及机理研究[D].华南农业大学博士学位论文.

[8] 张铁鹰.2002.植酸酶体外消化评定技术的研究[D].中国农业科学院博士学位论文.

[9] 周桂莲,林映才,蒋守群,等.2004.饲粮代谢能水平对 22～42 日龄黄羽肉鸡生长性能、胴体品质以及部分血液生化指标影响的研究[J].饲料工业,25(3):35-38.

[10] Almirall E. 1995. The differences in intestinal viscosity produced by barley and β-glucanase alter digesta enzyme activities and ideal nutrient digestibilities more in broiler chicks than in cocks[J]. Journal of Nutrition, 125: 947-955.

[11] Annison G. 1992. Commercial enzyme supplementation of wheat-based diets raises ileal glucanase activities and improves apparent metabolisable energy, starch and pentosan digestibilities in broiler chickens[J]. Animal Feed Science and Technology, 8: 105-121.

[12] Bedford M R, Classen H L. 1992. Reduction of intestinal viscosity through manipulation of dietary rye and pentosanase concentration is effected through changes in the carbohydrate composition of the intestinal aqueous phase and results in improved growth rate and food conversion efficiency of broiler chicks[J]. Journal of Nutrition, 122:560-569.

[13] Bedford M R. 1996. Independent and interactive changes between the ingested feed and the digestive system in poultry[J]. The Journal of Applied Poultry Research, 5: 85-92.

[14] Bedford M R, Morgan A J. 1996. The use of enzyme in poultry diets[J]. World's Poultry Science Journal, 52:61-68.

[15] Brenes A, Smith M, Guenter W, et al. 1993. Effect of enzyme supplementation on the performance and digestive tract size of broiler chickens fed wheat and barley diet[J]. Poultry Science, 1993, 72:1731-1739.

[16] Carré B，Lessire M，Nguyen T H，et al. 1992. Effects of enzymes on feed efficiency and digestibility of nutrients in broilers[C]//Proceedings of the XIX World Poultry Congress. Amsterdam：411-415.

[17] Choct M，Annison G. 1990. Anti-nutritive of wheat pentosans in broiler diets[J]. British Journal of Nutrition，31：811-821.

[18] Choct M，Annison G. 1992. The inhibition of nutrient digestion by wheat pentosans[J]. British Journal of Nutrition，67：123-132.

[19] Classen H L. 1996. Cereal grain starch and exogenous enzymes in poultry diets[J]. Animal Feed Science and Technology，62：21-27.

[20] Flores M P. 1994. Nutritive value of triticale fed to cockerels and chicks[J]. British Poultry Science，35：527-536.

[21] Gee J M，Lee-Finglas W，Wortley G W，et al. 1996. Fermentable carbohydrates elevate plasma enteroglucagon but high viscosity is also necessary to stimulate small bowel mucosal cell proliferation in rats[J]. Journal of Nutrition，126：373-379.

[22] Hew L I，Ravindran V，Mollah Y，et al. 1998. Influence of exogenous xylanase supplementation on apparent metablisable energy and amino acid digestibility in wheat for broiler chickens[J]. Animal Feed Science and Technology，75：83-92.

[23] Humphrey B D，Stephensen C B，Calvert C C，et al. 2004. Glucose and cationic amino acid transporter expression in growing chickens (Gallus gallus domesticus)[J]. Comparative biochemistry and physiology. Part A，Molecular & integrative physiology，138：515-525.

[24] Ikegami S，Tsuchihashi F. 1990. Effect of viscous indigestible polysaccharides on pancreatic-biliary secretion and digestive organs in rats[J]. Journal of Nutrition，120：353-360.

[25] Isaksson G，Lundquist I，Ihse I. 1982. Effect of dietary fibre on pancreatic enzyme activity *in vitro*：the importance of viscosity，pH，ionic strength，adsorption，and time of incubation[J]. Gastroenterology，82：918-924.

[26] Jorgensen H，Zhao X Q Knudsen K E B，et al. 1996a. The influence of dietary fiber and environmental temperature on the development of the gastrointestinal tract，digestibility，degree of fermentation in hind-gut and energy metabolism in pigs[J]. British Journal of Nutrition，75：365-378.

[27] Jorgensen H，Zhao X Q，Knudsen K E B，et al. 1996b. The influence of dietary fiber source and level on the development of the gastrointestinal tract，digestibility and energy metabolism in broiler chickens[J]. British Journal of Nutrition，75：379-395.

[28] Schneeman B O. 1978. Effect of plant fibre on lipase，trypsin and chymotrypsin activity[J]. Journal of Food Science，43：634.

[29] Steenfeldt S，Hammershøj M，Müllertz A，et al. 1998. Enzyme supplementation of wheat-based diets for broilers. 2. Effect on apparent metabolisable energy content and nutrient digestibility[J]. Animal Feed Science and Technology，75(1)：45-64.

［30］Zyla K，Gogol D，Koreleski J，et al. 1999. Simultaneous application of phytase and xylanase to broiler feeds based on wheat：*in vitro* measurements of phosphorous and pentose release from wheats and wheats-based feeds［J］. Journal of the Science of Food and Agriculture，79：1832-1840.

［31］Zyla K，Ledoux D R，Carcia A，et al. 1995. An *in vitro* procedure for studying enzymic dephosphororylation of phytate in maize-soybean feeds for turkey poultry［J］. British Journal of Nutrition，74：3-17.

木聚糖酶在肉鸭日粮中的作用及其机理

近年来,由于抗生素带来了一些负面作用,国家管理部门对畜禽抗生素添加剂的使用监管越来越严格,并已禁止有些抗生素的使用,此外,新型抗生素研发需要较长时间,这对动物尤其是消化道较短的动物的生产性能带来极大影响,人们也因此丧失了一些可以改善畜禽生产性能的手段。为了提供足量的肉类产品以保证生活水平的持续提高,一些替代抗生素的方案被开发出来。酶制剂就是其中之一,它具有消除饲粮中抗营养因子、弥补动物尤其是特殊生理条件下动物内源消化酶分泌不足等作用,增强动物对饲粮中养分甚至一些特殊养分(如粗纤维)的利用力。木聚糖酶可以降低甚至消除饲粮中木聚糖的抗营养特性,在肉鸭饲料中有广泛的应用。

一、木聚糖酶对肉鸭生产性能的影响

添加木聚糖酶等 NSP 酶制剂后可降低日粮中的 NSP,降低食糜黏稠性,从而使食糜在消化道内更易于转运,加速了排空速度和营养物的吸收利用,表观代谢能增加(高宁国等,1997)。而且,木聚糖酶等 NSP 酶将 NSP 成分降解而促进细胞壁崩溃,被释放出来的各种营养物质能与畜禽肠道内的消化酶充分接触,从而提高各种养分的消化率(Cowieson 和 Adeola,2005)。最终,这些效果通过对生产性能的改善表现出来(廖细古,2006;阳金,2009)。

1. 木聚糖酶对肉鸭采食量的影响

动物的采食量影响动物的生长速度和饲料转化率。动物采食的营养物质只有在满足其维持需要后,多摄入的部分才能用于生产。影响动物采食量的因素很多,主要有日粮的能量浓度、饲养环境温度、日粮的氨基酸平衡、动物的应激反应、饲料的物理特性和日粮中抗生素、调味剂的应用等(昝于明,1997),其中以日粮能量浓度影响最大。临界能量浓度是指动物能根据日粮能量浓度调节采食量的日粮能量浓度,一般而言,动物(尤其是单胃动物)能在一定的日粮能量浓度范围内调节自身采食量。绵羊日粮以 DE 10.5 MJ/kg 为临界能量浓度的下限,鸡日粮以 ME 11.5 MJ/kg 为临界能量浓度下限(杨凤,1993)。家禽"为能而食",当日粮的能量浓度变化时,家禽可以根据日粮的能量浓度进行采食量的调节,保证自身的能量摄入量维持恒定。陈继兰等(1998)对石岐黄鸡的研究表明,饲粮代谢能水平由 11.3 MJ/kg 增加到 13.2 MJ/kg,试验鸡的平均日增重和饲料效率显著提高,平均日采食量显著下降。周桂莲等(2004)的试验表明,随饲粮代谢能水平增加,试验鸡饲料转化率得到极显著改善,当达到 12.958 MJ/kg 时,饲料转化率的增加趋势变缓,当进一步提高饲粮代谢能水平时,试验鸡平均日采食量有降低的趋势,而平均日增重有增加的趋势。

肉鸭为能而食的能力比较强,日粮能量浓度适应范围很宽。Dean 等(1978)研究发现,肉鸭饲喂代谢能为 2 200～3 080 kcal/kg 的饲料都不影响其体重,但采食量随着日粮能量浓度的下降大大增加,饲料转化率显著降低。王利琴等(2003)在花边肉鸭的研究中发现,在保持日粮蛋白质和可消化氨基酸水平不变的条件下日粮代谢能在 10.878～10.042 MJ/kg 范围内下降,并不明显影响肉鸭增重,但引起采食量、料重比的线性上升。

非淀粉多糖(NSP)是植物组织中除淀粉以外的所有碳水化合物的总称。非淀粉多糖包括不溶性非淀粉多糖(如纤维素、不溶性阿拉伯木聚糖等)和可溶性非淀粉多糖(如可溶性阿拉伯木聚糖和 β-葡聚糖等),它们的特殊结构使它们具有一定的抗营养特性,相应的非淀粉多糖酶制剂可以破坏其特殊结构,消除或者降低其抗营养特性,提高动物日粮营养物质特别是能量的利用率,从而改善动物的生产性能(冯定远,2004)。Annison 和 Choct(1991)研究发现,小麦中的可溶性非淀粉多糖与日粮表观代谢能呈显著负相关。汪儆等(1996)报道,小麦或次粉日粮中添加 0.1% 以木聚糖酶和 β-葡聚糖酶为主的酶制剂提高了日粮的表观代谢能值(AME),其中,小麦日粮表观代谢能提高了 6.6%($P<0.01$)。Wyatt 等(1999)报道,在玉米-豆粕型日粮中添加含有木聚糖酶和 β-葡聚糖酶的复合酶,提高了肉仔鸡回肠内淀粉和脂肪的消化率。我们于 2006 年在肉鸭玉米-杂粮型日粮中添加木聚糖酶,结果发现均不同程度地降低了动物的采食量,降低幅度为 2.15%～3.94%;这就表明,在肉鸭日粮中添加木聚糖酶,可以在一定程度上提高肉鸭对日粮营养物质的消化利用率特别是能量的利用率,从而降低肉鸭的采食量(廖细古,2006)。为证实这一规律,我们于 2009 年进一步研究了以木聚糖酶为主的复合酶在肉鸭高 DDGS 日粮中的应用,结果发现采食 15%DDGS 日粮的 16～40 日龄樱桃谷鸭采食量显著降低,但日增重和饲料报酬均没有显著变化;采食 20%DDGS 日粮的 16～30 日龄樱桃谷鸭采食量显著下降,日增重没有显著影响,且饲料报酬有显著提高(阳金,2009)。

上述结果说明,相对不加酶的高木聚糖日粮,添加木聚糖酶可有效提高肉鸭日粮中有效能的浓度,减少肉鸭采食量,改善饲料报酬。

2. 木聚糖酶对肉鸭生长性能的影响

虽然非淀粉多糖的黏性是造成动物生产性能下降的主要原因,但是非淀粉多糖作为一种物理屏障,在动物消化酶和日粮混合中的作用也是很明显的。在一些试验中证明,在肉鸡的非黏性日粮中添加木聚糖酶等非淀粉多糖酶制剂可以提高肉鸡的生产性能(Cowan,1995;

Choct,1996)。这一点也说明非淀粉多糖酶制剂可以降解饲料中非可溶性的植物细胞壁,打破物理屏障,更多的消化酶与它们的底物接触,提高了饲料营养物质的消化率,从而提高动物的生产性能。朱元招等(1999)在对 1 日龄樱桃谷肉鸭的饲养试验中发现,添加酶制剂 1(以 β-葡聚糖酶、木聚糖酶、蛋白酶与果胶酶为主)和酶制剂 2(以淀粉酶、木聚糖酶与蛋白酶为主)的试验组比对照组的日增重分别高出 5.57% 和 4.59%,料重比分别降低 6.97% 和 4.83%,稀粪率也均显著下降,而各组死亡率未见明显差异。孙万岭等(1996)和 Pack(1997)在玉米-豆粕日粮中添加以木聚糖酶和 β-葡聚糖酶为主的复合酶提高了肉仔鸡的采食量、增重和成活率,降低了料重比。Galante 等(1998)试验发现,β-葡聚糖酶与木聚糖酶能提高肉鸡、雏鸡和母鸡日增重。Bedford 和 Morgan(1995)通过试验研究了双低菜粕日粮(canola meal,CM)中添加木聚糖酶对肉仔鸡生产性能的影响,研究表明,添加木聚糖酶组,体增重显著高于 CM 日粮对照组($P < 0.05$)。我们的研究结果表明,在肉鸭玉米-杂粮型日粮中添加木聚糖酶能提高肉鸭 8~21 日龄和 22~45 日龄的日增重,降低肉鸭日粮的料重比。综合整个试验阶段,在肉鸭日粮中添加木聚糖酶,可以显著提高肉鸭日粮的转化效率,高剂量(500 g/t)的酶制剂的效果要优于低剂量(250 g/t);每吨饲料添加 500 g 木聚糖酶肉鸭的料重比基本上可以达到玉米-豆粕型日粮的饲喂效果(廖细古,2006)。这说明,肉鸭玉米-杂粮型日粮降低代谢能50 kcal/kg 左右后添加木聚糖酶 250 g/t,不影响肉鸭的生产性能。此外,添加木聚糖酶对肉鸭日粮饲料转化效率的改善,在 22~45 日龄阶段的效果要好于 8~21 日龄,可能是因为:与8~21日龄肉鸭日粮相比,22~45日龄肉鸭日粮中所含杂粮(棉粕、菜粕、米糠粕等)要多得多,也就是说,所含木聚糖酶的底物阿拉伯木聚糖要多得多(廖细古,2006)。

我们认为肉鸭日粮中添加木聚糖酶对生长性能的影响主要体现在 2 个方面:一是在不降低日粮能量等营养浓度的情况下,添加木聚糖酶后进一步提高了营养浓度,结果表现出降低了采食量、提高了日增重、降低了料重比;二是在降低日粮能量等营养浓度的情况下,添加木聚糖酶后维持了正常的营养浓度,结果表现出维持或降低了采食量、维持或降低了料重比,达到正常日粮能量等营养浓度的饲养效果。

3. 添加木聚糖酶对其他生产性能指标的影响

朱元招等(1999)在对 1 日龄樱桃谷肉鸭的饲养试验中发现,添加酶制剂 1(以 β-葡聚糖酶、木聚糖酶、蛋白酶与果胶酶为主)和酶制剂 2(以淀粉酶、木聚糖酶与蛋白酶为主)的试验组比对照组的日增重分别高出 5.57% 和 4.59%,料重比分别降低 6.97% 和 4.83%,稀粪率也均显著下降,而各组死亡率未见明显差异。孙万岭等(1996)和 Pack(1997)在玉米-豆粕型日粮中添加以木聚糖酶和 β-葡聚糖酶为主的复合酶不仅提高了肉仔鸡的采食量和增重、降低了料重比,而且提高了成活率。

二、木聚糖酶对肉鸭消化系统的影响

日粮中的非淀粉多糖具有与各种消化酶、胆盐、脂类结合的能力,从而降低消化道内各种酶的活性,引起消化器官的代偿性增生。例如,Isaksson 等(1982)报道,富含麦麸的小麦食物能够导致人空肠内脂肪酶、淀粉酶和胰蛋白酶总活性的下降;Jorgensen 等(1996a、b)试验表明,提高日粮的纤维含量,猪和鸡的消化道重量有所升高,而且后肠的相对重量和容积持续升高。这主要是由于动物为了补偿由于非淀粉多糖引起的营养浓度的下降,增大消化道的容量,以增加动物摄入体内的饲料总量,并且延长饲料在动物体内的滞留时间,以获取动物所需要的足够养分。

我们在肉鸭、肉鹅和鸡的试验都证实,添加木聚糖酶等 NSP 酶制剂可以降低家禽消化器官重量,例如:廖细古(2006)在肉鸭日粮中添加木聚糖酶,对肉鸭胰腺和空肠的影响不是很有规律,有提高肉鸭肌胃、肝脏相对重量和十二指肠、回肠相对长度的趋势;黄燕华(2004)在肉鹅日粮中添加纤维素酶使得雏鹅小肠的相对重量下降,并可显著降低雏鹅直肠相对重量和 42 日龄肉鹅盲肠相对重量;于旭华(2004)在小麦基础日粮中添加木聚糖酶有降低黄羽肉鸡中鸡阶段和大鸡阶段肝脏相对重量和小肠相对长度的趋势。肉鸭等家禽日粮中添加了木聚糖酶后降低动物消化器官的重量的原因可能有:①日粮添加木聚糖酶可以减少动物因为非淀粉多糖而引起的消化器官代偿性生长;②日粮添加木聚糖酶后提高动物营养物质消化率,从而提高了日粮的营养浓度,较小消化道容量即可保证动物体内营养物质消化吸收的平衡。

家禽日粮中添加木聚糖酶等 NSP 酶可以有效降低木聚糖对消化系统酶活的影响,如我们早期对仔猪的试验结果表明,添加以木聚糖酶为主的 NSP 复合酶提高了断奶后仔猪胃蛋白酶、空肠和回肠胰淀粉酶、十二指肠和空肠胰蛋白酶、空肠糜蛋白酶和胰脂肪酶的活性(于旭华,2001;沈水宝,2002)。

三、肉鸭日粮中木聚糖酶的作用机理

自 Jesen 等(1957)首次报道在大麦基础日粮中添加酶制剂(主要是 β-葡聚糖酶和木聚糖酶)可以提高肉鸡的生产性能以来,国内外动物营养学者对于木聚糖酶在动物日粮特别是在麦类日粮中的应用做了大量研究,并取得了良好的效果。

大多数试验表明,动物在以麦类为基础日粮时添加木聚糖酶可以提高动物生产性能(Bedford 等,1992;Classen 等,1996;Bedford 等,1996;王修启,2003;于旭华,2004)。木聚糖酶之所以能够改善动物生产性能,并非是它能把阿拉伯木聚糖降解为单糖,而是由于它能把高度聚合的阿拉伯木聚糖降解成较小的聚合物,从而消除它的抗营养特性。目前关于非淀粉多糖酶(包括木聚糖酶)的作用机理主要有两种理论:细胞壁屏障理论和黏性理论(Bedford,1996)。

黏性理论者认为,日粮中阿拉伯木聚糖造成抗营养作用的主要原因是其提高了动物肠道内容物的黏性(Choct 和 Annison,1990;Annison,1991)。在麦类基础日粮中添加阿拉伯木聚糖酶可以降低动物肠道内容物的黏度。消化道内容物的黏性,对内源酶来说是一个屏障,添加相应的酶制剂一方面增加了动物肠道内饲料同消化酶的接触机会,另一方面加快了已消化养分向肠黏膜的扩散速度,提高动物对已消化养分的吸收率,从而提高动物生产性能。

而细胞壁屏障理论者认为,植物的细胞壁结构非常复杂,主要由非淀粉多糖(包括纤维素、β-葡聚糖、阿拉伯木聚糖、甘露寡糖和果胶)和木质素等组成。许多饲料即使经过加工处理后,仍不能破坏其细胞壁的完整性,包裹在细胞壁内的许多可消化营养物质(蛋白质、淀粉等)由于不能与消化酶接触而不能被消化吸收。虽然非淀粉多糖的黏性是造成动物生产性能下降的主要原因,但是非淀粉多糖作为一种物理屏障,在动物消化酶和肠道食糜混合过程中的负面作用也是很明显的,这一作用在非黏性日粮如玉米-豆粕型和玉米-杂粕型日粮中的作用则更为明显。试验证明,在肉鸡的非黏性日粮中添加非淀粉多糖酶制剂可以提高肉鸡的生产性能(Cowan,1995;Choct,1996),这也说明非淀粉多糖酶制剂可以降解饲料中不可溶的植物细胞壁结构成分,打破物理屏障,使更多消化酶与它们的底物接触,最终提高了饲料营养物质消化率和动物生产性能。韩东等(1996)在电子显微镜下观察到纤维素酶使部分细胞因胞间层分解而离散,结构规则的细胞破解,用 DNS 法对酶解后麸皮中的还原糖含量测定显示,还原糖含量是未酶解前的 2 倍。赵林果等(2001)用纤维素复合酶体外酶解小麦、玉米、大麦等,用扫描电镜观察到酶处理后的样品表面孔隙数量增多,孔径增大,胞间层断裂,细胞被破坏,且在酶解结束后测定的酶解液中还原糖含量是未加酶处理的 3～5 倍。Tervilä-Wilo 等(1996)也报道,用纤维素酶和木聚糖酶作用于小麦,随着细胞壁物质的降解,蛋白质和非淀粉碳水化合物的释放量明显增加。Bedford 等(1996)认为,添加酶制剂改善肉鸡饲料的消化利用并不是来源于降解非淀粉多糖产生的能量,而是通过将大分子非淀粉多糖降解成小分子物质以降低食糜黏度和破坏细胞壁完整结构以释放其中的内容物来实现。

玉米、大豆、棉籽、菜籽细胞壁和麦类籽实细胞壁一样,主要由阿拉伯木聚糖、β-葡聚糖、纤维素、果胶等 NSP、一些蛋白质和矿物质组成,这些物质通过氢键或共价键相互交联结合,共同构成细胞壁,支持和保护细胞内容物。木聚糖酶和 β-葡聚糖酶通常作为破坏细胞壁、释放细胞壁内养分的首选酶种。Groot-Wassink 等(1989)和 Cowan 等(1993)研究发现,在破解植物细胞壁方面,单独使用木聚糖酶的效果等于甚至要好于使用复合酶。Bedford 和 Autio(1996)在显微镜下观察到,饲喂小麦的肉仔鸡小肠中有大量的囊状物,而在添加木聚糖酶后,大部分囊状物消失。在饲喂玉米的家禽中也可得到类似结果。Zabekka 等(1999)指出,在低能量玉米-豆粕日粮中添加木聚糖酶和 β-葡聚糖酶后,粗蛋白消化率提高 2.9%,15 种氨基酸的消化率也有不同程度提高,其中 5 种显著提高($P<0.05$)。Wyatt 等(1999)报道,在玉米-豆粕型日粮中添加含有木聚糖酶和 β-葡聚糖酶的复合酶后,肉仔鸡回肠淀粉和脂肪的消化率提高,不同玉米品种之间的代谢能值差异降低。我们试验结果也表明,在肉鸭玉米-杂粕型日粮中添加木聚糖酶,不管是和正对照日粮还是负对照日粮相比,能量和蛋白质的利用率都得到了提高:能量表观代谢率提高 2.98%～5.11%,能量表观回肠消化率提高了 2.51%～4.44%,蛋白质表观回肠消化率提高 2.72%～5.68%,而且添加 500 g/t 木聚糖酶的效果要优于添加 250 g/t(廖细古,2006)。这些结果表示利用木聚糖酶等 NSP 酶制剂可水解细胞壁中的阿拉伯木聚糖和 β-葡聚糖,破坏细胞壁结构,进而提高玉米-豆粕型日粮养分的消化率。

四、结语

木聚糖酶在肉鸭等家禽高黏度日粮中的添加意义已经得到普遍的认可,而木聚糖酶提高动物生产性能的原因可能来自于其降低食糜黏度或破解细胞壁以释放胞内原生质而提高养分消化率的作用,或两者兼备。进一步弄清楚木聚糖酶的作用机制,对高效酶的筛选、表达、设计和生产等都有重要的现实意义。

参考文献

[1] 陈继兰,吕连山,赵玲,等.1998.石岐黄肉鸡前期日粮适宜的能量和蛋白质水平的研究[J].中国畜牧杂志,34(4):10-12.

[2] 冯定远,汪儆.2004.饲用非淀粉多糖酶制剂作用机理及影响因素研究进展[C]//动物营养研究进展.中国农业科技出版社.

[3] 高宁国,韩正康.1997.大麦日粮添加粗酶制剂时肉鸭增重和消化代谢的变化.南京农业大学学报,20(4):65-70.

[4] 呙于明.1997.家禽营养与饲料[M].北京:中国农业大学出版社.

[5] 韩东,王建鹏,马梦瑞,等.1996.复合酶制剂破解植物细胞壁的效果研究[J].中国饲料,12:30.

[6] 黄燕华.2004.不同来源纤维素酶在肉鹅高纤维日粮中的应用及其作用机理的研究[D].华南农业大学博士学位论文.

[7] 廖细古.2006.木聚糖酶对肉鸭生产性能的影响及机理研究[D].华南农业大学硕士学位论文.

[8] 沈水宝.2002.外源酶对仔猪消化系统发育及酶活发育的影响[D].华南农业大学博士学位论文.

[9] 孙万岭.1996.酶制剂在玉米-豆粕-棉籽粕型肉仔鸡日粮中添加效应研究[J].中国饲料,9:33-34.

[10] 汪儆,雷祖玉,应朝阳.1996.戊聚糖酶对小麦、次粉日粮肉仔鸡饲养效果及表观代谢能值的影响[J].中国饲料,13:14-16.

[11] 王利琴,杨加豹,张亚平,等.2003.日粮能量水平对肉鸭生产性能的影响及标准曲线法测定饲用酶制剂的表观代谢能值[J].饲料与添加剂,8:16-18.

[12] 王修启.2003.小麦中的抗营养因子及木聚糖酶提高小麦日粮利用效率的作用机理研究[D].南京农业大学博士学位论文.

[13] 阳金.2009.DDGS日粮添加复合酶对肉鸭生长性能的影响及机理研究[D].华南农业大学硕士学位论文.

[14] 杨凤.1993.动物营养学[M].北京:中国农业出版社.

[15] 于旭华.2001.外源酶对断奶仔猪消化系统酶活的影响[D].华南农业大学硕士学位论文.

[16] 于旭华.2004.真菌性和细菌性木聚糖酶对肉鸡生长性能的影响及机理研究[D].华南农业大学博士学位论文.

[17] 赵林果,王传槐,叶汉玲.2001.复合酶制剂降解植物性饲料的研究[J].饲料研究,1:2-5.

[18] 周桂莲,林映才,蒋守群,等.2004.饲粮代谢能水平对22～42日龄黄羽肉鸡生长性能、胴体品质以及部分血液生化指标影响的研究[J].饲料工业,25(3):35-38.

[19] 朱元招,刘亚力.1999.饲喂两种复合酶制剂对肉鸭生产性能的影响[J].安徽农业技术师范学院学报,13(2):19-22.

[20] Annison G,Choct M.1991.Anti-nutritive activities of cereal non-starch polysaccharides

in broiler diet and strategies minimizing their effects[J]. World's Poultry Science，47：232-242.

[21] Annison G. 1991. Relationship between the concentrations of soluble non-starch polysaccharides and the metabolisable energy of wheats assayed in broiler chickens[J]. Journal of Agricultural and Food Chemistry，39：1252-1256.

[22] Bedford M R，Autio K. 1996. Microscopic examination of feed and digesta from wheat-fed broiler chickens and its relation to bird performance[J]. Poultry Science，75：1-14.

[23] Bedford M R，Classen H L. 1992. Reduction of intestinal viscosity through manipulation of dietary rye and pentosanase concentration is effected through the carbohydrate of the intestinal aqueous phase and results in improved growth rate and feed conversion[J]. Journal of Nutrition，122：560-569.

[24] Bedford M R，Morgan A J. 1995. The use of enzymes in canola-based diets[C]//van Hartingsveldt W，Hessing M，van der Lugt J P，et al(eds). 2nd European symposium on feed enzymes：proceedings of ESFE2. Noordwijkerhout，The Netherlands：125-131.

[25] Bedford M R. 1996. Independent and interactive changes between the ingested feed and the digestive system in poultry[J]. Journal of Applied Poultry Research，5：85-92.

[26] Choct M，Annison G. 1990. Anti-nutritive of wheat pentosans in broiler diets[J]. British Poultry Science，31：811-821.

[27] Choct M，Hughes R J，Wang J，et al. 1996. Increase small intestinal fermentation is partly responsible for the anti-nutritive activity of non-starch polysaccharides in chickens[J]. British Poultry Science，37：609-621.

[28] Classen H L. 1996. Cereal grain starch and exogenous enzymes in poultry diets[J]. Animal Feed Science and Technology，62：21-27.

[29] Cowan W D，Jorgensen O B，Rasmussen P B，et al. 1993. Role of single activity xylanase enzyme components in improving feed performance in wheat based poultry diets[J]. Agro Food Industry Hi-Tech. ，4：11-14.

[30] Cowan W D. 1996. The relevance of intestinal viscosity on performance of practical broiler diets[C]//Proceedings of the Australian Poultry Science symposium，7：116-120.

[31] Cowieson A J，Adeola O. 2005. Carbohydrate，protease，and phytase have an additive beneficial effect in nutritionally marginal diets for broiler chicks[J]. Poultry Science，84：1860-1867.

[32] Dean W F. 1978. Nutrition requirement of ducks[C]//Proceedings of Cornell Nutrition Conference. 132-140.

[33] Galante Y M，Conti A D，Monteverdi R. 1998. Application of *Trichoderma* enzyme in the food and feed industries[J]. Trichoderma and Gliocladium，15：327-341.

[34] Groot-Wassink J W D，Campbell G L，Classen H L. 1989. Fractionation of crude pentosanase (arabinxylanase) for improvement of the nutritional value of rye diets for broiler chickens[J]. Journal of the Science of Food and Agriculture，46：289-300.

[35] Isaksson G，Lundquist I，Ihse I. 1982. Effect of dietary fibre on pancreatic enzyme ac-

tivity in vitro: the importance of viscosity, pH, ionic strength, adsorption, and time of incubation[J]. Gastroenterology, 82: 918-924.

[36] Jesen L S, Fry R E, Allred J B, et al. 1957. Improvement in the nutritional value of barley for chicks by enzyme supplementation[J]. Poultry Science, 36: 919-921.

[37] Jorgensen H, Zhao X Q, Knudsen K E B, et al. 1996a. The influence of dietary fiber and environmental temperature on the development of the gastrointestinal tract, digestibility, degree of fermentation in hind-gut and energy metabolism in pigs[J]. British Journal of Nutrition, 75: 365-378.

[38] Jorgensen H, Zhao X Q, Knudsen K E B, et al. 1996b. The influence of dietary fiber source and level on the development of the gastrointestinal tract, digestibility and energy metabolism in broiler chickens[J]. British Journal of Nutrition, 75: 379-395.

[39] Pack M, Bedford M. 1997. Feed enzymes for corn-soybean broiler diets[J]. World's Poultry Science Journal, 13(9): 87-93.

[40] Tervilä-Wilo A, Parkkonen T, Morgan A, et al. 1996. *In vitro* digestion of wheat microstructure with xylanase and cellulose from *Trichoderma reesei*[J]. Journal of Cereal Science, 24: 215-225.

[41] Wyatt C L. 1999. Role of enzymes in reducing variability in nutritive value of maize using the ileal digestibility method[C]//Aust. Poult. Sci. Symp. University of Sydney, NSW: 108-111.

[42] Zanella L, Sakomura N K, Silversides F G, et al. 1999. Effect of enzyme supplementation of broiler diets based on corn and soybeans[J]. Poultry Science, 78: 561-568.

木聚糖酶在猪日粮中的应用及其作用机理

木聚糖酶可有效降解猪日粮中的木聚糖，缓解或消除木聚糖的抗营养作用，稳定饲料品质，提高养分消化利用效率，改善动物生产性能。尤其是猪的小麦日粮中添加木聚糖酶效果明显，一般认为可以起到"小麦＋木聚糖酶＝玉米"的效应，在饲料资源短缺的情况下，通过使用酶制剂可使饲料资源多样化，这对畜禽养殖生产意义非常重要。但是，相对家禽而言，猪对于木聚糖的抗营养作用耐受性要好，因此木聚糖酶在猪日粮中的应用效果普遍没有在家禽日粮中效果显著。

一、木聚糖酶对猪生长性能的影响

近年来，有许多研究报道集中于木聚糖酶在猪小麦型及其副产品次粉、麦麸型日粮中的应用（王修启等，2002；Yin 等，2000、2001；Nortey 等，2007），然而木聚糖酶的重要性不仅仅局限于小麦型日粮中，它对玉米型、米糠型日粮（周勃，2008）和大麦型日粮（Yin 等，2001）也有同样改善饲料营养价值的效应。

1998 年，我们在断奶仔猪日粮中使用含木聚糖酶和 β-葡聚糖酶的饲用酶制剂，结果使得猪日增重提高 6.0%，饲料报酬提高 3.4%（冯定远等，1998）；之后，到 2001 年，我们在玉米-次粉-豆粕日粮中添加以木聚糖酶为主的 NSP 酶，结果发现仔猪断奶后 1 周和 2 周体重提高 1.5%～2.7%，断奶后 2 周腹泻率降低 41.2%（于旭华，2001）。高峰等（2002）报道，小麦型日粮中添加木聚糖酶可使断奶仔猪日增重显著增加，并与玉米型日粮组仔猪相当，不过对饲料转化率无明显影响。Yin 等（2001）在断奶仔猪上也得到了类似的结果，他们报道，木聚糖酶可有效提高断奶仔公猪的生产性能。汪儆和 Juokslahti（1997）研究报道，在次粉型日粮中添加木聚糖酶制剂均可不同幅度地改善生长肥育猪的日增重、饲料转化率、腹泻频率和每千克饲料成本。俞沛初等（2005）报道，低能量水平日粮添加木聚糖酶的试验猪在生产性能方面与正常能量水平组无明显差异,表明木聚糖酶有提高饲料效率的效应,进而改善动物生产性能。Moehn等(2007)研究报道,在小麦型日粮中添加木聚糖酶可显著改善肥育猪的日增重,不过对饲料转化率没有明显影响。我们在 2002 年的研究表明,在仔猪玉米-豆粕或玉米-小麦-豆粕日粮中添加木聚糖酶等聚糖酶可不同程度改善仔猪采食量和增重、降低腹泻率(沈水宝,2002)。

我们在小麦占 30% 的日粮中添加木聚糖酶,可使仔猪日增重提高 7.46%～9.94%,但是没有达到显著水平(沈水宝,2002)。程伟等(1998)研究认为,在小麦占 40% 的日粮中添加木聚糖酶,可使生长猪日增重提高 7.4%。Lunen 等(1996)报道,小麦日粮添加木聚糖酶,猪的生长速度提高 9.2%。王修启等(2000)研究发现,用小麦替代饲粮中玉米的 30%,添加复合酶对生长猪的生产性能影响不大;但当替代比例提高到 40%～50%,加酶可显著提高猪的日增重,约提高 10%。在黄金秀等(2008)的试验中,饲粮小麦和麦麸的总比例达到 40% 时,添加木聚糖酶的作用效果不明显;只有当小麦和麦麸总比例达到 60% 时,加酶的效果才表现出来。这些结果说明,木聚糖酶对猪生产性能的影响大小关键是日粮中木聚糖的含量高低,即给木聚糖酶水解木聚糖、缓解或消除木聚糖抗营养作用的机会有多大。

二、木聚糖酶对猪消化系统发育的影响

1. 木聚糖酶对猪消化酶发育的影响

日粮中木聚糖影响猪、尤其是仔猪的消化酶分泌及其活性。刘强(1998)试验发现,经稀硝酸透析后的小麦可溶性 NSP 对猪胰脏 α-淀粉酶有抑制作用,且抑制程度随着底物剂量增加和反应时间延长而提高。Isaksson(1982)报道,富含麦麸的小麦食物能够导致人空肠内脂肪酶、淀粉酶和胰蛋白酶总活性下降。

一般认为,断奶仔猪对非淀粉多糖的消化率不高,高非淀粉多糖饲料中添加 β-葡聚糖酶和木聚糖酶可以摧毁植物性饲料的细胞壁,从而提高饲料中各种营养物质浓度。根据"酶-底物"理论,仔猪各种消化酶的合成也应该相应的增加以满足消化各种营养物质的需要。奚刚等(1999)在高次粉日粮中添加混合酶制剂(其主要成分为木聚糖酶、β-葡聚糖酶和纤维素酶),仔猪小肠内容物总蛋白酶提高 21%,但对胰脏和肠道内容物中胰淀粉酶和胰脂肪酶活性无显著影响。于旭华(2001)在断奶仔猪日粮中添加非淀粉多糖酶后,虽然对胰脏各种消化酶没有明显影响,但显著提高了仔猪断奶后 2 周空肠和回肠胰淀粉酶、十二指肠和空肠胰蛋白酶活性。沈水宝(2002)在断奶仔猪饲料中添加非淀粉多糖酶,胰脏和小肠中各种消化酶活性也有提高的趋势。

但是,我们应该认识到:聚糖酶对断奶仔猪消化道内源酶的分泌影响是一个复杂的过程,与日粮类型、断奶日龄、酶的种类和活力都有很大关系。

2. 木聚糖酶对猪消化器官发育的影响

木聚糖可使食糜变得黏稠,这样会使食入木聚糖的动物消化器官增生、肥大(Danicke 等,2000),并促使消化器官消化液的分泌(Ikegami 等,1990),而木聚糖酶抑制了木聚糖的这一效

应(邹胜龙,2001)。

许梓荣等(1999)研究证实,在麦麸型饲粮中添加含有木聚糖酶的酶制剂使仔猪胃、胰腺、小肠的相对重量分别降低 9.84%、8.94%、7.29%。我们在早期的研究表明,仔猪日粮中添加以木聚糖酶为主的复合酶可显著降低胃的相对重量,对胰脏和小肠也有明显的降低趋势(邹胜龙,2001)。来自家禽方面的研究数据支持,木聚糖酶能显著降低家禽消化器官的相对重量(王金全等,2005)。但是,也有试验表明,木聚糖酶并未使猪胃、肠道各段等消化组织器官重量发生明显变化(Yin 等,2001)。

断奶日粮是造成肠黏膜损伤并最终导致腹泻的重要原因(Kenworthu 等,1996)。比较一致的看法是:日粮中具有抗原活性的大分子物质,其中主要是蛋白质和碳水化合物,可使肠道黏膜形态结构发生变化,其主要表现为隐窝细胞有丝分裂速度明显加快,绒毛变短或脱落,酶浓度及活性下降,从而导致消化吸收不良,甚至腹泻(Newby 等,1984;Stockes 等,1992)。仔猪日粮中添加含木聚糖酶的酶制剂能使仔猪肠道绒毛高度提高 22.94%,微绒毛长度增长、数量增加,且均匀一致(许梓荣等,1999)。我们早期采用玉米型日粮添加消化酶(α-淀粉酶和蛋白酶)及小麦型日粮添加聚糖酶(木聚糖酶、β-葡聚糖酶和纤维素酶)研究其对十二指肠绒毛及空肠中段绒毛形态结构的影响,用扫描电镜观察发现:随日龄的增加,小肠绒毛变粗,形态也逐渐变得不规则,由 28 日龄时的指状、杆状逐渐变为舌状和小叶状;在玉米型日粮中添加消化酶对肠道绒毛形态有改善的作用,降低肠绒毛的损伤程度;在小麦型日粮中添加聚糖酶对十二指肠绒毛和空肠中段绒毛有改善作用,并且可减少黏着物在肠绒毛上的附着(沈水宝,2002)。对肠绒毛形态的改善原因主要在于消化酶或聚糖酶通过提高营养物质的消化或降解非淀粉多糖,增加了肠道中氨基酸、小分子糖等可吸收营养物质的量;而这些小分子氨基酸和低聚糖可作为肠黏膜的营养直接被利用,从而改善肠绒毛的生长状况(Wu,1998)。可见,木聚糖酶对维持先天性免疫第一道防线的功能有正面作用,改善猪尤其是仔猪的健康状态。

此外,木聚糖酶等非淀粉多糖酶可使猪盲肠、结肠和直肠中挥发性脂肪酸产生量减少(Inborr,1998;Yin 等,2000),使消化道大肠杆菌、沙门氏菌等有害微生物数量减少,而使双歧杆菌、乳酸菌等有益菌数量增加(余有贵等,2005),并使猪腹泻率减少(汪儆和 Juokslahti,1997;王振来等,2004)。

三、木聚糖酶对猪饲粮中养分消化利用的影响

1. 提高饲料能量效率

Yin 等(2000)采用盲肠"T"型瘘管法研究了木聚糖酶对小麦型和小麦副产品大麦麸(wheat bran)型饲粮能量表观消化率的影响,结果显示,木聚糖酶缓解了使用小麦及其副产品导致饲料能量效率降低的负面作用。这与 Nortey 等(2007、2008)研究所得结果一致,他们报道,大麦麸(wheat bran)、小麦筛渣(wheat screenings)、中等麦麸(wheat midding)、小麦细麸(wheat millrun)、次粉(wheat shorts)等小麦副产品木聚糖含量较小麦高,在饲粮中使用会明显降低饲粮表观消化能,尤其以中等麦麸为最低(62%),而次粉相对较高(66%)。在以上 5 种类型日粮中分别添加 4 375 U/kg 的木聚糖酶后,猪回肠表观消化能均有显著提高,其中小麦

细麸型日粮的猪回肠表观消化能提高 57％,全消化道表观消化能提高 7％,揭示木聚糖阻碍了饲粮养分的吸收利用率,而木聚糖酶减小了这种阻碍作用。Moehn 等(2007)在猪小麦型日粮中添加 4 000 U/kg 木聚糖酶后得出,木聚糖酶显著提高了饲料表观消化能和表观代谢能,但未使净能产生显著变化。Kim 等(2008)研究结果表明,单独添加植酸酶不能使猪小麦型饲粮能量全消化道表观消化率产生显著变化,而配合木聚糖酶则可显著提高饲料能量的全消化道表观消化率。以上结果与 Yin 等(2001)、俞沛初等(2005)、汪儆和 Juokslahti(1997)研究结果一致。我们在玉米-次粉-豆粕日粮中添加含木聚糖酶的复合酶使得仔猪日粮表观消化能提高了1.25％(邹胜龙,2001)。即使降低玉米-豆粕型日粮的能量水平,添加木聚糖酶和葡聚糖酶后也未见杜长大杂交仔猪在生产性能方面与正常能量水平对照组有显著差异(俞沛初等,2005)。由此可见,木聚糖酶能有效提高猪饲料的能量效率。

2. 提高饲料营养素消化率

木聚糖可增加猪机体内源氮损失,降低饲粮干物质、粗蛋白和氨基酸的表观消化率,而木聚糖酶可不同程度地消除木聚糖的这种负面作用(Yin 等,2000)。Kim 等(2008)报道,同时添加木聚糖酶和植酸酶能有效提高在试验期第 21 天和第 49 天时猪饲粮干物质、粗蛋白的表观消化率。Moehn 等(2007)报道,木聚糖酶提高了低蛋白小麦型饲粮氮的消化率和增加了饲粮蛋白质在猪机体中的沉积量。Nortey 等(2007)报道,猪配合饲料中使用小麦副产品会显著降低蛋氨酸、赖氨酸和苏氨酸的回肠表观消化率,而添加木聚糖酶均可使三种氨基酸的回肠表观消化率提高。随后,Nortey 等(2008)还报道了木聚糖酶有提高猪小麦型及其副产品型饲粮中钙、磷和蛋氨酸、苏氨酸、赖氨酸、缬氨酸等氨基酸的回肠表观消化率。

木聚糖酶可增加猪小麦型日粮的钙表观全消化道消化率(Lindbewrg 等,2007),提高猪小麦型及其副产品型饲粮中钙、磷的回肠表观消化率(Nortey 等,2008)。而同时添加木聚糖酶和植酸酶能有效提高在试验期第 21 天和第 49 天时猪饲粮钙、磷的表观消化率(Kim 等,2008)。

此外,我们的试验还表明:在含高量次粉或小麦麸＋米糠的猪日粮中使用含木聚糖酶和 β-葡聚糖酶为主的复合酶制剂,能分别提高粗纤维消化率 36.66％和 48.9％(冯定远,1997、2000;邹胜龙,2001)。

四、木聚糖酶在猪日粮中的作用机理

1. 破坏植物细胞壁

Nortey 等(2007)认为,小麦细胞壁主要是由木聚糖和 β-葡聚糖组成,而木聚糖酶破坏了阻碍细胞原生质释放的屏障,故木聚糖酶可提高小麦副产品类型日粮能量和氨基酸等的表观消化率。Moehn 等(2007)研究结果显示,木聚糖酶可显著改善小麦型饲粮中氮和中性洗涤纤维(NDF)、酸性洗涤纤维(ADF)的消化率,并增加蛋白质在机体的沉积量,这揭示木聚糖酶能破坏细胞壁结构,进而释放出被木聚糖等非淀粉多糖束缚的养分。

如前所述,木聚糖的降解需要多种水解酶的协同作用。由于植物细胞壁组成成分复杂和不同植物的细胞壁成分各异等原因,裂解细胞壁时需要不同水解酶与木聚糖酶相互配合。Douaiher 等(2007)研究报道,小麦斑点病真菌 *Mycosphaerella graminicola* 可产生木聚糖酶、β-木糖苷酶、β-1,3-葡聚糖酶、纤维素酶和多聚半乳糖醛酸酶,这些酶协同将小麦叶片细胞壁成分降解而使小麦致病,提示饲用复合酶制剂在降解植物饲料细胞壁效果方面优于单一酶制剂。Murashima 等(2003)研究表明,降解玉米细胞壁需要木聚糖酶和纤维素酶的协同作用。

2. 降低食糜黏度

木聚糖是增加肠道食糜黏性的重要物质之一,而木聚糖酶可将木聚糖降解为较小且黏性效应很小的产物,从而降低食糜的黏性和改善动物生长性能(刘强,1999;Yin 等,2001)。黏度降低至少有如下好处:第一,可加快食糜与内源消化酶的混合速度,增加食糜养分与内源消化酶的接触机会,进而增加饲料养分的消化吸收率;第二,可使食糜以较快速率推入消化道后段,增加动物采食量;第三,减少消化道后段有害微生物可利用养分量,减少它们的负面影响。Yin 等(2001)证实,木聚糖酶可有效降低断奶仔猪小肠末端食糜的黏度和血浆尿素氮浓度,并提高大麦型饲粮中多种营养素的消化率。

3. 改善肠道微生态

肠道微生态结构对动物消化吸收、健康状态有直接影响,改变肠道微生态菌群结构同样会带来消化吸收、健康状态等方面的变化。Yin 等(2000)研究结果显示,木聚糖增加了猪消化道食糜的积累量,并会伴随着肠道挥发性脂肪酸生成量增加和猪对饲料养分消化力降低,提示猪肠道菌群结构可能发生了变化,而添加木聚糖酶可减小木聚糖的这种效应,作者认为这是由于大量潴留在肠道的食糜为有害微生物提供了优越的营养物质,并促进了其大量增殖的原因。余有贵等(2005)直接证明了使用小麦饲料可明显增加猪肠道中大肠杆菌和沙门氏菌的数量,降低双歧杆菌和乳酸菌的数量,而添加含有木聚糖酶的 NSP(非淀粉多糖)复合酶制剂明显抑制了木聚糖的这种负面作用,并提高生长猪对饲粮养分的消化力和猪生产性能。汪儆和 Juokslahti(1997)研究表明,木聚糖酶能降低生长猪的腹泻频率。

4. 其他

关于木聚糖酶对猪内源性酶活性和机体内分泌激素浓度的影响已有报道。在内源性酶活性研究方面,王振来等(2004)研究报道,添加含有木聚糖酶的酶制剂可显著增加猪十二指肠总蛋白水解酶、淀粉酶的活性,不过对脂肪酶没有影响。在内分泌激素研究方面,木聚糖酶可增加猪血液中 T_3、T_4、胰岛素、生长激素、胃泌素、甲状腺素等激素浓度(高峰等,2002;王振来等,2004;陈清华等,2005)。

五、结语

当前,大量研究报告主要集中于木聚糖酶改进饲料原料,尤其是麦类饲料原料的有效营养价值。除此之外,以下几方面还有待于完善:①木聚糖的检测方法;②木聚糖酶降解木聚糖的具体过程及其影响因素;③获得肠道中木聚糖酶降解木聚糖的直观证据;④筛选木聚糖酶高产、酶活稳定的菌株;⑤进一步弄清楚木聚糖酶提高猪生长性能的机理等。

参考文献

[1] 陈清华,曹满湖,陈西曼,等.2005.木聚糖酶对断奶仔猪生长与代谢及血液中某些生理生化指标的影响[J].湖南农业大学学报,31(5):355-358.

[2] 程伟,刘太宇,王彩玲.1998.小麦型日粮添加木聚糖酶对生长肥育猪生产性能的影响[J].河南农业科学,11:40-41.

[3] 冯定远,余石英,付畅国,等.1998.含有木聚糖酶和β-葡聚糖酶的酶制剂对猪日粮消化性能的影响.畜禽业,6:46-49.

[4] 冯定远,张莹.2000.β-葡聚糖酶和戊聚糖酶等对猪日粮营养物质消化的影响.动物营养学报,2:31.

[5] 冯定远.1997.含有木聚糖酶和β-葡聚糖酶的酶制剂对猪日粮消化性能的影响[C]//第三届全国饲料毒物与抗营养因子及酶制剂学术研讨会论文集.176-179.

[6] 高峰,周光宏,韩正康.2002.小麦米糠日粮添加粗酶制剂和寡果糖对雏鸡生产性能、免疫和内分泌的影响[J].畜牧兽医学报,33(1):14-17.

[7] 黄金秀,陈代文,张克英.2008.木聚糖酶对不同木聚糖含量的仔猪饲粮养分消化率的影响[J].中国畜牧杂志,44(7):21-24.

[8] 刘强.1999.我国麦类饲料中非淀粉多糖抗营养作用机理的研究[D].中国农业科学院博士学位论文.

[9] 沈水宝.2002.外源酶对仔猪消化系统发育及内源酶活性的影响[D].华南农业大学博士学位论文.

[10] 汪儆,Juokslahti T.1997.木聚糖酶制剂对生长肥育猪次粉日粮饲养效果的影响[J].中国饲料,3:17-20.

[11] 王金全,蔡辉益,陈宝江,等.2005.小麦日粮中添加木聚糖酶对肉仔鸡生产性能、免疫、消化器官发育和血液代谢激素水平的影响[J].河北农业大学学报,28(1):73-77.

[12] 王修启,张兆敏,李春群,等.2002.高比例小麦日粮添加不同水平木聚糖酶对猪生产性能的影响[J].动物营养学报,14:60.

[13] 王修启,郑海刚,安汝义,等.2000.小麦型饲粮添加复合酶对猪生产性能的影响[J].中国饲料,21:12-13.

[14] 王振来,钟艳玲,路广计,等.2004.木聚糖酶、β-葡聚糖酶和纤维素酶促进仔猪生长机理

探讨[J].中国饲料,9:20-23.

[15] 奚刚,许梓荣.1999.外源性酶制剂对丝毛乌骨鸡蛋白质、氨基酸表观消化率及内源性消化酶活性的影响[J].动物营养学报,11(2):64.

[16] 许梓荣,王振来,王敏奇.1999.饲粮中添加复合酶制剂(GXC)对仔猪消化机能的影响[J].中国兽医学报,19(1):84-88.

[17] 于旭华.2001.外源酶对断奶仔猪消化系统酶活的影响[J].华南农业大学硕士学位论文.

[18] 余有贵,贺建华,聂新志.2005.加酶小麦日粮对生长猪消化与微生物的影响[J].安徽农业大学学报,32(4):444-450.

[19] 俞沛初,徐建雄,张荣.2005.低能量日粮中添加非淀粉多糖酶对仔猪生长性能的影响[J].中国饲料,11:9-11.

[20] 周勃.2008.木聚糖酶的重要性:不仅仅针对小麦[J].中国畜牧杂志,44(6):62-63.

[21] 邹胜龙.2001.复合酶制剂对仔猪生长性能和日粮消化利用影响的研究[J].华南农业大学硕士学位论文.

[22] Douaiher M N, Nowak E, Durand R, et al. 2007. Correlative analysis of *Mycosphaerella graminicola* pathogenicity and cell wall-degrading enzymes produced *in vitro*: the importance of xylanase and polygalacturonase[J]. Plant Pathology, 56: 79-86.

[23] Ikegami S, Tsuchihashi F, Harada H, et al. 1990. Effect of viscous indigestible polysaccharides on pancreatic-biliary secretion and digestive organs in rats[J]. Journal of Nutrition, 120: 353-360.

[24] Inborr J, Ogle R B. 1998. Effect of enzyme treatment of piglet feeds on performance and post-weaning diarrhea[J]. Swedish Journal of Agricultural Research, 18: 129-133.

[25] Isaksson G, Lundquist I, Ihse I. 1982. Effect of dietary fibre on pancreatic enzyme activity *in vitro*: the importance of viscosity, pH, ionic strength, adsorption, and time of incubation[J]. Gastroenterology, 82: 918-924.

[26] Jesen M S, Bach K E, Inborr J. 1998. Effect of β-glucanse supplementation on pancreatic enzyme activity and nutrient digestibility in piglets fed diets based on hulled and hulless barley varieties[J]. Animal Feed Science and Technology, 72: 329-354.

[27] Kim J C, Sands J S, Mullan B P, et al. 2008. Performance and total-tract digestibility responses to exogenous xylanase and phytase in diets for growing pigs[J]. Animal Feed Science and Technology, 142: 163-172.

[28] Moehn S, Atakora J K A, Sands J, et al. 2007. Effect of phytase-xylanase supplementation to wheat-based diets on energy metabolism in growing-finishing pigs fed *ad libitum*[J]. Livestock Science, 109: 271-274.

[29] Murashima K, Kosugi A, Doi R H. 2003. Synergistic effects of cellulosomal xylanase and cellulases from *Clostridium cellulovorans* on plant cell wall degradation[J]. Journal of Bacteriology, 185(5): 1518-1524.

[30] Newby T J, Miller B G, Stokes C R, et al. 1984. Local hypersensitivity response to dietary antigens in early weaned pigs[C]//Haresign W, Cole D J A(eds). Recent advance in animal nutrition. Butterworths: 49.

[31] Nortey T N, Patience J F, Sands J S, et al. 2007. Xylanase supplementation improves energy digestibility of wheat by-products in grower pigs[J]. Livestock Science, 109: 96-99.

[32] Nortey T N, Patience J F, Sands J S, et al. 2008. Effects of xylanase supplementation on the apparent digestibility and digestible content of energy, amino acids, phosphorus, and calcium in wheat and wheat by-products from dry milling fed to grower pigs [J]. Journal of Animal Science, 86: 3450-3464.

[33] Stockes C R, Vega-Lopez M A, Bailey M, et al. 1992. Immune development in the gastrointestinal tract[M]//Varley M A, Willeams P E V, Lawrence T L J(eds). Neonatal survival and growth, Occasional Publication NO. 15. Bri. Society of Animal Production. 9-12.

[34] van Lunen T A, Schulze H. 1996. Influence of *Trichoderma longbraechiatum* xylanase supplementation of wheat and corn based diets on growth performance of pig[J]. Canadian Journal of Animal Science, 76(2):271-273.

[35] Wu G Y. 1998. Intestinal mucosal amino acid catabolism[J]. Journal of Nutrition, 128: 1249-1252.

[36] Yin Y L, Baidoo S K, Schulze H, et al. 2001. Effects of supplementing diets containing hulless barley varieties having different levels of non-starch polysaccharides with β-glucanase and xylanase on the physiological status of the gastrointestinal tract and nutrient digestibility of weaned pigs[J]. Livestock Production Science, 71: 97-107.

[37] Yin Y L, McEvoy J D G, Schulze H, et al. 2000. Apparent digestibility (ileal and overall) of nutrients and endogenous nitrogen losses in growing pigs fed wheat (var. Soissons) or its by-products without or with xylanase supplementation[J]. Livestock Production Science, 62: 119-132.

纤维素酶在家禽日粮中的应用及其作用机理

纤维素在植物体中的含量最多,约占植物干重的 50%,是最丰富的自然资源。除反刍动物借瘤胃微生物可以利用纤维素外,其他高等动物几乎都不能消化和利用纤维素。纤维素酶能够降解纤维素,破坏植物细胞壁,解除畜禽消化系统对植物细胞内营养物质的利用障碍,使被包裹的淀粉、蛋白质和矿物质得到释放而被动物消化利用,从而降低纤维素在饲料中的抗营养作用;而且它能将饲料中的纤维素降解成可消化吸收的还原糖,提高饲料的营养价值。目前已有许多报道反映,纤维素酶在家禽生产应用中取得了良好的生产效果和巨大的经济效益。

一、纤维素酶对家禽生产性能的影响

家禽的谷物基础型日粮中由于存在大量的非淀粉多糖(NSP)而导致增重缓慢,饲料转化率低,以及幼龄动物尤其是肉仔鸡的黏性粪便。Jensen 等(1957)首次报道以大麦为基础型日粮中添加粗酶制剂可提高肉仔鸡的生产性能。随后,大量研究表明,在饲料中添加纤维素酶、β-葡聚糖酶和木聚糖酶可以降解 NSP,显著改善饲料的消化吸收,提高肉鸡增重和蛋鸡产蛋率(Cowan,1996;Hesselman 等,1982;Rexen,1981;Walsh 等,1993;Borus 等,1998)。

本课题组成员杨彬(2004)在肉鸡日粮中添加纤维素酶,研究结果表明,纤维素酶试验组比对照组肉鸡平均日增重有所增加,但差异不显著,平均日采食量有降低的趋势;试验组肉鸡的饲料转化率显著提高。Scholtyssek 等(1987)在以黑麦为主的肉鸡日粮中添加纤维素酶,可提高肉鸡的生产性能、粗纤维与有机物质的消化率。尹清强等(1993)报道,在日粮中添加纤维素酶可使肉鸡耗料量下降 16.25%,体重增加 2.88%,料肉比降低 10.18%。秦江帆等(1996)在肉鸡日粮中提高富含纤维的麦麸比例,添加 0%、0.05%、0.1%纤维素酶制剂进行试验,结果表明,添加 0.1%纤维素酶组比对照组在 1~2 周龄、3~6 周龄、7~8 周龄 3 个生长阶段日增重分别高 4.31%、4.54%、4.13%,耗料量分别下降 1.56%、4.50%、4.3%。徐奇友等(1998)

在日粮中添加 0.1％、0.15％、0.5％纤维素酶,结果表明,蛋鸡产蛋率分别提高 0.53％、1.25％、2.88％,其中酶水平为 0.15％和 0.5％组的破蛋率分别降低 34.49％、16.19％,蛋壳强度分别提高 14.71％和 8.41％。

裴相元等(1990)在鹅日粮中使用绿色木霉纤维素酶,显著提高了鹅增重和饲料利用率。我们课题组研究结果表明,高纤维日粮中添加纤维素酶能显著促进 1~42 日龄鹅的体增重,里氏木霉液体发酵纤维素酶提高增重达显著水平(比对照组提高 5.73％),而对 22~42 日龄鹅的促生长效果尤其显著,其中里氏木霉固体发酵、里氏木霉液体发酵和桔青霉液体发酵的纤维素酶分别使体增重提高了 8.31％、10.12％和 10.24％,但它们对 43~56 日龄阶段鹅增重未产生明显影响。由此可见,纤维素酶在鹅快速生长期添加效果最好,提示外源酶制剂的使用应考虑畜禽的年龄因素。不同来源的纤维素酶在鹅不同生长阶段对增重的影响效果差异较大,从全期增重效果来看,里氏木霉液体发酵纤维素酶的促生长效果最好,桔青霉液体发酵纤维素酶次之,里氏木霉固体发酵纤维素酶较差,提示在纤维素酶制剂的使用中,应选择合适的酶制剂产品才能达到好的促生长效果(黄燕华,2004)。

二、纤维素酶对家禽饲粮中养分消化率的影响

大量研究表明,复合酶制剂可提高饲料中营养物质的消化率。而关于单一纤维素酶制剂对营养物质利用率的影响的报道不多。Schutte 等(1990)报道,在小麦麸日粮中添加商业用纤维素分解酶能提高粗纤维、蛋白质和脂肪的粪消化率。Li 等(1994)报道,添加纤维素酶可以显著提高采食以大麦为基础的大麦-豆饼型日粮的早期断奶仔猪的回肠 β-葡聚糖、能量、粗蛋白和氨基酸的消化率。倪志勇(2000)研究表明,含纤维素酶、木聚糖酶、果胶酶、β-葡聚糖酶及淀粉酶和蛋白酶的复合酶制剂能显著提高肉鸡玉米-豆粕日粮干物质和能量的利用率,粗蛋白和粗脂肪的利用率有一定程度的提高。王安等(2003)报道,纤维素复合酶可使肉仔鸡对小麦麸的风干物质、NDF、ADF、木质素、半纤维素以及小麦麸中的镁利用率显著升高,而小麦麸中的钙、磷、锰、锌、铜及纤维素的利用率无显著变化;使米糠中的 NDF、木质素的利用率显著升高,而米糠中的干物质、ADF、纤维素、半纤维素的利用率无显著变化。王丽娟(2000)试验表明,添加 0.1％纤维素酶可显著降低蛋鸡只日耗料量和胫骨灰分的绝对重量,而显著提高日粮粗纤维、钙的表观利用率和血清碱性磷酸酶的活性。

我们课题组研究结果表明,在以草粉为主要纤维源的肉鹅日粮中加入纤维素酶,对饲料中干物质及总能代谢率有提高的趋势,其中里氏木霉液体发酵的纤维素酶的影响最大,但对粗脂肪的代谢率无明显影响;在以稻谷为主要纤维源的日粮中加入纤维素酶,饲料干物质、粗脂肪、总能的代谢率都有不同程度的提高,其中桔青霉液体发酵的纤维素酶的影响最大,分别使干物质、粗脂肪、总能的代谢率提高了 3.95％、2.05％和 7.95％,其中对总能代谢率的影响达显著水平。添加纤维素酶对稻谷日粮能量效率的提高幅度大于草粉日粮。两种日粮中添加不同来源的纤维素酶对不同组分纤维的消化率有不同程度的提高。对于草粉日粮而言,里氏木霉液体发酵的纤维素酶可使酸性洗涤纤维(ADF)、半纤维素(HC)及纤维素(C)的消化率显著提高 63.81％、8.99％和 26.58％,青霉液体发酵纤维素酶可使 ADF 消化率显著提高(44.76％);三种纤维素酶对其他纤维成分的消化率也都有不同程度的提高,但影响未达显著水平。对于稻谷日

粮而言,里氏木霉固体发酵的纤维素酶可使 ADF 和纤维素消化率显著提高,分别为 30.67％、43.57％;桔青霉液体发酵的纤维素酶可使 NDF、ADF 和纤维素的消化率显著提高,分别为17.33％、72.20％和 119.44％;里氏木霉固体发酵的纤维素酶、桔青霉液体发酵的纤维素酶对其他纤维成分的消化率也有不同程度的提高,但影响不显著,而里氏木霉液体发酵的纤维素酶对纤维消化率的影响均未达到显著水平。稻谷日粮中各纤维成分的消化率较草粉日粮低,添加纤维素酶对其中纤维成分消化率的影响效果因酶的来源不同而出现较大差异:里氏木霉液体发酵的纤维素酶对稻谷日粮的作用比对草粉日粮小,但里氏木霉固体发酵的纤维素酶、桔青霉液体发酵的纤维素酶的作用更大,其中桔青霉液体发酵的纤维素酶的作用尤其显著,这说明纤维素酶可能更适用于稻谷日粮。三种酶对两种日粮中 Ca 的利用率均无明显影响(黄燕华,2004)。

由此可见,纤维素酶应用于饲料,其作用是多方面的,而由于饲料组成的多样性和结构的复杂性,对饲用酶制剂的酶系要求也是不同的。

三、纤维素酶对家禽肠道微生态环境的影响

胃肠道由好氧与厌氧微生物组成的复杂微生态体系,对养分及其他外源和内源物质的代谢起重要作用。腺胃、肌胃和十二指肠中的微生物数量较少,这是因为其中低的 pH 值以及食糜快速通过的原因,而大量的微生物栖居于后肠,浓度约达到 $10^{11} \sim 10^{12}$ cfu/g(Finegold 等,1983)。肠道中不同微生物之间以及微生物与宿主之间都相互影响(Rambaud 等,1993)。盲肠是消化道微生物活动最大和最适宜的器官,其中,严格厌氧的细菌占主导地位(主要是乳酸杆菌、双歧杆菌、拟杆菌等),对维持消化道内正常菌群的稳恒起重要作用。盲肠温度高且稳定,内容物 pH 值为 5.5～7.5,而且滞留时间长。盲肠本身的蠕动和逆蠕动使内容物得以充分混合,在各种细菌作用下发酵产生有机酸。

肠道微生物需要一定量的碳源提供能量和构建菌体,因此,与宿主间存在争夺营养的竞争,降低了能量的利用率。而另一方面肠道正常菌群在生长过程中分泌的纤维素酶、β-葡萄糖苷酶等可帮助机体消化自身不能消化的碳水化合物,不仅为宿主提供一定的能量和碳源,也使一些抗营养物质的抗营养作用减弱或消失,从而提高营养物质的利用率(Choct 等,1996)。因此,维持正常的微生物平衡才会对动物生长有利。Vahjen 等(1998)报道,小麦日粮添加木聚糖酶可降低肉仔鸡肠腔内黏附的细菌数量。Dänicke 等(1999)也发现,添加木聚糖酶显著降低肠细菌和总的厌氧菌,对革兰氏阳性菌也有相同的趋势。

研究显示,一些有害细菌包括致病性大肠杆菌和沙门氏菌喜好偏中性的 pH,而低 pH 值对有益菌包括乳酸杆菌的生长更有利(Hampson 等,1985;Drasar 和 Barrow,1985)。Hickey 和 Hirshfield(1990)也证实,低 pH 能降低大肠杆菌在消化道的定殖。Jamroz(2002)研究显示,食糜 pH 受肠道各部分 VFA 浓度的影响。日粮性质、成分及饲喂方式可以影响后肠 pH 及 VFA 浓度。对大部分禽类,如肉鸡、北京鸭、火鸡及鹅的消化道有机酸测定结果表明,主要挥发性产物均为 VFA,而乳酸占有机酸总产量不到 10％。有研究表明,纤维素酶降解纤维素产生低聚糖,低聚糖很容易在回肠及盲肠中发酵,并促进乳酸菌(如双歧杆菌和乳酸杆菌)生长。这些微生物能产生乙酸、乳酸,降低 pH 值,抑制病原菌及腐败菌的生长,并有可能降低腹

泻发生率(van Velthuijsen,1979;Modler 等,1990)。

本课题组研究结果表明,纤维素酶制剂可使盲肠中内容物的 pH 值有升高的趋势,这也许与改变了盲肠中 VFA 浓度有关。同时,纤维素酶制剂的添加显著减少了盲肠中有害菌大肠杆菌的数量,其中里氏木霉液体发酵的纤维素酶还增加了有益菌数量,改善了盲肠微生态环境。纤维素酶改善盲肠菌群及 pH 值的原因可能有:高纤维日粮添加纤维素酶后,使日粮纤维及其他营养成分的消化利用率提高,主要是提高了营养物质在消化道前段即小肠中的消化吸收,使进入盲肠的营养物质残余减少,尤其是使淀粉物质的消化利用充分,进入消化道后段的淀粉大大减少,盲肠中的有害细菌失去了生存的基质,从而使有害菌减少。进入盲肠的淀粉等营养物质减少,也使盲肠的发酵活动减弱,产生 VFA 减少,从而影响到肠道 pH 值。试验结果中 pH 的升高并未引起大肠杆菌等有害菌的增加,一方面因为 pH 值的变化并不显著,另一方面也许因为 pH 值仍处于偏酸性的范围内(黄燕华,2004)。

四、纤维素酶在家禽日粮中的作用机理

1. 摧毁植物细胞壁,释放胞内养分

家禽饲料以植物性饲料为主,植物细胞壁的结构复杂,主要由 NSP(包括纤维素、葡聚糖、木聚糖、甘露聚糖和果胶)和木质素组成。许多饲料即使经加工处理后,仍不能破坏其细胞壁的完整性,包埋在细胞壁内的许多可消化营养物质(蛋白质、淀粉等)由于不能与消化酶接触而不能被消化利用。家禽体内缺乏内源性纤维素酶,因此饲粮中相当比例的营养物质随纤维素进入后肠发酵或从粪便排出(张海棠等,2000)。Tervilä-Wilo 等(1996)也报道,用纤维素酶和木聚糖酶作用于小麦,随着细胞壁物质的降解,蛋白质和非淀粉碳水化合物的释放量明显增加。

在日粮中添加纤维素酶,可以破坏植物细胞壁结构,使细胞内容物裸露出来并与动物内源消化酶接触消化,进而提高植物性饲料的营养价值。韩东等(1996)在电子显微镜下观察到纤维素酶使部分细胞因胞间层的分解而离散,细胞破裂,用 DNS 法测定酶解后麸皮中还原糖的含量,其是未酶解前的 2 倍左右。赵林果等(2001)试验用纤维素复合酶体外酶解小麦、玉米、大麦等,扫描电镜观察到酶处理后的样品表面孔隙数量增多,孔径增大,胞间层断裂,细胞被破坏,酶解结束后酶解液中还原糖含量是未加酶处理的 3～5 倍,且将酶解液与稀碘液进行显色反应,结果呈较深的蓝色,而未加酶处理的水浸提液呈非常淡的蓝紫色,这表明在酶的作用下,淀粉大分子从被打碎的细胞中释放出来。在肉鸡饲料中添加纤维素酶可使植物细胞壁在消化道中较早被破坏,并减少后肠微生物的发酵。

Savory(1992)用 ^{14}C 标记单糖研究外源酶对饲料中植物细胞壁的降解作用,结果表明酶降解细胞壁中纤维素释放出来的葡萄糖可能是酶制剂提高饲料有效能的重要来源之一。而Bedford(1996)和刘强(1999)认为,添加酶制剂改善肉鸡饲料的消化利用并不是来自于降解 NSP 产生的能量,而是通过将大分子 NSP 降解成小分子物质,降低了食糜的黏度和通过破坏细胞壁的完整结构,释放其中的细胞内容物。

2. 减轻或消除饲料抗营养因子的影响

抗营养因子的存在,降低了动物对饲料养分的利用率,从而降低了饲料利用率。果胶、半纤维素、β-葡聚糖和戊糖部分溶解在水中产生黏性,增加了动物胃肠内容物的黏度,对内源酶来说是一个屏障,缩短了饲料通过胃肠道的时间,降低了营养物质的同化作用,导致饲料吸收率降低,而添加纤维素酶可降低黏稠度,促进内源酶的扩散,增加养分的消化吸收。

研究表明,饲料中的纤维素等 NSP 使胃肠道内容物黏度升高,最终降低家禽的生产性能。黏度升高的抗营养作用主要有:①使溶质的扩散速度下降(Petterson 等,1989;Bedford,1996),这种效应将明显减慢营养物质从日粮中的溶出速度。②使肠道机械混合内容物的能力严重受阻(Edwards 等,1998)。高黏度会使食糜中各组分混合不均,从而妨碍食糜中的糖、氨基酸和脂肪向肠黏膜移动。③NSP 与内源酶的络合,阻止这些酶与其底物的反应。Almirall 等(1995)认为,饲喂大麦日粮时肠道食糜中胰酶活性降低以及胰脏肥大就是因为肠道食糜黏度升高,NSP 与内源酶结合引起胰脏机能反馈性亢进的缘故。

Bedford(1992)认为,肠道食糜黏度的对数与肉鸡体增重和饲料转化率之间存在显著的负相关作用。Annison 和 Choct(1991)研究认为,小麦中的可溶性非淀粉多糖与日粮表观代谢能呈显著线性负相关。Choct 和 Annison(1992)指出,用相应酶切割 NSP 可降低其黏度和相对分子质量,对鸡饲养试验发现,随着黏度和相对分子质量的降低,NSP 的抗营养作用逐渐消失。Chesson(1987)指出,复合纤维素酶制剂能改善饲养效果并不是 NSP 被水解成单糖增加吸收,而是改变了肠道黏性,增加养分扩散速度的原因。纤维素酶的三部分(内切葡聚糖酶、外切葡聚糖酶、β-葡萄糖苷酶)协同作用,能显著降低 NSP 的抗营养作用,提高植物性饲料养分利用率(Annison 等,1994)。

3. 提高机体代谢水平,增强免疫力

酶不仅直接参与营养物质的消化吸收,而且会影响机体代谢并参与有关激素分泌的调节。添加 NSP 酶后,T_3、生长激素等代谢激素(具有免疫调节因子的作用)水平提高(Martin,1995;艾晓杰,2000a)。刘燕强等(1998)报道,在大麦日粮中添加 0.1% 的粗酶制剂饲喂 AA 肉鸡,显著提高了血液中胰岛素水平,同时,T_3、T_3/T_4 水平也显著提高,而胰高血糖素水平下降,这表明酶制剂能提高机体代谢,促进生长。程茂基(2000)也有类似的报道。我们的研究表明,添加纤维素酶显著降低了 21 日龄肉鹅血液中胰高血糖素水平 $27.09\% \sim 38.00\%$($P < 0.05$),胰岛素、T_3、T_4、TSH 水平均有不同程度的提高,其中,T_3 水平提高 $41.98\% \sim 63.58\%$($P < 0.05$),T_4 水平提高 $66.18\% \sim 114.71\%$($P < 0.05$);42 日龄也有相似的效果(黄燕华,2004)。

此外,蛋白酶可能降解产生具有免疫活性的小肽,而日粮中 NSP 也可降解成一些寡糖,某些寡糖可能参与机体免疫调节,增强机体免疫力和健康水平(Martin,1995)。例如,韩正康等(1996)报道,酶制剂的添加能提高雏鸡的免疫力;张海棠等(2000)报道,在肉鸡饲粮中添加 0.075% 的纤维素酶,肉鸡成活率提高了 3.85%。

4. 激活内源酶的分泌

添加纤维素酶可以改善消化道环境,降低 pH 值,以激活胃蛋白酶。沈水宝(2002)试验认为,饲料中有较高的系酸力,从而使 pH 值升高,在日粮中添加外源酶促进营养物质消化,引起胃酸分泌增加,从而使十二指肠 pH 略有降低。艾晓杰(2001a、b、c)试验也表明,在雏鹅大麦基础日粮中添加粗酶制剂,小肠各段食糜 pH 值均显著下降。

我们同时还发现,添加外源酶对仔猪胰淀粉酶、胰蛋白酶、胃蛋白酶及小肠各段胰淀粉酶和胰蛋白酶的活性有提高的作用(沈水宝,2002)。

5. 维持小肠绒毛形态完整,促进营养物质吸收

小肠是家禽消化吸收营养物质的主要场所。钱利纯(1998)认为,日粮中添加适宜的外源酶制剂可使胃肠道内环境发生变化,使肠壁变薄并减少肠道微生物数量,改善营养吸收。Brenes 等(1993)、高峰(1998)和艾晓杰(2000b)报道,雏鸡大麦日粮添加粗酶制剂,降低了小肠各段的相对重量。而我们的研究发现,小麦型日粮添加聚糖酶可改善肉鹅小肠绒毛的生长(黄燕华,2004)。

6. 改变消化部位

家禽日粮添加纤维素酶制剂能改变日粮纤维的消化部位,使日粮纤维的消化由盲肠转移到小肠,减少后肠微生物发酵,提高其消化率。此外,外源酶还有助于改善消化道内环境,平衡内源酶的分泌,减少肠黏膜细胞的脱落,减少维持需要(黄燕华,2004)。

7. 影响肠道微生物区系

酶制剂的添加可影响肠道状态以及肠道微生物的组成,促进有益菌群的生长,抑制病原菌及腐败菌的生长,有利于机体的健康和快速生长。许梓荣(1999)研究表明,高纤维日粮中添加纤维素酶可显著减少肠道内容物大肠杆菌数,同时显著增加有益的乳酸杆菌数。我们在肉鹅的试验中也发现了这一效果(黄燕华,2004)。尤其是酶制剂替代抗生素之后,对肠道微生态平衡的改善效果非常显著(Bedford 和 Apajalahti,2001)。

参考文献

[1] 艾晓杰,韩正康.2000a.粗酶制剂对鹅生长及某些激素的影响[J].华中农业大学学报,19(4):366-369.

[2] 艾晓杰,韩正康.2000b.粗酶制剂对雏鹅消化器官发育的影响[J].西南农业大学学报,22(3):211-213.

[3] 艾晓杰,韩正康.2001a.粗酶制剂对鹅胰液和十二指肠食糜酶活性的影响[J].南京农业大学学报,24(4):55-58.

[4] 艾晓杰,韩正康.2001b.粗酶制剂对雏鹅胰腺和小肠食糜消化酶活性和 pH 值的影响[J].吉林农业大学学报,23(3):103-106.

[5] 艾晓杰,韩正康.2001c.酶制剂对雏鹅代谢激素和生化指标的影响[J].华中农业大学学报,20(4):365-367.

[6] 艾晓杰,韩正康.2002.米糠日粮添加酶制剂对雏鹅消化器官发育的影响[J].西南农业大学学报,24(3):244-246.

[7] 程茂基,蒋克纯.2000.植酸酶和 VD_3 协同对肉仔鸡生产性能和矿物元素利用率的影响[J].中国家禽,22(12):12-14.

[8] 高峰.1998.大麦、小麦基础日粮添加粗酶制剂后雏鸡生产性能和消化机能的变化[J].中国饲料,15:7-8.

[9] 高峰,周光宏.2001.非淀粉多糖酶制剂促进家禽生长及其神经内分泌机理研究[J].饲料研究,5:13-15.

[10] 高宁国,韩正康.1996.大麦基础饲粮添加粗酶制剂对肉鸭生长性能、消化机能的影响及其年龄性变化[C]//韩正康,Marquard R R.家禽及猪营养中的酶制剂:饲料酶制剂国际学术研讨会论文集.157-162.

[11] 韩东,王健鹏,马梦瑞,等.1996.复合酶制剂破解植物细胞壁的效果研究[J].中国饲料,12:30.

[12] 韩正康.1996.家禽日粮添加酶制剂影响生理机能及改善生产性能的研究[C]//韩正康,Marquard R R.家禽及猪营养中的酶制剂:饲料酶制剂国际学术研讨会论文集.31-42.

[13] 韩正康.2000.大麦日粮添加酶制剂影响家禽营养生理及改善生产性能的研究[J].畜牧与兽医,32(1):1-4.

[14] 黄燕华.2004.不同纤维素酶在肉鹅高纤维日粮中的应用及其作用机理的研究[D].华南农业大学博士学位论文.

[15] 李德发,赵君梅,宋国隆,等.2001.纤维素酶对生长猪的生长效果试验[J].畜牧与兽医,33(4):18-19.

[16] 刘强,冯学琴.1999.非淀粉多糖酶的研究与应用进展[J].动物营养学报,11(2):6-11.

[17] 刘燕强,韩正康.1998a.大麦日粮添加粗酶制剂对雏鸡生长和血液代谢激素含量的影响[J].南京农业大学学报,21(2):77-81.

[18] 刘燕强,韩正康.1998b.大麦日粮中添加外源酶制剂对雏鸡生长及胰腺 RNA 和 DNA 含量的影响[J].中国畜牧杂志,34(5):21-22.

[19] 吕东海.2002.麸皮与纤维素酶对肉鸭生产性能与消化机能影响的研究[D].南京农业大学硕士学位论文.

[20] 裴相元.1990.日粮中添加纤维素酶曲对鹅增重及饲料利用率的影响[J].兽医大学学报,1:78-81.

[21] 钱利纯.1998.可溶性非淀粉多糖对畜禽消化的影响[J].中国饲料,8:23-24.

[22] 秦江帆,徐奇友,王安.1996.纤维素酶对肉用仔鸡生产性能的影响[J].饲料博览,8(2):12-13.

[23] 申瑞玲,张建杰,张改清.2002.苜蓿草粉日粮中添加复合纤维素酶对生长育肥猪生产性能的研究[J].动物科学与动物医学,19(7):52-56.

[24] 沈水宝.2002.外源酶对仔猪消化系统发育及内源酶活性的影响[D].华南农业大学博士学位论文.

[25] 孙守田,迟占东,艾立威.1999.纤维素酶应用于断奶仔猪的效果[J].黑龙江畜牧科技,2:4-5.

[26] 王安,申东镐,刁新平.2003.外源酶提高肉仔鸡对纤维及矿物质利用的研究[J].东北农业大学学报,34(1):48-51.

[27] 王丽娟,孙满吉.2000.饲料酵母及其培养物的作用机制研究进展[J].中国饲料,18:10-12.

[28] 王丽娟,单安山,宋金彩.2002.植酸酶和纤维素酶对蛋鸡生产性能和营养物质利用的影响[J].动物营养学报,14(1):45-50.

[29] 王尧,徐贺春.1995.含草粉日粮添加纤维素酶喂猪试验[J].草与畜杂志,1:13.

[30] 奚刚,许梓荣,钱利纯,等.1999.添加外源性酶对猪、鸡内源消化酶活性的影响[J].中国兽医学报,19:286-289.

[31] 徐奇友,秦江帆,关湛铭,等.1998.纤维素酶在蛋鸡日粮的应用研究[J].饲料工业,19(1):32-34.

[32] 许梓荣,钱利纯.1999.高麸饲粮中添 β-葡聚糖酶、木聚糖酶和纤维素酶对肉鸡生长和消化的影响[J].浙江农业学报,11(2):80-84.

[33] 许梓荣,王振来,王敏奇.1999.饲粮中添加复合酶制剂(GXC)对仔猪消化机能的影响[J].中国兽医学报,19(1):84-88.

[34] 杨彬.2004.纤维素酶在黄羽肉鸡小麦型日粮中的应用研究[D].华南农业大学硕士学位论文.

[35] 尹清强,陈侠甫.1992.纤维素酶对兔日增重、肠绒毛结构、胃内容物及肝、睾丸内无机元素含量的影响[J].黑龙江畜牧兽医,1:14-15.

[36] 尹清强,陈侠有,王贵权,等.1993.纤维素酶对肉鸡增重和耗料量的影响[J].甘肃畜牧兽医,1:10-11.

[37] 于旭华.2001.外源酶对断奶仔猪消化系统酶活的影响[D].华南农业大学硕士学位论文.

[38] 张海棠,王白良,郭东升.2000.纤维素酶在鸡、猪日粮中的应用[J].中国饲料,11:14-16.

[39] 赵林果,王传槐,叶汉玲.2001.复合酶制剂降解植物性饲料的研究[J].饲料研究,1:2-5.

[40] Almirall M,Francesch M,Perez-Vendrell A M.1995a. The differences in intestinal viscosity produced by barley and β-glucanase alter digesta enzyme activities and illeal nutrient digestibilities more in broiler chicks than in cocks[J]. Journal of Nutrition,125:947-955.

[41] Almirall M,Esteve-Garcia E.1995b. *In vitro* stability of a beta-glucanase preparation from *Trichoderma longibrachiatum* and its effect in a barley based diet fed to broiler chicks[J]. Animal Feed Science and Technology,54:1-4,149-158.

[42] Annison G,Choct M.1991. Anti-nutritive activities of cereal non-starch polysaccharides in broiler diet and strategies minimizing their effects[J]. World's Poultry Science Jour-

nal，47：232-242.

[43] Annison G，Choct M. 1994. Biotechnology in the feed industry，classification and meas-urement of plant polysaccharides[J]. Animal Feed Science and Technology，23：27-42.

[44] Bedford M R，Apajalahti O. 2001. Microbial interactions in the response to exogenous enzyme utilization[M]//Bedford M R，Partridge G G(eds). Enzymes in farm animal nutrition. UK：CABI Publications，299-314.

[45] Bedford M R，Morgan A J. 1996. The use of enzymes in poultry diets[J]. World's Poultry Science Journal，52：61-68.

[46] Bird F H，Guilford E M. 1979. The effect of dietary protein levels in isocaloric diets on the composition of avian pancreatic juice[J]. Poultry Science，57：1622-1628.

[47] Borus D，Marquardt R R，Guenter W. 1998. Site of exo enzyme action in gastrointestinal tract of broiler chicks[J]. Canadian Journal of Animal Science，78：599-602.

[48] Brenes A，Marquardt R R，Guenter W，et al. 2002. Effect of enzyme addition on the performance and gastrointestinal tract size of chicks fed lupin seed and their factions [J]. Poultry Science，81：670-678.

[49] Brenes A，Smith M，Guenter W，et al. 1993. Effect of enzyme supplementation on the performance and digestive tract size of broiler chickens fed wheat and barley-based diets [J]. Poultry Science，72：1731-1739.

[50] Chesson A. 1987. Supplementary enzymes to improve the utilization of pigs and poultry diets[C]//Haresign W，Cole D J A(eds). Recent advances in animal nutrition. Butterworths，London：71-89.

[51] Choct M，Annison G. 1992. Antinutritive effect of wheat pentosans in broiler chickens：role of viscosity and gut microflora[J]. British Poultry Science，33：821-834.

[52] Choct M，Hughes R J，Wang J. 1996. Increased small intestinal fermentation is partly responsible for the anti-nutritive activity of non-starch polysaccharides in chickens[J]. British Poultry Science，37：609-621.

[53] Cowan W D. 1996. Animal feed[M]//Godfrey T，West S(eds). Industrial enzymology. 2nd ed. London：Macmillan Press，360-371.

[54] Dänicke S，Simon O，Jeroch H，et al. 1999. Effects of dietary fat type，pentosan level and xylanase supplementation on digestibility of nutrients and metabolizability of energy in male broilers[J]. Archiv für Tierernährung，52(3)：245-261.

[55] Drasar B S，Barrow P A. 1985. Aspects of microbiology 10[M]//Schlessinger D(ed). Intestinal microbiology. American Society of Microbiology. Washington D C：28-38.

[56] Edwards C A，Johnson I T，Read N W. 1988. Do viscous polysaccharides slow absorption by inhibiting diffusion or convection[J]. Journal of Clinical Nutrition，42：307-312.

[57] Finegold S M，Sutter V L，Mathisen G E. 1983. Normal indigenous intestinal flora[M]// Hentges D J(ed). Human intestinal microflora in health and disease. London：Academic Press，3-31.

[58] Hampson D J，Hinton M，Kidder D E. 1985. Coliform numbers in the stomach and

small intestine of healthy pigs following weaning at three weeks of age[J]. Journal of Camparative Pathology, 95: 353-362.

[59] Hesselman K, Elwinger K, Thomke S. 1982. Influence of increasing levels of β-glucanase on the productive value of barley diets for broiler chickens[J]. Animal Feed Science and Technology, 7:351-358.

[60] Hickey E W, Hirshfield I N. 1990. Low pH induced effects on patterns of protein synthesis and on internal pH in *Escherichia coli* and *Salmonella typhimurium*[J]. Applied and Environmental Microbiology, 56(4): 1033.

[61] Iji P A, Hughes R J, Choct M, et al. 2001. Intestinal structure and function of broiler chickens on wheat-based diets supplemented with a microbial enzyme[J]. Asian-Australian Journal of Animal Science, 14(1): 54-60.

[62] Ikegami S, Tsnchihashi F, Harada H, et al. 1990. Effects of viscous indigestible polysaccharides on pancreatic-biliary secretion and digestive organs in rats[J]. Journal of Nutrition, 120: 353-360.

[63] Jamroz D, Jakobsen K, et al. 2002. Digestibility and energy value of non-starch polysaccharides in young chickens, ducks and geese, fed diets containing high amounts of barley[J]. Comparative Biochemistry and Physiology Part A, 131: 657-668.

[64] Jaroni D, Scheideler S E, Beck M M, et al. 1999. The effect of dietary wheat middlings and enzyme supplementation. Ⅱ. Apparent nutrient digestibility, digestive tract size, gut viscosity, and gut morphology in two strains of *Leghorn* hens[J]. Poultry Science, 78: 1664-1674.

[65] Jensen L S, Fry R E, Allred J B, et al. 1957. Improvement in the nutritional value of barley for chicks by enzyme supplementation[J]. Poultry Science, 36:919-921.

[66] Jensen M S, Thaela M J, Pierzynowski S G, et al. 1996. Exocrine pancreatic secretic in young pigs fed barley-based diets supplemented with beta-glucanase[J]. Journal of Animal Physiology and Animal Nutrition, 75: 231-241.

[67] Jesen M S, Jesen S K, Jakogsen K. 1997. Development of digestive enzymes in pigs with emphasis on lipolytic activity in the stomach and pancreas[J]. Journal of Animal Science, 75: 437-445.

[68] Martin E A. 1995. Improving the utilization of rice bran in diets for broiler chickens and growing ducks[D]. Ph. D thesis. The University of New England, Armidale, Australia.

[69] Modler H W, McKellar R C, Yaguchi M. 1990. Bifidobacteria and bifidogenic factors [J]. Canadian Institute of Food Science and Technology Journal, 23: 29-41.

[70] Pettersson D, Aman P. 1989. Enzyme supplementation of a poultry diet containing rye and wheat[J]. British Journal of Nutrition, 62(1): 139-149.

[71] Rambaud J C, Bouhnik Y, Marteau P, et al. 1993. Manipulation of the human gut microflora[J]. Proceedings of Nutrition Society, 52: 357-366.

[72] Rexen B. 1981. Use of enzymes for the improvement of feed[J]. Animal Feed Science and Technology, 6:105-114.

［73］ Savory C J. 1992. Enzyme supplementation，degradation and metabolism of three U-14C-labelled cell-wall substrates in the fowl［J］. British Journal of Nutrition，67：91-102.

［74］ Schotyssek V S，Knorr R. 1987. The effect of a cellulolytic enzyme mixture in the broiler feed with triticale and rye［J］. Arch Geflugelkd，51：10-15.

［75］ Schutte J B. 1990. Nutritional possibilities to reduce nitrogen and phosphorus excretion in pigs and poultry［C］. "Manure and Environment" 14 November.

［76］ Tervilä-Wilo A，Parkkonen T，Morgan A，et al. 1996. *In vitro* digestion of wheat microstructure with xylanase and cellulase from *Trichoderma reesei*［J］. Journal of Cereal Science，24：215-225，36 ref.

［77］ Vahjen W，Glaser K，Schafer K，et al. 1998. Influence of xylanase-supplemented feed on the development of selected bacterial groups in the intestinal tract of broiler chicks［J］. Journal of Agricultural Science，130(4)：489-500.

［78］ van Velthuijsen J A. 1979. Food additives derived from lactose：lactitol and lactitol palmitate［J］. Journal of Agricultural Food Chemistry，27：680-686.

［79］ Viveros A，Brenes A，Pizarro M，et al. 1994. Effect of enzyme supplementation of a diet based on barley，and autoclave treatment，on apparent digestibility，growth performance and gut morphology of broilers［J］. Animal Feed Science and Technology，48：37-251.

［80］ Walsh G A，Power R F，Headon D R. 1993. Enzymes in animal feed industry［J］. Trends in Biotechnology，11：424-430.

纤维素酶对肉鹅消化系统及
肠道消化酶活性的影响

鹅是草食性动物,能够利用植物中部分纤维素。在鹅饲粮中添加纤维素酶,可提高鹅对植物纤维素的利用能力,促进营养成分的吸收,进而改善其生产性能,同时也可节约大量的资源与能源。研究纤维素酶对草食性动物消化酶及微生态的影响,有利于饲料工作者合理地利用纤维素,缓解目前全球性资源匮乏问题。

一、纤维素酶对肉鹅消化器官发育和消化道形态结构的影响

1. 纤维素酶对肉鹅消化器官发育的影响

家禽消化纤维能力有限,过多的粗纤维可影响其他养分的消化吸收(Wiliczkiewicz 等,1995;凌育,1998);此外,日粮中纤维的来源和水平可影响动物消化道的生理功能(Ikegami 等,1990;Yu 等,1998)。

饲料中添加纤维素酶制剂,可缓解纤维素对日粮的抗营养作用,缓解其对组织器官、尤其是对消化器官的压力,促进消化器官的健康发育。在小麦或大麦及其副产品基础日粮中添加聚糖酶对胃肠道和其他器官的相对重量和长度的影响已见关于肉鸡和蛋鸡的报道。Brenes 等(1993)报道,在肉鸡大麦基础日粮中添加一种主要含 β-葡聚糖酶(8 000 BGU/g)和木聚糖酶(300 XU/g)的商品酶制剂,使腺胃、胰脏、肝脏、十二指肠、空肠、回肠和盲肠的相对重量减少,但同样的酶制剂添加于小麦基础日粮中对家禽器官大小无影响。Viveros 等(1994)报道,肉鸡大麦基础日粮中添加含有 β-葡聚糖酶、木聚糖酶、半纤维素酶、α-淀粉酶、纤维素酶和蛋白酶活性的粗酶制剂,使十二指肠、空肠、回肠和结肠相对长度减少。Jaroni 等(1999)报道,在玉米-小麦-次粉基础日粮中添加木聚糖酶和蛋白酶,相对不加酶的基础日粮 60 周龄蛋鸡的肌胃和胰脏相对重量分别降低了 6.4% 和 6.1%。Brenes 等(2002)认为,小麦或大麦基础日粮中添

加聚糖酶降低消化道大小,是由于肠道黏性下降和提高了饲料的通过速度,因此减少了肠道微生物的活动,而这些微生物的活动可刺激肠道的生长。

我们在肉鹅"草粉＋苜蓿草粉＋稻谷＋豆粕"日粮中添加纤维素酶(黄燕华,2004)的研究表明:添加不同来源的纤维素酶后,21日龄雏鹅胰腺、肝脏、肌胃相对重量均显著降低($P<0.05$),其中胰腺相对重量受影响最大,木霉固体发酵、木霉液体发酵和青霉液体发酵纤维素酶分别降低了肉鹅胰腺相对重量19.44％、20.83％和12.50％,纤维素酶对小肠相对重量的影响主要是显著降低十二指肠相对重量,木霉固体发酵、木霉液体发酵和青霉液体发酵纤维素酶分别降低其重量9.59％、10.96％和12.33％($P<0.05$),直肠重量也显著降低,分别降低11.36％、15.97％和15.97％($P<0.05$);对42日龄消化腺和消化道相对重量的影响不如21日龄显著,肝脏、胰腺、胃及小肠相对重量均有降低的趋势,但未达显著水平,而盲肠相对重量在42日龄时显著降低,分别降低17.39％、21.74％和12.04％。

2.纤维素酶对肉鹅消化道形态结构的影响

鹅为草食性禽类,它主要依靠不可消化的非淀粉多糖(NSP)快速通过消化道过程中获得足够的营养物质以维持生存。在某些极端情况下,食糜仅需30 min就可通过胃肠道(Owen,1975)。肠道形态的变化特别是小肠黏膜表面绒毛及微绒毛形态的变化直接反映了动物对营养物质消化和吸收的能力。由于鹅的盲肠有重要消化作用,因此,盲肠形态的变化也在一定程度上反映其消化能力。

酶制剂对家禽肠道形态学的影响的报道多见于小麦或大麦基础日粮中的应用。Viveros等(1994)报道,肉鸡饲喂含60％大麦的日粮,与饲喂玉米-豆粕日粮相比较,其空肠变短、变厚,肠绒毛萎缩,杯状细胞数量增加,而添加β-葡聚糖酶可改善这一状况。Jaroni等(1999)观察到,给产蛋鸡饲喂小麦-次粉基础日粮可使空肠绒毛出现异常,而加酶可逆转这一不良影响。我们在仔猪方面的研究表明,在小麦型日粮中添加聚糖酶对仔猪十二指肠绒毛和空肠中段绒毛有改善作用(沈水宝,2002)。而我们课题组在肉鹅方面的研究表明:在饲喂纤维素酶鹅两个生长阶段小肠不同部位及盲肠肠道黏膜形态的扫描电镜图显示了高纤维日粮中添加纤维素酶制剂对21日龄和42日龄鹅十二指肠、空肠、回肠、盲肠形态学的影响,即十二指肠的绒毛呈宽阔的叶状,空肠的绒毛呈细长的舌状或指状,盲肠绒毛为扁平状,并有明显皱褶;从扫描电镜照片可见,添加纤维素酶制剂的组,不论是在21日龄还是在42日龄时,小肠各段的绒毛发育均比未添加酶组得到了改善,其十二指肠、空肠及回肠绒毛致密、饱满、整齐,表面未见损伤(图1和图2);而未添加纤维素酶的组,其小肠各段绒毛显得干扁、皱缩,绒毛顶端弯曲,且表面有损伤(图1和图2);添加纤维素酶制剂的组盲肠黏膜的皱褶较未添加纤维素酶的组要多(黄燕华,2004)。结果表明了添加纤维素酶制剂可改善小肠及盲肠肠道黏膜绒毛的发育,减轻或避免高纤维日粮对肠绒毛的损伤,从而提高鹅的消化和吸收能力。

但是,也有研究报道认为畜禽日粮中添加纤维素酶等聚糖酶对消化道发育没有直接显著的影响。例如,杨全明(1999)报道,饲料中添加酶制剂并不能改善仔猪肠绒毛的形态和长度;Iji等(2001)报道,在小麦基础日粮中添加木聚糖酶对28日龄的公、母肉鸡的十二指肠、空肠和回肠绒毛高度、隐窝深度和绒毛表面积均无影响。这可能是日粮中本身聚糖含量和添加纤维素酶的水平影响了结果。

356

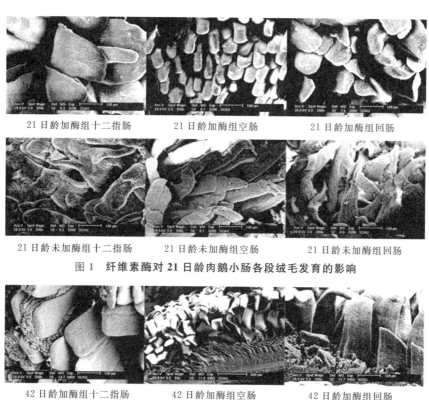

21 日龄加酶组十二指肠　　　　21 日龄加酶组空肠　　　　21 日龄加酶组回肠

21 日龄未加酶组十二指肠　　　21 日龄未加酶组空肠　　　21 日龄未加酶组回肠

图 1　纤维素酶对 21 日龄肉鹅小肠各段绒毛发育的影响

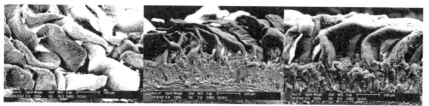

42 日龄加酶组十二指肠　　　　42 日龄加酶组空肠　　　　42 日龄加酶组回肠

42 日龄未加酶组十二指肠　　　42 日龄未加酶组空肠　　　42 日龄未加酶组回肠

图 2　纤维素酶对 42 日龄肉鹅小肠各段绒毛发育的影响

二、纤维素酶对肉鹅体内消化酶的影响

1. 纤维素酶对肉鹅胰腺消化酶的影响

胰腺是重要的消化腺,其外分泌部分泌的胰液主要包括各种消化分解食物中蛋白质、脂肪和糖的酶类。禽类胰液分泌受神经和激素调节,日粮成分及其他因素对胰液的分泌也可产生影响,如肠道内食糜性状影响胰液的分泌和组成。营养物质一方面刺激肠壁的感受器,通过肠胰反射,引起胰腺的分泌;另一方面通过影响肠黏膜上皮的内分泌细胞,引起促胰液素和胆囊收缩素(CCK)等激素的释放,从而调节胰腺的分泌(Robert,1994)。

不同的日粮组成和饲喂方式可以影响胰液的分泌及酶的含量。Ikegami 等(1990)报道,长期饲喂含黏性多糖的日粮可增加消化液的分泌,导致大鼠消化系统显著的适应性变化。米糠中的抗营养因子同样可造成胰腺分泌亢进,腺体肿大(艾晓杰和韩正康,2002)。Isaksson 等(1982)的体外试验表明,日粮纤维能抑制大鼠和人胰脏各种蛋白酶和脂肪酶的活性。Ikeda(1983)体外试验发现,β-葡聚糖、阿拉伯木聚糖等黏性多糖可以显著降低胰蛋白酶、糜蛋白酶和 α-淀粉酶的活性。Thomsen 等(1982)报道,日粮纤维可抑制动物消化酶的活性。刘强(1998)报道,小麦 SNSP 体外对猪胰脏 α-淀粉酶活性有显著的竞争性抑制作用。而且,有研究表明,日粮纤维对不同的消化酶会有不同的影响,例如 Low(1985)报道,日粮纤维对于消化酶的活性和产量会产生不同的影响;而 Richard 等(1985)也研究发现,日粮纤维来源不同,其对消化酶活性的影响也有所不同。

添加纤维素酶可有效缓解或消除纤维对消化酶分泌和活性的影响。Bird(1979)指出,饲料中添加微生物源性的酶制剂影响到内源酶的产生与分泌,并对内源酶的功能起到补偿作用。Jensen 等(1996)报道,大麦日粮中添加 β-葡聚糖酶对 6 周龄断奶仔猪 24 h 胰液的分泌量无影响,但可提高胰液糜蛋白酶活力。但是,也有一些不一致的报道。例如,高宁国和韩正康(1996)观察到外源酶对胰腺消化酶有抑制作用;刘燕强和韩正康(1998)研究表明,大麦日粮可使雏鸡胰腺 RNA 含量较玉米日粮增加,而添加粗酶制剂可降低其含量。然而,Inborr(1989)认为,外源性消化酶大多是由真菌或细菌发酵而来,与动物内源酶的结构和作用条件有很大差别,可能不存在所谓的"负反馈抑制作用"。

我们课题组研究结果表明,日粮中高纤维对不同消化酶的影响不一致。其中,高纤维日粮中添加纤维素酶可使鹅胰腺淀粉酶活性升高,木霉固体发酵、木霉液体发酵及青霉液体发酵纤维素酶使 21 日龄鹅淀粉酶活性分别提高 13.63%($P<0.05$)、19.70%($P<0.05$)和 5.64%,使 42 日龄鹅淀粉酶活性分别提高 16.46%($P<0.05$)、41.85%($P<0.05$)和 8.37%;但使胰腺脂肪酶活性有下降的趋势,并在 21 日龄时,木霉液体发酵纤维素酶降低幅度最大,为26.30%($P<0.05$),而在 42 日龄时,木霉液体发酵纤维素酶的影响却最小,仅 3.87%,木霉固体发酵和青霉液体发酵纤维素酶分别使胰腺脂肪酶活性降低 13.40% 和 17.54%($P>0.05$);三种酶对鹅胰腺胰蛋白酶和糜蛋白酶活性则无明显影响(黄燕华,2004)。

此外,肠道中消化分解的产物、外部环境的剧烈变化、某些药物等都能导致胰液分泌量及其中酶活性的改变(Duek,1986)。总之,食糜性状和化学组成的改变,作用于肠道的感受器,并会通过胃肠道激素之间和神经与体液之间的相互协调来调节消化过程中胰腺的外分泌功能。

2. 纤维素酶对肉鹅小肠消化酶的影响

胰液、胃液、肠液、胆汁及饲料中内、外源酶都能影响小肠食糜中酶的活性。胰腺是动物最重要的消化腺,小肠中的蛋白酶、淀粉酶、脂肪酶等大部分来源于胰腺,各种消化酶活性高低与消化酶作用时间、食糜后送速度等有关。

添加外源酶制剂对小肠内容物中各消化酶活性有影响,但结果较复杂。有人认为外源酶可促进内源酶的分泌,提高内源酶的活性(Almirall 等,1995;Jensen 等,1996)。奚刚(1999)报道,在高次粉日粮中添加复合酶制剂(含木聚糖酶、β-葡聚糖酶和纤维素酶),仔猪肠道总蛋白酶活性提高 21%,但对胰脏和肠内容物中淀粉酶和脂肪酶的活性无影响。沈水宝(2002)试验结果表明,添加外源消化酶对仔猪消化系统主要内源酶的活性均有提高趋势,但对空肠淀粉酶活性无影响。艾晓杰和韩正康(2001a、b)试验报道,在大麦基础型日粮中添加粗酶制剂可使十二指肠食糜的淀粉酶活性显著升高。我们课题组研究结果表明,添加不同来源的纤维素酶使21日龄鹅小肠内容物胰蛋白酶活性提高。其中,对于胰蛋白酶活性而言,木霉固体发酵、木霉液体发酵及青霉液体发酵纤维素酶分别显著提高十二指肠段胰蛋白酶活性43.33％、51.23％和55.68％,青霉液体发酵纤维素酶显著提高空肠和回肠部分胰蛋白酶活性,分别达40.64％和31.98％;对于胰糜蛋白酶而言,其与胰蛋白酶有相似的变化趋势,三种纤维素酶分别提高了十二指肠段胰糜蛋白酶活性28.35％($P<0.05$)、25.53％($P>0.05$)和31.18％($P<0.05$),青霉液体发酵纤维素酶也显著提高空肠和回肠部分糜蛋白酶活性,分别为33.63％和39.12％;对于淀粉酶而言,三种纤维素酶使十二指肠淀粉酶活性分别显著提高23.99％、49.41％、13.18％,以木霉液体发酵纤维素酶的影响幅度为最大,对空肠和回肠淀粉酶活性分别显著提高36.96％和34.75％。同时,我们研究还发现,添加纤维素酶对42日龄鹅小肠各段消化酶活性的影响与21日龄类似(黄燕华,2004)。

然而,Ikegami等(1990)研究认为,可溶性NSP可提高大鼠肠道内脂肪酶、淀粉酶、胰蛋白酶的活性,这从另一侧面提示外源酶可能会降低内源酶活性。吕东海(2002)试验数据直接表明,纤维素酶对肉鸭早期内源酶活性有抑制作用。艾晓杰和韩正康(2001a、b)试验报道,在大麦基础型日粮中添加粗酶制剂可使雏鹅胰腺淀粉酶活性、空肠脂肪酶活性显著下降而对蛋白酶活性基本无影响。我们也发现添加纤维素酶对小肠各部分脂肪酶活性的影响呈下降趋势(黄燕华,2004)。

外源纤维素酶提高鹅胰腺和小肠中消化酶活性的机理可能是:一方面,纤维素酶使植物性饲料的细胞壁裂解,降低了植物细胞壁对内源消化酶产生的屏障作用,使内源消化酶能深入到细胞内,食糜的理化性状改变,更多的营养物质被释放出来,消化道中可供进一步分解的养分增加,即消化酶作用的底物浓度增加,从而刺激酶系统的发育及增加胰腺相关消化酶的分泌量;另一方面,由于消化液与食糜充分作用,产生出更多的酶解产物(小肽、氨基酸、短链脂肪酸和小分子糖类),直接作用于肠黏膜上皮的内分泌细胞而调节胃肠激素,使胰液的分泌和活性发生变化。Brannon(1990)研究表明,胰液中的蛋白酶、淀粉酶和脂肪酶的含量与其底物蛋白质、碳水化合物和脂肪含量成正比变化。Corring(1989)综述了有关研究结果认为,日粮中蛋白质类型及其含量微小改变都会导致胰腺组织中蛋白酶活性的适应性变化,当日粮淀粉量增加时,导致所有分解碳水化合物酶的活性发生适应性变化,说明在日粮和酶活之间存在着"底物-酶"关系。而不同来源的纤维素酶底物专一性也有不同,其对不同类型的日粮作用效率会因含有的底物量不同而存在差异,因此,对消化系统内源酶活性的影响也表现出差异。

不同来源的纤维素酶对不同肠段内不同种类内源消化酶活性的影响程度不同,其中对十二指肠的影响最大,对回肠中酶活影响相对较小,推测外源纤维素酶对营养物质的促消化作用主要发生在十二指肠和空肠中。此外,在我们的试验结果中发现,木霉液体发酵纤维素酶对生长期鹅胰腺消化酶活性的影响在三种不同来源纤维素酶中最大,提示不同来源的纤维素酶对胰腺消化酶影响不同应与酶的组成和特性有关,这可以部分解释不同纤维素酶对鹅生产性能影响的结果出现的差异(黄燕华,2004)。

3. 外源酶制剂对鹅盲肠碳水化合物水解酶类的影响

盲肠内容物中碳水化合物水解酶的活性可反映其中微生物的生长情况。淀粉酶活性高，说明有大量的淀粉可用于微生物生长，而其中纤维素酶活性高则表示分解纤维素菌群的活性高。

鹅小肠中没有分解纤维的酶，因此，小肠消化利用高纤维日粮中的营养物质有限，未消化的淀粉和非淀粉多糖进入盲肠，使盲肠发酵程度提高。Rérat 等(1987)报道，当猪饲喂含有小肠不能水解的粗纤维饲粮时，回肠非纤维碳水化合物残留物增多。Just 等(1983)认为，后肠对能量的利用力低于小肠，即纤维素酶在后肠道的作用意义有限。我们课题组研究发现，高纤维日粮中添加纤维素酶后，盲肠中的碳水化合物水解酶(淀粉酶和内切葡聚糖酶)活性降低，这可能是由于提高了肌胃和小肠对包括日粮纤维在内营养素的消化率，使进入后肠的养分大大减少，盲肠中微生物发酵活动减弱，进而减少内源养分损失，促进动物生长(黄燕华，2004)。

本课题组比较三种不同来源纤维素酶还发现，不同来源的纤维素酶对盲肠微生态和盲肠中碳水化合物水解酶活性的影响效果不同，其中木霉液体发酵纤维素酶的影响最显著，在消化道稳定性最好，其在小肠内发挥作用显著，尤其对小肠中淀粉酶活性提高最显著；因此，木霉液体发酵纤维素酶处理组的鹅对日粮中养分尤其是淀粉的消化率高，从而使进入盲肠的营养物质尤其是淀粉量最少，减少了盲肠中有害菌生存的基质，并降低盲肠内容物淀粉酶活性，揭示不同来源纤维素酶对鹅盲肠中微生物影响存在差异(黄燕华，2004)。

三、结语

虽然关于纤维素酶在肉鹅饲料中应用的研究较少，但现有试验业已证明纤维素酶可促进消化器官发育，改善消化道微生态环境，促进内源酶的分泌，从而促进营养物质的吸收，达到提高生产性能的目的。随着纤维素酶对草食性动物作用机理的进一步研究，纤维素酶必将具有广阔的应用前景。

参考文献

[1] 艾晓杰，韩正康.2001a.粗酶制剂对鹅胰液和十二指肠食糜酶活性的影响[J].南京农业大学学报，24(4)：55-58.

[2] 艾晓杰，韩正康.2001b.粗酶制剂对雏鹅胰腺和小肠食糜消化酶活性和 pH 值的影响[J].吉林农业大学学报，23(3)：103-106.

[3] 艾晓杰，韩正康.2002.米糠日粮添加酶制剂对雏鹅消化器官发育的影响[J].西南农业大学学报，24(3)：244-246.

[4] 高宁国，韩正康.1996.大麦基础饲粮添加粗酶制剂对肉鸭生长性能、消化机能的影响及其年龄性变化[C]//韩正康，Marquard R R.家禽及猪营养中的酶制剂：饲料酶制剂国际学

术研讨会论文集.157-162.

［5］黄燕华.2004.不同来源纤维素酶在肉鹅高纤维日粮中的应用及其作用机理的研究［D］.华南农业大学博士学位论文.

［6］凌育.1998.纤维素在家禽营养学上的意义［J］.养禽与禽病防治，10：6-7.

［7］刘强.1998.我国麦类饲料中非淀粉多糖抗营养作用机理研究［D］.中国农业科学院博士学位论文.

［8］刘燕强，韩正康.1998.大麦日粮中添加外源酶制剂对雏鸡生长及胰腺 RNA 和 DNA 含量的影响［J］.中国畜牧杂志，34(5)：21-22.

［9］吕东海.2002.麸皮与纤维素酶对肉鸭生产性能与消化机能影响的研究［D］.南京农业大学硕士学位论文.

［10］沈水宝.2002.外源酶对仔猪消化系统发育及内源酶活性的影响［D］.华南农业大学博士学位论文.

［11］杨全明.1999.仔猪消化道酶和组织器官生长发育规律的研究［D］.中国农业大学博士学位论文.

［12］Almirall M，Francesch M，Perez-Vendrell A M.1995.The differences in intestinal viscosity produced by barley and β-glucanase alter digesta enzyme activities and illeal nutrient digestibilities more in broiler chicks than in cocks［J］.Journal of Nutrition，125：947-955.

［13］Bird F H，Guilford E M.1979.The effect of dietary protein levels in isocaloric diets on the composition of avian pancreatic juice［J］.Poultry Science，57：1622-1628.

［14］Brannon P M.1990.Adaptation of the exocrine pancreas to diet［J］.Annual Review of Nutrition，10：85-105.

［15］Brenes A，Smith M，Guenter W，et al.1993.Effect of enzyme supplementation on the performance and digestive tract size of broiler chickens fed wheat and barley-based diets［J］.Poultry Science，72：1731-1739.

［16］Brenes A，Marquardt R R，Guenter W，et al.2002.Effect of enzyme addition on the performance and gastrointestinal tract size of chicks fed lupin seed and their factions［J］.Poultry Science，81：670-678.

［17］Corring T，Juste C，Flhoste E.1989.Nutritional regulation of pancreatic and biliary secretions［J］.Nutrition，64：190-208.

［18］Duek C E.1986.Alimentary canal：secretion and digestion，special digestive functions and absorption［M］.Sturkie P D（ed）.Avain physiology.4th ed.Springer-Verlag，289-302.

［19］Iji P A，Hughes R J，Choct M，et al.2001.Intestinal structure and function of broiler chickens on wheat-based diets supplemented with a microbial enzyme［J］.Asian-Australian Journal of Animal Science，14(1)：54-60.

［20］Ikeda K，Kusano T.1983.*In vitro* inhibition of digestive enzyme by indigestive polysaccharides［J］.Cereal Chemistry，60：260-263.

［21］Ikegami S，Tsnchihashi F，Harada H，et al.1990.Effects of viscous indigestible polysaccharides on pancreatic-biliary secretion and digestive organs in rats[J]. Journal of Animal Nutrition, 120:353-360.

[22] Isaksson G, Lundquist I. 1982. Effect of dietary fiber on pancreatic enzyme activity *in vitro*: the importance of viscosity, pH, ionic strength, absorption, and time of incubation[J]. Gastroenterology, 82: 918-924.

[23] Jaroni D, Scheideler S E, Beck M M, et al. 1999. The effect of dietary wheat middlings and enzyme supplementation. Ⅱ. Apparent nutrient digestibility, digestive tract size, gut viscosity, and gut morphology in two strains of Leghorn hens[J]. Poultry Science, 78: 1664-1674.

[24] Jensen M S, Thaela M J, Pierzynowski S G, et al. 1996. Exocrine pancreatic secretes in young pigs fed barley-based diets supplemented with beta-glucanase[J]. Journal of Animal Physiology and Animal Nutrition, 75: 231-241.

[25] Just A, Fernaudez J A, Jorgensen H. 1983. The net energy value of diets for growth in pigs in relation to the fermentative processes in the digestive tract and the site of absorption of the nutrients[J]. Livestock Production Science, 10: 171-186.

[26] Low A G. 1985. The role of dietary fiber in digestion, absorption and metabolism[C]// Proceedings of the 3rd international seminar on digestive physiology in pig. Copenhagen: 157-179.

[27] Owen M. 1975. Cutting and fertilizing grassland for winter goose management[J]. Journal of Wildlife Management, 39: 163-167.

[28] Rerat A M. 1987. Influence of meal frequency on postprandial variations in the production and absorption of volatile fatty acids in the digestive tract of the pigs[J]. Journal of Animal Science, 64: 448-456.

[29] Robert L, Hazelwood. 1994. Pancreas[M]//Whittow G G. Sturkies avian physiology. Academic Press, 539-554.

[30] Thomsen L L, Tasman-Jones C. 1982. Disaccharidases levels supplements of guar gum and cellulose on intestinal cell proliferation, enzyme levels and sugar transport in the rat[J]. British Journal of Nutrition, 52: 477-487.

[31] Viveros A, Brenes A, Pizarro M, et al. 1994. Effect of enzyme supplementation of a diet based on barley, and autoclave treatment, on apparent digestibility, growth performance and gut morphology of broilers[J]. Animal Feed Science and Technology, 48: 37-251.

[32] Wiliczkiewicz A, Jamroz D, Skorupinska J, et al. 1995. Digestibility of dietary fibre nitrogen and phosphor utilization from different grains in broiler and ducks[J]. Wien. Tierärztl. Mschr. 82, 239-244.

[33] Yu B C, Tsai C, Hsu J C, et al. 1998. Effect of different sources of dietary fiber on growth performance, intestinal morphology and caecal carbohydrates of domestic geese [J]. British Poultry Science, 39: 560-567.

纤维素酶在猪日粮中的应用及其机理

纤维素是植物细胞壁的主要组成成分,它是地球上分布最广、含量最丰富的可再生资源。在当今能源和资源日趋匮乏的年代,人们都期望能借助纤维素酶将纤维素转化为能直接利用的能源和资源。利用纤维素酶科学有效地开发和利用纤维素作为饲料来源,对解决我国饲料资源紧张、人畜争粮这一突出矛盾具有重大的现实意义,也是促进我国畜牧业可持续发展的有效途径之一。生猪养殖是我国畜牧业中的重要组成部分,在猪日粮中应用纤维素酶有助于提高日粮消化率、改善生产性能、提高经济收益。

一、猪用纤维素酶的选择

纤维素酶是一类能够降解纤维素的水解酶,它至少包括内切 β-葡聚糖酶、外切葡聚糖酶和 β-葡萄糖苷酶等三种组分的酶。这三种酶各自担负着一定的功能,通过它们的协同作用共同完成纤维素的分解过程。纤维素来源广泛,种类众多,在选择猪用纤维素酶时应选择适宜猪消化道生理条件和稳定性较好的纤维素酶。猪消化道温度一般在 40℃左右,胃中 pH 值一般在 2.2～3.5,小肠 pH 值在 5～7。与鸡、鸭等相比,食糜在胃肠道停留时间较长。在生产实际中,猪用纤维素酶常与蛋白酶、淀粉酶、植酸酶等混合使用。

我们在 2004 年,比较了木霉固体发酵、木霉液体发酵及青霉液体发酵纤维素酶的酶学性质,结果表明,从适宜作用的温度来看,木霉固体发酵和木霉液体发酵纤维素酶的 CMCase 与青霉液体发酵纤维素酶相比,更适宜猪、禽的消化道温度,而青霉液体发酵纤维素酶的 FPase 则能更好地在猪、禽消化道发挥作用;从适宜作用的 pH 值来看,在猪和家禽的消化道环境 pH 条件下,木霉液体发酵纤维素酶的稳定性最好,其次是青霉液体发酵纤维素酶,木霉固体发酵纤维素酶稳定性较差(黄燕华,2004)。从我们在 2008 年提出的组合酶理论出发,可以推测木霉和青霉来源的纤维素酶具有较好的作用位点差异互补性,可以考虑设计成组合型纤维素酶使用(冯定远等,2008)。

二、纤维素酶在猪日粮中的应用

1. 纤维素酶对猪生产性能的影响

猪日粮中添加纤维素酶可提高饲料的转化率,改善肠道内环境,减少消化道疾病,促进仔猪生长,改善肥育猪对日粮的利用率。张绍君等(2007)在仔猪日粮中添加 0.1%纤维素复合酶,使仔猪日增重提高 8.68%,料肉比降低 8.24%,发病率降低 12.5%,营养物质的消化吸收率明显增强,从而减少了环境污染。李德发等(2001)研究了在断奶仔猪麦麸型日粮中添加纤维素复合酶和单一酶对仔猪生产性能的影响,发现纤维素复合酶组平均日增重提高 9.1%(P>0.05),饲料报酬提高 7%(P>0.05);单一酶组平均日增重和饲料转化率分别提高 7.3%(P>0.05)和 4.1%(P>0.05)。王敏奇(2001)在大麦型日粮中添加 GXC 复合酶制剂显著提高了生长肥育猪的日增重,降低了料肉比,还发现纤维素复合酶制剂对生长猪的效果比肥育猪的效果好。我们在 2002 年的试验研究发现,在小麦日粮中添加聚糖酶,仔猪的头均日增重提高 8.03%,说明纤维素酶等聚糖酶破坏了植物细胞壁结构,释放出其中包裹的淀粉和蛋白质,给内源酶有充分消化的机会(沈水宝,2002)。

2. 纤维素酶对猪日粮中养分消化率的影响

许梓荣等(1999)研究了纤维素复合酶制剂对 56 日龄仔猪消化机能的影响,结果发现,在含 35%麦麸的饲粮中添加 GXC 30 mg/kg,饲料干物质、粗蛋白、粗脂肪、粗纤维、粗灰分的表观消化率分别提高 11.23%(P<0.01)、10.49%(P<0.01)、30.83%(P<0.01)、66.13%(P<0.01)和 29.44%(P<0.01)。

在以早籼稻为能量饲料的基础日粮中添加 β-葡聚糖酶、木聚糖酶和纤维素酶的复合酶制剂,可以显著提高生长猪的日增重和饲料转化率。王敏奇等(2003)研究了在早籼稻基础型日粮中添加 GXC 复合酶制剂对仔猪生产性能和养分消化率的影响,结果发现 0.2%纤维素复合酶制剂组使仔猪日增重提高了 8.78%(P<0.05),料肉比降低了 9.42%(P<0.05);消化实验表明复合酶制剂组使饲料的粗蛋白、粗脂肪和粗纤维表观消化率分别提高了 12.73%(P<0.05)、8.84%(P<0.05)和 16.97%(P<0.05)。

在草粉型日粮中添加纤维素复合酶可以提高生长肥育猪平均日增重及日粮的表观消化率。王尧(1995)在前期含草粉10%,后期含草粉15%的肥育猪日粮中添加纤维素酶,结果表明,试验组比对照组平均日增重提高 0.255 g,料肉比下降 24%。申瑞玲等(2002)在生长肥育猪苜蓿草粉型日粮中添加复合纤维素酶,结果发现在含有 10%苜蓿草粉日粮中添加不同水平的复合纤维素酶,有利于提高生长肥育猪增重及饲料转化率。试验组平均日增重分别比对照组提高 9.1%、17.9%、12.6%,料肉比分别比对照组降低 11.6%、16.9%、13.7%。

3.纤维素酶对消化器官发育的影响

动物食入黏稠的多糖会使消化器官增生、肥大,研究发现饲喂高 β-葡聚糖含量的大麦时,动物的胰脏肥大,当添加酶制剂后,胰脏重量明显减轻。许梓荣等(1999)研究发现添加纤维素复合酶组仔猪胃、小肠的相对重量明显低于对照组,表明纤维素复合酶降低了消化道因食糜黏度增加而引起消化器官的相对重量增加。陈清华等(2003)在仔猪小麦型日粮中添加纤维素复合酶,使仔猪胃、小肠、胰脏的相对重量分别降低了 $8.54\%(P<0.05)$、$7.20\%(P<0.05)$、$11.11\%(P<0.05)$,肝脏的相对重量提高了 $15.46\%(P<0.01)$,而复合酶对心脏和肾脏的相对重量无明显影响。

4.纤维素酶对内源酶活性的影响

通过综合分析我们之前所做的大量酶制剂方面的工作之后,可以肯定的是日粮中添加外源消化酶制剂可影响胰腺消化酶分泌及小肠内消化酶水平(于旭华,2001;沈水宝,2002)。目前,零星可见一些关于外源聚糖酶对内源消化酶影响的研究,但报道结果不一致。而对于饲料中添加纤维素酶制剂后,对胰腺和小肠内消化酶水平的影响尚无报道。Bird(1979)指出,饲料中添加微生物源性的酶制剂会影响到内源酶的产生与分泌,并对内源酶的功能起到补偿作用。Jesen 等(1997)报道,大麦日粮中添加 β-葡聚糖酶对 6 周龄断奶仔猪 24 h 胰液的分泌量无影响,但胰液糜蛋白酶的活力提高。

添加外源酶制剂对小肠内容物中各消化酶活性的影响较复杂。有人认为可促进内源酶的分泌,提高内源酶的活性(Almirall 等,1995;Jensen 等,1996)。奚刚(1999)报道,高次粉日粮中添加复合酶制剂(含木聚糖酶、β-葡聚糖酶和纤维素酶)可使仔猪肠道总蛋白酶活性提高 21%,但对胰脏和肠内容物中淀粉酶和脂肪酶的活性无影响。许梓荣等(1999)研究发现,仔猪日粮中添加纤维素复合酶,使十二指肠内容物总蛋白水解酶活性和 α-淀粉酶活性分别提高 $20.96\%(P<0.01)$ 和 $5.66\%(P<0.01)$。许梓荣等(2002)研究发现,在大麦型断奶仔猪饲料(含大麦 79%)中,添加纤维素复合酶制剂,对猪胰脏中总蛋白水解酶、胰蛋白酶、糜蛋白酶、胰淀粉酶和胰脂肪酶均无明显影响,十二指肠内容物中总蛋白水解酶、胰蛋白酶、淀粉酶和脂肪酶活性分别降低 54.68%、66.10%、78.90% 和 62.34%;空肠黏膜中麦芽糖酶、蔗糖酶、乳糖酶和 γ-谷氨酰转移酶活性分别提高 38.46%、40.00%、242.70% 和 117.62%。我们早期的试验结果表明,添加外源消化酶对仔猪消化系统主要内源酶活性均有提高的趋势,不过对空肠淀粉酶活性无影响(沈水宝,2002)。

三、纤维素酶的作用机理

1.补充内源酶的不足,刺激内源酶的分泌

不同动物消化道酶系组成不同,猪体内内源性纤维素酶不足或缺乏,导致纤维素消化利用

率低,并使日粮中相当比例的营养物质随着纤维素作为粪便排出。在猪的日粮中添加纤维素酶可补充内源酶的不足,提高猪对粗纤维的利用率。同时还可以改善消化道酶系组成、酶量及活性。Ikegami(1990)和 Owesley(1986)研究发现,外源酶的添加可刺激某些内源酶的分泌。本课题组试验结果说明,饲料中有较高的系酸力,从而使 pH 值升高,在日粮中添加外源酶促进营养物质消化,引起胃酸分泌增加,从而使十二指肠 pH 值略有降低。同时发现,添加外源酶对仔猪胰淀粉酶、胰蛋白酶、胃蛋白酶及小肠各段胰淀粉酶和胰蛋白酶的活性有提高的作用(沈水宝,2002)。

2.破坏植物的细胞壁,促进营养物质的吸收

植物细胞内的营养物质由植物细胞壁包裹,植物细胞壁主要由纤维素、半纤维素和果胶组成。纤维素酶可在半纤维素酶、果胶酶等协同作用下破坏细胞壁,使细胞内容物释放出来,以利于进一步降解而提高吸收率,同时也增加了非淀粉多糖的消化,进而改善高纤维饲料的利用率。Tervilä-Wilo 等(1996)报道,用纤维素酶和木聚糖酶作用于小麦,随着细胞壁物质的降解,蛋白质和非淀粉碳水化合物的释放量明显增加。

3.消除抗营养因子,提高饲料营养价值

果胶、半纤维素、β-葡聚糖和戊聚糖可部分溶解在水中,产生黏性,增加动物胃肠道内容物黏度,对内源酶而言是一种物理性障碍,导致饲料中养分吸收率降低。而添加纤维素酶可降低胃肠道内容物黏度,增加内源性酶的扩散,增大酶与营养物质的接触面积,促进饲料的良好消化。许梓荣等(1999)研究发现,添加纤维素复合酶组仔猪回肠内容物黏度比对照组降低 25.77%($P<0.01$)。

4.维持小肠绒毛完整,促进营养物质吸收

纤维素酶还可维持小肠绒毛形态完整性及对粗蛋白和粗脂肪的消化,促进小肠对营养物质吸收以及与细胞壁结合的矿物质的吸收。许梓荣等(1999)研究发现,在仔猪玉米-豆粕-麦麸型日粮中添加复合纤维素酶,加酶组比未加酶组猪的小肠绒毛高度提高 22.94%($P<0.01$),小肠绒毛高度的提高可以显著提高饲粮中营养物质与小肠的接触面积,促进营养物质的吸收。我们在猪的试验中也发现,小麦型日粮添加聚糖酶可改善小肠绒毛的生长(沈水宝,2002)。

5.改善消化道菌群结构

半纤维素、果胶、葡聚糖和戊聚糖部分溶解在水中,增加了动物胃肠道内容物的黏度,阻碍了消化酶与营养物质的接触,导致饲料消化利用率降低,黏稠的消化道食糜易引起有害微生物滋生。纤维素酶可降低食糜黏度,并可加强肠道内容物的流动性,降低有害微生物的附着,促进有益微生物生长,提高微生物对饲料的分解。许梓荣等(1999)研究表明,高纤维日粮中添加纤维素酶可显著减少肠道内容物大肠杆菌数,同时显著增加有益的乳酸杆菌数。

四、结语

综上所述,尽管纤维素酶在猪日粮中应用的研究较少,但研究结果表明纤维素酶可提高猪的生产性能,降低料肉比,促进消化道发育及改善消化道菌群结构。随着生物技术的快速发展,高效、稳定纤维素酶的出现,其在未来的养猪生产中将具有广阔的应用前景。

参考文献

[1] 陈清华,沈新建,周辉,等.2003.纤维素酶对仔猪生长性能和内脏器官的影响[J].湖南饲料,5:19-20.

[2] 冯定远,黄燕华,于旭华.2008.饲料酶制剂理论与实践的新思路——新型高效饲料组合酶的原理和应用[J].中国饲料,13:24-28.

[3] 李德发,赵君梅,宋国隆,等.2001.纤维素酶对生长猪的生长效果试验[J].畜牧与兽医,33(4):18-19.

[4] 申瑞玲,张建杰,张改清.2002.苜蓿草粉日粮中添加复合纤维素酶对生长育肥猪生产性能的研究[J].动物科学与动物医学,19(7):52-55.

[5] 沈水宝.2002.外源酶对仔猪消化系统发育及内源酶活性的影响[D].华南农业大学博士学位论文.

[6] 王敏奇,莫月华.2001.高大麦饲粮中添加NSP酶对肥育猪生长性能和营养物质利用率的影响[J].大麦科学,2:29-31.

[7] 王敏奇,许梓荣,孙建义.2003.早籼稻饲粮中添加酶制剂对猪生长和消化的影响[J].中国水稻科学,17(2):179-183.

[8] 王尧,徐贺春,赵宝华.1995.含草粉日粮添加纤维素酶喂猪试验[J].草与畜杂志,1:13-14.

[9] 奚刚,许梓荣,钱利纯,等.1999.添加外源性酶对猪、鸡内源消化酶活性的影响[J].中国兽医学报,19:286-289.

[10] 许梓荣,李卫芬,孙建义.2002.大麦日粮中添加NSP酶对仔猪胰脏和小肠消化酶活性的影响[J].中国兽医学报,22:11.

[11] 许梓荣,王振来,王敏奇.1999.饲粮中添加复合酶制剂(GXC)对仔猪消化机能的影响[J].中国兽医学报,19(1):84-88.

[12] 于旭华.2001.外源酶对断奶仔猪消化系统酶活的影响[D].华南农业大学硕士学位论文.

[13] 张绍君,时春艳,王守君.2007.纤维素复合酶对断奶仔猪应用效果观察[J].黑龙江畜牧兽医,7:72-73.

[14] Almirall M,Francesch M,Perez-Vendrell A M.1995a. The differences in intestinal viscosity produced by barley and β-glucanase alter digesta enzyme activities and illeal nutrient digestibilities more in broiler chicks than in cocks[J]. Journal of Nutrition,125:947-955.

[15] Almirall M，Esteve-Garcia E. 1995b. *In vitro* stability of a beta-glucanase preparation from *Trichoderma longibrachiatum* and its effect in a barley based diet fed to broiler chicks[J]. Animal Feed Science and Technology，54:1-4，149-158.

[16] Bird F H，Guilford E M. 1979. The effect of dietary protein levels in isocaloric diets on the composition of avian pancreatic juice[J]. Poultry Science，57:1622-1628.

[17] Ikegami S，Tsuchihashi F，Harada H，et al. 1990. Effect of viscous in digestible polysaccharides on pancreatic-biliary secretion and digestive organs in rats[J]. Journal of Animal Nutrition，120:353-360.

[18] Jensen M S，Thaela M J，Pierzynowski S G，et al. 1996. Exocrine pancreatic secretic in young pigs fed barley-based diets supplemented with beta-glucanase[J]. Journal of Animal Physiology and Animal Nutrition，75：231-241.

[19] Jesen M S，Jesen S K，Jakogsen K. 1997. Development of digestive enzymes in pigs with emphasis on lipolytic activity in the stomach and pancreas[J]. Journal of Animal Science，75:437-445.

[20] Owesley W F，Orrji D E. 1986. Effect of age and diet on the development of the pancreas and the synthesis and secretion of pancretic enzymes in the young pig[J]. Journal of Animal Science，63:497-504.

[21] Tervilä-Wilo A，Parkkonen T，Morgan A，et al. 1996. *In vitro* digestion of wheat microstructure with xylanase and cellulase from *Trichoderma reesei*[J]. Journal of Cereal Science，24:215-225.

外源酶对仔猪消化系统生长发育的
影响及其作用机理

　　酶制剂最早用于早期断奶仔猪,添加以消化酶为主的饲用酶制剂,补充仔猪内源酶分泌量的不足,提高淀粉、蛋白等养分的消化利用率,促进消化道发育,加强肠壁的吸收功能。美国研究者用 95 头 1～5 周龄仔猪进行试验,在以大豆为主要蛋白源的日粮中,添加胃蛋白酶可提高增重 10%～40%,提高饲料利用率 80%～110%。国内有关饲用酶提高仔猪生长性能的报道很多,所用的饲用外源消化酶以 α-淀粉酶、中性蛋白酶为主;而使用最多的外源性非消化酶是纤维素酶、β-葡聚糖酶、木聚糖酶。有关对生产性能的试验报道,多数是有利的结果,但是受到日粮等因素的影响。Bedford 等(1992)在大麦-大豆型日粮中使用 β-葡聚糖酶,试验组猪增重提高 17%。冯定远等(1998)在断奶仔猪日粮中使用含 β-葡聚糖酶和木聚糖酶的饲用酶制剂,使试验组仔猪日增重提高 60%,饲料报酬提高 3.4%。Graham 等(1989)在大麦-大豆日粮中使用 β-葡聚糖酶进行消化试验,发现回肠末端的 β-葡聚糖消化率提高了 5.5%。Inborr 等(1993)在大麦-小麦-大豆日粮中添加含 β-葡聚糖酶等的酶制剂,使 β-葡聚糖的消化率提高40%。我们早期所进行的消化试验也表明,在含高量小麦麸和米糠的猪日粮中使用含 β-葡聚糖酶和木聚糖酶的复合酶制剂,能提高粗纤维消化率 48.9%,干物质消化率提高 11.3%(冯定远,1997、1999)。也有报道指出仔猪日粮中加酶只是提高饲料转化率,而对日增重的影响则不太明显(Thacker 等,1988)。营养物质吸收与消化系统机能有关,外源酶制剂改善营养物质消化率势必与其对仔猪消化系统生长发育的影响有关。

一、仔猪消化系统发育规律

　　初生仔猪早期胃肠道及胰腺的生长发育是仔猪生长发育的关键。许多学者对仔猪胃肠道及胰腺的生长发育规律作了系统的研究。Lindermann 等(1986)、Owsley 等(1986)和 Jensen 等(1997)研究表明,仔猪在断奶后 1 周内,体重变化较小,胃、胰腺和小肠重量提高幅度较大,胃、胰腺在断奶后 2 周内增加 2～3 倍,肠重量增加 1 倍。Cera 等(1990)报道,哺乳仔猪胰腺绝对重量在 5 周龄前呈线性递增,21 日龄断奶后 3～7 d,胰腺重量低于同龄哺乳仔猪。Kelly 等(1991)报道,仔猪在哺乳期,随着时间的延长,尽管胃绝对重量增长较快,但单位体重的胃重变化不大;14 日龄断奶仔猪,在断奶后 5～7 d 内,胃和胰腺的绝对重量和同期哺乳仔猪相同;仔猪断奶后 2 周,小肠相对长度和相对重量显著增加。Vodovar 等(1964)和 Shields 等(1980)报道,每千克体重所占有的小肠长度随周龄增长而极显著下降,说明出生后小肠的相对增长变慢,胰腺的相对重量在 3 周龄内较小,4～5 周龄时开始增大,此后保持相对稳定。本课题组研究发现:随着仔猪日龄的增加,胃绝对重量及相对重量相应增加,到 42 日龄之后,单位体重的胃重变化不大;42 日龄和 56 日龄单位体重的胰腺重量差异不显著,说明胰腺组织的发育至 56 日龄时已趋于稳定;肝和胆囊的相对重量在 42 日龄前随日龄增加而增加,至 56 日龄趋于稳定;小肠的绝对重量、长度及相对重量随日龄的增加而增加(沈水宝,2002)。

这些结果表明仔猪早期胃肠道及胰腺处于快速生长时期,为消化吸收功能的健全奠定了基础。

二、外源酶对仔猪消化系统生长发育的影响

1. 外源酶对仔猪胃肠道及胰腺生长发育的作用

对仔猪胃肠道及胰腺生长发育起作用的因素研究较多的是母乳作用和日粮组分、营养水平及断奶应激的影响。仔猪断奶前,母乳是影响胃肠道及胰腺发育的主要因素。研究发现,初生仔猪胃肠道生长较快与初乳中含较高浓度的生长因子有关,包括表皮生长因子(EGF)和胰岛素样生长因子(IGFs)等(Jaeger 等,1987;Simmen 等,1988;Donovan 等,1994),这些生长因子能促进胃肠道的生长和发育(Berseth 等,1987)。Graham 等(1989)和侯水生(1999)的研究结果表明,不同日粮类型的仔猪胃肠道和胰腺生长速度存在差异,采食全植物蛋白质日粮的仔猪其胃肠和胰腺的绝对增重低于采食含动物蛋白质日粮的仔猪。

有关外源酶对仔猪消化器官生长发育影响的报道不多,杨全明(1999)研究了以 α-淀粉酶和蛋白酶为主的外源酶对仔猪的效应,结果表明,外源酶的添加与否对仔猪内脏器官重量、小肠长度无显著影响。本课题组研究结果表明,在玉米型日粮中添加消化酶及在小麦型日粮中添加聚糖酶对胃肠道及胰腺、肝脏的发育有促进作用的趋势,这有助于仔猪消化功能的完善(沈水宝,2002)。在 28 日龄断奶前,母乳及日粮中的乳制品(乳清粉)是刺激胃肠道发育的主要因子,因断奶前采食量少,外源酶的作用在 28 日龄前很小。但外源酶可以促进各阶段小肠的生长发育,不过对小肠单位长度、重量没有明显的影响。

2. 外源酶对仔猪胃肠道酸度的影响

有关仔猪胃肠道酸度的研究报道有许多。仔猪胃内盐酸是由壁细胞分泌的。猪在胚胎期满前 15 d 左右就具备了分泌酸的能力,但出生时酸分泌能力很低,出生后第一周酸分泌能力迅速增加,至 22 日龄之前保持不变(Xu 等,1992;Efird 等,1982)。仔猪至少在 2～3 月龄时盐

酸分泌量才接近成年猪的水平(宋育,1995)。Ewing 和 Cole(1994)报道,仔猪断奶前胃内 pH 值为 4.5~7.0,成年猪为 2.5~4.5,最低可达 1.5。韩正康(1977)报道,仔猪胃酸中游离酸很少,至 20 日龄时才出现游离盐酸,猪十二指肠液 pH 值为 8.4~8.9,空肠分泌液 pH 值为 7.4~8.7。杨全明和李德发(1999)报道,十二指肠 pH 值为 4.91~5.98,空肠前、中、后段 pH 值分别为 5.38~6.43、5.84~6.73、6.67~7.72。本课题组的测定显示,十二指肠 pH 值为 5.59~6.28,空肠中段 pH 值为 6.41~6.79,回肠 pH 值为 6.87~7.08,胃底 pH 值为 4.14~ 6.17,胃贲门部 pH 值为 3.69~5.93,胃幽门部 pH 值为 4.16~6.05(沈水宝,2002)。

对仔猪胃肠道酸度发育影响因素的研究集中在三个方面。一是日龄,仔猪酸分泌能力与日龄密切相关。二是日粮组成,Makkink 等(1994)研究表明:28 日龄断奶仔猪饲喂豆粕胃内 pH 值低于饲喂动物蛋白日粮的胃内 pH 值;由于日粮因素导致胃内发酵而产生乳酸,盐酸的分泌受到抑制,甚至停滞(Cranwell,1976)。三是断奶,断奶后胃和十二指肠 pH 值明显升高(Efird 等,1982;Makkink 等,1994);28 日龄断奶仔猪断奶后 12 h 胃内 pH 值升高,48 h 胃内 pH 值高于哺乳仔猪 pH 值($P<0.01$)(Funderburke 等,1990),主要原因在于断奶后胃中无乳导致乳酸减少,并且摄入的饲料具有较强的酸结合能力;另据报道,在断奶后,无论采食何种日粮,胃内 pH 值都会上升到 5.5 以上(蒋宗勇等,1994)。

有关外源酶对胃肠道酸度变化的影响,杨全明(1999)研究认为,在仔猪日粮中添加外源酶(α-淀粉酶和蛋白酶)对仔猪胃肠 pH 值无明显影响。本课题组研究发现,在玉米型日粮中添加消化酶和聚糖酶,猪十二指肠 pH 值有所下降,但差异不显著;在小麦型日粮中添加聚糖酶,猪十二指肠 pH 值有所降低,而空肠、回肠的 pH 值略有升高(沈水宝,2002)。主要原因在于消化酶促进日粮消化,刺激胃酸分泌,而聚糖酶降解非淀粉多糖,胃向肠道中输送营养物质增加,肠液分泌量增加,导致空肠和回肠的 pH 值略有上升。此外,日粮中使用了 8% 的乳清粉,对 pH 值有一定的影响。

3. 外源酶对仔猪小肠绒毛生长的影响

绒毛和微绒毛是小肠最具特征的结构,仔猪小肠发育要经历形态结构的变化和细胞的分化。肠绒毛(villus)和隐窝(crypt)在胚胎期是融为一体的,其比值(绒毛高度/隐窝深度)是影响上皮细胞快速更新的因素之一(Johnson,1988),这种更新是由细胞连续不断地有次序增殖、转移分化和脱落驱动的(Potten 和 Loeffter,1990)。肠道细胞更新主要是由隐窝内干细胞维持,干细胞经过数个周期分裂由隐窝移至绒毛顶端(Gordon,1993)。仔猪肠道绒毛发育始于妊娠早期,在妊娠的第 40 天,肠绒毛已发育为可辨别的程度(Perozzi 等,1993)。

有关外源酶对仔猪小肠绒毛生长影响的研究很多,归纳起来主要是年龄、断奶、日粮和肠道环境等因素对仔猪小肠绒毛高度和形态造成的影响。仔猪出生后第一周,肠绒毛由很浅的隐窝区生长伸长,因此,绒毛高度有所下降(Smith 和 Javis,1978)。随着仔猪年龄的增长,绒毛高度下降,隐窝深度增加。Dunsford 等(1989)用 28 头 9~36 日龄哺乳(不补料)杂交猪研究了日龄对仔猪肠道发育的影响,结果发现,随着年龄的增长,绒毛高度呈二次函数形式减少($P<0.05$)。Miller 等(1986)研究表明,6 周龄仔猪比 4 周龄仔猪的肠绒毛短,隐窝深。断奶可使小肠绒毛突然变短和隐窝加深(Kelly 等,1992;Hampson,1986;Miller 等,1986),这种形态变化在早期断奶时尤为明显。据报道,3 周龄断奶仔猪在断奶后 3~8 d,肠绒毛高度下降

30%～63%,隐窝深度增加 76%～180%(Hampson,1986;Miller 等,1986)。Dunford(1989)研究了 72 头 21 日龄断奶仔猪在断奶后不同时间绒毛形态的变化,发现断奶后 3 d,小肠绒毛高度急剧下降,在断奶后 6 d 时绒毛最短,并维持到断奶后 12 d。Miller 和 Skadhauge(1997)报道,2～3 周龄断奶可使肠绒毛变短,而肠绒毛变短会导致吸收不良,为致病性大肠杆菌感染创造了条件,但这种吸收能力的下降并没有得到体内试验的证实(Kelly 等,1991;Zhang 等,1997)。断奶对肠绒毛产生影响主要是由于仔猪为了适应由消化奶到消化饲料变化的需要,致使黏膜表面积快速增长(Zhang 等,1997)。在最初数周内,主要是隐窝形成和绒毛改型(Goodlad 和 Wright,1990),绒毛形态变化主要与肠黏膜微绒毛中酶、转运器和受体系统的发育有关(Hampson 等,1986;Kelly 等,1990、1991;Zhang 等,1997)。断奶后肠绒毛生长缓慢,呈叶状或舌状,并随日粮营养状况变化而变化。

关于断奶日粮的组成和特性对仔猪肠道形态有明显影响的报道很多。Kenworthu 等(1996)最早研究发现,断奶日粮是造成肠黏膜损伤并最终导致腹泻的重要原因。Dunsford(1989)用试验证实了大豆蛋白对肠道形态有不良影响。大豆中的大豆球蛋白和 β-大豆伴球蛋白是引起断奶仔猪肠道过敏反应的两种主要球蛋白(Smith 和 Sissions,1975;Kilshaw 和 Sissions,1979a、b)。Li 等(1990)用酒精处理大豆饼后,可明显降低小肠黏膜损伤的程度。本课题组试验日粮采用熟全脂大豆粉,同样发现对小肠黏膜损伤程度较轻,可能与大豆加工对其中的两种球蛋白的变性有关。许多学者对日粮中可能导致肠道损伤并引起腹泻的因子进行了大量的研究,比较一致的看法是:日粮中具有抗原活性的大分子物质,其中主要是蛋白质和碳水化合物,可使肠道黏膜形态结构变化,其主要表现为隐窝细胞有丝分裂速度明显加快,绒毛受损,酶浓度及活性下降,从而导致消化吸收不良,甚至腹泻(Stockes 等,1992),主要原因是日粮中抗原成分引起了肠道过敏反应,使断奶仔猪肠道形态呈现明显变化(Newby 等,1984)。这种免疫损伤一般发生在断奶后 3～4 d,而 7～10 d 即可部分恢复(Stockes 等,1992)。

在外源酶对仔猪肠道效应方面,杨全明等(1999)报道,饲喂加酶(主要是 α-淀粉酶和蛋白酶)日粮的仔猪,小肠绒毛反而有变短趋势,肠腺加深,绒毛高度/肠腺深度下降,说明饲料中添加酶制剂并不能改善肠绒毛的形态和长度。本课题组在玉米型日粮中添加 α-淀粉酶、蛋白酶和在小麦型日粮中添加聚糖酶(木聚糖酶、β-葡聚糖酶和纤维素酶)研究了酶对十二指肠和空肠中段绒毛形态结构的影响,用扫描电镜观察发现,随着日龄的增加,小肠绒毛变粗,形态也逐渐变得不规则,由 28 日龄时的指状、杆状逐渐变为舌状和小叶状。在玉米型日粮中添加消化酶对肠道绒毛形态有改善作用,降低肠绒毛的损伤程度,而在小麦型日粮中添加聚糖酶对十二指肠绒毛和空肠中段绒毛有改善作用,并且可减少黏着在肠绒毛上的附着物(沈水宝,2002)。对肠绒毛形态的改善原因主要在于 α-淀粉酶、蛋白酶两种消化酶或聚糖酶通过提高营养物质的消化或降解非淀粉多糖,增加了肠道中氨基酸、小分子糖等可吸收营养物质的量,这些小分子氨基酸和低聚糖可作为肠黏膜的营养直接被利用,从而改善肠绒毛的生长状况。

三、外源酶制剂在仔猪营养中的作用机理

迄今为止,有关外源酶制剂对仔猪营养的作用机理研究鲜见报道,而提出较多的是可能的作用模式,概括起来有以下几点:

（1）由于断奶仔猪因断奶应激引起内源性消化酶的减少,在仔猪日粮中补充外源性消化酶（淀粉酶、蛋白酶和脂肪酶）可以促进饲料组分在胃、小肠中有效消化,减少进入大肠的食糜数量。

（2）改变部分养分的消化部位。没有外源性消化酶时,饲料中的部分淀粉在大肠中通过发酵降解,一方面减少能值利用率,另一方面增加下痢机会。加入外源性非消化酶可增加这部分有机物在小肠内的消化率。刘永刚（1997）在仔猪消化试验中证实加入外源酶后能量效率6%～10%转移到小肠。

（3）外源酶可能有助于改善消化道内环境、内源酶的分泌平衡,减少肠黏膜细胞脱落,对肠道微生物区系产生影响。

（4）降低消化道内容物黏度,有利于酶与底物的相互扩散与作用。由于植物细胞壁内的一部分阿拉伯木聚糖在消化道内溶解,结果增加了消化道内容物的黏度,进而减慢营养素的扩散和饲料通过速度,并且增加小肠内的微生物数量。此外,黏度对脂肪消化也存在较大影响。消化道内容物黏度的增加,对胰激肽的扩散影响更大。因此,添加酶制剂可降低消化道内容物的黏度增加带来的负面影响。

（5）刺激动物消化系统发育,促进内源性消化酶的分泌。有人推测,由于外源酶与内源酶分子结构不同,添加外源酶不会抑制动物自身消化酶的分泌,反而会因消化道中可消化养分的增加,促进内源消化酶的分泌。

（6）添加外源性非消化酶（如木聚糖酶）,产生一些低聚糖,使肠道内有益菌数量增加,抑制有害菌及其产物的产生,从而有利于动物健康（Choct,2006）。同时,由于饲料中加酶后养分在前肠的消化吸收率提高,减少了后肠病原菌可利用养分量,从而抑制了病原菌的繁殖。

四、结语

在仔猪日粮中应用外源酶制剂,可以改善营养物质消化率,提高饲料报酬。这与其对胃肠道及胰腺生长发育、胃肠道酸度、小肠绒毛生长等的影响有关。而外源酶制剂对仔猪消化系统生长发育的改善,与其补充内源酶不足、改变养分吸收部位、改善消化道环境、降低食糜黏度和促进内源酶分泌等因素有关。随着外源酶制剂作用机制研究的深入和酶制剂应用技术体系的建立,相信外源酶制剂在仔猪日粮中的应用将日益普遍。

参考文献

[1] 冯定远,刘玉兰.1999.饲用酶制剂应用的影响因素及在猪日粮中应用的效果[J].饲料工业,20(10):1-8.

[2] 冯定远,张莹.1998.含有木聚糖酶和β-葡聚糖酶的酶制剂对猪日粮消化性能的影响[J].畜禽业,6:46-49.

[3] 冯定远.1997.含有木聚糖酶和β-葡聚糖酶的酶制剂对猪日粮消化性能的影响[C]//第三届全国饲料毒物与抗营养因子及酶制剂学术研讨会论文集.176-179.

［4］韩正康,毛鑫智.1977.猪的消化生理［M］.北京:科学出版社.

［5］侯水生.1999.日粮蛋白质对早期断奶仔猪消化道与消化酶活性及相关激素分泌的调控作用［D］.中国农业科学院博士学位论文.

［6］蒋宗勇.1994.仔猪早期断奶综合症的研究进展［C］//动物营养研究进展.北京:中国农业科技出版社,101-115.

［7］刘永刚.1997.用多元复合酶改善猪对饲料的利用及其生产性能［C］//第三届全国饲料毒物与抗营养因子及酶制剂学术研讨会论文集.217-225.

［8］沈水宝.2002.外源酶对仔猪消化系统发育及内源酶活性的影响［D］.华南农业大学博士学位论文.

［9］宋育.1995.仔猪的营养需要与饲养［M］//猪的营养.北京:中国农业出版社,236-254.

［10］杨全明,李德发.1999.用酶制剂对生长猪营养物质消化利用率的影响［J］.中国畜牧杂志,35(3):19-21.

［11］杨全明.1999.仔猪消化道酶和组织器官生长发育规律的研究［D］.中国农业大学博士学位论文.

［12］Bedford M R,Classen H L.1991.The effect of pelleting,salt,and pentosanase on the viscosity of intestinal contents and the performance of broilers fed rye［J］.Poultry Science,70:1571-1577.

［13］Bedford M R,Patience J F,Classen H L.1992.The effect of dietary enzyme supplementation of rye-and barley-based diets on digestion and subsequent performance in weaning pigs［J］.Canadian Journal of Animal Science,72:97-105.

［14］Berseth C L.1987.Enhancement of intestinal growth in neonatal rats by epidermal growth factor in milk［J］.American Journal of Physiology,253:662-665.

［15］Cera K R,Mahan D C,Reihart G C.1990.Effect of weaning week postweaning and diet composition on pancreatic and small intestinal lumial lipase response in young swine［J］.Journal of Animal Science,68:384-391.

［16］Choct M.2006.Enzymes for the feed industry:past,present and future［J］.World's Poultry Science Journal,62:5-15.

［17］Choct M,Annison G.1995.Soluble wheat pentosans exihibit different anti-nutritive activities in intact and cecectomised broiler chickens［J］.Journal of Nutrition,122:2457-2465.

［18］Choct M,Annison G.1990.Antinutritive activity of wheat pentosans in broiler diets［J］.British Poultry Science,31:811-821.

［19］Choct M,Annison G.1992.Antinutritive effect of wheat pentosans in broiler chickens:role of viscosity and gut microflora［J］.British Poultry Science,33:821-834.

［20］Costa N M B.1994.Effect of baked beans on steroid metabolism and non-starch polysaccharide output of hypercholesterolaemic pig with or without an ileorectal anastomosis［J］.British Journal of Nutrition,71:871-886.

［21］Cranwell P D,Noakes D B,Hill K J.1976.Gastric secretion and fermentation in the suckling pig［J］.British Journal of Nutrition,36:71-86.

[22] Donovan S M, McNeil L K, Jimenez-Flores R, et al. 1994. Insulin-like growth factors and insulin-like growth factor binding protein in porcine serum and milk throughout lactation[J]. Pediatric Research, 36:159.

[23] Dunsford B R, Knable D A, Ehaensly W. 1989. Effect of dietary soybean meal on the microscopic anatomy of the small intestine in the early weaned pig[J]. Journal of Animal Science, 67:1855.

[24] Englyst H N, Cumming J H. 1985. Digestion of the polysaccharides of some cereal foods in the human small intestine[J]. American Journal of Clinical Nutrition, 42:778-787.

[25] Englyst H N, Cumming J H. 1987. Digestion of the polysaccharides of potato in the small intestine of man[J]. American Journal of Clinical Nutrition, 45:423-431.

[26] Ewing W N, Cole D J A. 1994. The living gut: an introduction to micro-organisms in nutrition[M]. UK: A Context Publication.

[27] Funderburker D W, Seerley R W. 1990. The effect of postweaning stressors in pig weight change, blood, liver and digestive tract characteristics[J]. Journal of Animal Science, 68:155-162.

[28] Goodlad R A, Wright N A. 1990. Changes in intestinal proliferation, absortive capacity and structure in young, adult and old rats[J]. Journal of Anatomy, 173: 109-118.

[29] Gordon J I. 1993. Understanding gastrointestinal epithelial cell biology: lessons from mice with the help of worms and flies[J]. Gastroenterology, 104:315-324.

[30] Graham H J. 1989. Effect of pelleting and glucanase supplement on the ideal and fecal digestibility of a barley-based diet in the pig[J]. Journal of Animal Science, 67: 1293-1298.

[31] Hampson D J, Kidder D E. 1986. Influence of creep feeding and weaning on brush border enzyme activities in the piglet small intestine[J]. Research in Veterinary Science, 40: 24-31.

[32] Hampson D J. 1986. Alterations in piglet small intestinal structure at weaning[J]. Research in Veterinary Science, 40:32.

[33] Inborr J, Schmitz M. 1993. Effect of adding fiber and starch degrading enzymes to a barley/wheat based diet on performance and nutrient digestibility in different segment of the small intestine of early weaning pigs[J]. Animal Feed Science and Technology, 44: 113-127.

[34] Jaeger L A, Lamar C L, Bottoms G D, et al. 1987. Growth-stimulating substances in porcine milk[J]. American Journal of Veterinary Research, 48:1531-1533.

[35] Jesen M S, Jesen S K, Jakogsen K. 1997. Development of digestive enzymes in pigs with emphasis on lipolytic activity in the stomach and pancreas[J]. Journal of Animal Science, 75:437-445.

[36] Johoson L R. 1988. Regulation of intestinal mucosal growth[J]. Physiological Reviews, 68: 456-502.

[37] Kelly D, Smyth J A, McCracken K J. 1990. Effect of creep feeding on structural and

functional changes of the gut of early-weaned pigs[J]. Research in Veterinary Science, 48:350-356.

[38] Kelly D, Smyth J A, McCracken K J. 1991. Digestive development of the early-weaned pig: effect of continuous nutrient supply on the development of the digestive tract and on changes in digestive enzyme activity during the first week post-weaning[J]. British Journal of Nutrition, 65:169-180.

[39] Kelly D, Begbie R, King T P. 1992. Postnatal intestinal development[M]//Varley M A, Williams P E V, Lawrence T L J (eds). Neonatal survival and growth. Occasional publication No. 15. British Society of Animal Production, Edinburgh: 63-79.

[40] Kenworthy R. 1976. Observations on the effects of weaning in the young pig: clinical and histopathological studies of intestinal function and morphology[J]. Research in Veterinary Science, 21:69.

[41] Kilshaw P J, Sissions J W. 1979a. Gastrointestinal allergy to soybean protein in preruminant calves: antibody production and digstire disturbances in calves fed neated soybean flour[J]. Research in Veterinary Science, 27:362.

[42] Kilshaw P J, Sissions J W. 1979b. Gastrointestinal allergy to soybean protein in preruminant calves: allergenic constituents of products[J]. Research in Veterinary Science, 27:366.

[43] Kratzer F H. 1967. The effect of polysaccharides on energy utilization, nitrogen retention and fat absorption in chickens[J]. Poultry Science, 46:1489-1493.

[44] Li D F, Thaler R C, Nelssen J L, et al. 1990. Effect of fat sources and combinations on starter pig performance, nutrient digestibility and intestinal morphology[J]. Journal of Animal Science, 68:3694-3704.

[45] Lindemann M D, Cirnelivs S G, Kandelgy S M E, et al. 1986. Effect of age, weaning and diet on digestive enzyme level in the piglet[J]. Journal of Animal Science, 62:1298-1307.

[46] Makkink C A, Negulescu G P, Qin G, et al. 1994. Effect of dietary protein source on feed intake, growth, pancreatic enzyme activities and jejunal morphology in newly-weaned piglet[J]. British Journal of Nutrition, 72:353-368.

[47] Miller B G, Skadhauge E. 1997. Effect of weaning in the pig on ileal ion transport measured in vitro[J]. Journal of Veterinary Medicine Series A: Physiology Phathology Clinical Medic, 44:289-299.

[48] Miller B G, James P S, Smith M W, et al. 1986. Effect of weaning on the capacity of pig intestinal villi to digest and absorb nutrients[J]. Journal of Agricultural Science, 107:579-589.

[49] Newby T J, Miller B G, Stokes C R, et al. 1984. Local hypersensitivity response to dietary antigens in early weaned pigs[C]//Haresign W, Cole D J A(eds). Recent advances in animal nutrition. Butterworths: 49.

[50] Owsley W F, Orr D E, Tribble L P. 1986. Effect of age and diet on the development of

the pancreas and the synthesis and secretion of the pancreatic enzymes in the young pig [J]. Journal of Animal Science，63：497-504.

[51] Perozzi G，Barila D，Murgia C，et al. 1993. Expression of differentiated functions in the developing porcine small intestine[J]. Journal of Nutritional Biochemistry，4（12）：699-705.

[52] Petterson D，Aman P. 1988. Effect of enzyme supplementation of diets based on wheat，rye or triticale on their productive value for broiler chickens[J]. Animal Feed Science and Technology，20：313-324.

[53] Potten C S，Loeffler M. 1990. Stem cells：attributes，cycles，spirals，pitfalls and uncer-tainties[J]. Lessons for and from the Crypt. Development，110：1001-1020.

[54] Sambrook I E. 1981. Studies on the flow and composition of bile in growing pigs[J]. Journal of the Science of Food and Agriculture，32：781-791.

[55] Shields R G，Ekstrom K E，Maban D C. 1980. Effect of weaning age and feeding meth-od in digestive enzyme development in swine from birth to weeks[J]. Journal of Animal Science，50：257-265.

[56] Simmen F A，Simmen R C M，Reihart G. 1988. Maternal and neonatal somatomedin c/ insulin-like growth factor-1 (IGF-1) and IGF binding proteins during early lactation in the pig[J]. Developmental Biology，130：16-27.

[57] Simth M W，Javis L G. 1978. Growth and cell replacement in the newborn pig intestine [J]. Proceedings of the Royal Society of London. Ser B，203：69.

[58] Smith R H，Sissons J W. 1975. The effect of different feeds，including those containing soya-bean products，on the passage of digesta from the abomasum of the preruminant calf[J]. British Journal of Nutrition，33(3)：329-349.

[59] Stockes C R，Vega-Lopez M A，Bailey M，et al. 1992. Immume development in the gas-trointestinal tract[M]//Varley M A，Willeams P E V，Lawrence T L J(eds). Neonatal survival and growth. Occasional Publication NO. 15. British Society of Animal Produc-tion. 9-12.

[60] Thacker P A，Campbell G L，Groot-Wassink J W. 1988. The effect of beta-glucanase supplementation on the performance of pigs fed hulless barley[J]. Nutrition Reports In-ternational，38：91-99.

[61] van der Klis J D. 1993a. Effect of a soluble polysaccharide (carboxy methyl-cellulose) on the physicochemical condition in the gastrointestinal tract of broilers[J]. British Poultry Science，34：971-983.

[62] van der Klis J D. 1993b. Effect of a soluble polysacchrides (CMC) on the absorption of mineral from the gastrointestinal tract of broiler[J]. British Poultry Science，34：985-997.

[63] Vodovar N. 1964. Intestin grele du porc ll. Structure histologique des parois et plus par-ticulierement dela tunique muqueuse enfonction del'age del animal[J]. Annual Review of Biophysics and Biophysical Chemistry，4：113-139.

［64］Xu R J，Cranwell P D. 1992. Gastrin metabolism in neonatal pigs and grower-pigs［J］. Comparative Biochemistry and Physiology，101：177-182.

［65］Zebrowska T. 1983. Studies on gastric digestion of protein and carbohydrate，gastric secretion and exocrine pancreatic secretion in growing pig［J］. British Journal of Nutrition，49：401-410.

［66］Zhang H，Malo C，Buddington K. 1997. Sucking induces rapid growth and changes in brush border digestive junctions of newborn pigs［J］. Journal of Nutrition，127：418-426.

外源酶对仔猪消化系统内源酶活性的影响

仔猪是发展养猪生产的基础,仔猪早期培育的成败既关系到养猪生产水平的高低,也对提高经济效益,加速猪群周转具有重要的意义。对于初生仔猪来说,其消化系统发育不健全,分泌的消化酶不足以消化食物中的营养物质,外源酶的添加可以与内源酶一起共同促进营养物质的消化吸收,在仔猪生产中具有重要的现实意义。

一、外源酶对仔猪内源酶分泌的影响

1.非淀粉多糖酶对内源酶分泌的影响

关于非淀粉多糖酶对断奶仔猪内源酶分泌的影响,国内外有一些报道,但结果不很一致。一般认为,断奶仔猪对非淀粉多糖的消化率不高,高非淀粉多糖饲料中添加 β-葡聚糖酶和木聚糖酶可以分解植物性饲料的细胞壁,从而提高饲料中各种营养物质浓度。根据"酶-底物"理论,仔猪各种消化酶的合成也应该相应地增加,以满足消化各种营养物质的需要。Jesen 等(1997)报道,大麦型日粮中添加 β-葡聚糖酶对 6 周龄断奶仔猪 24 h 胰液的分泌量无影响,但使糜蛋白酶的单位活力和总活力分别提高 75.2%、47.7%。奚刚等(1999)报道,高次粉日粮中添加混合酶制剂(含木聚糖酶、β-葡聚糖酶和纤维素酶)后,仔猪肠道总蛋白酶活性提高 21%,但对胰脏和肠道内容物中胰淀粉酶和脂肪酶的活性无影响。

但是,Jesen 等(1996)报道,大麦型日粮中添加 β-葡聚糖酶可使断奶仔猪 24 h 胰蛋白酶的分泌量减少 20%。Jesen 等(1998)试验发现,不同品种大麦日粮中添加 β-葡聚糖酶虽然对断奶仔猪胰脏各种酶的活性无影响,但可改变肠道内的各种酶活。其中,Arra 品种大麦中添加 β-葡聚糖酶后,提高了小肠中总的胰蛋白酶和胰糜蛋白酶活性,Condor 品种大麦中添加 β-葡聚糖酶却降低了肠道中这两种酶的活性。聚糖酶对断奶仔猪消化道内源酶分泌的影响是一个复杂的过程,与日粮类型、断奶日龄、酶的种类和活力都有很大关系。

2. 外源性消化酶对内源酶分泌的影响

Inborr(1990)认为,外源性消化酶大多都是由真菌或细菌发酵而来,与动物消化道内源酶的结构和最佳条件都有很大区别,所以可能不存在所谓的"反馈性抑制作用"。奚刚等(1999)报道,日粮中添加中性蛋白酶可以使 37 日龄和 67 日龄丝毛乌骨鸡小肠上段内容物的胰蛋白酶和总蛋白酶活力分别比对照组提高 13.41%、9.2% 和 7.32%、13.65%。杨全明(1999)报道,饲料中添加淀粉酶和蛋白酶对断奶仔猪小肠内胰淀粉酶、胰蛋白酶和糜蛋白酶的活性无明显影响,但小肠消化液的蛋白酶活性提高 31.5%～48.2%。

二、外源酶对仔猪消化系统酶活性变化规律的影响

迄今为止,有许多学者从不同的角度阐述了仔猪胃肠道中各种消化酶活性发育的规律(Hampson 等,1986;Efird 等,1982;Owsley 等,1986;Lindemann 等,1986;Cera 等,1990;Jensen 等,1997;计成等,1997;侯水生,1999;张宏福等,1998)。比较一致的看法是:仔猪胃肠道大部分种类的消化酶活性随日龄的增加而增加,只有乳糖酶活性在出生后 2 周内维持在较高的水平,以后逐渐下降。本课题组研究结果表明:随着日龄的增加,仔猪胰脏胰淀粉酶的活性、胰蛋白酶的活性,空肠前、中、后段胰蛋白酶的活性和胃内容物中胃蛋白酶的活性都随之增加;小肠黏膜平均蔗糖酶的活性和平均乳糖酶的活性在 28 日龄时较高,随着日龄的增加,其活性逐渐降低;小肠黏膜平均麦芽糖酶的活性 28 日龄时较高,至 42 日龄时活性降低 1/2 水平,56 日龄又恢复到 28 日龄时的水平。说明日龄是影响仔猪胃肠道消化酶活性变化的重要因素(沈水宝,2002)。

断奶也是影响仔猪消化酶发育的重要因素,大量研究结果表明,断奶应激不同程度地降低了仔猪胰腺和空肠内容物中胰蛋白酶和淀粉酶的活性,至少 2～4 周后才恢复到断奶前的水平(Lindemann 等,1986;Owsley 等,1986;Jensen 等,1997)。我们的研究表明,28 日龄断奶仔猪在断奶后 2 周(42 日龄)各种消化酶活性已基本恢复到断奶时的水平,故未能检测到断奶后酶活性的降低,这一点说明了断奶对仔猪生理机能影响的程度与断奶日龄密切相关,同时仔猪胃肠道在断奶后会作出最大的适应(Cranwell 等,1995;Cera 等,1990),使酶活性水平逐步得到恢复。

日粮组成和营养水平对仔猪酶活的影响是多方面的。Corring(1989)综述有关研究结果认为,日粮中蛋白质类型和含量的微小改变都会导致胰腺组织中蛋白酶活性的适应性变化,当日粮淀粉量增加时,导致分解碳水化合物的所有酶活性发生适应性变化,说明在日粮和酶活之间存在着"酶-底物"关系,仔猪消化系统消化酶对日粮变化会产生适应性调整。与哺乳仔猪相比,人工喂养仔猪其胃蛋白酶活性随年龄增长而增加的幅度是前者的 2 倍。Makkink 等(1994)试验证明了采食量与总胰蛋白酶活性有关。以上结果说明了酶活对日粮的适应性。本课题组研究发现,尽管添加外源酶会提高蛋白质和淀粉等营养物质的消化率,或通过消除非淀粉多糖等抗营养因子,增加内源消化酶与营养物质接触的机会,从而增加胃蛋白酶、胰蛋白酶

及胰淀粉酶的活性,但仔猪消化系统消化酶随着日龄和采食量变化而产生相应的调整(沈水宝,2002)。因此,外源酶的添加使仔猪消化系统酶的发育仍遵循其发育规律,不产生负面的影响。

三、外源酶对仔猪消化系统内源酶活性的影响

1. 外源消化酶对仔猪消化系统内源消化酶活性的影响

关于外源消化酶对仔猪消化系统内源消化酶活性的影响有一些零星报道。杨全明(1999)在断奶仔猪料中加入淀粉酶和蛋白酶,对小肠内容物中淀粉酶、胰蛋白酶和胰糜蛋白酶活性没有影响,但提高了小肠消化液中总蛋白酶的活力。我们曾经在断奶仔猪日粮中添加外源性消化酶,结果表明,仔猪断奶后2周空肠胰淀粉酶、胰蛋白酶、糜蛋白酶和脂肪酶的活性有所提高(于旭华,2001)。本课题组研究还发现,在饲料中添加消化酶提高了28、42、56日龄仔猪胰脏胰淀粉酶、胰蛋白酶的活性,对仔猪空肠内容物中淀粉酶活性和小肠黏膜平均蔗糖酶和平均麦芽糖酶活性也有所提高,而对小肠黏膜乳糖酶活性的影响不大(沈水宝,2002)。总体来说,添加外源消化酶对仔猪消化系统主要内源消化酶的活性都有提高的趋势,表明饲料中添加淀粉酶、蛋白酶等消化酶之后,对仔猪内源消化酶的分泌并不具有抑制作用。一般来说,动物是根据饲料中各种营养成分,如碳水化合物、蛋白质、脂肪和微量营养素的多少来影响机体的基因表达,从而诱导体内合成相应酶系来对食物进行消化和代谢,这种作用可以发生在转录水平,也可以发生在转录后水平(奚刚,1999)。Inborr(1990)认为,外源性消化酶大多数是由真菌或细菌发酵而来,其结构和发挥作用的最适pH值、最适温度、最佳底物均与动物体内分泌的消化酶有所不同,因而可能不存在所谓的"负反馈抑制作用"。

外源性消化酶对仔猪消化系统内源酶活提高的原因主要在于:①由于仔猪生长早期或受断奶应激的影响导致内源酶分泌不足,而外源性消化酶可以通过分解相应的淀粉或蛋白质,增加经分解后的养分量,从而刺激内源消化酶的分泌(Shield等,1980;Owsley等,1986);同时,外源酶如酸性蛋白酶可以对内源酶如胃蛋白酶作用过的底物进一步分解,相互协调。②外源性消化酶的作用位点与内源消化酶的作用位点有所不同,不同种类的蛋白酶在水解蛋白质时因为来源不同,底物的专一性也有所不同,胰蛋白酶的切开位点是羧基侧链为碱性氨基酸(精氨酸和赖氨酸)的肽键,胃蛋白酶的切开位点要求两侧有芳香族氨基酸,而由真菌发酵而来的酸性蛋白酶对水解的羧基侧链的赖氨酸残基具有专一性,并且酸性蛋白酶需要较大的底物分子(张树政,1998)。因此,可以推测,外源消化酶与内源消化酶可能不存在底物竞争性,并且外源消化酶作用之后的产物,很可能成为内源消化酶的底物,且随着外源消化酶的添加,各种酶解产物的量随之增加,从而刺激内源消化酶的分泌。③研究发现,来源于真菌发酵的酸性蛋白酶可以裂开胰蛋白酶原的赖氨酸和异亮氨酸之间的肽键(Lys6-Ile7),从而使其活性中心暴露而激活,因此,外源性消化酶尤其是蛋白酶可以通过激活内源酶的酶原而使内源酶的活性有所提高。

2. 外源聚糖酶对仔猪消化系统内源消化酶活性的影响

非淀粉多糖是存在于植物性饲料原料中的一类具有抗营养作用的物质，其中主要有存在于小麦、黑麦中的阿拉伯木聚糖和存在于大麦和燕麦中的 β-葡聚糖。这些物质本身不能被动物体内酶类水解而提供营养物质，并且具有抗营养作用：①影响饲料的代谢能；②增加胃肠道食糜的黏性；③影响各种养分的消化吸收；④对消化道分泌和消化酶活性产生不利影响；⑤对肠道微生物区系产生影响等。因此，添加非淀粉多糖酶，尤其是聚糖酶有助于消除或降低非淀粉多糖的抗营养作用。

Ikeda（1983）体外试验发现，阿拉伯木聚糖、果胶和半纤维素等非淀粉多糖可显著降低胰蛋白酶、糜蛋白酶、α-淀粉酶和胃蛋白酶的活性。刘强（1999）研究发现，透析后的小麦非淀粉多糖提取物对 α-淀粉酶有强烈的抑制作用。国内外近年来对聚糖酶在仔猪日粮中的添加效应作了大量研究，主要集中在对生长性能的表现，比较一致的结论是：添加木聚糖酶和 β-葡聚糖酶等聚糖酶提高仔猪日增重，改善饲料报酬，并且在生长的前期表现较为明显（冯定远等，1997；王修启等，2002；Taverner 等，1998；Sudendey 等，1995），而对添加聚糖酶影响仔猪内源酶活性的报道不多。Jesen 等（1997）报道，大麦型日粮中添加 β-葡聚糖酶对 6 周龄断奶仔猪 24 h 胰液的分泌模式和分泌量没有显著影响，但胰糜蛋白酶的单位活力和总活力分别提高 75.2% 和 47.7%。奚刚等（1999）在高次粉日粮中添加混合酶制剂（其中主要成分是木聚糖酶、β-葡聚糖酶和纤维素酶），仔猪小肠内容物总蛋白酶活性提高 21%，但对胰脏和肠道内容物中胰淀粉酶和胰脂肪酶的活性无显著影响。我们早期用含高量次粉日粮添加聚糖酶饲喂断奶仔猪，结果发现，仔猪内容物胰淀粉酶、胰蛋白酶和糜蛋白酶的活性有所提高（于旭华，2001）。2002 年，我们课题组研究还发现，在仔猪日粮中添加聚糖酶对仔猪胰脏胰淀粉酶、蛋白酶、空肠各段胰蛋白酶及胃内容物总蛋白酶活性有所提高，而对空肠各段胰淀粉酶的活性则没有影响，42 日龄仔猪由于受断奶后应激影响，各种内源酶活性偏低，聚糖酶添加效应不明显；同时，试验结果还发现，在小麦型日粮中添加聚糖酶对仔猪内源酶活性提高的幅度要高于在玉米型日粮中的添加效应，原因是小麦型日粮中含有较高含量的非淀粉多糖；此外，在仔猪生长后期的添加效应要好于生长前期，原因可能与采食量有关（沈水宝，2002）。

外源聚糖酶对仔猪消化系统内源酶活性提高的机理主要有：①降解饲料中的非淀粉多糖，降低食糜的胶化作用，从而减少非淀粉多糖与消化道中各种内源酶结合的机会，解除其对消化酶的抑制作用，从而提高消化道中各种内源消化酶的活性；②添加聚糖酶后，分解植物细胞壁，降低植物细胞壁对内源酶产生的屏障作用，使动物分泌的内源酶能深入到细胞内，将更多的营养物质释放出来，根据"酶-底物"理论，动物消化系统必须分泌出更多的酶来适应消化的需要，因而内源酶的活性有所提高。由于外源聚糖酶具有很强的专一性，其对仔猪消化系统内源酶活性的影响要视日粮中含有的底物量而定。

3. 外源酶对仔猪小肠黏膜二糖酶活性的影响

James（1997）指出，小肠黏膜消化是各种养分的最终消化阶段，肠黏膜是所有养分的最终消化场所。Siddons（1972）和戴文波特（1976）证明二糖不能被小肠直接吸收利用，因此，小肠黏膜二糖酶在碳水化合物的利用方面起着关键的作用。可以说,没有消化道黏膜二糖酶的存在,就没有糖类物质的彻底分解,更没有单糖的吸收转化和利用。戴文波特(1976)、向涛(1986)和梅懋华等(1990)报道,黏膜二糖酶不是由消化腺分泌出来的,而是来自脱落黏膜上皮细胞,在细胞崩解后释放出来并附着在微绒毛的肠腔面上。因此,上皮细胞不断从绒毛顶端脱落的过程,实质上就是小肠黏膜二糖酶的分泌过程。Siddons(1969)报道,小肠黏膜二糖酶绝大部分分布于黏膜表面,在内容物中活性不足总活性的5%。Dahlqvist(1961)报道,黏膜二糖酶在猪消化道内分布不均匀。蔗糖酶、麦芽糖酶和异麦芽糖酶主要分布在小肠后段,而乳糖酶主要分布在小肠的前段。本课题组研究发现,乳糖酶在小肠各段黏膜的活性分布情况为十二指肠>空肠>回肠,而麦芽糖酶和蔗糖酶在黏膜上的活性分布为回肠>空肠>十二指肠,说明蔗糖主要在小肠后段消化而乳糖主要在小肠前段消化。

对黏膜二糖酶活性的影响因素中,研究较多的是动物体内的激素水平(Martin等,1984;Henning,1985)、日粮组成(Goda,1983、1994;Siddons,1972;Sell,1989;Ahmed,1991)及麦类非淀粉多糖的影响,所用试验动物主要是小鼠、大鼠和火鸡。外源酶对仔猪小肠黏膜二糖酶的影响则鲜见报道。本课题组通过在玉米型日粮中添加外源消化酶和聚糖酶探索了其对仔猪小肠黏膜蔗糖酶、麦芽糖酶和乳糖酶活性的影响,结果表明,饲料中添加聚糖酶可以显著提高仔猪28日龄十二指肠和空肠黏膜蔗糖酶的活性,添加消化酶则可以显著提高仔猪56日龄空肠黏膜蔗糖酶的活性,添加外源消化酶和聚糖酶对小肠黏膜麦芽糖酶活性的影响主要在56日龄,而对乳糖酶活性则没有明显的影响(于旭华,2001)。

添加外源酶对仔猪小肠黏膜蔗糖酶和麦芽糖酶活性的提高主要原因在于外源酶促进了营养物质,尤其是日粮中碳水化合物的分解,使黏膜二糖酶相应底物量增加,从而促进了相应酶活的提高。此外,日粮中非淀粉多糖能抑制动物消化道蔗糖酶和麦芽糖酶的活性(Berg,1973),聚糖酶的添加部分降解非淀粉多糖,从而减轻了这种抑制作用,使蔗糖酶和麦芽糖酶的活性有所提高。外源酶的添加对仔猪小肠黏膜乳糖酶的活性没有影响,原因是:一方面乳糖酶的活性只是在出生时较高,2~3周后迅速降低;另一方面可能与日粮中较高含量的乳清粉有关。

四、影响仔猪胃肠道内源酶活性的其他因素

仔猪消化系统中酶的活性是影响仔猪消化吸收功能的重要因素。因此,迄今为止,许多学者对影响仔猪胃肠道消化酶活性的因素进行了大量研究,主要涉及日龄、断奶、日粮成分与采食量和外源酶的添加等。

除乳糖酶外,仔猪胃肠道几乎所有的消化酶活性均随日龄增加而增加。据研究,各种消化酶的活性在4周龄前均较低,至7~8周龄才达到较高水平。本课题组在28日龄断奶仔猪日粮中添加较高水平消化酶,发现外源消化酶可以起到补充内源酶分泌的作用(沈水宝,2002)。因此,考虑仔猪日粮的可消化性比营养物质含量更重要,在仔猪早期日粮中应以补充外源消化酶为主。

由于断奶应激,消化道中各种消化酶的活性均降低,本课题组研究发现在断奶后2周(42日龄),许多消化酶活性仍维持在较低水平,可能的原因是断奶应激使消化酶的合成和分泌环节受到了抑制(于旭华,2001;沈水宝,2002)。因此,为消除断奶应激引起消化酶活性降低的影

响,在断奶日粮中添加外源酶制剂具有实际意义,但添加水平需进一步研究。

虽然日粮类型对胃蛋白酶活性无显著影响,但当日粮成分发生变化时,消化腺会分泌出足够的消化酶到消化道以消化其中的各种营养物质。本课题组为消除日粮成分的影响,而在断奶前后采用了同一种日粮,这跟实际生产存在一定的差异。

本课题组早期研究还发现,在 28 日龄和 42 日龄阶段,由于采食量较低,仔猪消化道中酶的水平较低,而在 56 日龄时,由于采食量的增加,仔猪胃肠道消化酶的活性有所提高。可见,提高采食量,会刺激胰酶的合成和分泌,从而提高消化道中酶的水平(沈水宝,2002)。

外源酶对仔猪内源酶的影响一直是探索的焦点。从酶的动力学分析,外源酶制剂一般是由微生物发酵生产,酶自身的结构及作用条件、作用位点均与动物内源酶存在差异,因而不大可能存在所谓"负反馈抑制作用"。外源酶的添加使消化道中可供进一步分解的养分增加,从而刺激了酶系统的发育及内源酶分泌的增加,本课题组试验的结果证实了这一点(沈水宝,2002)。但外源酶作用条件与动物内环境条件的一致性及能否耐受动物胃肠道蛋白酶的分解,是外源酶添加时应考虑的问题。

参考文献

[1] 戴文波特. 1976. 消化道生理学[M]. 北京医学院生理教研组译. 北京:科学出版社, 269-281.

[2] 冯定远. 1997. 含有木聚糖酶和 β-葡聚糖酶的酶制剂对猪日粮消化性能的影响[C] //第三届全国饲料毒物与抗营养因子及酶制剂学术研讨会论文集. 176-179.

[3] 侯水生. 1999. 日粮蛋白质对早期断奶仔猪消化道与消化酶活性及相关激素分泌的调控作用[D]. 中国农业科学院博士学位论文.

[4] 计成,周庆,田河山. 1997. 断奶前(胰、小肠内容物)几种消化酶活性变化的研究[J]. 动物营养学报,9(3):7-12.

[5] 刘强. 1999. 我国麦类饲料中非淀粉多糖抗营养作用机理的研究[D]. 中国农业科学院博士学位论文.

[6] 梅懋华,等. 1990. 消化道生理学与临床[M]. 北京:人民卫生出版社,220-228.

[7] 沈水宝. 2002. 外源酶对仔猪消化系统发育及内源酶活性的影响[D]. 华南农业大学博士学位论文.

[8] 王修启,张兆敏,李春群. 2002. 加酶小麦日粮对猪生产性能影响[J]. 中国畜牧兽医,29(2):12-14.

[9] 奚刚,许梓荣,钱利纯,等. 1999. 添加外源性酶对猪、鸡内源消化酶活性的影响[J]. 中国兽医学报,19:286-289.

[10] 向涛. 1986. 家畜生理学原理[M]. 北京:农业出版社,267-269.

[11] 杨全明. 1999. 仔猪消化道酶和组织器官生长发育规律的研究[D]. 中国农业大学博士学位论文.

[12] 于旭华. 2001. 外源酶对断奶仔猪消化系统酶活的影响[D]. 华南农业大学硕士学位论文.

[13] 张宏福,李长忠,顾宪红. 1998. 断奶日龄对仔猪肠道中乳糖酶活性的影响[C]//动物代谢

研究.农业部动物营养学重点开放实验室.87-93.

[14] Ahmed A E，Smithard Z，Ellis M. 1991. Activities of enzymes of the pancreas，and the lumen and mucosa of the small intestine in growing broiler cockerels fed on tannin-containing diets[J]. British Journal of Nutrition，65：189-197.

[15] Berg N O，Dahlqvist A，Lindberg T，et al. 1973. Correlation between morphological atheretions and enzyme activities in the mucosa of the small intestine[J]. Scandinavian Journal of Gastroenterology，8：703-712.

[16] Cera K R，Mahan D C，Reihart G C. 1990. Effect of weaning week postweaning and diet composition on pancreatic and small intestinal lumial lipase response in young swine [J]. Journal of Animal Science，68：384-391.

[17] Corring T，Cjuste C，Lhoste E F. 1989. Nutritional regulation of pancreatic and biliary secretions[J]. Nutrition，64：190-208.

[18] Cranwell P D. 1995. Development of the neonatal gut and enzyme systems[M]//Varley M A. The neonatal pig development and survival. United Kingdom：CABI Publishing，99-154.

[19] Dahlqvist A，Borgstrom B. 1961. Digestion and absorption of disaccarides in man[J]. Biochemical Journal，81：411-418.

[20] Efird R C，Armstrong W D，Herman L. 1982. The development of digestive capacity in young pigs：effects of weaning regimen and dietary treatment[J]. Journal of Animal Science，55：1370-1379.

[21] Goda T. 1983. Dietary-induced rapid decrease of microvillar carbohydrase activity in rat jijunoileum[J]. American Journal of Physiology，245：418-423.

[22] Goda T，Urauya T，Watanabe M，et al. 1994. Effect of high-amylose starch on carbohydrate digestive capability and lipogenesis in epididymal akipose tissue and liver of rats [J]. Journal of Nutritional Biochemistry，5：256-260.

[23] Hampson D J，Kidder D E. 1986. Influence of creep feeding and weaning on brush border enzyme activities in the piglet small intestine[J]. Research in Veterinary Science，40：24-31.

[24] Henning S J. 1985. Ontogenoy of enzyme in the intestine[J]. Annual Review of Physiology，47：231-245.

[25] Ikeda H. 1983. Experiment on bedload transport，bed forms，and sedimentary structures using fine gravel in the 4-metre-wide flume[R]. Enviromental Research Center Paper，78.

[26] Inborr J. 1990. Enzymes：catalysts for pig performance[J]. Feed Management，41：22-30.

[27] James G G D. 1997. Textbook of veterinary physiology[M]. 2nd ed. Hardcorer：Elsevier Inc. ，301-330.

[28] Jesen M S，Thaela M J，Pierzynoowski S G，et al. 1996. Exocrine pancreatic secretion in young pigs fed barley-based diets supplemented with xglucanse[J]. Journal of Pediatric Gastroenterology and Nutrition，75：231-241.

[29] Jesen M S, Jesen S K, Jacogsen K. 1998. Development of digestive enzymes in pigs with emphasis on lipolytic activity in the stomach and pancreas[J]. Journal of Animal Science, 75:437-445.

[30] Jesen M S, Jesen S K, Jakogsen K. 1997. Development of digestive enzymes in pigs with emphasis on lipolytic activity in the stomach and pancreas[J]. Journal of Animal Science, 75:437-445.

[31] Lindemann M D, Cirnelivs S G, Kandelgy S M E, et al. 1986. Effect of age, weaning and diet on digestive enzyme level in the piglet[J]. Journal of Animal Science, 62:1298-1307.

[32] Makkink C A, Negulescu G P, Qin G X, et al. 1994. Effect of dietary protein source on feed intake, growth, pancreatic enzyme activities and jejunal morphology in newly-weaned piglet[J]. British Journal of Nutrition, 72:353-368.

[33] Martin G R, Henning S J. 1984. Enzymic development of the small intestine: are glucocorticoids necessary[J]. The American Physiology Society, 246(6): 695-699.

[34] Owsley W F, Orr D E, Tribble L P. 1986. Effect of age and diet on the development of the synthesis and secretion of development of the pancreatic enzymes in the young pig [J]. Journal of Animal Science, 63: 497-504.

[35] Sell J L. 1989. Intestinal disaccharidases of young turkeys: temporal development and influence of diet composition[J]. Poultry Science, 68:265-277.

[36] Shields R G, Ekstrom K E, Maban D C. 1980. Effect of weaning age and feeding method in digestive enzyme development in swine from birth to weeks[J]. Journal of Animal Science, 50:257-265.

[37] Siddons R C. 1969. Intestial disaccharidase activities in the chick[J]. Biochemistry Journal, 112:51-59.

[38] Siddons R C. 1972. The influence of the intestinal microflora on disaccharidase activities in the chick[J]. British Journal of Nutrition, 27:101-112.

[39] Sudendey C. 1995. Effects of enzymes (alpha-amylase, xylanase, beta-glucanase) as feed additive on digestive processes in the alimentary tract of piglets past forced feed intake[C]//Proceedings of the Society of Nutrition Physiology. 108.

[40] Taverner M R, Campbell R G. 1988. The effect of protected dietary enzymes on nutrient absorption in pigs[C]//Proceedings of the 4th international seminar on digestive physiology in the pig. 337.